새 자동차공학

장 병 주 · 남궁규완
김 수 연 · 김 세 웅 공 저

東 明 社

새 자동차공학

초판 발행 2005년 8월 30일
초판 5쇄 발행 2016년 2월 29일

지은이 장병주, 남궁규완, 김수연, 김세웅
펴낸이 최국주
펴낸곳 동명사
출판등록 1950년 11월 1일(제1-76호)
주소 (우 413-756) 경기도 파주시 회동길 50(문발동)
전화 031-955-7200(대표)~2, 7203(편집부), 7204(물류)
팩스 031-955-7205
전자우편 webmaster@dmsbook.com
홈페이지 www.dmsbook.com

東明社

ISBN 978-89-411-0945-7 93550
값 27,000원

머 리 말

현대의 자동차는 교통기관으로서 트럭, 버스와 같이 사회적으로 꼭 필요한 것일 뿐만 아니라, 개인용의 마이 카 또는 가족용의 승용차로 인류의 생활활동에 큰 영향을 주어 왔고 또 큰 구실을 하였다. 그 결과 이제 우리의 일상생활과 밀착된 생활도구가 되었다.

19세기 말에 실용적인 자동차가 등장한 이후 오늘에 이르기까지 많은 기술자들이 1세기 이상의 끊임없는 노력으로 사용하기에 편리한 기관과 다양한 도로 상황에 적합한 스티어링 휠이나 브레이크의 개량을 이루어 오늘날에는 기계적인 성능이 우수할 뿐만 아니라 인간-기계 시스템의 대표적 존재인 운전자라는 인간의 특성에 맞게 발달되어 오고 있다.

그 반면에 교통정체의 격화, 교통사고의 다발, 배출가스나 교통소음에 의한 각종 공해의 발생 등 심각한 사회문제를 초래하고 있다. 따라서 자동차의 안전운행과 경제적인 운행은 사회복지 제도에도 직결되는 중요한 과제이다. 또 자동차 구조의 복잡화, 성능의 고도화, 특히 전자화의 경향 등 기술적으로도 대단히 복잡하게 되어 있어 자동차의 설계에서 제작 · 조립에 이르기까지 획기적인 기술 능력을 필요로 하고 있다.

이러한 시점에서 교통체계 전체를 재검토해야 할 전환기에 공학계의 학생에게 어떤 형태의 자동차 또는 차량공학의 강의를 할 것인가 논의의 대상이 될 수 있다. 그러나 공학기술의 결정체이며 좋든 나쁘든 인간 사회에 깊은 관련을 가진 자동차에 대해 학습자에게 자동차공학 관련 지식을 전달함은 물론, 연관된 공학분야의 응용기술에 대한 이해를 심어 주는 데 뜻이 있을 것으로 내다본다.

이 책은 이러한 견지에서 차량 운전자나 2년제 및 4년제 대학 공학계 학생을 위한 자동차공학의 교재, 지침서로서 뿐만 아니라, 실제로 사회에서 자동차공학의 지식을 필요로 하는 기술자나 교통 관계자들의 참고 도서가 되도록 집필하였다.

1980년대 초 대학가에서 자동차공학 강좌가 개설되어 현재까지 몇 종류의 교재가 개발, 사용되고 있으나 자동차 기술의 발달추세에는 따라 가지 못하고 있는 현실이다. 그래서 오랫동안 자동차공학 강의를 통한 경험을 바탕으로 각기 장점을 살려 몇 교수가 협력하여 최신의 기술자료를 최대한 활용, 공동으로 이 책을 집필하였다.

신차 개발과 기초 설계는 자동차에 관한 기초 개념을 파악하고 난 후에 다루는 것이 이해에 도움이 될 것 같아 제4장에 넣었고, 기관은 '내연기관' 강좌가 '자동차공학'의 선수과목이므로 이 책에서는 기관성능을 중심으로 기초 · 이론만을 정리하였다.

최근 자동차기술의 비약적인 발전으로 동력전달 · 서스펜션 · 스티어링 장치 및 휠 얼라인먼트 등에서는 새로운 기술이 실용화되어 사용되고 있으므로 최소한 기본 내용을 비교적 많은 그림을 넣어 취급하였다. 따라서 쪽수가 많이 늘어나 한 학기 강의용으로 지도교수나 학생들에게 부담이 되지 않도록 전기와 전자화기술 및 배출가스에 의한 대기오염은 제외시켰다.

또 마이카 시대가 도래되면서부터 자동차 운전자들의 자동차 문화에 대한 인식부족은 안전불감증으로 심화되어 교통사고는 그 끝을 알 수 없는 실정이다. 이런 점을 감안, 제일 마지막 장에는 자동차의 안전공학은 물론, 안전대책과 21세기형 안전 자동차에 대한 내용을 충실하게 다루었다.

이 책을 집필하는 데 있어 많은 저서, 논문, 제작회사의 카탈로그 등을 참고자료로 인용, 활용하였으나 일일이 이해를 구하지 못한 점을 이 자리를 빌어 양해를 구하며, 깊은 사의를 표하는 바이다. 아울러 이 책을 출판함에 미흡한 자료를 정성을 다하여 만들어 주신 동명사의 편집부와 관계자 여러분에게 감사를 드린다.

끝으로 독자들의 아낌없는 지도편달을 기대한다.

2005년 8월 1일

저자 씀

차 례

자동차 일반

1 chapter

1-1 자동차의 발달사

1 자동차의 발달사

인류가 육상에서 물건을 운반하는 수단으로 가장 빨리 이용한 기구는 썰매였다. 대(臺) 밑에 바퀴를 넣어 마찰을 적게 하는 방법을 알게 되었고, 다음에 바퀴에 축을 관통시키는 것을 발명하였다. 이 바퀴를 붙인 대차(臺車)를 말 등의 가축에 끌게 함으로써 운반 수단에 거의 동물의 힘을 이용하게 되었다. 태엽을 동력으로 하거나 증기 터빈 등으로 움직이는 모형자동차는 레오나르도 다 빈치(Leonardo da vinci)가 활약한 15세기 경에 만들어졌으나 실용 자동차라고 말하기는 어렵다. 동물이 가진 에너지를 육상수송에 사용하여 온 역사는 대단히 길지만, 1600년 돛단배에 바퀴를 붙인 것과 같은 풍력범주차(風力帆走車)가 출현됨에 따라 현재 자동차 탄생의 태동이 되었고, 이어서 1769년 증기기관을 탑재한 증기자동차가 탄생하였다. 그 후 오늘에 이르기까지 가장 중요한 사실은 1876년 4사이클 내연기관의 발명이며, 1885년에는 가솔린자동차의 시작(試作)이 있었다.

다음은 연도에 따른 자동차발달의 개략을 살펴보기로 한다.

(1) 1600년

네덜란드 사람인 시몬 스테빈(Simon Stevin)이 풍력범주차(風力帆走車)를 발명, 28명의 승객을 태우고 시속 34 km로 2시간 동안 주행하였다고 전해지고 있다[그림 1·1 (a)].

(a) 스테빈의 풍력범주차

(b) 퀴노의 증기자동차

(c) 다이믈러의 가솔린자동차

(d) 대량생산 제1호(T형 포드)

그림 1·1 역사적인 자동차

(2) 1633년

영국 사람인 요한 하우리시(Johan Haurish)가 태엽식 자동차를 시작(試作)하여 시속 1.5 km로 주행하였다고는 하나, 실용에는 이르지 못하였다.

(3) 1765년

영국 사람인 제임스 와트(James Watt)가 뉴커먼의 대기압기관을 개량, 복동회전 증기기관을 제작하여 이것이 산업혁명의 원인이 되었다.

(4) 1769년

프랑스 사람인 조제프 퀴노(Joseph Cugnot)가 세계 최초의 증기추진, 1개의 앞바퀴, 2개의 뒷바퀴를 가진 세 바퀴 자동차를 제작하여 약 3.5 km/h로 주행하였다[그림 1·1 (b)]. 이후 약 1세기 동안 여러 가지 증기자동차가 제작되었고, 속도와 주행시간도 개선되어 전성기를 이루었다. 이 증기자동차를 제1호 차로 보는 사람도 있다.

(5) 1839년

영국 사람인 듀갈드 클러크(Dugald Clerk)가 2사이클기관을 발명, 이것은 현재 소형 자동차나 단차(單車) 등에 널리 사용되고 있다.

(6) 1873년

증기자동차와 가솔린자동차의 두 시대에 걸쳐서 영국의 데이비드슨(R. Davidson)이 납 · 아연 축전지의 사용을 시도하여, 1900년에 영국의 하드가 만든 전기차는 각 바퀴에 전동기를 붙여 시속 80 km로 달렸으며 세계 최초의 네 바퀴 구동차이기도 하다.

(7) 1885년

이 때 벤즈(F. Karl Benz)가 제작한 가솔린기관의 세 바퀴 자동차를 자동차 역사의 제1호차라 하는 것이 타당할 것이다. 독일 사람인 고틀리브 다이믈러(Gottlieb Daimler)가 최초로 기화기를 발명하여 1885년에 두 바퀴 차에 탑재하였다[그림 1 · 1 (c)].

(8) 1891년

레바솔(E. C. Levessor)이 제작한 제2호차는 앞쪽 기관 뒷바퀴 구동의 레이아웃이며 오늘날의 자동차 제1호라 할 수 있다.

(9) 1893년

미국 사람인 헨리 포드(Henry Ford)가 포드 제1호 차를 완성하여 이른바 포드 방식을 적용, 자동차 제작의 선도 역할을 하였다. 1903년에는 A형 포드, 1908년에는 T형 포드를 발표하였다.

(10) 1898년

독일의 루돌프 디젤(Rudolf Diesel)이 압축점화기관을 발명, 이것은 경유 등의 값싼 저질 연료가 사용되고 열효율도 좋아 현재에는 트럭이나 버스 등의 대형 자동차에 널리 사용되고 있다.

이상과 같이 자동차는 그 시대의 과학기술을 배경으로 크게 발달하여 왔다. 최근에는 가스터빈이나 반켈의 회전기관을 원동기로 하는 자동차도 실용 단계에 이르렀고, 나아가 원자력기관이 자동차용으로 개발될 때도 멀지 않을 것이다.

2 차량의 개념과 자동차의 정의

(1) 차량의 개념

육상에서 어떠한 목적에 따라 적당한 주행기능을 가지고 사람이나 물건을 수송하거나, 멀리 떨어진 거리까지 이동하는 특수한 목적으로 사용되는 장치를 보통 차량(車輛, vehicle)이라 하지만, 이 중에는 자동차의 종류가 아닌 레일 위를 주행하는 철도차량 또는 자주식(自走式)의 건설기계 · 농업기계 · 하역기계 등 범위가 넓다. 차량은 그 주행장치의 형태에 따라 바퀴를 이용한 장륜차량(裝輪車輛, wheeled vehicle) 외에 험한 길(惡路) 주행용의 무한궤도(caterpillar)가 있는 장궤차량(裝軌車輛, tracked vehicle), 눈 위(雪上) · 어름 위(氷上) 등에 사용되는 스키식 차량(車輛, ski-type vehicle), 수륙 양용의 목적에 사용되는 스크루식 차량(screw drive vehicle), 공기부상식(空氣浮上式) 차량(hover craft) 등이 있다(그림 1·2).

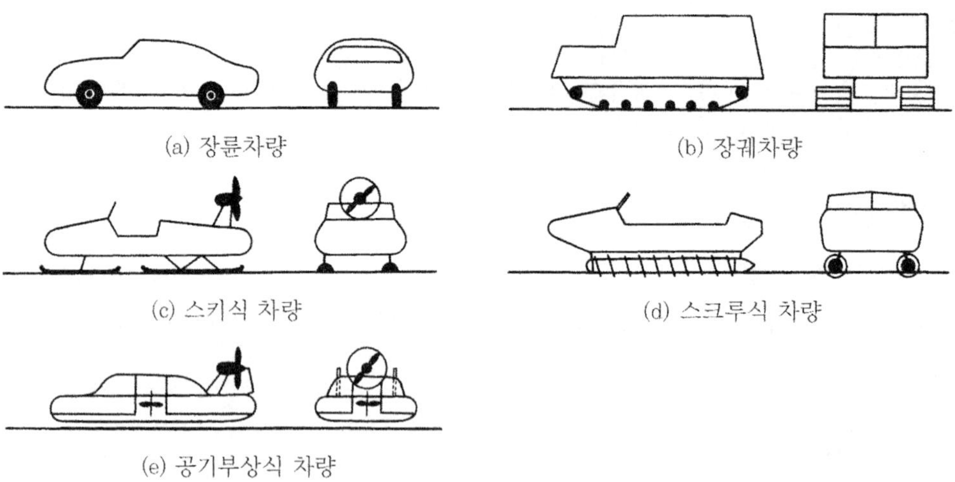

(a) 장륜차량 (b) 장궤차량 (c) 스키식 차량 (d) 스크루식 차량 (e) 공기부상식 차량

그림 1 · 2 주행장치에 따른 차량의 형식

(2) 자동차의 정의

자동차(automobile, motor car, motor vehicle)란 차량 자체에 장착된 원동기(engine)와 동력원(power source)을 사용하여 철도차량처럼 레일(rail)이나 가선(架線)에 의하지 않고 정비된 도로 위나 도로 외의 땅을 자유로이 주행할 수 있는 차량으로 정의한다. 다만 트레일러 트럭이나 트레일러 버스와 같이 견인차에 의해 견인되는 차량은 일반적으로 자

동차에 포함시키고 있다.

한국에서는 자동차관리법, 도로 운송차량법 및 한국산업규격(KS R 0011)에 따라 다음과 같이 정의하고 있다.

1) **자동차관리법**

"자동차란 원동기에 의해 육상에서 이동할 목적으로 제작한 용구 또는 이에 견인되어 육상을 이동할 목적으로 제작한 피견인차"를 말한다.

다만 대통령이 정하는 것을 제외한다고 되어 있으며, 중기관리법에 의한 중기차량, 농업기계화촉진법에 의한 농업기계, 군수품관리법에 의한 차량 및 레일 · 가선에 의하여 운행되는 차량은 자동차에서 제외된다.

2) **도로운송차량법, 도로교통법**

도로운송차량법의 경우 "자동차란 원동기를 이용하여 육상(레일과 가선 사용은 제외)에서 이동할 목적으로 제작한 용구"로 정의되어 있고, 도로교통법에서는 "원동기를 사용하여 레일이나 가선에 의하지 않고 운전되는 차로서 도로운송차량법 제3조의 규정에 의거 교통부령으로 정한 자동차"로 정의하고 있다.

3) **한국산업규격**

"자동차란 원동기와 조향장치를 구비하고 그것을 이용하여 지상을 주행할 수 있는 차량"으로 정의하고 있다.

따라서 도로상에서 사용되는 차량은 물론 도로 이외에서 사용되는 산업용 · 건설용 · 농업용 · 제설차량 · 트롤리버스 · 트레일러 등도 자동차에 포함시키고 있다. 2륜차 · 오토바이 · 스쿠터는 자동차라고 부르지 않는다.

4) **국제표준화기구**[ISO 3833-1977(E)]

"자동차란 원동기를 구비하고 도로 위를 주행하는 차량으로 2개 또는 4개 이상의 바퀴를 가지며 레일에 의하지 않고 사람이나 화물을 운반 · 견인하는 차량을 말하며, 특별한 용도로 사용되는 차량으로 가선을 사용하는 트롤리버스, 차량의 무게가 400 kg 이상의 세바퀴 차도 자동차에 포함된다"고 정의하고 있다.

현재 사용되고 있는 자동차의 원동기로는 내연기관이 대부분을 차지하며, 이 경우의 탑재동력원으로 가솔린, 경유 등의 연료를 사용한다.

1-2 자동차의 분류

1 바퀴 수에 따른 분류

바퀴 하나의 자동차도 아이디어가 전혀 없는 것은 아니나, 실용적으로 다음과 같은 두 바퀴 이상의 바퀴가 있는 자동차가 사용되고 있다.

(1) 두 바퀴 차(two wheeler)

자동 두 바퀴 차 또는 오토바이(motor bicycle), 스쿠터(scooter) 등 2개의 바퀴를 가진 소형의 자동차이다. 그 구조상 차량의 크기와 무게는 제한을 받는다. 원동기의 배기량은 원칙적으로 50~70 cm^3(C.C.)의 것이 가장 많다.

(2) 세 바퀴 차(three wheeler 또는 tricer)

그림 1·3에 세 바퀴 차의 바퀴 배치를 보여주고 있다.

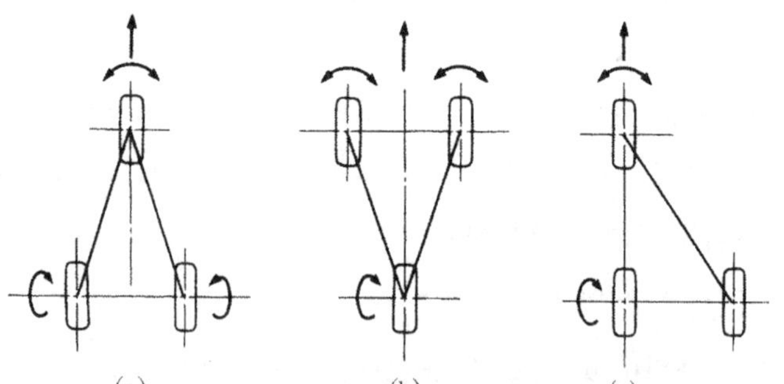

그림 1·3 세 바퀴 차의 바퀴 배치

(3) 네 바퀴 차(four wheeler)

가장 많이 사용되고 있는 네 바퀴 차는 앞과 뒤에 각각 2개의 바퀴가 장착되어 있어 앞 바퀴로 조향하는 경우가 대부분이다.

(4) 여섯 바퀴 차(six wheeler)

앞에 1축, 뒤에 2축을 가지고 있으며, 두 앞바퀴로 조향하는 형식과 앞에 2축, 뒤에 1축으로 되어 네 앞바퀴로 조향하는 형식이 있다. 네 바퀴 차와 비교하여 적재량을 증가시킬 수가 있다.

2 기관의 위치에 따른 분류

(1) 앞 기관 자동차(front engine car)

가장 보편적인 형식으로 차량 앞쪽에 탑재된 기관에 의해 뒷바퀴를 구동하는 경우가 많으나, 최근에는 앞바퀴를 구동하는 방식도 채택되고 있다.

(2) 뒤 기관 자동차(rear engine car)

(1)과는 반대로 차량 뒤쪽에 기관을 탑재한 형식이며, 가로 방향과 세로 방향이 있는데 뒷바퀴 구동이 보통이다. 이 경우 운전자의 전방 시계를 좋게 해 준다.

(3) 바닥 밑(床下) 기관 자동차(under-floor engine car)

차량의 바닥면적을 유효하게 이용하기 위해서 바닥 밑에 기관을 설치하는 형식이다. 이 때 바닥면이 높게 되는 것을 방지하기 위해 실린더를 수평방향으로 하는 평행기관을 사용한다.

(4) 측방(側方) 기관 자동차(side-engine car)

기관을 차체의 바닥 위 한쪽에 장착한 형식으로, 유럽의 버스에서 많이 볼 수 있다.

또 차량 중앙에 위치한 센터 기관 자동차도 있다(그림 1·4 참조)

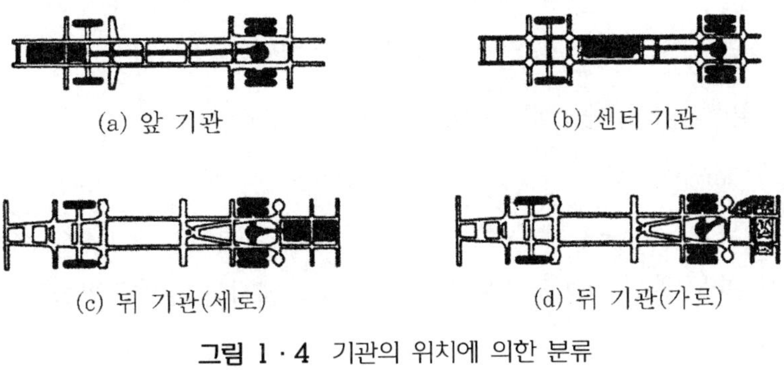

(a) 앞 기관 (b) 센터 기관

(c) 뒤 기관(세로) (d) 뒤 기관(가로)

그림 1·4 기관의 위치에 의한 분류

3 바퀴 구동방식에 따른 분류

기관의 탑재 위치와 구동 바퀴의 전후 관계에 따라 현재의 자동차에서는 다음의 6종류로 나눈다(그림 1·5).

(1) 앞 기관·뒷바퀴 구동(Front engine Rear drive ; FR)

기관을 차체의 앞쪽에 두고 뒷바퀴를 구동하는 방식으로, 가장 많이 사용되는 표준방식이다.

(2) 앞 기관·앞바퀴 구동(Front engine Front drive ; FF)

기관을 차체의 앞쪽에 두고 앞바퀴를 구동시키며, 앞바퀴에는 스티어링[操向]장치가 필요하기 때문에 구조가 복잡하나 차실 면적을 크게 한다는 이유로 최근에는 소형차에 많이 사용되고 있다.

(3) 뒤 기관·뒷바퀴 구동(Rear engine Rear drive ; RR)

기관을 차체의 뒤쪽에 두고 뒷바퀴를 구동시키는 방식으로, 차실 공간을 넓게 할 수 있어 대형 버스 등에 많이 사용된다.

(4) 바닥 밑 기관·뒷바퀴 구동(Under floor engine Rear drive ; UR)

기관을 전차와 같이 차체의 밑에 배치하여 뒷바퀴를 구동시키는 방식으로, 차실 공간을 어느 경우보다 넓게 할 수 있어 대형 버스에 많이 사용되고 있다. 그러나 안정성의 관계로 기관의 높이를 제한한다.

(5) 바닥 밑 기관·앞바퀴 구동(Under floor engine Front drive ; UF)

그림 1·5의 (f)와 같이 기관을 배치하고 앞바퀴를 구동시키는 경우로 일부 버스에서만 사용되고 있다. 다만 운전석이 높아 운전실의 거주성이 좋지 않다.

(6) 전체 바퀴[全輪] 구동(All Wheel drive : AW)

험한 길이나 급한 경사를 가진 산길 등을 주행하기 위해 앞·뒤 바퀴를 동시에 구동시키는 방식으로 작업용차, 군용차 등에 사용된다. 지프차가 그 대표적인 예이다. 네 바퀴 구동 외에 대형 여섯 바퀴 구동도 있으나, 보통 도로에서는 뒷바퀴만을 구동시키는 구조를 가지고 있다.

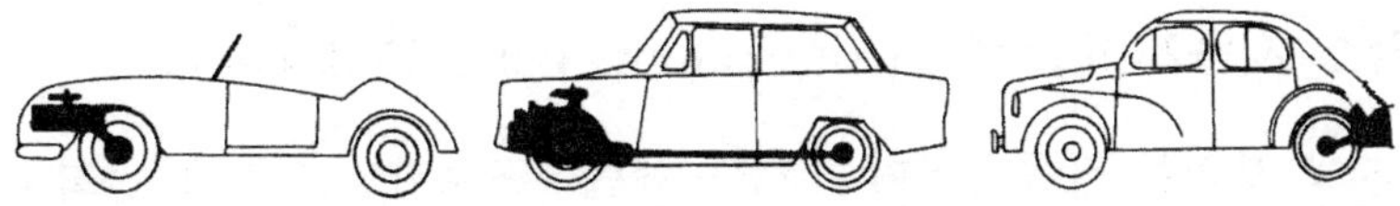

(a) 앞 기관 앞바퀴 구동 (b) 앞 기관 뒷바퀴 구동 (c) 뒤 기관 뒷바퀴 구동

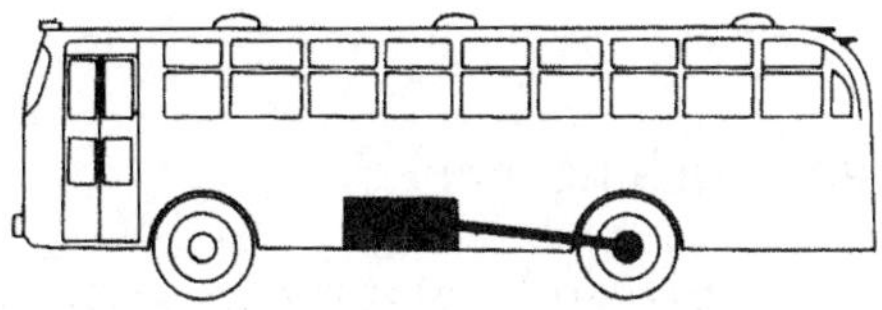

(d) 바닥 밑 기관 뒷바퀴 구동

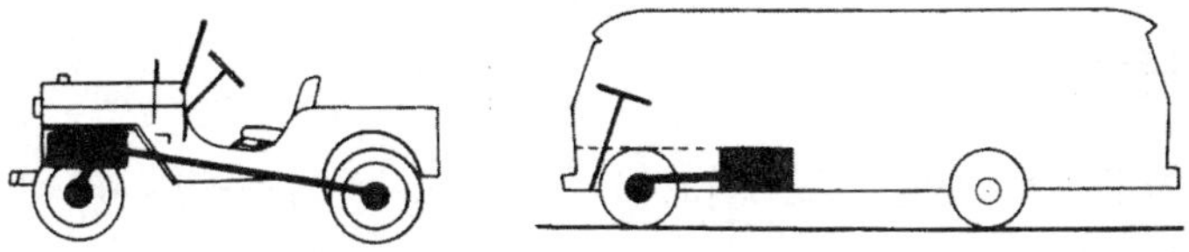

(e) 전체 바퀴 구동 (f) 바닥 밑 기관 앞바퀴 구동

그림 1·5 기관의 위치와 구동방식

4 자동차 원동기의 종류에 따른 분류

(1) 전기 자동차(electric vehicle)

모터(전동기)를 원동기로 하는 자동차로서, 축전지에 충전된 전기를 사용하여 주행하는 것이다. 현재의 축전지는 무게가 무겁고 충전이 쉽지 않다는 결점을 가지고 있으나 소형·경량·고성능의 것이 얻어지든가, 태양전지·연료전지와 같은 획기적인 전원이 장차 실용화되면 현재 자동차의 주종인 가솔린자동차와 대체가 될 것이다. 소형차는 시험운행 중에 있다.

(2) 가솔린 자동차(gasoline engine car)

가솔린기관을 원동기로 하는 자동차로서, 현재 대부분을 차지하고 있다.

(3) 디젤 자동차(diesel engine car)

디젤기관을 원동기로 하는 자동차이다. 값이 싼 경유 등을 사용하므로 버스, 트럭 등 대형차에 널리 사용되어 왔으나 최근에는 소형차에도 진출하고 있다.

(4) 액화가스 자동차[liquefied petroleum gas(LPG) car]

보통 LPG 차로 불리는 자동차이며, 메탄 · 에탄 · 프로판 · 부탄 등 탄화수소화합물의 액화석유가스를 연료로 한다. 특별한 원동기를 사용하는 것이 아니고 가솔린기관을 그대로 사용한다.

(5) 가스터빈 자동차(gas turbine car)

가스터빈을 원동기로 하는 자동차이며, 현재로서는 연구시작(研究試作) 단계이나 앞으로 기대할 수 있는 자동차이다.

(6) 기타 자동차

저공해 자동차용으로 천연가스 · 연료전지 · 수소 · 하이브리드 등 다양한 원동기가 연구를 거쳐 실용단계에까지 접근, 일부는 시험운행 중이다.

5 운전실의 위치에 따른 분류

(1) 보닛형(bonnet type)

보닛은 차체의 기관을 덮어씌우는 부분인데, 이 보닛이 운전석의 앞부분에 돌출하여 있는 모양으로, 승용차는 대부분이 이 형상이다.

(2) 캡 오버형(cab over type)

캡은 운전석으로서 기관의 위쪽에 운전실이 있으며 운전실이 차체의 제일 앞쪽에 위치하고 있는 형상으로, 차실 공간도 넓으며 시계가 좋아 대형 버스에 많이 사용되고 있다.

(3) 세미 캡 오버형(semi-cab over type)

보닛형과 캡 오버형의 중간적인 형상으로서, 기관의 후반부가 운전실에 들어가고 전반부는 차체의 앞쪽에 나와 있는 형상이다(그림 1·6 참조).

(4) 틸트-캡형(tilt-cab type)

이 형식은 소형 화물자동차에 많이 사용되는데, 기관의 수리 또는 정비를 요할 때는 운전실을 앞으로 넘길 수 있는 형식으로 그 구조상 캡 오버형의 것이 많다.

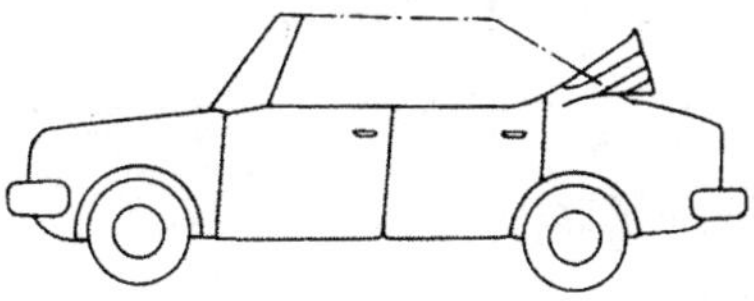

(a) 보닛형

(b) 캡 오버형

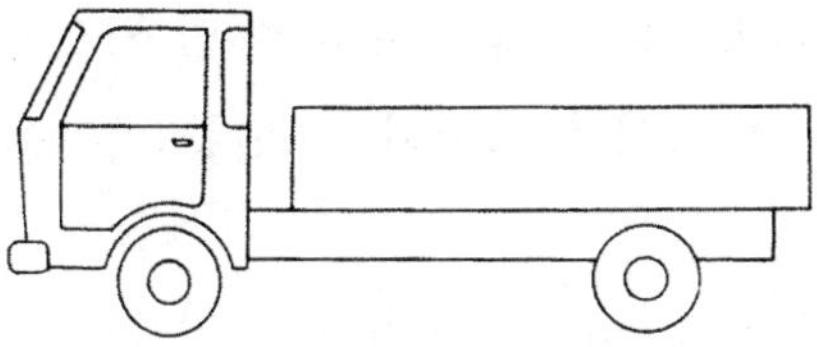

(c) 세미 캡 오버형

그림 1·6 운전실의 위치에 따른 분류

6 용도와 형상에 따른 분류

(1) 승용차(passenger car)

사람이나 수하물 또는 물건을 수송할 목적으로 설계된 자동차로 되어 있으며, 이용할 수 있는 좌석은 운전석을 포함하여 10석 이하의 자동차이다(그림 1·7).

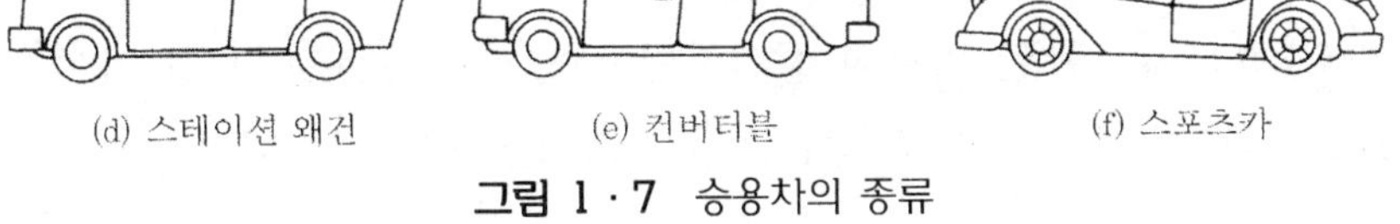

(a) 세단 (b) 리무진 (c) 쿠페

(d) 스테이션 왜건 (e) 컨버터블 (f) 스포츠카

그림 1·7 승용차의 종류

1) **상자형**[箱形, closed car]

① **세단**[sedan(美), saloon(英)] : 앞과 뒤 2열로 합계 4석 이상의 좌석을 구비한 4도어(door)이며 4~6인승이다. 2도어형도 있다. 독일에서는 리무진(limousine), 프랑스에서는

베르리느(berline), 이탈리아에서는 베르리나(berlina)라고도 부른다.

② **리무진**(limousine) : 앞과 뒤 2열의 좌석을 구비하고 있으며, 그 사이에 칸막이가 만들어진 구조로 임페리얼 세단, 브루만 세단이라고도 한다.

③ **쿠페**(coupé) : 1열의 주좌석을 가지는 2~3인승의 2도어 차로, 세단보다 경쾌하며 주행성능도 우수하다.

④ **스테이션 왜건**(station wagon) : 세단의 변형으로 트렁크 부분을 없애고 차실을 연장하여 그 후부를 화물실로 만들고, 차체 후면에 큰 도어를 설치하고 있다. 이것을 포함하여 3도어 또는 5도어라 하며 4~6인승이 많다.

영국의 이스테이트 카(estate car), 독일의 콤비(kombi), 프랑스의 브리크(break) 등이 이에 속한다.

⑤ **컨버터블**(convertible) : 천장을 접을 수 있는 천이나 금속 또는 플라스틱으로 만들어 임의로 개폐할 수 있는 세단이나 쿠페를 말한다.

2) 덮개형

① **패톤**(faton) : 5~6인승으로 앞과 뒤 2열의 좌석을 가지고 있으며, 4도어로 뒤쪽에 접을 수 있는 천장을 가지고 있다.

② **로드스터**(roadster) : 2~3인승으로 1열의 좌석을 가지고 있으며, 2도어로 뒤쪽에 접을 수 있는 덮개형의 천장을 가지고 있다.

3) 운동용차

① **스포츠 카**(sports car) : 운전을 즐기기 위해 만든 경쾌한 차로, 고도의 조종성과 주행성능을 가지고 있다.

② **경주용 차**(racer) : 경주 전용차로, 고속으로 주행하기 위해 불필요한 부분을 일체 생략하고 한정된 부피의 기관으로 최고의 속도를 내도록 만들어졌다.

③ **그라운드 투어링 카**(grounded touring car ; GT) : 스포츠카에 대해 일반의 실용차를 투어링 카라 하는데, GT란 이들의 중간적인 성능이나 형상을 가진 차이다.

④ **고카트**(gocart) : 1인승의 아주 작은 차로, 오락용으로 사용된다.

(2) 버 스

1) 표준형

종래부터 사용되어 오던 형상의 보닛형이었으나, 최근에는 바닥 밑 기관형 · 후기관 형이 주류를 이루며 승차 정원의 증가를 기하고 있다(그림 1·8).

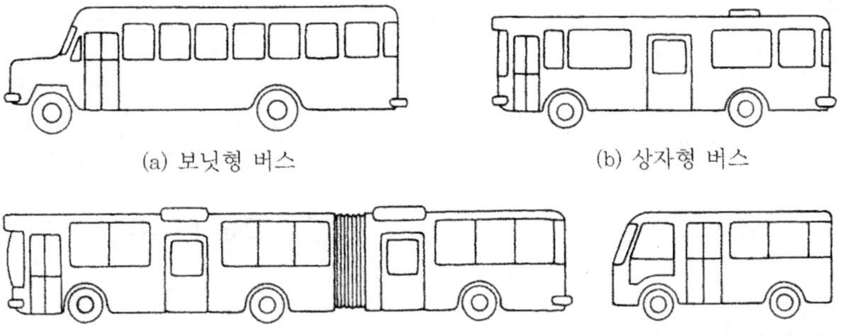

(a) 보닛형 버스 (b) 상자형 버스

(c) 연접버스 (d) 마이크로 버스

그림 1·8 형태에 의한 버스의 분류

2) **연접(連接) 버스**

흔히 쌍둥이 버스라고도 하며, 보통의 버스 뒤쪽에 또는 하나의 버스를 열차와 같은 연결부로 연결한 버스이다. 승객은 연결부를 통해 자유로이 양쪽 차실로 이동할 수 있다.

3) **트레일러 버스**(trailer bus)

견인용의 트랙터에 길고 큰 객석(승객) 전용의 차체를 연결한 버스이며, 승차 정원이 많은 특징이 있다.

4) **라이트 버스**(light bus)

표준형 버스이며 정원은 30명 미만으로 캡 오버형을 채택하고 있다. 정원이 17명 미만의 것은 마이크로버스라고 한다. 또 2층형 버스도 있다.

(3) 트럭

1) **한 방향 개방**

짐 싣는 곳의 뒤쪽 측판(側板)만을 여는 형식으로, 적재량 2톤 이하의 소형차와 중형차에서 많이 볼 수 있다.

2) **세 방향 개방**

짐 싣는 곳의 세 방향 측판(側板)을 열 수 있어 화물을 싣는 데 편리하며, 적재량 2톤 이상의 대형차에 많다. 그림 1·9는 일반적인 트럭이다.

3) **깊은 차체**

신문, 우편물, 수화물 등의 경량화물을 수송하는 자동차에 적합한 형으로, 화물실의 양쪽이 높은 철판으로 되어 있고 뒤쪽 문이 열리게 되어 있다.

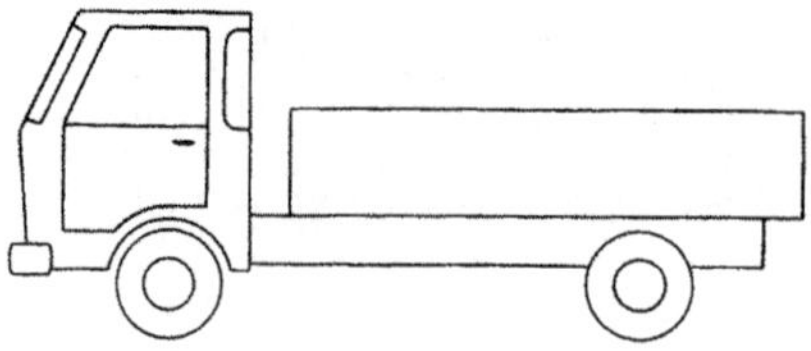

그림 1·9 트 럭

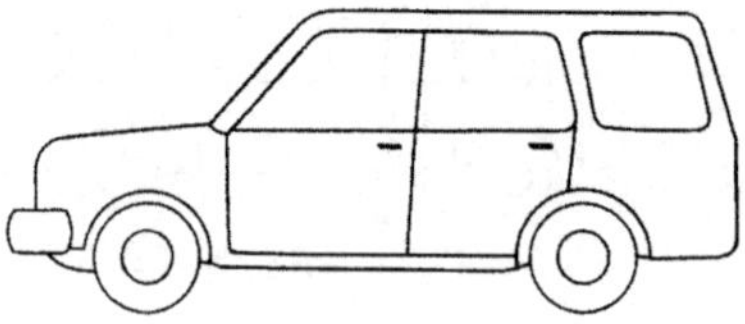

그림 1·10 라이트 밴

4) **라이트 밴**(light van)

운전실과 화물실이 일체로 되어 있는 차로, 가벼운 화물이나 상품수송에 사용되고 있는 화객(貨客) 겸용차로 스테이션 왜건과는 다른 트럭이다. 보통 승용차의 섀시를 사용하고 있고 뒤쪽 좌석은 앞쪽으로 접을 수 있으며, 2~5인의 정원이나 400~500 kg 정도의 화물을 실을 수 있고 뒤쪽에 도어가 있다(그림 1·10).

5) **픽업**(pickup)

라이트 밴과 마찬가지로 화객 전용의 상용차(商用車)로 한 방향 개방 차체로 뒤쪽만이 열리는 구조이다. 2~5인의 정원과 또는 400~500 kg의 화물을 실을 수 있다(그림 1·11).

그림 1·11 픽 업

(4) 특별 용도차

선전차 · 구급차 · 우편차 · 냉장차 등이 있다.

그림 1·12 액체운반차

그림 1·13 덤프 트럭

(5) 특별 장비차

탱크 로리(tank lorry) · 덤프 트럭(dump truck) · 믹서차 · 위생차 · 소방차 · 레커차 등이 있다(그림 1·12 및 1·13).

(6) 특수차

산업용 트랙터 · 포크리프트 트럭(fork lift truck) · 셔블 트럭(shovel truck) · 구내 운반차 · 로드 롤러(road roller) · 타이어 롤러(tire roller) · 불도저(bulldozer) · 모터 그레이더(motor grader) · 트랙터 셔블(tractor shovel) · 셔블(shovel)계 굴삭기 · 자주 크레인 · 농업용 트랙터 · 제설자동차 등이 있다(그림 1·14).

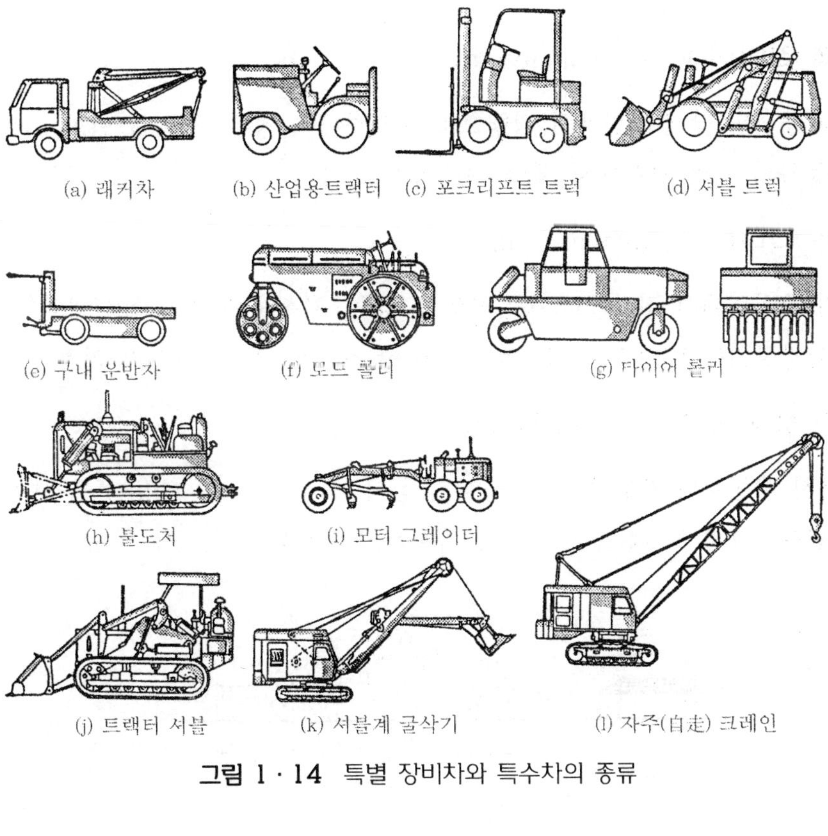

그림 1·14 특별 장비차와 특수차의 종류

(7) 군용차

수륙양용차 · 장갑차 · 전차 등이다.

1-3 자동차의 제원과 정의

자동차의 안전기준에 따르면 구조 및 장치가 안전운행에 적합하도록 갖추어야 할 조건, 즉 안전기준이나 제원을 법적으로 규정하고 있다. 자동차의 제원 표시에는 치수·무게·성능 등이 있다. 제원은 ISO나 미국자동차기술협회(SAE)의 규격 또는 각국의 산업규격으로 그 기재방법이 자세하게 규정되어 있다.

1 치수의 정의

(1) 전체 길이(全長, overall length)

자동차의 중심면 및 접지면에서 평행으로 측정하였을 경우, 부속물(범퍼·미등 등)을 포함하는 자동차의 제일 앞쪽에서 제일 뒤쪽까지의 거리.

(2) 전체 나비(全幅, overall width)

자동차의 중심면에서 직각으로 측정하였을 경우, 부속물을 포함하여 제일 넓은 곳의 폭[荷臺 및 환기장치는 닫혀진 상태, 백미러(back mirror)는 포함되지 않음].

(3) 전체 높이(全高, overall height)

접지면에서 자동차의 제일 높은 곳까지의 높이. 폴 안테나는 제일 낮게 하였을 때의 상태로 측정한다. 그림 1·15는 주요부의 치수를 표시한다.

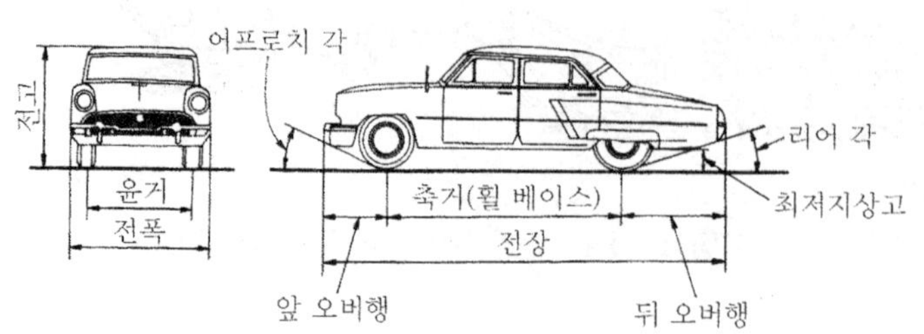

그림 1·15 자동차 각부의 치수

(4) 축거(軸距, wheel base)

앞과 뒤 차축 중심 사이의 수평거리. 그림 1·16과 같이 3축일 경우는 앞 차축과 중간축 사이를 제1축거, 중간축과 뒤 차축 사이를 제2축거라 한다.

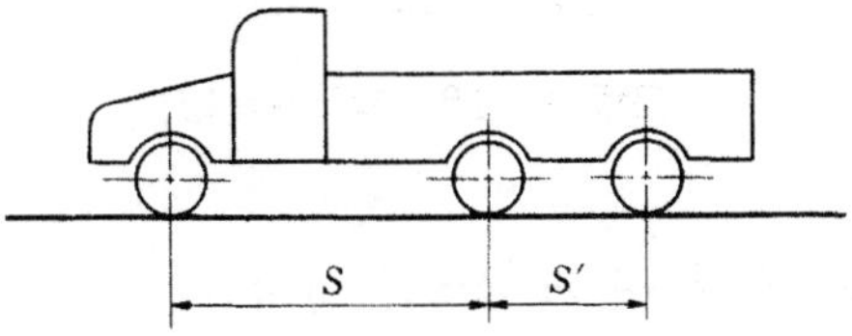

그림 1·16 축 거

(5) 윤거(輪距, tread)

좌우 타이어의 접지면 중심 사이의 거리. 복수의 바퀴일 때에는 복륜타이어의 중심을 잡는다. 앞차축의 윤거 T_F와 뒤차축 윤거 T_R의 2종이 있다(그림 1·17).

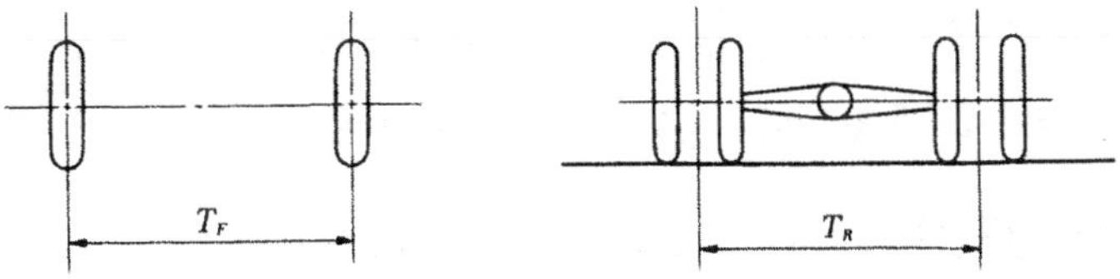

그림 1·17 윤 거

(6) 중심 높이(重心高, height of gravitational center)

접지면에서 자동차의 무게 중심까지의 높이로서 적재상태일 때에는 그 뜻을 부가기록 한다. 무게 중심의 높이가 높으면 최대 안정 경사각도가 작게 되고 불안정하게 된다.

(7) 최대 안정경사각

빈 차[空車]상태에서 자동차를 경사시켰을 경우, 반대측의 전체 바퀴가 바닥면에서 떨어질 때에 바닥면과 수평면이 이루는 각도이다.

(8) 최저 지상고(ground clearance)

자동차의 중심면에 수직인 평면에 투상된 자동차의 중심면으로부터 좌우 l 사이의 가장 낮은 부분의 접지면에서의 높이(그림 1·18)를 말한다.

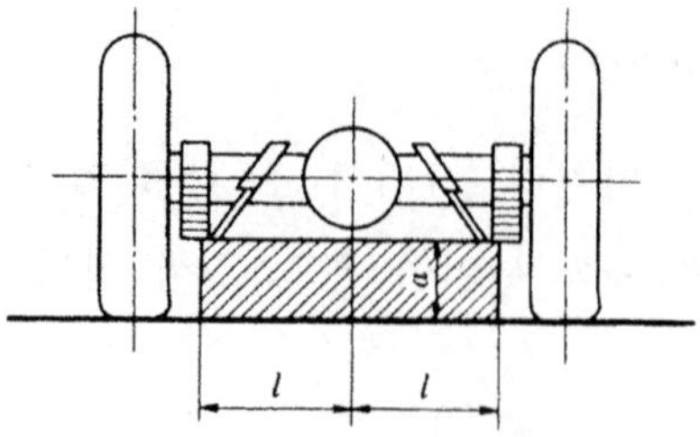

그림 1·18 최저 지상고

바퀴가 하나일 때 : l=윤거/2－림 나비

복수 바퀴일 때 : l=윤거/2－2×림 나비

(9) 앞 오버행(front overhang)

제일 앞쪽 차축의 중심을 지나는 수직면에서 자동차의 제일 앞쪽까지의 수평거리를 말하며 범퍼, 훅 등 자동차에 고정되어 있는 것은 여기에 포함된다.

(10) 뒤 오버행(rear overhang)

제일 뒤쪽 차축의 중심을 지나는 수직면에서 자동차의 제일 뒤쪽까지의 수평거리를 말하며 범퍼, 견인용 훅 등 자동차에 고정된 것은 여기에 포함된다.

(11) 최소 회전 반지름(minimum turning radius)

자동차가 최대 조향각도를 유지한 채 저속으로 선회하였을 경우, 제일 바깥쪽 바퀴의 접지면 중심이 그리는 반지름을 말하며, 다음 식에 의해 계산할 수 있다(그림 1·19).

$$R = \frac{L}{\sin\alpha} + r$$

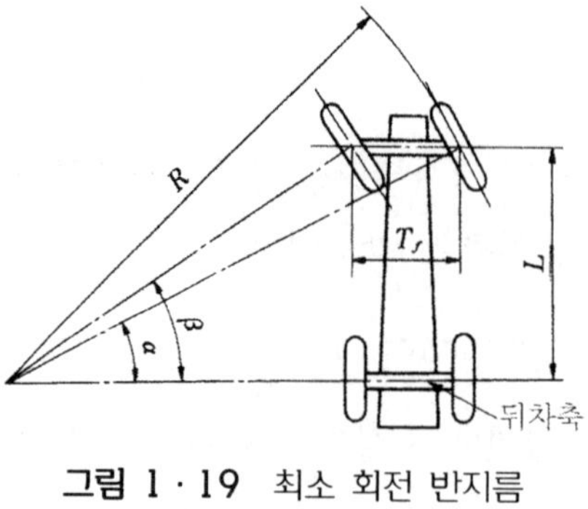

그림 1·19 최소 회전 반지름

여기서, R : 최소 회전 반지름　　　L : 축거

α : 바깥쪽 바퀴의 조향각도　r : 킹 핀에서 휠 중심까지의 거리

다만, 윗식으로 계산될 때에는 다음 식을 만족해야 한다.

$$L\left(\frac{1}{\tan\alpha} - \frac{1}{\tan\beta}\right) \fallingdotseq T_F$$

여기서 α : 바깥쪽 바퀴의 조향각　　β : 안쪽 바퀴의 조향각

T_F : 앞차축의 축거

(12) 어프로치 각(approach angle)

앞바퀴의 접지점과 차량 앞쪽 끝 밑면을 연결하는 선이 도로면과 이루는 각도를 말한다.

(13) 리어 앵글(rear angle)

뒷바퀴의 접지점과 차량 뒤쪽 끝 밑면을 연결하는 선이 도로면과 이루는 각도를 말한다.

2 중량의 정의

(1) 공차 중량(unladen vehicle weight)

차량중량이라고도 하며, 빈 차[空車]상태(화물은 없고 연료 · 냉각수 · 윤활유 등을 가득 채우고 운행에 필요한 장비를 한 상태)에서의 자동차의 중량이다.

(2) 최대 적재량(maximum pay load, maximum loading capacity)

트럭 등에 허용된 최대의 적재량이다.

(3) 차량 전체 중량(gross vehicle weight ; GVW)

최대 적재 상태에서의 자동차의 중량. 빈 차 중량에 자동차의 승차정원 또는 화물의 최대 적재량을 합한 중량이며, 인원 1인의 무게는 55 kg으로 계산하고, 12세 미만의 어린 아이는 3인을 승차정원 2인으로 환산한다.

(4) 배분 중량(distributed weight)

최대 적재 상태에서의 자동차 각 차축에 대해 배분된 중량을 말하며, 그 합은 총중량과 같다.

(5) 중량 배분비(weight distribution ratio)

각 차축의 배분중량의 백분율(%)이며, 빈 차 상태인가 탑재 상태인가를 명기한다.

(6) 섀시 중량(chassis weight)

빈 차 상태에서의 섀시의 중량. 특별한 기록이 없을 때는 운전대도 없는 상태이다.

(7) 승차 정원(riding capacity)

좌석, 입석을 계산한 최대의 승차 인원이다.

(8) 좌석 정원(seating capacity)

승객정원(운전자 · 조수 · 안내원 등의 승무원 제외) 중에 좌석에 앉을 수 있는 최대 정원이다(단, 보조석 포함).

(9) 입석 정원(standing capacity)

승객정원 중 서서 승차하는 것이 허용된 최대 인원이다.

3 성 능

자동차의 성능에 대해서는 제11장에서 상세하게 설명하고 있으므로 여기서는 요점만을 설명하기로 한다.

(1) 자동차 주행성능 선도

자동차의 주행속도에 대한 구동력곡선 · 주행저항곡선 및 변속기의 각 변속에서의 기관의 회전속도를 하나의 그림으로 정리한 것(그림 1·20)이다.

(2) 최고속도(maximum speed)

적재 상태에서의 자동차가 수평인 평탄한 도로면에서 낼 수 있는 최고의 속도, 1시간당의 주행거리이며 km/h로 표시한다.

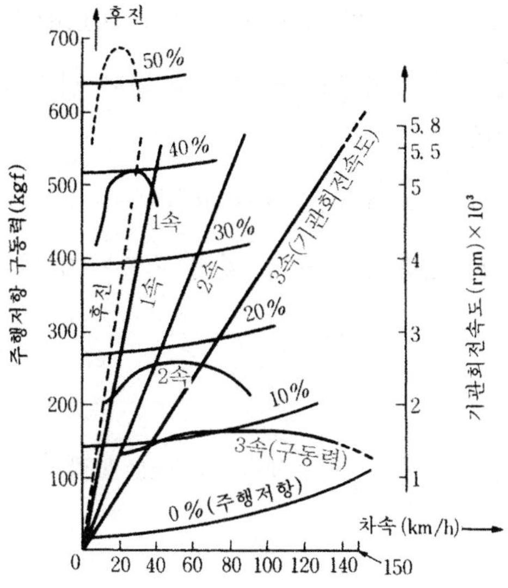

그림 1·20 자동차 주행성능 선도

(3) 연료소비율(rate of fuel consumption)

자동차가 단위시간 또는 단위 주행거리에서 소비하는 연료의 양, 보통 연료의 단위체적당 주행되는 거리를 말하며 km/L로 표시한다.

(4) 등판(登坂)능력(hill climbing ability)

자동차가 적재 상태에서 언덕을 올라갈 수 있는 능력, 등판할 수 있는 최대 경사각도로 표시된다. 일반적으로 그림 1·21에서 $b/a=\sin\theta$로 표시되어 있으나, $b/c\times100(\%)$로 표시하는 경우도 있다.

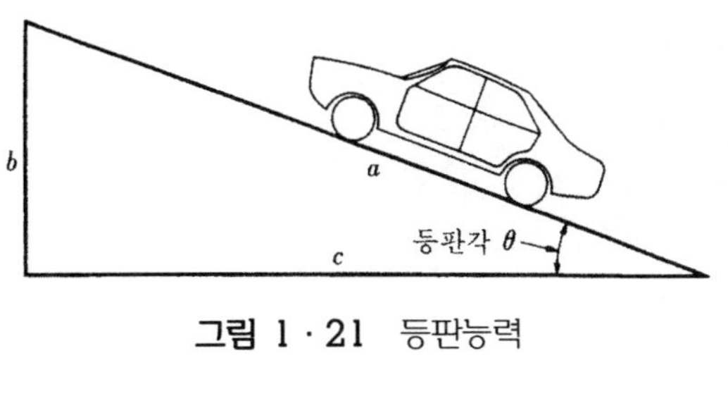

그림 1·21 등판능력

(5) 가속능력(accelerating ability)

자동차가 평지주행에서 가속할 수 있는 최대 여유력, 보통 다음의 두 가지가 사용된다.

1) **발진 가속능력**(standing start accelerating ability)

자동차가 정지 상태에서 출발하여 적절하게 변속해서 일정 거리를 주행하는 시간으로 구해지는 최대 가속능력이다.

2) **추월 가속능력**(passing accelerating ability)

자동차가 어느 초속도에서 변속하지 않고 일정 속도까지 가속하는 시간으로 구해지는 최대 가속능력이다.

(6) 정지거리

운전자가 제동조작을 한 순간부터 자동차가 정지할 때까지의 주행한 거리. 공주거리에 제동거리를 합한 것이다.

1) **공주(空走)거리**

운전자가 운전 중에 이상을 발견하고 가속 페달에서 발을 떼면서부터 브레이크 페달을 밟아 제동작용으로 감속이 시작되기까지 사이에 자동차가 주행한 거리이다.

2) **제동거리**

브레이크가 작동하여 감속이 시작되고 자동차가 정지할 때까지의 주행한 거리이다.

자동차의 기본적 구조

2
chapter

2-1 일 반

자동차의 구조를 기능적으로 크게 나누면 주행에 필요한 장치를 구비한 **섀시**[車臺, chassis]부와 사람이나 화물을 수용하기 위한 **보디**[車體, body]부가 있다. 구조적으로는 최근 들어 승용차에 많이 적용되고 있는 것으로, 섀시와 보디를 일체화하여 구조상 또는 강도상으로 분리되지 않는 **단체구조**(單體構造, monocoque construction)와 트럭이나 버스의 대부분과 같이 섀시와 보디가 분리되는 **분리구조**로 나누어진다.

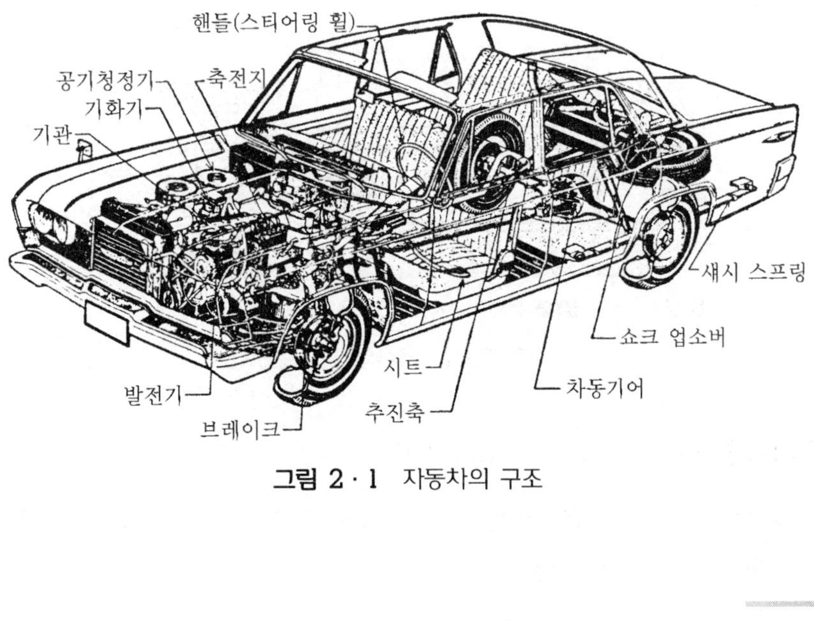

그림 2·1 자동차의 구조

분리구조의 경우, 섀시에는 자동차를 구성하는 기관, 전달장치 · 구동장치, 그 외에 각종 부품을 장착하고, 자동차에 작용하는 외력을 받기 위해 견고한 프레임이 전후방향으로 바닥 밑면을 통과하고 있다. 단체구조의 경우에는 이와 반대로 튼튼한 프레임은 특히 사용하지 않고 강판을 프레스 가공한 것을 결합하여 보디를 만들고, 이 보디 자체가 섀시의 역할을 하며 자동차에 걸리는 외력을 수용하도록 하고 있다. 이와 같이 재료를 유효하게 이용하고 있으므로 무게가 가벼워짐은 당연하다. 단체구조에 대한 더 자세한 내용은 2-4 보디에서 설명하고 있다. 그림 2·1은 자동차의 구조도이다.

2-2 섀 시

1 섀시의 기능요소

앞에서 언급한 바와 같이 섀시는 그 자체가 자동차(自動車)로서 주행 가능한 능력을 가진 부분이며, 이 섀시 각부의 요소를 기능적으로 체계화시키는 것은 주행기계로서의 자동차를 이해하는 데 의미가 있다고 할 수 있다(그림 2·2 참조).

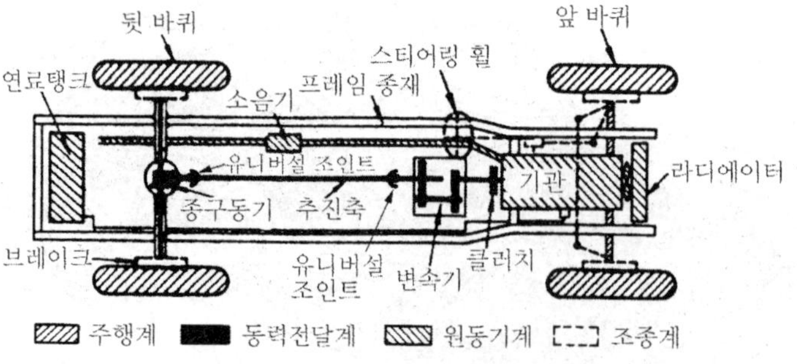

그림 2·2 섀시의 기능요소

(1) 원동기계통(engine power plant system)

자동차에 필요한 동력을 발생시키는 기능을 가진 시스템으로, 기관 본체와 여기에 부착된 몇 개의 장치로 구성되어 있다.

1) **기관 본체**(engine)

자동차용 기관에 대해서는 제3장에서 설명한다. 현재는 왕복 피스톤 기관이 대부분을 차지하며, 자동차 진동의 가장 큰 원인의 하나로 간주된다. 따라서 기관 본체의 프레임에 대한 마운팅(mounting)에는 특별히 진동방지 대책을 중요시하며, 기관과 프레임 지지부(cross member) 사이에는 고무 등의 진동방지 흡수 재료를 넣어 기관의 진동이 프레임이나 보디, 좌석 등에 전달되는 것을 방지한다.

2) **냉각장치**(cooling system)

수냉식 기관에서는 냉각수를 순환시켜 기관의 과열을 방지한다. 방열기, 냉각 팬(fan), 물 펌프 등으로 되어 있다.

공기냉각식 기관의 경우에는 냉각 팬에 의한 강제송풍으로 냉각공기를 직접 실린더 외면에 접촉시켜 냉각을 한다.

3) **시동장치**(starting equipment)

시동전동기에 축전지 전원에서의 전류를 공급하여 기관을 회전시켜 시동시키기 위한 장치이다. 시동전동기는 직류직권형이 사용되며, 기관에 대해서 최소시동회전수(50~150 rpm) 이상의 회전을 준다.

4) **배기장치**(exhaust system)

기관의 각 실린더에서 배출되는 배기가스를 배기다기관(exhaust manifold)으로 하나의 배기관에 모아 차량 뒤쪽에서 대기 중에 배출한다. 중간에 1~2개의 소음기(muffler)를 넣어 되도록이면 소음을 감소시킨다.

5) **연료장치**(fuel system)

기관에 필요한 연료를 공급하는 장치이며 가솔린기관에서는

연료 탱크 → 연료관 → 연료 펌프 → 기화기 → 흡기분배관

에 이르는 계통으로 되어 있다. 디젤기관에서는 기화기 대신에 연료분사 펌프가 사용된다. 그 밖에도 흡기음을 없애기 위한 **흡기소음기**(intake silencer), 흡기에서의 먼지를 제거하기 위한 공기청정기 등의 부속장치가 포함된다.

6) **점화장치**(ignition system)

가솔린기관에서 혼합기체를 점화하기 위한 장치이며, 많이 사용되는 축전지식의 경우에는 축전지 전원에서 전류를 공급받아

점화 스위치 → 점화 코일 → 배전기 → 점화 플러그

에 이르는 계통으로 된다. 그러나 고압 자석발전기식에서는 점화 코일 대신에 영구자석을 사용한 교류발전기에 의해 높은 전압을 발생시킨다.

디젤기관에서는 이와 같은 점화장치는 없고 시동의 경우에만 전열방식에 의한 글로 플러그(glow plug)에 전류를 흘려보내 빨갛게 가열된 상태로 하여 흡입공기를 가열해서 가열 공기를 공급하게 하고 기관을 시동한다.

(2) 동력전달계통(power transmission system)

기관에서 발생된 동력을 구동 바퀴까지 전달하며, 그 사이에는 필요한 동력의 차단과 접속, 토크 변환, 차동운동 등을 하는 기능을 구비한 전동장치 및 구동장치의 두 부분으로 구성된다.

1) 전동장치(transmission mechanism)

기관에서 발생된 동력은 먼저 **클러치**(clutch)에 전달된다. 클러치 페달의 조작에 의해 동력의 차단과 접속을 하는 구실을 하며, 또 기관의 플라이 휠(fly wheel)로서의 기능을 가지고 있어 기관의 회전변동을 흡수하여 회전운동을 원활하게 한다.

이 클러치 다음에는 **변속기**(speed change gear)나 트랜스엑슬(transaxle)이 있어 기관 회전수에 대한 토크 특성이 평탄한(회전수에 대해 토크가 일정한 상태) 내연기관 출력에 대해서 주행 조건에 적합한 토크 변환을 시키는 기능이 주어져 있다.

역회전이 불가능한 내연기관에 대해서 후진 때에 필요한 후진기어나 기구도 구비하고 있다.

2) 구동장치(driving mechanism)

변속기 뒤에는 먼저 양쪽에 유니버설 조인트(universal joint)와 그 중간에 슬립 조인트(slip joint)를 구비한 추진축이 배치되어 있으며, 동력 전달축에 얼마간의 경사와 축방향의 비틀림 운동을 허용하면서 변속기에서의 회전동력을 감속기에 전하는 기능을 가지고 있다. 이 추진축의 후부에는 차동 케이스(differential case)가 뒤차축관의 중앙부에 있어 내부에 감속기어와 차동장치로 구성된 **최종구동장치**(final drive gear)가 수용되어 있다.

먼저 감속기어는 추진축에서의 회전수를 줄여 토크를 증대시키는 기능을 가지고 있다. 따라서 소형의 감속 소기어(final driving gear, pinion gear)와 지름이 큰 감속 대기어(driven gear, ring gear)의 조합으로 구성되어 있다.

차동장치는 베벨 기어로 이루어진 기어열(列)로 되어 있으며, 자동차가 선회운동을 할 때 양쪽 구동 바퀴에 토크를 전하면서 내·외 바퀴에 회전차이를 주어 차량의 선회를 쉽게 하는 기능을 가지고 있다.

(3) 주행계통(running gear system)

자동차가 노면을 따라 주행할 때 저항을 줄여 되도록 효율이 좋게 차량을 움직여 차량의 안정성 및 승차감을 좋게 하며, 동시에 기관에서의 동력을 유효하게 추진력으로 이용하는 데 필요한 기능을 구비한 시스템이다. 구름운동을 하는 바퀴, 바퀴를 지탱하는 차축 및 이것의 스프링 밑 부분과 프레임 중간에 존재하여 노면에서의 진동과 충격 등을 완화 · 흡수하는 현가장치 등으로 구성되어 있다.

1) **차축**(axle)

차축에는 앞 차축과 뒤 차축이 있어, 바퀴의 조향 바퀴 여부 또는 구동 바퀴의 여부에 따라 차축 구조는 현저하게 달라진다. 또 차축 현가방식에 따라서도 그 형상을 달리하고 있다.

2) **바퀴**(wheel)

바퀴도 앞과 뒤 위치에 따라 앞바퀴와 뒷바퀴로 구별되며, 어느 것이나 공기 타이어를 바퀴 림(wheel rim)에 끼운 구조이고 차축에는 바퀴 허브(wheel hub)를 통해 부착되어 있다.

타이어는 내부에 공기가 들어 있는 **타이어 튜브**(tire inner tube)를 가지는 고무 타이어가 많으나, 최근에는 튜브가 없는 **튜브리스 타이어**(tubeless tire)도 많이 보급되고 있다.

3) **현가장치**(懸架裝置, suspension system)

진동 완화를 위해 사용되는 섀시 스프링(suspension spring)에는 판(板) 스프링 · 코일 스프링 · 비틀림 막대 스프링(torsion bar spring) · 공기 스프링 등의 종류가 있다.

승용차 등에는 특히 승차감이 좋도록 섀시 스프링을 부드럽게 설계하는 경향이 있는데, 이 경우에는 고유진동의 이론식에 의해서도 알 수 있듯이 차체부, 즉 스프링 상중량(sprung weight)의 진동주기는 길게 되고 차량에 상방향의 바운싱 또는 피칭이 일어나면 진동은 오래 지속된다. 승용차의 경우에는 보통 6~7회 진동해서 멈추는 정도이다. 이와 같은 진동을 빨리 멈추려면 **쇼크 업소버**(shock absorber)를 차축과 프레임 사이에 넣는다. 이것은 차량의 롤링을 방지하는 데에도 어느 정도의 효과가 있다. 특히 섀시 스프링을 유연하게 만든 차는 선회 때의 롤링이 크고 불쾌감을 일으키는 경우가 있으며, 이것을 방지할 목적으로 좌우 **진동방지기**(stabilizer 또는 antiroll bar)가 사용된다.

(4) 조종계통(control system)

차량을 운전자의 의사대로 자유롭게 조정하여 주행시키기 위한 기능을 가진 장치이다. 이 중에는 3계통의 독립된 제어기능요소를 포함하고 있다.

1) **스티어링 장치**(**操向裝置**, steering mechanism)

자동차의 방향전환이나 직선운동의 유지 등 조향을 하는 데 필요한 기구로 일체차축식인 경우

스티어링 휠(steering wheel) → 스티어링 칼럼(steering column tube) · 스티어링 축(steering shaft) → 스티어링 기어(steering gear) → 피트먼 암(pitman arm) → 너클 암(knuckle arm) → 타이 로드(tie rod) → 드래그 링크(drag link) → 스티어링 암(steering arm) → 핸들측 앞바퀴 → 너클 암 → 반대측 앞바퀴

에 이르는 조정 링크로 되어 있으며, 스티어링 휠에 어느 회전각(휠 조향각)이 주어지면 앞바퀴에는 여기에 대응한 회전각(實向角)이 생긴다. 이 때 스티어링 기어에 주어진 기어비(比)에 의하여 스티어링 휠에 가해진 조향력(토크로 간주)은 승용차가 10~20배, 중량차에서는 15~30배 정도로 확대되어 조향 바퀴에 작용한다.

또 최근에는 차량의 대형 · 중량비에 따라 인력에 의한 스티어링 휠 조작은 어렵게 되고, 유압 등의 동력장치를 이용한 동력 스티어링 장치(power steering mechanism)가 사용되는데, 대형 버스나 트럭 또는 대형 승용차 등이 그 사용 예이다.

2) **가속장치**(speed control mechanism)

기관출력의 제어 및 기관동력의 차단과 연결제어(off and on control)를 하는 계통으로

가속 페달(accelerator pedal) → 기관 가속 레버(throttle lever)

클러치 페달(clutch pedal) → 클러치 요크(clutch yoke)

에 이르는 2계열의 기구로 되어 있다.

3) **제동장치**(braking system)

제동장치는 ① 주행 중의 차량 속도를 저하시키고, ② 정지시키며, ③ 정지 상태를 멈추게 하는 등의 세 가지 작용을 하는 데 필요한 장치이다. 이들 목적에 부응하여 2~3계통의 독립된 장치를 가진다.

첫째, 상용(또는 서비스) 브레이크 계통으로서의 **풋 브레이크**(foot brake)로 브레이크 페달을 밟아 바퀴에 제동을 건다. 위의 목적 ① 및 ②에 대해 사용한다. 유압이나 공기압에 의한 작동방식이다.

둘째, **수동 브레이크**(hand brake)가 있으며, 위의 목적 ③으로 사용되나 상용 브레이크 계통의 고장에 대비한 **긴급용 브레이크**(emergency brake)로서의 의미를 가진다. 기계식의 기구가 일반적으로 채용되며 뒤쪽 두 바퀴 제동이 많다.

최근에는 제3의 브레이크로 대형 차량에 많이 사용되는 감속 브레이크(retarder)가 있다. 이것은 고속주행하는 대형 중량차에 브레이크를 가할 때 감속이 되어 상용 브레이크의 부담을 가볍게 하기 위해 사용되며, 위의 목적 ③에 적합한 것이다.

(5) 전기 및 전자장치 계통(electrical and electronic system)

전기장치 계통은 자동차가 그 기능을 발휘하기 위하여 필요한 전기장비 시스템으로, 크게 나누면 충전발전기(charging generator, 교류식의 경우는 교류발전기) 및 축전지 등으로 되는 전원부, 각종 스위치나 계전기(relay) · 미터류 · 퓨즈 등을 포함하는 전기회로제어부, 그리고 말단의 전기소비부로 나누어진다. 이 마지막 소비부에 속하는 것으로는 원동기 계통의 일부인 시동장치 · 점화장치 이외에 조명장치 · 보안신호장치 · 공기조화장치, 라디오 및 스테레오, 각종 계기류가 있다.

2-3 프 레 임

1 역 할

프레임(frame)은 섀시를 구성하는 각 장치나 보디를 부착하여 골격을 형성하는 것으로, 부착된 부품이나 보디에서 전달되는 하중, 앞과 뒤 차축에서의 반력을 지탱하는 중요한 부분이다. 그래서 프레임은 자동차가 주행 중에 받는 노면으로부터의 충격이나, 하중 등에 의해 생기는 굽힘, 비틀림, 인장 및 진동 등에 충분히 견디는 강도와 강성(剛性)을 가짐과 동시에, 경량이고 가공이 쉬우며 가격이 저렴할 것 등이 요구된다. 그러므로 재료는 0.15~0.3%의 저탄소강판이 많이 사용된다.

2 프레임의 종류와 구조

프레임은 자동차의 종류, 용도, 구동방식, 기관 및 현가장치의 부착 위치에 따라 여러 가지가 있으나, 크게 나누어 보면 다음과 같다.

- 프레임
  - 보통 프레임
    - H형 프레임
    - X형 프레임
  - 특수 프레임
    - 배골형 프레임
    - 플랫폼형 프레임
    - 트러스형 프레임
  - 프레임 일체 구조 — 모노코크 또는 유닛 컨스트럭션 보디

(1) H형 프레임(사다리꼴 프레임)

가장 일반적인 것으로 그림 2·3에서와 같이 2개의 세로 재료(side member)에 대해서 몇 개의 가로 재료(cross member) 보강판, 범퍼 등을 리벳 또는 볼트로 조이거나 전기용접으로 결합, 사다리꼴 형상을 만들어 비틀림 강성(剛性)을 크게 한 구조이다. 그림과 같

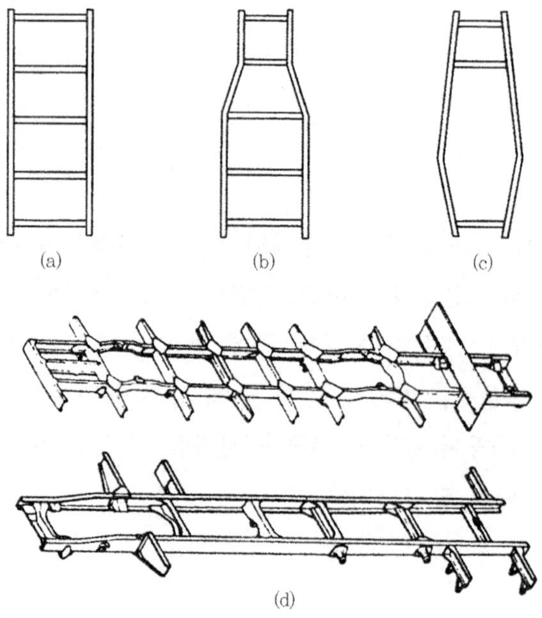

그림 2·3 사다리꼴 프레임

이 평행형 · 선세형 · 중광형 등이 있다. 부재로는 ㄷ형(型) 강재를 조합하여 사용하는 경우가 많으며, 이는 가공하기 쉽지만 반면에 비틀림 강성이 약한 결점이 있다. 트럭, 버스, 승용차 등에 널리 사용된다.

(2) X형 프레임

세로 재료를 X형으로 만들어 벤딩이나 비틀림에 강하게 만든 것으로 그림 2·4(a)와 같이 중앙부에 배골형의 것이 남아 있는 것과, (b)와 같이 사다리꼴의 좌우 세로 재료를 중앙부 부근에 근접시킨 형상이다. 승용차의 경우, 프레임 세로 재료가 X형이 되어 좌석에 있는 중앙부가 좁게 되어 있는 이유는 바닥을 낮게 설계할 수 있기 때문이다. 비틀림에 대해서는 좁은 중앙부가 약하게 되는 결점이 있어, 그 부분은 바닥재 등을 결합시켜 강도를 보강해야 한다. 승용차에는 비교적 많이 사용된다.

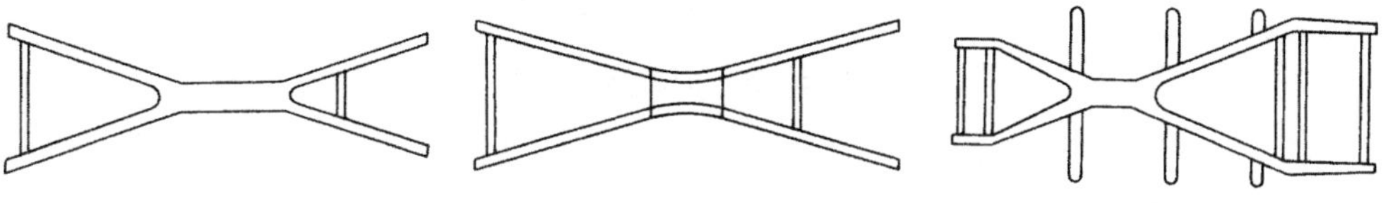

(a) (b) (c)

그림 2·4 X형 프레임

(3) 배골형(背骨型) 프레임(backbone type frame)

사다리꼴 프레임에 있는 2개의 세로 재료 대신에 그림 2·5와 같이 굽은 1개의 둥근 관 모양의 부재를 배골식으로 배치하여 벤딩이나 비틀림을 받는 구조는 경량화, 재료의 절약, 공작의 용이 등에 유리하다. 실제의 구조에서 배골의 앞과 뒤쪽은 기관이나 현가장치를 부착시키기 위해 두 쌍(2雙) 형상으로 벌어져 있다. 전체의 높이, 무게의 중심을 낮게 할 수 있어 주로 승용차에 사용되며, 트럭에는 별로 사용되지 않는다.

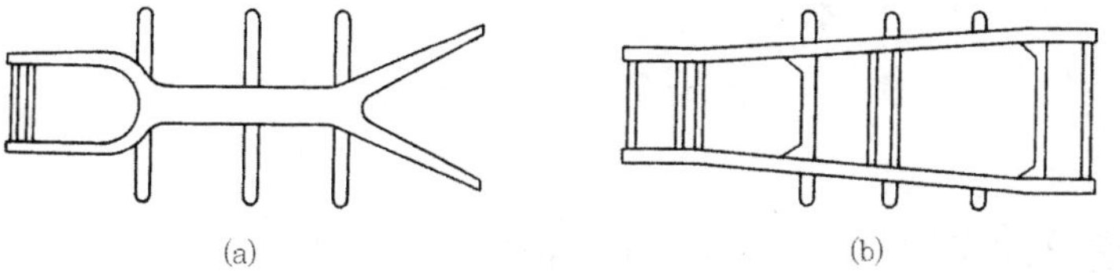

(a) (b)

그림 2·5 배골형 프레임

(4) 플랫폼형 프레임(platform type frame)

그림 2·6과 같이 프레임과 보디 바닥면을 일체구조로 하여 강도를 증가시킨 것이며, 사다리꼴 프레임과 큰 차이는 없으나 차체와의 결합부를 바닥면 주변에 많은 볼트로 결합하였으므로 강도상 차체와 플랫폼이 일체가 된 큰 단면을 형성하고 있다.

전체로서 벤딩이나 비틀림 강도가 크고 강성도 증가되어, 다음에 설명하는 단체구조로 옮겨 가는 중간적 구조이며, 실용차로는 세계의 명차(名車) 폭스바겐이 있다.

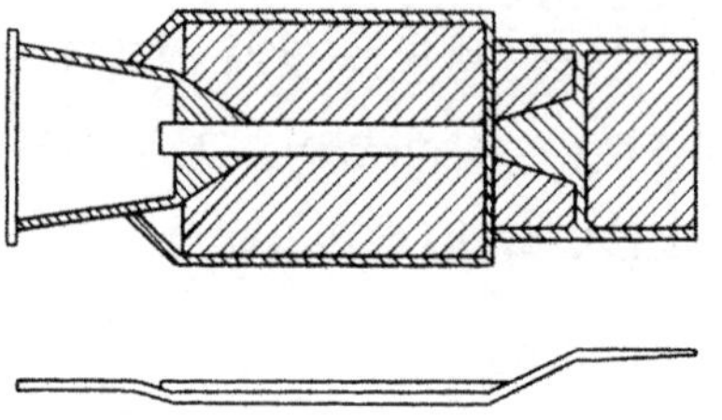

그림 2·6 플랫폼형 프레임

(5) 프리미터형 프레임(perimeter type frame)

프리미터형은 충돌시 승객의 안전성을 중시하여 만든 형식으로, 그림 2·7과 같이 차실 주위부는 프레임이 배치되기 때문에 그 위에 차체가 부착된다. 따라서 차실의 바닥을 낮게 할 수 있는 장점이 있고, 측면 충돌인 경우는 프레임이 승객을 보호함으로써 안전성이 높다. 따라서 고도의 생산기술을 필요로 한다. 이 형식은 1965년 이후 미국의 차에 많이 채용되고 있다.

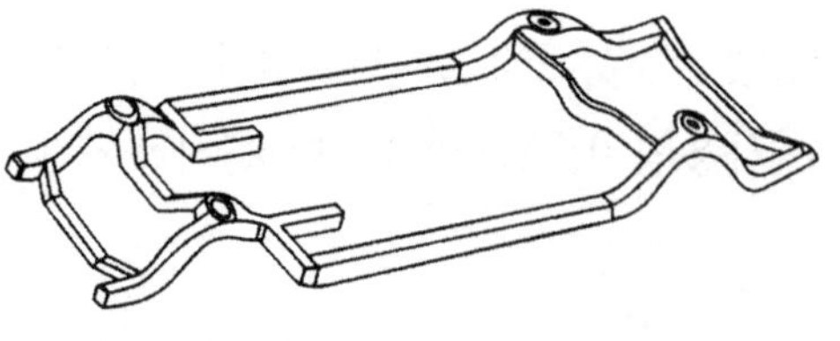

그림 2·7 프리미터형 프레임

(6) 트러스형 프레임(truss type frame)

스포츠 카, 경주용 차 등 소량 생산차로 무게를 가볍게 하고 높은 강성(剛性)을 얻고 싶을 때 그림 2·8과 같이 지름 20~30 mm 정도의 강관을 용접하여 트러스 구조를 형성한 것이다. 스페이스 프레임이라고도 부른다.

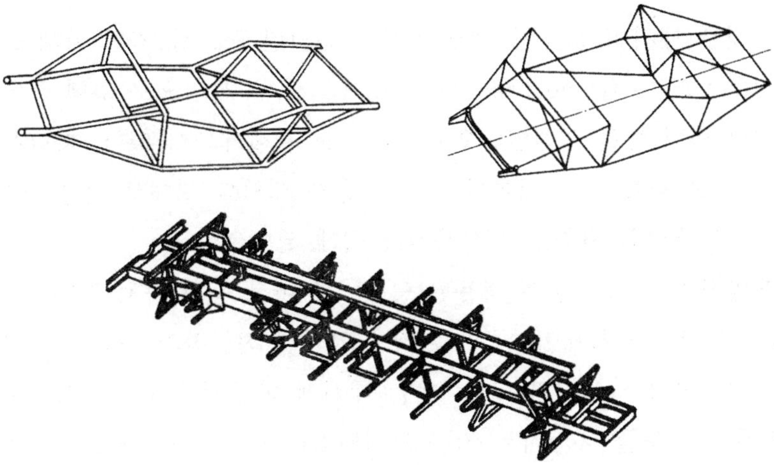

그림 2·8 트러스형 프레임

2-4 보 디(차체)

보디는 그 내부에 사람과 화물을 수용하고 섀시 위에 탑재하는 상자인데, 구조에 따라 골격외피(骨格外皮) 구조와 응력외피(應力外皮) 구조로 나눈다.

골격외피 구조는 보디의 골격은 강판을 구부린 재료를 사용하여 제작하고 그 위에 외판을 용접이나 리베팅하여 보디를 만드는 방식으로 버스 보디에 많이 사용된다. 이와는 반대로 **응력외피 구조**에서는 강도부재로의 골격을 지양하고 외판 그 자체를 강도부재(强度部材)로 하는 방식이다. 물론 집중하중을 받는 부분이나 큰 강도를 필요로 하는 곳에는 단체구조에서와 같이 보강부재를 사용한다.

응력외피 구조가 가장 일찍부터 발달한 것은 항공기인데 이것을 자동차에도 활용하게 된 것이다.

1 프레임식 구조

주행기능을 갖춘 섀시의 프레임 위에 완전히 독립된 구조를 가진 차체를 가장(架裝)·결합시킨 형식(separate frame construction)으로서, 기본적으로 주행 중에 자동차에 작용하는 하중이나 반력 등을 프레임만으로 부담하도록 설계되어 있다. 따라서 넓은 범위에 걸쳐 차체 형식으로 적용된다. 기본이 되는 승용차 섀시를 그대로 사용하여 밴이나 픽업 등 차체부가 다른 계열의 차종을 생산하기가 쉽게 된다.

그러나 프레임식의 경우는 종래 적용된 승용차나 버스 등의 차체구조가 강도를 골조(骨組)에 의지하는 골격구조 차체이었으나 이것은 양산에 적합하지 못하고 무게가 무거운 결점이 있어 현재는 거의 사용되지 않고 있다. 대신에 박판강판의 프레스 가공부품을 결합하여 외각 전체로 강도를 유지하는 각구조(殼構造) 차체가 적용되고 있다(그림 2·9 및 2·10 참조).

그림 2·9 픽업트럭의 구조

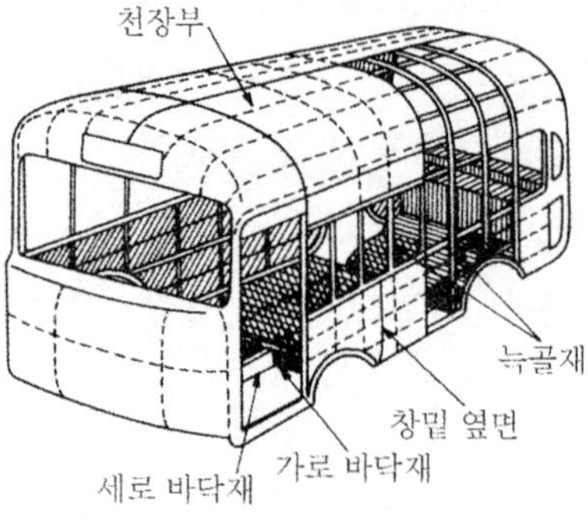

그림 2·10 버스의 보디구조

2 단체구조

위와 같은 차체구조는 과거의 골격구조 차체와 비교하면 차체 자신이 큰 강도와 강성을 갖고 있다. 따라서 독립된 프레임을 생략하고 프레임과 차체를 일체화하여 그 일체화 차체에 의해 차량에 작용하는 벤딩이나 비틀림 하중을 받는 방식을 많이 적용하기에 이르렀다. 이것을 **단체구조**(일체구조, unit body construction 또는 monocoque body)라 하며, 프레임이 없기 때문에 **프레임리스 구조**(frameless construction)라고도 한다.

차체의 강화 · 경량화가 가능하며 바닥면을 낮게 설계할 수 있는 잇점이 있으나, 노면이나 기관으로부터의 진동 소음이 들어가기 쉽고 파손 때에 수리가 비교적 어렵다. 이 단체구조는 비교적 작은 차종으로, 고급차와 같은 진동과 소음 정도를 과도하게 요구하지 않는 차종인 경제적인 차종에 적합하다(그림 2 · 11 참조).

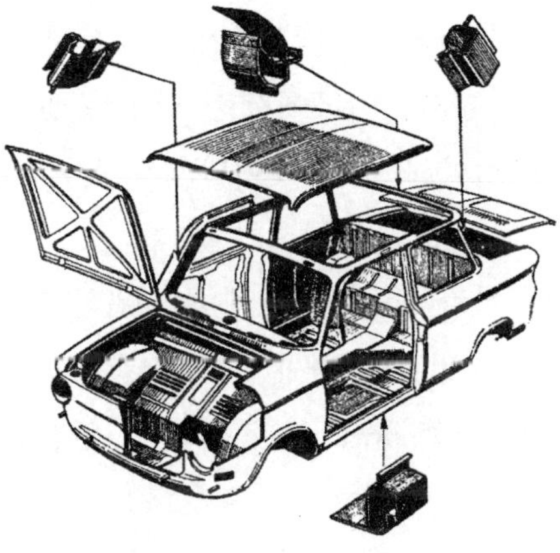

(a) 단체구조

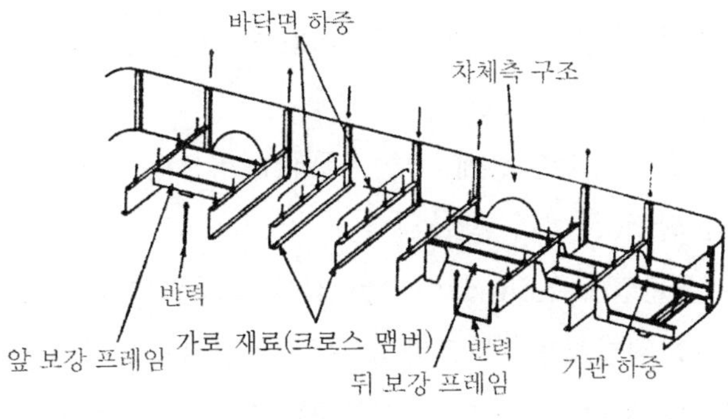

(b) 프레임리스 구조

그림 2 · 11 단체구조 또는 프레임리스 구조

2-5 안전성에의 요구

제2차 세계대전 이후 자동차의 부흥에서부터 지금까지의 시대를 분류하면 ① 성능 향상, ② 능동적 안전, ③ 수동적 안전, ④ 환경 보호, ⑤ 에너지 절감의 단계로 나눌 수 있다.

'보다 편리하게'라고 하는 인간 욕구의 계속적인 추구는 전쟁 후 자동차의 성능에서 볼 수 있다. 즉, '보다 빠르게', '보다 사용의 편리함'이다. 전자는 모터스포츠에 대표되는 속도의 추구, 후자는 폭발적인 모터 리세션(motor recession)에 상징되는 것으로서 일반 대중에게 수용되는 자동차이다. 그러나 이것은 인간 사회와의 조화라는 점에서 문제가 생겼다. 교통전쟁, 환경파괴 및 오일 쇼크 등에 나타나는 부조화이다.

경제의 고도성장에 따른 자동차의 급격한 증가는 교통사고의 증가를 초래했다. 자동차에 대해서 일본에서는 '달리는 흉기', 미국에서는 '달리는 관(棺)'이라 부르고 있는데, 우리나라도 예외일 수는 없다. 이러한 오명을 벗어나고자 하는 것이 능동적 안전이며 수동적 안전이다.

능동적 안전(active safety)이라 함은 사고 예방을 위한 안전대책이다. 자동차 운전자의 배려, 조작력 경감, 진동 · 소음 저감에 의한 피로 경감, 인간의 반응시간 고려, 주의력이 산만할 때에 눈이나 귀를 통한 신호 등에 의한 배려 등 인간공학을 가교로 한 인간과 자동차의 조화이다.

수동적 안전(passive safety)이란 사고 때에 승차자의 보호를 위한 안전대책이다. 장해물에 대한 차량의 충돌 완화를 위한 에너지 흡수를 목적으로 하고 있다. 차량구조에 대한 대책, 차량의 내장구조에 대한 승차자의 충돌 완화를 위한 안전벨트, 에어 백(air bag) 등의 대책이다.

최근까지 유럽이나 미국의 안전성에 대한 관념을 비교하여 보면 유럽 차는 능동적 안전, 미국 차는 수동적 안전 쪽이라 판단된다.

유럽의 운전자들은 핸들링(handling)이라는 점에 고차원의 가치를 찾고 있다. 고속주행과 산간지대의 굴곡로에 적합하며, 예측하지 못하는 위기회피성에 풍부한 발[足]동작으로 사고를 미리 방지하는 데 있다. 그래서 현가장치나 타이어 등은 미국 차와는 다른 규격으로 하고 있다.

미국 차의 안전성은 크게 만들어 물리적으로 안전성을 추구하는 면이 철저하다. 두꺼운 패드의 내장, 안전 범퍼, 문짝 안의 보강재를 두어 충돌할 때 충격에서 승차자를 지키는 차라는 점이다.

그러나 승차자의 안전성 확보는 한쪽 대책만으로는 불충분하다. 양쪽이 이 점을 조화시킬 때 보다 안전한 차를 만들 수 있다.

2-6 사회환경에의 대응

1 환경보호

1943년 9월, LA 시가는 낮인데도 불구하고 희뿌연 **스모그**(smog)로 뒤덮여 시민에게 호흡기 장해, 최루 등의 피해를 주었다. 그 후 이 분지에서의 스모그 원인은 자동차에서 배출되는 NO_x와 HC가 주원인임이 밝혀져 자동차 오염방지법이 제정되었다.

그리고 1960년대 후반부터 1970년대의 십수년 사이에 배출가스 정화를 위한 새로운 기술 개발이 급속도로 발전하였다. NO_x가 적은 로터리 기관, 희박연소의 각종 기관의 기술이 바로 그것이다. 로터리 기관은 고성능기관으로 개발되어 연소온도가 낮아 NO_x 발생이 적으며 CO, HC는 **열반응기**(thermal reactor)로 산화되어 배기가스가 정화된다.

공기에 대한 가솔린의 혼합비가 적은 희박연소는 CO, HC의 발생이 적고 공기의 비율이 많기 때문에 배기관 안에서도 산화를 계속 한다. 따라서 기관에서의 유해성분이 적기 때문에 후처리가 필요 없는 방식이다. 희박연소 기관으로는 난류형성 포트 방식, 분류(噴流)에 의한 화염 전달을 촉진시키는 방법, 2스파크 플러그 방식, 부연소실 방식 등이 있다.

그 밖의 기술로는 연소온도를 낮게 하기 위해 EGR(배기순환장치)로 불활성 배기가스의 일부를 흡기에 혼입시켜 NO_x 생성을 억제하거나 항상 최적의 연소를 가능하게 하는 전자제어 연료분사장치, 기관에서 배출된 가스를 정화하는 산화촉매와 산화환원을 하는 3원촉매가 있다.

2 에너지 절감

1950년 후반부터 1960년대에 미국에서 볼 수 있었던 자유분방한 디자인의 대형차는 소비가 미덕이던 세태를 반영하고 있다. 그러나 석유 쇼크 이후 각국의 자동차 기업은 저연비에 관계되는 기술 개발에 힘을 기울였다. 그 결과 미국에서도 **기업 평균연비**※의 규제에 의해 GM사가 소형화로 중량 경감, Ford사는 소형화로 알루미 경합금, 플라스틱의 사용률을 높여 중량 경감을 하게 되었다.

기관 공간의 절약과 중량 경감을 위해 V형 4기통, V형 6기통, 직렬 5기통의 개발, 직렬 3기통의 개발 등 기관의 구조 변경에 힘쓰고 있다. 또 FF(전기관 앞바퀴 구동) 차량에서 볼 수 있는 직접구동축에 동력을 전달하여 전달효율을 높이는 구조의 차가 늘어나고 기관 연소의 개량, 전자제어, 공기력 특성의 개량, 레이디얼 타이어 사용에 의한 구름 저항 저감 등에 의하여 배출가스 규제로 20~30% 연료소비 증가가 있었던 차도 현재는 배출가스 규제 이전보다 연비가 좋은 차로 탈바꿈하고 있다.

한편, 가솔린기관에 비해 디젤기관의 우수한 연소효율이 갖는 저연비성과 높은 내구성이 트럭뿐만 아니라 승용차에도 가능하게 되고, 또 소음 · 진동, 저회전에서의 저출력, 시동성의 불량 등으로 보급에 거부감을 가졌으나 기술의 진보로 대폭 개선되었다.

3 새로운 동력원의 모색

자동차는 탄생 이후 100여 년 이상의 역사를 가지며 일찍이 1910년대에는 실용화되고 대량생산기술도 확립되고 있다. 그래서 1930년대는 황금시대를 맞이하였고, 오늘날에는 클래식 카라고 하여 많은 명차(名車)들이 박물관 등에 남아 있다.

그래서 1960년대에는 사고가 급격히 늘어나면서 안전성의 향상이 요구되어 **안전벨트**(seat belt)가 개발되었고, 1970년대에는 오일 쇼크에 따르는 자원의 절약과 에너지 절약의 요망이 있어 수요자의 욕망을 충족시키는 새로운 모델이 속속 등장하고 있다. 1980년대에는 환경오염에 의한 배출가스 정화의 요구가 높아 대기오염문제의 해소가 큰 과제였다.

환경보호와 에너지 절감 문제는 다시 전기자동차의 개발을 활발하게 하였다. 배기가스나 소음 문제도 없고 에너지원의 다양화와 이용효율 향상이 가능해졌기 때문에 전기자동

※ $\text{기업평균연비} = \dfrac{\text{1년간 총 생산대수}}{\sum \text{1년간 생산대수/연비}}$

차의 우위성이 인정되었다. 영국에서의 우유 배달차, 미국에서의 쇼핑 카, 일본에서는 업무 연락 및 서비스 카로 사용되고 있다.

한편, 축전지의 개량이나 내연기관과 전지의 결합에 의한 **하이브리드**(hybrid) 방식, 연료전지와 전지의 하이브리드 방식 등으로 1회 충전으로 주행거리를 늘리고자 하는 연구가 다방면으로 진행되고 있다.

그 밖에도 가스터빈, 베이퍼 기관, 스털링 기관, 수소기관, 농도차 기관 등 여러 가지가 연구 중에 있다. 그러나 가스터빈과 수소기관을 제외하고는 실험실 영역을 벗어나지 못하고 있으며, 가스터빈차도 가격이나 저부하 때 연비 등의 문제로 실용화는 아직 다소의 기간이 필요할 것으로 생각된다. 그러나 수소기관은 실용화 단계에 진입하여 **청정 에너지**(clean energy)로서의 기대가 크다.

자동차용 기관성능의 기초·이론

3 chapter

3-1 기관 일반

1 자동차용 기관의 역사

마차에서 자동차로 바뀌었을 때의 동력원은 증기기관이며, 증기자동차는 1760년대에 프랑스의 퀴노가 목제 세 바퀴 차를 사람이 걷는 속도 정도로 주행시킨 이후 약 150년간 이어졌다. 그 사이 1800년대에는 업무용 차량이 늘어나서 도로의 파손이나 매연, 공해를 이유로 1865년에는 대폭적인 속도제한이 이루어졌으며 그 결과 증기기관은 자동차용으로서의 자리를 내어 놓게 되었다.

증기자동차의 매연 등 결점을 극복하기 위해 다음에 등장한 것이 전기자동차이다. 1870년대부터 증기자동차와 더불어 1920년경까지 계속되었으나 전지의 무게가 너무 무겁고 또 연속주행거리도 50 km 전후로 짧았기 때문에 급속도로 발전하여 온 내연기관 탑재차량으로 교체되었다.

오늘날의 승용차용 기관의 대부분을 차지하는 4사이클 가솔린기관은 1883년에 다이믈러가 개발한 이후 1900년까지는 흡기와 배기는 포패트 밸브에 의해 이루어졌고, 기화기로부터의 혼합기를 전기 스파크로 점화하여 피스톤·커넥팅 로드·크랭크 기구로 출력을 낸다고 하는 기본 구성이 확립되었다.

다이믈러의 초기 기관성능을 비출력(比出力)으로 표시하면 1.4 kW/L로, 회전수는 600 rpm이었으나 약 30년 후인 제1차 세계대전 당시에는 압축비가 5, 회전수도 2,000 rpm 가깝게 높아져 비출력은 약 10배의 15 kW/L까지 향상되었다. 현재는 기본 구성은 같으나 과급기가 붙은 기관은 65~90 kW/L 정도로 약 100년 사이에 50~60배라는 놀라운 향상을 성취시켰다. 경주용은 물론 300~400 kW/L을 얻고 있다.

2 원동기의 종류와 분류

현재 자동차용 원동기로 사용되고 있는 것 중의 대부분은 **내연기관**(internal combustion engine)이며, 왕복 피스톤형의 가솔린기관(gasoline engine) 및 디젤기관(diesel engine)이 가장 많이 보급되고 있다. 그러나 최근에는 진동과 소음이 적고 소형 경량화와 내(耐)노킹성이 강한 등의 장점에서 회전 피스톤형의 로터리기관(rotary engine)의 실용화가 진전되어 일부 승용차에 적용되고 있다.

한편, 최근에는 자동차에 의한 공해, 특히 배출가스에 의한 대기오염이 문제화되어, 이들 종래의 내연기관에 대한 배출가스 대책이 엄격하게 요구됨과 동시에 저공해기관으로 가스터빈(gas turbine) 등의 개발이 진행되고 있다. 또 같은 뜻에서 역사적으로 이전부터 존재하였던 증기기관(steam engine)이나 전동기가 다시 연구 개발의 대상이 되고 있다.

표 3 · 1 자동차용 원동기의 분류

에너지	동력원 형태	작동방식	연소방식	작동유체	기관형식	기관명칭
열 에너지	연 료	체적형	외 연	공기 또는 수소	왕복 피스톤	스털링기관
				증 기	왕복 피스톤	증기기관
			내 연	연소가스	왕복 피스톤	가솔린기관
					회전 피스톤	디젤기관
		속도형	외 연	증 기	축류 또는 레이디얼 터빈	증기 터빈
			내 연	증 기	축류 또는 레이디얼 터빈	가스 터빈
전기 에너지	전 지	동력 시스템			전기 형식	차량 명칭
		전지 → 전동기			직류 전동기	전지식 전기자동차
운동 에너지	플라이 휠	플라이 휠 → 발전기 → 전동기			직류 발전기	플라이 휠식 전기자동차

그런데 자동차기관에는 ① 비출력(배기량에 대한 출력)이 클 것, ② 출력변화에 대한 응답성이 좋을 것, ③ 운전 상태가 안정할 것, ④ 정숙할 것, ⑤ 연료경제성이 우수할 것, ⑥ 수명이 길고 보수가 쉬울 것, ⑦ 배출가스가 깨끗할 것 등의 여러 가지 성능이 동시에 요구된다.

표 3·1은 이들 각종 원동기를 이용하여 에너지, 동력원, 작동방식 등에 의해 분류하여 표시한 것이며, 현재 실용되고 있는 것 외에도 장차 실용화의 가능성이 예상되는 것도 포함시켰다.

3 내연기관의 분류

열 에너지를 기계적 일로 변환시키는 장치를 **열기관**이라 하며, 열 에너지원은 태양이나 지열 또는 핵 에너지까지 생각하나 자동차용으로 생각하면 일반적으로 연료의 연소에 의해 발생되는 열 에너지이다. 열기관은 작동유체에 열 에너지를 공급하는 방법에 따라 외연식과 내연식의 두 종류로 크게 나눈다. 여기에서는 내연기관만을 거론한다.

내연기관을 크게 나누면 작동가스의 내부 열량 변화가 유효일로 변환되는 **체적형기관**과 전 열량의 변화가 유효일로 되는 **속도형 기관**(가스터빈)이 있다. 체적형 기관은 사용연료에 따라 가솔린기관과 LPG기관 및 디젤기관으로, 또 소기법에 따라 4행정기관과 2행정기관으로 나뉜다.

가솔린기관을 디젤기관과 비교할 경우, ① 출력/배기량 비가 크고, ② 중량/출력 비가 작으며, ③ 출력/체적 비가 크고, ④ 저가격, ⑤ 시동이 쉬우며, ⑥ 소음·진동이 적은 점 등은 우수하나, 반면에 ① 연료비가 높고, ② 화재의 위험성이 크며, ③ 배기가스 중의 유해 성분이 많은 결점을 가지고 있다.

이상의 사실에서 자동차의 차종이나 성격에 따라 기관을 선택하는데, 자가용 승용차에는 가솔린기관, 대형 버스나 트럭 등의 대형 상용차에는 디젤기관이 주로 사용되며, 영업용 승용차나 소형 상용차는 평가의 중점, 연료 사정, 역사적 배경, 수요자의 취미에 따라 양자를 선택적으로 사용한다. 우리나라에서는 영업용 승용차의 경우 LPG기관의 사용이 주류를 이루고 있으며, 일부 디젤기관도 사용되고 있다.

또 이것을 실린더의 배열에 따라 나누면 직렬형·대향형·V형이 있다. 직렬형은 실린더가 1열로 배치된 것으로 실린더 수는 4개나 6개가 가장 많고, 2개는 경자동차에 사용되는데, 특징은 실린더가 1열로 되어 있어 구조가 간단하고 값이 싸며, 수냉식에 적합하나 전장이 긴 결점을 가지고 있다. 대향형은 실린더가 1열씩 서로 마주보는 형태로서 실린더 수는 2, 4, 6개가 보통인데, 특징은 공냉식에 적합하며 전장이 짧고 전폭이 넓으며 뒤쪽 기관차량에 좋다.

V형은 실린더가 2열로 V자형으로 배열된 것이며, 실린더 수는 2, 4, 6, 8개가 있으나 가장 실용화되어 있는 것은 90° V8로 미국 차의 대부분은 이 형인데, 특징은 전장과 전폭이 모두 콤팩트로 되어 있다.

기관을 냉각하는 방식으로 나누면 수냉식과 공냉식이 있다. 수냉식은 고열부에 물을 순환시켜 냉각시키고 이 물을 다시 공기로 냉각시키는 방식이며, 실린더나 실린더 헤드의 주위는 물로 차 있고 물의 순환을 위한 물 펌프, 물을 공기로 냉각시키기 위한 팬, 방열기가 필요하다.

공냉식은 실린더 헤드와 실린더에 냉각용 팬을 붙여 직접 공기에 의해 냉각시키는 방법이며, 물 펌프나 방열기가 필요 없기 때문에 간단하나 팬을 구동시키는 동력이 많이 소요되고 팬의 소음이 큰 것 등의 결점을 가지고 있다.

기타 연소실의 형상이나 배치에 의한 분류, 또 디젤기관에서는 연료분사방식에 의한 분류 등도 있다.

4 기관에 요구되는 특성

지동차용 기관에 요구되는 특성은 그림 3 · 1에 표시된 것과 같이 여러 가지에 해당한다. 기관 단체(單体)를 하나의 상품으로 취급할 경우, 그 상품의 힘은 말할 필요도 없이 한두 가지의 특성 항목만으로 결정되는 것은 아니며, 모든 항목의 종합에 의해 결정된다. 각 항목의 요구값은 배기나 소음의 규제값 등의 사회적 요청이나 시장의 거래가격 등이 기준이 되어 결정되기 때문에 기관이 실용차용인가 스포츠용 등인가의 범주에 따라 달라진다.

또 전체로 시대의 변화와 더불어 함께 중점이 되는 요구항목은 변화하여 오고 있다. 여기서 20년 가까이를 보더라도 1970년대 이전에는 고출력화 경쟁, 1970년대 전반은 머스키법(muski law)의 제정으로 촉발된 배기대책, 2차에 걸친 오일 쇼크 이후는 자원의 절약, 에너지 절감의 요구에 기인하는 낮은 연비와 경량 콤팩트화, 그 후 과급기의 장착이나 기관의 다(多)밸브화, 가변 메커니즘에 의한 출력연비의 향상이라는 항목이 각 시대의 중점적인 요구항목으로 개발되어 왔다.

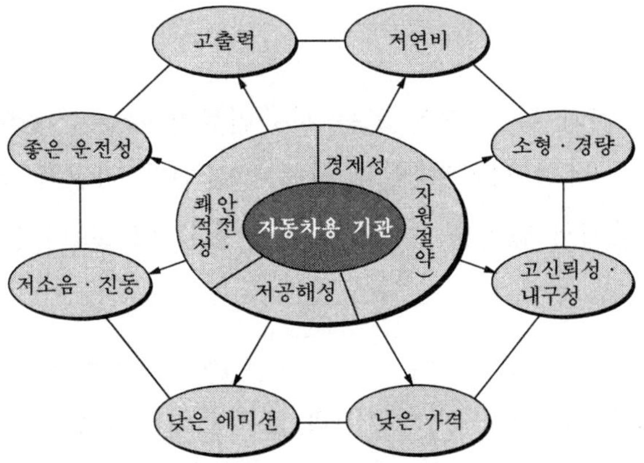

그림 3 · 1 자동차용 기관에 요구되는 특성

(1) 현재 사용되고 있는 기관

국내에서의 기관의 추세는 자동차 전체의 약 85%가 가솔린기관이고 나머지의 약 15%가 디젤기관이다. 승용차의 경우 대부분이 가솔린이며 한편 대형 트럭이나 버스는 디젤이 모두 차지하고 있다.

1) 가솔린기관

그림 3 · 1에 표시한 요구항목에 대한 충족 정도나 현재의 주류인 점을 보아 차기형(次期型)에 대한 개발을 감안할 때 앞으로 20~30년 정도는 승용차기관의 주류를 계속 이어갈 것으로 진망된다.

각 요구 항목에 대한 개선이 요구되지만 주요 항목은 출력이나 연비성능으로 보인다. 기본적 요구 항목으로서 출력 성능의 좋고 나쁘고의 비교는 비출력(kW/L)으로 표시된다.

앞으로 기술 개발의 역점은 지구환경이라는 정세로 보아 지구온난화 문제대응(CO_2 저감)과 배기규제 강화에의 대응에 초점이 맞추어질 것이다. 자동차가 관여하는 CO_2 배출량을 줄이려면 차량, 연료의 제조 때부터 사용과정, 그리고 리사이클(recycle)까지 포함되는 종합적인 에너지 절감 대책을 생각할 필요가 있다. 기관에 관해서는 연료소비율의 저감과 병행하여 차량경량화에 기여하는 경량 콤팩트화가 일단 요구된다.

2) 디젤기관

대형의 트럭, 버스용 기관의 주류로 계속 되겠지만 승용차, 상용차와 함께 배기규제 강화에 대한 대응이 당면한 과제이다. 승용차용에서는 최종적으로 가솔린기관 차량과 같은 수준의 규제가, 상용차용에서는 배기규제가 단계적으로 강화되리라 예측된다. NO_x와 미립자의 동시 저감기술의 개발이 당면한 중요과제이다.

(2) 미래의 기관

현재 사용되고 있는 것과 다른 형식 또는 사용연료가 다른 기관이 일반 시장에서 상품력을 가지려면 그림 3·1에서 평가된 전체 상품력이 현행 기관과 동등 이상이 될 필요가 있다. 한두 가지의 항목에서 현행을 능가하더라도 종합적으로 미치지 못하면 별다른 의미가 없다.

1) 새 동력

장래의 가능성이 기대되고 있는 가스터빈과 전기자동차의 현 상황과 과제에 대해서 고찰하여 본다.

자동차용의 가스터빈 기관 연구의 역사는 40년 이상이 된다. 최근 작동 가스의 온도를 높여 열효율 향상을 기하는 세라믹 가스터빈(CGT)의 국가 프로젝트가 미국, 유럽, 일본에서 조직되어 활동중이나 CGT의 제조기술이 첫째 과제이다. 다음에는 과도응답성과 저부하 연비의 양립, 게다가 크기, 가격을 현행 기관과 병행하는 등 자동차 특히, 일반승용차용으로 생각할 때 극복하여야 할 과제가 많다.

기관의 특성에서 본다면 고속 장거리용 대형 트럭, 버스의 시장에 도입될 가능성이 높다.

전기자동차는 주행 때에 배기가 없고 저소음이기 때문에 저공해차로 기대되고 있다. 단거리의 특수 용도용으로는 오래 전부터 일부에서 사용되고 있으나 일반화하려면 전지의 에너지 밀도나 수명의 면에서 혁신적인 향상은 아직 몇 단계의 과제가 남아 있다. 도시 내의 소형 차량으로부터 도입되리라 생각한다.

2) 새 연료기관

기본 구성은 왕복기관이나 현재의 가솔린, 경유에 대신하는 대체 연료로 다음의 세 종류가 고려되고 있다.

① **메탄올** : 천연가스 또는 석탄으로부터 합성하여 만든다. 단위체적당의 발열량이 가솔린의 절반에 약간 못 미치고, 열효율이 좋아도 같은 연료탱크용량의 계속주행거리는 가솔린의 60%선이라는 것이 최대의 과제다. 그 밖에 알데히드의 배출이나 재료부식성의 문제도 과제로 남아 있다. 연료의 공급체계와 계속주행거리 대책에 있어서 미국은 FFV(Flexible Fuel Vehicle)라 불리는 메탄올의 비율이 0~85%의 가솔린을 사용하는 차량 시스템의 개발을 대대적으로 진행중이며, 도입도 시간문제로 보고 있다.

② **천연가스** : 연료의 탑재 형태로 고압가스(CNG)와 액체(LNG)의 두 종류가 있다. 고압 봄베에 채워 CNG로 사용하면 계속주행거리가 가솔린의 20% 수준밖에 안 된다는 것이 문제이다. 액화에는 초저온(110 K)을 필요로 하기 때문에 LNG 방식도 유통이나 방치할 때를 생각하면 과제가 많다. 위로부터 적용차량은 일반승용차가 아니고 도시 내의 트럭, 버스 등에 도입되어 일부 사용되고 있다.

③ **수소** : 천연가스나 석탄에서 또 원자력이나 태양 에너지로부터도 제조된다. 압축기체, 액체연료로 사용하는 경우의 과제는 천연가스 이상이기 때문에 온도 · 압력에 의한 수소를 흡착하거나 방출하는 성질을 가지는 수소저장합금을 사용한 시스템 개발에도 힘을 기울이고 있다. 가장 기대가 되는 새 연료기관으로 보인다.

이상에서 설명한 대체연료, 대체 에너지의 특성을 현행의 가솔린, 경유와 비교하면 그림 3 · 2와 같이 된다.

3) 기 타

가솔린기관에서 부분부하의 연비와 배기성능을 동시에 향상시킬 수가 있는 (초)희박연소를 실현시키기 위해 층상급기기관, 그 가운데서도 연료를 실린더 내에 직접 분사하여 형성된 가연혼합기에 불꽃점화하는 DISC(Direct Injection Stratified Charge)기관의 개발도 4사이클과 2사이클 양쪽에서 진행되고 있다.

연 료		연속주행 거리	비출력	열효율	저공해성	연 료 탑재성	안정성
가 솔 린		100	○	△	○	○	○
경 유		120	△	○	△	○	○
메타올/에탄올		60	○	△	△	○	△
천 연 가 스		35	◎	△	○	×	×
수 소	기 체	6	△	○	◎	×	×
	액 체	30	△	○	◎	×	△
전 기		10	×	–	◎	×	○

* 같은 연료탱크 체적에서의 비교(가솔린을 100으로 함)

그림 3 · 2 자동차용 대체연료의 특성 비교

3-2 기관의 성능특성

기관의 성능특성으로는 지금까지 출력(出力)성능과 경제(經濟)성능인 열효율이 주로 고려되어 왔으나, 최근의 자동차용으로는 넓은 의미에서 표 3 · 2에 표시되어 있는 종합적 평가가 필요할 것으로 본다.

표 3 · 2 기관의 성능특성

대 항 목	소 항 목	비 고
출 력 성 능	출 력 } 평균유효압력 토 크 } 회전속도 (가속성) (비틀림)	양에 대해 전체 외형체적에 대해 실린더 체적에 대해
경 제 성 능	열효율 } 연료 소비율 } 윤활유 소비량(율) 연료비 윤활유비 초기 구입비 기관수명 고장률[信頼性] 내구성(수명) 정비비	배기, 냉각수가 가진 열의 2차적 이용 내용연수 수리비, 이용률의 저하 가혹정도
운 전 성 능 (인간공학적 성능)	취급성 운전성 시동성 신뢰성 정비성 미 관	비틀림(토크 특성) 가속성 응답성(조속성) 안정성 설 계
대 공 해 성 능 (사회적 성능)	저공해성 배출물의 무해성 소리[音] 진 동 열	CO, HC NOx, 납 흑연, 입자상 물질 냄새[臭氣] 음질, 소음 배열의 이용성

1 출력성능

(1) 출력의 단위

기관의 출력단위로는 제임스 와트(James Watt)가 도입한 **마력**(horse power)이 널리 사용되어 왔다. 와트(Watt)는 자신이 개발한 증기기관을 임대하는데, 기관이 당시 동력원으로 널리 사용되던 말[馬] 몇 마리에 해당하는 출력인가를 사람들에게 이해시키기 위해, 마력을 실측해서 얻은 값 550 ft · lb/s(0.746 kW)를 1영(英)마력(HP)으로 정하였다. 그 후 프랑스는 미터법에 근거를 두는 마력(馬力)=75 kgf · m/s(0.736 kW)를 1불(佛)마력이라 하여 PS를 사용하고 있다. 현재 SI(국제) 단위에는 와트의 공적을 기념하여 출력단위로 Watt, 1 kW=1000 W=1000 J/s를 사용하고 있다.

기관의 축마력 N_b(brake output)와 축 토크 T_q(shaft torque)의 관계는 다음 식으로 표시된다.

$$N_b = \frac{2\pi n \cdot T_q(\mathrm{kgf} \cdot \mathrm{m})}{60 \times 75} \ [\mathrm{PS}] \qquad (3 \cdot 1)$$

여기서 n은 기관의 회전속도 rpm이다.

식 (3 · 1)에서 마력은 토크와 회전속도의 곱에 비례한다.

(2) 비출력

기관의 크기를 기준 삼을 때는 전(全)실린더의 행정체적을 취하는 경우가 많다. 출력과의 비, 즉 체적 1L당의 **리터 마력**(PS/L, kW/L)을 비출력의 잣대로 비교하는 경우가 많다.

$$(\mathrm{PS/L}) = \frac{N_b \times 1000}{(\pi/D) \cdot D^2 \cdot l \cdot z} \qquad (3 \cdot 2)$$

여기서 D : 실린더 안지름(cm)

l : 행정(cm)

z : 실린더 수

기관의 총 행정체적에 따라 세금제도, 보험료가 변하며 상품성을 포함하기도 한다.

기관의 행정체적에 제한을 받지 않는 운용차량(전차) 등에서는 비출력의 단위로 기관중량에 대한 마력, 기관이 차지하는 부피에 대한 마력 등이 중요하며, 리터 마력을 저하시켜 신뢰성, 내구성을 중요시하는 경우가 많다.

(3) 토크와 평균유효압력

토크를 실린더의 크기와 관계없는 형태로 표시한 것이 **평균유효압력**(mean effective pressure : P_m)이다. 도시선도로부터 구한 도시 평균유효압력(indicated mean effective pressure : P_{mi})과 구별하여 축마력에서 구한 **제동 평균유효압력**(brake mean effective pressure : P_{mb})은 다음 식으로 표시된다.

$$P_{mb} = \frac{N_b \times 75 \times 60 \times 100}{(\pi/4)D^2 \cdot l \cdot z \cdot n \cdot a} (\text{kgf/cm}^2) \qquad (3 \cdot 3)$$

여기서 a의 값은 4사이클에서 2, 2사이클에서는 1의 값을 준다.

식 (3 · 1)과 식 (3 · 3)에서 토크 T_q와 제동 평균유효압력 P_{mb}는 비례관계에 있으므로, 토크를 크게 하려면 P_{mb}를 크게 할 필요가 있음을 알 수 있다. P_{mi}와 P_{mb}의 차는 마찰손실 동력에 해당하는 평균유효압력 P_{mf}로 표시할 수 있기 때문에, P_{mf}를 되도록 작게 하기 위해 각부(各部) 운동부품의 소형 경량화, 윤활조건의 개량 등 지속적인 연구가 계속되고 있다.

2 출력성능의 향상

식 (3 · 1)과 식 (3 · 3)에서 출력성능을 증대시키는 대책으로, 다음의 네 항목이 있음을 알 수 있다.

즉, 출력은 제동 평균유효압력, 총 행정체적 및 기관회전수의 세 항목의 곱에 비례한다 [제동 평균유효압력은 열효율과 충전효율 식 (3 · 4)의 곱에 비례한다].

여기서는 행정체적을 일정하다고 보는 경우의 출력향상방법에 대해 생각하여 본다. 출력향상에 영향을 미치는 인자를 정리하면

① 열효율의 향상
② 충전효율의 향상
③ 최대 회전속도의 증가
④ 기계효율의 향상

등이다.

열효율의 향상에 대한 설명에 앞서 **연료-공기 사이클**(fuel-air cycle)을 정의할 필요가 있다. 공기 사이클의 가정하에서 열효율의 절대값은 실제 사이클과 비교하여 대단히 높은 값을 나타낸다.

이를테면 압축비가 10인 정적 사이클의 열효율은 약 60%이나 같은 압축비의 자동차용 가솔린기관의 도시열효율은 최대라 하더라도 40% 미만으로 대단히 낮다. 여기서 이론 사이클을 실제의 사이클에 접근시키기 위해 다음과 같은 작동가스의 조성 및 그 물리, 화학적 변화를 고려한 사이클을 연료-공기 사이클이라고 한다.

① 작동가스의 조성은 공기와 연료 및 잔유 가스의 완전혼합기

② 고온 때의 작동가스의 열해리

③ 온도에 의한 작동가스의 비열의 변화

④ 연소반응에 의한 분자수의 변화

공기 사이클과 공통인 것은 단열, 흡기와 배기의 저항이 없다는 것 등이다. 그림 3·3은 공기과잉률 λ를 파라미터로 하고 압축비에 대한 연료-공기 사이클의 열효율을 계산한 결과이다.

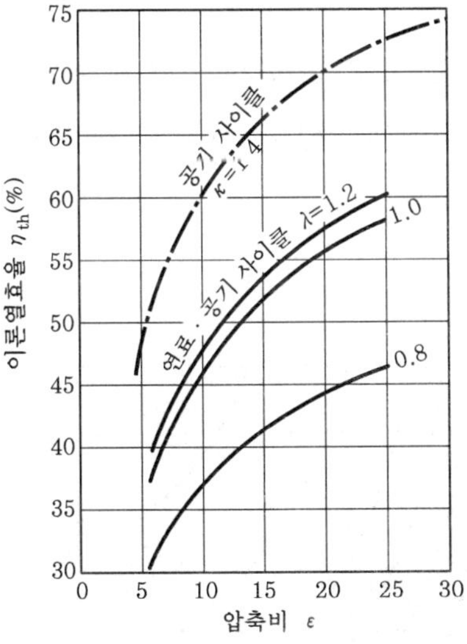

그림 3·3 연료-공기 사이클의 열효율

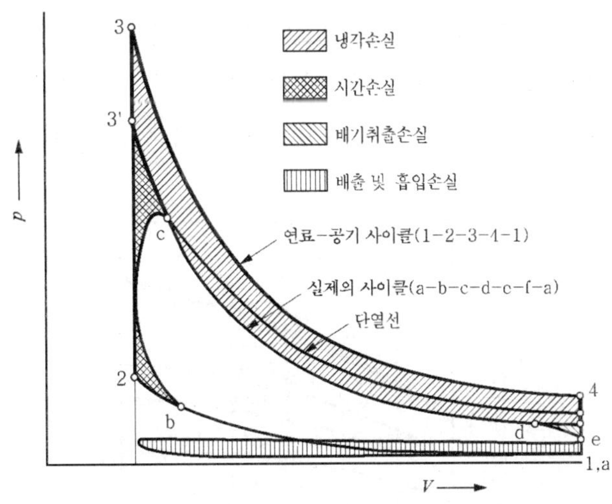

그림 3·4 연료-공기 사이클과 실제 사이클의 비교

(1) 열효율의 향상

실제기관의 도시열효율은 ① 연소실에서의 냉각 손실, ② 연소가 순간이 아닌 데 따른 손실(시간 손실), ③ 불완전연소에 의한 손실, ④ 흡기와 배기에 따르는 손실(가스 교환손실), ⑤ 작동가스 누출에 의한 손실 등의 요인에 의해 연료—공기 사이클의 효율보다 떨어져 보통 자동차용 가솔린기관에서는 많아도 연료—공기 사이클의 80% 전후의 열효율이 된다.

이들 손실요인이 도시 열효율에 미치는 영향을 다음에 설명한다. 그림 3 · 4는 연료—공기 사이클과 실제 사이클의 비교이다.

1) 냉각손실

연료—공기 사이클에서는 작동가스와 연소실(실린더 헤드 · 실린더 · 피스톤으로 형성)벽과의 열교환은 고려하지 않고 '단열'로 취급하고 있으나, 실제 사이클에서는 압축행정의 후반 연소기간 및 팽창행정 중에 작동가스와 연소실 벽과의 큰 온도차로 인해 열에너지가 손실되어 **냉각손실**이 된다.

실제 기관에서 같은 회전수, 부하조건의 경우 행정체적이 작을수록, 같은 기관이라도 낮은 회전수, 저부하일수록 냉각손실 비율이 커서 연료—공기 사이클과 비교하여 효율이 저하, 도시 열효율의 값이 떨어진다.

그림 3 · 5는 냉각손실을 고려한 사이클의 열효율이고 그림 3 · 6은 공급된 연료의 발열량 Q_f에 대한 압축, 팽창행정 중의 냉각손실 Q_c의 비율(Q_c/Q_f)이 회전수와 충전효율에 대해서 어느 정도로 변화하는 가를 계산한다.

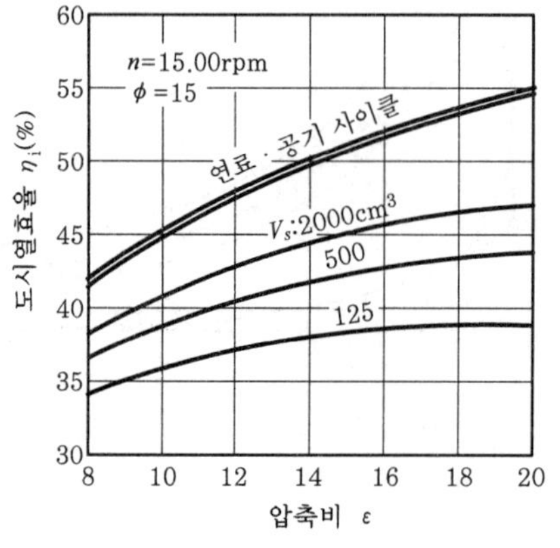

그림 3 · 5 냉각손실을 고려한 사이클의 열효율

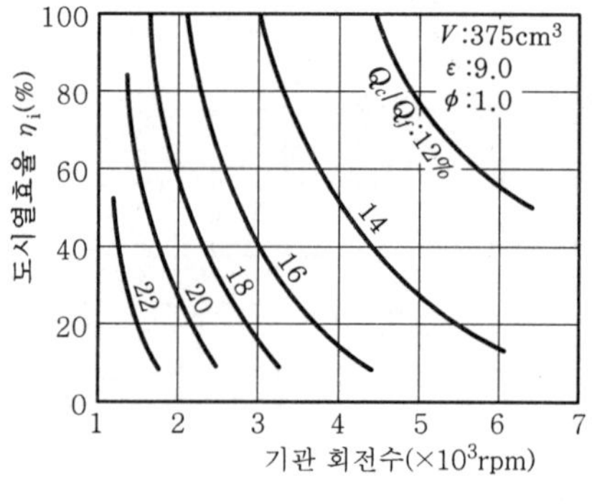

그림 3 · 6 회전수와 부하에 대한 냉각손실 비율

2) 시간손실

정적 사이클에서는 열의 공급, 연소는 상사점에서 순간적으로 이루어진다고 보고 있으나 실제의 사이클에서는 크랭크 각도로 45~60° 정도의 연소기간(열발생기간)을 필요로 한다. 이 한정된 연소기간에 기인하는 손실을 **시간손실**이라 한다. 즉, 연소기간이 길다고 하는 것은 정적 사이클에서의 압축비 저하라고 생각하면 된다.

다만 안정된 연소가 진행되고 있는 상태의 실제 기관 부하조건에서는 이 영향은 비교적 적다. 그림 3·7에서 연소기간이 40℃A에서 60℃A로 1.5배가 되어도 연소종료 때의 연소실 체적 차이는 적어 도시 열효율의 저하율은 1~1.5%이다. 그림 3·7에서 MBT(minimum advance for the best torque)는 최대 토크 점화시기이다.

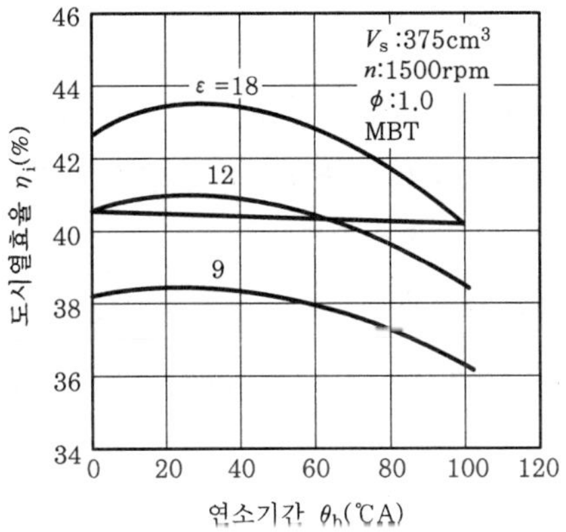

그림 3·7 연소기간과 열효율

3) 불완전연소

공기—연료 사이클에서는 이론 공연비의 경우에 과농영역에서의 불완전연소(CO, H_2 생성)나 **열해리**(熱解離)의 영역을 고려하고 있으나 실제 사이클의 경우에는 연료와 공기의 불완전한 혼합에 의한 불완전 연소나 연소실 벽면의 소염층이나 피스톤 최상층부근의 미연소혼합기의 존재가 연소효율을 저하시킨다. 불꽃점화 기관의 이론공연비보다 희박한 부분(공기과잉률 $\lambda \geq 1$, 당량비 $\phi \leq 1$)에서의 배기조성에서 구한 연소효율은 대개 0.92~0.98이라는 계측결과가 나와 있다.

4) 가스 교환손실

작동가스의 흡기와 배기에 따르는 손실은 **블로우 다운**(blow-down)**손실**과 **펌프 손실**(배출 및 흡입손실)로 되어 있다. 이론 사이클에서는 하사점의 정적상태에서 열이 빼앗긴다고 보고 있으나 실제의 사이클에서는 고속, 고부하 조건에서 배기저항을 증가시키지 않으나 배기밸브는 하사점 전 40~60°에 열리기 시작할 필요가 있다. 이 하사점 전의 블로우 다운에 의한 손실이 발생되나 전체의 일량에 대한 비율은 비교적 적다.

또 이론 사이클에서는 생각하지 않는 흡기와 배기계의 마찰손실이나 밸브에서의 교축손실에 의해 펌프 손실이 발생한다. 특히 교축밸브로 출력조정을 하는 가솔린기관에서는 부하가 적게 될수록 펌프 손실이 크게 되고, 저부하 때에 도시 열효율이 저하되는 주요 요인이 되고 있다.

5) 누설손실

실린더 벽과 피스톤, 피스톤 링의 간극을 통해 작동가스가 연소실에서 크랭크실에 누설되는데 따른 손실이나 이 블로우 바이 가스량의 흡기량에 대한 비율은 대개 1% 이하이고 열효율에의 영향은 적다.

참고로 같은 압축비에서 실제 사이클의 열효율은 연료—공기 사이클 값의 75~85% 정도이고, 또 압축비를 높게 하였을 때의 열효율 향상효과가 빨리 한계에 이르게 됨을 그림 3 · 8에서 볼 수 있다.

도시 열효율이 연료—공기 사이클보다 낮은 요인 중 가장 기여도가 큰 것은 냉각손실이며, 다음은 불완전연소(미연소 HC 등)에 의한 연소효율의 저하분으로 이 두 가지가 절반에 가깝다.

냉각손실이나 연소효율은 기관의 제원이나 운전조건에 따라 변화하므로 압축비에 대한 실제 기관의 열효율은 일률적으로 정해지는 것이 아니고 설계, 운전변수의 함수이다.

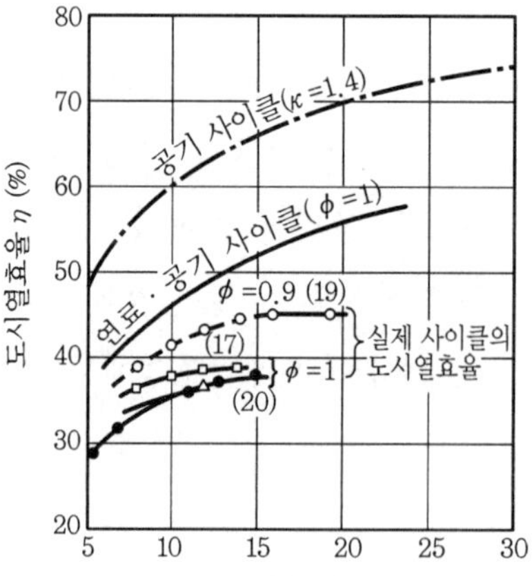

그림 3 · 8 실제 기관의 도시열효율

(2) 충전효율의 향상

1) 충전효율 · 체적효율의 정의

흡기행정이 끝날 때의 실린더 내 혼합기의 압력은 흡기계(공기청정기, 흡기 메니폴드 등)의 저항으로 흡기계 입구의 압력보다 낮고, 또 온도도 흡기계나 실린더 벽과의 열교환이나 잔유가스와의 혼합에 의해 입구 온도보다는 높다. 그 결과 흡기 신기(新氣, 공기 또는 혼합기)의 체적을 입구의 온도, 압력으로 환산하면 일반적으로 행정체적보다 적게 된다.

이 비율을 **체적효율**(体積效率, volumetric efficiency) η_v이라 하며, 식 (3 · 4)로 표시된다.

P, t를 흡기계 입구의 압력, 온도라고 하면

$$\eta_v = \frac{P,\ t\text{에서의 흡입신기의 체적}}{\text{총 행정체적}}$$

$$= \frac{\text{흡입신기의 질량}}{P,\ t\text{에서 총 행정체적을 차지하는 신기의 질량}} \qquad (3 \cdot 4)$$

η_v는 기관의 흡입능력을 표시하는데 높은 지대와 낮은 지대, 더운 곳과 추운 곳과 같이 외기(外氣)조건이 다른 경우는 η_v가 같아도 흡기의 절대량이 다르고 출력도 달라진다.

여기서 절대량을 기준으로 하면 다음에 표시하는 **충전효율**(充塡效率, charging efficiency) η_{ch}를 사용한다.

$$\eta_{ch} = \frac{\text{흡입신기의 질량}}{\text{표준상태에서 총 행정체적을 차지하는 신기의 질량}}$$

$$= \frac{P}{P_0} \times \frac{t_0}{t} \times \eta_v \qquad (3 \cdot 5)$$

여기서 P_0, t_0 : 표준상태에서의 흡기의 절대압력과 절대온도

식 (3 · 5)에서 명확한 것과 같이 표준상태에서는 η_v와 η_{ch}는 같다.

2) 체적효율, 충전효율에 영향을 주는 정상적(定常的) 요인(要因)

① **입구온도의 영향** : 흡기입구 온도가 높아지면 실린더 벽면과의 온도차가 감소되어 흡기의 가열이 적어져 η_v는 증가되나 흡기의 밀도가 감소되기 때문에 η_{ch}는 반대로 저하한다.

② **입구압력의 영향** : 온도를 일정하게 해서 입구압력을 변화시키면 흡입 종료 때의 압력과 잔류압력의 비가 같은 경우 η_v는 거의 변화하지 않으나 η_{ch}는 압력에 거의 비례해서 변화한다.

과급기관에서는 배기터빈 과급기나 기계식 과급기에 의해 흡기압을 높이고 충전효율을 증가시켜 그 결과 출력을 높인다. 이 때 과급기의 압축일로 흡기온도도 상승한다. 이 온도 상승을 억제, 충전효율을 향상시키기 위해 중간 냉각기(inter cooler)를 사용하고 있다.

③ **벽 온도의 영향** : 기관의 부하나 냉각수의 온도가 높아지면 벽 온도가 높아져 η_v는 감소되며, 흡기의 밀도도 줄기 때문에 η_{ch}도 감소한다.

④ **흡입저항** : 공기청정기, 흡기 메니폴드, 흡기 밸브 등에 의한 압력 손실은 흡입 종료시기에서의 외기압(입구압력)과 연소실 압력과의 차이를 발생시켜 η_v, η_{ch}가 동시에 감소된다. 굴곡이나 교축이 없는 충분한 단면적을 가진 흡기통로로 하거나 흡기 밸브를 다 밸브화(3밸브, 4밸브 기관)하여 압력손실을 줄여 흡기량을 증가시켜 주므로 η_v, η_{ch}를 향상시킨다.

⑤ **공기과잉률** : 디젤기관에서는 공기과잉률이 적게 되면, 즉 고부하가 되면 흡기계, 실린더 벽의 온도가 상승하여 η_v는 감소된다.

가솔린기관에서는 공기와 함께 연료가 흡입되기 때문에 실린더 안에서 연료의 기화가 일어나고 이 기화열로 인해 흡기온도가 저하된다. 연료가 포함되면 공기만의 경우보다 η_v는 증가한다. 그러나 이 영향은 매우 적어 과농혼합기의 경우에도 3~4%에 지나지 않는다.

⑥ **흡기와 배기 밸브의 개폐시기** : 이론 사이클에서는 압축비(=팽창비)는 상사점(TDC)에서의 연소실 체적으로 하사점(BDC)에서의 체적을 나눈 것이고 흡기와 배기 밸브의 개폐시기는 관계되지 않는다. 그러나 밸브의 개폐가 있는 실제의 기관에서는 밸브 개폐 때의 밸브기구의 가속도의 제한으로 밸브의 양정(lift) 커브는 사인(sine) 파형(波形)의 곡선이 된다. 그 때문에 흡기와 배기 밸브의 개폐시기에 따라 가스 교환과정이 영향을 받아 η_v, η_{ch}는 변화한다.

3) 체적효율, 충전효율에 영향을 주는 동적(動的) 요인(要因)

동적 요인이란 흡기, 배기가 간헐적으로 일어나는 사실에 기인되는 흡기와 배기계의 압력진동에 의하는 것으로, 압력진동이 그 발생된 사이클의 흡기과정에 직접 영향을 주는 경우를 **관성효과**(慣性効果, inertia or ram effect), 압력진동이 다음 사이클의 흡기과정에 미치는 영향을 **맥동효과**(脈動効果, pulsation effect)라 한다.

이 관성효과나 맥동효과는 ① 흡기관의 영향, ② 배기관의 영향, ③ 많은 실린더에서의 흡기 및 배기간섭에 대해서 고려되나 이곳에서는 설명을 생략한다.

대체로 η_v를 크게 하려면 다음 세 가지 요인의 배려가 필요하다.

① 흡기계(흡입관, 흡입밸브 등)의 압력손실을 줄인다.

② 배기계의 저항을 줄이고 실린더 내의 잔류 가스를 적게 한다.

③ 흡기계, 잔류 가스, 실린더 벽 등에서 흡기에의 전열(傳熱)에 의한 흡기온도의 상승, 즉 흡기 밀도의 저하를 방지한다.

그림 3·9 및 그림 3·10은 흡기계·배기계의 고속영역(高速領域)에서의 흐름의 저항을 줄이기 위해, 밸브수를 4~5밸브로 하여 밸브면적을 증가시킨 예이다. 이와 같은 밸브 배치에 의해 점화 플러그는 연소실의 중앙에 배치할 수 있으며, 연소로 보아서도 유리한 설계가 된다. 그림 3·11에 표시한 타원 피스톤 방식도 이것과 같은 설계방침에 따른 것이라고 볼 수 있다.

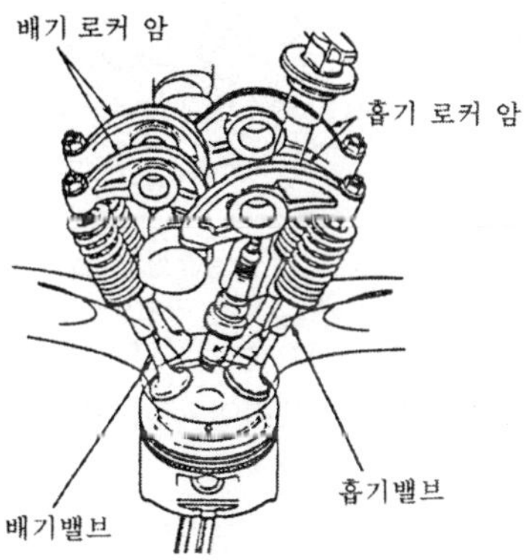

Hondacity 수냉 직열 4 실린더, OHC
72.0×76.0mm, 1237cc, 압축비 9.5:1
최고출력 76PS(55.9kW)/6,500rpm

그림 3·9 1개의 캠으로 4밸브(흡기 2, 배기 2)를 작동시키는 설계

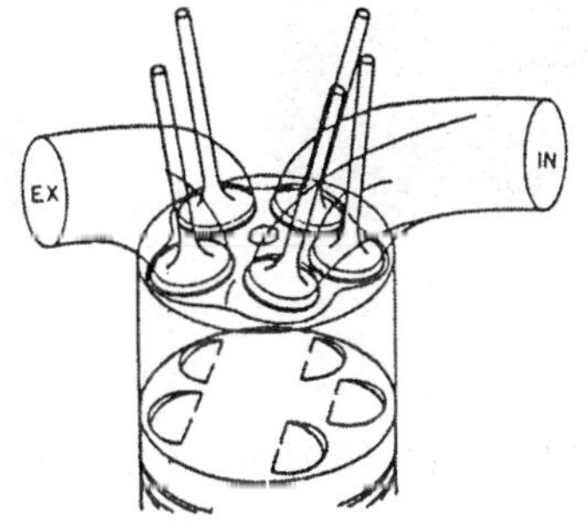

Yamaha OX66 수냉 75°V형 6실린더
85.1×58.5mm 1995cc 압축비 12:1
최고출력 330PS(243kW)/10,000rpm,
허용 회전수 13,000rpm,
리터마력 165PS(121kW)/l

그림 3·10 DOHC 5 밸브(흡기밸브 3, 배기밸브 2) 기관의 보기

(3) 최대 회전속도의 증가

단위시간당의 작동가스 유량을 밸브의 총 면적으로 나눈 흡기와 배기 밸브에서의 겉보기 속도는 기관회전수의 상승과 함께 커지게 되고, 밸브부분의 저항도 증가되기 때문에 η_v는 낮아진다. 그 결과 기관의 회전수를 늘려도 출력은 반대로 떨어진다. 즉, 고회전화로 고출력을 얻으려면 높은 회전수에도 η_v를 저하시키지 않도록 겉보기의 흡기와 배기속도를 저하시킬 필요가 있다. 그러므로 다음과 같은 방법이 강구되고 있다.

식 (3 · 3)에서 출력은 제동 평균유효압력이 일정할 때 회전속도에 비례하여 증가되므로, 최고 회전속도를 높이는 것은 오토바이, 특히 경주용과 같이 큰 리터마력을 필요로 할 때 이 경향이 현저하다.

그림 3 · 11은 특수한 경우여서 500cc 경주용 기관을 표시하지만, 경기규칙에 의해 실린더 수는 4개로 제한되므로, 실린더와 피스톤을 타원형으로 해서 흡기 밸브 · 배기 밸브를 실린더마다 각각 4개씩 설치한다. 그리고 합계 8밸브로 해서 약 2만 rpm으로 최고 출력을 내고 있다. 표 3 · 3에서 보는 바와 같이 125cc×8 실린더 병렬로 소형화되어 있다. 그림 3 · 12에 의해 밸브 수를 2→4→8개로 함으로써 체적효율 곡선의 산(山)이 고속영역으로 기울고 있다.

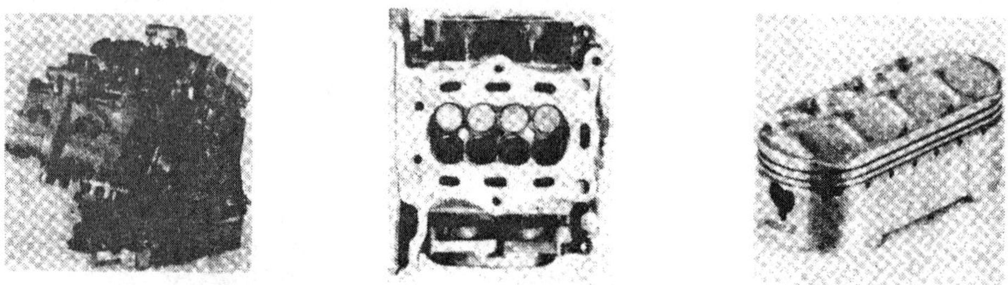

(a) V형 4 실린더 기관의 외관

(b) 실린더마다 4개의 흡기, 배기 밸브를 가지는 8밸브 방식 (2개의 점화 플러그를 가짐)

(c) 타원 피스톤의 외관(2개의 커넥팅 로드를 가짐)

그림 3 · 11 타원 피스톤을 사용한 Honda NR 500 경주용 오토바이기관(1979년)

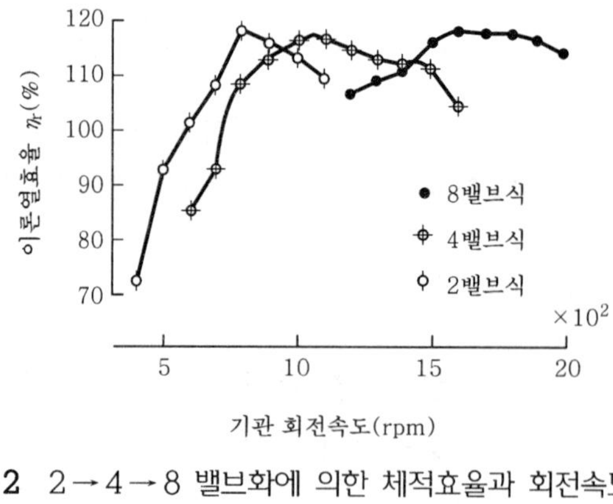

그림 3 · 12 2→4→8 밸브화에 의한 체적효율과 회전속도와의 관계

표 3·3 다 밸브화에 의한 고속화/경주용 기관의 고출력화의 예(4실린더 500cc의 경우)

실린더마다의 밸브수	2	4	8
실린더 지름(mm)	56.4	61.5	긴 지름 짧은 지름 93.4-41.0
행 정(mm)	50.0	42.0	36.0
실린더마다의 행정체적(cc)	124.9	124.8	124.9
압 축 비	12.0	11.5	12.1
흡기 밸브 지름(mm)	31.0	24.0	19.5
흡기 밸브의 수	1	2	4
배기 밸브 지름(mm)	25.0	21.0	17.5
배기 밸브의 수	1	2	4
최대 체적효율/회전속도	119%/8000 rpm	118%/10,500 rpm	120%/16,000 rpm
최고출력/회전속도	53.0 kW/11,000 rpm	74.5 kW/14,500 rpm	99.3 kW/19,500 rpm
최고출력 때의 체적효율	111%	113%	117%
리터 마력[kW(PS)/L]	106(144)	149(202)	199(270)

1) 실린더 수의 증가

같은 총 행정체적에서 실린더 수를 늘리면 실린더의 지름이나 흡기 밸브의 지름도 작게 된다. 단순화하기 위해 스퀘어(square, 내경=행정) 기관에서 실린더 수 Z와 흡기의 유속 V_1의 관계를 구해 본다.

$$V_{st} = ZV_s \propto ZD^3$$

$$V_1 \propto \frac{V_s}{D^2} \propto D \propto \frac{1}{\sqrt[3]{Z}}$$

여기서 V_{st} : 총 행정체적, V_s : 행정체적

즉, 흡기의 유속 V_1은 실린더 수의 3제곱근에 반비례하며, 다실린더화 할수록 같은 회전수에서의 흡기유속은 저하됨을 표시한다.

4실린더의 흡기유속을 100으로 볼 때 6실린더는 91, 8실린더에서는 72가 된다. 이 흡기유속이 저하된 만큼 다(多)실린더 기관은 고(高)회전화가 가능하게 되며 같은 행정체적에서 높은 출력이 얻어진다.

2) 행정의 단축[短行程]

흡기 밸브의 지름은 대개 실린더 내경에 비례하기 때문에 같은 행정체적에서는 행정을 짧게 하여 내경을 크게 할수록 흡기 밸브 지름이 커져 고회전화가 된다. 또 행정이 짧게 됨에 의해 높은 회전 영역에서의 기계손실이 저감되기 때문에 위의 밸브 지름의 증가와 더불어 고회전화를 위해서는 단행정화가 불가피하다. 시중에 판매되고 있는 기관의 행정/보아 비(比)(l/D)는 대부분이 0.9~1.1이지만 경주용에서는 l/D비(比)가 0.6 전후로 작은 것도 있다.

3) 흡기 밸브의 수 증가(흡기 다 밸브화)

앞에서 설명한 바와 같이 실린더 내경 D가 결정되면 레이아웃 가능한 흡기 밸브도 거기에 비례하여 결정된다. 2밸브 기관에서는 $0.5D$, 4밸브 기관에서는 $0.4D$ 전후가 흡기 밸브의 최대 지름이다. 흡기 밸브의 면적비는

$$\frac{4\text{밸브 기관의 흡기면적}}{2\text{밸브 기관의 흡기면적}} = \frac{2 \times (0.4D)^2}{(0.5D)^2} = 1.28$$

가 되어 2밸브에서 4밸브로 함으로 약 30% 정도 흡기 밸브면적이 증가됨을 알 수 있다. 그 결과 같은 흡기유속으로 높은 회전까지 운전되어 높은 출력이 얻어진다.

4) 흡기 밸브의 작동각, 양정의 증대

흡기 밸브가 열려 있는 시간(작동각) 및 양정의 양을 크게 함으로 흡기 밸브에서의 유속은 낮아져 보다 고속화가 된다. 흡기 밸브의 작동각은 보통 크랭크각으로 240° 전후이나 경주용 기관에서는 280~320°까지 크게 잡는다.

5) 허용한계 회전수의 상승

최고 회전속도를 증가시킬 경우, 운동부분의 관성력은 회전속도의 2제곱에 비례하므로, 각 부의 강도설계도 어렵게 된다. 이 대책으로는 보통 두 가지의 방법을 채택하고 있다. 첫째는 회전속도가 같더라도 행정을 짧게[短行程]하면 피스톤의 속도를 낮게 할 수 있다. 때문에 피스톤 행정 l과 실린더 내경 D의 비 l/D이 1보다 작은 **오버 스퀘어형**(over square)이라 부르는 설계가 많다. 그러나 이 방법의 결점으로는 연소실이 편평하고 열손실이 많아, 열효율면에서 불리하기 때문에 자동차용으로는 1에 가까운 값의 **스퀘어**(square 형)가 많아지고 있다. 둘째는 동(動) 밸브계의 경량화로 푸시 로드(push rod)를 사용한 종래의 OHV식 대신에, 최근에는 OHC 식이 가솔린기관이나 디젤기관에 널리 사용되고 있다.

위의 내용, 최대 출력향상의 방법을 체적효율 향상과 기관의 고회전화에 대해서 정리하면 표 3·4와 같이 된다.

표 3·4 최대 출력의 향상 방법

- 최대 출력의 향상
  - 충전효율의 향상
    - 흡기온도의 상승억제
      - 흡기공은 기관실 밖에 설치한다.
      - 흡기관이 가열되지 않게 레이아웃 또는 단열한다.
      - 인터 쿨러의 채용
    - 흡기압력의 상승
      - 과급기의 채용
    - 흡기와 배기 저항의 저감
      - 많은 밸브 채용
      - 관 지름을 크게, 굽은 반지름을 크게 한다.
    - 고속형 밸브 개폐시기
      - 큰 작동각 캠
      - IVC를 크게 한다.
    - 흡기와 배기 관성·맥동의 이용
      - 흡기 메니폴드 길이를 저속에서는 길게, 고속에서는 짧게 한다.
  - 기관의 고회전화
    - 흡기와 배기의 속도 저감
      - 많은 실린더 채용
      - 짧은 행정
      - 밸브의 작동각·양정을 증대
    - 허용한계 회전수의 상승
      - 동(動) 밸브계의 경량화
      - 주 운동계의 경량화

(4) 기계효율의 향상

1) 기계손실

도시마력과 정미마력의 차이인 기계 손실은 크게 나누면 다음과 같다.

- 피스톤, 피스톤 링과 실린더 사이의 마찰
- 크랭크 축, 캠 축 등의 베어링 마찰
- 캠·캠 폴로어(follower) 사이의 마찰
- 보조기의 구동손실

운전상 필요한 것 : 물 펌프, 오일 펌프, 점화장치

차량의 편리상 필요한 것 : 동력조향용 펌프, 에어컨용 압축기

그림 3·13은 모터링법으로 측정한 보기를 표시한다. 측정법의 관계로 본래 기계손실에는 들어가지 않는 펌프손실도 포함되어 있다.

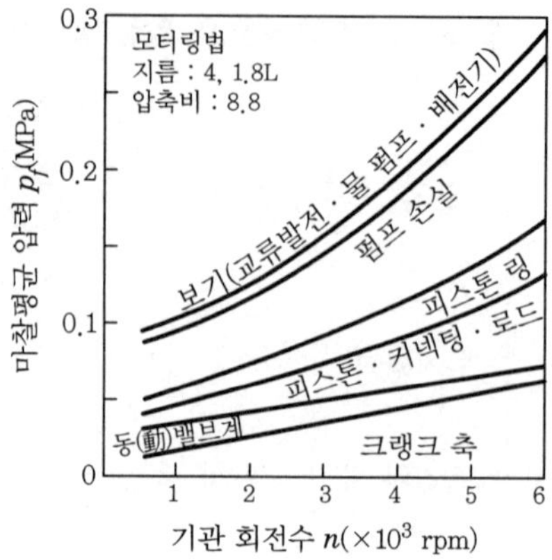

그림 3 · 13 가솔린기관의 기계손실 측정의 보기

동 밸브계의 마찰만은 회전수의 상승과 함께 캠 · 캠 폴로어 사이의 윤활조건이 개선되기 때문에 고회전 쪽이 손실은 적게 된다. 그러나 다른 부위는 회전수의 상승과 더불어 증가한다.

한편 회전수를 일정하게 하여 부하를 증가시킨 경우의 기계손실은 대단히 적게 증가되기 때문에 거의 일정하다고 보아도 좋을 정도이다. 그 결과 제동열효율은 저부하에서 급격히 낮아져 무부하에서 0이 된다.

도시열효율은 고부하일수록 펌프 손실은 적고, 고속일수록 냉각손실은 감소되기 때문에 저속 저부하일 때 낮고, 고속 부하가 될수록 높아지는 특성이 있다.

기계효율은 저속 고부하일수록 높고, 고속 저부하일수록 낮게 된다. 도시열효율(η_i)과 기계효율(η_m)의 곱으로 표시되는 제동열효율(η_b)은 회전수의 영향은 비교적 적게 되고, 대개 부하의 함수가 되어 저부하에서는 낮고 고부하에서는 높은 특성을 가진다.

(5) 과급의 효과

압축기를 사용하여 밀도를 높인 신기를 기관에 공급하므로 η_c가 향상되기 때문에 총 행정체적, 기관의 회전수를 증가시키지 않고 출력, 토크를 증가시킬 수 있는데 이를 **과급**이라 한다.

또 이 증가된 토크를 유효하게 이용하여 다음에 표시하는 방법에 의해 차량의 주행연비를 향상시킬 수 있다.

① 차량의 기어비를 높게 하여 기관의 연료소비율이 좋은 저회전으로 주행시킨다.

② 작은 배기량기관에 과급기를 부착함으로 과급기가 없는 큰 배기량기관과 같은 동력성

능이 확보되나 펌프 손실, 기계손실은 큰 배기량기관보다 적기 때문에 연비가 향상된다.

이와 같이 과급에 의해 출력, 토크나 연비의 향상이 달성되기 때문에 가솔린기관, 디젤기관은 모두 과급이 사용되고 있다.

출력, 토크를 향상시키는 경우, 승용차용에는 비교적 소형의 배기터빈 과급기나 기계식 과급기를 사용하여 저속에서 높은 토크가 발생되도록 하고 있다. 한편, 경주용이나 대형 트럭 등에서는 대형의 과급기를 사용하여 고회전에서 고출력이 발생되게끔 하고 있다. 그러나 과급에 의해 혼합기의 압력과 온도가 높아지기 때문에 자발화(自發火)하기까지의 지연시간이 짧아 노킹이 발생하기 쉽게 된다. 그러므로 가솔린기관에서는 과급을 할 경우에는 압축비를 낮게 설정하여 두기 때문에 부분 저부하 때의 열효율이 낮아진다.

또 배기터빈 과급의 경우에는 과급기의 관성 모멘트로 인해 회전 상승의 지연이 생겨 과급효과의 시간지연이 있는 등 앞으로 해결되어야 할 과제가 남아 있다.

그림 3·14는 현재의 과급방법으로 가장 많이 보급되어 있는 **배기 터보식 과급기**(turbocharger)가 붙은 기관의 한 예이다. η_v를 크게 하는 세 가지 요인 중 ③의 흡기온도의 상승에 의한 흡기밀도의 저하를 방지하기 위해서, 압축기의 출구측에 흡기 냉각기(charge cooler), 중간 냉각기(inter cooler)를 가진다. 보통의 설계와는 달리 2개의 흡기 밸브·배기 밸브는 각각 교차되게 배치하고, 흡기는 실린더 바로 위에서, 배기는 실린더 양쪽에 배치된 2개의 소형 터보 과급기로 이분(二分)되어 피스톤, 헤드 주변의 과열대책에

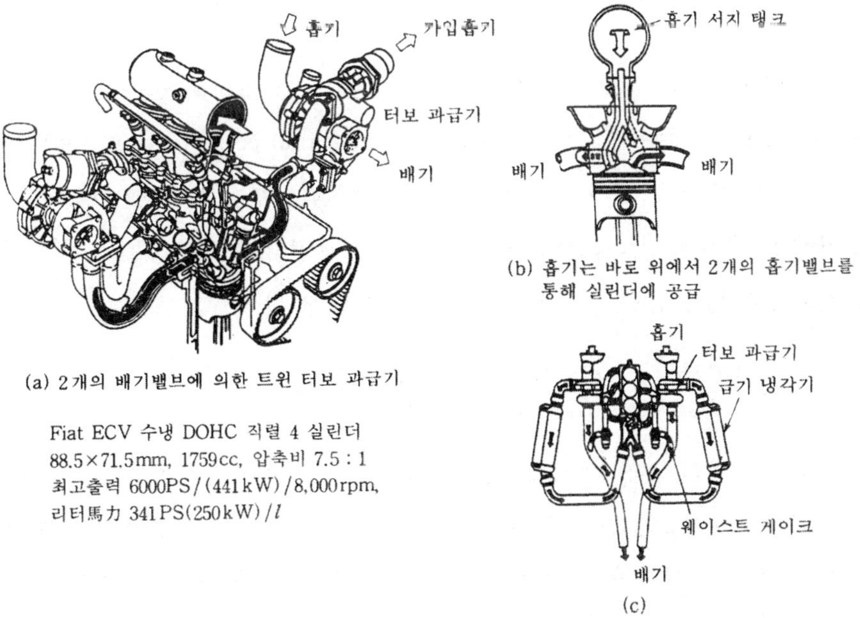

(a) 2개의 배기밸브에 의한 트윈 터보 과급기

Fiat ECV 수냉 DOHC 직렬 4 실린더
88.5×71.5mm, 1759cc, 압축비 7.5 : 1
최고출력 6000PS/(441kW)/8,000rpm,
리터馬力 341PS(250kW)/l

(b) 흡기는 바로 위에서 2개의 흡기밸브를 통해 실린더에 공급

(c)

그림 3·14 터보 과급기/흡기냉각기 부착 가솔린기관

유리한 특이한 설계로 되어 있다. 저속에서의 과급효과를 높이기 위해 부하의 상승에 따라 배기의 일부는 웨이스트 게이트(waste gate)를 열어 직접 배기에 내버린다.

루츠 송풍기에 의한 **기계식 과급기**(mechanical supercharger)는 터보식에 비해 송풍기를 크랭크축에서 밸트로 직접 구동시키기 때문에 응답성이 좋고, 중속영역(中速領域) · 저속영역(低速領域)에서의 토크 증대에는 좋으나 기계손실이 많고 연료특성이 열화(劣化)되는 단점이 있다.

3-3 경제성능

1 연료소비율

(1) 열효율과 연료소비율의 관계

기관의 중요한 성능항목인 출력, 연비성능 중에서 기관 하나만의 연비성능은 단위출력×시간(=단위 일)당의 연료소비질량으로 표시하며, 이것을 **연료소비율**(specific fuel consumption)이라 한다.

도시일, 제동일의 단위량당의 연료질량을 각각 도시 연료소비율(Indicated Specific Fuel Consumption ; ISFC), 제동 연료소비율(brake specific fuel consumption ; BSFC)이라 한다.

축마력과 소비된 연료의 양에서 제동열효율(brake thermal efficiency) η_b가 정의된다. 연료의 소비량을 B_f(kg/n), 공급열량을 Q(kJ), 저발열량을 H_l(kJ/kg), 일량을 W(kJ), 제동 연료소비율을 b_f(g/kWh), 제동마력을 N_b kW라 하면

$$b_f = \frac{10^3 B_f}{N_b} = \frac{3.6 \times 10^6 Q}{H_l \cdot W} = \frac{3.6 \times 10^6}{H_l \cdot \eta_b}(3) \qquad (3 \cdot 6)$$

식 (3 · 6)에서 분명한 것은 연료소비율과 열효율은 반비례관계이고, 일반 가솔린의 저발열량이 10,500 kcal/kg인 연료를 예로 들면 그림 3 · 15와 같이 정량적 관계가 된다. 현재 자동차용 가솔린기관의 제동열효율은 약 35%, BSFC는 약 230 g/kWh이다.

보통 차량의 연비성능은 정해진 시험 모드(mode)로 주행한 경우의 모드 연비나 평탄한

도로를 일정한 속도로 주행한 경우의 정지(定地)연비로 표시하며, 각각 km/L, mpg(mile per gallon), L/100 km 등의 단위가 사용된다.

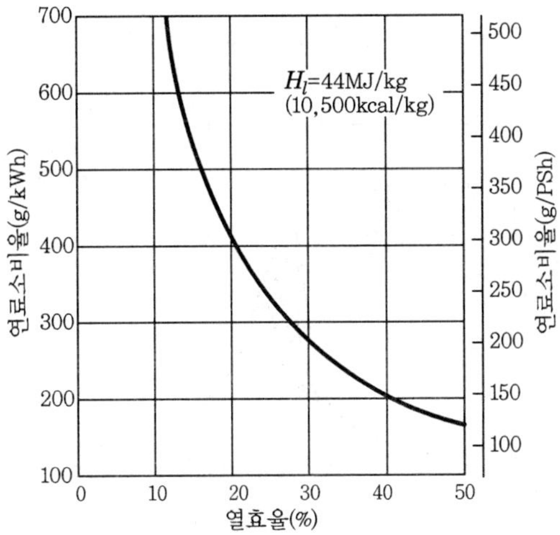

그림 3 · 15 열효율과 연료소비율의 관계

(2) 운전조건이 연료소비율에 미치는 영향

연료소비율, 즉 열효율에 영향을 주는 기본적인 인자는 압축비, 사이클의 여러 손실 및 기계손실 등이며, 주로 설계적 인자이다. 다음에는 운전조건이 연료소비율에 미치는 영향에 대해 설명한다.

1) **점화시기**

흡기량, 공연비가 다 일정한 점화시기를 변화시킨 경우의 실린더 내의 압력은 그림 3 · 16과 같이 되고 점화시기를 빨리 앞당길수록 최고 압력이 높게 되며 또 최고 압력의 위치도 상사점에 가깝게 된다.

이론상의 등적연소에서는 상사점에서 압축압력으로부터 연소에 의한 최고 압력이 되는 파형(波形 : 그림의 TDC에서 압력이 수직으로 상승하는 모양)이 출력, 효율은 가장 높다. 그러나 40~60℃A의 연소기간을 가지는 실제 기관에서는 점화시기를 앞당기면 상사점 전의 압축일이 증가하여 출력은 반대로 저하된다.

출력, 효율(연료소비율)이 가장 좋게 되는 점화시기를 MBT(Minimum advance for the Best Torque)라 한다.

기관의 회전수와 부하를 변화시킨 경우, MBT는 낮은 회전, 고부하측일수록 지연되고 높은 회전, 저부하측이 될수록 빨라진다. 이것은 저부하일수록 잔류가스 비율이 증가하여 연소속도가 저하하기 때문이고, 고회전화와 더불어 작동가스의 난류 수준도 높게 되고 크랭크 각도로 본 열 발생기간은 회전수에 관계없이 거의 일정하나 점화에서 열발생 시작까지 필요한 시간의 변화는 적고, 고속일수록 필요한 크랭크 각도 크게 되기 때문이다.

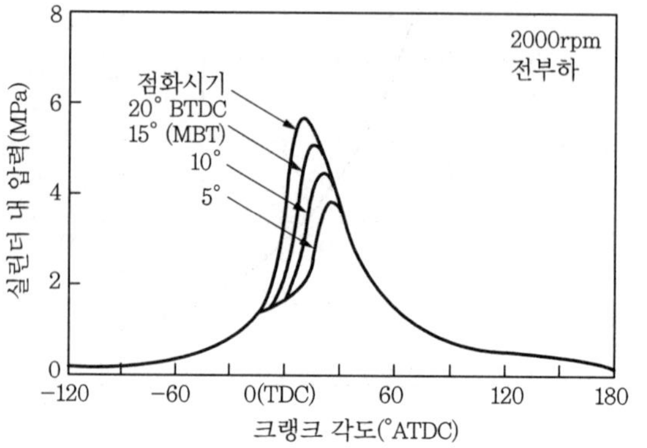

그림 3 · 16 점화시기와 실린더 내의 압력

2) 혼합기의 조성

① **공연비** : 기관에 공급되는 공기와 연료의 중량비를 **공연비**라 하고 A/F로 표시한다. 혼합기의 농도를 표시하는 지수로서 공연비 외에 **당량비**나 **공기과잉률**이 일반적으로 사용된다. 세 가지 지수 사이의 관계는 다음과 같다.

$$\phi = \frac{1}{\lambda} = \frac{\text{이론 } A/F}{\text{공급 } A/F} \qquad (3 \cdot 7)$$

여기서 ϕ : 당량비, λ : 공기과잉률

가솔린기관에서는 이들을 모두 사용하나 운전중 가장 농후한 공연비가 이론공연비보다 희박한 디젤기관에서는 λ가 사용된다.

그림 3 · 17은 전부하에서의 공연비와 제동 평균유효압력(P_{mb}), 제동 연료소비율과의 관계를 표시한 것이다. 평균유효압력은 이론공연비($A/F \doteqdot 14.5$)보다 과농측에서 최대가 되고 연료소비율은 희박측에서 가장 좋다.

작동가스의 열해리의 영향에서 최고 연소온도가 되는 공연비가 과농측으로 옮겨지는 것과 CO 생성에 의한 분자수 증가효과 등에 의해 10% 이상 과농한 공연비에서 평균유효압력은 최대가 된다.

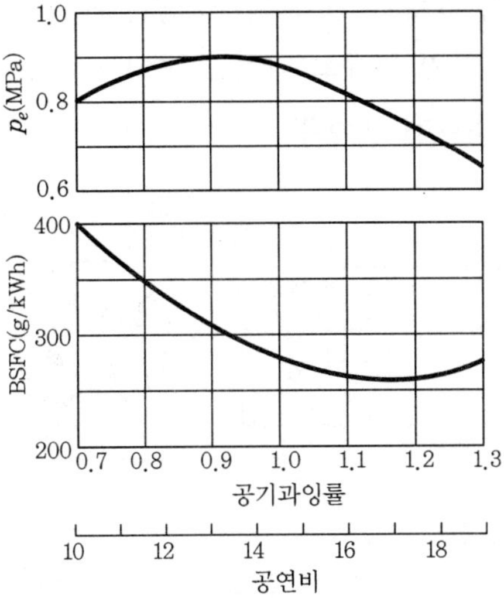

그림 3·17 공연비(공기과잉률)의 영향

과농측에서는 공기 부족으로 완전연소가 되지 않기 때문에 공연비를 농후하게 하면 연료소비율은 단순하게 악화된다.

희박측에서는 연소온도의 저하에 의한 냉각손실의 저감, 작동가스 조성의 변화에 의한 비열비($k = c_p/c_v$)의 증가 등에 의해 공기 사이클에 접근되기 때문에 어느 정도까지 연료소비율은 향상된다. 그러나 다시금 희박화되면 연소속도의 저하로 연소변동이 증가되고, 평균유효압력이 저하하여 기계효율도 저하함에 따라 제동 연료소비율은 반대로 악화되어 간다.

회전수와 출력이 일정한 부분부하 조건의 희박측에서는 이론 공연비와 비교하여 같은 공기량당의 평균유효압력이 낮은 정도만큼 교축 밸브의 개도(開度)는 크게 된다. 이로 인해 펌프 손실도 감소되고 전부하의 경우보다 희박화에 의한 연료소비율의 향상률은 크게 된다. 따라서 희박화된 경우의 악화요인은 주로 연소변동의 증가이다.

이 때문에 연소기간이 짧고 연소변동이 억제된 기관 쪽이 보다 희박공연비에서 연료소비율이 가장 좋고, 또 그 값도 좋다.

② EGR : 배기 중의 질소산화물(NO_x) 저감방법으로 배기의 일부를 흡기에 되돌리는 배기 **재순환**(Exhaust Gas Recirculation ; EGR)이 있다.

EGR은 공연비의 희박화와 같이 펌프 손실, 냉각손실의 저감, 작동가스의 비열비 증가 등의 연료소비율 향상요인과 함께 연소온도, 속도 저하에 의한 연소변동의 증대라는 악화요인도 병행하여 생긴다. 그 결과 EGR과 연료소비율의 관계는 기관의 연소안정성에 의해 다르며, 다점 점화나 난류의 강화로 연소기간이 짧은 기관에서는 EGR율이 20~30%까지는 연료소비율이 향상되고, 한편 난류도 약하고 편심으로 된 1점 점화기관에서는 EGR과 함께 연료소비율이 악화된다(그림 3 · 18).

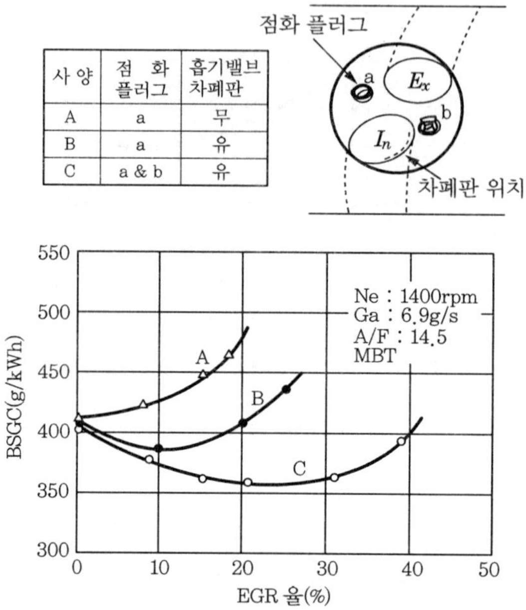

그림 3 · 18 EGR의 영향

3) **회전수와 부하**(평균유효압력)

이에 대한 연료소비율의 변화는 열효율의 관계와 같다. 공연비가 일정할 때 점화시기는 MBT라는 조건하에서는 부하가 높게 될수록 연료소비율은 향상된다. 그러나 실제의 기관에서는 전부하 부근에서는 출력 향상을 위해 이론공연비보다 농후한 출력공연비(그림 3 · 17 참조)로 설정하기 때문에 연료소비율도 조금은 악화되고 저부하측에 제일 좋은 연비점이 존재한다.

(3) 연료소비량

기관이 회전하고 있더라도 외부에 대해서 일을 하고 있지 않을 경우, 즉 **아이들링**(idling) 상태의 연비성능은 단위시간당 소비연료량 L/h로 보통 표시하며, 이것을 **연료소비량**이라 한다.

아이들링 상태에서는 도시마력과 기계손실이 평형되어 있다. 그런데 분리하면 압축 · 팽창 행정의 도시마력과 펌프 손실+기계손실이 평형된 상태가 된다.

아이들링 연료소비량에 크게 영향을 미치는 인자로서는 기계손실, 밸브 중첩(valve overlap), 아이들링 기관 회전수가 있다.

2 희박연소에 의한 열효율 개선

희박 혼합기를 효율적으로 연소시킬 수만 있다면 대폭적인 열효율의 개선이 기대된다. 그림 3·19는 ε이 일정할 경우, k의 증가에 따른 이론열효율 η_0를 표시한 것이다.

희박 혼합기(lean mixture)를 연소시키도록 고안한 사람은 Ricardo이며 1922년의 일이다. 부실식 **층상급기기관**(層狀給氣機關, stratified charge engine)이라 하여 농후한 혼합기를 공급하는 부흡기(副吸氣) 밸브를 가지며, 부실(副室)에는 점화 플러그를 설치한다.

1974년에는 일본의 Honda가 그림 3·20과 같은 **복합와류조속**(複合渦流調速) 연소방식(Compound Voltex Controlled Combustion ; CVCC) 기관을 상품화하여 사용하고 있다.

흡기 밸브를 가진 부실에는 특별한 기화기에서 농혼합기(15~15.5)를, 주연소실에는 별도의 기화기에서 희박 혼합기(18~20)를 공급하여 부연소실 내에서 점화연소된 가스를 주연소실에 분출시켜, 주연소실 내에서 희박 혼합기를 완전연소시키는 방식이다.

그림 3·21은 흡기 밸브의 개폐시기를 가변(可變)으로 하여 조기에 닫히거나 지연되어 닫히고, 급기량을 바꿔 교축 밸브 없는 운전을 가능하게 하는 **밀러**(Miller) **사이클**을 나타내고 있다.

흡기 벨브가 닫힐 때의 타이밍을 가변 또는 그림 3·21에서 (b)의 로터리 밸브의 흡기 포트가 닫힐 때의 타이밍을 가변으로 하고 팽창비를 일정하게 하여 둔 상태에서 압축비를 가변으로 할 수 있어 기관의 고과급화와 저연비화도 함께 가능하며, 실용화가 가능할 것으로 내다보고 있다.

현재 압축비 가변(variable compression ratio)기구에 대해서는 1960년대 영국의 BICERI(British Internal Combustion Engine Research Institute)에서 개발되고, 미국의 TCM(Teledyne Contienental Motors)이 1970년대에 채용하였다. 그 후 GM의 시험제작 전차(戰車) XMI에 탑재되기까지에 이르렀다.

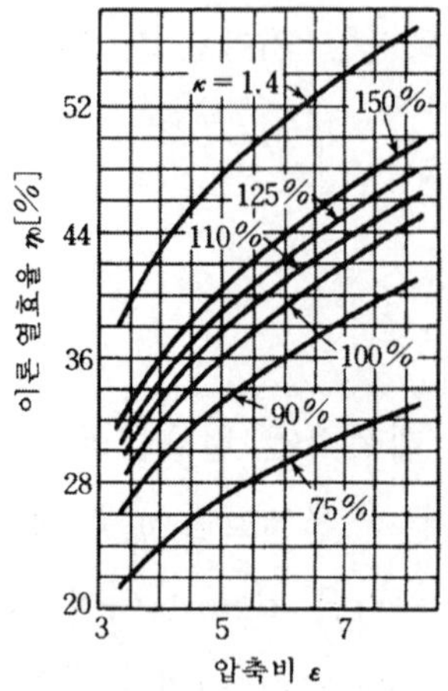

연료 옥탄을 사용한 가솔린기관

그림 3 · 19 공연비와 이론열효율과의 관계

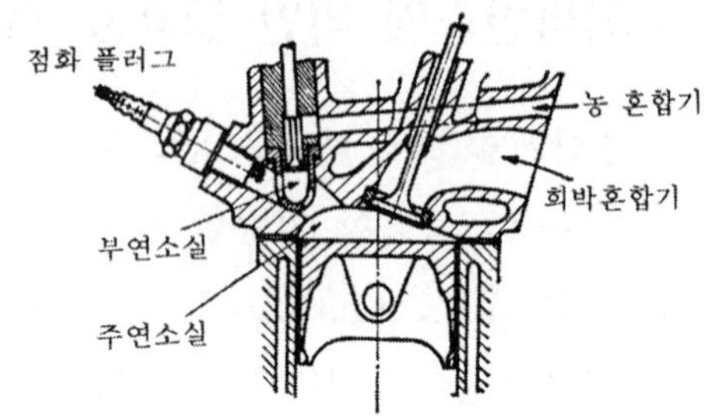

그림 3 · 20 Honda의 CVCC

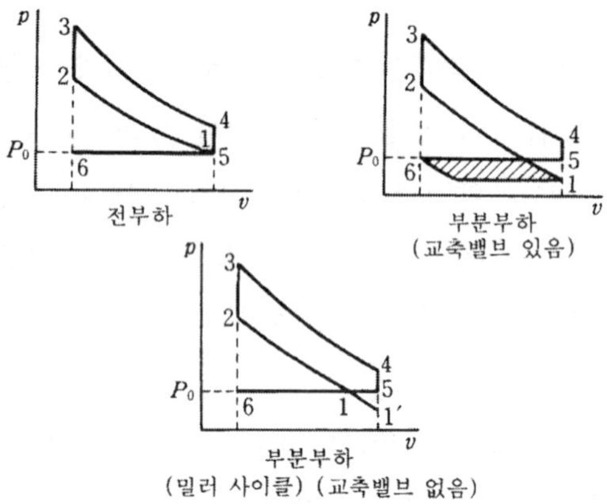

(a) PV 선도

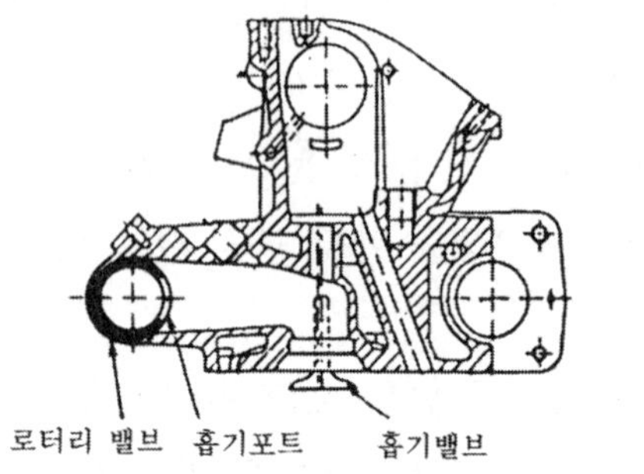

(b) 흡기밸브의 상류에 로터리 밸브를 사용한 밀러 사이클(早期閉)의 보기

그림 3 · 21 Miller 사이클에 의한 부분부하에서의 펌프 손실 저감
흡기 밸브의 조기 닫힘 : 5→6→1→1'→1→2→
흡기 밸브의 지연 닫힘 : 5→6→5→1→2→

3-4 인간공학적 성능

여기서 말하는 인간공학적 성능이란 기관의 안전성, 신뢰성, 사용의 용이성(容易性), 손질이나 정비의 필요성이다. 즉, 보전의 특성 또는 정비의 용이성 등 인간과 기계와의 접점의 문제를 표시한다.

1 사용성

사용하기 쉬운 정도 또는 인간의 의지대로 기계가 움직여 준다는 특성을 **사용성**이라 부른다. 여기에 속하는 문제로는 시동성, 가속응답성 및 끈기에 대해서도 생각해 볼 필요가 있다.

첫째, 시동성을 지배하는 요인은 네 가지이다. ① 실린더측으로 충분한 압축성 여부이며, 이는 출력 · 경제 성능 및 배기의 악화에도 영향이 있다. ② 점화계통이다. 지회진 속도에서 확실한 불꽃이 튀는가의 여부에 있다. ③ 실린더 내에서 착화에 적절한 농도의 혼합기가 형성될 필요가 있으며, 이는 기화기의 기능에 지배된다. ④ 시동 전동기로 저속에서 큰 토크를 내어야 한다.

둘째, 가속 · 감속성 및 응답성, 조속성이다. 기관만의 특성이라기보다는 그 기관에 의해 구동되는 기계와 연결될 때에 중요한 의미를 가진다. 발진 · 가속하여 400 m에 이르는 시간을 SS 400에 대한 시간(s)이라 불러 가속성의 하나의 값으로 간주한다. 이 경우 기화기의 교축 밸브를 열면 기관은 그 회전속도에서 여유출력이 생기고 회전, 즉 차속이 증가된다.

한편, 차속의 증가와 더불어 주행저항이 증가되어 가속도는 줄어든다. 따라서 가속에 필요한 관성력과 주행저항에 대한 기관출력의 평형이 가속성능을 좌우하게 된다.

셋째, 기관 끈기의 특성이다. 내연기관의 토크는 보통 어느 회전속도에서 최대값을 가지고 그 전후는 저하된다. 자동차용과 같이 넓은 속도와 출력의 범위에서 사용되는 기관은 회전속도에 대해서 크게 토크가 변한다. 특히, 저속에서 토크가 낮은 기관은 사용하기가 어렵다. 이 사용특성을 **기관의 끈기**라 하며, 자동차용 기관에 대해서 Flösel은 다음과 같이 표시하였다.

$$e = \frac{\text{최대 토크}}{\text{최고 출력 때의 토크}} \times \frac{\text{최고 출력 회전속도}}{\text{최대 토크 때의 회전속도} } \qquad (3 \cdot 8)$$

현재 사용하고 있는 자동차용 가솔린기관은 e=1.7~1.8 정도가 많고, 회전속도를 높여 출력을 높인 고속형의 기관은 작은 값이 된다. 저속 토크가 큰 저속형 기관은 e의 값이 크게 된다. 따라서 트럭용 기관이나 디젤기관에서는 2 이상도 많다.

2 보전성, 정비성, 신뢰성

정비 · 보전에 관한 특성을 표시하는 값의 하나로, 한 번 정비하고 다음에 정비를 필요로 할 때까지의 사용기간이 있으며 이것을 **오버 홀**(over haul) **시간간격**이라 한다. 이 시간간격을 늘리는 것이 보전성능 향상의 핵심이다. 따라서 구성부품 전체의 신뢰성 향상이 중요하다. 자원의 유효이용을 생각해야 되는 현재의 상황에서는 충분한 보전 · 정비로 장시간 사용의 방법을 인식해야 한다.

3-5 사회적 성능(차 공해경감)

시가지에서 가솔린자동차로부터의 배출가스는 정화규제에 의해 어느 정도 환경 악화를 방지하고 있으나, 디젤기관의 보급과 함께 배출되는 **입자상 물질**(particulate)이 새로운 문제가 되고 있다. 그림 3 · 22에서 보는 것과 같이 입자상 물질은 입자의 지름이 1 μm 이하의 미립자가 많고, 이들은 흑연으로 관찰되는 검정(dry soot)과 동시에 중질(重質)의 탄화수소를 함유하고 있다. 이 탄화수소는 유기용제에 용해되어 분리되므로 가용성 유기물질(Soluble Organic Fraction ; SOF)로 불린다.

SOF에는 많은 다환방향족(多環芳香族) 탄화수소(Polynuclear Aromatic Compounds ; PAC)가 포함되어 있으며, 운전조건에 따라서 강한 변이원성(變異原性, mutagenic activity)을 표시하는 것이 분명해졌다. 또 PAC는 탄화수소 연료를 디젤기관의 연소행정과 같은 **확산화염**(擴散火炎, diffusion flame) **방식**으로 연소시킨 경우에 주로 생기며, 가솔린기관과 같은 **다혼합화염**(多混合火炎, premixed flame) **방식**에서는 거의 발생되지 않음이 알려지고 있다.

이상과 같은 배경에서 흑연대책으로는, 연료분사 펌프와 노즐을 일체화한 초고압분사(1000~1500 기업)가 가능한 유닛 인젝터(unit injector)의 사용 또는 SOF 대책으로 전(全)세라믹제 연소실의 채용이 되고 있는데, 이는 불완전 연소 생성물의 저감 등의 연구개발로 진행되고 있다.

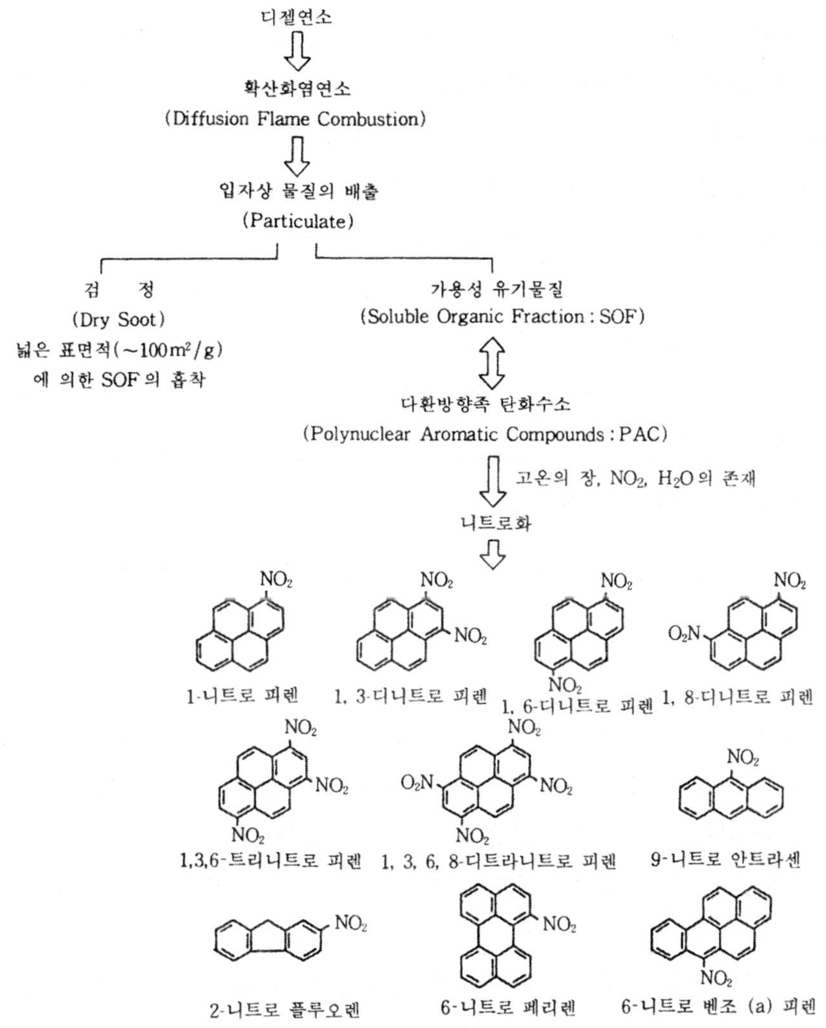

그림 3 · 22 디젤연소에 의한 입자상 물질의 배출

3-6 미래의 자동차용 기관

1 가스터빈

피스톤기관이나 로터리기관과는 본질적으로 사이클과 구조를 달리하는 가스터빈은 옛날부터 연구되었으나, 열효율이 나쁘고 터빈의 구조재료로 필요한 내열합금을 얻을 수 없어 최근까지 실용화되지 못했다. 하지만 1937년경부터 배기터빈 과급기가 항공기에 사용되었고 이어 제트기관이 실용화됨에 따라 급속도로 진보되었다.

현재 항공기에는 가스터빈을 사용한 **터보 제트**(turbo jet)의 원동기가 주류를 이루고 있으나, 최근에는 발전용 · 선박용 · 기관차용 · 자동차용에까지 사용되기에 이르렀다. 자동차에 대해서는 고속 트럭용 · 버스용 · 승용차용 · 경주용으로 시작시험(試作試驗)이 각국에서 진행되고 있다. 특히 배기의 공해문제에서 유리한 가스터빈은 고속버스 · 고속 트럭용은 물론, 가격면에서 해결된다면 승용차에도 적용될 시기가 머지않을 것이다.

(1) 자동차용 가스터빈의 장단점

자동차용 가스터빈을 종래의 피스톤기관과 비교할 때 다음과 같은 장단점을 가지고 있다.

1) 장 점

① 경량 · 소형화가 가능하다. 즉, 일반 가솔린기관의 중량/출력 비가 1.2~2.0 kg/PS, 디젤기관이 3.5~5 kg/PS인데 비해 가스터빈에서는 1.1~1.5 kg/PS 정도로 적다.

② 피스톤식과 같은 왕복운동 부분은 없고 회전운동뿐으로 운동이 연속 정상적이며, 진동이나 토크 변동이 적다. 토크 특성은 저회전에서 토크가 커서 자동차에 대해서는 이상적이다.

③ 연료는 광범위하게 액체나 기체연료가 사용되며, 오일의 소비도 적고 배기가스는 유해물질의 함유가 적어 깨끗하게 된다.

④ 한랭 때에도 시동이 쉽고 시동 직후에도 전출력(全出力)을 내며, 또 출력제어도 빠르고 쉽다.

⑤ 냉각수계통이 필요하지 않다.

2) 단 점

① 일반적으로 연료소비량이 많으며, 특히 부분부하일 때 크다.

② 급격한 부하변동에 대해 추종성이 나쁘다.

③ 고열가스(최고 900~950℃)와 직접 접촉되는 터빈 노즐이나 동익(動翼)에 고가의 내열합금이 필요하다.

④ 고속회전(출력터빈은 25,000~45,000 rpm)이므로 높은 정밀도의 베어링이나 감속장치가 필요하다.

(2) 가스터빈의 작동

가스터빈은 피스톤기관과 달라 흡입 · 압축 · 연소 · 팽창 · 배기의 각 과정이 압축기(air compressor), 연소실(combustion room), 터빈(turbine)으로 성립된 장치에 의해서 이루어진다.

그림 3 · 23은 자동차용 가스터빈의 작동원리도로서, 공기는 압축기 C로 고압화되고 연소실 B에 들어간다. 여기에서 연료가 분사되고 착화연소되어 900℃ 정도가 되며, 이 고온 · 고압 가스는 압축기용 터빈 CT 및 출력용 터빈 PT에 작용하여 이것을 고속회전시킨다. 출력터빈 PT의 회전속도는 30,000~45,000 rpm 정도의 고속이므로 감속기어로 1/10 정도로 감속시켜서 사용한다. 자동차용에서는 이 때 배출되는 배기가스가 고온 · 고압이므로 이것을 다시 이용하기 위해 열교환기 R에 보내고 흡입 공기를 예열하여 팽창시킴과 동시에 배기가스를 냉각시켜 배기음을 감소시킨다.

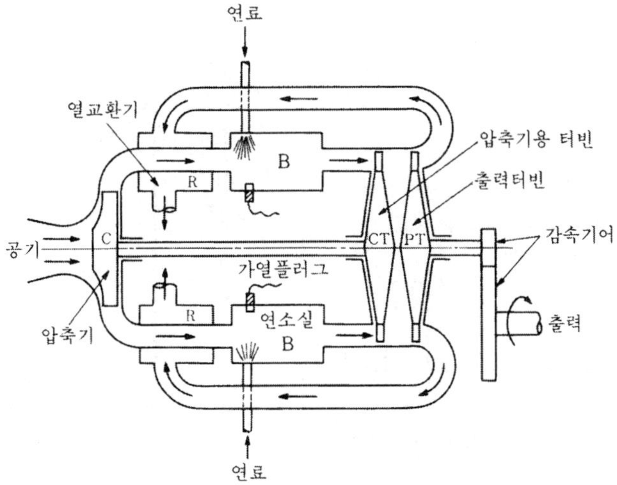

그림 3 · 23 가스터빈의 작동원리도

비행기에 장착시킬 경우에는 배기를 직접 뒤로 분출시켜 그 반동으로 추력(推力)을 얻도록 하고 있다. 그리고 출력터빈의 축을 앞으로 뽑아 프로펠러를 회전시키도록 한 것이 터보 프로펠러 비행기이다.

실제의 시동은 처음에는 CT, C의 축을 시동전동기로 CT의 전력회전수의 25% 정도로 회전시키고, 가열 플러그에 전류를 보내어 가열함과 동시에 연료를 분출시키면 연소가 시작되고 CT, C는 자력운전을 개시한다. 그 뒤는 연료분사량을 증가함에 다라 CT, C는 가속되고 점차 고온 · 고압 가스가 발생하게 되며, 이어 PT터빈이 동력을 발생시킨다. 이 때 연료의 분사량을 일정량 이하로 억제하면 출력터빈은 차를 구동시킬 만한 동력이 되지 않고 아이들링 상태를 유지한다. 즉, 출력터빈의 동력은 연료분사량의 증감에 따라 달라지기 때문에 차의 속도제어가 된다.

(3) 자동차용 가스터빈의 형식

가스터빈은 피스톤기관과는 달리 압축기, 터빈, 연소기 등의 조합으로 여러 가지 사이클을 생각할 수 있으나, 자동차용으로는 다음에 설명하는 이유 때문에 2축식 저압터빈이 가장 많이 사용된다. 그런데 프리 터빈이란 압축기 구동용 터빈과는 관계없이 그 회전수를 자유로이 바꿀 수 있는 터빈이다.

가장 간단한 사이클을 생각하면 그림 3 · 24와 같은 1축식이 되나 이것은 회전수의 저하와 동시에 압축기의 압력비도 줄어 토크도 그림 3 · 25의 a와 같이 회전수와 더불어 저하, 펌프나 발전용으로는 좋으나 자동차용으로는 적합하지 않음을 알 수 있다.

다음의 그림 3 · 26과 같이 2축식으로 하면 압축기 터빈 부분이 가스 발생장치만의 구실을 한다.

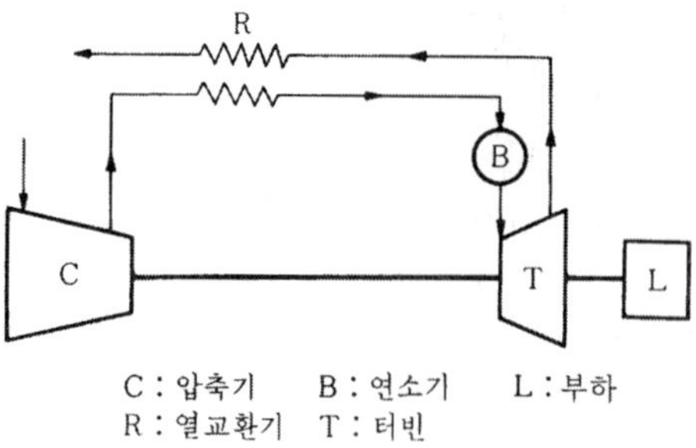

그림 3 · 24 1축식 가스터빈

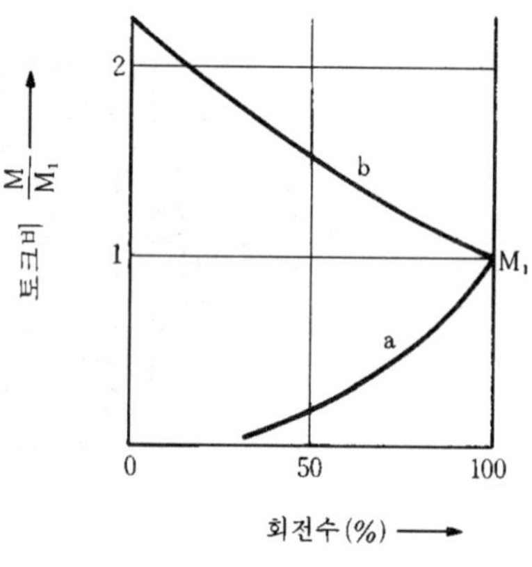

그림 3 · 25 가스터빈의 토크 특성

따라서 출력터빈 회전수에 관계없이 항상 출력터빈에 고온·고압 가스를 공급할 수 있어 출력축의 회전수가 저하되면 토크는 그림 3·25의 b와 같이 크게 된다. 따라서 자동차에 알맞은 토크특성이 된다.

그런데 2축식의 경우, 저압터빈을 출력터빈으로 하는 방법[그림 3·26(a)]과, 고압터빈을 출력터빈으로 하는 방법[그림 3·26(b)]이 있다. (b)의 고압터빈형에서는 토크도 크고 가속성도 좋으나 저압터빈으로 압축기를 구동하고 있기 때문에 부분부하 운전 범위가 좁으며, 출력을 줄이면 공기유량이 감소되어 압축기에 서징을 일으키기 쉽고 운전이 불안정하게 되는 결점이 있다. 그러므로 광범위한 출력변화가 요구되는 자동차용으로는 적당하지 못하므로 현재는 (a)의 저압터빈을 출력터빈으로 하는 방법을 많이 사용하고 있다.

이 밖에도 출력을 향상시키고 부분부하 때 연료소비량을 좋게 하도록 과급용의 압축기를 설치한 3축식 과급가스터빈도 제작되고 있다.

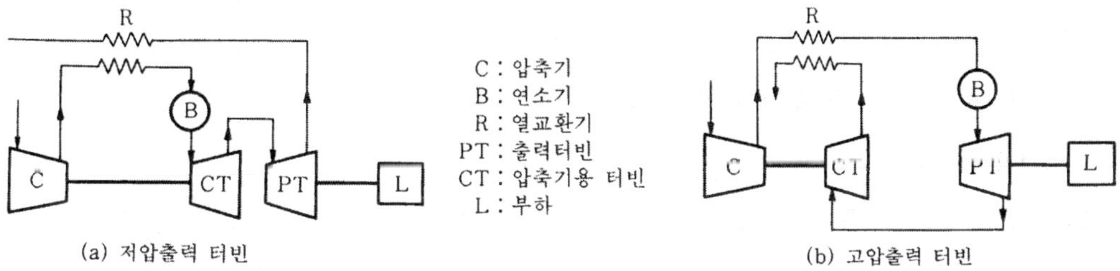

그림 3·26 2축식 가스터빈

(4) 가스터빈의 각부 구조경향

1) 압축기

압축기는 구조가 간단하고 비교적 작동 유량 범위가 넓은 원심형 1단 압축기가 많이 사용되고 있다. 열교환기가 붙은 자동차용 가스터빈에서는 터빈의 입구 온도가 약 950℃ 전후이고, 열교환기의 효율이 80~90%이므로 압력비의 경우 4 정도가 가장 적합하다. 경주용 가스터빈은 열교환기를 갖지 않으므로 압력비가 6 이상으로 높고, 압축기는 축류+원심식을 사용한다.

2) 터빈

압축기용 터빈은 1~2단의 축류식이 주류이며 레이디얼식도 있다. 레이디얼 터빈은 원주상에 배치된 노즐에서 내측에 가스가 분출되어 깃차를 회전시키는 것이며, 원심압축기의 역작용을 한다. 부분부하 특성을 좋게 하기 위해 노즐의 부착 각도를 가변으로 한 것도 있다. 비출력의 증가와 연비율을 줄이기 위해 터빈 입구 온도는 최근에 증가하는 경향이 있으며, 자동차용도 내열합금 융점의 80% 가까이 달하여 앞으로는 터빈의 냉각을 고려하지 않을 수 없다. 출력터빈은 축류 1단식이 대부분이고 작동온도가 낮아 값싼 재료로 되며, 공작법은 가격 절감을 위해 정밀주조를 사용하고 있다.

3) 연소기

고속기류 중에서 연료를 연속적으로 연소시키는 장치이며, 연소실 및 연료를 분사시키기 위한 연료분사 밸브와 연료 펌프, 시동을 위한 점화장치를 설치하고 있다.

현재 가스터빈에서 사용되고 있는 가스온도는 900~950℃이므로 공기연료비는 60~250 정도로 희박하게 하지 않으면 온도가 높게 된다. 그러나 이와 같은 공기연료비로는 연소가 되지 않으므로 여기서 연소기 입구공기를 두 부분으로 나누어 그 일부를 사용, 가장 연소되기 쉬운 이론혼합비 부근의 혼합기체를 만들고(이 공기를 **1차공기**라 함), 여기서 연료를 연소시킨다. 이 때 발생된 고온가스에 나머지 공기(이 공기를 **2차공기**라 함)를 혼합시켜 똑같은 출구온도로 만든다. 연료는 기어 펌프나 피스톤 펌프로 20~50 kg/cm^3로 가압하고 와류분사 밸브를 사용하여 직접 분사시킨다.

4) 열교환기

터빈에서 배출되는 배기가스는 충분히 고온이므로 이것을 열교환기에 넣어 압축기에서 나온 공기를 가열하여 전체의 열효율을 높인다. 이 경우 열의 전달은 가스체이기 때문에 열전도율이 나쁘며, 충분한 열교환을 하기 위해서는 큰 면적이 필요하여 중량 증가와 가격 상승을 피할 수 없다. 그러나 세라믹 열교환기가 개발됨에 따라 효율은 현저하게 향상되고, 종래 문제가 되었던 전체의 열효율도 20% 가까이 되고 있다. 물론 열교환기를 사용하면 압축공기는 저항으로 압력이 떨어지고 터빈 배압은 높게 되나, 배기가스의 열을 이용하기 때문에 위와 같은 전체의 열효율은 향상하게 된다.

열교환기는 소형 · 경량으로 압력손실이 없고 온도효율이 높아야 한다. 이 요구에 맞게 개발된 것이 **회전축열형**으로 불려지는 것이다. 이 밖에 종래에 사용되던 **고정형**도 있다. 회전축열식은 작은 통로를 가지는 전열면적이 큰 축열물질[이것을 매트릭스(matrix)라 함]에 압축공기와 배기가스를 교대로 흘려보내 매트릭스를 지난 배기가스의 열을 공기에 전하는 방법이며, 구조는 복잡하나 통로의 오염을 막는 작용이 있고 콤팩트로 되므로 300 PS 이하는 대부분 이 방식을 사용한다. 매트릭스는 20~40 rpm의 속도로 회전하고 있다. 매트릭스는 세라믹(ceramic) 또는 금속박편으로 만드는데, 세라믹의 출현으로 양산하게 되면 가격이 저렴하게 될 것으로 본다.

회전축열형은 소형으로 온도효율이 90%이지만, 압축공기가 슬라이딩 면에서 새어나오는 결점이 있다. 고정형[傳熱式]은 구조가 간단하고 실(seal)의 문제가 없으며, 수명이 길고 유지가 쉽다는 장점이 있어 주로 대형 · 대마력용에 사용되고 있다. 고정형도 온도효율이 해마다 상승되어 현재는 최고 83%나 되고, 이것도 소형으로 하기 위하여 두께 0.2 mm 정도의 웨이브형 박판을 사용하여 공기 및 가스 통로를 대단히 작게 한 것도 있다. 앞에서 설명한 바와 같이 열교환기를 사용하면 소음기의 작용을 하여 배기소음을 크게 줄인다.

(5) 자동차용 가스터빈의 개발현상과 그 장래

배기나 소음공해가 사회문제화된 오늘날 가스터빈은 진동 · 소음이 적고 배기가스의 청정화가 용이하다. 따라서 가스터빈은 장래의 자동차용 기관으로 유망하며, 실용성이 있는 상품은 출현되어 있지 않으나 그 개발은 각국에서 진행되고 있다.

자동차용 가스터빈의 개발상 문제점은 연료소비율(열효율)의 향상과 가격의 저감이며, 이것은 서로 상반된 조건이다. 즉, 열효율을 향상시키려면 최고 온도를 높여야 하는데 이렇게 하기 위해서는 고가의 내열합금이 필요하고 가격 상승을 초래한다. 연료비에서 특히 문제가 되는 것은 부분부하 때이며, 보통의 가스터빈에서 부분부하일 때에는 압축기와 터빈의 상관관계에서 최고 온도가 설계온도보다 낮아지기 때문에 연비율이 악화된다. 부분부하의 경우가 적은 고속도로상의 고속 트럭이나 버스에는 좋으나, 일반자동차에는 큰 결점이 되기 때문에 그 대책으로서 출력터빈의 노즐을 가변으로 한 가변 노즐, 가변흡입구 안내, **파워 트랜스퍼**(power transfer) **방식**(출력터빈과 압축기 터빈을 클러치를 통해 결합하여 사이클의 평형을 가변화함) 등이 고려되고 있다.

가스터빈이 고가로 되는 것은 생산대수가 적고, 고가의 내열재료가 필요하며 가공정밀도의 요구가 있기 때문이지만 Ni, Co, Cr 등을 주성분으로 하는 내열합금은 가격면 외에 자원면으로 보아서도 한도가 있어 문제가 된다. 여기서 이들을 대신하여 저렴하고 쉽게 얻어지는 내열재료로 연구개발된 것이 세라믹이다. 세라믹은 금속과 달라 기계적 충격이나 응력집중에 대해서는 불리하나 우수한 고온강도, 내산화성을 가지는 자원 · 가격면에서 우위를 차지한다. 미국에서는 1972년에서 5개년 간 예정으로 정부의 투자에 의해 가스터빈 요소(연소기 · 열교환기 · 터빈 등)에 세라믹을 적용, 포드와 기타에서 시험이 진행되고 있다. 현재 실리콘나이드라이트(Si_3N_4)나 실리콘카바이트(SiC)를 사용하여 터빈 입구 온도를 1371℃(2500°F)까지 높인 세라믹 가스터빈의 개발을 진행 중에 있다. 현재의 터빈 입구온도 925℃(무냉각)가 1371℃까지 상승되면 출력은 같은 크기의 2배, 열효율도 정격점에서 20~30% 개선되어 디젤기관의 연료비에 가까우며, 또 부분부하 때의 열효율의 향상도 실현 가능하게 될 것이다.

다음에 현재 세계 각국에서 개발 중에 있는 대표적인 자동차용 가스터빈을 열거하면 표 3 · 5와 같다.

표 3 · 5 개발 중인 대표적 자동차용 가스터빈

메이커	형 식	축마력 PS	연비율 g/PSh	중량 kg	압축기 압력비	압축기 rpm	터빈입구 온도 ℃	열교환기 형식*
Chrysler	A 128	150	245	272	4.1	46,610	1052	Reg×2
GM	GT-225	225		307	4.5	44,000	1007	Reg×1
GM	GT-404	325	216	775	4.2	37,100	928	Reg×2
GM	GT-505	470			5.1			Reg×2
GM	GT-605	550						Reg×2
Ford	707	450	179	771	4.0	37,500	1037	
Ford		220			5.0	64,500	1370	
VW	70	75	285	170	3.7	61,400	912	Reg×2
日 産	YTP12	300	245	600	4.0	40,000	920	Reg×2
小 松		600	205	950	4.6	31,500	935	Rec

* Reg : 회전축열식, Rec : 고정전열식

GM은 GT-404 가스터빈(325 PS)을 그레이하운드 버스회사의 50여 대 버스에 탑재하여 1972년부터 실용운전을 실시하여 왔는데 그 결과는 호평을 받고 있다. 연료소비량은 디젤기관의 50~100%로 증가하고 있으나, 디젤기관에서 문제가 많았던 냉각계통과 클러치가 필요 없는 등 정비상의 개선과 소음 · 진동이 적어 승객에게 호평을 받음으로써 영업 성적에 공헌하고 있어 그레이하운드사(社)는 해마다 증차를 시키고 있다. 그래서 GM에서는 GT-404 및 GT-505 가스터빈의 본격적인 생산을 시작하였다.

포드사는 트럭용으로 707형 가스터빈을 실용시험하여 1974년에 실용기관의 양산공장을 정비하였으나, 세라믹제의 열교환 매트릭스의 내구성이 문제가 되어 그 직후 개발을 중지하고 있다. 그러나 승용차용의 개발은 진전되어 터빈 휠, 터빈 노즐, 연소기 등의 세라믹화를 시도한 승용차용 1축 가스터빈을 개발하고 있다.

Chrysler사(社)는 일찍부터 승용차용을 개발하여 1960년에 50대의 가스터빈의 실차시험을 하였다. 1972년에는 미국의 AAPS 계획(Advanced Automotive Power System Program)에 참가하여 Base-line 기관제작사로 지명되어 제6세대의 A128까지 개발, 현재에는 이들 실적을 토대로 연비율 50% 향상을 목표로 연구 개발을 진행하고 있다.

위에서 가스터빈의 개발 동향을 간단히 소개하였는데, 연소 조건이 좋고 또한 간결한 회전기계인 가스터빈은 원동기로서 우수한 특성을 갖고 있어 그 결점인 연료소비량 및 가격도 세라믹이 실용화되면 연료소비율의 향상과 가격의 저하도 가능하게 될 것이다. 항공용에서의 축출력형도 300PS 이상은 피스톤기관을 앞지른 것처럼 자동차 가스터빈도 연비율과 가격 문제를 해결하면서 의외로 빨리 실용화될 것으로 전망된다.

2 스털링기관

스털링기관은 1816년 영국의 Robert Stirling에 의해 밀폐사이클 외연기관으로 발명되었다. 작동유체로 공기를 사용하여 몇 %의 효율을 내었으나, 19세기 말에 출현한 내연기관의 발달로 그 자취를 감추었다. 그러나 이론열효율이 카르노 사이클과 일치되는 고효율 기관임에 착안하여 1938년 네덜란드의 Philips사가 실용화를 위한 개발을 시작하여 1960년대에 콤팩트인 더블 액팅형(double acting type)이 개발되고, 1972년부터 Ford사와 Philips사가 협력해서 승용차에 탑재하여 시험이 진행 중에 있다.

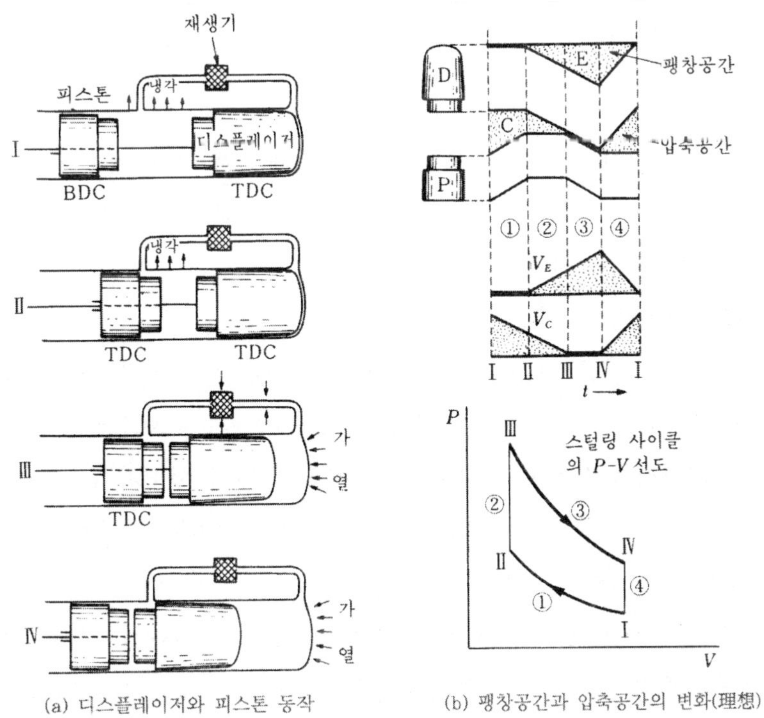

(a) 디스플레이저와 피스톤 동작 (b) 팽창공간과 압축공간의 변화(理想)

그림 3·27 스털링 사이클

(1) 작동원리

스털링기관의 기본 사이클은 다음과 같이 표시된다(그림 3·27).

① 냉각된 작동가스를 온도가 상승되지 않도록 외부에서 냉각하면서 압축한다(등온압축).

② 압축된 작동가스를 외부에서 가열하여 온도와 압력을 높인다(동적가열).

③ 온도가 저하되지 않도록 외부에서 가열하면서 작동가스를 팽창시킨다(등온팽창).

④ 팽창된 작동가스를 외부에서 냉각시켜 온도와 압력을 저하시킨다(등적냉각).

③에서 팽창으로 이루어진 일에서 ①의 압축으로 이루어진 일을 뺀 값이 스털링 사이클의 유효일이다. 스털링기관의 효율 η는 기본적으로는 열량공급 때 및 방열 때의 작동유체 온도로 결정되며,

$$\eta = \frac{T_h - T_c}{T_h}$$

로 표시된다. 여기서 T는 히터 내의 작동가스 평균온도이며, T는 냉각기 내의 작동가스 평균온도이다. 현재 T_h는 620~700℃, T_c는 기온+60℃ 정도이고 카르노효율은 60~65%가 된다. 실제로는 유동압력 손실, 재생기 손실, 기계마찰, 보조기구동, 연돌 손실로 인해 최대 효율은 η의 30~40%로 떨어진다.

(2) 구조형식

스털링기관은 기능적으로는 5개의 요소, 즉 열팽창공간 · 가열기 · 재생기 · 냉각기 · 냉압축 공간 등으로 구성되어 있다. 여러 가지 구조가 시도되고 있으나, 현재 개발되고 있는 것은 다음과 같은 형식의 것이다.

1) **디스플레이저형(型)**

동력을 발생시키는 피스톤과 가스를 교대로 열팽창 공간과 냉압축 공간으로 이동시키는 디스플레이저를 가지고 있다. 로빈 드라이브(robin drive)를 사용하기 때문에 기계적인 평형이 유지되며 고압작동가스의 밀폐가 쉽게 된다. 실린더 헤드가 높고 구조가 복잡하기 때문에 자동차용으로는 불리하다. 그림 3·28은 디스플레이저형(型)의 구조 설명도이다.

2) **더블 액팅형(型)(그림 3·29)**

스털링사이클의 원리에서 설명한 바와 같이 저온측은 고온측에 대해 90° 앞선 위상으로 하면 되기 때문에 4개의 피스톤을 90°의 위상차로 연동시키고, 각 기통의 고온측을 차례로 인접되는 기통의 저온측에 연결하여 1개의 피스톤으로 디스플레이저와 피스톤을 작동

시키고 있다. 소형화하기 쉽고 자동차용 기관으로 탑재 가능하다.

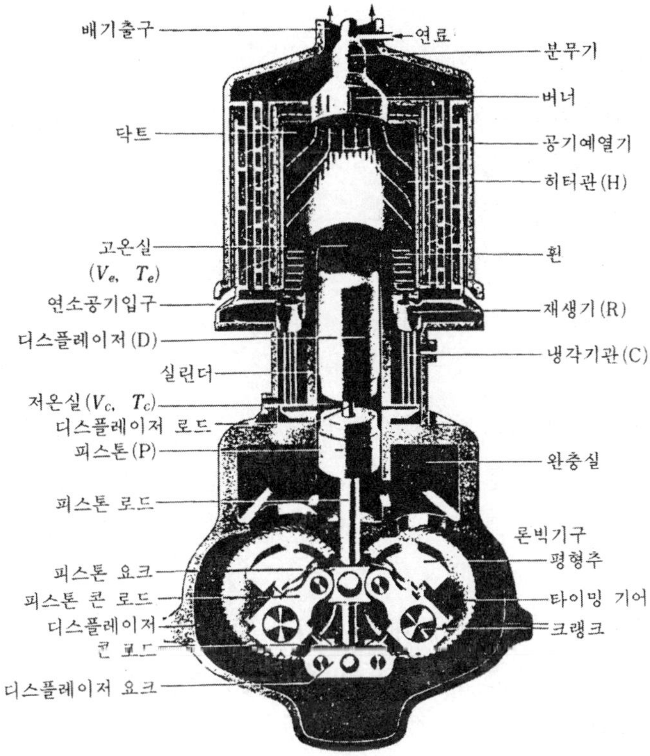

그림 3 · 28 디스플레이저형(型) 기관의 설명도

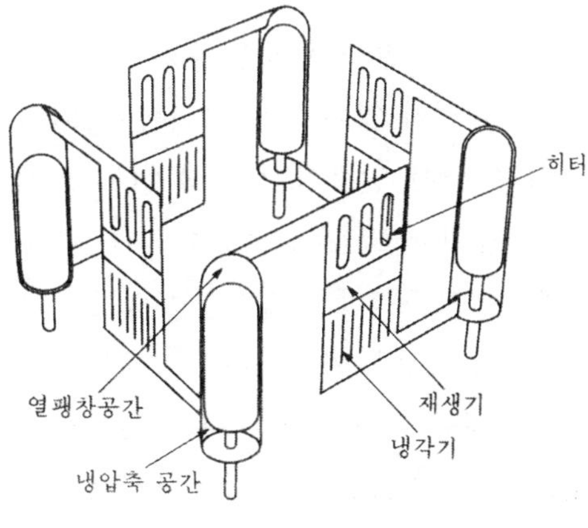

그림 3 · 29 더블 액팅형(型) 기관의 설명도

(3) 스털링기관의 장단점

1) 장 점

① 외연기관이므로 여러 종류의 연료, 저질연료가 사용된다.

② 대기압하에서 연속연소가 되며 본질적으로 HC, CO, NO_x는 적은 편이고 EGR이 쉽다.

③ 부분부하에서도 효율이 높다.

④ 속도 범위가 넓고 토크 특성이 좋다.

⑤ 윤활유의 소비가 없고 오일의 교환도 필요 없다.

⑥ 저소음과 저진동의 특징을 가진다.

2) 단 점

① 냉각수로의 방열량이 크다. 방열기 용량은 디젤기관의 2~3.5배가 필요하다.

② 냉각수 온도의 상승, 가열온도의 저하가 효율 및 출력에 민감하게 작용한다.

③ 고온전열 부분은 고가의 특수 내열금속을 사용하고 출력제어계, 방열계 등의 가격이 비싸다.

④ 고압에서의 작동유체의 밀폐에 대한 신뢰성 향상이 필요하다.

⑤ 열교환기는 열전달이 좋고 소형이며 압력손실이 적은 것이 필요하나 구조, 재질, 제법은 아직 문제로 남아 있다.

3 랭킨기관

한편 증기기관이라고 하며 19세기 말에는 자동차용 원동기의 주류를 이루었으나 내연기관과 성능, 가격면에서 경쟁이 되지 않아 1930년경에 쇠퇴되었다. 그러나 1960년대 후반 배기공해가 문제화됨에 따라 다시 연구가 시작되었다. 특히 미국의 환경보호청(EPA)의 조성으로 랭킨 사이클 승용차의 개발 프로그램이 1970년에 개시되어 연구한 결과 반세기 전의 증기기관과 비교하여 시동시간도 짧고, 물의 소비량도 적으며, 출력의 향상, 배기 등에서 우수한 점이 실증되었으나 연료비나 가격에 많은 문제가 남아 있다.

작동원리는 물과 같이 기체상태와 액체상태로 상태변화를 하는 랭킨 사이클에 의한다. 그림 3·30에 작동유체가 물인 경우의 계통도 T-S 선도를 표시한다. 1-2는 단열압축(급수펌프), 2-3-4와 4-5는 등압가열(보일러와 과열기), 5-6은 단열팽창(팽창기), 6-7은 등압냉각(복수기)이다.

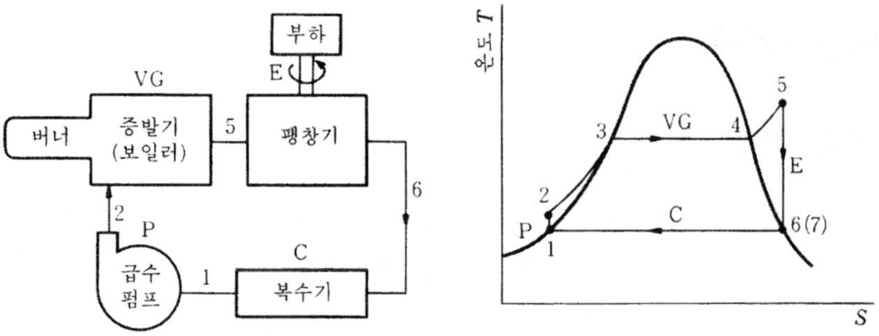

그림 3 · 30 랭킨 사이클 기관

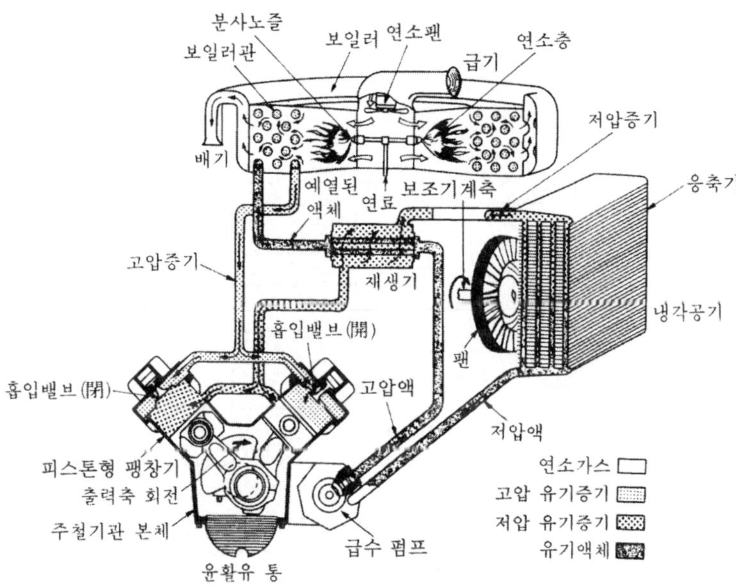

그림 3 · 31 Thermo Electron사의 유기작동유체-왕복운동 팽창기 랭킨 사이클 기관

작동유체는 물 이외에 동결온도가 낮고 윤활성이 있으며 고온에서 열적으로 안정된 유기물질 Fluorinol-85(CF_3CH_2OH 85 vol %, H_2O 15 vol %)를 작동유체로 사용하는 기관을 Thermo Electron사가 시험제작하였다(그림 3 · 31). 결국 물-피스톤 팽창기가 가장 현실적임이 판명되었고, 연소기는 가스터빈과는 달라 대기압에서 연소되기 때문에 한층 NO_x 대책이 유리하다는 점이 밝혀졌다. 그러나 큰 복수기가 필요하며 전체적으로 구조가 크고, 실린더에 윤활유를 주입하면 증기가 복수기에서 연소실의 관 속을 흐를 때 그 오일이 고온으로 탄화되므로 그에 앞서 물에서 분리해야 하며 연료소비율이 나쁘다는 문제점이 있다.

4 대체연료기관

(1) 화석연료 이용

석탄이나 오일 셰일(oil shale)은 직접 기관에 사용되는 것이 아니고 다른 형태의 에너지원으로 바꿔 사용해야 한다. 그 방법은 그림 3·32와 같이 나타낼 수 있다. (a)는 전력으로 사용하는 경우이며, 자동차의 동력으로는 전체의 에너지변환효율이 축전지, 연료전지, 기관의 차례로 저하된다고 보며, 수소 이외는 무거워 실용이 어렵다. 만일 석탄이 직접 기관의 연료가 된다면 효율은 물론 우수하고 랭킨 사이클 또는 스털링기관은 가능성이 있다. (b)는 석탄의 H_2, CO화, 메탄올이나 석유로의 액화이며 이 경우 수소가 가장 효율이 높다.

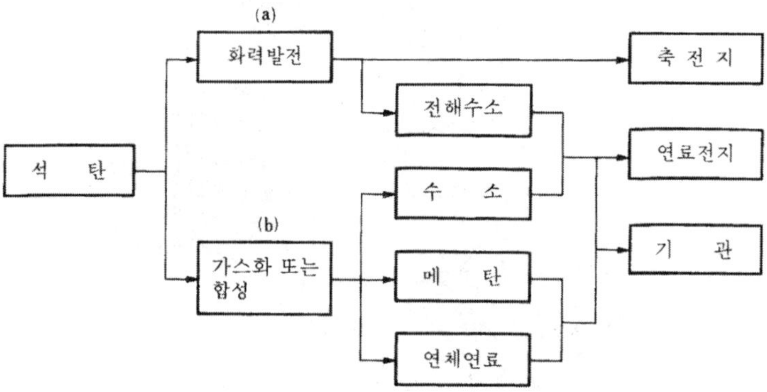

그림 3·32 석탄을 자동차용 에너지로 변환시키는 경로

이들 중 메탄올(CH_3OH)은 석탄 이외에 천연가스에서 비교적 간단히, 또 식물에서도 제조되어 연료로서 다음과 같은 연구가 진행되고 있다.

1) 가솔린에 혼합

이 때 소량의 수분으로도 가솔린과 메탄올이 분리되는 결점이 있어 메탄올을 10~15% 혼입하는 것이 가장 적당하다. 이 때 옥탄가도 증가되고 희박화하는 데 유리한 장점이 있다.

2) 메탄올로만

희박연소가 되며 배기대책상 유리하고 안티노크성(性)도 높으나 기화열이 커서 시동성이 나쁘며, 연료의 발열량이 적어 약 2배의 연료를 운반해야 하고 알데히드가 배기 중에 나오는 등의 문제가 있다.

3) 메탄올에 물을 혼입

물분사로 NO_x를 저감시키는 효과는 크나 분사장치에 어려운 점이 있고, 알코올은 물에 잘 녹기 때문에 50% 혼입하면 가스냉각효과는 가솔린의 100%에 해당된다. 물의 기화열이 필요하므로 저부하 운전성이 나쁘고 물이 윤활유에 혼입되는 등의 문제가 있다.

(2) 수소기관

1) 연소특성

수소는 기관의 연료로 다음과 같은 장점을 가지고 있다.

① 모든 에너지로 물을 분해하여 얻을 수 있으며, 연소로 그 에너지는 방출되고 다시 물로 되돌아가는 순환성 연료이다. 연소할 때 NO를 제외하고는 CO_2, CO, HC, 냄새, 검정은 발생되지 않는다. 또 희박연소로 NO_x도 충분히 저하시킬 수 있는 무공해연료이다.

② 점화가능 혼합비의 범위가 넓어 공기를 교축하지 않고도 무부하의 수소량($\lambda \fallingdotseq 5$)으로 운전이 되며 열효율을 높일 수도 있다.

이러한 장점은 희박혼합기, 즉 저부하일 경우이며 고부하 때에 수소를 증가시켜 당량비(equivalent ratio, 공기과잉률의 역수) ϕ가 증가되면 착화지연이 짧게 되고 연소속도가 증가되어 압력 상승도 크게 된다. 그림 3·33은 수소와 가솔린의 지압선도를 비교한 것인데 둘 사이에 큰 차이가 없다.

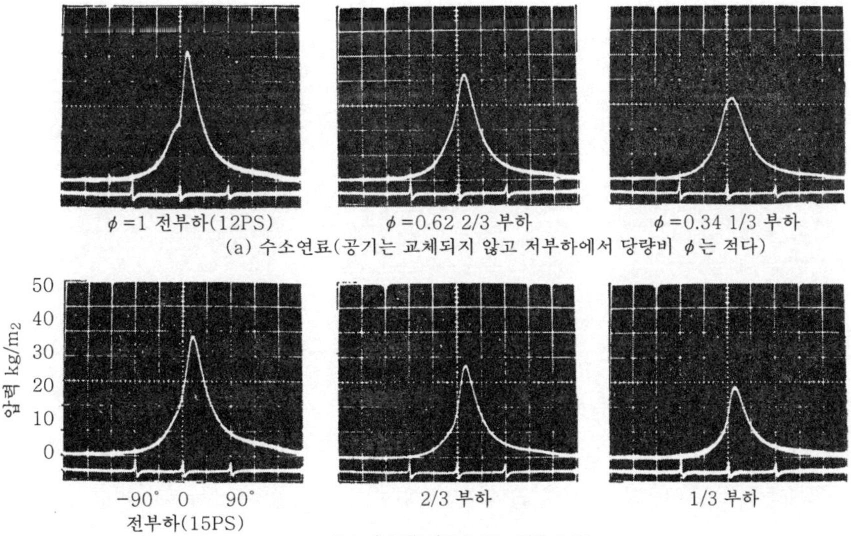

기관 : $D \times S$=84×90mm, 압축비 8.5 : 1, 단, 실린더 3000rpm,
점화시기 : MBT(minimum spark advance for best torque)

그림 3·33 수소기관(상온수소의 흡기관 공급방식)의 지압선도

2) 자동차용으로의 특징

자동차는 대부분의 운전이 1/2 부하 이하의 저출력에서 사용하며 무공해의 요구가 강력하므로 수소가 가장 적합하다. 그러나 고속이나 가속도 중요하기 때문에 고출력화도 시도되어야 한다.

그런데 자동차용으로 가장 중대한 문제는 수소의 운반법이다. 즉, **고압봄베**에 고압수소를 압축하여 봄베와 동시에 운반하면서 사용하는 방식, **메탈 하이드라이드**(metal hydride)라고 하여 철, 티탄 등의 금속에 수소를 흡착해서 고체수소화하는 방법, 이 경우는 감압이나 가열로 곧바로 수소가 방출된다.

다음의 액체수소는 비중이 0.071로 가솔린의 약 1/10, 1L 당 방열량은 가솔린의 약 1/3.85이다. 즉, 가볍고 체적은 크다. 또 −253℃의 극저온이 아니면 액화되지 않으므로 가스보다 가격이 15~50% 높다. 또 저온을 유지하기 위해 단열탱크가 필요하다. 자동차, 특히 승용차에 사용하려면 현재는 무게 때문에 액체수소만 이용할 수 있다.

4
chapter

신차개발과 기초설계

– 기획에서 양산 시작까지 –

4-1 개발의 시작

1 자동차의 개발

개별상품으로서 자동차의 개발도 여러 형태가 있다. 첫째는 전혀 새로운 차종을 탄생시키는 **새 모델**(new model), 둘째는 기존의 차종에 전면적인 개량을 가하는 것으로 **풀모델 체인지**(full-model change)도 있다. 이 경우는 디자인 · 차체는 물론 기관이나 발 주변도 바꾸는 경우가 많다. 셋째는 모델 라이프의 중간에 일부분을 개량하는 **마이너 체인지**(minor change)로 차체 · 기관 · 발 주변의 일부 변경도 많다. 넷째가 마이너 체인지보다 소규모의 변경인 **페이스 리프트**(face lift)가 있다. 풀모델도 개발시작에서 판매까지 3~4년의 기간이 필요하고, 마이너 체인지나 페이스 리프트도 짧게는 1~2년 정도의 기간이 소요된다. 규모가 크든 작든 업무는 큰 차이가 없겠지만 이 장에서는 신차개발을 중심으로 설명한다.

자동차의 개발도 기획에서 비롯된다. 신차의 개발 · 생산 · 판매에는 수백억~수천억 원이라는 막대한 비용이 소요된다. 이 비용을 회수하여 이윤을 얻기 위해서는 대량 생산, 대량 판매의 자동차가 되어야 함이 기획의 전제 조건이다. 시장에서 많은 고객에게 넘겨짐으로써 비로소 대량판매가 성립되므로 사용자의 수요를 정확하게 파악하는 것이 기획의 출발점이기도 하다. 경제성장률, 개인소득의 추세, 소비자의 생활양식이나 지향의 변화,

범주별 판매 대수의 변화, 경쟁하고 있는 다른 회사의 동향이나 관련되는 기술동향 등이 분석된다.

다른 한편으로 승용차의 기획은 이들 시장조사의 자료도 중요하지만, 이 자료의 조합만으로는 상품의 기획에 접근하지 못한다는 것이 정설이다. 현재 판매되고 있는 많은 승용차를 보더라도 그 하나하나에 개성의 주장이 담겨 있고, 동시에 그 시대나 그 시대의 문화를 담당한 창조물이라는 의미는 인간 한 사람마다의 개성과 주장이 들어 있고 자동차 그 자체가 그 시대의 문화를 반영한 것 중의 하나이기 때문이다.

2 자동차의 기획

자동차의 기획에는 어떤 인간으로 양육하고 교육시킬 것인가 하는 것과 같이 그 자동차가 가지는 체격(치수)과 능력(성능), 거기에 어떤 개성(성격)을 부여할 것인가를 결정하는 것이다. 또 기획활동의 일환으로 개발 · 생산 · 판매에 들어가는 비용, 설비, 일정 등의 개략을 결정하는 것도 기획의 중요한 요소이다.

그림 4 · 1의 개발과정은 신형 승용차를 개발할 경우 업무의 흐름을 그림으로 나타낸 것이다. 신형차가 상품으로 세상에 햇빛을 보기까지에는 기획단계 · 설계단계 · 시험단계 및 생산준비단계를 거쳐 생산시작에 도달하는 과정으로서 약 4년간의 세월이 필요하다고 본

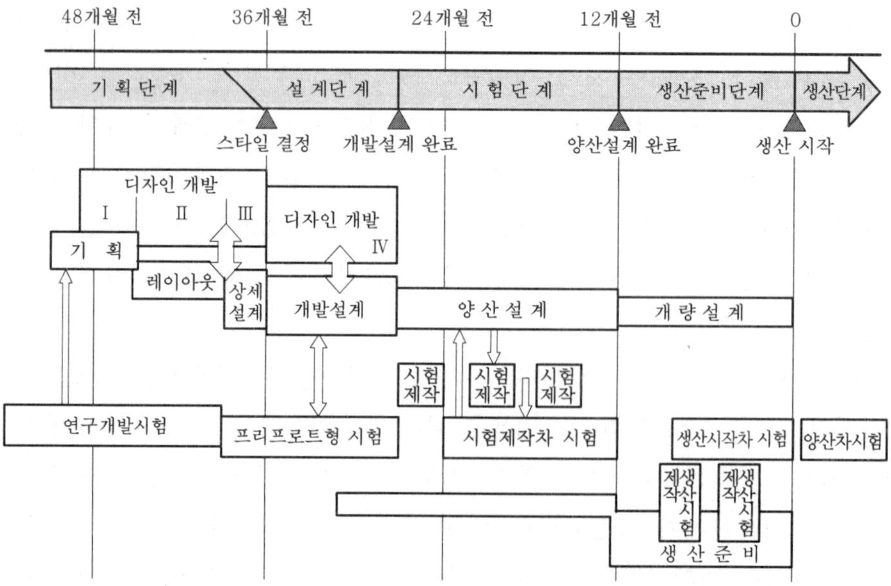

그림 4 · 1 개발과정

다. 이 과정에는 많은 기술자가 참여하여 제각기 일을 분담하여 자율적인 개발 업무가 진행된다. 참가자들이 정성을 다해 개성과 주장을 가진 자동차를 상품화하기 위해서는 이 기획이 열성적이고 명확한 것이 아니면 불가능하다.

3 제품기획

상품계획, 제품기획에서 시작, 제품개발의 초기단계에서 생산준비단계를 거쳐 판매에 이르기까지 업무의 흐름을 그림 4·2에 표시한다.

제품부문은 제품기획에서 계획된 차량 기본치수 · 기본구조 · 레이아웃 · 목표성능 · 무게 · 원가 등에 기초하여 상세한 계획, 부품의 설계, 차량 · 부품의 시험제작, 각종의 시험을 실시한다. 성능의 목표달성 정도의 확인이나 미비점의 해결을 시행하여 생산시험제작, 설계내용의 질 향상을 도모한다.

생산시험제작차가 완성된 후에도 양산공법에서 목표성능을 달성하고 있는가를 알기 위해 확인시험을 시행한다.

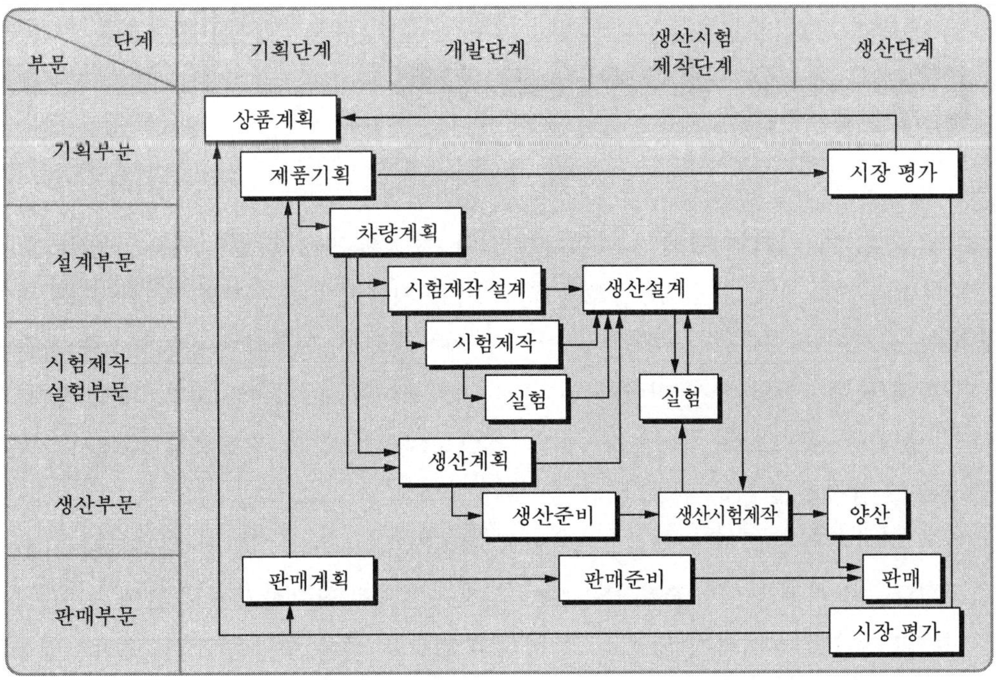

그림 4 · 2 자동차 제품개발의 업무 흐름

한편 생산준비부문은 개발의 초기단계에서 생산준비계획을 하고, 보다 효율적인 양산과 품질확보를 위해 기획 · 개발 부문과 일체가 되어 활동을 실시한다.

판매부문은 현행 차량의 시장평가나 변화하고 있는 고객 욕구를 개발차의 기획에 반영하기 위해 상품기획의 초기단계에서 활동을 시작하고 있으나 개발의 진행과 더불어 판매준비계획도 진행하여 간다.

그림 4 · 1에서 개발과정을 도시하였으나 그림 4 · 2에서 보다 구체적으로 설명하였다. 그런데 상품계획에서는 외적 조건으로 ① 사회환경(사회환경 · 자원 에너지 · 안전성 문제 · 교통사정 · 법규제 등), ② 시장환경(수요규모 · 생활양식 · 고객욕구 등), ③ 경쟁관계(제품 · 판매 · 서비스 등의 경쟁상황 등), ④ 기술동향(기술혁신 · 특허 · 규격 등) 등을 충분히 조사 · 분석하여 장래를 예측하여야 한다.

또 내적 조건으로는 ① 기업방침(상품정책 · 판매 생산규모 · 이익 등), ② 자원과 체제(개발, 생산, 판매 등의 능력 · 개발소요 시간 등) ③ 기술개발상황(신기술개발의 진척 · 채용가능성 등) 등도 고려, 신상품 도입의 시기에 대해서도 면밀한 방책을 수립하여야 한다.

4-2 레이아웃의 결정

상품의 배열, 즉 기획에 대해서 실제의 치수를 결정해 가는 작업이 레이아웃(layout)이다. 차 실내의 거주공간, 운전자세, 트렁크 공간 등 자동차의 이용자가 직접적으로 관계를 갖게 되는 공간이나 치수를 정해 간다. 동시에 자동차로서 구성되는 장치류, 즉 기관이나 변속기 등의 동력 · 전달계, 타이어와 현가장치, 브레이크, 스티어링 등의 섀시 장치 외에 연료계 · 냉각계 · 공기조화 기기류나 계기 · 램프 · 와이퍼 등의 전장품에 대해서 기본 치수와 배치를 결정하게 된다.

이 기본 레이아웃에 의해 카탈로그 등에 표시되고 있는 주요 제원의 대부분이 기본적으로 결정된다. 이 기본 레이아웃이 불완전하면 상세설계에 착수하거나 중간에 수정하는 데 많은 시간과 비용을 허비하게 되므로, 도면상의 검토는 물론 수많은 조사, 검토, 연구, 실험이 동시에 이루어지고 레이아웃의 타당성을 체크하면서 진행해 나간다. 레이아웃의 결정시점은 동시에 스타일의 결정 시점이 되기도 한다.

4-3 스타일의 역할과 디자인 개발

1 스타일의 역할

(1) 스타일은 성능이다.

자동차의 체격(치수) · 능력(성능) · 개성(성격)에 대해서 생각할 때 그 어느 것이나 정도의 차이는 있고, 눈에 보이는 '형'으로 존재하는 데 주의를 하게 된다. 형의 인상을 '스타일'이라 한다면 스타일을 결정하는 것이 자동차의 치수 · 성능 · 성격을 결정하는 것이 된다. 자동차의 화제 중에서도 스타일의 화제가 많은 것은 바로 그 이유 때문이다. 성능이란 말을 넓은 의미로 보아 '자동차 사용자의 사용 목적에의 적합성'이라 생각한다면 차의 스타일은 대개 차의 성능 바로 그것이라 할 수 있다.

1) 보디 형식

승용차와 승합차는 전체의 길이나 나비는 거의 같다. 타는 사람의 배치가 달라 결과적으로 전체 높이가 달라지게 되어 그만큼 스타일의 차이가 생긴다. 이 차이는 보디 형식의 차이다. 이와 같은 보디 형식도 승용차로 부르는 범위에서는 차의 종류에 따라 여러 종류가 있으며 목적에 의해 선택된다.

2) 보디 치수

4도어 세단이라 불리는 승용차에서 일반적인 보디 형식의 차인데도 인상이 크게 다른 것이 있다. 인상의 차이는 치수의 차이에 기인한 것이다. 거주 공간, 트렁크 공간, 기관의 크기 등 목적으로 하는 차이가 치수의 차이로 나타나고 따라서 인상이 달라진다. 스타일에서는 '치수'가 가장 기본적이고 중요한 요소이다.

3) 성 능(동력성능 · 주행성능 등)

높은 동력성능을 얻기 위하여 큰 기관을 탑재하면 보닛이 길게 된다. 주행 중의 안전을 높이기 위한 큰 타이어는 자동차의 인상을 강력하게 한다.

공기저항을 감소시키기 위한 연구는 스타일의 특징이 된다. 자동차가 주행하기 위한 성능의 목표는 그 차의 스타일의 성격을 형성한다.

(2) 스타일은 표현이다

1) 사용자의 생활표현

자동차는 대단히 큰 기기이고 더욱이 움직이고 달리며 필연적으로 사람의 눈에 띄게 마련이다. 타인에게 보여지고 보이고 하는 것은 차의 성능을 말할 때 아주 큰 요소가 된다.

스피드를 바라는 젊은 사람과 지식 계층의 중년층과는 선택하는 차가 달라진다. 의식적이든 무의식적이든 그 사람의 차에 대한 생각, 생활에 대한 사고방식이 자동차를 통해서 표현되고 있다.

2) 기술의 표현

자동차는 많은 기술에 의해 성립된다. 많은 기술자의 열의와 노력의 결정으로 이룩되는 것이다. 훌륭한 물건을 만들겠다는 열의는 형이 되어 나타난다.

운전석 앞에 전개되어 있는 계기 패널 중의 하나를 보더라도 그 차에 적응시킨 높은 기술을 상징하는 것으로서, 많은 연구가 있었고 따라서 기술자의 열의를 형상으로 바꾸어 표현한 것이다.

3) 기업의 사고방식 표현

자동차의 작은 한 부분이라도 그 차를 만들어 온 사람의 기분이 나타나는데, 차 전체를 본다면 그 차를 만든 기업의 사고나 감정이 나타난다.

시대를 그 기업이 어떻게 보고 있고, 어떻게 하고 싶다는 사고와 감정이 자동차의 스타일이 되어 표현된다. 따라서 스타일의 결정은 경영상의 중요한 판단이 되고 있다.

4) 문화의 표현

오늘날 세계의 여러 나라에서 한국의 차가 달림으로써 그 나라의 사람들이 자동차를 통해서 한국을 인식하는 기회가 늘어나게 된다.

차를 통해서 우리나라의 경제력과 기술력을 인식하고, 차를 통해서 한국인의 사고방식이나 감정까지를 인식하게 되며, 따라서 한 나라의 문화의 표현으로서의 역할을 하게 된다.

2 디자인 개발

(1) 이미지 결정단계

자동차의 기획 · 구상을 시각화하기 위해서 스케치가 작성된다. 차의 기획을 잘 이해한 디자이너에 의해 기획이 현실로 되었을 경우, 여러 가지 자세에 따라 기획이 현실화 된다는 의미에서 디자이너의 창조적 활동으로 작성된다. 이 단계는 회화적 표현이 많다. 작성이 쉬워 그만큼 다양한 가능성을 검토할 수 있기 때문이다. 많은 스케치 중에서 기획에 가장 적합한 또는 기획의 취지를 가장 잘 표현한 스케치가 선택된다. 그것으로 자동차의 기본적 성격이 결정된다.

그림 4 · 3의 스케치는 국내 어느 회사에서 한 차종의 이미지로 결정한 스케치이다. 이 스케치에는 첨단적인 이미지를 가진 새로운 감각의 상품 의미지가 살아 있다. 이 이미지를 성립시키는 중요한 스타일의 핵심에는 날렵한 표면, 풍부한 곡면 등이 표현되어 있다. 이 스케치를 채용하게 됨으로써 프로젝트의 목표가 형(形)이 된 것이다.

그림 4 · 3 H사(社)의 개발 중인 차(車)의 이미지를 결정한 스케치

(2) 스타일의 방향 결정단계

기획에 의해 레이아웃의 검토가 이루어진다. 이미지를 토대로 실제치수를 부여하면서 스타일의 검토가 진행된다. 이 단계에서 실제 치수 크기의 그림을 그리는 경우가 많다(그림 4·4). 실제 치수로 검토된 도면을 기초로 하여 **클레이 모델**(clay model)에 의한 입체로서의 검토가 이루어진다(그림 4·5).

그림 4·4 원 치수의 그림을 그리고 검토

그림 4·5 원 치수 크기의 클레이 모델에 의한 입체로서의 검토

그리고 공기역학실험도 이 시기에 시작하여 자동차로 실현시키기 위한 필요조건을 소화하면서 이미지를 입체로 조형해 간다. 이것과 병행하여 실내 **목업**(mock-up)이 작성되고, 레이아웃의 확인 · 수정, 실내 디자인의 검토가 이루어진다. 여러 가지 기기가 집중하여 배치되고, 차와 사람과의 의지의 접점이 되는 계기 패널 주위나 신체의 피로에 직접 관계가 있는 시트 등 실내 디자인의 과제도 많다(그림 4·6, 그림 4·7).

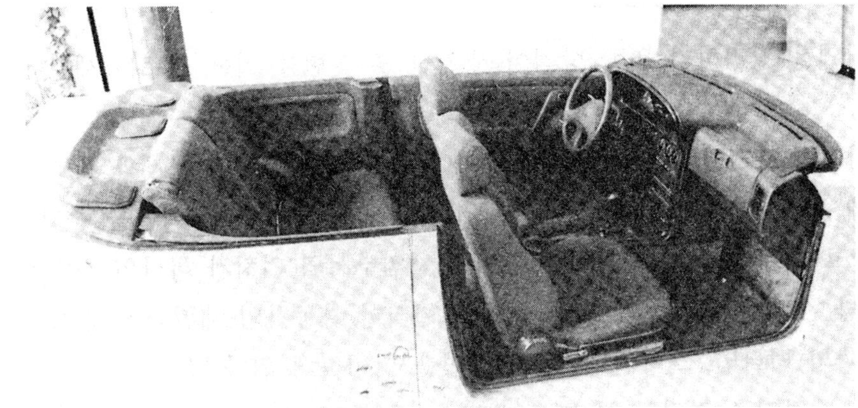

그림 4·6 실내 디자인 검토

그림 4·7 계기 패널

이 단계가 자동차 스타일을 결정하는 과정 중에서도 가장 동적이고 극적인 단계이다. 조형적 미(美)의 문제와 자동차로서 정리하기 위한 필요조건과의 상호보완 요망이 형성되면서 수정이 이루어진다.

하나의 스타일로 결정되기까지는 몇 가지의 해결법이 있는 경우도 있다. 또 기획의 차이를 살려 이미지를 실현하기 위해서는 몇 가지의 방법이 있을 수도 있다. 이것들을 선택함에 있어 몇 종류의 클레이 모델을 병행해서 작성하고, 그 중에서 하나의 모델이 채용되는 경우도 많다.

(3) 스타일의 결정단계

스타일을 결정하기 위한 방침이 세워진 후 실현을 위한 검토는 세부에 걸쳐서 진행된다. 드라이빙 포지션(driving position)이나 승강성, 구조상의 문제와 제조상의 문제도 명확하게 된다. 따라서 판매 정책에서의 요망도 구체화된다. 이들을 종합하여 최종적인 형상으로 마무리 짓는 작업이 이루어져 책임부서의 의지가 하나의 스타일로 결실을 보게 된다. 이것은 플라스틱 모델 등에 표현되어 자동차의 개발과정 중에서도 가장 중요한 결과의 하나인 '스타일 결정'의 장면을 맞이하게 된다.

양산 스타일로 결정된 한 대의 모델을 중심으로 모인 후 스타일 결정 프레젠테이션(presentation) 장소에서 경영자로부터 받게 되는 '고(go)'의 사인은 개발 참가자들에게는 그야말로 극적인 사건이다. 이것으로부터 차의 개발은 기획 · 계획 단계에서 개발설계단계로 들어간다.

(4) 스타일 실현을 위한 디자인 작업

스타일이 결정되면 자동차의 개발은 새로운 단계에 들어간다. 인력이 보강되고 양산화를 위한 개발설계가 각 장치마다 전개된다.

설계자와 디자이너의 협동작업 중 결정된 스타일을 현실의 물건으로 만들기 위해서 기구적인 연구나 제조방법이 검토되어 재질이나 표면처리의 방법 등이 결정되어 간다.

자동차의 기획을 달성하기 위해 어떤 등급을 설정할 것인가? 그 명세서(specification)를 어떻게 정할 것인가?

제품의 인상을 가장 기본적으로 드러내는 보디나 차 실내의 색채, 시트 등에 사용되는 소재의 선택도 중요한 디자인 작업이다.

판매와 직접 관계되는 마크 등 표시류의 검토도 진행되어 자동차의 제품으로서의 모습이 결정된다.

4-4 설계에서 시험제작까지

1 설계의 역할과 기초

자동차는 표 4·1과 같은 장치·부품으로 구성되어 있다. 이들 장치 또한 몇 개의 부품으로 성립되고 있다. 자동차 한 대는 약 15,000~20,000개의 부품으로 되어 있으나, 그 하나로 계산된 '미터'만 해도 또 다시 수많은 부품으로 되어 있다.

표 4·1 자동차를 구성하는 장치·부품

- 자동차
  - 차 체
    - 화이트 보디
      - 보디 셀
      - 문-앞문, 뒷문
      - 기관 후드, 트렁크 리드
    - 외장품
      - 범퍼
      - 라디에이터 그릴, 리어 카 니슈
      - 유리
      - 도어 메카니즘
    - 내장품
      - 계기 패널
      - 시트, 시트 벨트
      - 트림류-도어, 천장, 바닥
    - 전장품
      - 와이퍼, 와셔
      - 에어컨
      - 램프-헤드램프, 리어 콤비 램프
      - 미터, 스위치
      - 라디오
  - 기 관
    - 흡기계
    - 배기계
    - 배출가스(배기가스 정화)
    - 연료-연료 탱크, 펌프
    - 냉각-팬, 라디에이터
    - 마운팅
  - 구동계
    - 클러치
    - 변속기-수동, 자동
    - 추진축
    - 최종감속기, 차동기
    - 후차축
  - 섀 시
    - 현가장치-프론트, 리어
    - 조향장치-파워, 메뉴얼
    - 브레이크-서비스, 핸드
    - 바퀴

기획 내용에 맞추어 이들 많은 부품 하나하나의 제 모습을 부품설계 도면에 표현시키고, 최종적으로 목적한 하나의 상품으로 마무리짓는 것이 설계의 일이다.

자동차공업은 종합공업으로 각종 기술수준이 높은 전문 부품 제조업체군에 의지하고 있다. 전문 제조업체에서 생산되는 부품이나 장치에 대해서는 이들 제조업체의 설계 · 개발 진용이 그 설계업무를 분담하고 자동차 제작업체의 설계팀과의 공동작전이 전개된다.

첨단 기술을 상품화할 경우, 상품화를 위한 설계에 선구적으로 선행된 연구개발이 이루어진다.

장치설계나 전문 메이커가 연구개발하여 육성해 온 첨단기술은 이 상품개발설계에 당연히 반영해 나간다.

중요한 점으로 차체의 설계에는 **산업 디자인**(industrial design)이 중요한 역할을 차지하고 있다.

차체의 형태는 단순하게 기능본위만의 설계는 의미가 없으며 미적 감각을 불어 넣은 설계가 필요하다.

자동차 설계는 다방면의 지식과 경험을 필요로 하며 부품의 점수도 무척이나 많아 단독으로 설계를 한다는 것은 불가능하며 많은 인원을 가진 조직에 의해 집단적으로 이루어지고 각각이 유기적으로 통합된 설계가 이루어지는 것이 일반적이다.

물론 최초의 기초설계는 소수의 인원으로 이루어지는 것은 당연하다.

2 설계와 목표 품질

장치설계 부서는 기획 및 레이아웃을 기초로 하여 장치계획을 개개의 부품에까지 전개한다. 장치나 부품에는 각각 요구되는 기능이 있고, 기획된 것을 실현하기 위한 목표와 그것에 어울리는 품질이 있다. 품질에 관한 항목에는 여러 가지가 있으나, 어느 범위와 어느 정도로 구체적이고 정량적으로 목표를 설정하느냐 하는 것은 많은 경험과 깊은 관찰이 필요하며 중요한 설계기술의 하나가 된다. 이들 목표를 향해서 상반되는 성능을 극복하면서 목표품질을 달성함과 동시에 가격, 무게, 일정 등의 제한에 부합되는 노력이 요구된다.

(1) 제품의 가치

자동차에서 좋은 제품이란 어떤 것을 말하는가? 이것을 분석하여 보면 다음과 같은 여러 가지 점으로 집약된다.

① **목적에 일치되어 있는 것** : 트럭은 트럭으로서의 용도에, 승용차는 승용차 취향으로 만들어져 있는 제품.

② **신뢰성을 구비하고 있을 것** : 각 부품의 작동이 확실하며 고장의 염려가 적은 제품.

③ 내구성이 풍부하고 수명이 긴 제품.

④ **주행성능이 우수할 것** : 여기서 말하는 주행성능이란 가속성 · 등판능력 · 제동성능 · 선회성능 · 최고속도 · 연료소비율 등을 뜻한다.

⑤ 조종이 쉽고 안정성이 우수한 제품.

⑥ 승차감과 차 실내의 거주성이 좋은 제품.

⑦ 점검 · 정비 및 수리가 쉬우며 유지비가 적게 소요되는 제품.

⑧ 외관 및 다듬질이 잘 되어 있는 제품.

⑨ 공해(배기 · 소음 · 전파 등)의 발생이 적은 제품 등이다. 그러나 사용하는 입장이나 차종에 따라 경중이 있고 개개인에 따라 다른 점을 거론할 수 있으나 자동차의 가치부여에는 빼놓을 수 없는 것들이다.

효율이 좋은 목표품질을 얻을 수 있는 설계 명세로 하기 위해서는 계획도 단계에서의 관계자에 의한 평가(design review), 구조해석의 활용, 모델 등에 의한 품질 확인 등을 중복시키고 있다. 이것으로 다음 단계 시험제작차의 품질수준을 한 차원 높이고 있다.

3 설계의 과정

자동차를 설계함에 있어 다음과 같은 여러 사항의 결정이 필요하다.

(1) 중요한 용도

승용차, 트럭, 특수차의 구분 및 다시 상세한 용도. 승용차의 경우에는 자가용, 스포츠카, 택시 등의 구분

(2) 가격

제조원가의 개략. 고급차 · 중급차 및 대중차 등의 구분

(3) 생산시설

생산되는 총 대수 및 월(일)별 생산수량의 개요

(4) 기존의 부품 이용 정도

이미 생산이나 설계가 끝난 부품이나 기관 등을 어느 정도 이용할 것인가?

(5) 제품의 사용장소

내수용인가, 수출용인가? 또는 주요 사용지역의 기후, 풍토, 도로 상황, 법규, 사용자의 사용상황 등

이상에서 열거된 각 항목이 기본적으로 결정되면 이것을 바탕으로 설계가 시작된다. 설계에 있어서는 대체로 다음의 순서에 따르는 것이 일반적이다.

① **자료의 수집** : 비슷한 차종, 기타 필요한 자료를 수집하고 이들에 대해 조사, 검토를 진행한다.

② **주요 제원의 결정** : 자료의 검토, 지금까지의 경험, 실적 등에서 중요한 제원(차량의 치수, 무게, 기관의 출력 및 장착위치, 구동방식 등)을 결정한다.

③ **전체의 배치도(layout)의 작성** : 중요 제원을 기초로 차량 전체의 배치도를 작성한다.

④ **각부의 설계** : 배치도를 근거로 하여 각부의 설계를 한다.

⑤ **각부 설계의 종합** : 각부(기관 · 섀시 · 보디 등)의 설계개요가 끝나면 이것을 다시 결합하여 배치도를 작성하고 검토를 하여 부적합한 곳을 수정하여 다시 설계를 진행한다. 이것을 반복하여 마무리 설계를 마친다.

각 부품의 설계에서는 각종 계산을 하고 도면을 작성해야 하지만 실제로 계산을 완전히 끝내고 처음으로 제도를 한다는 것은 불가능한 경우가 많아 이 양쪽을 병행하여 진행한다. 따라서 이미 정한 것이나 표준의 형상치수, 관련 부품의 구조에서 결정되는 부분을 토대로 설계를 진행, 대체로 결정된 상태에서 계산을 하고 체크하는 경우가 있다. 또 강도나 형상 등의 문제에서 계산이나 도면만으로 결정할 수 없는 경우에는 실물이나 모형에 의한 시험으로 결정하면서 진행하여 간다.

4 시험제작차의 목적과 제작

시험제작차 제작의 설계도면을 기초로 하여 하나하나 만들어진 부품을 조립하고, 목표대로의 상품이 되었는지를 판정하며, 빠져 있거나 결함이 있는 면을 검출하여 설계 수정을 하는 자료를 수집하는 데 그 목적이 있다. 특히 감각적인 평가에서는 '물(物)'이 필수적이며 내구 · 강도적인 평가 등도 탁상에서의 평가에서는 한계가 있어 목표품질에의 달성도

는 시험제작차로 평가하게 된다.

시험제작부품의 제작방법에는 손작업을 시작으로 가형(假型), 양산형 그 자체를 사용하는 등의 방법이 있으나, 제조공법에 따라 차이가 생기는 성능에 주의를 기울이는 것이 필요하다. 또 평가목적에 의한 공법의 지정도 중요하다.

시험제작품질의 향상을 위해서는 도면품질의 향상은 물론, 시험제작 도중에서의 조기평가 결과의 반영, 제작하면서 여러 가지 개량에 대해서 주문을 하는 것도 개발기간 단축의 구실을 한다(그림 4·8).

그림 4·8 시험제작차 보디 제작과정

4-5 개발시험

자동차는 설계도를 기본으로 하여 만들지만 뜻대로 만들어지지 않는다면 설계 내지 설계도는 완성된 것이라고는 할 수 없다. 개발단계에서 이루어지는 연구시험, 프리 프로트타입 시험, 시험제작차 시험은 설계도를 완성시키기 위해서 이루어진다.

1 연구개발시험

몇 년 형의 무슨 자동차라는 특정의 목표를 두지 않더라도 부품 단일체, 그들의 결합에 의한 시스템 등에 대해 기술혁신이나 시대의 변화, 때에 따라서는 인간의 꿈을 뛰어넘어 연구자가 항상 수행하고 있는 시행착오, 양산차의 기획에는 이 시험의 성과가 핵심이 되고 있다.

2 프리프로트 타입 시험

기획이 끝나고 설계가 시작되는 것과 병행하여 프리프로트 타입 시험이 시작된다. 약 3년 뒤 세상에 태어날 자동차 설계도의 개발 설계단계에서 되도록 높은 완성도를 부여하는 것을 목적으로 하고 있으므로 이 시험의 성과는 개발설계도에 모두 관여된다.

실제로 기관, 구동계, 브레이크, 스티어링, 현가장치, 보디 형상과 기구의 일부 등 새로운 설계품 하나하나를 이미 세상에 등장한 차에 조립시켜 시험을 한다.

여기서 만든 차가 성공하느냐 못하느냐는 개발설계도가 몇 년 앞을 내다보고 어느 정도의 높은 완성도에 이르는가에 달려 있다. 이것을 좌우하는 것이 프리프로트 타입 시험이라고 한다.

3 시험제작차 시험

새 설계도를 바탕으로 만들어진 신형차는 세상에 등장하기까지 많은 시련이 가해진다. 이것을 거쳐서 완성되며 설계자의 의도가 설계도에 완전히 응축된다.

시험제작차는 보통 100대 전후가 준비되어 1,000항목을 넘을 정도의 시험이 이루어진다(그림 4·9). 연주행 거리는 200만 km에 이른다. 이들의 중심이 되는 것은 동력성능, 내구강도를 기본으로 각국에서 정해진 법규에 대한 적합성, 시대가 요구하는 연비, 연비를 향상시키기 위한 경량화 구조에 대해서도 강도시험·공력시험, 거기에 인간성을 추구하는 오조작 방지, 시계(視界)의 확보, 주행성능 확보, 도난방지 등 인간공학적 시험 등도 있다.

또 자동차는 세계에 따라 다른 기상 상태, 지리적 조건하에서 주행하기 때문에 극한·혹서 또는 수천 m의 고지 등을 찾아 세계 곳곳에서 주행시험을 하고, 경우에 따라서는 이러한 조건을 만들어 내는 시험실 내에서 시뮬레이션 주행시험도 한다. 기온을 예로 들면, −40~+50℃가 일반적인 시험실 조건으로 되고 있다.

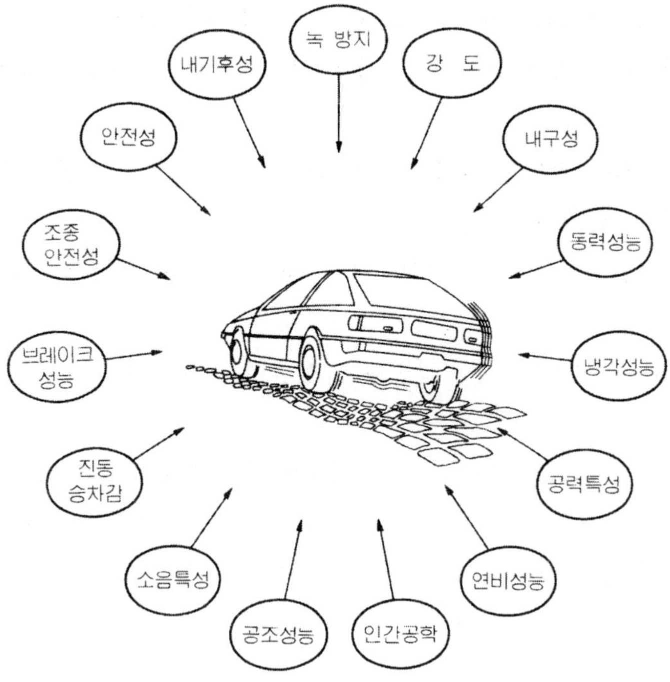

그림 4·9 평가체계

4-6 생산준비에서 생산 시작

1 양산설비의 준비

생산부문에서는 기획내용을 토대로 양산화 실시계획을 세운다. 대량생산을 하는 자동차에는 그들의 양산설비가 필요하며, 주된 대상이 되는 것은 주조 · 단조 · 프레스 · 수지 · 성형 · 기계가공 · 도장 · 조립 · 운송 · 검사 등의 설비이다.

자동차 메이커는 모든 부품을 자체 제작으로 할 수 없으므로 이들 공정을 각 부품마다 어디에서 할 것인지 일을 나누고, 공장건설까지 필요한가 또는 치공구의 개조 정도로 끝날 것인가? 그 설비가 이 차형 전용인가? 다른 차 형상에도 사용할 수 있는 범용인가? 그래서 투자액이나 리드 타임은 어느 정도 필요할 것인가를 검토한다. 또 설비뿐만이 아니고 제품을 목표가격이 되도록 생산성의 검토, 목표품질을 확보하기 위한 관리체제 등도 검토된다.

생산 시작 시기까지는 필요한 설비투자를 하여 목표의 수량 · 품질을 확보할 수 있는 생산시스템을 정비하지 않으면 안 된다.

확보하는 데는 생산시작을 모두 양산설비로 하는 것이 이상적이고 이것이 양산품질의 향상과 연결된다.

큰 가공물의 프레스 성형형 · 수지성형형은 생산 시험제작의 약 6~10개월 전에 준비가 시작된다.

설비투자를 최소한으로 하기 위한 제품설계상의 유의점은 공법을 잘 조사하여 설계해야 하며, 설계구조는 생산준비단계에 들어가서 크게 변화되지 않는 것이 당연하나, 한편으로 생산부문측에서의 도면의 사전 검토나 시작차에 의한 생산성 검토로 큰 변경을 미연에 방지하는 것도 대단히 중요한 일이다.

2 생산 시험제작 목적과 평가

생산 시험제작은 생산설비의 가동상태 체크와 생산설비에 의해 만들어진 차의 품질이나 성능의 점검을 하는 것이 목적이며, 이 시험은 개발부문에서도 한다. 생산 시험제작은 중

그림 4 · 10 생산개시와 더불어 판매에도 열을 올린다. 대상 수요자를 상대로 여러 가지의 카탈로그도 만들어진다.

정도의 모델 변경으로 보통 2회 정도 실시한다.

제1차는 주로 양산형에 의한 초기제품의 장착 확인, 제2차에서는 제1차의 불합격 부분의 개량 확인과 종합 품질판정을 한다.

세부적인 수정을 해서 최종품질을 선행생산에서 확인하고 생산이 시작되며 시장에 반출한다(그림 4·10, 그림 4·11).

그림 4·11 계속 선적되어 외국으로 수출되는 자동차들(국제상품으로서의 자동차는 우리 문화를 홍보하는 외교관이기도 하다.)

동력전달장치

5 chapter

5-1 일　반

동력전달장치는 기관에서 발생된 동력을 구동 바퀴에 전달하여 자동차를 주행시키는 시스템이다. 이 장에서는 이 시스템을 구성하는 요소인 클러치 · 변속기 · 유니버설 및 슬립 조인트 · 추진축 · 종감속장치 · 차동장치 등의 기능과 구조를 설명한다.

1 동력전달장시의 기능과 구조

자동차의 동력전달장치에 필요한 기능은 발차, 변속, 종감속, 차동 및 회전력의 방향변환 등이다.

(1) 클러치의 발진 기능

내연기관은 어느 일정한 회전수 이하에서는 부하가 전혀 없는 상태라도 회전을 지속시킬 수 없는 구조적인 약점을 가지고 있다. 따라서 내연기관을 기관으로 하는 자동차에는 동력을 차단하거나 연결하는 기능이 필요하다.

자동차가 정지하고 있는 상태에서 회전력을 바퀴에 전달시켜 자동차를 구동시키는 상태로 하려면 회전수가 다른 2개의 회전축 사이에서 회전력의 전달이 필요한데 이 기능이 발진기능이다.

(2) 변속기 - 기관특성과 동력성능의 적합성

기관의 회전력 특성과 연료소비율 특성은 양호한 성능을 발휘시킬 수 있는 회전수의 영역이 다르다. 따라서 자동차가 주행하는 상태는 저속 · 고속 · 가속 · 감속 등 주위의 환경이나 운전자의 뜻에 따라 크게 변화한다. 발진하여 가속할 때와 고속으로 연속주행할 때에는 기관의 회전수와 바퀴의 회전수 비율을 바꾸지 않으면 기관출력을 좋은 효율로 사용할 수 없다.

회전수비, 즉 회전력비를 바꾸는 장치가 변속기이다. 변속기에는 운전자가 직접 손으로 변환조작을 하는 **수동변속기**와 운전상태를 자동적으로 판단하여 최적의 회전비로 변속하는 **자동변속기**가 있다. 자동변속기의 대부분은 발진과 변속의 두 기능을 토크 컨버터와 몇 단계의 변속비를 주행상태에 맞추어 자동적으로 선택하는 유압식 자동변속장치를 결합시킨 구조이다. 최근에는 금속제의 벨트를 사용한 **무단계 변속장치**도 실용화되어 있다.

(3) 유니버설 및 슬립 조인트 - 회전축의 방향변환과 신축기능

차대에 장착된 기관, 동력의 차단 및 접속장치, 변속장치와 바퀴의 사이에는 서스펜션이 있기 때문에 상대적인 움직임을 허용하면서 회전력을 전달하는 조인트가 필요하다. 조인트에는 회전축의 축교각(軸交角)을 방향변환시키는 것과 신축시키는 두 가지의 기능이 요구된다.

회전축을 방향변환시키는 조인트의 대표적인 것으로 훅형 유니버설 조인트와 세파형 등속 조인트가 있다. 또 축 중심의 어긋남을 허용하고, 축방향이나 회전방향의 진동을 흡수하는 플랙시블 커플링도 회전방향 전환이 되는 축 조인트이다. 회전축을 신축시키는 슬립 조인트와 스플라인이 일반적이나 슬라이딩 저항을 저감시키기 위해 볼을 배치한 구조의 스플라인도 사용되고 있다.

(4) 종감속장치 - 회전력의 적합성

변속기의 출력회전수를 최종적으로 바퀴의 회전수에 적합시키는 기어 장치가 종감속장치이다. 기관, 변속기가 차량에 대해서 세로 방향으로 장착되어 있을 때는 이 종감속장치에서 회전방향의 변환도 한다.

(5) 차동장치 - 회전력 분할기능

구동 바퀴가 좌우에 있는 자동차에서는 선회할 때 각각의 바퀴의 주행궤적이 다르기 때문에 회전수의 차를 허용하면서 구동력을 똑같이 분할하는 것이 필요하다. 전체 바퀴 구동차량의 경우는 앞과 뒤의 차축에 대해서도 구동력을 일정한 비율로 분할하지 않으면 안 된다.

특히 앞 · 뒤 차축에 대한 구동력 분할비율은 차량의 운동특성에 크게 영향을 주기 때문에 용도에 따라 사용되는 시스템이 신중하게 선택되고 있다.

또 차동장치를 사용할 경우 구동 바퀴 중 하나라도 공전하면 차량의 견인력이 저하되기 때문에 조건에 따라 차동을 제한하는 **차동제한장치**를 결합한 차동장치도 사용되고 있다.

2 차량구동의 기본 형식

차량의 사용목적에 가장 적합한 구동방식으로 하기 위해 그림 5·1에 표시하는 여러 가지 방식이 채용되고 있으며, 구동방식은 차량의 구동력이나 조정안정성, 자동차의 설계 등에 크게 영향을 미친다.

다음에 가장 기본적인 FR · RR · FF의 세 구동방식을 비교하여 본다.

구 동 방 식		상 응 한 용 도
앞 기관 앞바퀴 구동(FF)	(F) (R)	중 · 소형 승용차(대중차, 상용차) 스포츠 카
앞 기관 뒷바퀴 구동(FR)		중 · 대형 승용차, 스포츠 카 상용차(소형 · 중형 · 대형)
앞 기관 네 바퀴 구동(F4)		다목적차(강설지용 승용차, RV) 고출력차(스포츠 카), 고구동력차(오프 로드 카)
뒤 기관 뒷바퀴 구동(FR)		소형 승용차, 소형 상용차 스포츠 카
뒤 기관 네 바퀴 구동(R4)		스포츠 카 소형 상용차
중간기관 뒷바퀴 구동(MR)		스포츠 카 경주용 차
중간기관 네 바퀴 구동(M4)		스포츠 카 랠리(rally) 카

그림 5 · 1 구동방식

(1) 앞 기관 뒷바퀴 구동(FR)방식

변속기는 차량 앞쪽에 세로방향으로 장착한 기관의 후방에 위치하며 클러치를 통해서 기관의 크랭크 축과 동일 축상에 배치된다. 그림 5·2와 같이 구조는 입력축(주축)·부축·출력축의 세 축으로 구성되어 있다.

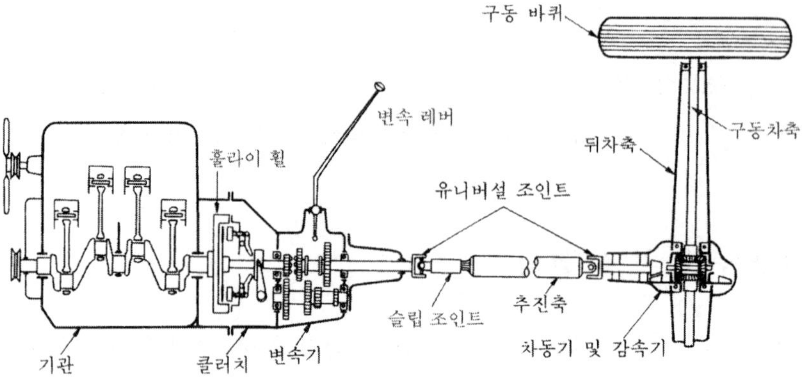

그림 5·2 앞 기관 뒷바퀴 구동방식의 전동장치 구성

(2) 앞 기관 앞바퀴 구동(FF)방식

변속기는 기관, 구동차축과 함께 차량 앞쪽에 위치하고 있다. 그래서 기관·클러치·변속기·종감속기·차동장치가 일체로 제작된다. 일반적으로 **트랜스 엑슬**(transaxle)이라 부른다. 그림 5·3과 같으며 변속기의 배치방법은 가로 방향, 세로 방향이 있고 구조는 입력축, 출력축의 2축으로 구성되어 있다.

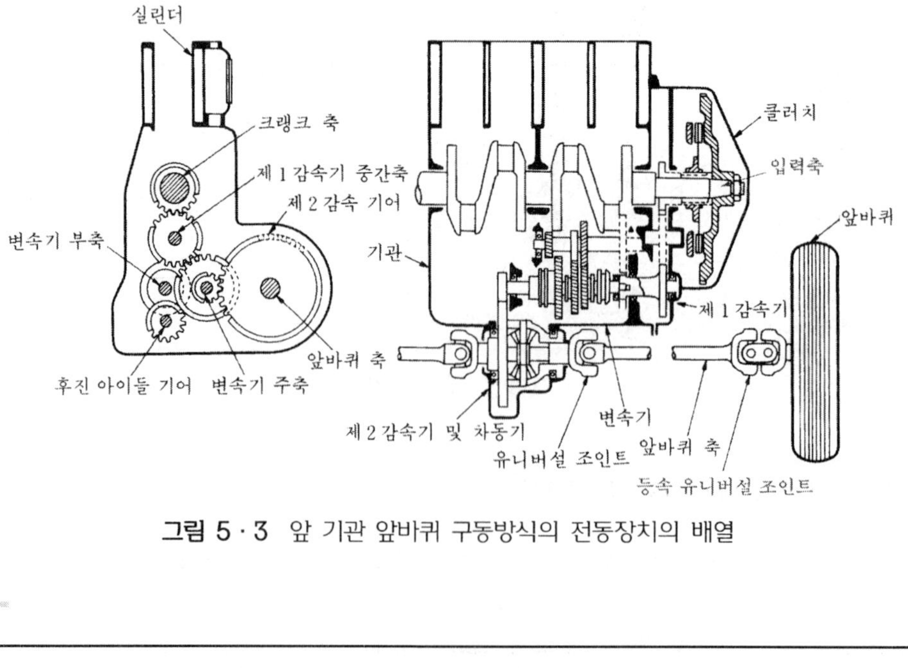

그림 5·3 앞 기관 앞바퀴 구동방식의 전동장치의 배열

(3) 뒤 기관 뒷바퀴 구동(RR)방식

뒤차축의 후방에 기관이 위치하고 있으며 변속기는 FF방식(세로 방향)과 비슷하다(그림 5·4). FF형 차량이나 RR형 차량은 FR형 차량과 같이 추진축이 필요 없다.

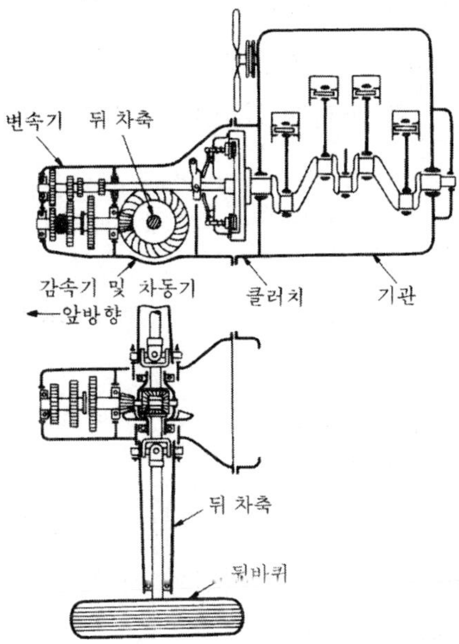

그림 5·4 뒤 기관 뒷바퀴 구동방식의 전동장치의 배열

5-2 클러치

1 클러치의 목적과 기능

(1) 목적

현재 자동차에 사용되고 있는 가솔린기관이나 디젤기관 등의 내연기관은 증기기관, 전기모터, 가스터빈과 같이 기동과 동시에 큰 토크를 발생하는 것과는 달리 기관 회전속도

를 어느 안정한계 이상으로 하지 않으면 발차에 필요한 토크가 발생되지 않는다. 따라서 기관을 시동하여 정지하고 있는 자동차를 발진시키기 위해서는 클러치를 차단, 일단 기관을 무부하로 하여 시동시키고, 기관이 충분한 토크를 발생시킬 때까지 회전수를 높여 클러치를 서서히 접속시켜 기관의 토크를 구동 바퀴에 전달하도록 하고 있다. 또 수동변속기나 수동 트랜스 엑슬(변속기와 종구동기 및 차동장치의 기능을 결합한 동력변속장치) 변속시라든가 타력운전을 할 경우에도 기관과 변속기의 연결을 차단할 필요가 있다. 이러한 목적을 위해서 기관과 변속기 사이에 클러치가 설치되어 있다.

(2) 기능

클러치는 네 가지의 기능을 가지고 있다.

① **클러치 차단**(클러치 페달을 하향) : 기관을 기동(cranking), 변속기에 동력을 전달하지 않고 기관은 자유롭게 회전한다.

② **클러치 차단 중**(클러치 페달을 하향) : 운전자가 변속기를 여러 기어단계로 변속, 운전조건에 맞게 변속기어를 선택한다.

③ **클러치 접속 중**(클러치 페달을 상향) : 클러치는 순간적으로 유연하게 접속, 기어와 축, 다른 동력전달장치에 충격을 완화하고 기관이 차량의 관성을 이길 충분한 토크를 확보하면 구동 바퀴가 회전되면서 발진한다.

④ **클러치 접속**(클러치 페달을 원위치) : 클러치는 기관으로부터 동력을 변속기에 전달, 모든 활동(滑動)은 끝이 난다.

한편, 클러치에 요구되는 기능상의 필요한 성능으로는 다음과 같은 점들을 들 수 있다.

① 접속이 원활하고 차단이 확실하며 쉬울 것

② 충분한 전달 토크 용량을 가지며 관성 모멘트가 되도록 적을 것

③ 슬립에 의한 발열에 대해 방열성이 좋고 과열되지 않을 것

④ 구조가 간단하고 취급이 쉬우며 고장이 적을 것

2 클러치의 기본 형식

자동차에 사용되고 있는 클러치에는 마찰력을 이용한 마찰 클러치, 전자력을 이용한 전자 클러치, 임펠러 사이에 흐르는 유체의 유동작용을 이용한 유체 클러치 등이 있으며, 구조나 조작 방법 등에 따라 분류하면 표 5·1과 같다.

표 5·1 자동차용 클러치의 분류

- 클러치
  - 마찰 클러치
    - 단판식 — 건식
      - 코일 스프링식
      - 다이어프램식
        - 기계식
        - 유압식
    - 다판식
      - 건식
      - 습식
        - 코일 스프링식
          - 기계식
          - 유압식
    - 원추식
  - 유체 클러치
    - 유체 커플링
    - 토크 컨버터
  - 전자 클러치
    - 자성분체식
    - 전자식

습식(wet type)은 주로 두 바퀴 차 및 자동변속기에 사용된다. 여기서는 수동변속기와 결합되어 사용되는 건식(dry type) 클러치에 대해서 설명한다.

(1) 건식 단판 클러치

건식은 클러치 커버와 클러치 디스크로 구성된다. 클러치 커버는 기관의 플라이 휠에 볼트로 결합되어 있으며, 그 구성요소는 판금제의 커버 본체, 클러치 디스크와 슬라이드되는 압력판 및 압력판에 축방향으로 하중을 주는 스프링이 있다.

축방향 하중을 부여하는 방법에 따라 코일 스프링(coil spring)식(그림 5·5)과 다이어프램 스프링(diaphram spring)식(그림 5·6)으로 분류된다.

클러치 디스크는 플라이 휠과 클러치 커버 사이에 있으며, 변속기의 입력축에 스플라인으로 축방향에 슬라이드 되게 부착되어 있다.

구성요소는 변속기 입력축에 부착되어 회전방향에 적절한 강성과 토션을 발생시키는 댐퍼부와 거기에 붙어 플라이 휠 및 압력판과 슬라이드 되는 페이싱부로 되어 있다(그림 5·7).

건식 단판 클러치는 구조가 간단하고 경량이며 클러치의 차단이 좋고 변속기의 조작성이 우수하다.

그림 5·8은 클러치 구조의 상세도이다.

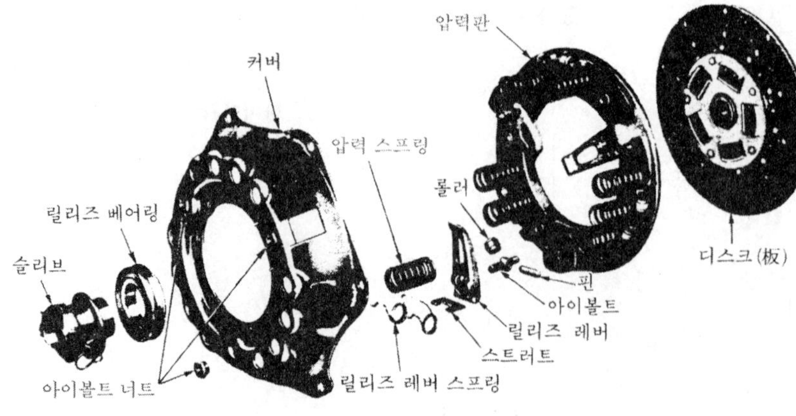

(a) 코일 스프링형

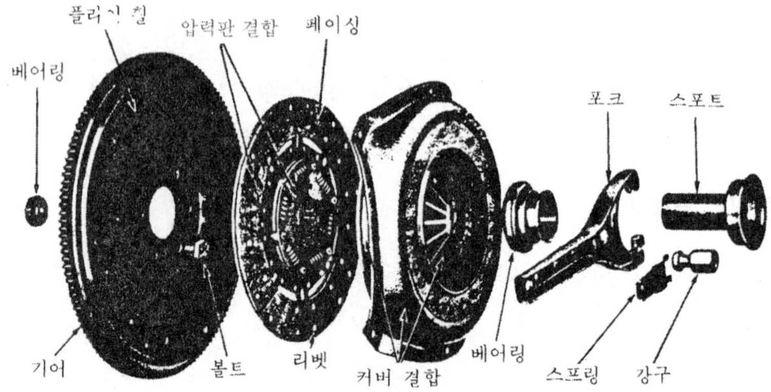

(b) 조립형

그림 5·5 코일 스프링형의 단판 클러치 구조

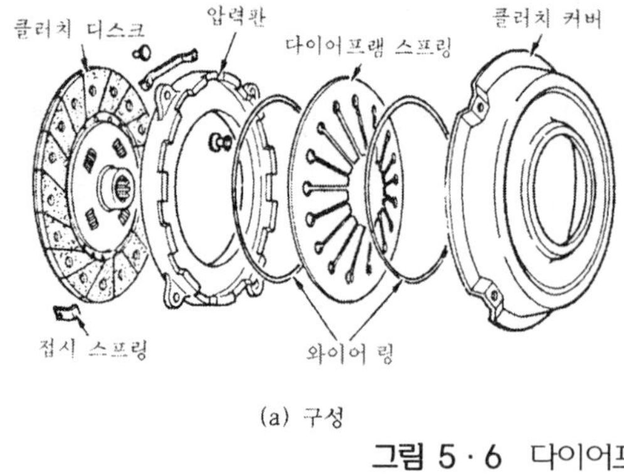

(a) 구성

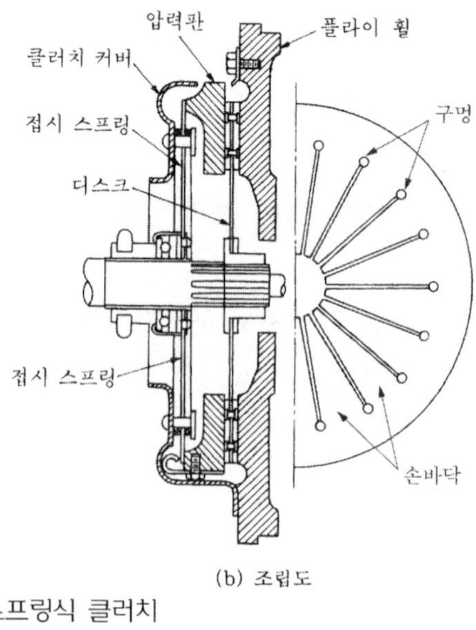

(b) 조립도

그림 5·6 다이어프램 스프링식 클러치

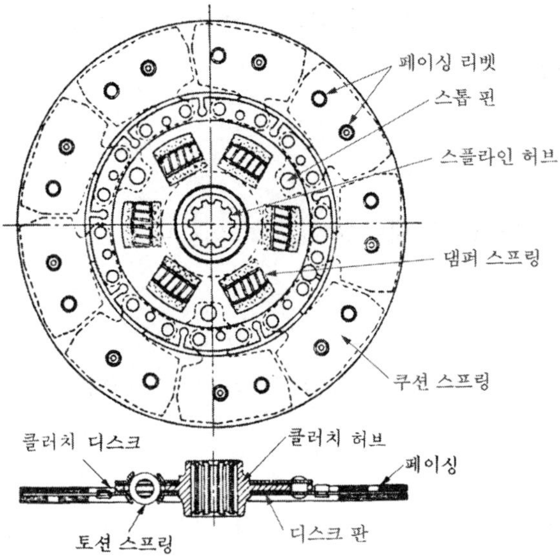

그림 5·7 클러치 디스크

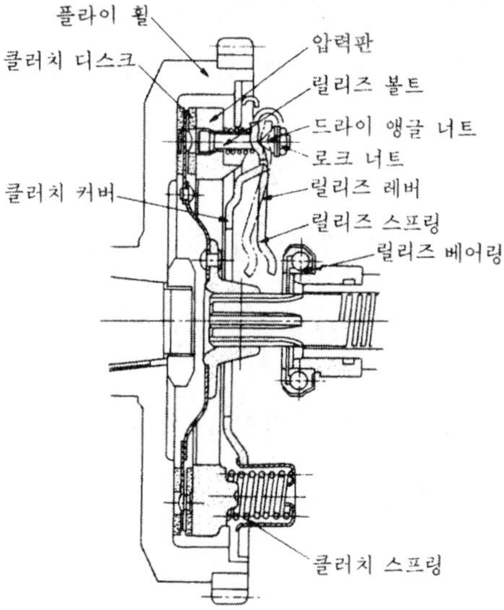

그림 5·8 클러치 구조의 상세도

(2) 건식 다판 클러치

클러치 디스크와 압력판의 결합을 2조 이상 직렬로 사용한 것을 말한다. 대형 차량이나 스포츠 차량에 사용된다. 특징은 다음과 같다.

① 클러치 디스크 매수에 비례한 전달 토크가 얻어지기 때문에 클러치 바깥 지름을 작게 할 수 있으므로 고회전화가 가능하다. 또 클러치 디스크의 관성 모멘트가 작게 된다.

② 전달 토크가 같을 경우, 단판식과 비교하여 밀어 붙이는 하중이 적어 클러치 페달의 밟는 힘을 줄일 수 있다.

3 기본 치수

클러치의 기본 치수로는 그 크기와 클러치 커버의 하중이 가장 중요하다. 크기는 주로 발진 때의 발열량인 열부하에서, 클러치 커버 하중은 필요한 토크 용량에서 결정되는 경우가 많다.

(1) 발진 때의 발열량

차량이 발진할 때 클러치의 발열량은 접속이 끝날 때까지의 시간으로 정해지는데, 간단히 하기 위해 차량주행저항을 0, 접속과정에서 클러치 토크와 기관의 회전각속도가 일정하다고 가정하면 발열량 Q(kcal)는 접속완료 때에 차량이 얻은 운동 에너지와 같다. 즉, 클러치의 관성 모멘트를 I_v(kgf · m)라고 하면

$$Q = \frac{1}{2} I_v w_e^2 \tag{5·1}$$

또 클러치 페이싱의 유효 반지름을 r이라면 Q를 페이싱의 면적으로 나눈

$$dQ = \frac{Q}{(2\pi r^2)} \tag{5·2}$$

가 클러치의 열부하를 표시하는 지표이다. 이것에 따라서 클러치 크기가 결정된다.

(2) 클러치 용량

클러치는 토크를 단속(斷續)하는 것이므로 당연히 그 전달하고자 하는 토크를 생각할 필요가 있는데, 클러치가 전달하는 토크를 **클러치 용량**(토크 용량)이라고 한다. 클러치를 접속시켜 출발시킬 경우, 즉 시동 때에는 먼저 클러치의 양 측면 사이에 슬립이 생긴다. 이 때 발생되는 회전 모멘트로 인해 기관측이 감소되는 대신에 구동축과 차 전체가 가속된다. 따라서 클러치 용량은 기관의 최고 토크보다 클 필요가 있으며, 일반적으로 사용하는 기관의 최고 토크보다 1.5~2.5배로 하고 있다.

클러치 용량이 너무 크면 조작이 어렵고 접속 때의 쇼크가 커지면 기관 정지를 일으키기 쉽다. 또한 너무 작으면 접속은 원활하나 변속 때의 슬립시간이 길어지고 페이싱의 마모가 많아 클러치의 수명이 짧게 된다. 클러치의 전달 토크는 다음 식으로 표시된다.

$$T_c \propto \mu P r \tag{5·3}$$

여기서, T_c : 전달 토크(cm · kgf)

P : 클러치 커버의 하중(kgf)

μ : 클러치 페이싱과 압력판, 플라이 휠 사이의 마찰계수(0.25~0.45)

r : 평균 유효 반지름(클러치 페이싱의 크기, 모양에 의해 결정)(cm)

(3) 전달효율

자동차는 주행 중에 도로 조건이나 기타 사정으로 주행저항이 달라진다. 클러치는 접속 때 슬립이 생기지 않아야 하는데 전달효율은 기관의 발생 토크나 주행저항의 과대로 슬립이 생기면 동력이 손실됨과 아울러 여러 가지 지장이 생긴다. 전달효율을 식으로 표시하면 다음과 같이 된다.

$$전달효율 = \frac{클러치에서\ 나온\ 동력}{클러치에\ 들어간\ 동력} \times 100$$

또 회전동력은 토크와 회전수의 곱에 비례하므로 윗식은 (5 · 4)와 같이 된다.

$$\eta = \frac{T_c \times n_c}{T_E \times n_E} \times 100 \qquad (5 \cdot 4)$$

여기서, T_E, n_E는 기관의 발생 토크와 회전수이고, T_c, n_c는 클러치의 출력 토크와 회전수이며, 마찰 클러치는 전달효율이 100%이나, 유체 클러치나 토크 컨버터를 사용한 경우는 어느 정도의 슬립이 있기 때문에 100%가 되지 않는다.

(4) 클러치 페달의 밟는 힘

클러치 페달의 밟는 힘은 일반 승용차는 8~15 kgf, 트럭은 15~20 kgf 정도이며, 또 페달에는 클러치 페이싱의 마모 등을 고려하여 보통 20~30 mm의 간극을 둔다.

4 마찰 클러치

(1) 클러치 구조

마찰력을 이용하여 회전력을 전달하는 클러치로 마찰면이 원판형의 원판 클러치(disc clutch)와 원추형의 원추 클러치(cone clutch)가 있으며, 현재는 원판형이 대부분 사용된다.

클러치는 기관 플라이 휠 · 클러치 디스크 · 압력판의 세 기본요소로 구성되어 있다. 플라이 휠과 압력판(pressure plate)은 **구동 멤버**(drive member)로 기관 크랭크 축과 연결되어 함께 회전한다. 클러치 디스크(clutch disc)는 **피동 멤버**(driven member)로 지름이 약 305 mm 전후인데 클러치 축(또는 변속기 입력축)에 스플라인 되어 있다. 클러치 축과 클러치 디스크는 동시에 회전해야 하나 클러치 디스크는 스플라인 축에서 앞과 뒤로 슬라이드 된다.

하나 또는 몇 개의 스프링을 가진 압력판은 클러치 커버[그림 5 · 5(a)]에 부착되어 있고 이 압력판 조립품은 플라이 휠에 볼트로 고정되어 같이 회전한다.

클러치가 연결되면 스프링의 힘이 클러치 디스크를 플라이 휠에 압착시킨다.

(2) 클러치 디스크와 마찰재료

기관 토크는 플라이 휠에서 클러치 커버 본체를 통해서 압력판에 전달된다. 클러치 디스크(그림 5·7)는 허브 및 판, **쿠션 스프링**(cushion spring) 및 댐퍼 스프링(damper spring)으로 되어 있다. 약간 파형(波形)으로 된 쿠션 스프링은 판에 붙어 있고 마찰판은 쿠션 스프링에 부착되어 있다. **댐퍼 스프링**(또는 토션 스프링)은 허브와 디스크 판 사이에 있으면서 클러치 접속 때 충격을 완화하며, 기관의 회전변동을 흡수한다.

쿠션 스프링은 두 장의 페이싱 사이에 끼워진 파형의 판 스프링이며 이것으로 유연한 접속·반 클러치 상태의 유지가 가능하다. 쿠션 스프링의 휨은 0.4~1.5 mm 정도이다.

클러치 페이싱의 재료는 다음의 특성이 요구된다.

① 적절한 마찰계수를 가지며 온도·슬라이드 속도·면압에 대해서 안정할 것

② 스스로의 원심력에 대해 충분한 강도를 가질 것

③ 충분한 내마모성·내열성을 가질 것 등이다.

이를 만족시키기 위해서 여태까지는 아스베스트(석면, asbestos)를 사용한 섬유로 베를 **짠 페이싱**(woven facing) 또는 아스베스트 섬유, 마찰조정제를 합성수지나 고무로 균일하게 혼합·가열 성형한 **몰드 페이싱**(mould facing) 등이 사용되어 왔다. 그러나 아스베스트에 대한 건강장애 문제가 대두, 1980년대 후반부터 대체 재료로 유리섬유가 주류를 이루었고, 구리계통의 금속을 포함하는 **세라믹 페이싱**(ceramic facing)도 사용되고 있다.

(3) 클러치의 작동

현재 일반적으로 사용되고 있는 건식 단판 클러치에 대해 기본 작동을 알아본다.

그림 5·9(a)에서 클러치 페달을 밟으면 압력판이 클러치 디스크에서 분리되어 변속기에 동력이 전달되지 않는다. 클러치 페달을 놓으면 스프링의 힘이 압력판과 플라이 휠 사이에 클러치 디스크를 밀착시켜[그림 5·9(b)] 클러치 디스크와 변속기 입력축이 플라이 휠과 같이 회전한다. 일반적으로 클러치가 차단되거나 접속될 때 클러치 디스크의 이동거리는 불과 1.5 mm 정도이다.

클러치의 조작기구는 클러치 릴리즈 베어링, 릴리즈 포크, 클러치 페달 및 페달의 조작력을 릴리즈 포크에 전달하는 부분으로 성립되어 있다.

조작력을 전달하는 방법에는 로드(rod)나 와이어를 사용하는 **기계식**과 유압을 사용하는 **유압식**이 있다.

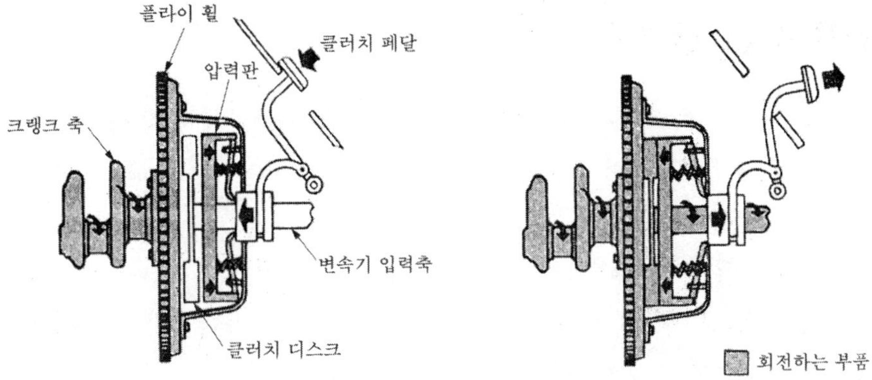

(a) 페달을 아래로, 클러치 차단 (b) 페달을 위로, 클러치 접속

그림 5·9 단판 클러치의 작동

(4) 다이어프램 스프링식 클러치

보통 클러치는 압력판에 필요한 압력을 주기 위해 그림 5·8과 같이 클러치 커버와 압력판 사이에 코일 스프링이 사용되고 있으나, 코일 스프링 대신에 그림 5·6과 같이 접시 스프링을 사용한 것이 **다이어프램 스프링**(diaphragm spring)식 클러치이다.

이 방식에서는 그림에서 보는 바와 같이 접시 스프링의 안쪽 둘레를 차단 베어링으로 밀고 접시 스프링 본체를 차단할 수 있어 구조가 간단하다. 그런데 이 접시 스프링은 하중특성이 코일 스프링의 직선적인 것에 비해 곡선이며, 어느 범위 내에서는 변형의 증가에 대해서 하중이 크게 변하지 않는 특성이 있다.

이 클러치의 특징을 들어 보면 다음과 같다.

① 압력판에 작용하는 압력분포가 균일하다.

② 구조 · 취급이 간단하다.

③ 부품이 접시모양을 하고 있기 때문에 균형이 잡혀 있다.

④ 클러치 페달의 밟는 힘을 적게 할 수 있다.

⑤ 클러치 디스크의 페이싱이 어느 정도 마모되더라도 압력판에 가해지는 압력의 변화는 적다.

⑥ 코일 스프링은 고속 회전 때에 원심력을 받아 변형하며 스프링의 힘이 감소되는 경향이 있으나 다이어프램 스프링에서는 그와 같은 지장은 없다.

5 전자(電磁) 클러치

마찰 재료를 가지는 클러치판과는 달리 전자 코일의 자화작용에 의하여 구동측과 피동측을 일체로 하고 동력전달작용을 하는 것이 전자식 클러치이며, 한 예로 그림 5·10에 표시하는 자성분체 클러치가 있다.

구동측의 플라이 휠 속에 여자 코일(exciting coil)이 들어 있으며, 이 코일에 전류가 흐르면 플라이 휠, 피동판 및 그 사이에 충전시킨 자성분체를 자화시켜 그림과 같이 자속이 발생되며, 3자를 일체화한 상태에서 토크의 전달을 하게 된다.

이 방식의 클러치는 페이싱과 같이 마모되는 부분은 없고, 또 여자전류를 제어하여 차단과 접속이 가능하며 자동 클러치에서의 제어조작을 하는 데 좋다.

다만, 주행 중에는 항상 여자전류를 소비하기 때문에 간접적으로 연료소비를 다소 증가시킨다. 소형차에는 약 50W의 전력을 소비한다.

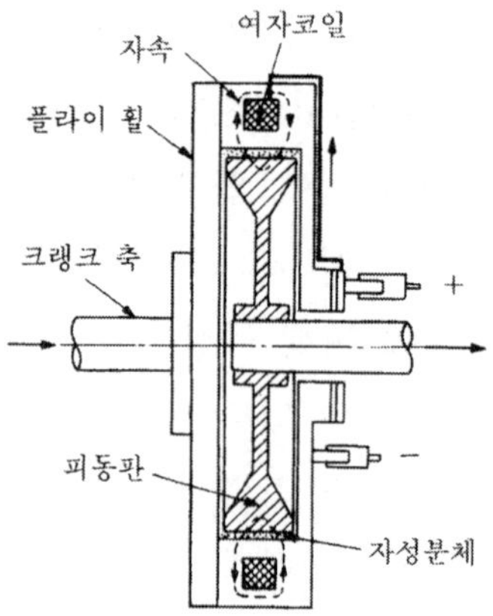

그림 5·10 전자 클러치의 원리도

5-3 수동변속기 및 트랜스 엑슬

1 변속기(트랜스 엑슬)의 목적

자동차용으로 사용되고 있는 기관이 발생시키는 토크는 회전속도의 변화에 관계없이 거의 일정하나 출력은 회전속도에 따라 크게 변화하는 특성을 가지고 있다.

따라서 자동차가 주행하는 경우에 필요로 하는 구동력은 화물적재 · 도로상황 · 주행속도 등에 의해 크게 변화하는데 거기에 맞추려면 기관과 구동 바퀴 사이에는 토크를 변화시키는 장치가 필요하다. 이 장치가 변속기(또는 트랜스 엑슬)이다.

변속기나 트랜스 엑슬을 구비하는 데는 세 가지 이유가 있다.

① 도로와 하중의 여러 가지 상황에서 변속비를 바꾸어 필요한 토크를 얻는다.

② 역전변속으로 회전방향을 바꾸어 차량의 후진을 하게 한다.

③ 동력전달(구동 바퀴의 회전)을 하지 않는 상태(중립)를 만든다.

변속기나 트랜스 엑슬의 기본 형식은 손으로 조작하는 **수동**(manual)식과 운전자의 도움 없이 자동으로 변환이 되는 **자동**(automatic)식이 있다.

2 변속기와 트랜스 엑슬의 차이점

수동변속기는 기어 · 축 · 관계 부품의 조립품으로 윤활유로 채워진 금속 하우징 안에 수용되어 있다. 수동변속기는 일부 앞바퀴 구동차량(그림 5·11)과 앞 기관 뒷바퀴 구동차량(그림 5·12)에 사용되고 있다. 또 기관출력은 구동 바퀴에 전달하는 추진축과 클러치 사이에 위치하여 있고 기관 · 클러치 · 변속기 · 추진축은 모두 하나의 라인에 연결되어 있다.

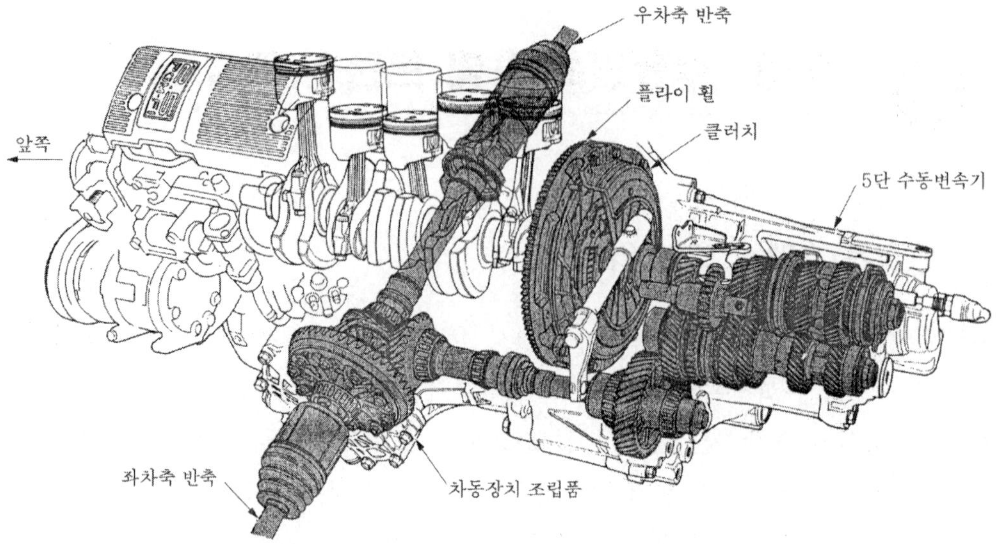

그림 5 · 11 앞바퀴 구동의 세로 방향 기관 클러치와 5단 수동변속기를 표시

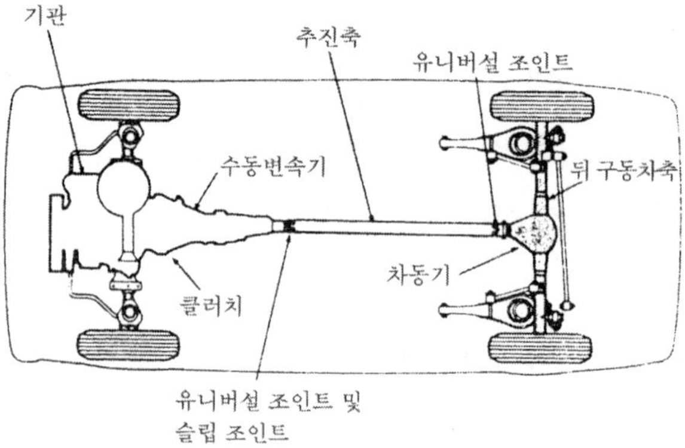

그림 5 · 12 앞 기관 뒷바퀴 구동 차량의 수동변속기의 위치

수동 트랜스 엑슬(그림 5 · 13, 5 · 14)도 기어와 축의 조립품으로 구성되어 있고 전방 장착 횡치기관에 부착되어 앞바퀴를 구동한다(그림 5 · 15). 뒤 기관 차량은 뒷바퀴를 구동시키기 위해 기관에 장착된 트랜스 엑슬을 사용하며 일부 앞 기관 차량은 뒤쪽에 장착된 트랜스 엑슬을 통해 뒷바퀴를 구동한다.

트랜스 엑슬은 그림 5 · 14와 같이 종구동기와 앞 차동장치를 포함하고 있는데 이 장치는 변속기에는 없다. 이 종구동기는 기어 세트로 변속기와 구동 바퀴 사이에 최종 감속 또는 기어비(gear ratio)를 준비한다.

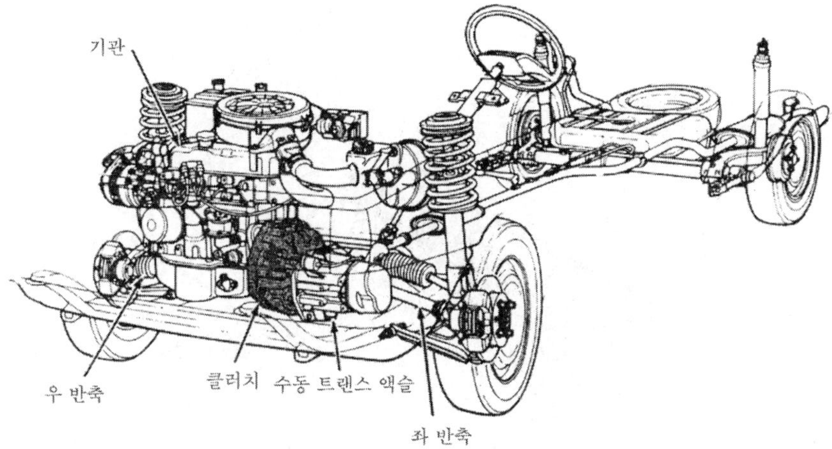

그림 5·13 앞바퀴 구동차의 가로 방향 기관과 수동 트랜스 액슬 사이의 클러치 위치

일부 트랜스 액슬은 그림 5·14와 같이 **점성 커플링**(viscous coupling)과 **중앙 차동장치**(center differential)를 가지고 있으며 이 장치는 네 바퀴 구동이나 앞바퀴 구동에 사용된다.

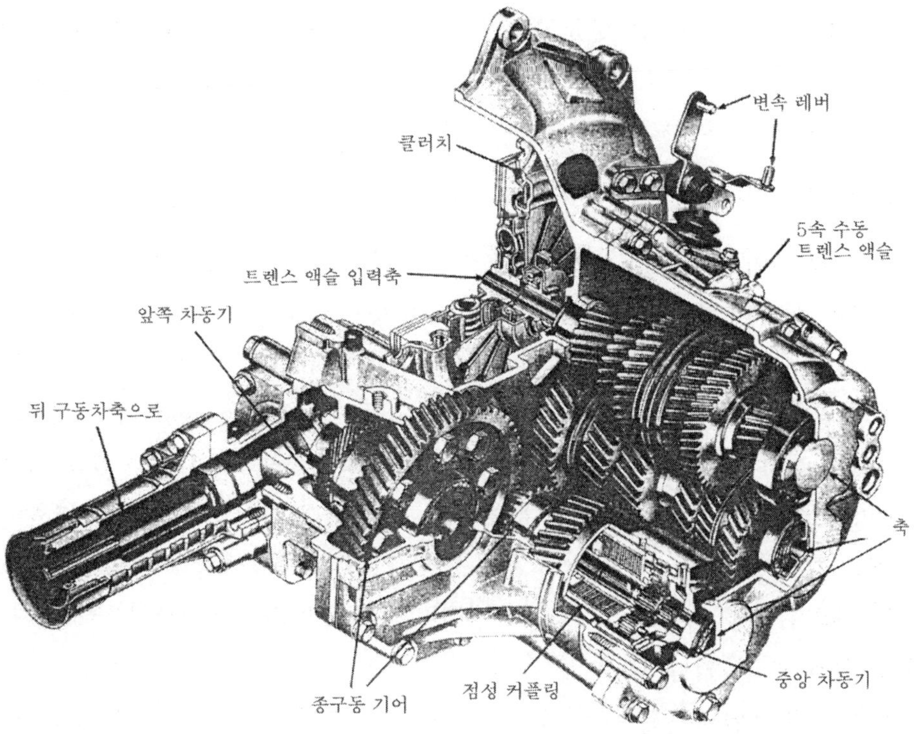

그림 5·14 점성 커플링과 중앙 차동장치가 포함된 5단 수동 트랜스 액슬의 구조

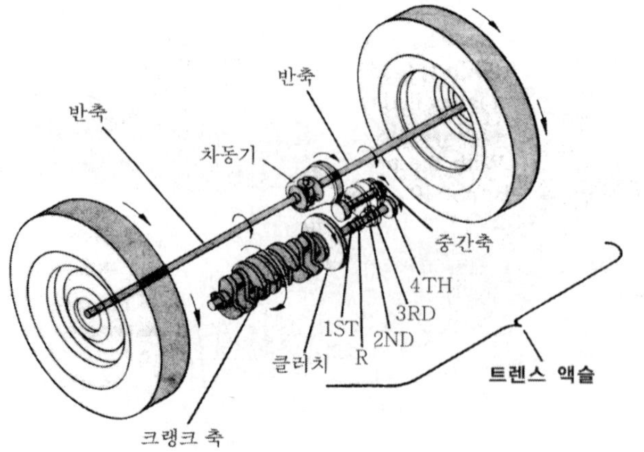

그림 5 · 15 크랭크 축에서 앞바퀴 구동의 차량에 동력전달

3 기어식 변속기

기어식 변속기(gear type transmission)는 입력축 · 부축 · 출력축의 3축으로 구성되어 있으며 입력축과 출력축이 베어링을 매개로 동일축상에 배치되어 있다. 동력의 전달은 입력축 → 부축 → 출력축이라는 순서로 이루어지는 경우와 입력축과 출력축을 직접 연결되어 입력축 → 출력축이라는 순서로 이루어지는 경우가 있다.

(1) 슬라이드 물림식 변속기(sliding mesh type transmission)

주축상에 부착되어 있는 여러 가지 지름의 슬라이드 기어를 앞과 뒤로 슬라이드시켜 부축상에 고정된 기어와 적당히 조합하여 여러 가지 변속비를 얻도록 한 것이다. 그림 5 · 16은 전진 3단, 후진 1단의 슬라이드 물림식 변속기를 표시한다. 클러치판에서 전달되는 토크는 클러치 축에서 항상 같이 물려 있는 ⑥의 **구동 기어**(drive gear)와 ⑦의 **부축 물림 기어**(counter gear)에 전달된다. 클러치 축에는 스플라인으로 되어 있는 **주축**(main shaft) ①이 연결되어 있으며, 여기에 평행하여 부축 물림 기어로 회전하는 **부축**(counter shaft) ⑧이 있다. 주축에는 중속 기어 ③과 저속 기어 ②가 보스에 스플라인으로 물려 변속 레버 Ⓐ, Ⓑ에 의해 주축방향으로 이동되더라도 회전방향은 스플라인으로 물려 있으므로 주축과 함께 회전한다(그림 5 · 17).

지금 변속 레버(gear shift lever)의 조작으로 ③이 ⑩에 물리면 축 토크는 ⑥ → ⑦ → ⑩ → ③을 통해 주축에 전달, ⑥ ⑦과 ⑩ ③의 기어비로 감속된 출력이 된다. 다음에 ③을 변속 레버 Ⓐ의 조작으로 ⑩과의 물림을 끊고 ⑥에 물리게 하면 ⑥과 ③은 직접 연결되어 클러치 축의 회전은 그대로 주축에 전해진다. 이 때가 최고의 회전속도로 이 물림을 고속(top : 전진 3단이면 제3속)이라 한다. 다음에 변속 레버의 조작으로 ⑥과 ③의 물림을 끊고, 변속 레버 Ⓑ를 조작하여 ②를 ⑨에 물리게 하면 토크 전달은 ⑥ → ⑦ → ⑨ → ②로 전달, 감속비는 ⑥과 ⑦의 감속비와 ⑨와 ② 감속비의 곱이 된다.

그래서 ②를 오른쪽으로 밀면 ⑪에는 직접 물리지 않고 중간 기어 ⑫와 물리고 ⑫를 매개로 ⑪로부터의 토크가 ②를 통해 주축 ①에 전달된다. 이 때는 지금까지의 물림과 달라 주축과 부축 사이에 하나의 중간 기어가 끼워 있어 주축과 부축의 회전은 반대(즉, 클러치 축과는 동일)로 되어 있는데, ②와 ⑫의 물림에서는 부축과 주축은 같은 방향(클러치 축과 주축은 역회전)이 되고 클러치 축과 주축이 같은 회전으로 전진, 역회전에서는 역방향, 즉 ⑥ → ⑦ → ⑪ → ⑫ → ②로 후진이 된다.

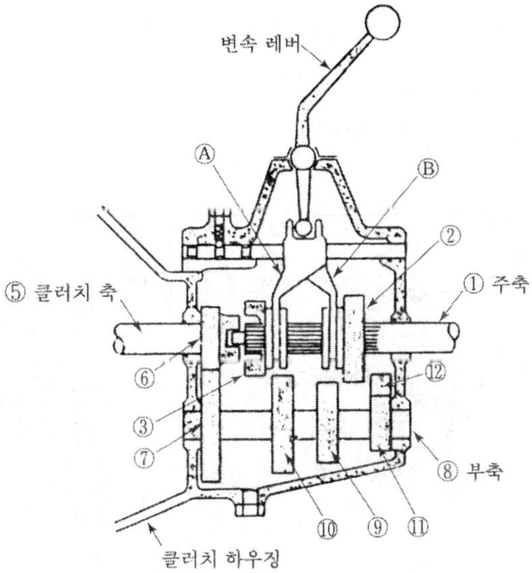

그림 5 · 16 슬라이드 물림식 변속기

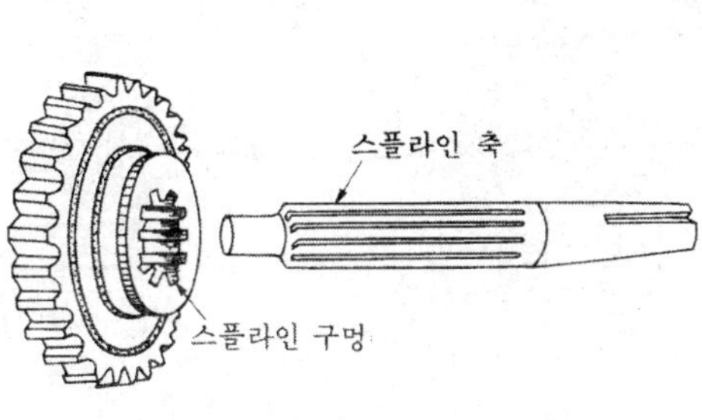

그림 5 · 17 스플라인의 물림

각 기어의 물림에 의한 **감속비**(변속비, gear ratio)를 **변속비**(transmission gear ratio)라 한다. 그림에서 알 수 있듯이 부축측의 기어가 작고 주축측의 기어가 클수록 변속비도 크게 된다. 변속비가 큰 쪽에서 작은 쪽으로 선택한다면 ② ⑪(후진, reverse), ② ⑨(제1속, low), ③ ⑩(제2속, 2nd), ③ ①(제3속, top)의 순으로 작다.

변속단수는 대개의 경우 승용차에는 전진 3~4단, 후진 1단이 채용되고, 트럭이나 버스 등의 상용차에는 전진 4~5단, 후진 1단이 채용되며, 특수한 중차량에는 2단의 **보조변속기**(subtransmission)를 병용하여 전진 8~10단, 후진 2단의 것도 있다.

변속비가 최대인 변속단을 제1속(low gear)이라 하며 제2속(second gear), 제3속(third gear)의 차례로 변속비가 작아진다. 변속비가 1로 감속되지 않고 기관과 추진축을 직접 연결로 한 경우를 고속(top)이라 한다. 또 변속비가 1보다 작은 경우(기관의 회전수보다 추진축의 회전수가 큰 경우)를 **오버 드라이브**(over drive)라고 한다.

슬라이드 기어의 주축상의 슬라이드는 그림 5·17과 같은 스플라인(spline)에 의한다. 스플라인은 스플라인 축과 스플라인 구멍이 있어 이것이 서로 물려 큰 회전력이 전달됨과 동시에 축방향으로는 슬라이드만이 된다.

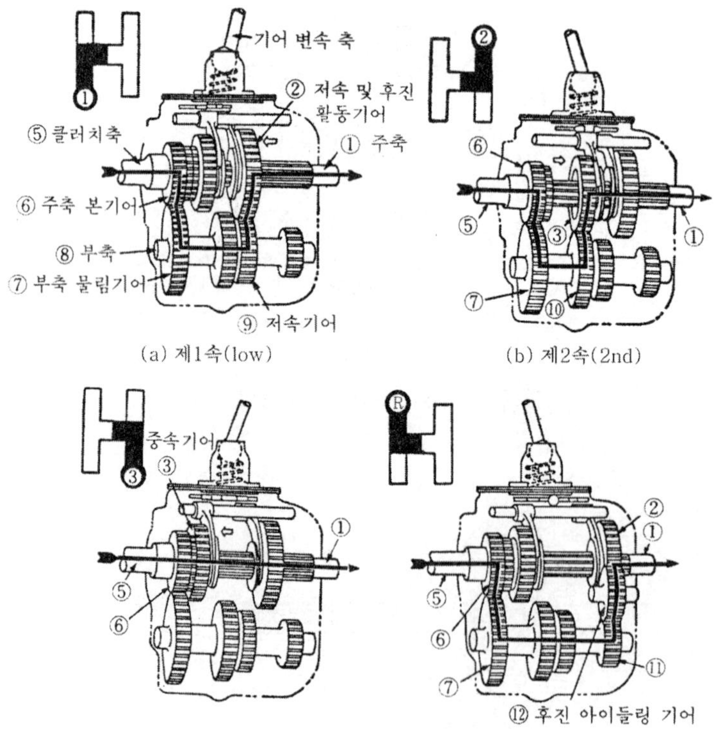

(a) 제1속(low) (b) 제2속(2nd)
(c) 제3속(top) (d) 후진(reverse)

그림 5·18 변속위치와 기어의 물림

그림 5·18은 전진 3단·후진 1단식 변속기의 물림 상태를 표시한 것인데, 클러치 축·주축·부축 위의 기어가 맞물려 그림 (a)와 같이 ⑤의 회전이 ⑥ → ⑦ → ⑨ → ②의 차례로 전달되어 주축 ①을 회전시키면 주축은 가장 저속으로 제1속이 된다. 그림 (b)는 ⑥ → ⑦ → ⑩ → ③의 차례로 주축 ①을 회전시키면 중속으로 제2속이 된다. 그림 (c)의 경우, 다른 기어는 분리되고 클러치 축 ⑤가 주축 ①과 직접 연결되어 함께 회전하는데 이것이 고속이다. 그림 (d)는 클러치 축 ⑤의 회전이 ⑥ → ⑦ → ⑪ → ⑫ → ②의 차례로 전달되고 주축 ①이 **역회전**(reverse)하게 된다.

(2) 상시 물림식 변속기(constant mesh type transmission)

슬라이드 물림식의 결점을 보완하기 위하여 각 변속단계의 기어는 처음부터 항상 물려있으나 주축상의 기어는 주축과 직접 연결되어 있지는 않다. 기어를 주축과 연결시키기 위해서는 주축 위를 슬라이드하는 **기어 클러치**(gear clutch)를 사용하여 주축과 연결한다. 기어의 둘레에 있는 이[齒] 부분의 속도는 크기 때문에 기어의 보스 가까운 곳에 내(內) 기어를 설치하거나 바깥 지름이 작은 외(外) 기어를 부착시켜 기어 클러치가 물리도록 하여 조작하기 쉽게 한다. 이 때 기어 클러치의 안쪽은 스플라인으로 주축과 연결되어 있어 주축상을 이동하나 회전되지는 않는다.

기어 자체를 움직여 변속하지 않기 때문에 기어도 파손되지 않고 소음도 적으며 슬라이드 거리도 짧아서 좋다. 그림 5·19는 이 구조를 표시한다.

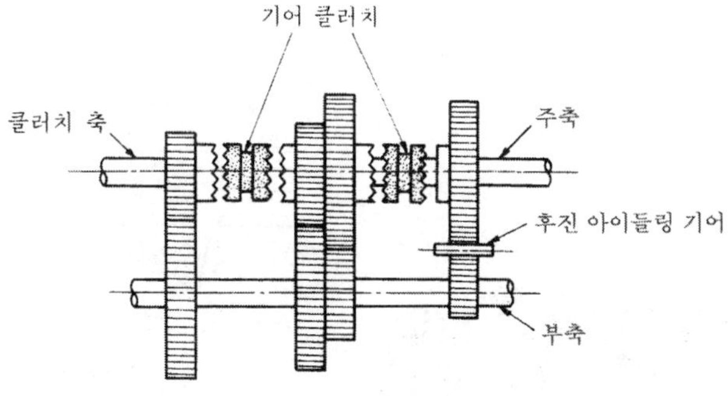

그림 5·19 상시 물림식 변속기

(3) 동기 물림식 변속기(synchro mesh type transmission)

일반적으로 수동변속기에는 원활한 변속조작을 하기 위해 동기장치가 설치되어 있다.

상시 물림식에서는 클러치를 물리게 할 경우, 서로의 원주 속도가 일치하지 않으면 소음을 발생하거나 심한 경우에는 기어가 파손되는 경우가 있다. 이 결점을 해소하기 위해서 상시 물림식 변속기에 **동기장치**(同期裝置, sychronizer 또는 synchro-mesh mechanism)를 결합시킨 형식이다.

동기장치는 원추체 클러치를 구비하여 그 클러치의 작용에 의해 물리게 하는 기어를 동기시키도록 되어 있다. 이는 **등속형 물림식 변속기**라고도 한다.

상시 물림 기어와 결합 슬리브 사이에 동기 클러치를 설치하여, 이 클러치에 발생되는 마찰 토크를 이용해서 결합시킬 양쪽, 즉 결합 슬리브와 상대하는 결합기어의 원주속도를 일치시켜 원활한 물림이 되게 한 것이다. 이것으로 감속 때에는 **동기조작**(double clutching)과 같은 종래의 조작은 필요하지 않다. 그런데 이 동기장치에는 동기완료 전의 물림에 대한 저지작용(block) 능력이 없는 **콘스탄트 로드형**(constant load type)과 저지작용이 있는 **이너셔 로크형**(inertia lock type)이 있으나, 현재는 대부분 후자의 것을 사용한다.

이너셔 로크형에는 키식, 핀식 및 서보식이 있으며, 여기에서는 키식에 대해서 설명한다. 키식은 주축에 스플라인으로 물려 고정되어 있는 동기장치 허브(클러치 허브), 스플라인에 의해 동기장치 허브 바깥 둘레에 물려 있으면서 변속 포크에 의해 전후로 슬라이드되며, 기어 클러치 구실을 하는 슬리브(슬라이더), 각 기어마다 끼워져 있는 동기장치 원추체에 들어 있다. 또, 원추체에 접촉하여 클러치 작용을 하는 동기장치 링 및 동기장치 스프링에 의해 슬리브 내면에 항상 눌려 있는 동기장치 키(shifting key) 등으로 구성되어 있다. 그림 5·20(a)는 키식의 구성, 그림 5·20(b)는 동기장치 허브, 링·키의 관계를 보여준다.

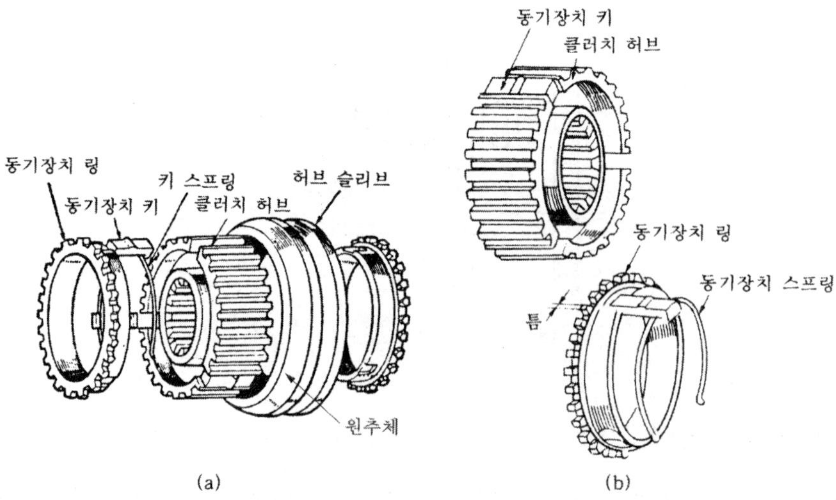

그림 5·20 키식의 구성

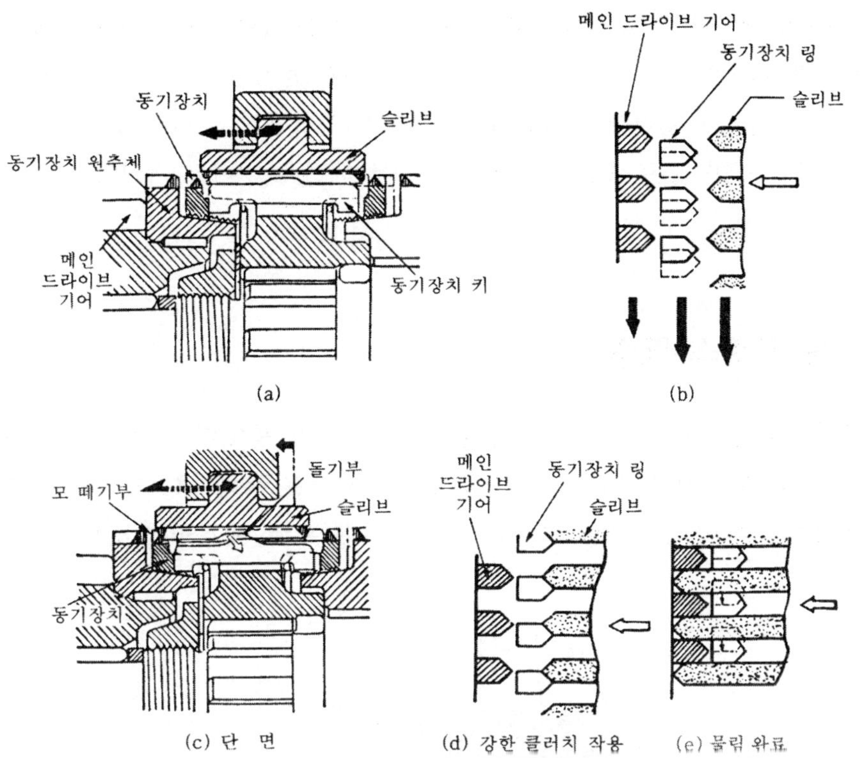

그림 5·21 키식 동기장치의 작동

지금 중립위치에서 타력주행 중 직접 연결 기어(톱 기어)에 변속하고자 하는 경우를 설명한다. 그림 5·21(a)는 동기장치 메커니즘의 단면도를 표시하고 있는데, 변속의 제1단계로 클러치를 차단하면 주축은 회전을 계속하고 있는 데 비해, 메인 드라이브 기어는 회전수가 낮아져 양자에 회전차가 생긴다. 변속 레버를 조작하면 슬리브가 변속 포크에 의해 왼쪽으로 밀려지고, 거기에 따라 뒷면의 돌기에 의해 슬리브 내면에 물려 있는 동기장치 키도 왼쪽으로 움직여, 그 끝면으로 동기장치 링을 원추체에 밀착시킨다.

동기장치 링은 원추체의 마찰에 의해 그림 5·21(b)와 같이 동기장치 키의 폭과 홈의 틈만큼 밀린 상태가 되어 동기작용을 시작한다. 슬리브가 더 왼쪽으로 이동하면 동기장치 키는 동기장치 링에 의해 진행을 저지당하고 있으므로, 키 뒷면의 돌기부와 슬리브 홈과의 물림이 생겨 그림 5·21(c)와 같이 슬리브의 스플라인 모떼기부와 동기장치 링의 모떼기부가 직접 마주치게 된다. 이 상태에서도 슬리브와 메인 드라이브 기어와의 사이에 회전수의 차가 있는 한, 슬리브는 왼쪽에의 진행을 동기장치 링에 의해 저지당하게 되고, 슬리브를 미는 힘은 직접 동기장치 링에 전달된다. 클러치 작용은 슬리브를 미는 힘이 강할

수록, 또 회전수의 차이가 클수록 크게 된다. 이와 같은 상태에서 클러치 작용이 계속되어 메인 드라이브 기어와 슬리브의 회전수가 같게 되면, 동기장치 링과 슬리브 사이에 엇갈림을 일으키는 힘이 소멸된다. 슬리브는 동기장치 링을 밀어 왼쪽으로 이동시키고, 그림 5·21(e)와 같이 이미 같은 속도로 회전하고 있는 메인 드라이브 기어와 원활하게 맞물리게 된다.

4 수동 트랜스 엑슬

수동 트랜스 엑슬은 하나의 조립품 안에 수동변속기(변속기 부문)와 구동축(차동장치 부문)을 동시에 갖추고 있다(그림 5·22). 동력은 입력축을 통해 변속기 부문으로 들어가고 변속기 출력축(또는 주축) 위에 있는 피니언 기어를 통해 변속기 부문을 통과한다.

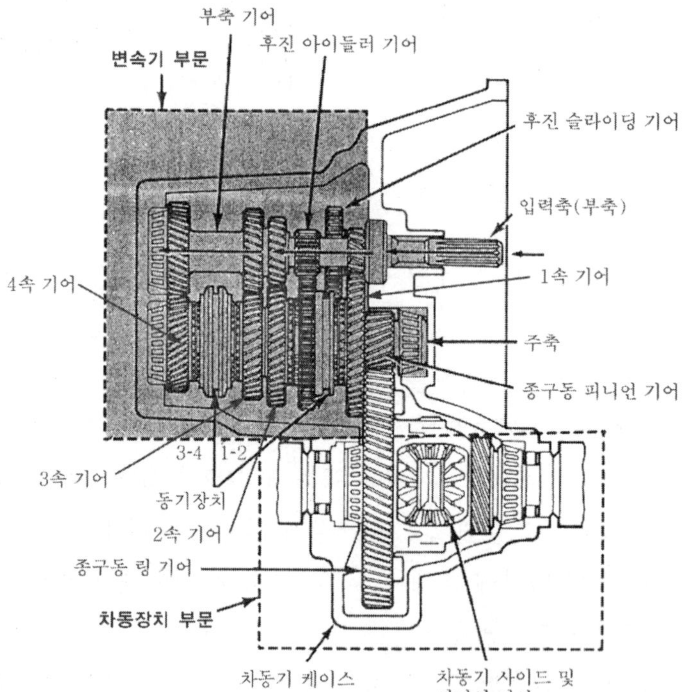

그림 5·22 수동 트랜스 엑슬(수동변속기·종구동기·차동장치가 결합되어 있다)

피니언 기어는 차동장치 부문에 있는 링기어를 구동하고, 링기어는 동력을 차동장치를 통해 두 앞차축의 반축(half shaft)에 보낸다(그림 5·15). 그래서 반축은 차량이 발진되게 바퀴와 타이어를 회전시킨다. 차동장치는 차량이 선회할 때 앞바퀴가 서로 차이가 나는 거리를 주행하도록 한다. 그림 5·22는 4단 트랜스 액슬을 표시하는 데 입력축은 부축의 일부가 되고 중립은 두 동기장치가 중앙에 위치해 있을 때 얻어진다. 4전진 기어는 수동변속기에서와 같은 방법에 의해 얻어진다. 기어 변속레버를 움직이는 것은 1-2 또는 3-4의 동기장치 슬리브가 기어를 주축에 로크(lock)시키도록 한다.

수동 트랜스 액슬의 조작방법은 수동변속기의 경우와 비슷하다.

5 변속비

변속기는 몇 조의 기어가 서로 맞물리게 한 것을 변화시켜 구동 바퀴에 가해지는 구동 토크(구동 차축의 토크)와 회전속도를 변화시키는 것이다.

자동차가 필요로 하는 구동력과 속도와의 이상적인 곡선은 그림 5·24와 같으며, 변속기의 변속비는 이 조건이 만족되도록 결정할 필요가 있다.

(1) 감속비

그림 5·23과 같이 서로 맞물리는 기어를 사용하면 구동축과 바퀴의 회전속도는 낮아지나 구동축의 토크는 증대된다.

이 비율을 감속비라고 하며, 식 (5·5)와 같다.

$$\text{감속비} = \frac{\text{기관의 회전속도}}{\text{추진축의 회전속도}} = \frac{\text{구동되는 기어의 치수}}{\text{구동기어의 치수}} \qquad (5 \cdot 5)$$

또 기관의 축마력은 토크와 회전속도를 곱한 것에 비례하므로 다음 식으로 표시된다.

$$\text{축마력} = (\text{비례상수}) \times (\text{축 토크}) \times (\text{회전속도})$$

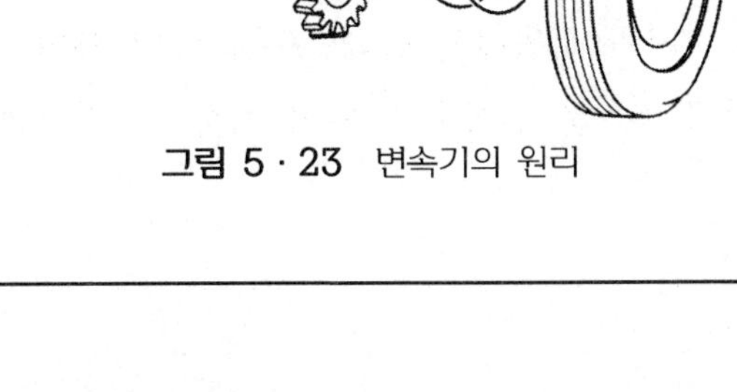

그림 5·23 변속기의 원리

(2) 전감속비, 구동력

자동차의 경우, 변속은 변속기 이외에 종구동기로도 감속을 하고 있는데, 기관과 구동 바퀴 사이의 변속비를 전(全)감속비라고 하며 식 (5 · 6)으로 표시된다.

$$\text{전감속비} = (\text{변속기의 변속비}) \times (\text{종감속기의 감속비}) \tag{5 · 6}$$

또 구동 바퀴가 발생시키는 구동 토크는 기관의 축 토크에 전감속비를 곱한 것이며 식 (5 · 7)과 같이 표시된다.

$$\text{구동 토크} = (\text{기관의 축 토크}) \times (\text{전감속비}) \times (\text{전달효율}) \tag{5 · 7}$$

여기서, 전달효율은 동력전달장치의 입력(기관 축마력)과 출력(구동 바퀴의 출력)의 비이다.

따라서 **구동력**(자동차를 구동 바퀴가 추진하는 힘)은 식 (5 · 8)과 같다.

$$\text{구동력} = \frac{\text{구동 토크}}{\text{구동 바퀴의 유효 반지름}} \tag{5 · 8}$$

(3) 변속비의 결정

감속비를 결정하려면 먼저 자동차에 요구되는 최고 속도, 가속능력 및 연료소비율 등이 얻어지도록 종감속기의 감속비를 결정한다. 이어 자동차에 주어지는 최대 등판능력에서 변속기의 최저속 기어의 변속비를 정한다.

이것으로 직접 연결의 경우와 최저속 기어의 경우가 결정되며, 그 중간 기어의 변속비는 등비급수적으로 주어지나 기어 설계상의 문제, 성능 및 운전 방법에 대한 희망 등에 따라 어느 정도 수정된 수치가 채용된다. 그림 **5 · 24**는 전진 4단식 변속기를 설치한 경우의 한 예이다.

그림에서 각 기어에서의 속도가 각각 V_A, V_B, V_C, V_D일 때 최대 구동력 A, B, C, D가 얻어지고 그 밖의 속도에서는 구동력이 감소하게 된다. 또 E, F, G, H는 기관이 최고 출력을 발휘하는 점을 표시하는 것이며, 이들 점을 연결하는 곡선이 이상곡선에 일치하도록 변속비를 결정하면 좋다.

그런데 속도가 각 V_E, V_F, V_G, V_H일 때는 기관의 출력을 유효하게 이용할 수는 있으나 그 밖의 속도, 즉 그림에서 사선 부분의 범위에서는 기관 출력을 유효하게 이용할 수 없게 된다. 이 부분을 감소시키기 위해서 변속단수를 많이 하면 좋으나, 변속기의 구조가 복잡하게 됨과 동시에 운전조작도 번잡하게 되어 이상적이라고는 할 수 없다.

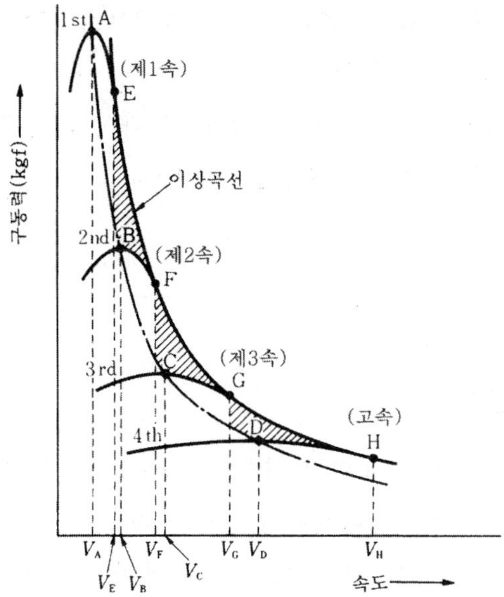

그림 5 · 24 구동력 · 속도선도

5-4 유체 동력전달장치

1 유체 동력전달장치의 기능 · 기본 형식 · 특징

터보식 유체 전동장치는 유체를 매개로 기관의 동력을 변속기에 전달하는 장치이며, 전달효율이나 부하에 따라 자동적으로 출력회전속도가 변화하는 자동변속성을 가지고 있으며, 유체를 매개로 하여 진동충격의 흡수가 되며 적절한 슬립을 허용하기 때문에 기관정지를 방지하는 발진장치로서의 기능을 가지고 있다.

자동차용으로 사용되는 것은 유체의 운동 에너지를 이용하여 동력을 전달하는 터보식 유체 커플링과 유체 토크 컨버터(이하 토크 컨버터)이다.

유체 커플링은 입력축 토크를 그대로 출력축에 전달하는 것이며, 토크 컨버터는 토크의 증대작용이 있으므로 자동차의 자동변속기로 널리 사용된다. 형식은 용도에 따라 여러 가지가 있으나 일반 승용차용으로는 구조가 간단하여 3요소 1단 2상형의 것이 가장 많다. 여기서 **요소수**는 펌프 · 터빈 · 스테이터의 총수를 말하고 **단수**(段數)는 터빈 작용을 하는 수, **상수**(相數)는 1방향 클러치(one-way clutch)와 같이 기계적으로 변하는 기능분류의 수(예를 들면 컨버터 범위와 커플링 범위)를 말한다.

2 유체 커플링

(1) 유체 커플링의 원리

유체 커플링(fluid coupling)은 **유체 클러치**(fluid clutch)라고도 하며 유체[油]의 운동을 매개로 하여 동력을 전달하는 클러치이며 동력의 차단과 접속을 자동적이며 매우 원활하게 행하는 것으로, 최근에 발달하여 현재는 토크 컨버터로 발전해서 대부분의 자동차에 널리 사용되고 있다.

유체 클러치의 원리는 그림 5·25와 같이 선풍기 두 대를 서로 마주 보게 세워서 한쪽에 스위치를 넣고 회전시키면, 그 회전이 증가함에 따라 다른 쪽도 서서히 회전하기 시작하여 어느 회전수에 도달하면 양 선풍기는 거의 같은 속도로 회전하게 된다. 이것은 공기의 운동 에너지가 다른 선풍기를 회전시키는 에너지로 바뀌어진 것이다. 유체 클러치는 이 원리를 응용한 것이다.

그림 5·25 유체 커플링의 원리

(2) 유체 커플링의 구조와 작동

구조는 그림 5·26과 같이 입력축 및 출력축을 같은 일직선상에 배치하고 입력축측에 **펌프 날개**, 즉 **임펠러**(impeller)를 연결하고 출력축측에 **터빈 날개**를 연결하여 하나의 케이싱 안에 마주 세워 내부에 오일(작동유체)을 가득 채운 구조로 하고 있다. 기관에 의하여 입력축이 회전되면 유체는 펌프 날개와 함께 축둘레에서 회전운동을 하며, 원심력이 작용하여 바깥쪽으로 유출되면서 터빈 날개의 바깥쪽에서 유입되어 화살표와 같이 **회류**(回流, vortex oil flow)가 생긴다. 이 회류는 양 날개에 속도차가 있는 동안 계속되며, 운동유체는 펌프측에서 기관, 즉 입력축의 동력을 흡수하고 터빈측에서는 이것을 방출하여 동력전달작용이 이루어진다.

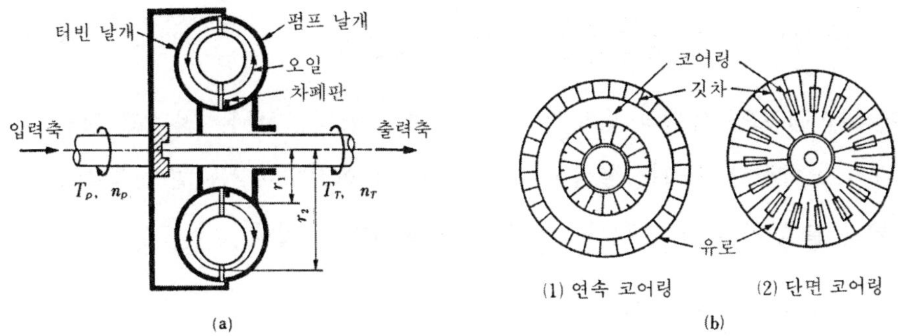

그림 5 · 26 유체 커플링

이 경우 오일의 회류운동이 정상 상태를 유지하면 양 날개가 유체에서 받는 토크의 합은 마찰손실을 무시하면 0이 된다. 즉, 양 날개가 받는 토크를 T_P, T_T로 하고, 날개가 유체에 주는 토크를 정(+)으로 하면 각 깃차의 토크는 날개 사이에 있는 유체의 각 운동량의 변화에 의해 주어지며, 식 (5 · 9)와 같이 된다.

$$\text{펌프 날개} : T_p = \frac{\gamma}{g} Q(u_p r_2 - u_t r_1)$$
$$\text{터빈 날개} : -T_T = \frac{\gamma}{g} Q(u_t r_1 - u_p r_2) \qquad (5 \cdot 9)$$

여기서, γ : 유체의 비중량(kgf/m³),

Q : 유체의 체적유량(m³/s)

u_p : 펌프 출구(터빈 입구)의 절대유속의 원주방향 분속도

u_t : 터빈 출구(펌프 입구)의 절대유속의 원주바향 분속도

r_1, r_2 : 펌프 출구, 터빈 출구의 회전축에서의 거리

여기서 마찰손실을 무시하면

$$\sum T = T_P - T_T = 0 \qquad (5 \cdot 10)$$

따라서 $T_P = T_T$ (5 · 11)

가 되고, 입 · 출력축 사이에는 토크의 차이는 없고 항상 같은 값이 된다. 따라서 토크의 변환기능은 갖지 못하게 된다.

다음에 펌프측 회전수 n_p(rpm)와 터빈측 회전수 n_T(rpm)의 비를 속도비라고 하는데, 식 (5 · 12)와 같이 표시한다.

$$\text{속도비}\,(e) = \frac{\text{터빈측 회전속도}}{\text{펌프측 회전속도}} = \frac{n_T}{n_P} \tag{5 · 12}$$

$e = 1$에서는 펌프와 터빈의 속도는 같게 되며 오일의 회류는 멈추고 전달 토크도 0이 된다. 따라서 동력전달 중에는 항상 $e < 1$, 즉 터빈 회전수 n_T는 펌프 회전수 n_P 보다 작은 값이 되고 슬립(slip)이 생긴다. 이 정도를 표시하기 위해

$$s = \frac{n_P - n_T}{n_P} \times 100 \tag{5 · 13}$$

으로 주어지는 슬립률(%)을 사용한다.

또 전달효율을 η라 하면, $T_P = T_T$에서

$$\eta = \frac{T_T \cdot n_T}{T_P \cdot n_P} = \frac{n_T}{n_P} = e = 1 - \frac{s}{100} \tag{5 · 14}$$

가 되어 유체 클러치의 효율은 속도비와 같게 되고, 또 슬립은 전달효율의 저하를 가져온다.

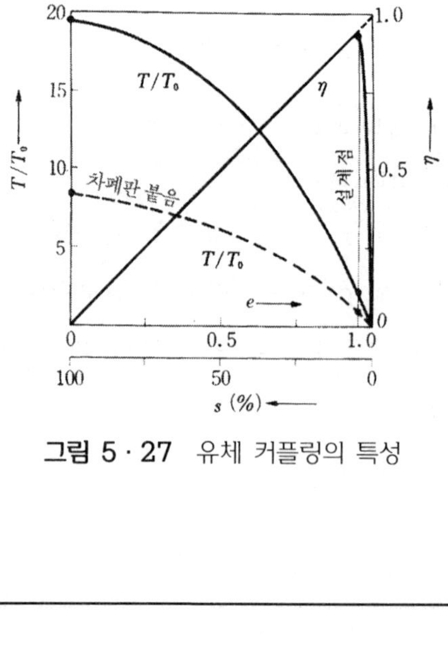

그림 5 · 27 유체 커플링의 특성

그림 5·27은 입력축 회전수 n_P를 일정하게 유지시키고 출력축 토크(부하 토크)를 변화시킬 경우의 특성곡선의 한 예이다. $\eta = e$이므로 효율은 속도비에 의해 직선적으로 증가하나 베어링이나 기타의 저항으로 $e = 0.95 \sim 0.98$ 부근에서 효율 η는 최대로 되고, 그것보다 e가 크게 되면 η는 급속히 0에 가까워진다. 이와 같이 효율이 최대로 되는 안정된 상용 운전 범위를 **설계점**(design point)이라고 한다.

그림에서 토크 곡선은 임의의 속도비 e에 토크 T와 설계점에서의 토크 T_0와의 비 T/T_0(**토크 배율**)에 의하여 표시된다. 부하 토크(출력축 토크)가 크게 되면 출력축 회전수는 낮아서 e는 작으나, 부하 토크가 낮게 되면 출력축 회전수, 즉 e의 값은 크게 된다. $e = 0$에서의 입력축은 회전하고 있으나 출력축은 정지된 상태로서 **실속점**(失速點, stall point)이라고 한다. 이때의 토크를 **실속 토크**(stalling torque)라고 하며, 그림에서 보는 바와 같이 실속 토크는 설계점 토크 T_0의 10 수배 가까이 되며 출력축에는 큰 부하 토크가 걸리고, 그것 때문에 출력축의 회전이 아주 심하게 떨어지면 입력축에도 이것과 같은 토크가 작용하여 이와 직접 연결된 기관에 무리가 생기며 기관 정지 등의 원인이 된다.

이의 방지 대책으로는 e가 0에 가까운 실속점 부근에서는 유체의 순환운동량을 줄이면 된다. 그래서 회로 내에 **차폐판**(baffle plate)이라는 링 모양의 원판을 붙여 저항을 증가시킨다. 그림 5·27에서의 점선은 차폐판을 설치하였을 경우의 토크 배율을 표시하는 곡선이다.

3 토크 컨버터

토크 컨버터(torque converter)는 자동 커플링으로 작용하는 외에 토크의 증가작용을 하는 것이며, 앞에서 설명한 유체 커플링에서의 펌프, 터빈의 2날개요소에 스테이터 날개를 합한 3종류의 날개로 이루어지며, 토크의 변환 기능을 갖고 있다. 또 유체 커플링은 펌프, 터빈 날개의 배열은 직선형으로 각도가 없고 부채꼴 모양으로 되어 있는데, 토크 컨버터에서는 날개의 배열이 곡선상으로 각도를 갖고 있으며 배열 상태도 대단히 복잡하다.

(1) 토크 컨버터의 구조와 작동원리

그림 5·28에 의해 토크 컨버터의 구조와 작동을 설명하면, 입력축 및 출력축에 결합된 펌프 및 터빈 날개와 1방향 클러치를 통해 고정축에 부착된 **스테이터** 날개가 하나의 케이

싱 내에 수용되어 있으며, 내부에는 작동유체인 오일로 충만되어 있다. 기관에서의 입력으로 펌프 날개가 회전당하면 유체는 에너지를 받아 외부로 유동하며 화살표와 같이 펌프, 터빈, 스테이터의 차례로 각 날개열 사이를 지나는 회류가 생긴다.

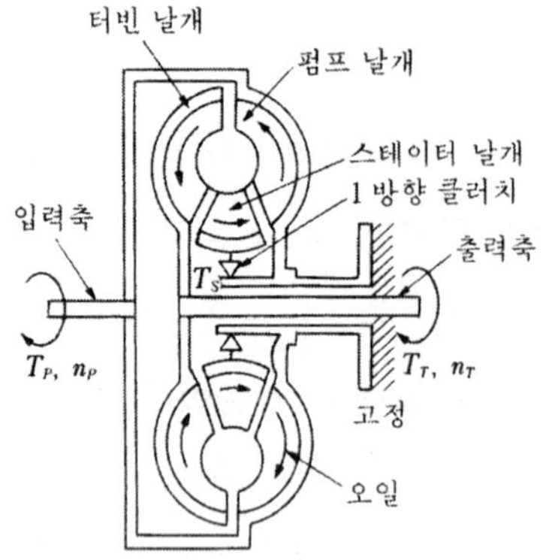

(a)

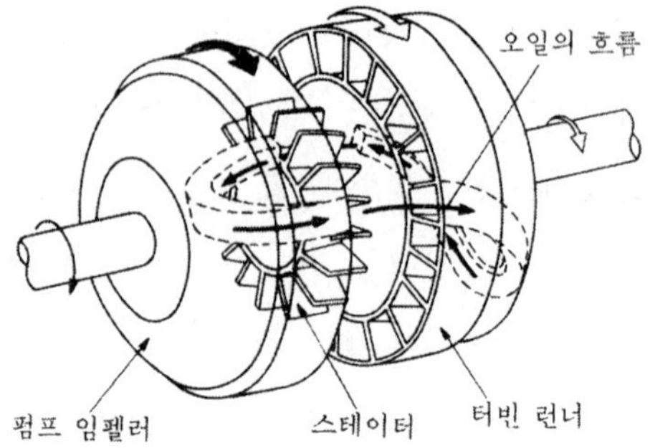

(b)

그림 5 · 28 토크 컨버터의 구조

이 상태에서 각 날개에 작용하는 토크를 T_T, T_P, T_S로 하고 날개가 유체에 토크를 주는 경우를 정(+)으로 하면, 유체 커플링에서 설명한 것과 같은 원리에 의하여 이들 토크의 합은 0이 된다.

$$\sum T = T_P - T_T + T_S = 0 \qquad (5 \cdot 15)$$

따라서 $T_S > 0$, 즉 T_P와 T_S가 같은 부호로서 스테이터 날개가 유체에 토크를 주는 상태가 되면

$$T_P < T_T$$

가 되어 출력축 토크는 증대하게 된다.

스테이터(stator 또는 reactor)는 이와 같은 기능을 가지는 고정 날개로서, 안내 날개인 유도장치로 생각하면 된다.

그러나 식 (5 · 15)에서 스테이터 토크 T_S=0이면 $T_P = T_T$가 되고, 이것은 유체 클러치의 경우와 같게 된다.

따라서 토크 컨버터에서 스테이터 날개를 해방시켜 자유회전 상태로 두면 토크의 변환 작용은 없어지고 기능상 유체 클러치로 바뀌게 된다.

다음에 식 (5 · 15)에서 $T_S < 0$, 즉 스테이터 토크가 부(−)가 되면

$$T_P > T_T$$

가 되고, 출력축 토크는 입력축 토크보다 작게 되어 그 극한 상태에서는

$$T_S = -T_P \text{에서,} \quad T_T = 0$$

이 되어 토크의 전달은 되지 않게 된다.

이와 같이 토크의 증대나 감소의 기능 변화는 스테이터 토크 $T_S = 0$의 점을 임계점으로 하여 발생되며, 이것을 **클러치점**(clutch point)이라고 한다.

위의 3종의 서로 다른 토크 변환 상태, 즉 $T_P < T_T$(증대), $T_P = T_T$(클러치점), $T_P > T_T$(감소)에서의 날개열 내의 작동유체의 흐름을 비교하여 표시하면 그림 5 · 29와 같이 된다. (a)는 토크가 증대하는 경우로 터빈 날개열의 회전 원주속도 v_T가 펌프 날개열의 v_P에 비교하면 작고 터빈측의 슬립이 비교적 큰 상태이다.

그러므로 터빈 및 스테이터 날개열 내에서의 유체의 전향각(轉向角)은 크고 터빈 토크 T_T는 증대된다. 또 이 때의 스테이터 토크 T_S의 방향은 펌프 토크 T_P와 동일 방향이고, 이 경우의 스테이터 날개열 내의 전향각 θ를 정으로 생각한다. (b)는 터빈 원주속도 v_T가 크게 되고 그 때문에 스테이터 날개열 내의 전향각 θ가 0이 되는 상태로, 이 경우는 스테이터 토크 T_S도 0이 되고 $T_P = T_T$로 클러치점에 해당된다. 다음 (c)는 터빈 주속 v_T가 더 크게 되고 펌프 원주속도 v_P에 가까운 상태로 스테이터 날개열 내의 전향각은 부(−)가 되며, 때문에 스테이터 토크 T_S의 방향이 역전되어 $T_S < 0$이 되고 터빈 토크 T_T는 펌프 토크의 T_P보다 작게 된다.

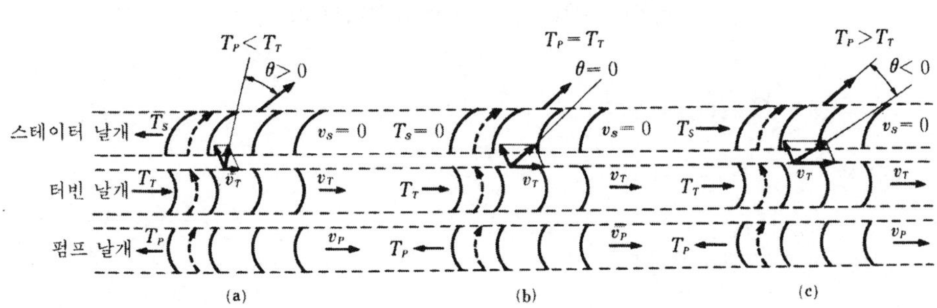

그림 5 · 29 날개열 내의 작동유체의 흐름

(2) 토크 컨버터의 특성곡선

그림 5·28에 표시한 보기는 가장 간단한 대칭 1단, 2상, 3요소형의 토크 컨버터이다. 토크 컨버터는 날개의 배열 상태를 대칭 또는 비대칭, 터빈 요소의 수를 단(stage), 토크 컨버터와 유체 클러치의 기능적인 구분의 수를 상(phase), 날개 전체의 수를 요소(element)에 의해 각각 표시하고 그 특성, 형식의 표시에 이용한다.

그림 5·30은 위 형식의 토크 컨버터의 특성곡선을 표시한다. 토크 비 $t = T_T/T_P$는 속도비 $e = n_T/n_P$에 의해 거의 직선적으로 변하며, $e = 0$의 실속점에서 t는 최대(이 값 t_0를 구속 토크 비라 함)가 된다. 또 어느 속도비에서 $t = 1$이 되며, 이것은 클러치점에 해당되나 그 이상의 속도비에서 t는 1 이하가 된다. 지금 이 토크 비를 직선에 근사하게 표시하면

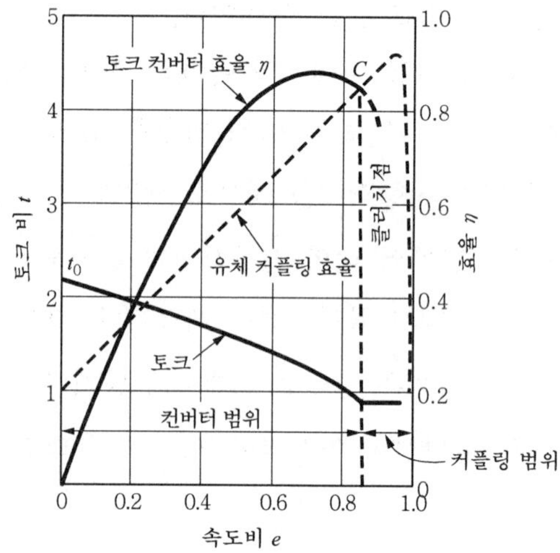

그림 5·30 토크 컨버터의 특성곡선

$$t = t - C_t e \quad (C_t\text{는 상수})$$

한편, 효율은

$$\eta = \frac{n_T \cdot T_T}{n_P \cdot T_P} = e \cdot t \tag{5·16}$$

로 주어지며, 여기에 윗식의 t를 대입하면

$$\eta = t_0 e - C_t \cdot e^2 \tag{5·17}$$

이 되어 η는 속도비 e에 의해 포물선형으로 변화한다. 즉, 그림에서와 같이 실속점 $e=0$에서는 η도 0에서 시작되고, e와 함께 급격히 증대되며, 클러치점보다 약간 낮은 속도비의 점(설계점)에서 최대가 된다. 또 e가 더 커지면 η는 점차 줄어드나 클러치점에서는 $\eta=e$에 의해 주어지는 유체 클러치의 효율과 일치되며, 속도비가 이 점을 지나면 토크 컨버터의 효율은 유체 커플링의 효율보다 떨어지게 된다. 그러나 전달효율은 속도비에 비례해서 증가해 간다.

이상에서 명백한 바와 같이, 토크 컨버터는 클러치점 이상의 속도비가 되면 유체 클러치보다 효율이 나쁘게 되고 토크 비 t가 1 이하가 되므로, 그림에서와 같이 클러치점까지의 범위에서는 토크 컨버터로, 클러치점을 지난 범위에서는 유체 클러치로 바뀌어 작동되는 경우가 많다.

이 변환은 클러치점에서 스테이터 토크 T_S가 정(+)에서 부(−)로 바뀌는 것을 이용하여 스테이터 날개와 고정축을 연결하는 1방향 클러치에 의해 T_S가 정방향일 때는 고정, 부방향일 때는 공전시켜 자동적으로 작동되게 한다.

또 기관이 공회전을 하고 있을 때는 펌프의 회전도 느리고 터빈 날개에 유입되는 오일의 유량 · 유속도 함께 작아지므로, 터빈 날개에 작용하는 회전력은 구동계통의 회전저항보다 작게 되어 터빈 날개는 회전할 수 없게 되고 클러치가 차단된 것과 같은 상태가 된다.

그림 5 · 31 및 그림 5 · 32는 유체 커플링 및 토크 컨버터 날개의 분해도이다.

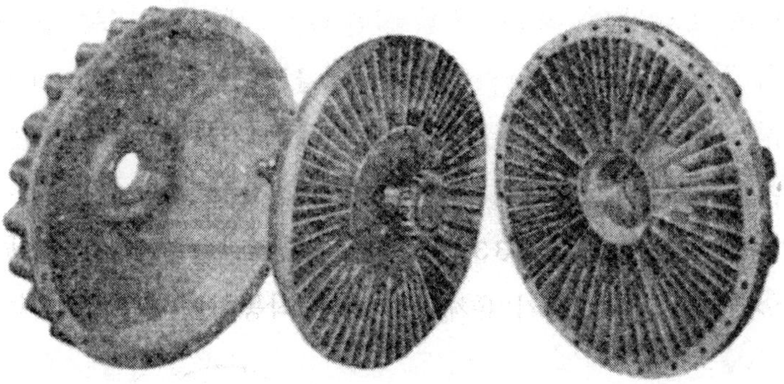

그림 5 · 31 유체 클러치의 날개

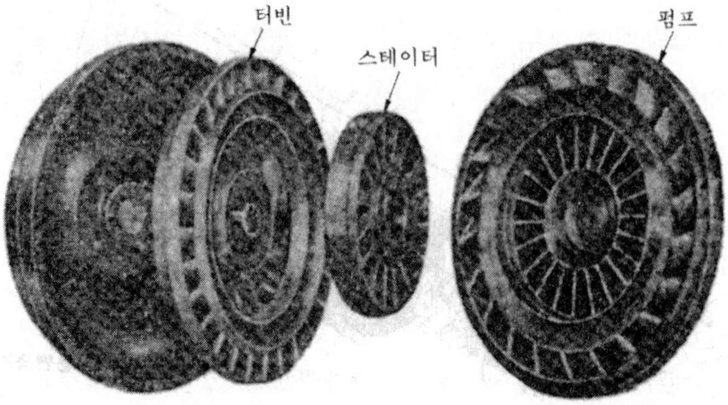

그림 5 · 32 토크 컨버터의 날개

5-5 자동변속기와 트랜스 액슬

1 자동변속기와 트랜스 액슬

자동변속기의 구조와 작동, 그리고 자동 트랜스 액슬에서 변속기 부문은 비슷하다. 그래서 같은 역할을 한다. 이들은 자동적으로 기관 크랭크 축과 변속기 또는 트랜스 액슬 사이에서 몇 단계의 전진 기어비를 준비한다.

자동변속기와 트랜스 액슬은 비슷한 요소를 가지는데 세 가지 기본 부품은 다음과 같다.

① 토크 컨버터는 슬립을 방지하기 위해 **잠금 클러치**(lockup clutch)를 가지고 있다.

② **기어열**(gear train)은 하나 또는 몇 개의 기어장치를 가지고 있다.

③ 유압 시스템(hydraulic system)은 전자식으로 조정된다.

토크 컨버터는 크랭크 축(그림 5 · 33)에 연결되고 기관출력을 기어열에 전달한다. 변속기와 트랜스 액슬에 있는 자동변속기 유체를 통해서 작동하는 유압은 변속을 하게 한다.

그림 5 · 33은 자동 트랜스 액슬을 가진 앞바퀴 구동 차량에 대해 크랭크 축에서 구동 바퀴까지 동력의 흐름을 보여 주고 있다.

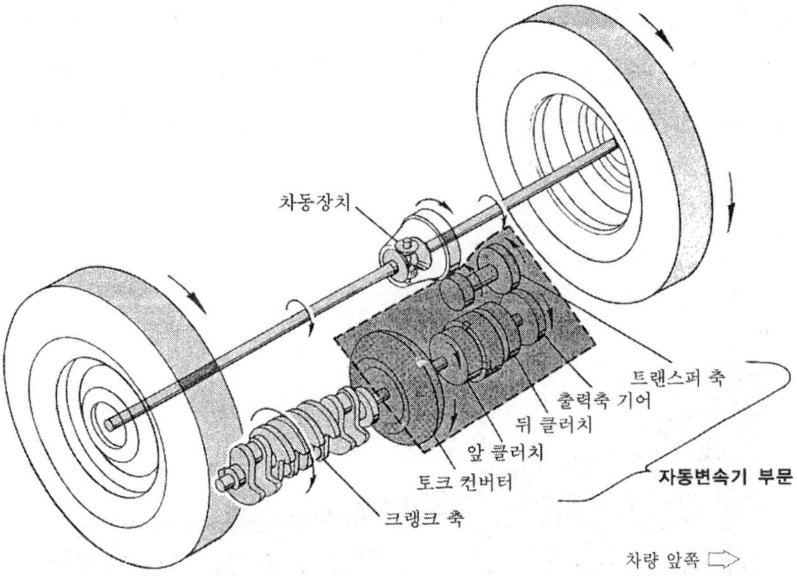

그림 5 · 33 자동 트랜스 엑슬을 가진 앞바퀴 구동 차량의 동력 흐름

2 자동변속기의 기능 · 기본 형식 · 특징

자동변속기란 차량발진을 위한 클러치 조작과 차량의 여러 가지 주행조건에 필요한 구동력을 얻기 위한 변속조작을 자동적으로 하는 것을 말한다.

자동변속기의 기본적인 구성은 ① 발진장치, ② 기어비를 형성하는 기어열, ③ 기어를 변속하는 변환요소, ④ 변속 등을 제어하는 제어장치로 되어 있다.

최근의 자동변속기는 구성요소로 분류하여 전자동식 · 반자동식이 있는데 현재는 **전자동 변속기**가 사용되고 있다.

기어열에 따라 분류하면 유성 기어식과 평행축식이 있다. 승용차용 자동변속기로서는 3요소 1단 2상형 토크 컨버터와 전진 2~4속의 유성 기어식 보조변속기를 결합시킨 전자동 변속기가 대부분을 차지한다.

한편 트럭 · 버스 등의 대형 차량용 자동변속기에서는 건식 클러치와 평행축식 변속기, 즉 수동변속기를 기본 구조로 한 자동변속기가 많이 사용된다.

제어방식으로 본다면 차속이나 기관의 출력에 따라 변속조작을 자동적으로 하는 제어계통을 가지며 유압과 전자제어식이 있는데 전자제어식이 많다.

변속단수나 기어비는 차량의 연비 · 배출가스 · 동력성능 · 진동 · 소음 등 여러 특성을 고려하여 선정하는데 기관출력을 유효하게 활용, 동력성능이나 연비성능을 향상시키기 위해 변속단수를 다단화하는 경향이 있으며 4속이 주류이고 5속도 일부 사용되고 있다. 그림 5 · 34는 자동변속기의 한 예이다.

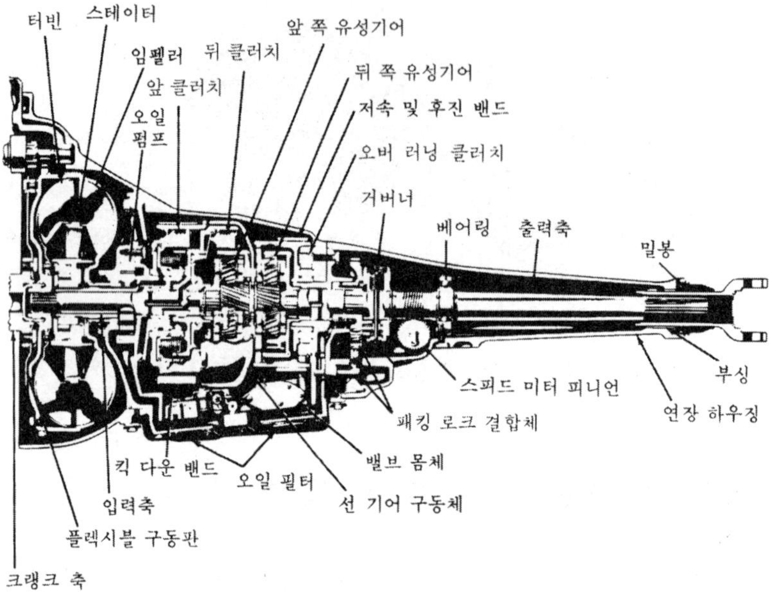

그림 5 · 34 자동변속기의 구조 예

자동변속기를 사용하는 경우에는

① 기어 변속이 필요 없으므로 운전자의 피로가 경감되고 운전 조작이 쉽다.

② 기관과 전동장치 사이에 기계적인 연결이 없으므로 각부에 가해지는 충격이나 진동을 흡수 완화하여 힘의 전달을 원활하게 한다.

③ 기관의 과회전이 방지되고 기관 정지를 일으킬 염려가 적다.

등의 장점이 있으나, 다음과 같은 단점도 있다.

① 구조가 복잡하고 가격이 높게 된다.

② 연료소비율이 기어식 변속기에 비해 약 10% 정도 증가한다.

3 유성 기어 장치

(1) 3구성요소와 구비된 5조건

유성 기어 장치는 단순하게 설계되어 있으나 그 작용은 그렇게 쉽게 이해되지 않는다. 유성 기어 장치는 우주의 태양계와 비슷하다(그림 5·35). A는 구동측 기어로 선 기어(sun gear)라 하며, 원주상에는 같은 간격으로 배치된 3개의 **유성 기어**(planet gear) B가 물려 있어, 선 기어 둘레를 회전하면서 동시에 자기의 축 둘레를 회전한다.

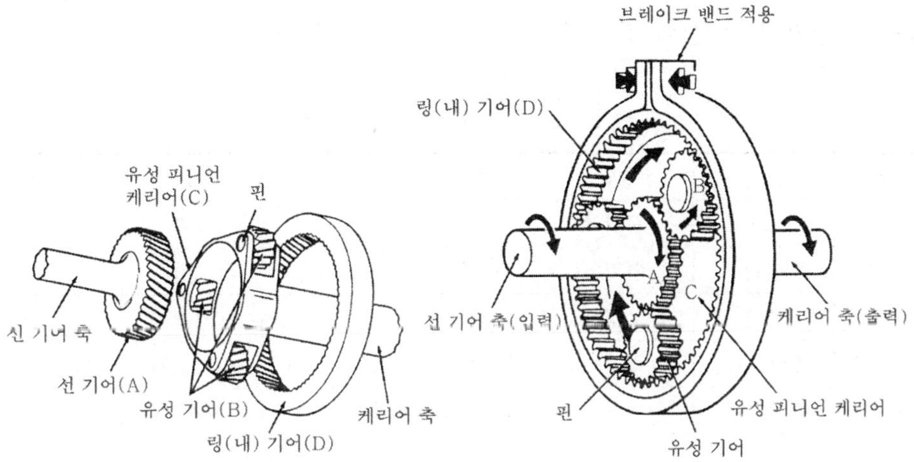

그림 5·35 유성 기어 장치의 분해 및 기어의 감속

즉, 선 기어가 기관에 의해 시계방향으로 회전되면 유성 기어는 링 기어 위를 시계방향으로 돌면서 동시에 자신의 축 둘레를 반시계 방향으로 돌아 자전과 공전을 한다. 이것은 마치 지구와 다른 유성들이 태양 주위를 회전하는 것과 비슷하다.

유성 기어 B는 **유성 피니언 캐리어**(planet pinion carrier) C에서 나온 핀으로 고정되어 있다. C는 원판, 드럼 또는 스파이드로 되어 있으며, 구동축과 같은 중심으로 지탱되어 있다. 또 유성 기어 B는 외측의 **링 기어**(ring gear, internal gear) D와 맞물려 있으며, D기어도 구동축과 같은 중심으로 지지되어 있다. 그러므로 선 기어, 유성 기어 및 링 기어는 항상 맞물려 있다. 그리고 유성 기어 장치는 다섯 가지 조건을 구비할 수 있다.

① 토크 감소에 따른 속도 증가(**오버 드라이브** ; overdrive)

② 토크 증가에 의한 속도 감소(**저속** 또는 **감속** ; underdrive or reduction)

③ **직접 연결 구동**(입력축과 출력축이 같은 속도로 회전)

④ 반대방향으로 회전(후진 ; reverse)

⑤ 중립(입력축과 출력축이 분리)

(2) 유성 기어 장치의 작동

두 기어가 맞물리고 있으면 반대방향으로 회전한다. 같은 방향으로 회전시키려면 두 기어 사이에 제3의 기어 또는 아이들러 기어(idler gear)를 두어야 한다. 이 아이들러 기어는 일은 하지 않으나 수동변속기나 트랜스 엑슬에서 후진을 돕는다.

만일 유성 기어 장치의 한 요소가 고정되면 다른 요소는 회전하는데 증속 · 감속 · 후진의 어느 하나가 된다. 그 결과는 어느 요소가 고정되고 어느 요소가 회전하느냐에 달렸다.

표 5 · 2는 단일 유성 기어 장치에서 여러 조건의 내용이다.

표 5 · 2 유성 기어 장치의 기어비

조 건	1	2	3	4	5	6
선 기어(A)	고정	출력	고정	입력	출력	입력
캐리어(C)	입력	입력	출력	출력	고정	고정
링 기어(D)	출력	고정	입력	고정	입력	출력
속 도	증속(4속)	증속	감속(2속)	감속(1속)	증속후진	감속후진(후진)
변 속 비	$d/(a+d)$	$a/(a+d)$	$(a+d)/d$	$(a+d)/a$	$-a/d$	$-d/a$

1) 속도 증가 1

선 기어가 고정되고 유성－피니언 캐리어가 회전되면 속도는 증가된다. 캐리어가 회전함에 따라 고정된 선 기어와 물리고 있는 유성 피니언은 자체 축 위에서 회전하며 결과는 링 기어가 캐리어보다 더 빨리 회전하고 속도가 증가한다. 이 조건은 일부 자동변속기와 트랜스 엑슬에서 4속 기어 증속구동(overdrive)이다.

2) 속도 증가 2

다른 결합은 링 기어를 고정하고 캐리어를 회전시키지만 선 기어를 캐리어보다 빨리 회전시킨다. 이 조건은 정상적으로는 사용되지 않는다.

3) 속도 감속 1

링 기어가 회전하고 선 기어가 고정되면 유성－피니언 캐리어가 링 기어보다 훨씬 서서히 회전한다. 이 조건은 2속 기어이다.

4) 속도 감속 2

링 기어가 고정되고 선 기어가 회전하면 캐리어는 감속된 속도로 구동된다. 유성 기어는 자체 축에서 회전해야 하고 링 기어 둘레에도 회전해야 한다. 피니언이 회전함에 따라 캐리어 역시 회전한다. 그러나 캐리어는 선 기어보다 천천히 회전하게 된다. 가장 큰 토크를 얻고 1속 기어로 사용된다.

5) 후진 1

캐리어를 고정하고 링 기어를 회전시킨다. 유성 피니언이 아이들러 구실을 하며, 선 기어를 반대방향으로 링 기어보다 빨리 구동시킨다. 감속 기어에 '빠른 속도'가 필요 없으므로 이 조건은 후진에는 사용되지 않는다.

6) 후진 2

캐리어를 고정하고 선 기어를 회전시킨다. 링 기어가 반대방향으로 구동되나 선 기어보다 느리다. 이 조건은 **후진 기어**이다.

7) 직접 연결구동

2개 요소가 고정되거나 같은 속도로 구동되면 유성 기어 장치는 하나의 고체축처럼 작용한다. 기어 장치의 입력 및 출력축 사이에는 속도나 방향변환은 없다. 기어비는 1 : 1이며, 이 조건은 3속 기어 또는 직접 연결구동이다.

8) 중립

클러치도 연결되지 않고 제동 밴드도 적용되지 않으며 유성 기어 장치 어느 요소도 고정되지 않는다. 3요소는 자유로운 상태다. 기어 장치를 통해 동력은 전달되지 않고, 부하가 제거되기 때문에 기관이 기동될 수 있다.

(3) 속도비의 계산

선 기어 A의 이수를 a, 유성 기어 B의 이수를 b로 하면 이들과 물리는 링 기어 D의 이수 d는 $d = a + 2b$가 된다. 유성 기어 B는 그 캐리어 C와 함께 조립축의 둘레를 오른쪽으로 회전한다. 그래서 이 유성 기어 B가 변속기 축 둘레를 완전히 1회전하는 경우를 생각한다.

링 기어 D 위를 구를 때 유성 기어 B는 자기축의 둘레에 링 기어의 이수를 유성기어의 이수로 나눈, 즉 d/b 배수만큼 회전하는 것이 된다. 그러나 이것이 자기 축 둘레를 회전하는 회전수는 유성 기어 운동의 일부이며, 이 기어 자체가 동시에 구동축 둘레를 회전한다. 그래서 이 자전과 공전의 두 운동은 선 기어 A에 의해 이루어진다. 여기서 유성 기어 B의 위와 같은 운동을 시키기 위해 필요한 선 기어의 운동을 계산하고, 이것을 합계하면 유성 캐리어 C를 1회전시키는 데 필요한 선 기어의 회전수가 된다. 따라서 이것이 **감속비** 또는 **기어비**가 된다.

유성 기어 B의 제1의 자전 운동을 시키기 위해, 필요한 선 기어의 각운동은 유성 기어 B의 회전수 d/b, 선 기어와 유성 기어의 치차비 b/a를 곱해서 얻는다. 즉, $(d/b)\times(b/a) = d/a$가 된다. 구동축 둘레를 유성 기어가 1회전하기 위해, 선 기어는 제1의 운동을 하는 데 필요한 방향과 같은 방향으로 1회전할 필요가 있다. 따라서 결국 선 기어의 합계운동은 다음과 같이 된다.

$$\frac{d}{a}+1=\frac{d+a}{a} \qquad (4 \cdot 13)$$

이것이 유성 기어의 감속비를 나타내는 식이다. 윗식에서 $d > a$가 되어야 하므로 감속비는 2 이하가 되는 조건은 없다. 또, $d = a + 2b$이므로 유성 기어와 선 기어의 이수가 같을 경우에 감속비는 4가 된다. 그림과 같이 유성 기어의 이수가 선 기어의 1/2일 때 감속비는 3이 된다.

위의 경우는 선 기어를 구동시켜 감속시키는 경우이나, 링 기어를 구동시켜 감속을 시키는 경우도 같은 방법으로 구해진다.

이상과 같이 1조의 유성 기어에 의해 6조의 변속비가 얻어진다. 즉, 감속 · 증속 · 역전의 각각에 대해 2조의 변속비가 표 5·2와 같이 얻어진다.

(4) 유성 기어 장치의 형식

1) **심프슨식**(Simpson type)

심프슨식은 2조의 분리된 유성 기어 장치를 가지며 각각의 선 기어 둘레를 회전한다(그림 5·36). 링 기어 입력으로 강도상 유리하고 내부를 순환하는 동력이 없으며 효율이 좋고 구성요소의 회전수가 낮다. 3속 자동변속기에 많이 사용되고 있다.

2) **라베노식**(Ravigneaux, 발음은 Raveno)

라베노식은 하나의 링 기어, 두 세트의 유성 피니언(길고, 짧은), 두 선 기어(전진 및 후진) 및 유성 피니언 캐리어를 가지고 있다(그림 5·37). 1조의 단일 유성 기어와 1조의 복수 피니언 유성 기어의 캐리어와 링 기어를 공용화(共用化)한 것이며 **복합**(compound) 유성 기어 장치라고도 부른다. 구성요소수가 적고 축방향 치수가 짧으며 구성요소의 회전수도 낮다.

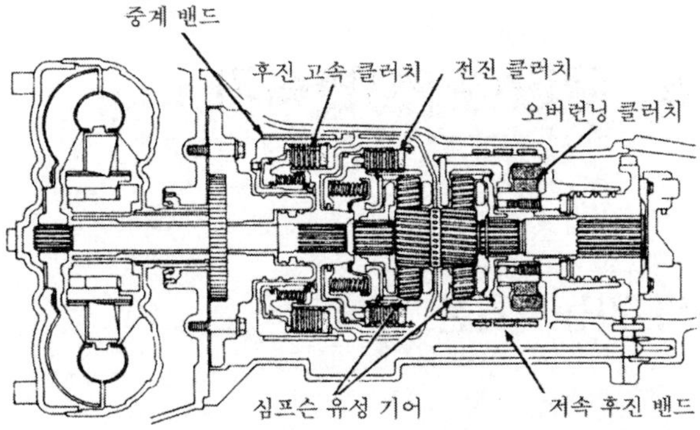

그림 5·36 심프슨 유성 기어 장치를 사용하는 자동변속기

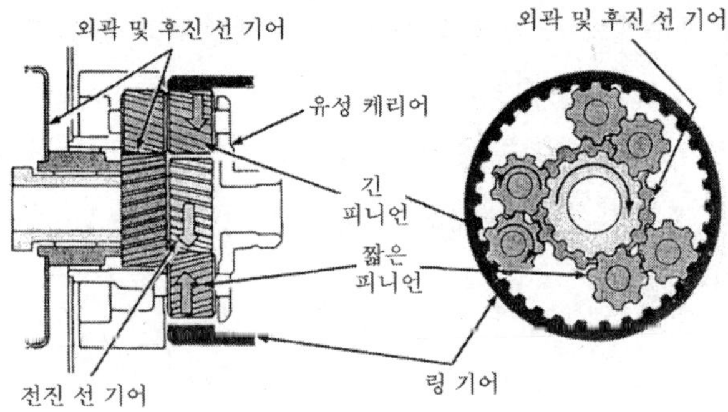

그림 5·37 라베노 유성 기어 장치

(5) 유성 기어 장치의 제어

유성 기어 장치는 밴드(band), 1방향 클러치 및 다판 클러치에 의해 제어된다. 1방향 클러치는 한 구성요소가 역으로 회전하는 것을 방지하기 위해 자동적으로 작동한다. 많은 자동 변속기는 1방향 클러치를 구비하고 있고(그림 5·36의 오버러닝 클러치) 1속 기어에서 후부 유성 캐리어를 고정시킨다. 이 클러치도 토크 컨버트의 스테이트에서 1방향 클러치와 같은 방법으로 자동적으로 작동된다.

다판 클러치는 한 구성요소를 구동시키거나 고정시키기 위해 물리게 할 수도 있고 두 구성요소를 함께 로크시킬 수도 있다. 그래서 유성 기어 장치는 후진이 된다.

밴드와 다판 클러치는 스프링이나 유압에 의해 작동된다.

5-6 무단(無段)변속기

1 무단변속기의 기능 · 기본 형식

(1) 기능

변속비를 무단계(無段階)로 제어하는 무단변속기(Continuously Variable Transmission ; CVT)는 차량의 동력성능 및 연비특성을 향상시킬 수 있고, 또 기관특성을 최대한으로 살릴 수도 있다. 그래서 고무벨트 구동에 의한 CVT는 옛날부터 있었고 두 바퀴 차 등 비교적 구동력이 작은 차량에 주로 사용되었다.

현재 승용차용으로 주목을 받고 있는 것은 Van Doorne사의 금속 벨트를 사용한 CVT로 전자 클러치와 조합하여 사용되고 있는데 토크 컨버트식 자동변속기보다 훨씬 이상 구동곡선에 가깝다.

(2) 기본 형식

자동차용 CVT는 유체식(유압구동식, 토크 컨버트식 등), 기계식(벨트 구동식, 견인구동식 등)으로 분류하나 현재 실용화되어 있는 것은 벨트 또는 체인과 홈의 폭을 바꿀 수 있는 풀리를 사용한 벨트 구동식과 전동체 사이의 접촉에 의해 동력을 전달하는 견인구동식으로 크게 나눈다.

그림 5·38은 CVT용 체인이고 그림 5·39는 가변폭 풀리이다.

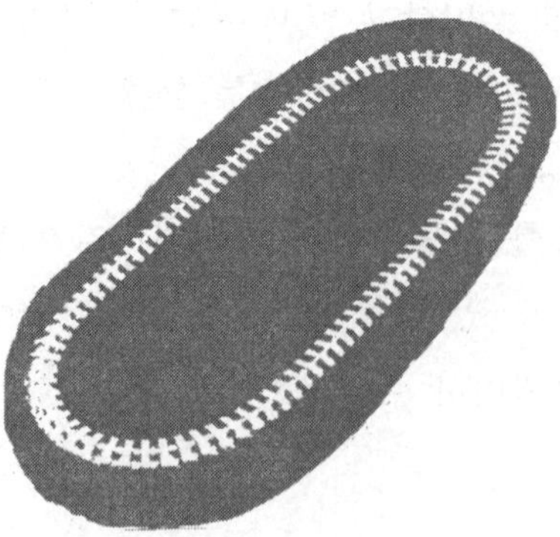

그림 5·38 CVT용 체인

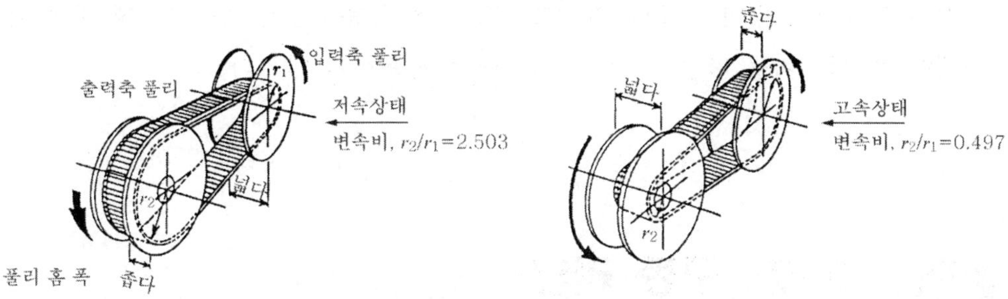

그림 5·39 CVT의 변속기구

(3) 무단변속 트랜스 엑슬

그림 5·40은 기어비를 바꾸기 위해 한쌍의 가변폭으로 구동하며 금속 벨트를 사용하는 CVT 트랜스 엑슬이다. 차량의 속도와 기관부하로 풀리의 비를 바꾼다.

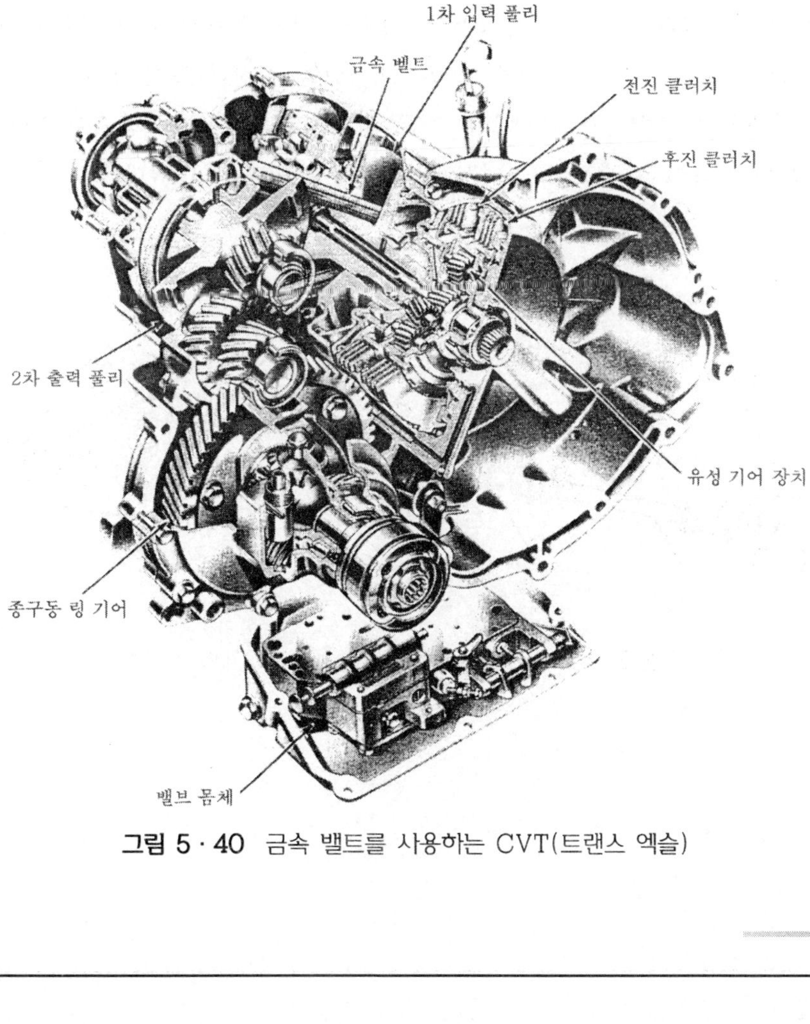

그림 5·40 금속 벨트를 사용하는 CVT(트랜스 엑슬)

이 장치는 기관이 일정한 속도에 가깝게, 또 최대 작동효율에 접근시키게 하며 유압제어 시스템이 풀리의 비를 바꾼다. 토크 컨버트는 사용하지 않는다.

5-7 구동 라인

1 구동 라인

차량의 구동 라인(drive line)은 하나 또는 몇 개의 구동축 · 유니버설 조인트 · 슬립 조인트의 조립품이다. 이 라인은 한 축에서 다른 축으로 변화하는 각도와 길이를 통해서 토크를 전달한다. 앞 기관 뒷바퀴 구동(RWD) 차량은 변속기에서 뒤차축까지 연장된 긴 추진축(propeller shaft) 또는 구동차축(drive shaft)을 가진다(그림 5 · 41).

앞바퀴 구동(FRD) 차량은 일반적으로 가로 장착 기관－트랜스 엑슬을 가지고 있고 짧은 구동축 또는 반축이 트랜스 엑슬에서 앞바퀴까지 연장되어 있다.

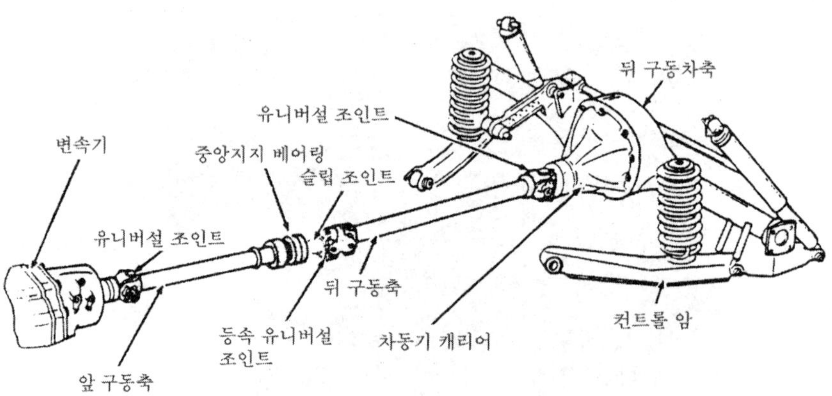

그림 5 · 41 세 유니버설 조인트를 가진 2개의 추진축

2 구동축

(1) 구동축의 기능

기관의 구동력은 변속기에서 종감속장치를 통해 최종적으로 타이어에 의해 노면에 전달되는데, 구동축은 그 중간과정에서 떨어진 두 점 사이의 동력을 전달하는 기능을 가진다.

(2) 분류와 특징

구동축은 그 전달위치에 따라 추진축과 구동축으로 나눈다.

1) 추진축

추진축은 변속기에서 종감속장치에 구동력을 전달하는 회전축(그림 5·42)이며 변속기와 종감속장치의 상대위치 변화에 대응하기 위해 축교차각이 변화되더라도 회전을 전달할 수 있는 유니버설 조인트와 축방향에 신축(伸縮)이 가능하도록 하기 위한 스플라인 및 관으로 구성되어 있다.

추진축의 기본은 그 조인트형이나 차량의 구조나 요구성능에 의해 축(튜브)부를 분할하여 3조인트형, 4조인트형을 사용하는 경우도 있다. 3 및 4조인트형의 경우는 중간의 조인트 부근을 중앙지지 베어링으로 지지할 필요가 있다. 튜브는 중강강관이 일반적이다.

2) 구동축

구동축은 종감속장치에서 바퀴에 구동력을 전달하는 회전축으로 앞 구동축, 뒤 구동축으로 나누어진다(그림 5·43).

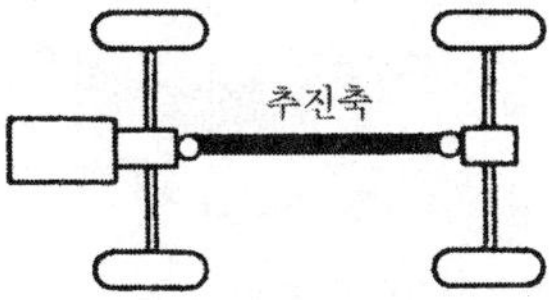

그림 5·42 추진축

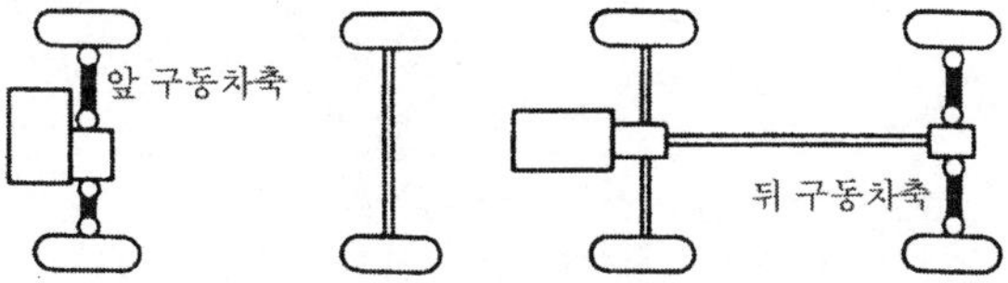

그림 5·43 구동축

① 앞 구동축 : 바퀴의 조향에 맞게 큰 굴곡각이 필요하므로 바퀴측 조인트에 허용굴곡각도가 40° 정도 이상 취할 수 있는 고정형 등속 조인트가 사용된다. 조합하여 사용되는 종감속측 조인트는 서스펜션의 움직임을 흡수할 필요가 있고, 허용각도는 크지 않으나 축방향으로 신축이 가능한 슬라이드형 등속 조인트가 사용된다.

② **뒤 구동축** : 조향이 필요 없으므로 큰 굴곡각을 가지는 유니버설 조인트는 필요가 없다. 그래서 슬라이드형 등속 조인트를 바퀴측에 사용하거나, 바퀴측과 종감속측의 양쪽에 사용하는 경우도 있다.

3 추진축

(1) 추진축의 구성

추진축은 길이가 특히 짧은 경우, 즉 뒤쪽 기관의 버스나 앞바퀴 구동의 군용차의 경우를 제외하고는 보통 중강(中腔)강관을 사용한다. 이것은 회전력을 전달하기 위한 비틀림 강도가 무게에 비해 크고, 굽힘 강성이 크기 때문에 고속회전에 적합하고, 중량 경감 및 변형 방지가 된다. 그 때문에 위험 회전속도를 크게 할 수 있다.

한편, 추진축은 토크 튜브(torque tube)라고 하는 외관에 의해 싸여져 있는 것과 노출되어 회전되는 것이 있다. 앞의 것을 **토크 튜브식**(torque tube type), 뒤의 것을 **호치키스식**(Hotchkiss type)이라 하며, 각각 구동력의 전달 방식에 차이가 있다. 즉, 노면으로부터 받는 힘이 토크 튜브식에서는 타이어 → 뒤 차축관 → 토크 튜브 → 변속기 장착부 → 프레임 순으로 전달되고, 호치키스식에서는 타이어 → 뒤 차축관 → 완충 스프링 전단 → 프레임의 순으로 전달된다(그림 5·44).

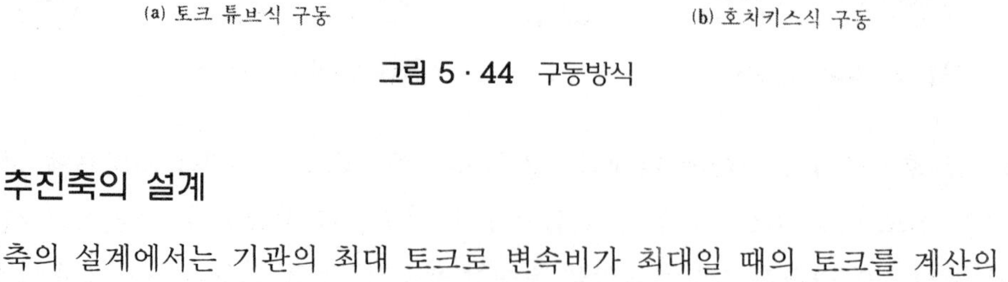

그림 5·44 구동방식

(2) 추진축의 설계

추진축의 설계에서는 기관의 최대 토크로 변속비가 최대일 때의 토크를 계산의 기초로 사용한다. 하지만 변속기의 바로 뒤에 추진축 브레이크를 가지는 자동차에서는 이 제동으로 구동 바퀴의 회전이 정지되어 타이어가 노면을 미끄러지는 경우를 고려하여, 노면에 의한 마찰력이 바퀴, 최종 감속기어를 통해 추진축에 걸리는 토크에 대해서도 고려할 필요가 있다.

지금 T를 추진축에 걸리는 토크(m · kgf), d_1 및 d_2를 중강축의 안지름 및 바깥지름(mm)이라 하면, 축에 발생되는 비틀림 응력 τ(kgf/mm^2)는 다음 식으로 구해진다.

$$\tau = \frac{16,000 d_2 T}{\pi (d_2^4 - d_1^4)} \text{ (kgf/mm}^2) \qquad (5 \cdot 18)$$

여기서, T는 변속비가 최대인 경우의 구동 토크로 생각하면 되고, d_1과 d_2는 τ의 값이 축관재료의 허용응력을 넘지 않도록 결정하면 된다.

또 이와 같은 강도계산 이외에 추진축은 변동되는 기관의 토크를 받으면서 고속회전을 하므로 비틀림 진동을 일으키기 쉽고, 축이 굽어 있거나 기하학적 중심과 질량적 중심이 일치하지 않을 때는 **휠링**(whirling)이라는 회전진동이 일어날 위험이 있다. 이들 진동과 추진축의 고유진동수와의 사이에 공명이 일어나면 파괴현상이 발생되는데, 상용회전속도에서는 공명진동이 일어나지 않도록 해야 한다. 공명진동이 일어나는 회전속도를 위험회전속도라 한다. 그러므로 축의 고유진동수를 계산하여 이 위험속도가 가능하면 축의 상용회전속도 범위 내에는 들어가지 않도록 고려할 필요가 있다. 이 때 추진축이 위험회전속도 n_c(rpm)는 단면이 똑같은 양끝 자유지지축의 경우, 다음 식으로 계산된다. 또 중강축에서의 단면적도 식으로 표시한다.

$$n_c = \frac{60\pi}{2l^2} \sqrt{\frac{EIg}{A\gamma}} \text{ (rpm)} \qquad (5 \cdot 19)$$

여기서, E와 γ : 축재료의 탄성계수(kgf/mm^2) 및 비중량(kgf/mm^3)

l : 축의 길이(mm)　　A : 단면적(mm^2)

I : 단면 2차모멘트(mm^4)　　g : 중력가속도 9800 mm/s^2

$$A = \frac{\pi}{4}(d_2^2 - d_1^2), \; I = \frac{\pi}{64}(d_2^4 - d_1^4)$$

이 되고, 강관재료에서는 $E = 21,000$ kgf/mm^2, $\gamma = 7.85 \times 10^{-6}$ kgf/mm^{3}이므로 이들 값을 식 (5 · 19)에 대입하면 강관축의 위험속도는

$$n_c = 0.12 \times 10^9 \frac{\sqrt{d_2^2 + d_1^2}}{l^2} \text{ (rpm)} \qquad (5 \cdot 20)$$

에 의해 계산된다. 실제의 위험속도는 위의 계산값의 70~80%로 생각하면 안전하다.

4 뒷바퀴 구동의 구동 라인

(1) 구동 라인

RWD 차량에서는 구동 라인이 변속기 출력축을 뒤차축에 연결하고 있는데(그림 5·41) 종구동장치, 차동장치, 뒷바퀴를 구동하는 구동차축을 가지고 있다. 구동 라인의 작용에서는 두 가지의 중요한 사실이 있다.

① 기관과 변속기는 고정장치를 통해 차체나 프레임에 고정되어 있어 거의 진동이 없다.

② 뒷바퀴를 가진 뒤차축관은 상하운동을 한다.

이러한 작용은 구동 라인의 길이와 구동각이 정상적인 차량주행에서도 변화되어야만 한다는 것을 의미한다.

그림 5·45는 바퀴의 상하운동이 어떻게 이런 변화의 원인이 되는가를 표시한다. 위의 그림은 바퀴가 위로 올라가면 구동각은 작게 되고 구동 라인은 최대 길이가 된다. 한편 아래 그림은 바퀴가 가장 낮은 위치에 내려가는 경우로 바퀴가 노면의 움푹한 곳에 빠질 때 생긴다. 그래서 구동각은 증가되고 구동길이는 감소된다. 길이가 단축되는 것은 뒷바퀴와 차축관이 아래로 스윙되면서 역시 앞으로도 스윙되기 때문이다. 차축관이 판 스프링이나 컨트롤 암에 의해 차체나 프레임에 고정되어 있기 때문이기도 한다(그림 5·41).

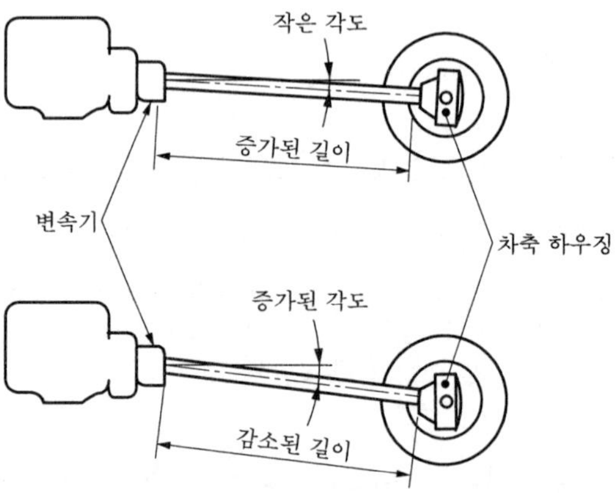

그림 5·45 차동장치·바퀴를 가진 후차축관의 상하운동

구동 라인의 조인트에는 슬립 조인트와 유니버설 조인트의 두 종류가 있다. 슬립 조인트는 구동 라인의 길이 변화를 컨트롤하고 추진축의 양끝에 있는 유니버설 조인트는 구동 각도의 변화를 컨트롤한다.

일부 긴 구동 라인은 그림 5·41과 같이 2개의 추진축을 가지고 있을 뿐만 아니라 각 부문 사이에 제3의 유니버설 조인트가 위치하고 있으며 중심지지 베어링(center-support bearing)도 있다. 앞 추진축은 변속기 출력축에 고정되어 중앙지지 베어링에서 회전하며 축이 회전할 때 구동 라인의 감김(whipping)을 방지한다. 뒤 추진축은 앞쪽에 각각 1개의 슬립 조인트와 유니버설 조인트가 있어 뒤 추진축의 각도와 길이의 변화를 허용한다.

(2) 유니버설 조인트

유니버설 조인트는 각각 어떤 각도를 가진 두 축을 통해 구동력을 전달케 하며, 추진축용으로는 **훅식 유니버설 조인트**(hook type universal joint)를 사용하는 것이 일반적이다. 이 훅식은 **칼단 유니버설 조인트**(Cardan universal joint)라고도 부른다. 이 조인트는 그림 5·46과 같이 Y형의 두 요크, 즉 입력축 요크, 출력축 요크 및 이들을 결합하는 십자축(또는 **스파이더**)으로 구성되어 있다. 하나의 요크는 구동축이, 다른 요크는 피동축이 되고 있으며 스파이드의 네 팔 또는 **트러니언**(trunnion)은 두 요크에 니들 베어링으로 조립되어 있다(그림 5·47).

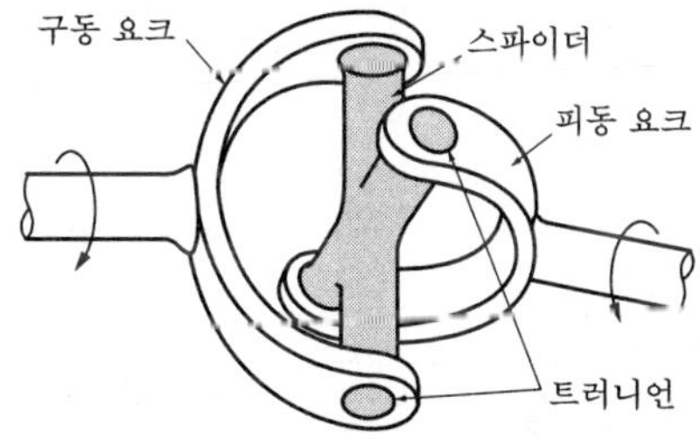

그림 5·46 단일 훅식 유니버설 조인트

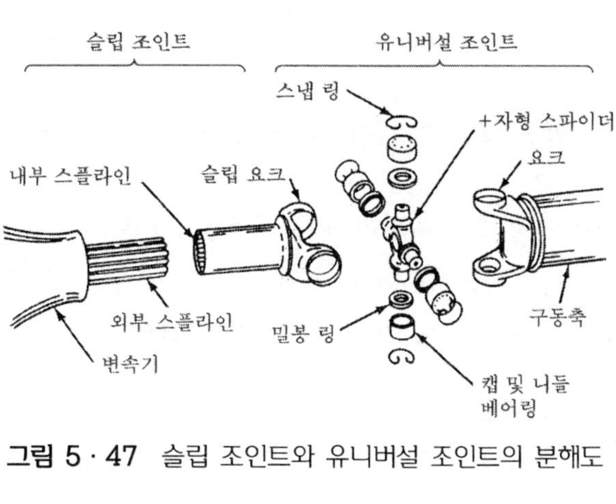

그림 5·47 슬립 조인트와 유니버설 조인트의 분해도

훅식 유니버설 조인트는 **등속 유니버설 조인트**(constant velocity universal joint)가 아니다. 따라서 입력축의 회전속도가 일정하더라도 출력축의 회전속도는 입력축의 1회전에 2회의 속도가 가속 및 감속 변동이 생기는데 이 변동은 굴곡각이 크면 클수록 크게 된다(그림 5·49).

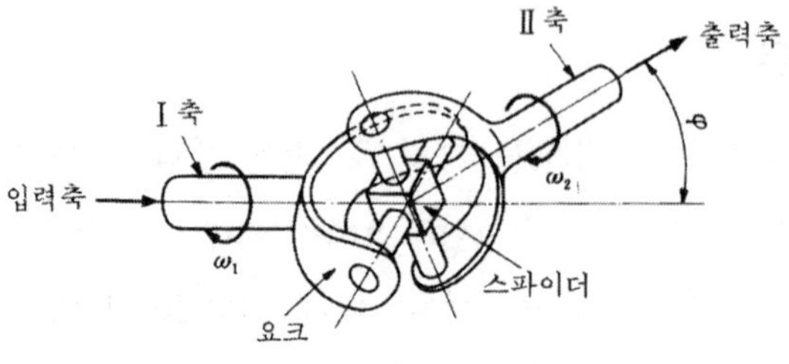

그림 5·48 1단 훅 조인트

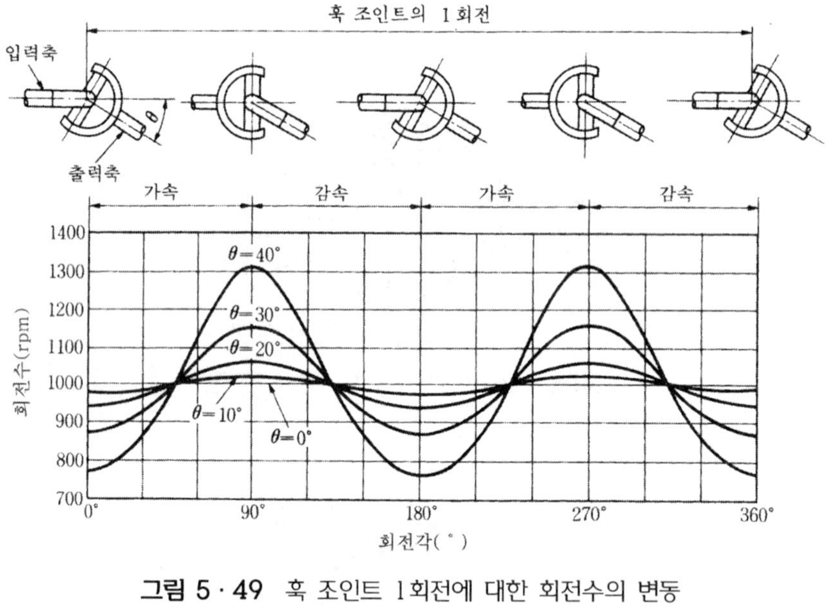

그림 5·49 훅 조인트 1회전에 대한 회전수의 변동

입력축이 일정한 각속도로 회전하더라도 출력축의 각속도는 입력축의 회전각(위상각) θ_1의 함수로 변화한다. 지금 그림 5·48과 같이 w_1, w_2를 각 축의 각속도로 하고 2축의 교차각을 φ로 하면, 회전 관계식은 식 (5·21)과 같이 된다.

$$\frac{w_2}{w_1} = \frac{\cos\varphi}{1 - \sin^2\theta_1 \cdot \sin^2\varphi} \qquad (5 \cdot 21)$$

에 의해 주어져 일정한 입력축 회전각속도 w_1에 대해서 출력축 회전각속도 w_2는 1회전 사이에 최대 및 최소의 변동을 반복한다.

$$\theta_1 = 0° \quad \text{또는 } 180° \; , \; \sin^2\theta_1 = 0 \qquad w_2 = w_1 \cos\varphi (\text{최소값})$$

$$\theta_1 = 90° \quad \text{또는 } 270° \; , \; \sin^2\theta_1 = 1 \qquad w_2 = w_1 / \cos\varphi (\text{최대값})$$

여기서, I축의 1회전 중에 II축의 각속도는 4회 변화하는 성질이 있어 90°마다 최소 및 최대의 각속도가 된다. 따라서 전달각도 φ의 최대를 12~18°로 잡고 있다. 그림 **5 · 49**는 입력축이 정속회전(1000 rpm)일 때 출력축에 발생되는 회전수의 변동을 표시한 것이다.

훅 조인트를 추진축에 사용하는 경우는 유니버설 조인트 2조를 사용하여 그림 **5 · 50**과 같이 φ_1과 φ_2가 같도록 하고, 중간에 어느 추진축 2의 두 쌍의 요크가 1평면 위에 오도록 함으로써 앞에서 설명한 각속도 변동을 상쇄하고 원활한 동력을 전달할 수 있다. 이와 같은 경우를 **등속 조인트**라 부른다.

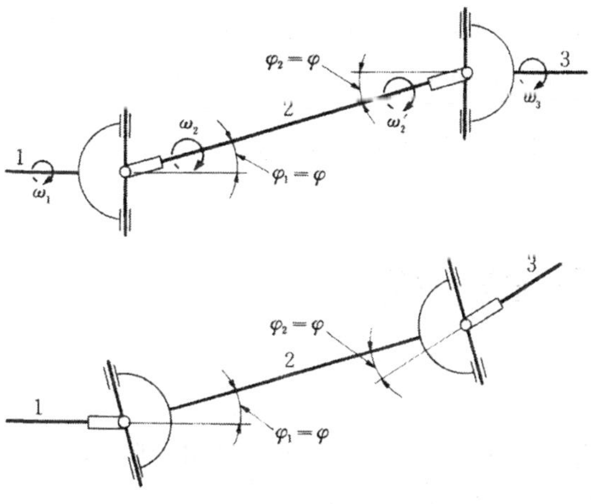

그림 5 · 50 복수배열

등속 조인트란 굴곡각이 있더라도 입력축과 출력축 사이에 회전변동이 발생되지 않는 조인트이다.

등속전달의 일반적인 조건은 "입력과 출력축 사이의 동력전달점이 입력과 출력축의 2등분면에 유지되는 것"이다.

완전한 등속성을 가지는 유니버설 조인트를 얻기 위해서는 그림 **5 · 51**(a)와 같이 토크를 전달하는 전달점이 항상 입력과 출력 양축이 이루는 각 θ의 2등분선상에 오면 된다.

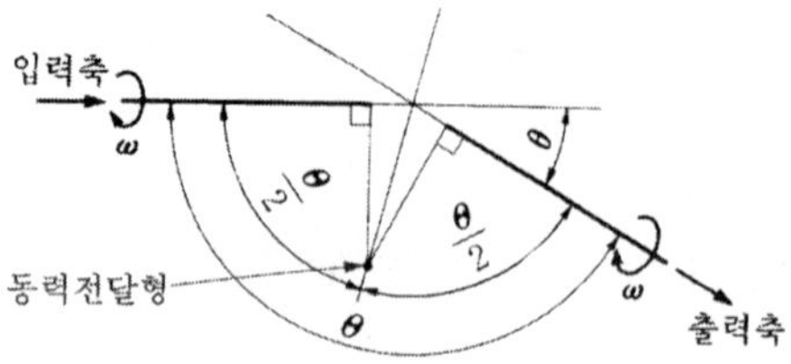

(a) 등속조건

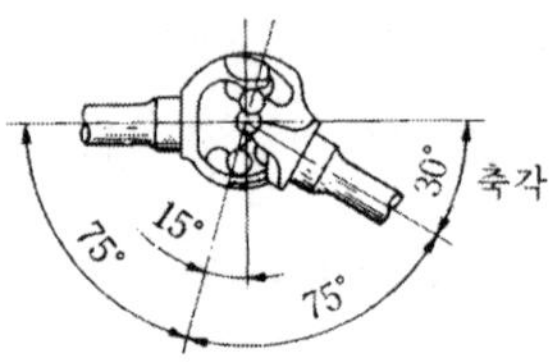

(b) Weiss-Bendix 형의 예

그림 5·51 등속 조인트

이 원리를 이용한 예가 그림 5·51(b)에 표시하는 바이스 벤딕스(Weiss-Bendix)형으로 토크 전달용에 강구 4개를 사용하고 위치 결정용으로 중심에 1개를 사용하며, 토크 전달용의 볼은 안내 홈에 의해 항상 그 중심이 축의 교차각 θ 의 2등분선상에 유지하도록 한 것이다.

(3) 슬립 조인트

그림 5·47은 슬립 조인트를 표시한다. 축방향에는 슬라이드를 허용하는 스플라인 조인트가 사용되는데 맞물리는 중강축이나 요크에 내부 스플라인이 있고 상대 축에는 외부에 스플라인이 되어 있다. 결합이 되면 함께 회전하는 원인이 되고 또 앞과 뒤로 슬라이드도 허용된다. 그래서 추진축의 길이를 변화시킨다.

5 앞바퀴 구동의 구동 라인

(1) 구동 라인

앞바퀴 구동은 뒷바퀴 구동차량에 필요한 추진축을 생략할 수 있고, 또 추진축을 수용하기 위해 필요한 바닥의 긴 터널도 생략이 된다.

그림 5·52는 기관-트랜스 엑슬 조립품이 앞바퀴 구동에서 차량의 앞바퀴 사이에 어떻게 장착되어 있는가를 보여준다. 동력은 반축을 통해 트랜스 엑슬의 차동부문에서 바퀴로 전달된다.

반축은 충실체(solid) 또는 중강관이며 길이가 서로 같거나 다르다(그림 5·53).

중간축(intermediate shaft)[그림 5·53 (a)]의 사용으로 등장(等長)구동축을 사용할 수 있고, 두 바퀴에 토크를 균등하게 배분할 수 있어 **토크 스티어**(torque steer)의 경향은 없다.

반축의 양끝에는 여러 가지 형식의 등속(CV) 조인트가 사용된다.

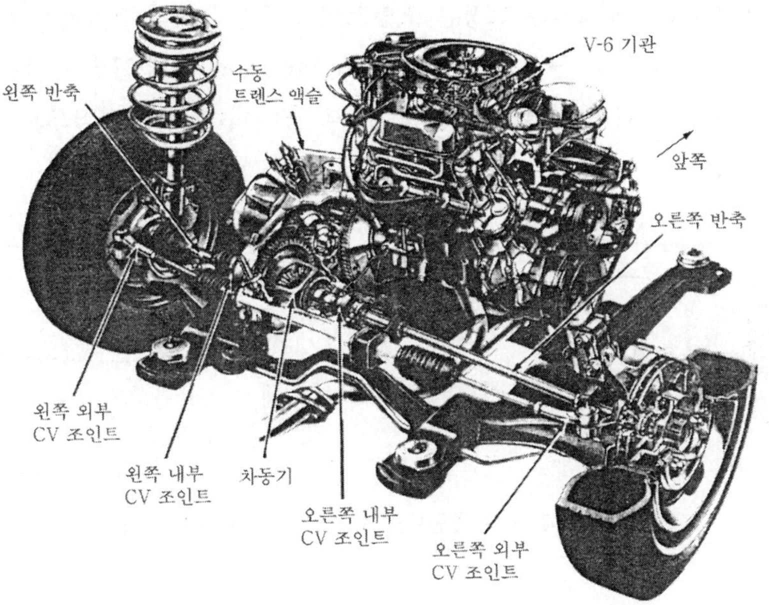

그림 5 · 52 앞바퀴 구동 배치 기관-트랜스 엑슬의 배치도

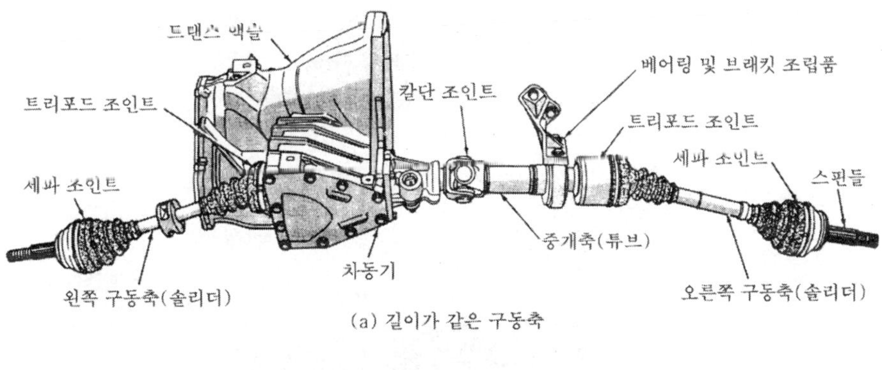

(a) 길이가 같은 구동축

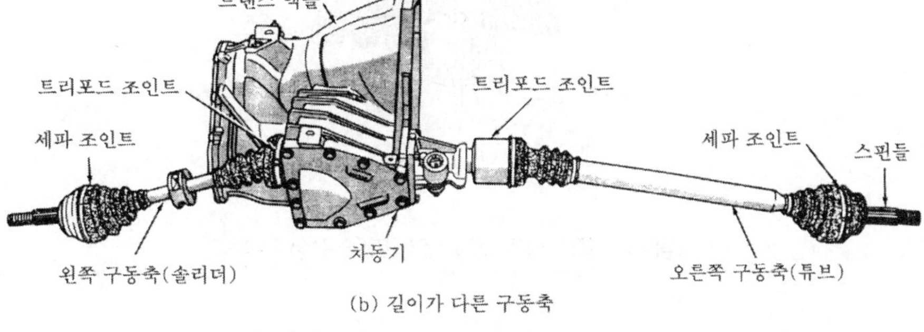

(b) 길이가 다른 구동축

그림 5 · 53 앞바퀴 구동의 구동 라인

외부 CV 조인트(그림 5·52)는 고정된 조인트이고 구동각도의 변화만을 허용한다. 내부 CV 조인트는 슬라이딩 또는 **플런징 조인트**(plunging joint)인데(그림 5·54) 바퀴가 상하동하거나 또는 조향을 위해 안팎으로 돌릴 때 각 축의 길이를 효과적으로 변화시킨다.

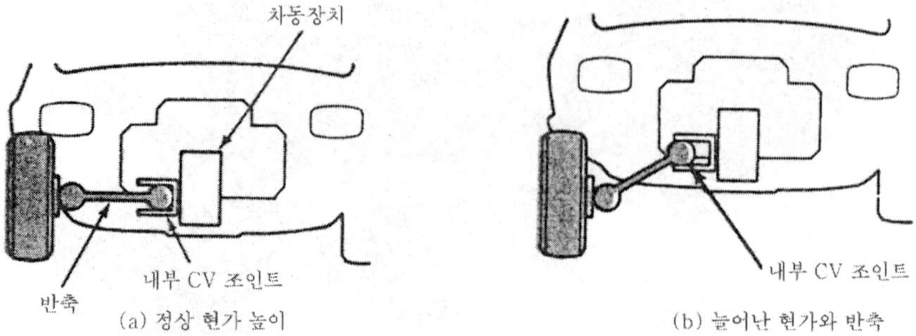

그림 5·54 CV 조인트에서 슬라이딩 및 플런징 작용

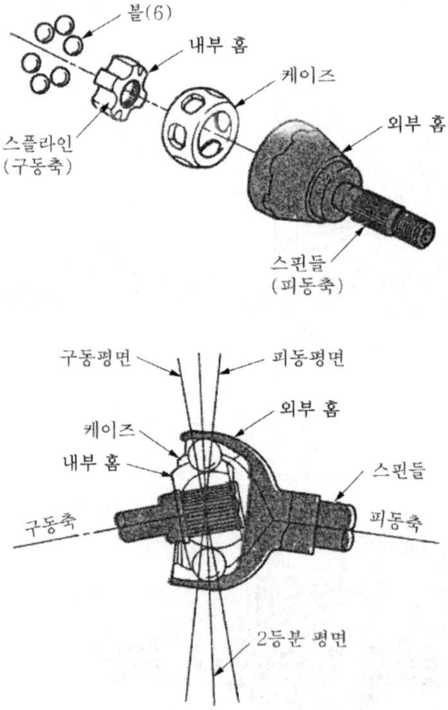

그림 5·55 세파 CV 조인트의 구성과 작동

(2) 외부 CV 조인트

가장 널리 사용되는 등속 조인트가 **세파**(Reppa, 발음은 Sheppa) CV 조인트이다. 40° 각도까지는 주행할 때 피동축을 같은 속도로 회전시킬 수 있다.

세파 조인트(그림 5·53과 그림 5·55)는 내부 홈과 외부 홈 사이의 홈 안에서 움직이는 6개의 강구(볼)를 가지고 있고 볼은 케이즈(cage)에 의해 동일평면 상에 위치를 유지할 수 있다. 토크는 강구를 통해 내부 홈에서 외부 홈으로 전달한다.

세파 조인트가 회전할 때에는 볼의 위치는 변화되어 2등분된 평면[그림 5·54(b)]에 그대로 있게 된다.

(3) 내부 CV 조인트

반축의 내부나 또 축 내부 끝에 있는 CV 조인트(그림 5·52와 5·53)는 외부 조인트보다는 적게 움직이며 고정형과 슬라이드형이 있다. 그림 5·56은 **플런징 트리포드**(plunging tripod) CV 조인트로 하우징에 고정된 3개의 축을 가진 스파이더와 스파이더 위의 3개의 니들 베어링, 니들 베어링과 결합되는 3개의 볼이 기본으로 구성되어 있다. 스파이더는 반축의 내부 끝에 스플라인되어 있고 하우징은 내부에 3개의 홈이 있어 볼이 앞과 뒤로 움직일 수 있다.

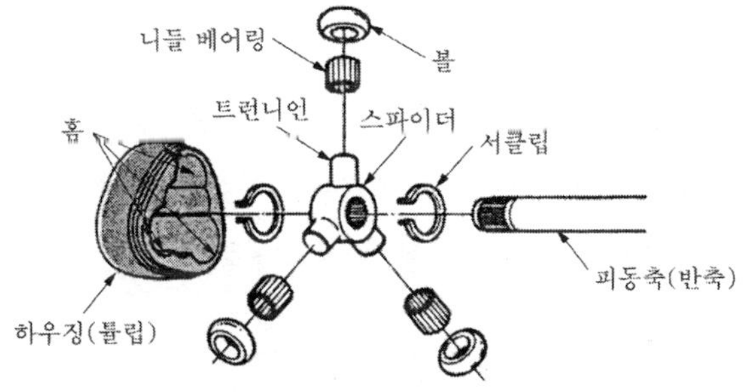

(a) 트리포드 CV-조인트

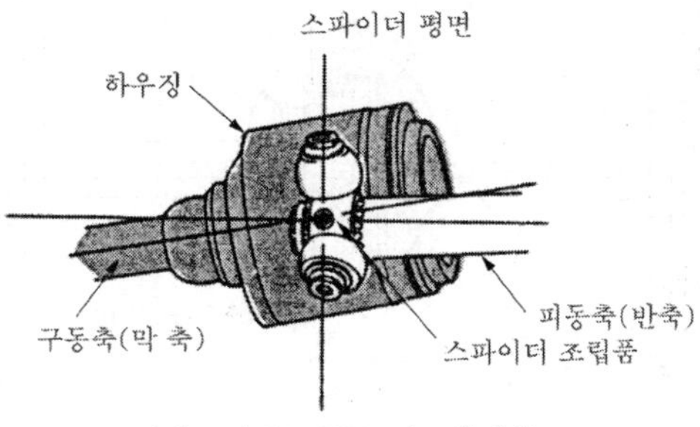

(b) 트리포드 CV-조인트의 작동

그림 5·56 내부 트리포드 CV 조인트의 구성과 작동

토크는 볼과 스파이더를 통해 하우징에서 반축으로 전달된다. 구동각도가 변함에 따라 볼이 구동축과 피동축 사이의 각도를 분할하기 위해 움직이며, 바퀴의 상하운동으로 볼이 홈 안에서 앞과 뒤로 움직이게 하여 반축의 효과적인 길이를 바꾼다.

5-8 종감속장치와 차동장치

1 종감속장치의 기능

종감속장치(final-drive gear)는 감속 피니언 기어(pinion gear)와 감속대기어(ring gear)로 되는 감속기어장치와 차동케이스 내에 직각으로 배치된 차동 피니언 기어와 차동대기어로 이루어지는 차동장치로 구성된다(그림 5·57과 그림 5·58).

구동력은 추진축 → 감속 피니언 기어 → 감속 대 기어 → 차동 케이스 → 차동 피니언축 → 차동 피니언 기어 → 좌우의 차동 대기어 → 스플라인을 통해 구동 바퀴 차축의 순으로 전달된다.

감속기어장치는 추진축에서 전달된 회전속도의 감속과 구동력의 증가라는 기능과 특히 기관이 세로형 차량에서는 하이포이드 기어 또는 스파이럴 베벨기어의 사용에 의해 회전과 구동력의 전달방향을 직각으로 바꾸어 구동 바퀴 차축에 전달하는 기능을 가지고 있다.

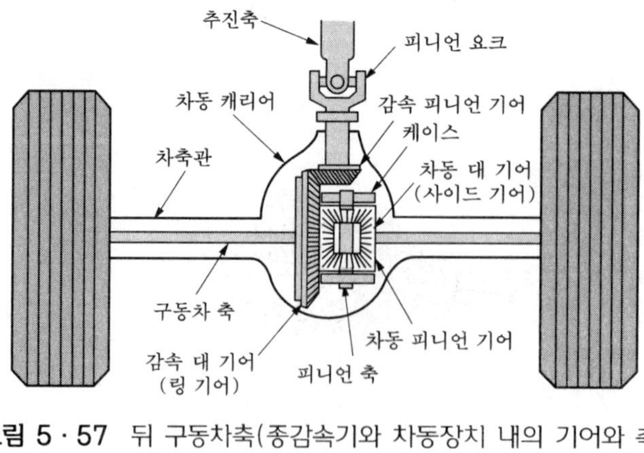

그림 5·57 뒤 구동차축(종감속기와 차동장치 내의 기어와 축)

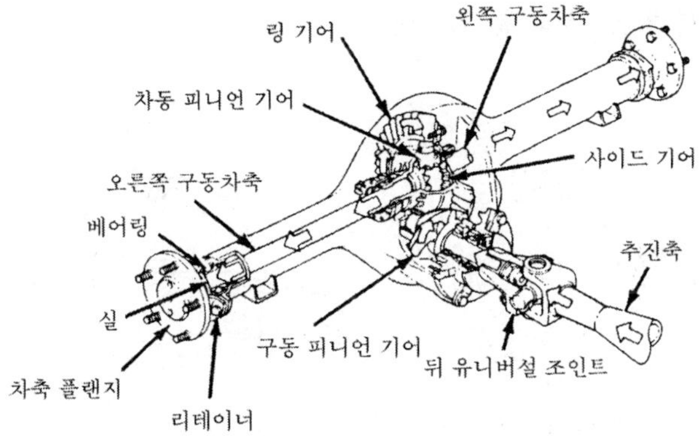

그림 5·58 추진축에서 구동 바퀴까지의 동력전달

차동장치는 구동력을 좌우의 차축에 균등하게 분배하는 기능과 차량의 선회 등에 의한 좌우 구동 바퀴의 회전수차를 차동장치어의 자전에 의해 흡수하여 원활하게 차량을 선회시키는 기능을 가지고 있다.

2 감속 기어 장치

감속 기어의 **감속비**는 기관의 출력특성, 최고 속도, 차량에 요구되는 가속력, 등판 능력, 연료소비, 차량중량 및 타이어의 치수 등을 고려하여 선정되며, 감속비는 보통 고속을 필요로 하는 승용차에는 2~4정도, 중량물을 운반하는 트럭에서는 5~8로 하고 있다. 감속 기어에는 **스파이럴 베벨 기어**(spiral bevel gear) 및 **하이포이드 기어**(hypoid gear)가 사용된다.

스파이럴 베벨 기어는 초기의 차량에 사용된 스트레이트 베벨 기어(straight bevel gear)와 비교하여 물림률이 크고 회전이 원활하며, 전달효율이 좋고 마모가 적은 잇점이 있다.

하이포이드 기어는 그림 5·59에서 보는 바와 같이 구동 피니언의 축이 링 기어의 중심보다 낮게 되어 있다. 이 거리를 **오프셋**(offset)**량**이라고 한다. 하이포이드 기어의 잇점으로는 ① 구동 피니언 기어의 오프셋에 의해 추진축이 낮게 되고, 따라서 낮은 바닥에 적합하며 차의 전체 높이를 낮게 해서 무게 중심이 낮아 안정성이 있다. ② 같은 감속비, 같은 크기의 링 기어인 경우 피니언 기어의 바깥 지름을 크게 할 수 있어 치형 및 입력축의 베어링 강도를 크게 한다. ③ 물림률이 커서 회전이 정숙하다. 오프셋은 링 기어 지름의 10~30%로 하고 있다.

링 기어는 피니언 기어보다 3~4배나 크고(그림 5·58) 피니언이 링 기어를 회전시킬 때

차축의 속도를 감속시켜 토크를 증가시킨다.

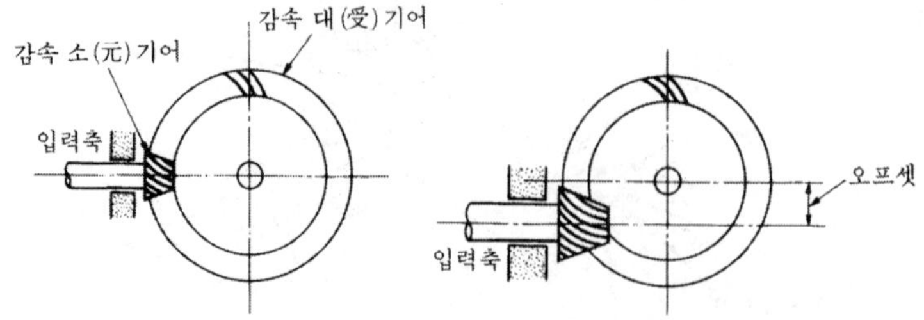

그림 5·59 스파이럴 베벨 기어와 하이포이드 기어

피니언 기어는 추진축의 뒤쪽 끝에 연결되어 있고(그림 5·58), 차축관 또는 차동 커리어(differential career)의 앞쪽 부분에 조립되어 있다. 또 링 기어는 차동 케이스에 붙어 있으며 차동 사이드 기어는 구동차축의 내부 끝에 스플라인되어 있고 링 기어의 회전이 차동 케이스를 회전시킨다.

3 차동장치

(1) 차동장치의 적용

차동장치는 차량이 진행방향을 바꾸거나 선회운동을 하고 있을 때의 좌우 구동 바퀴의 회전차를 흡수하여 원활한 조종성을 확보하는 것으로 다음과 같은 경우에 사용한다.

① 앞 기관의 뒤 구동차축, 뒷바퀴 구동 차량
② 앞 기관 앞바퀴 구동 및 뒤 기관 뒷바퀴 구동 차량의 트랜스 엑슬
③ 네 바퀴 구동(4WD) 차량의 앞 구동차축과 뒤 구동차축
④ 일부 네 바퀴 구동차량의 트랜스퍼 케이스

(2) 차동장치가 필요한 이유

자동차가 주행할 때에는 일직선상의 코스를 주행할 뿐만 아니라 좌(左)나 우(右)로 선회운동(旋回運動)을 동반한다. 좌우 양쪽 바퀴가 하나의 축에 결합되어 방향변환을 할 때 외측 바퀴의 이동거리는 내측 바퀴보다 크다. 따라서 바퀴와 노면 사이에 미끄러짐이 없다고 보면, 외측 바퀴는 내측 바퀴보다 빨리 그리고 많이 회전하여 차축에 비틀림이 생긴다.

이 비틀림을 없게 하려면 차축을 좌우로 둘로 나누어 방향변환을 할 때 외측의 차축이 내측의 차축보다 많이 회전하는 기구로 해야 하는데, 이 기구가 **차동장치**이다.

따라서 자동차에서는 뒤차축을 좌우 별도로 둘로 나누고 그 중앙에 차동장치어(differential gear)를 설치하며, 좌우의 차축 및 바퀴가 서로 단독으로 회전하도록 되어 있다. 즉, 차가 직선 코스를 주행할 때에는 좌우 두 바퀴는 동일한 속도로 회전하며, 선회 운동을 할 때에는 가해지는 저항의 차이에 따라 추진축의 회전을 자동적으로 좌우의 바퀴에 서로 다른 비율로 전달하여 각부에 무리 없이 차의 선회를 쉽게 하도록 한 것이다.

(3) 차동장치의 구조와 작동

차동장치는 일반적으로 차동 케이스 · 2개의 차동 대기어 · 2개 또는 4개의 차동 피니언 기어 · 차동 피니언 기어축으로 구성되어 있고, 차동 장치어로는 베벨기어가 사용된다. 구동력은 차동 피니언 기어에서 좌우의 차동 대기어에 균등하게 전달되어 차동은 차동 피니언 기어의 자전에 의해 이루어진다. 그림 5 · 60은 차동장치의 분해구조이고 그림 5 · 58은 조립된 차동장치를 보여준다.

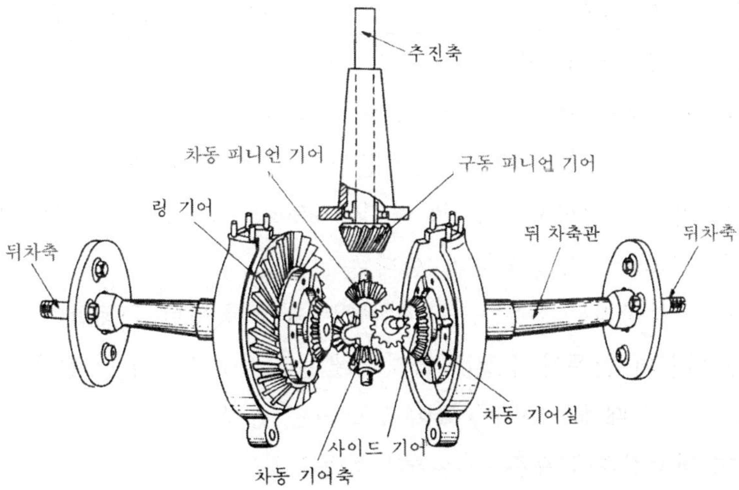

그림 5 · 60 차동장치의 분해도

차량이 직진 중이거나 평탄한 도로에서 양쪽 타이어가 동일한 견인력을 가질 때는 차동 작용은 없다. 링 기어 · 차동 케이스 · 차동 피니언 기어 · 차동 사이드 기어는 하나의 구성 단위가 되어 회전한다. 피니언 기어는 피니언 축에서 회전은 하지 않으나 양쪽 사이드 기어와 구동차축은 동일 속도로 회전한다(그림 5 · 61).

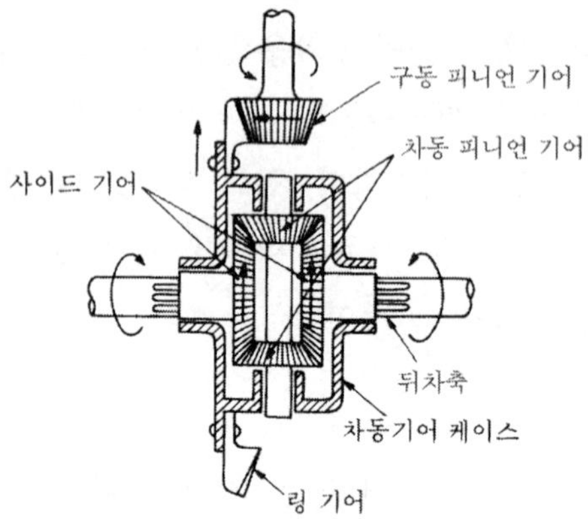

그림 5·61 직선주행의 차동작용

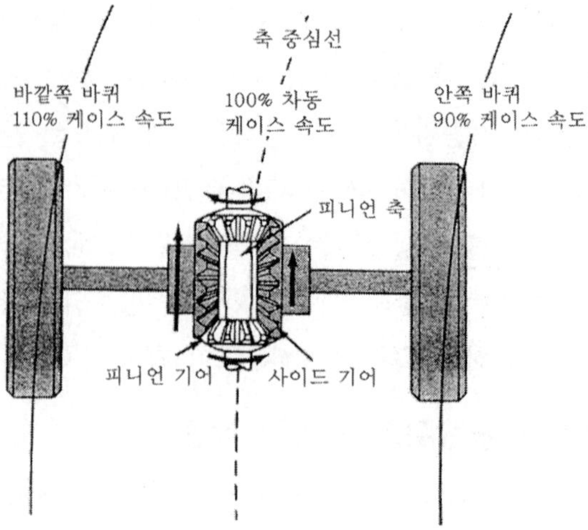

그림 5·62 선회 때의 차동작용

한편 차량이 선회로 들어갈 때는 선회하려는 안 쪽 타이어의 저항은 증가되기 시작하여 짧은 거리를 주행하게 되고(그림 5·62), 바깥 쪽 타이어는 먼 거리를 주행하여야만 한다. 차동 피니언 기어는 각 사이드 기어에 동일 토크를 전달하는데 타이어에서 오는 부하의 차이로 피니언 기어가 지지축인 피니언 축에서 자전을 하여 내측 바퀴의 사이드 기어는 천천히 선회하고, 이로 인해 바깥 쪽 바퀴의 사이드 기어는 그 양만큼 속도가 빨라진다. 즉, 차동회전을 하게 되어 원활한 선회운동이 가능하게 된다.

그림 5·62는 일반적인 선회 때의 차동작용인데 차동 케이스의 속도는 100%인데 회전하는 피니언 기어가 서행선회하는 안 쪽 바퀴에 90%의 속도를 내게 하면 빠른 선회를 하는 외측 기어에는 110%의 속도를 내게 한다.

그런데 이러한 차동장치는 좌우 구동 바퀴에는 항상 동일한 구동력이 전달되는 구조이기 때문에 구동 바퀴의 한쪽이 수렁에 빠지거나 눈길·얼음이 얼어 붙은 도로 등에서 슬립되거나 공회전을 할 때에는 전구동력이 감소되는 단점이 있다.

위에서 설명한 차동장치를 **표준 또는 개방 차동장치**(standard or open differential)라고 부른다.

4 차동제한장치

앞에서 설명한 바와 같이 일반형의 기어 차동장치에서는 차동 피니언 기어에 의해 항상 좌우의 구동 바퀴에 동일한 토크를 배분한다. 따라서 차량에 발생하는 전구동력은 타이어와 노면 사이의 점착력이 낮은 편 구동 바퀴의 구동력의 2배가 되며, 어떤 원인에 의해 한쪽 구동 바퀴에 슬립이 생기든가 또는 공회전해서 구동력이 감소되면 다른 쪽 구동 바퀴의 구동력도 동일한 값으로 떨어져 주행이 곤란하게 되는 경우가 있다. 차동장치의 이와 같은 결점을 제거하기 위해 한쪽 구동 바퀴에 슬립이 생겨 구동력이 감소되더라도 다른 쪽 구동 바퀴의 구동력이 크게 떨어지지 않게 함으로써 전구동력의 감소를 되도록 방지할 목적으로 **슬립제한 차동장치**(limited-slip differential)가 사용된다.

이것에 의하여 모래 밭(砂地), 눈이 쌓였거나 얼음이 얼어 붙은 길바닥 등 점착력이 낮은 미끄러지기 쉬운 길바닥에서의 탈출 또는 한쪽 바퀴 슬립에 의한 스티어링 휠의 흔들림 방지가 가능하게 되며, 험한 길 주행성이 향상된다. 따라서 길 외의 주행을 요구하는 경우가 많은 트럭이나 군용차 등에는 차동제한 장치가 사용되는 것이 일반화되어 있다.

그림 5·63은 마찰형 슬립제한 차동장치의 원리도이다. (a)의 **정마찰형**은 차동 대기어와 차동장치어 케이스 사이에 넣은 마찰 재료에 의해 일정한 마찰 토크 T_c를 발생시킨다. 또 (b)의 **토크 비례형**은 2개의 차동 피니언 기어를 지지하는 축의 끝부분을 캠면으로 다듬질하고 차동장치어 케이스의 내부에 끼워 넣은 압력링(캠판)과 캠을 결합시킨 구조를 가지며, 좌우의 차축에 등배분되는 구동 토크 T에 따라 압력 링의 확장력 P를 발생시키며, 이 힘으로 마찰 클러치를 밀어붙여 구동 토크의 크기에 비례하는 마찰 토크 T_c를 발생시킨다.

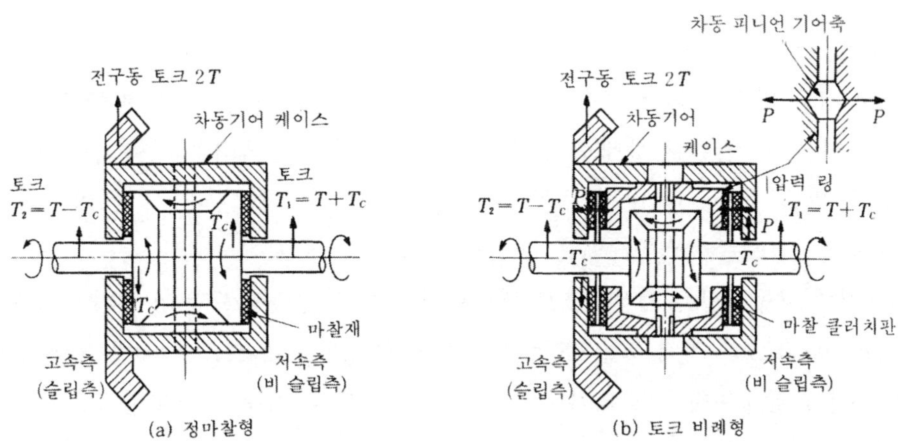

그림 5·63 마찰형 슬립 제한 차동장치의 원리

어느 형식이나 발생된 마찰 토크 T_C와 저속차축측에서는 차동장치어 케이스에서 회전속도가 느리기 때문에 구동 토크 T에 가해지는 형상이 되며, 반대로 고속측에서는 감소되는

형상이 된다. 따라서 저 · 고속측 각각의 합계 축 토크를 T_1 및 T_2라 하면 $T_1 = T + T_c$, $T_2 = T - T_c$가 되고 양 차축 사이의 토크 비는 다음과 같이 주어진다.

$$R_T = \frac{T_1}{T_2} = \frac{T + T_c}{T - T_c} \qquad (5 \cdot 22)$$

토크 비례형의 경우 이 R_T를 **토크 구배비**라 하며, 구동 토크 T의 변화에 관계없이 일정한 값이 되고 보통 2~3으로 잡는다. 정마찰형에서는 T_c는 일정하나 토크 비 R_T는 T에 의해 변화한다.

5-9 네 바퀴 구동장치

1 네 바퀴 구동과 전체 바퀴[全輪] 구동

(1) 네 바퀴 구동

네 바퀴 구동(Four-Wheel Drive ; 4WD) 차량이란 동력을 네 바퀴에 전달할 수 있는 구동열을 가지고 있다(그림 5·64). 일부 네 바퀴 구동 시스템을 가진 차량은 자동적으로 연결이 되거나 항시 연결된 상태로 있다. 또 다른 차량은 선택식이 되어 구동조건에 따라 운전자가 두 바퀴 구동 · 네 바퀴 구동 · 후진을 조작한다. 계기판은 네 바퀴 구동 여부를 판단하는 지시등 또는 디스플레이를 구비하고 있다.

많은 네 바퀴 구동차량은 기본적으로 경트럭이며 보조 앞바퀴 구동의 뒷바퀴 구동식이다. 두 속도(two-speed)의 기어 복스 또는 트랜스퍼 케이스(transfer case)가 있어 고속과 저속 범위 내에서 앞차축과 연결되거나 차단된다. 또 일부 차량은 **주구동차축**(main-drive axle)으로 앞차축을 사용하기도 한다.

네 바퀴 구동을 하기 위해 트랜스퍼 케이스는 뒤차축과 연결되는데 보조구동축 역할을 한다. 그림 5·65는 대표적인 네 바퀴 구동차량의 현가와 구동열이다.

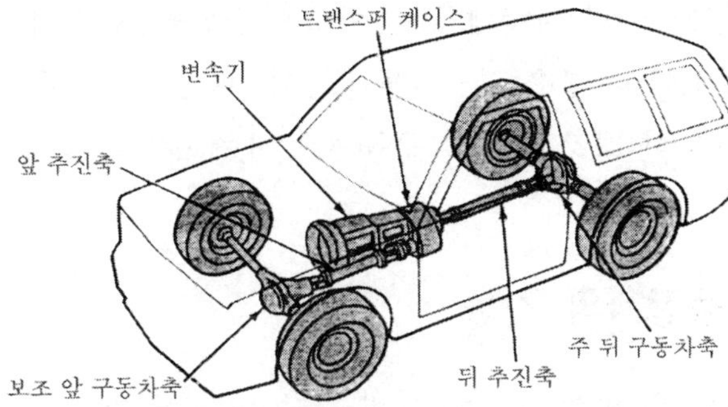

그림 5·64 네 바퀴 구동차량의 구동열

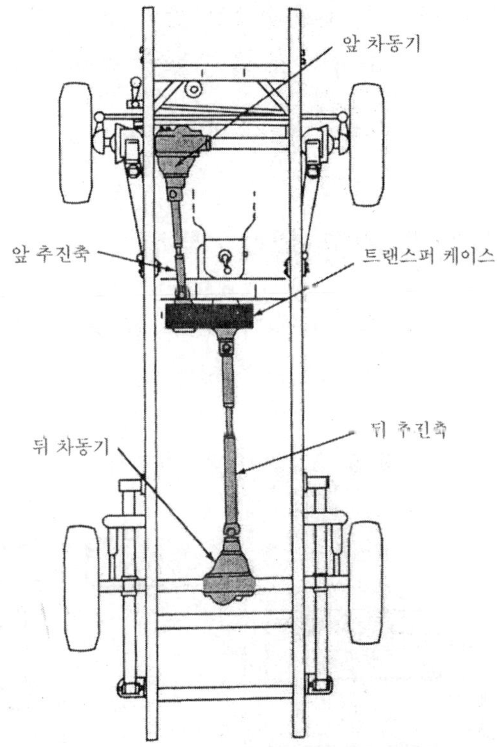

그림 5·65 대표적인 네 바퀴 구동차량의 현가와 구동열

(2) 전체 바퀴[全輪] 구동

일부 승객용 차량은 **전체 바퀴 구동**(All-Wheel Drive ; AWD)이며 이는 기본적으로 정상도로에 사용되는 네 바퀴 구동의 변형이다. 2단계 속도의 트랜스퍼 케이스는 사용하지 않기 때문에 도로가 아닌 곳에 사용하는 저속범위는 없다. AWD 차량은 정상적으로 앞과

뒤 차축을 똑같이 구동한다. 한 차축에 있는 바퀴가 슬립될 때는 시스템이 자동적으로 토크를 다른 차축에 전달하여 더 좋은 견인력을 가진다. 다른 AWD 차량은 보조 뒷바퀴 구동을 하는 앞바퀴 구동이거나 보조 앞바퀴 구동의 뒷바퀴 구동이기도 하다.

2 네 바퀴 구동장치의 기능

네 바퀴 구동장치라면 네 바퀴 구동차 등의 앞과 뒤 구동 바퀴에 동력을 전달가능하게 하는 장치를 통틀어 말하는데 변속기에 부설되는 것이 일반적이다.

네 바퀴 구동장치는 ① 미끄럽거나 눈길 또는 빙판길에서 구동력을 확보하여 주행성 향상 · 차량의 안정성 · 조종성 향상 등을 목적으로 앞과 뒤 바퀴에 대한 구동력 분배기능, ② 차동장치구나 조작기구를 사용하여 선회 때에 앞과 뒤 바퀴의 선회 반지름으로 생기는 회전차를 흡수하는 기능을 가지고 있다.

3 네 바퀴 구동장치의 기본 형식 · 특징

4WD 방식에는 표 5·3과 같이 크게 나누어 파트타임 방식(변환식)과 풀타임 방식(상시 4WD 방식)으로 분류한다.

표 5·3 4WD의 기본형식

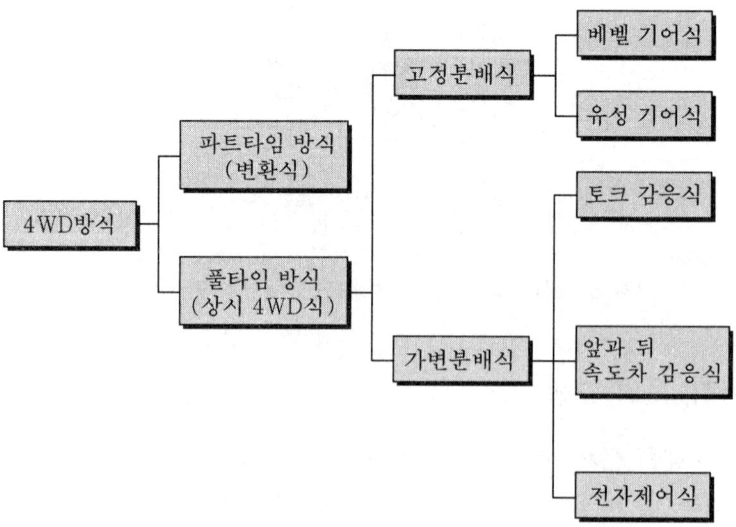

(1) 파트타임(part-time) 방식

이 방식은 필요에 따라 수동조작 등에 의해 앞과 뒤 바퀴를 기계적으로 직접 연결하는 것이며 네 바퀴가 같은 마찰계수의 노면상에 있는 경우 구동력분배는 앞과 뒤 바퀴의 동적 하중배분에 비례하여 앞과 뒤 바퀴의 어느 하나가 슬립되더라도 타이어의 점착력에 따라 구동력이 배분된다. 한편 항시 앞과 뒤 바퀴의 구동축이 같은 회전을 하기 때문에 앞과 뒤 바퀴의 동하중 반지름에 차이가 있을 때나 선회 때 앞과 뒤 바퀴의 평균 선회 반지름의 차이에 의해 타이어와 노면 사이에 강제 슬립이 생겨 타이어의 마모 증가나 연비를 악화시키는 현상이 생기는 결점이 있다.

(2) 풀타임(full-time) 방식

이 방식은 앞과 뒤 바퀴의 회전차를 흡수하면서 구동력을 앞과 뒤 바퀴에 항상 전달하는 것으로, 앞과 뒤 바퀴의 구동력 분배가 항상 일정한 비율인 고정분배식과 노면상황이나 주행상태 등에 따라 구동력 분배가 바뀌는 방식(가변분배식)으로 분류된다.

1) 고정분배식

그림 5·65와 같이 네 바퀴 구동장치에 차동장치를 내장(內藏)하고 선회 때에 생기는 앞과 뒤 바퀴의 회전차를 흡수함과 아울러 차동장치어의 구조에 의해 앞과 뒤 바퀴에 일정한 비율의 구동력을 분배하는 방식이다. 이들 차동장치어에는 베벨기어나 유성기어가 사용된다. 그러나 이 기구에는 앞과 뒤 바퀴의 어느 것이 슬립이 되면 비슬립측의 구동력은 슬립이 되고 있는 타이어의 점착력이 같게 될 때까지 낮아져 전체 구동력이 악화될 염려가 있다. 그래서 일반적으로 차동장치능을 저지하는 차동 저지 기구가 부설된다.

2) 가변분배식

이 방식에는 점성 변속기 등을 사용하여 앞과 뒤 바퀴의 회전속도차에 따라 구동력 분배가 자동적으로 바뀌는 방식(그림 5·68)이나 유압 다판 클러치를 사용, 그 작동유압에 의해 전달 토크 용량이 제어되는 방식 등을 단독으로 앞과 뒤 구동계통에 배치하거나 또는 이들을 차동제한기구로 차동장치어에 병렬로 배치하여 앞과 뒤 바퀴에 구동력 배분을 가변으로 하는 방식(그림 5·67) 등이 있다.

이들 방식은 주행상태 등에 따라 앞과 뒤 바퀴에 구동력 분배를 변화시킴으로 타이어 슬립 한계를 높이고 주행안정성의 향상이나 조종성의 한계, 제동 때의 안정성이나 ABS(antilock braking system)의 제어성 향상 등을 도모한다.

가변분배식에 채용되는 차동제한기구는 차동제한 토크의 발생 메커니즘에 의해 다음과 같은 방식 등이 있다. ① 피니언 축부문의 캠 기구에 따른 추력(thrust force)으로 마찰식 클러치를 가압하는 방식이나 웜 기어 등이 맞물릴 때에 생기는 치면(齒面) 마찰력을 이용하는 **토크 감응식**, ② 앞과 뒤 바퀴 사이의 회전차에 따라 차동제한 토크가 증감하는 **회전속도차 감응식**, ③ 전자제어에 따라 차동제한 토크를 **가변제어**하는 방식이 있다. 이들은 어느 것이나 차동제한 토크를 발생시켜 차동저항 토크로 만들어 저속 회전측의 전달 토크를 증가시키는 것이다.

4 트랜스퍼 케이스의 목적

일반적인 트랜스퍼 케이스는 연장된 하우징 대신에 변속기의 뒤에 부착한다(그림 5·64, 5·65). 동력은 변속기 출력축을 통해서 트랜스퍼 입력축으로 전달된다. 차량이 파트타임 네 바퀴 구동이면 운전자가 두 바퀴나 네 바퀴 구동을 선택한다. 트랜스퍼에서의 기어 변속이 두 바퀴 구동이면 뒤 차축에, 네 바퀴 구동이면 앞과 뒤 차축에 동력을 전달한다.

일부 차량은 풀타임 네 바퀴 구동인데 트랜스퍼 케이스가 네 바퀴 구동으로 되어 있거나 뒷 바퀴가 맴돌기 시작하자마자 자동적으로 앞차축이 연결된다.

자동 트랜스퍼 케이스는 단일 속도와 2단 속도로 나눈다. 단일 속도의 트랜스터 케이스는 동력을 분할하여 한쪽 차축이나 양쪽 차축에 배분한다. 덧붙여 2단 속도의 트랜스퍼 케이스는 저속 범위와 고속 범위로 되어 있어 운전자가 고속 범위나 중립에서 두 바퀴 구동이나 네 바퀴 구동을 선택하거나 네 바퀴 구동의 저속 범위를 선택할 수 있다.

5 앞차축의 분리

허브를 로크(lock)하는 대신에 일부 네 바퀴 구동 차량은 앞차축 분리장치를 가지고 있다(그림 5·66). 하나의 앞 구동차축은 끝이 스플라인으로 된 두 부분 축으로 트랜스퍼 케이스를 네 바퀴 구동으로 바꾸면 진공 모터가 양축의 끝에 있는 스플라인으로 슬라이드되게 슬리브를 움직인다[그림 5·66(a)]. 이렇게 하여 축의 양쪽 부문을 함께 로크한다.

운전자가 트랜스퍼 케이스를 두 바퀴 구동으로 바꾸면 진공 모터가 구동차축의 안쪽 부분에서 슬리브를 떨어지게 하여[그림 5·66(b)] 앞차축을 분리한다. 링 기어·차동케이스·피니언 모두 회전이 정지되며, 앞 구동차축과 트랜스퍼 케이스의 기어의 작동이 역시 정지된다.

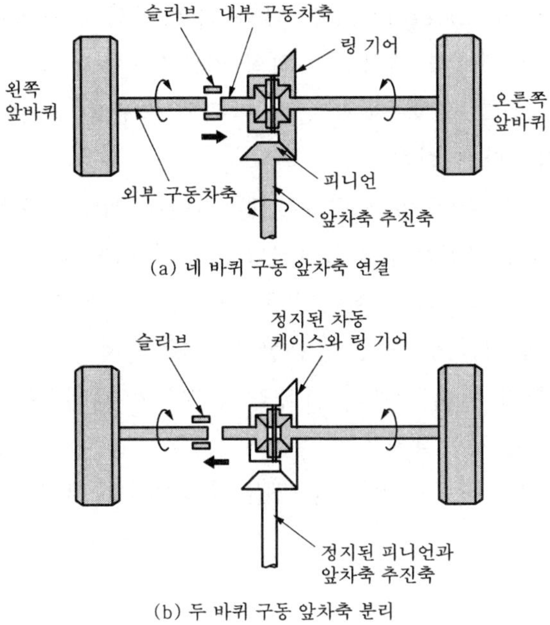

그림 5·66 네 바퀴 및 두 바퀴 구동의 앞차축 분리

6 차축 사이의 차동장치

일부 네 바퀴 구동차량은 제3의 차동장치 또는 **차축간 차동장치**(interaxle differential)를 트랜스퍼 케이스 내에 구비하고 있다(그림 5·67).

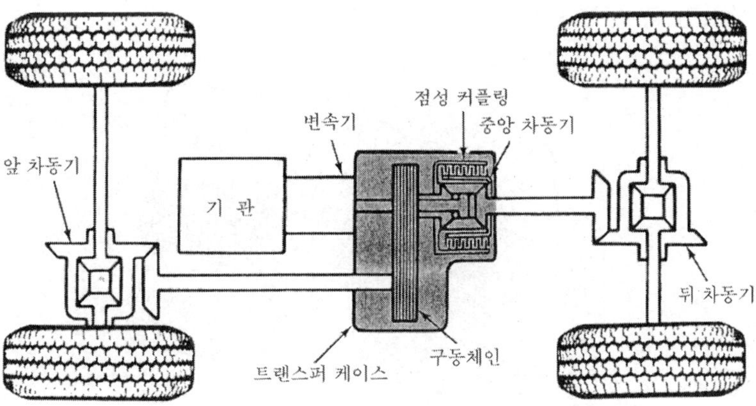

그림 5·67 풀타임 네 바퀴 구동 시스템의 레이아웃

이 중앙 차동장치(center differential)는 앞과 뒤 바퀴의 주행에서 어떤 차이를 보정(補整)한다. 그림 5·67의 트랜스퍼 케이스는 점성 커플링·중앙 차동장치를 내장하고 있다. 이 장치는 건조한 노면 위를 정상주행할 동안 바퀴의 슬립을 강제하지 않고 앞과 뒤 차축을 자체의 속도대로 작동하게 한다.

그러나 트랜스퍼 케이스 내에 있는 단순 베벨 기어나 개방 자동장치는 불리한 점이 있다. 한쪽 차축의 타이어가 견인력을 상실하거나 맴돌기 시작하면 트랜스퍼 케이스의 차동장치는 최소 견인력을 가진 차축에 최대의 토크를 전달하게 된다. 결과적으로 견인력을 가진 타이어는 차량을 움직일 수 있는 충분한 토크를 받지 못한다.

이러한 문제를 타개하기 위해 대개의 풀타임 트랜스퍼 케이스는 어떤 형식의 차동제한장치를 가지고 있다. 슬립 제한장치로는 클러치판, 원추 브레이크 또는 점성 커플링일 수도 있다. 이들 모든 장치는 맴도는 바퀴를 가진 차축에서 대부분의 견인력을 가진 차축에 토크를 전달한다.

7 점성 커플링

점성 커플링(viscous coupling)은 그림 5·67 및 5·68과 같이 셀프 액츄에이트(self-actuated) 유체 커플링의 한 형식이다. 이 장치는 트랜스퍼 케이스와 뒤차축 사이의 구동열에서 사용된다. 만일 뒷바퀴가 구동되고 정상적인 견인력을 가진다면 동력은 앞바퀴에는 전달되지 않는다. 뒷바퀴가 견인력을 상실하고 앞바퀴보다 빨리 회전하면 점성 커플링은 로크된다. 그러면 트랜스퍼 케이스는 앞바퀴에 동력을 전달한다. 뒷바퀴가 견인력을 다시 회복하고 앞바퀴와 마찬가지로 동일한 속도로 회전하면 점성 커플링은 풀린다. 그래서 차량은 정상적인 견인력을 되찾아 구동하게 된다.

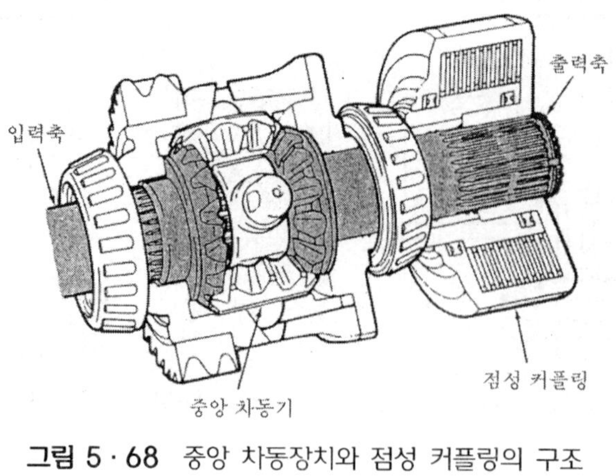

그림 5·68 중앙 차동장치와 점성 커플링의 구조

점성 커플링의 하우징은 입력축에 붙어 있고 입력축에 의해 피동된다(그림 5·69). 이 하우징은 하우징과 출력축에 교대로 스플라인 되어 있는 박판의 시리즈가 내장되어 있다. 점성 커플링은 90%의 실리콘 액체와 10%의 공기로 충만되어 있다.

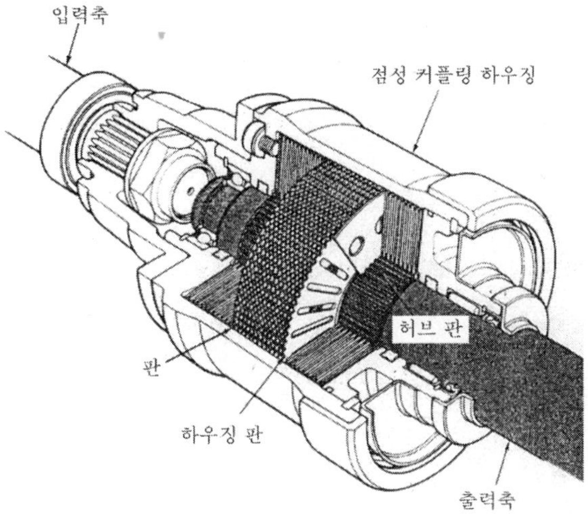

그림 5·69 축과 판을 보여주는 점성 커플링의 단면도

바퀴가 맴돌게 될 때는 판의 두 세트가 아주 큰 속도차로 맴돌게 되는데 실리콘 유체의 마찰로 유체가 순간적으로 가열되어 0.2초 내외, 온도는 100℃에 접근한다. 열이 실리콘 액체를 팽창시키고 그 결과, 압력으로 판이 함께 로크되게 된다. 맴도는 바퀴가 견인력을 회복하면 실리콘 유체가 냉각되고 온도와 압력은 저하되어 점성 커플링은 해제된다.

점성 커플링이 풀리면 두 세트의 판은 거의 같은 속도로 회전한다. 이런 사실은 선회를 할 때 앞과 뒤 바퀴가 서로 다른 거리를 주행하게 만드는 차동작용을 하도록 한다.

6
chapter

현가장치 · 차축

6-1 일 반

현가장치는 바퀴의 차축과 차량의 차체 또는 프레임을 연결하여 주행 중 차축이 노면에서 받는 진동이나 충격을 차체에 직접 전달되지 않도록 하여 차체나 적하의 손상을 방지하고 승차감을 좋게 하는 장치로서, 노면에서의 충격을 완화시키는 **섀시 스프링**(chassis spring), 섀시 스프링의 자유진동을 억제시켜 승차감을 좋게 하는 **쇼크 업소버**(shock absorber) 및 자동차의 가로 요동을 막는 **스태빌라이저**(stabilizer)로 구성되어 있다. 또 현가장치는 구동 바퀴가 내는 구동력이나 제동 때의 각 바퀴의 제동력을 차체에 전달함과 동시에 선회 때의 원심력에도 대응, 각 바퀴를 차체에 대해서 정상적인 위치를 유지시키는 중요한 구실을 한다.

1 현가장치의 기능

현가장치(懸架裝置, suspension system)는 차체 또는 프레임과 차축 사이에 스프링 또는 쇼크 업소버(shock absorber)에 장착하여 주행중 차축에 전해지는 충격과 진동을 완화하거나 차체의 요동을 빨리 감쇠시키는 역할을 하며, 다음과 같은 기능이 요구된다.

① 차량의 무게를 지지한다.

② 바퀴가 주행 중 노면에서 받는 진동이나 충격을 완화한다.

③ 바퀴의 상하운동에 대해서 유연한 탄성을 가지며, 수평방향(전후 · 좌우 방향)에 대해서는 충분한 강성을 가진다.

④ 구동력 · 제동력 · 선회 등 가로 방향의 힘을 받은 경우에도 조종안정성이 확보된다.
⑤ 과도한 롤링이나 피칭을 일으키지 않는다.
⑥ 엑슬-스티어링, 제동 때의 노즈-다이브(nose dive) 등을 최소로 억제한다.
⑦ 과도한 오버 스티어링, 언더 스티어링이 되지 않는다.
⑧ 스프링 하중량을 되도록 작게 함으로 승차감을 좋게 한다.

2 현가장치의 구성

현가장치는 스프링과 축 및 바퀴 위의 차체의 무게를 지지하는 관계부품으로 구성되어 있다. 스프링과 쇼크 업소버는 두 중요한 부품인데 스프링은 차량 무게와 차량의 하중을 지지하며 노면의 충격을 흡수한다. 쇼크 업소버는 스프링 작용을 감쇠(damping)하거나 제어하는 것을 보조한다. 이러한 제어 작용이 없으면 스프링의 진동(spring oscilation)이 발생된다.

스프링은 노면의 凹凸을 통과한 바퀴의 바운싱(상하운동)을 관리하고 쇼크 업소버는 기본적인 스프링 운동을 허용하나 그것에 따르는 원하지 않는 바운싱을 빠르게 감쇠한다. 그리고 이들 구성은 기계적으로나 전자적으로 제어된다.

그림 6 · 1은 앞바퀴에는 맥퍼슨 스트럿, 뒷바퀴에는 코일 스프링을 사용하는 차량 현가장치에서의 부품들이다.

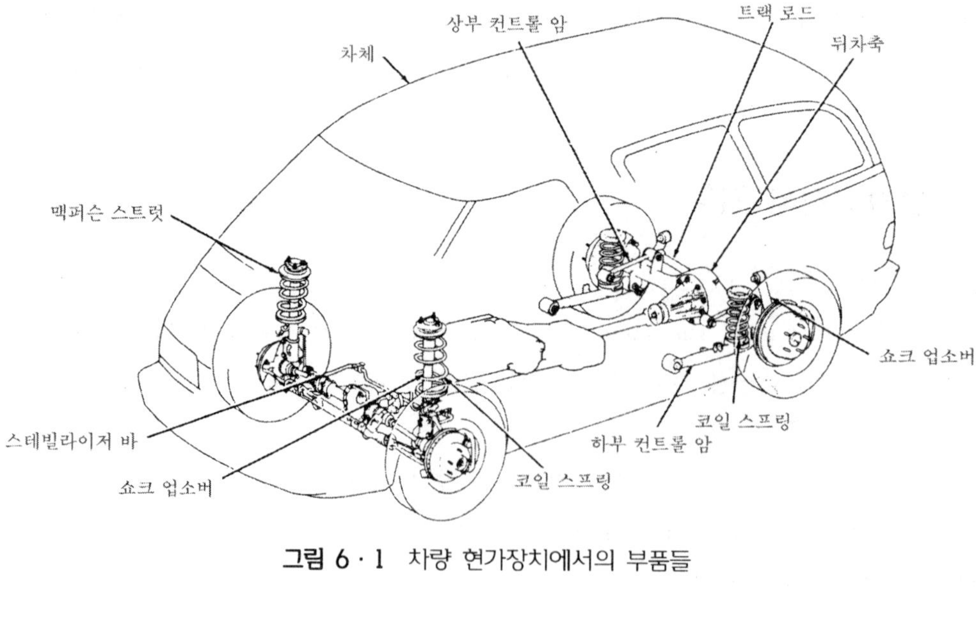

그림 6 · 1 차량 현가장치에서의 부품들

3 기본 형식과 특징

현가장치는 진동 · 승차감에 영향을 미치는 외에 조종안정성에도 크게 관계가 있어 여러 가지 연구가 진행되었으며, 그 결과 여러 가지 형태의 것이 제작되어 있다.

여기에 대해 분류하면 현가기구에 의한 분류와 사용 스프링 형식에 의한 분류로 나누어 진다.

먼저 기구에 의해 나누면 독립(분할)식, 일체차축(차축)식 현가의 둘로 나눈다. 즉, 바퀴가 왼 쪽과 오른 쪽 별도로 작동되는 기구를 독립현가, 왼 쪽과 오른 쪽 양 바퀴가 일체로 작동되는 기구를 일체차축식 현가라 한다. 그렇기 때문에 일체차축식에서는 왼 쪽과 오른 쪽 어느 하나의 바퀴가 자세변화나 충격을 받으면 반드시 다른 쪽에도 영향을 준다.

최근에는 대개 앞바퀴에는 독립현가를 채용하고 있으나 일체차축식 현가도 강도나 강성이 큰 구조를 취하기 쉽고 구조도 간단하기 때문에 승용차의 뒷바퀴, 버스 · 트럭의 앞과 뒤 바퀴에 많이 사용된다.

(1) 일체차축식 현가방법

버스나 트럭 등 상용차의 앞과 뒤 바퀴 및 승용차의 뒷바퀴에 채용되며 다음과 같은 특징이 있다.

① 구조가 단순하기 때문에 값이 싸고 신뢰성이 높다.

② 바퀴의 상하운동으로 인한 지면(地面)에 대한 정열(alignment)변화가 적고 타이어 마모에 유리하다.

③ 스프링 하중량이 커서 승차감은 불리하다.

④ 왼 쪽과 오른 쪽 바퀴의 작동이 연성(連成)되기 쉽고 또 가로 진동이 생기기 쉽다.

(2) 독립식 현가방법

왼 쪽과 오른 쪽의 바퀴가 독립되어 상하운동하는 구조로 주로 승용차 계통에 널리 사용되고 있으며 다음과 같은 장점을 가지고 있다.

① 왼 쪽과 오른 쪽 바퀴를 연성시키는 차축이 없기 때문에 기관의 위치나 트렁크(trunk) 바닥을 낮게 할 수 있다.

② 바퀴가 상하운동할 때의 정열변화의 설정 자유도가 크다.

③ 스프링 하중량이 가볍고 접지성이 우수하다.

6-2 자동차용 스프링

1 스프링의 종류

자동차용 스프링은 차체와 바퀴 사이에 설치되어 주행 중에 노면에서의 충격과 바퀴의 진동을 흡수하여 차체에 전달시키지 않도록 하기 위한 것이다. 금속 스프링으로는 판 스프링 · 코일 스프링 · 토션 바 스프링 · 공기 스프링 등이 사용되고 있다(그림 6 · 2).

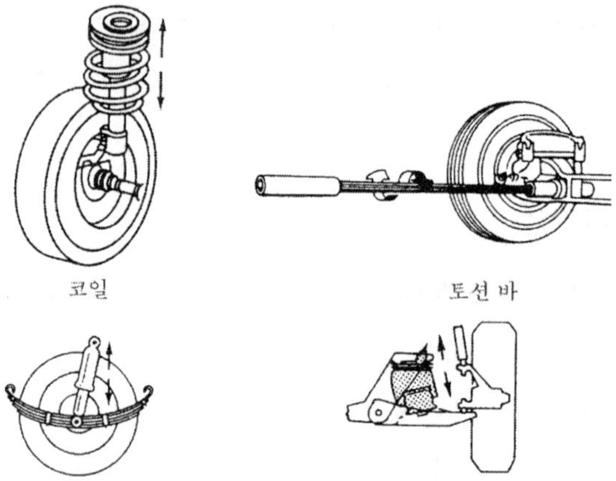

그림 6 · 2 자동차용 현가장치에 사용되는 스프링의 종류

(1) 판 스프링(leaf spring)

스프링 강을 띠 모양[帶狀]으로 성형시킨 스프링 판을 굽혀 몇 장을 포개고 이것을 센터 볼트(center bolt)로 고정하여 앞과 뒤 방향의 움직임을 없이 하고 U볼트로 왼 쪽과 오른 쪽 방향의 움직임을 멈추게 하고 있다.

메인 스프링이라고 하는 가장 긴 스프링 판의 양끝을 둥글게 말아 스프링 아이(spring eye)를 만들고 여기에 부시(bush)를 넣어 핀에 의해 차체에 부착시킨다. 이 핀 중심간 거리를 **스팬**(span), 스프링의 처짐을 **캠버**(camber)라고 한다[그림 6 · 3(a)].

프레임의 부착은 그림 6·3(c)와 같이 한 끝은 프레임에 핀으로, 다른 끝은 스팬의 변화에 대응될 수 있도록 섀클을 통해 장착시킨다. 판은 길이가 짧은 것일수록 처짐을 강하게 주며 이것을 닙(nip)이라 하는데, 센터 볼트로 고정시킬 경우 각 판의 끝은 중앙부보다 강한 압력이 생긴다.

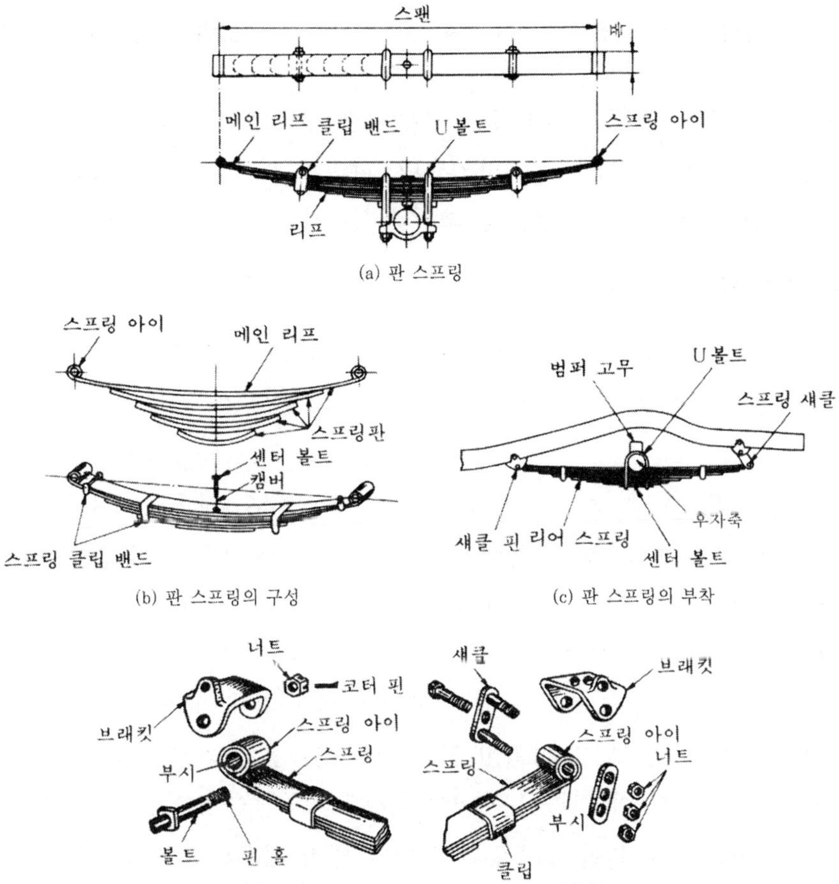

그림 6·3 판 스프링의 구조

닙을 주는 목적은 리바운드(rebound) 때에 판 사이에 틈이 생기지 않고 토사(土砂) 등의 침입으로 인한 판의 마모를 방지한다. 한편, 스프링이 작동될 때 판이 서로 접속되고 그 마찰로 스프링의 진동을 빨리 감쇠시킬 수 있다. 이 **판간마찰**(inter leaf friction)의 존재는 판 스프링의 큰 장점이다. 대형 트럭에는 그림 6·4와 같은 보조 스프링을 병용하기도 한다.

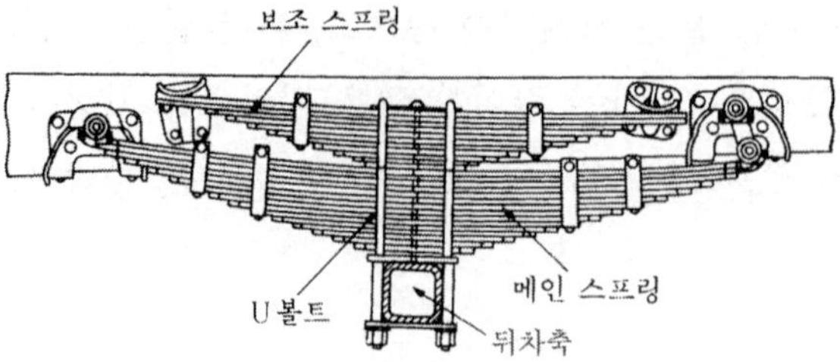

그림 6·4 보조 스프링의 병용

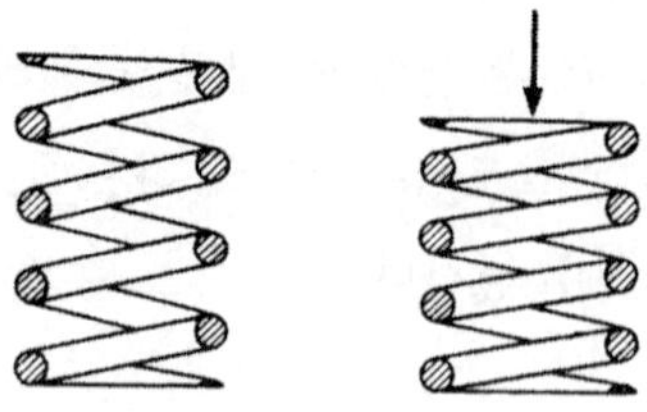

그림 6·5 코일 스프링

그러나 최근의 승용차에서는 판의 폭을 넓게 하여 강도를 증가시키고 매수를 줄여 포개진 면의 불확실한 마찰을 제거하도록 하였으며, 따라서 적극적으로 마찰을 감소시켜 진동이나 소음 방지를 위해 판 양끝 부분에 라이너(고무나 면포)를 넣는다.

(2) 코일 스프링(coil spring)

스프링 강의 둥근 막대를 그림 6·5와 같이 코일 모양으로 성형한 것이며, 외력에 의해 변화되는 경우 판 스프링은 굽힘에 의해 받으나 코일 스프링에서는 탄성으로 받도록 되어 있다.

독립현가용 스프링으로 가장 널리 사용되는데, 그 잇점은 다음과 같다.

① 판 스프링과 같이 불확실한 마찰작용이 없으며, 특성은 이론값과 일치가 잘 된다.

② 스프링 상수가 작은 유연한 스프링이 얻어진다.

③ 흡수 에너지에 대한 체적비율이 작아 스프링 자체의 무게가 줄어든다.

반면에 코일 스프링은 판 스프링과 달리 판 사이의 마찰이 없어 진동의 감쇠작용이 없고 가로 방향의 힘에 대해서는 저항력이 없으므로, 차축을 지지하기 위한 링크 기구나 쇼크 업소버를 별도로 설치해야 한다. 구조가 복잡하게 되나 단위무게당의 에너지 흡수율이 판 스프링보다 크고, 또 유연한 스프링이 얻어져 널리 사용되고 있다.

(3) 토션 바(torsion bar)

막대의 비틀림 탄성 에너지를 이용하는 것으로 그림 6·6(a)와 같이 한 끝을 고정하고 다른 끝을 링크 기구로 부착시켜 비틀림을 주는 방식이다. 막대 스프링은 단위중량당 흡수 에너지가 판 스프링보다 3배 이상 강하고, 코일 스프링의 약 1.4배로 다른 스프링보다 훨씬 크며 따라서 가장 가벼운 스프링이 된다. 거기에 구조도 간단하고 넓은 공간을 차지하지 않으므로 앞바퀴 현가 스프링으로는 가장 적당하다. 배치는 차량의 크기에 비해 길이가 길어 차체에 평행으로 장치하는 세로 방향의 종치식은 문제가 없으나, 직각으로 두는 가로 방향의 횡치식의 경우는 차폭의 제한이 있어 충분히 스프링을 장치할 수 없는 경우도 있다. 막대 스프링은 원형단면과 각단면이 있다.

양 끝 고정부의 형상은 그림 6·6(b)와 같이 세레이션과 6각이 사용되며, 6각 쪽이 값은 싸나 차 높이 조정의 점에서는 현재 세레이션이 대부분을 차지하고 있다.

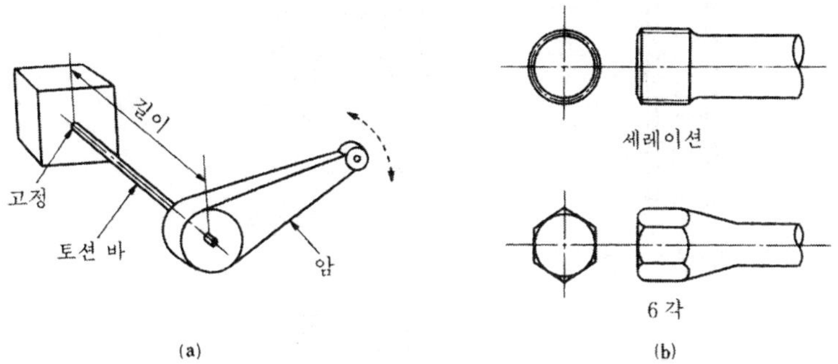

그림 6·6 토션 바

(4) 공기 스프링(air spring)

공기를 압축할 때의 체적탄성을 이용한 스프링이다. 이 공기 스프링은 비선형이며, 또 그 특성은 공기실을 형상이나 공기압력에 의해 변화시킬 수 있다.

그 특징으로는 다음과 같다.

① 대단히 유연한 스프링을 비교적 쉽게 얻을 수 있다.

② 공기 스프링 내부의 공기압력을 조정하면 하중이 변화되더라도 차량 높이를 일정하게 유지할 수 있다.

③ 스프링의 세기를 하중에 비례시켜 변화시킬 수 있어 적재차, 빈 차 때의 승차감에 큰 변화가 없다.

공기 스프링의 형식은 그림 6·7과 같이 (a)의 **피스톤 실린더형**(금속제), (b)·(c)의 **다이어프램**(diaphragm)형(고무막 제품), (d)의 **벨로스**(bellows)형(고무막 제품) 등이 있다. 이 중에서 (a)의 피스톤 실린더형의 유효수압면적은 피스톤의 면적에 의해 정해지나 이 경우는 수압면적이 변하지 않으며, (b)·(c)는 상하운동하는 피스톤의 단면 형상에 따라 고무막의 모양이 정해지는데, 피스톤과 스커트부의 곡면을 변화시켜서 얻을 수 있다. (d)는 나일론 코드와 얇은 고무를 합친 고무 벨로스인데, 차체에 부착하기 위한 상하 철판과 고무 벨로스의 가로 방향의 팽창을 방지하기 위한 중간 링으로 구성되어 있다. 이것이 압축됨에 따라 수압 지름 D가 크게 되고 수압면적은 커진다. 한편, 벨로스 내부 체적이 감소되기 때문에 내부 압력은 상승한다.

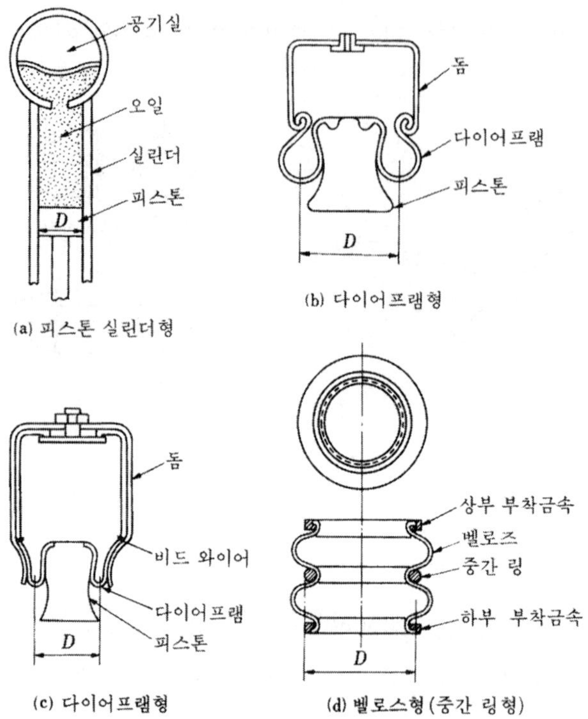

그림 6 · 7 각종 공기 스프링

그림 6·8은 대표적인 공기 현가장치(air suspension)의 원리도를 표시했다. 일반적으로 스프링 상수를 적당한 값으로 설정하기 위한 보조공기실, 스프링의 높이를 항상 일정하게 유지하기 위한 자동 높이 제어 밸브(levering valve), 벨로스의 전후 좌우운동을 규제하기 위한 가이드 링크(guide link)를 장치하고 있다.

보조공기실은 고무 벨로스의 신축에 의한 벨로스 내압의 변화를 완화하는 구실을 하며, 그 체적을 적당히 선정하여 광범위한 스프링 상수가 얻어진다.

또 레버링 밸브는 승객이나 적하(積荷) 등의 정하중 변화에 대하여 벨로스 및 보조공기실 내의 압력이 자동적으로 조절되어 스프링의 높이, 즉 차체의 높이를 일정하게 유지시킨다.

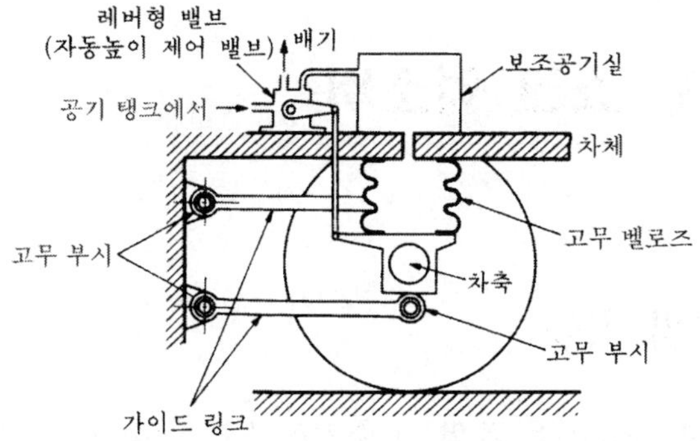

그림 6·8 공기 현가장치

차체의 중량이 증가되어 차체가 내려앉으면(벨로스가 압축되면) 레버링 밸브의 레버가 올라가서 공기공급 밸브가 열리고 압축공기가 벨로스 내에 들어온다. 이 때 공기압이 상승되고 차체는 올라가서 원위치로 돌아간다.

반대로 중량이 감소될 때에는 차체가 위쪽으로 올라오므로 레버링 밸브의 레버가 내려와 배기 밸브가 열리고 벨로스 내의 공기가 대기중으로 방출되어 내압이 감소되며, 차체의 높이는 낮아져 원위치로 되돌아간다. 즉, 차체의 높이는 자동적으로 일정하게 유지된다.

따라서 하중이 증가하면 스프링은 견고하게 되고 하중이 감소되면 유연하게 된다. 이와 같이 스프링 상수가 하중에 따라 변화되므로 하중이 변동되더라도 스프링의 고유진동수는 그렇게 변화되지 않아 승차감이 좋게 된다.

공기 현가장치의 특징을 요약하면 다음과 같다.

① 하중의 증감에 관계없이 차량 높이가 항상 일정하게 유지되고 차량의 앞과 뒤, 왼 쪽과 오른 쪽의 경사를 방지한다.

② 하중의 변화에 따라 스프링 상수가 자동적으로 변화한다.

③ 하중의 증감에 관계없이 고유진동수는 일정하게 유지된다.

④ 고주파의 진동을 양호하게 흡수한다.

⑤ 승차감이 좋고, 진동의 완화에 의해서 자동차의 내용수명이 길어진다.

그러나 이 레버링 밸브에는 시간지연 기구가 조립되어 있으므로 노면의 작은 凹凸에 의한 요동이나 충격적인 진동에 의해서는 작동되지 않게 되어 있다. 이 시간지연은 보통 3~5초로 되어 있다.

6-3 쇼크 업소버

1 쇼크 업소버의 기능

쇼크 업소버(shock absorber)는 **댐퍼**, **완충기**라고도 하며, 현가 스프링에 진동이 생겼을 경우 차체의 상하 진동 에너지를 흡수하여 자동차의 진동을 억제하여 부드럽게 그 진동을 줄이는 **진동감쇠장치**이다.

차량의 승차감 향상, 적하(積荷)의 보호, 차체 각부에 발생되는 동적 응력의 저감에 의한 수명의 증가를 도모함과 동시에 스프링 상하운동을 억제하여 타이어의 접지성을 확보하고 또한 관성력에 의한 자세변화를 억제하여 차량의 운동성능향상을 기하는 것이다. 이 진동을 억제하는 힘(制振力)을 **감쇠력**이라 부른다.

쇼크 업소버의 기능을 주기 위해서는 고체마찰을 이용하거나 유체의 난류저항을 이용하는 방법도 있다.

고체마찰을 이용한 예로는 판 스프링의 판 사이(板間) 마찰도 일종의 고체마찰 쇼크 업소버로 생각할 수 있으나, 독립된 쇼크 업소버로 고체마찰을 이용하는 것은 마찰계수의 변화가 심하고 감쇠특성을 임의로 계획하는 것이 어렵다는 이유로 실용에는 거의 이용되지 않는다.

여기에 비하여 유체의 난류저항을 이용하는 유압식은 고체마찰과 같은 결점이 없고, 특히 감쇠특성을 임의로 선택할 수 있는 잇점이 있어 현재는 대부분 이 방식이 사용되고 있다.

쇼크 업소버에 의하여 흡수되는 운동 에너지는 열 에너지로 변환되어 공기 중으로 발산된다. 따라서 쇼크 업소버는 일종의 에너지 변환기로서의 기능을 가진 것이라 할 수 있다.

쇼크 업소버의 감쇠작용은 길게 늘어나는(伸長) 쪽과 압축되는 쪽이 같지 않으며 바퀴의 리바운드(rebound) 때, 즉 길게 늘어날 때만 감쇠력을 발생하는 **단동형**(single acting type)과 바운드(bound) 때, 즉 압축 때도 작용하는 **복동형**(double acting type)이 있다.

2 쇼크 업소버의 구조

쇼크 업소버는 구조상 레버형(lever type)과 통형(telescopic type)으로 분류된다. 레버형은 또 회전깃형(rotating vane type)과 피스톤형으로 나누는데, 그 사용 예는 통형에 비해서는 적다. 통형은 구조나 가격면에서 쇼크 업소버의 주류를 이루고 있으며 현재 가장 많이 사용된다.

통형 쇼크 업소버는 통형으로 되어 있는 실린더 내부를 슬라이딩하는 피스톤과의 조합으로 되어 있으며, 그 구조상 복통식 · 단통식 · 고압가스 단통식으로 나누어진다. 이 중에서 복통식이 가장 많이 사용되고 있어 여기서는 복통식에 대한 구조와 작용을 알아본다.

즉, 그림 6·9는 그 원리도로서 (a)는 단동형, (b)는 복동형을 표시한다. 어느 것이나 실린더는 내외의 복통으로 되어 있고, 내통의 내부에는 광물성 오일이 들어 있으며, 또 내외통 사이에는 기름통이 되어 있다. 피스톤에는 오일이 통과하는 오리피스(orifice) 및 이것을 개폐하는 밸브가 설치되어 있다. 단동형의 경우는 리바운드 때(신장 때) 오일이 오리피스를 통과할 경우의 유동저항에 의하여 감쇠작용을 하나, 바운드 때(압축 때)에는 피스톤에 설치된 밸브가 열리고 오일은 대개 저항 없이 통과되므로 감쇠작용은 되지 않는다. 여기에 대해 복동형에서는 2개의 피스톤 밸브 및 도피 구멍을 가지는 기저 밸브의 작용으로 그림 6·9(b)와 같이 리바운드와 바운드 양쪽에 대해 감쇠작용을 한다.

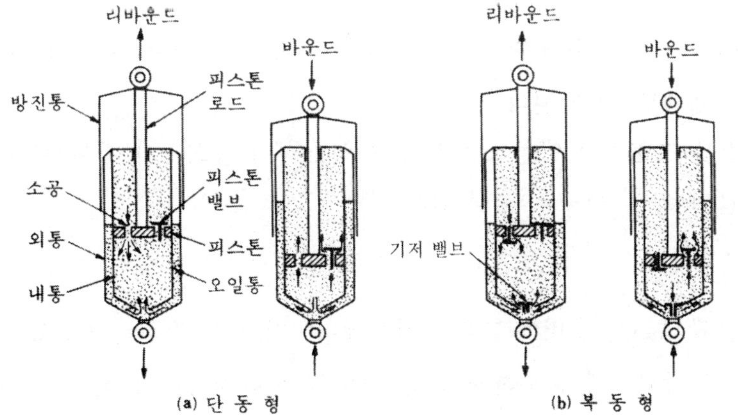

그림 6·9 쇼크 업소버의 구조와 작용의 원리도

그런데 (a), (b)의 어느 경우나 피스톤 로드의 단면적에 의해 피스톤의 상부와 하부에서는 유효단면적이 다르고, 따라서 피스톤의 상하운동에 따라 기저부 오리피스를 지나는 오일의 유입, 유출이 생긴다. 즉, 피스톤 면적을 A_P, 피스톤 로드 단면적을 A_R, 피스톤 속도를 v_p라 하면 피스톤에 설치된 오리피스 또는 밸브를 통과하는 작동유류량 Q_1 및 기저공 또는 기저 밸브를 통과하는 작동 오일 유량 Q_2는 각각 다음 식으로 주어진다.

$$\left.\begin{aligned} Q_1 &= (A_P - A_R)v_p \\ Q_2 &= A_R \cdot v_p \end{aligned}\right\} \quad (6 \cdot 1)$$

쇼크 업소버는 유압식 이외에도 가스 충전(gas-filled), 스프링의 조력(spring-assisted), 손이나 전자적으로 조정이 되는 조정 및 공기 쇼크 업소버 등도 있다.

3 쇼크 업소버의 감쇠력

통형 쇼크 업소버의 감쇠력을 F_d로 하고 이것을 리바운드 때에 대하여 구하면

$$F_d = p_1(A_P - A_R) \quad (6 \cdot 2)$$

가 되며, 여기서 p_1은 피스톤에 생기는 차압력(差壓力)이다.

또 p_1은 피스톤을 통과하는 작동 오일 유량에 지배되므로 식 (6 · 1)을 사용하면 다음과 같이 표시된다.

$$p_1 = f_1(Q_1) = f_1\{(A_P - A_R)v_p\} \quad (6 \cdot 3)$$

따라서 식 (6 · 2), (6 · 3)에서 감쇠력 F_d는 피스톤 속도 v의 함수가 됨을 알 수 있다. 이것은 바운드 때에도 같게 된다.

이와 같은 점을 고려하여 일반적으로 쇼크 업소버의 감쇠력과 작동속도(피스톤 속도)와의 관계는 다음과 같은 형태로 주어진다.

$$F_d = Cv_p^n \quad (6 \cdot 4)$$

여기서, C는 각 쇼크 업소버에 고유한 감쇠계수이며, n은 감쇠특성을 표시하는 지수이다.

쇼크 업소버의 감쇠력이 순수하게 작동 오일의 난류저항에 의해서만 주어진다면 유동 오리피스 면적이 일정한 경우는 $n = 2$, 스프링 힘을 받는 밸브에서 통로 면적이 압력에 비례하는 비례 밸브의 경우는 $n = 2/3$로 표시된다. 그림 6 · 10은 n에 의해 감쇠력 특성의 변화를 표시한다. ⓐ의 경우는 고속주행 때의 타이어의 접지성은 좋으나 피스톤 속도가 그렇게 빠르지 않은 피칭에 대해 감쇠력 부족일 경우이며, ⓑ는 피칭, 바운싱 방지에 효과

가 있으며, 고속주행 때 노면의 凹凸에 의한 흡수성이 좋아 일반적으로 많이 사용되는 타이어의 예이다.

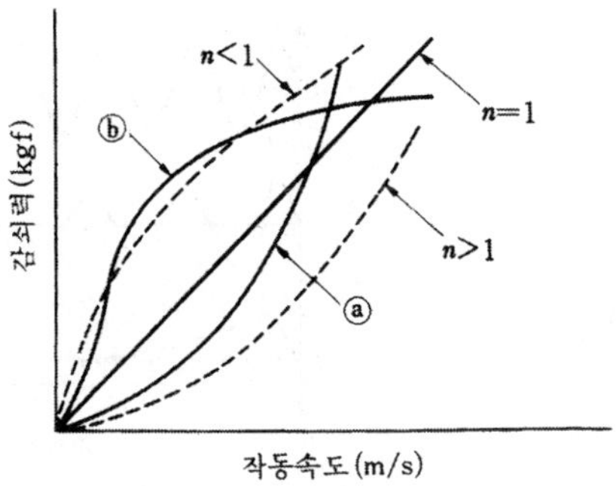

그림 6·10 통형 쇼크 업소버의 감쇠력 특성

4 쇼크 업소버 감쇠계수의 선정

쇼크 업소버의 감쇠력 크기는 자동차의 진동 완화, 승차감, 조종성 및 안정성, 凹凸노면에서 생기는 불규칙적인 진동 등을 차량의 승격에 따라 중점적으로 고려해서 정한다. 따라서 식 (6·4)에서 **감쇠계수** C의 적당한 선정이 문제가 되고 있다. 지금 차량의 진동계 모델을 그림 6·11과 같이 스프링 하중량 및 타이어 스프링 상수를 무시한 간단한 형으로 근사처리한다. 즉, 그림에서 W를 스프링 상중량, k를 현가 스프링의 스프링 상수라고 한다.

먼저 쇼크 업소버가 없는 경우, 즉 $C=0$인 경우는 무엇인가의 원인으로 스프링계가 상하진동을 시작하면 고유주기 $T=2\pi\sqrt{W/2g}$로 진동을 계속하며 쉽게 감쇠되지 않는다. 감쇠계수 C가 점차 큰 값이 됨에 따라 진동주기는 길게 되고 감쇠는 빨라진다. C가 더욱 커지면 진동의 주기성이 없어지고 무주기운동이 되어 정지 상태에 이르게 된다.

이 경우의 감쇠계수를 이 진동계의 **임계감쇠계수**라고 하며

$$C_{cr}=2\sqrt{k\cdot\frac{W}{g}} \tag{6·5}$$

로 주어진다.

현재 적당한 감쇠계수의 값은 경험적으로 다음과 같이 되도록 선정한다.

$$C = (0.25 \sim 0.4)C_{cr} = (0.5 \sim 0.8)\sqrt{k \cdot \frac{W}{g}} \qquad (6 \cdot 6)$$

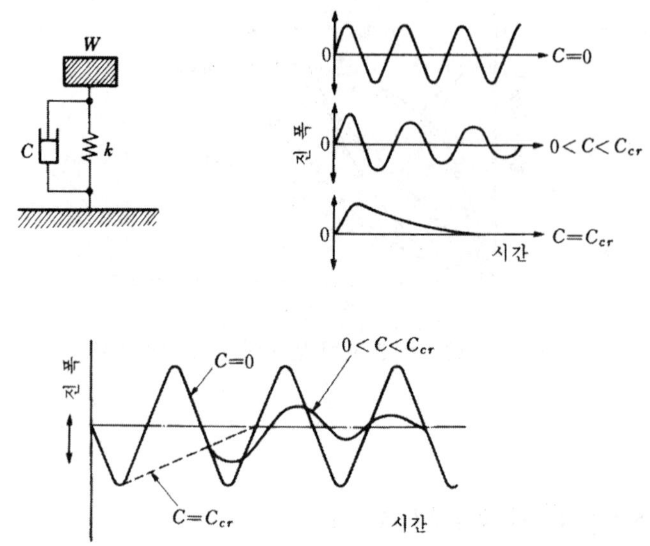

그림 6 · 11 현가 스프링계의 진동

5 특수 쇼크 업소버

(1) 보조 스프링(assist spring) 쇼크 업소버

분리 장착된 쇼크 업소버는 많은 현가장치와 같이 사용되는데 가변비 코일 스프링 또는 보조 스프링이 피스톤 로드와 튜브 사이에 부착되어 있다[그림 6 · 12(a)]. 이 장치는 하중에 관계없이 적절한 차량 높이를 유지하게 한다.

(2) 조정가능(adjustable) 쇼크 업소버

일부 쇼크 업소버는 수동 또는 전자적으로 조정이 가능하다. 그림 6 · 12(b)가 수동으로 조정하는 쇼크 업소버의 하나로 작용의 강도를 선택할 수 있는 세 가지 위치가 있다.

상부 더스트 튜브(dust tube)를 어느 방향으로 돌리느냐에 따라 강 · 중 · 약의 승차감이 만들어진다.

또 일부 차량에서는 운전자가 계기판에 있는 스위치를 작동시켜 쇼크 업소버 위치를 변경시킬 수도 있다.

(3) 공기(air) 쇼크 업소버

이 장치는 쇼크 업소버를 둘러싸고 있는 고무 튜브를 가지고 있어 압축공기로 채워진 기밀 공기실을 형성하고 있다[그림 6·12(c)].

이 압축 공기는 적절한 차량 후단부의 높이를 유지할 동안 차량의 화물운반 용량을 증가시킨다. 하중이 감소되면 충분한 공기가 쇼크 업소버에서 배출되어 차량을 정상적인 높이로 낮추어 준다.

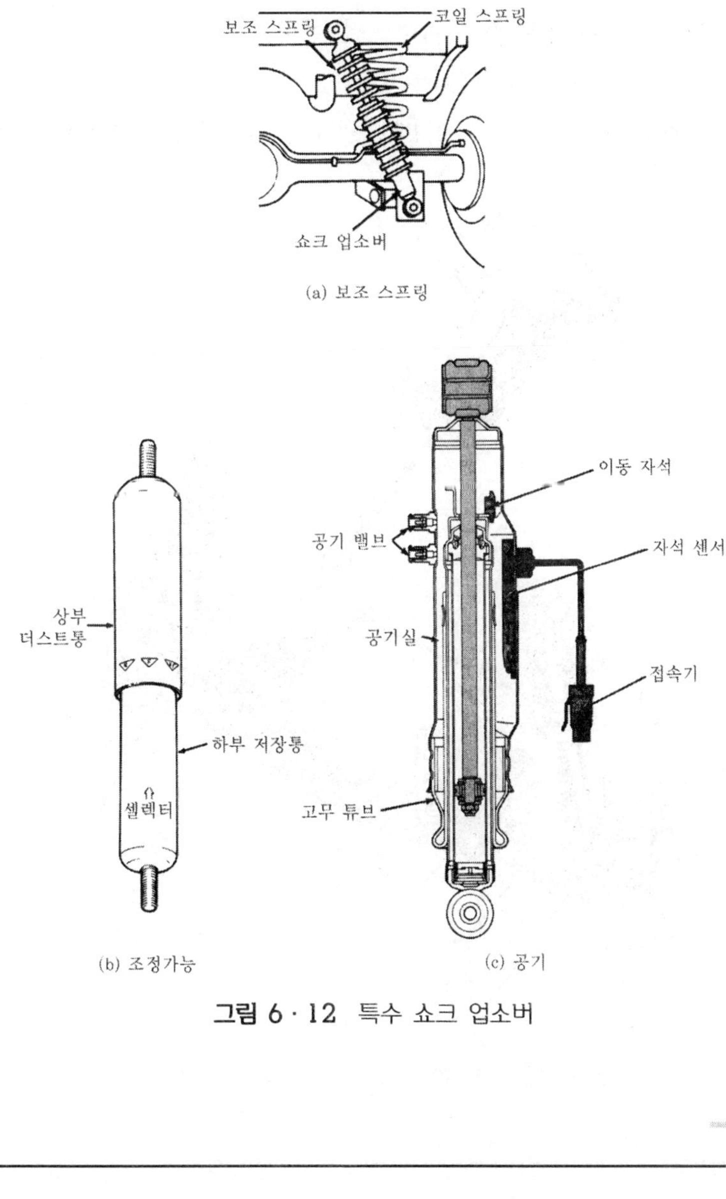

그림 6·12 특수 쇼크 업소버

6-4 앞차축 현가장치

1 일 반

앞차축 현가장치는 네 가지의 기능을 수행하여야 한다.

① 차량의 전단부의 무게를 지지한다.

② 노면의 충격을 흡수하고 승객이나 부하(load)에 대해서는 충격의 쿠션 역할을 한다.

③ 스티어링 제어와 비퀴 정열을 구비하여야 한다.

④ 급격한 제동 때 스티어링 제어를 유지한다.

앞차축 현가장치에는 판 · 코일 · 토션 바 · 공기 등 네 종류의 스프링이 사용된다.

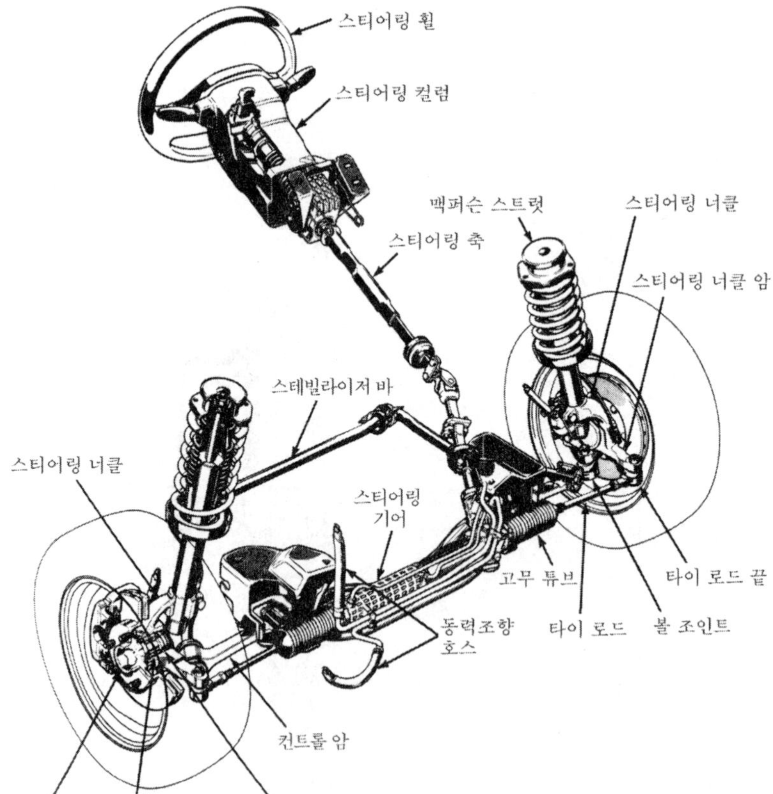

그림 6 · 13 전형적인 앞차축 현가와 스티어링 장치

그림 6·13은 전형적인 앞차축 현가와 조향장치로 맥퍼슨 스트럿과 래크-피니언의 동력조향기어를 나타내고 있다. 조향을 허용하기 위해 각각 앞바퀴의 허브가 스티어링 너클의 부품인 스핀들에 장착되어 있으며, 스핀들은 짧고 테이퍼가 형성된 고정축이다. 스티어링 너클은 외측 끝에 볼 조인트가 있는 하부 컨트롤 암에 의해 지지되고 있다.

일부 앞차축 현가장치에는 스티어링 너클이 볼 조인트가 있는 상하 컨트롤 암에 의해 지지되어 있고 또 선회 때의 차체 롤을 감소시키는 데 도움을 주는 **스테빌라이저 바**(좌우 요동방지 막대, stabilizer bar)가 설치되어 있다.

스테빌라이저 바는 선회하거나 거칠고 평탄하지 못한 노면을 주행할 때 차체의 롤링을 제어하는데 보조한다(그림 6·13, 그림 6·17). 앞차축 스테빌라이저 바 또는 **요동 바**(sway bar)는 토션 바의 한 형태이다. 이것은 2개의 하부 컨트롤 암을 연결한다. 많은 뒤차축 현가장치에서는 뒤차축 스테빌라이저 또는 **안티 롤 바**(안정봉, antiroll bar)라 부르는 것이 있다.

2 분 류

트릭이나 버스 등에는 일반적으로 일체차축식이 많이 사용되고 있으며, 승용차와 같이 승차감이나 조종성을 중요시하는 형식에는 **분할차축식**이 사용되고 있다. 또 분할차축식은 **독립현가식**(independent suspension)이라고도 하며, 보통 위시본형·스트럿형 등이 많이 채용되고 있다.

앞차축의 앞 현가장치는 다음과 같은 종류가 있다.

- 앞자축 현가
  - 일체차축식
    - 평행 판 스프링형
    - 가로 설치 판 스프링형
    - 코일 스프링형
    - 에어 스프링형
  - 독립현가식
    - 위시본형
      - 코일 스프링형
      - 토션 바 스프링형
      - 가로 설치 판 스프링형
    - 스트럿형(맥퍼슨형)
    - 트레일링 암형

3 일체차축식(rigid axle type)

일체차축식은 좌우의 바퀴가 하나의 차축으로 연결되어 있고 그 차축을 스프링을 매개로 차체에 장착하는 형식으로서, 강도가 크고 구조가 간단해서 대형 트럭이나 버스 등에 가장 많이 채용되고 있다.

스프링으로서는 판 스프링이 많이 사용되며 그 배치에 따라 평행 판 스프링식과 가로 설치 판 스프링식이 있으나, 평행 판 스프링식이 많이 사용되고 있다. 그 밖에 그림 6·14와 같이 코일 스프링이나 공기 스프링이 사용되기도 한다.

그림은 완충스프링에 의해 구분되는 몇 개의 방식을 표시한다.

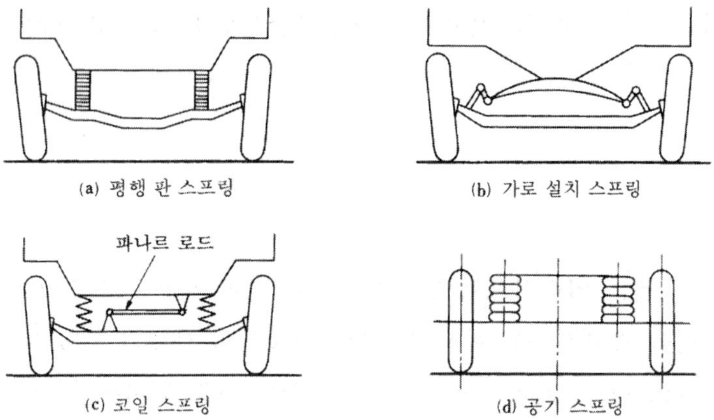

그림 6·14 일체차축식 현가의 종류

(a)는 보통 사용되는 세로(평행)형(length type) 판 스프링식으로 구조가 간단하고 값이 저렴하며, 특히 세로 방향의 외력에 강하다.

(b)는 겹판 스프링을 가로 방향(횡치)으로 배치한 것이며, 스프링의 유연성이 커서 소형차 등에 많이 이용된다. 가로 방향의 외력에는 비교적 강하나 세로 방향의 외력에는 약하기 때문에 링크 기구로 강성을 보강할 필요가 있다.

(c)는 코일 스프링식으로 유연한 스프링을 얻기 위해서는 좋으나, 세로와 가로 두 방향의 수평 외력에 대해서 강성이 아주 낮고 이들의 힘을 받는 링크 기구가 필요하다. 가로 방향의 힘을 받기 위해서는 그림에서와 같은 차체와 차축을 연결하는 간단한 링크, 즉 **파나르 로드**(Panhard rod)를 사용하는 경우가 많다.

(d)는 공기 스프링식으로 공기의 체적탄성을 이용한 것이며 공기를 압축시켜 스프링 작

용을 하게 한다. 이 압축탄성은 고무의 경우와 같이 비선형이다. 하중이 변화되더라도 스프링의 고유진동수는 많이 변화되지 않으며 승차감이 좋다.

일체차축식은 현가장치 전체로 보았을 때 장·단점은 다음과 같다.

장점으로는

① 구조가 간단하여 가격이 저렴하며 보수가 쉽다.

② 선회 때의 롤 중심(roll center)이 현가 스프링 지점 부근으로 비교적 높은 위치에 있으며 선회 때의 롤링, 즉 차체의 경사가 완만하다.

한편, 결점으로는

① 스프링 하중량이 커서 승차감에 좋지 않은 영향을 준다.

② 좌우 현가 스프링의 압축상태의 차이로 **엑슬 스티어링**(axle steering)이 발생되기 쉽다.

③ 조향장치의 진동, 즉 시미(shimmy) 발생의 원인이 되기 쉽다.

(1) 평행 판 스프링형

이 형식은 차체에 평행으로 장착되어 스프링의 한 끝은 핀을 매개로 프레임에 직접 부착되고, 다른 끝은 섀클을 통해 프레임에 부착되어 있다. 이 형의 스프링은 노면에서의 충격을 완화하는 작용 외에 차축을 정위치에 유지시키는 작용을 겸하고 있고, 특히 차축을 지지하기 위한 장치가 필요 없으며 구조가 간단한 장점이 있다.

하지만 바퀴에 발생하는 구동력·제동력 및 선회할 때의 횡항력(橫抗力 ; cornering force) 등은 모두 스프링을 매개로 차체에 전해지기 때문에 아주 유연한 스프링을 사용할 수 없다는 결점이 있다.

(2) 가로 설치(橫置) 판 스프링형

스프링 중앙부를 U볼트로 프레임에 고정하고, 양 끝은 섀클을 매개로 차축에 결합하는 형식이다. 이 형식에는 차축의 위치 결정을 위해 프레스 로드 또는 토크 바, 파나르 로드 등을 설치하여 전후 방향의 힘, 제동이나 구동 때 발생되는 반동 토크를 받을 필요가 있다.

그림 6·15는 고체의 I-빔 앞차축을 사용한 트럭용 앞 현가장치이다. 볼 조인트 대신에 차축의 끝에 스티어링 너클을 부착시키기 위해 킹 핀이 사용되었고, 판 스프링은 차축 위에 놓여져 있다. 이는 차체와 섀시의 지상고(地上高 ; ground clearance)를 높게 해준다.

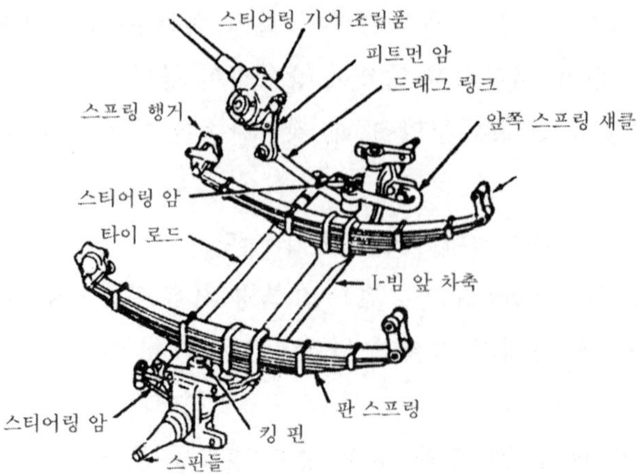

그림 6 · 15 고체 I-빔 앞차축의 현가장치(트럭)

4 독립현가식(independent suspension or divided axle)

독립현가식은 차축을 분할하여 좌우의 바퀴가 서로 독립하여 움직이도록 한 것이며, 사람의 관절과 같은 작용을 하기 때문에 니 액션(knee action)이라 부르기도 한다.

독립현가식은 일체차축식과 비교하여 그 장점으로는

① 차량의 무게 중심[重心]을 낮게 할 수 있어 자동차의 안정성이 향상된다.

② 스프링 하중량을 경감시킬 수 있어 승차감이 좋다.

③ 좌우 바퀴의 진동현상의 비연성화로 시미 발생의 염려가 적고 안정성이 좋게 된다.

④ 유연한 섀시 스프링이 사용된다.

한편, 단점으로는

① 구조가 복잡하고 가격이나 취급에 불리한 점이 있다.

② 관절부분이 많고 그 마모로 휠 얼라인먼트의 문란이 생기기 쉽다.

③ 바퀴의 상하운동으로 트레드나 얼라인먼트가 변화되며 타이어의 마모가 빠르다.

독립현가식은 주로 승용차나 상용차에 널리 사용되며, 대표적인 것은 위시본형, 스트럿형 등이 있다.

그림 6 · 16은 일체차축식 현가와 독립식 현가를 비교한 것이다.

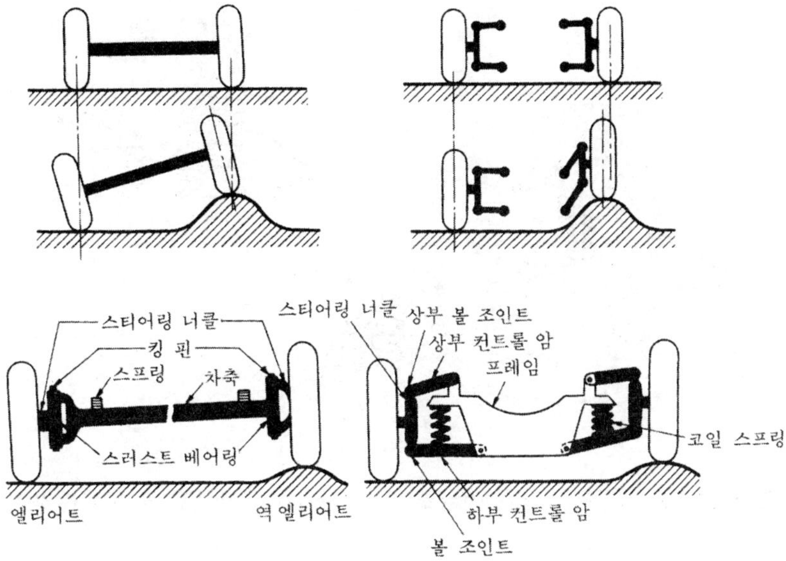

(a) 일체차축식 현가　　　(b) 독립식 현가

그림 6·16 일체차축식 현가와 독립식 현가의 비교

(1) 코일 스프링 – 위시본형

많은 사농자는 뒷바퀴를 구동하는 앞차축 현가에 코일 스프링을 사용한다. 그 스프링은 위 또는 아래 컨트롤 암에 장착한다. 코일 스프링은 두 I-빔 앞차축과 맥퍼슨 스트럿 앞 현가장치와 함께 사용된다.

1) 하부 컨트롤 암의 코일 스프링

그림 6·17은 길이가 다른 상·하 컨트롤 암을 사용한 코일 스프링 앞 현가장치이다. 스테빌라이저 바는 거친 노면을 주행할 경우나 선회할 때, 차체 롤을 제어할 때 도움을 준다. 이것을 긴 암/짧은 암(Long Arm/Short Arm ; LASA) 또는 2중 위시본 장치(double wishbone system)라 부른다.

컨트롤 암은 차량의 차체나 프레임을 선회축으로 하고 있다. 코일 스프링의 상단은 프레임에 있는 홈에 고정되고 하단은 하부 컨트롤 암에 고정되어 있다. 바퀴가 상하운동을 함에 따라 컨트롤 암이 중심이 되어 스프링이 작용을 한다.

그림 6·17의 두 컨트롤 암은 새의 가슴뼈(wishbone) 또는 영문자 'A'와 비슷하고 외측 끝에는 하나의 볼 조인트, 내측 끝에는 두 부착점이 있다. 쇼크 업소버는 스프링의 중앙에 자리 잡고 있다.

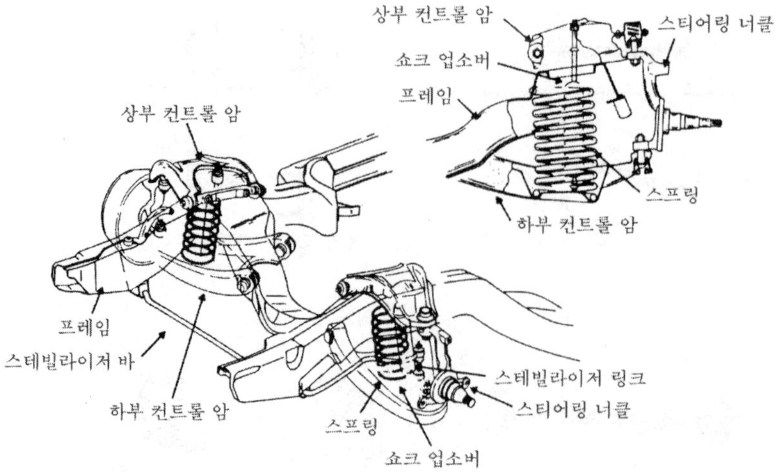

그림 6 · 17 부등장 상 · 하 컨트롤 암을 사용하는 코일 스프링 앞차축 현가

2) 상부 컨트롤 암의 코일 스프링

그림 6 · 18에서 코일 스프링이 상부 컨트롤 암의 상단에 자리 잡고 있으며, 스프링의 상단은 차체 박판금속의 부품인 스프링 타워(spring tower)에 위치하고 있다. 바퀴가 상하운동을 하면 컨트롤 암도 그림 6 · 17과 같이 상하운동을 한다. 스프링은 상부 컨트롤 암과 스프링 타워 사이에서 자리 잡고 있다.

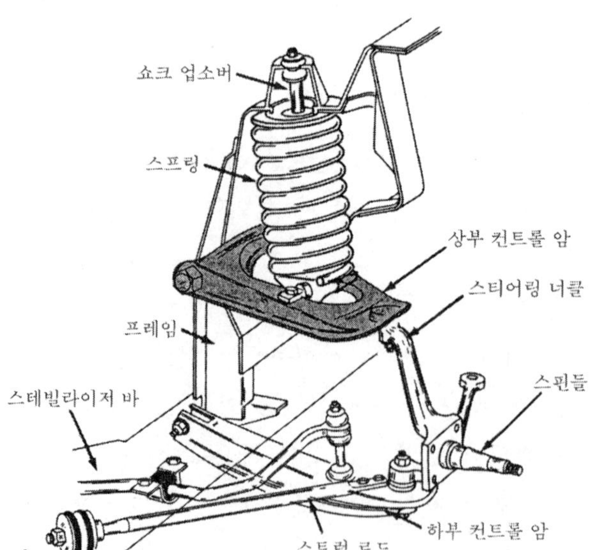

그림 6 · 18 상부 컨트롤 암에 장착된 코일 스프링

그림 6·18은 빔형 하부 컨트롤 암으로 프레임에는 다만 1개의 부착점이 구비되어 있어 현가장치는 스트럿 로드 또는 제동반력 로드(brake-reaction rod)를 구비하여야 한다. 이것은 제동 때 또는 노면 충격으로부터 하부 컨트롤 암의 전후운동을 방지한다.

위시본형은 스프링의 배치나 사용하는 스프링의 종류에 따라 그림 6·19와 같은 종류가 있으며, 보통 (a)형식이 가장 많이 사용되고 있다. (a)와 (b)는 코일 스프링을 사용한 것이고, (c)는 코일 스프링 대신에 **비틀림 막대**(torsion bar)를 사용한 경우이다. 2중 위시본형은 다른 것과 비교하여 구조가 복잡하고 또 고가이며 차체측이 무겁다는 단점은 있으나 캠버 및 토각의 변화, 롤 센터 높이 변화 등의 선택자유성이 높다.

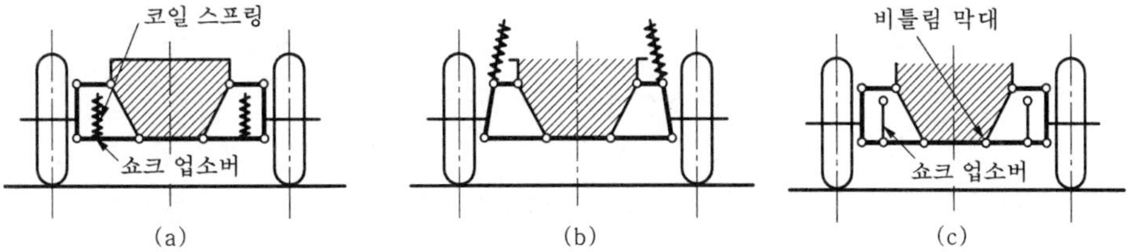

그림 6·19 위시본형의 종류

(2) 가로 설치 판 스프링형

이것은 앞의 위시본형의 변형으로 상하 2개의 컨트롤 암 또는 위의 하나, 또는 아래 1개의 암을 가로 방향 판 스프링으로 바꾼 것이다. 그림 6·20은 그 기본구조를 표시한다. 휠 얼라인먼트 변화도 앞의 위시본형과 비슷한 경향이다. (a)와 같이 상하 판 스프링식으로 똑같은 스프링을 사용하는 경우는 그림 6·20(a)의 길이가 같은 평행 암과 같은 얼라인먼트 변화의 성질을 가지며, 상하 스프링의 특성이 다른 것을 사용하면 길이가 다른 암과 비슷한 성질을 가진다. 이 방식은 구조가 간단하며 피벗(pivot) 수도 적게 되는 잇점이 있으나, 판 스프링 자체로 현가부재로서의 기능을 겸하고 있기 때문에 스프링의 절손 등 만일의 경우 안전성에 대해서는 충분한 배려가 필요하다.

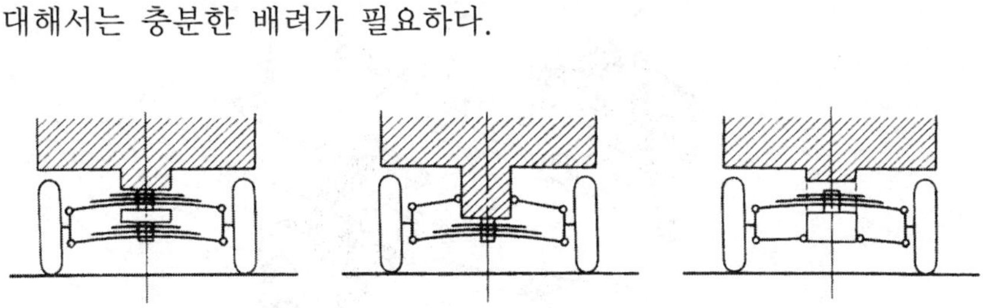

그림 6·20 가로 설치 판 스프링형

(3) 트레일링 링크형(trailing link type)

트레일링 링크형은 그림 6·21과 같이 자동차의 뒤 쪽으로 향한 하나 또는 2개의 암에 의해 바퀴를 지지하는 방식이며, 트레일링 암의 축은 자동차의 진행방향과 직각으로 장착된 것으로 바퀴는 상하운동에 의한 트레드와 캠버의 변화는 없으나 캐스터가 약간 변화된다.

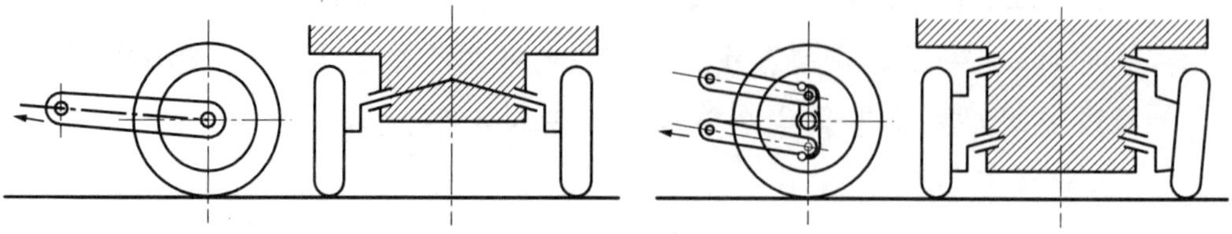

그림 6·21 트레일링 링크형

이 형식은 얼라인먼트의 변화나 타이어의 마모는 적으나, 가로 방향에서의 힘에 대한 저항력이 비교적 약하며 제동시 **노즈 다운**(nose down)을 일으키기 쉬운 결점이 있다. 또 트레일링 암과 반대로 진행방향으로 향한 암을 사용한 형식을 리딩 암형(leading arm type)이라고 하나 현재 사용량은 많지 않다.

(4) 토션 바(torsion bar)형

그림 6·22는 세로 방향 토션 바(longitudinal torsion bar)를 사용하는 앞차축 현가장치이다. 토션 바의 뒤끝은 차량의 차체나 프레임에 부착되어 있고, 앞 끝은 하부 컨트롤 암에 붙어 있다. 컨트롤 암의 피벗(pivoting)은 토션 바를 비틀게 한다. 각 토션 바의 끝에 있는 고수준 조정 볼트(height-adjustment bolt)를 돌려 차량의 높이를 조정하기 위해 바를 약간 회전시킨다.

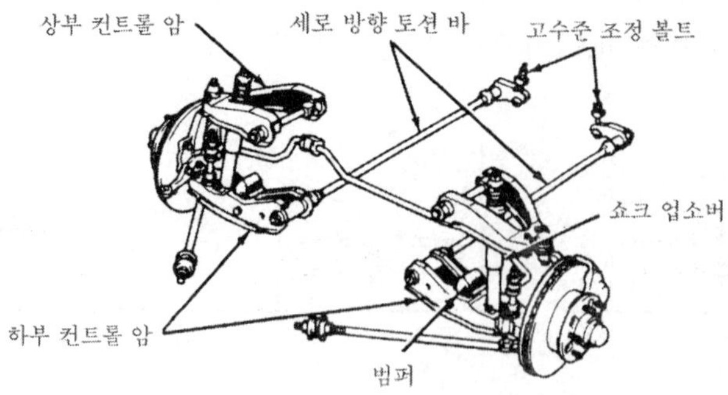

그림 6·22 세로 방향의 토션 바

그림 6·23은 앞 기관 뒷바퀴 구동 차량에서 가로 방향 토션 바(transverse torsion bar)를 사용하는 앞차축 현가이다.

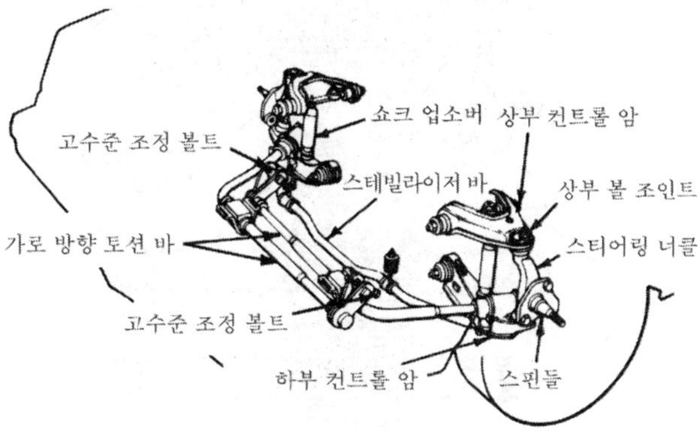

그림 6·23 가로 방향 토션 바 현가장치

(5) 맥퍼슨-스트럿형

맥퍼슨-스트럿(MacPherson-strut) 앞차축 현가장치는 하나의 단순 조립품으로 코일 스프링과 쇼크 업소버를 결합시키고 있다(그림 6·13, 그림 6·24).

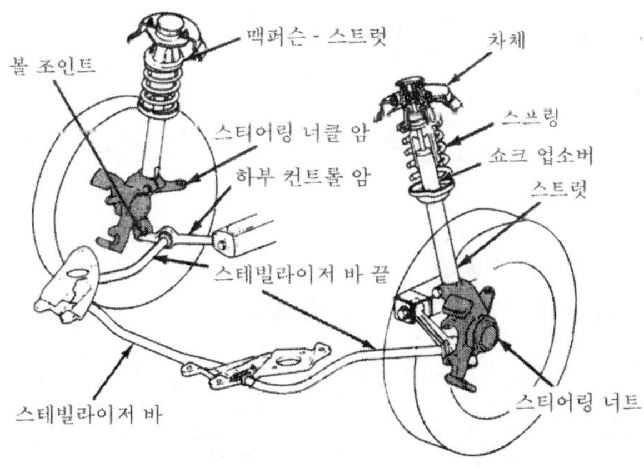

그림 6·24 맥퍼슨-스트럿 현가장치

스트럿의 아래 끝은 빔형 하부 컨트롤 암의 외측 끝에 연결되어 있다. 상부의 컨트롤 암은 사용하지 않으며, 스트럿 위쪽은 차량의 차체에 부착되어 있다. 스트럿 상단에 있는 베어링(그림 6·25)은 스트럿과 스티어링 너클 조립품을 조향이 되게 바퀴와 함께 회전되도록 한다.

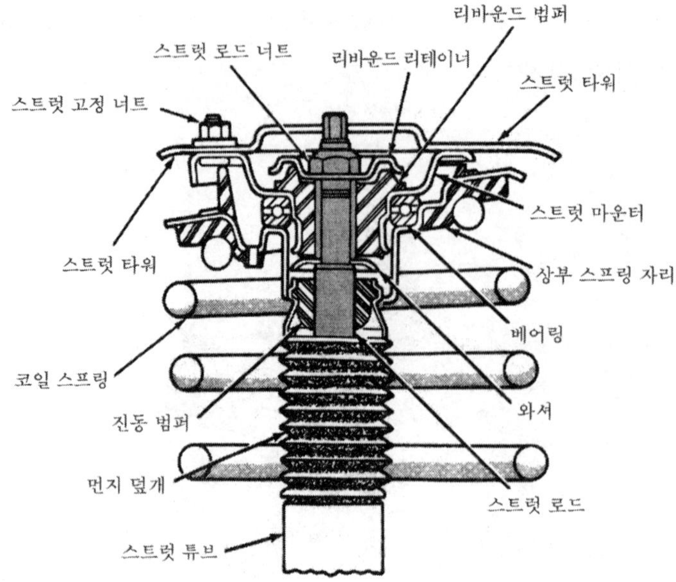

그림 6 · 25 맥퍼슨-스트럿 상단 차체의 부착형상

스테빌라이저의 끝은 하부 컨트롤 암의 외측 끝에 부착되어 있어 스테빌라이저 바로 하여금 그림 6 · 18에서의 스트럿 로드와 비슷한 작용을 하게 한다.

볼 조인트는 스티어링 너클 하단을 컨트롤 암의 외측 단에 부착시키고 타이어가 노면의 凹凸에 부딪치면 바퀴와 스프링이 상하동한다.

스티어링 휠을 돌리면 스티어링 기어가 스티어링 너클 암을 안팎으로 움직이게 한다. 이것이 맥퍼슨-스트럿과 스티어링 너클 조립품이 조향을 위해 안팎으로 선회케 하는 요인이 된다.

맥퍼슨-스트럿형은 다음과 같은 특징을 가지고 있다.

① 위시본형에 비해서 구조가 간단하고 구성부품이 적고 보수가 쉽다.

② 스프링 하중량을 적게 할 수 있어 접지성 및 승차감이 좋다.

③ 기관실의 유효공간을 넓게 할 수 있다.

6-5 뒤차축 현가장치

1 분 류

일반적인 구조의 자동차(앞 기관－뒷바퀴 구동식)에서는 구동 바퀴가 뒤쪽에 있기 때문에 뒤차축 및 뒤차축 현가는 동력전달장치의 일부로 구동력을 차체에 전달함과 아울러 자동차 뒤쪽에 있는 하중을 지지하는 구실을 하고 있다. 분류하여 보면 다음과 같다.

- 뒤차축 현가
  - 일체차축식
    - 평행 판 스프링형
    - 가로 설치 판 스프링형
    - 코일 스프링형
    - 공기 스프링형
  - 독립현가식
    - 스윙 액슬형
    - 트레일링 암형
    - 세미 트레일링형

2 일체차축식

일체차축식의 뒤차축 현가장치에는 그림 6·26에서 볼 수 있는 종류가 있으나, 그 중에서 평행 판 스프링형이 가장 많이 사용되고 있다.

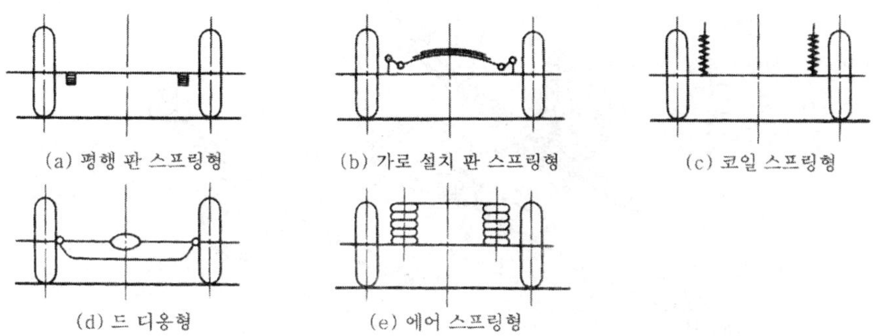

그림 6·26 일체차축식 뒤차축 현가의 종류

(1) 드 디옹형 차축(de Dion axle)식 현가

일체차축식 뒤차축의 특수한 예로 그림 6·27을 볼 수 있다. 좌우의 바퀴는 1개의 차축(드 디옹 튜브)에 연결되어 있으며, 차축관은 판 스프링에 의해 프레임에 지지되어 있다. 동력의 전달은 차체측에 붙어 있는 감속기어 장치로부터 유니버설 조인트가 붙어 있는 축에 의해 이루어진다.

이 형식의 판 스프링은 평행 판 스프링식 현가장치와 같이 축을 지지하며 제동 및 구동 토크의 반력도 받으나, 뒤차축을 경량화하는 것으로 스프링 하중량이 적게 되고 승차감이나 접지성이 좋게 된다. 이 형식은 일부의 승용차나 스포츠카에 사용되고 있다.

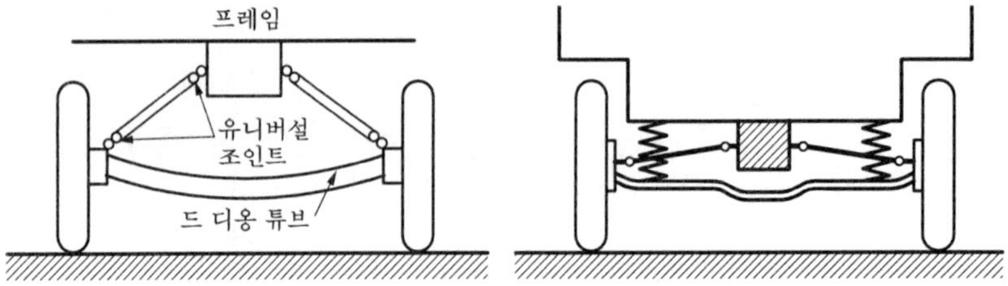

그림 6·27 드 디옹형 뒤차축의 구조

(2) 평행 판 스프링형

이 평행 판 스프링에 대해서는 이미 6-2의 1에서 설명하였고 이 형식은 앞차축 현가와 거의 비슷하나 차축을 스프링 상부에 장착하는 **언더슬렁 현가**(underslung suspension)식과 스프링 하부에 장착하는 **오버헝 현가**(overhung suspension)식이 있는데, 버스나 승용차 등에서는 지상고를 낮게 할 목적으로 언더슬렁식이 사용된다.

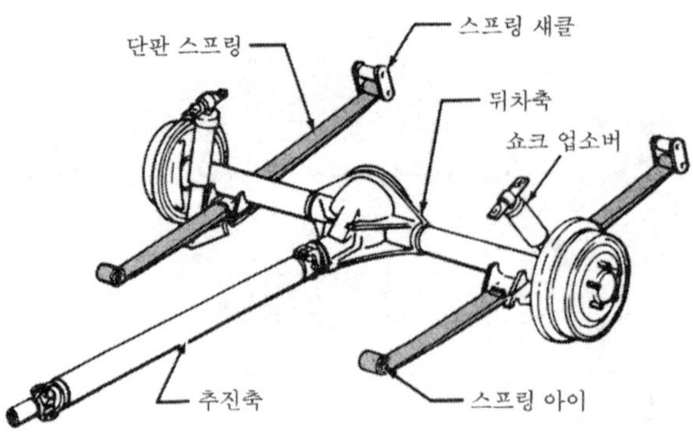

그림 6·28 단판 뒤차축 현가

그림 6·28은 단판 스프링을 사용한 뒤차축 현가이고, 그림 6·29는 다판을 사용한 경우로 스프링이 프레임과 차축관에 어떻게 부착되었는지를 보여준다.

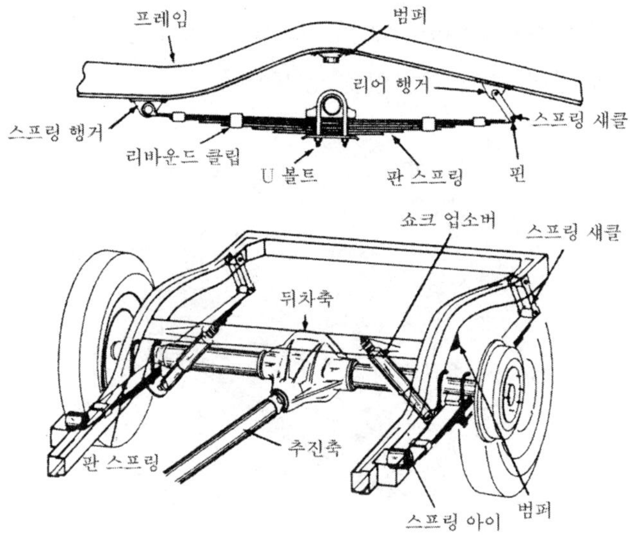

그림 6·29 다판 뒤차축 현가

(3) 코일 스프링(뒷바퀴 구동)

뒷바퀴 구동이나 네 바퀴 구동 차량에서 뒤차축 현가는 추진축과 뒷바퀴 구동차축에 적합하여야 한다. 그림 6·30은 대표적인 배치도를 표시한다. 스프링은 차세 또는 프레임의 브라켓과 하부 컨트롤 암 위의 스프링 자리 사이에 배치되어 있다. 컨트롤 암은 차축관의 상하운동을 허용하나 전후방향의 움직임은 방지한다.

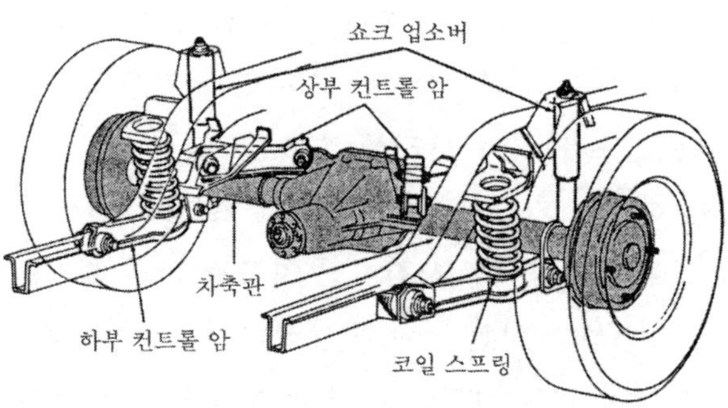

그림 6·30 코일 스프링의 뒤차축 현가

각 바퀴에 있는 쇼크 업소버는 스프링의 바운스(bounce)를 제어한다. 그림 6 · 31은 네 바퀴 구동 차량에서의 코일 스프링 뒤차축 현가로 스프링은 차축관 위에 위치하고 있다. 양쪽에 있는 두 컨트롤 암은 차축관의 상하운동은 허용하나 앞과 뒤 방향의 움직임은 방지한다.

트랙 로드 또는 파나르 로드(track rod or Panhard rod)는 한쪽 끝은 차축관에 다른 쪽 끝은 차체에 고정되어 있어 측면 움직임을 방지한다.

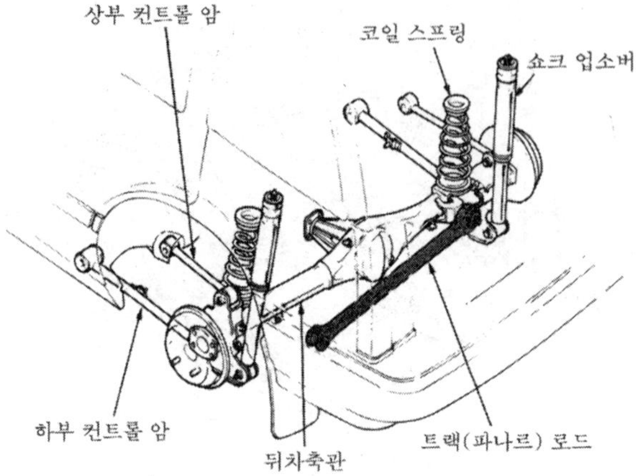

그림 6 · 31 네 바퀴 구동차량의 코일 스프링 뒤차축 현가

(4) 토션 바형

토션 바는 가로 방향이나 세로 방향에도 설치하며 대체로 가로 방향이 많다. 2개의 트레일링 암이 컨트롤 암과 같은 역할을 한다.

(5) 후미 토크(rear-end torque)와 스크와트(squat)

뒷바퀴 구동 차량에서 뒷바퀴가 구동 당할 때 차축관이 반대 방향으로 회전하려고 한다(그림 6 · 32). 이것은 **뒷면 토크** 때문이다. 판 스프링 현가에서 스프링은 뒷면 토크를 흡수하고 다른 현가에서는 컨트롤 암이 토크를 흡수한다.

뒷면 토크의 영향 중 하나는 가속할 동안의 **뒷면 스크와트**(rear-end squat)이다(그림 6 · 33). 자동차가 정지상태에서 가속을 시작하면 차축관 안의 피니언 기어는 링 기어의 이[齒]에 오르려 한다. 이로 인해 피니언과 차동 케리어가 위로 움직이려고 한다. 그 결과는 뒤쪽의 스프링이 아래로 당겨 내려온다. 그래서 차량의 뒷면이 아래로 처지거나 스크와트 된다. 제동 때는 그 반대현상이 일어난다. **앞면 다이브**(front-end dive)는 앞쪽 끝이 아래로 처지고 뒤쪽 끝이 위로 올라감에 따라 앞 스프링이 압축되게 한다.

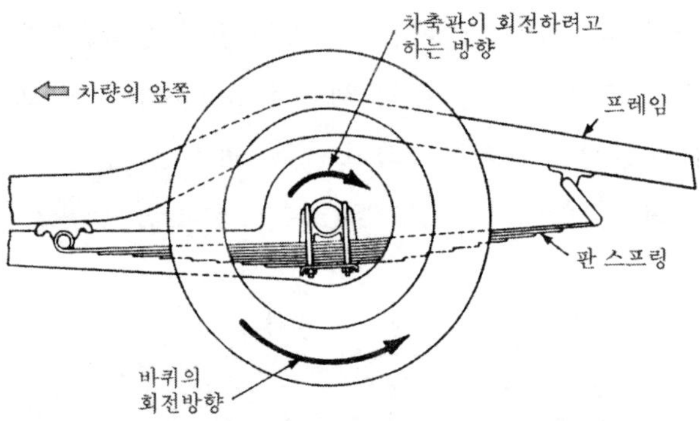

그림 6 · 32 바퀴의 회전에 의한 차축관의 작용

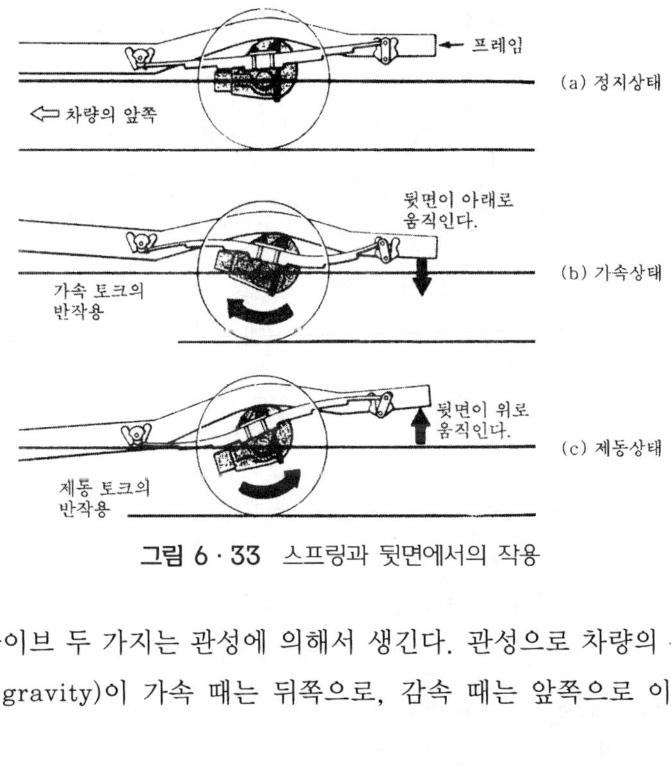

그림 6 · 33 스프링과 뒷면에서의 작용

스크와트와 다이브 두 가지는 관성에 의해서 생긴다. 관성으로 차량의 무게 또는 무게의 중심(center of gravity)이 가속 때는 뒤쪽으로, 감속 때는 앞쪽으로 이동한다.

3 독립현가식

뒤차축 현가를 독립현가식으로 하면 스프링 하중량을 적게 할 수 있어 승차감과 접지성이 증가되고 차체의 바닥을 낮게 할 수 있어 실내의 공간을 넓게 할 수 있는 효과가 있으며, 승용차의 일부나 스포츠카 등에 이 형식의 현가장치가 사용되고 있다. 또 구동 바퀴에 동력전달은 차체 하부에 고정된 감속기어장치에서 유니버설 조인트를 가지는 구동축에 의해 이루어지도록 되어 있다. 이와 같이 구동축이 바퀴의 상하운동에 의해 감속기어 장치를 중심으로 원호운동을 하는 형식을 **스윙 엑슬**(swing axle)이라고 한다.

독립현가식의 종류는 그림 6·34에 나타나 있는 바와 같이 스윙 엑슬형 · 트레일링 암형 · 세미 트레일링 암형 · 다이애거널 링크형(diagonal link type) 등이 있다.

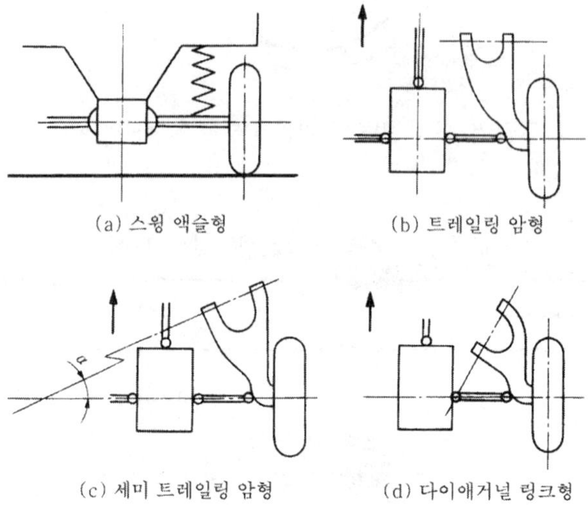

(a) 스윙 액슬형 (b) 트레일링 암형 (c) 세미 트레일링 암형 (d) 다이애거널 링크형

그림 6 · 34 독립현가식 뒤차축 현가

(1) 스윙 엑슬형(swing axle type)

이 형식은 진자형이라고도 하며, 하나의 스윙 엑슬로 바퀴를 지지하고 바퀴가 진자식으로 상하운동하는 간단한 구조이며, 앞바퀴에 사용할 경우 **섀클 위시본식**(shackle wishbone type)이라고도 하나 바퀴의 움직임에 의한 캠버, 트레드의 변화가 심하여 앞바퀴용으로는 많이 사용되지 않는다. 롤 중심이 높아 가로 방향 요동 방지 효과가 커서 뒷바퀴 구동차축에 많이 사용된다. 그림 6·34(a)는 코일 스프링 및 가로 방향 판 스프링을 사용한 스윙 엑슬형의 기본 구조를 표시한다.

(2) 트레일링 암형(trailing arm type)

이 형식은 앞바퀴 구동차의 뒤차축 현가로 많이 사용되고 있으나, 뒷바퀴 구동차에는 그리 많이 사용되지는 않는다.

그림 6·34(b)는 **트레일링 암형**(trailing arm type)이라고 하며, 바퀴의 앞쪽에 요동 중심을 가지는 1개 또는 2개의 암에 의해 바퀴를 현가하는 방식이다. 후자는 특히 더블 트레

일링형이라 불러 싱글형과 구별된다. 어느 경우도 바퀴의 상하운동에 따라 캠버 및 트레드의 변화를 0으로 한다.

싱글형에서는 구조가 간단하나 앞바퀴에 사용하는 경우에 캐스트의 변화가 크게 된다.

더블 트레일링형에서는 2개의 암으로 힘을 분담할 수 있어 강도상 유리하며, 또 캐스트의 변화를 대부분 줄일 수 있다.

(3) 세미 트레일링 암형(semi-trailing arm type)

트레일링 암형과 스윙 엑슬형의 중간적인 것으로 승용차의 뒷바퀴용으로서 많이 사용되며, 그림 6·34(c)에 표시한 것은 그 한 예이다. 이 예는 일체형의 현가암이 차량의 전후 축선에 대해 경사되게 배치한 경우로, 이 경사각을 작게 혹은 크게 하느냐에 따라 그 조종 특성을 스윙 엑슬형에 가까운 것부터 트레일링 암형에 가까운 것까지 변화시킬 수 있다.

(4) 다이애거널 링크형(diagonal link type)

이 형식은 일체식의 암(다이애거널 링크)을 사용, 그 끝부분으로 구동축을 지지하고 있다.

다이애거널 링크는 2점으로 프레임에 장착되어 있으나, 그 요동축의 연장은 구동차축의 유니버설 조인트의 중심과 일치시켜 놓고 있어 링크와 차축은 함께 상하운동하므로 축은 길이의 변화가 없다.

이 형식은 세미 트레일링 암형에 비하여 바퀴가 상하운동했을 때의 캠버, 트레드 및 토각[toe angle : 바퀴의 회전면이 자동차의 진행방향과 일치하나, 진행방향에 대하여 선개(前開) 또는 후개(後開)하는 각도]의 변화가 큰 것이 특징이다.

(5) 코일 스프링(앞바퀴 구동)

앞바퀴 구동차량의 뒤차축 현가장치는 구동차축이나 반차축(half shaft)에 구애받지 않는다. 그림 6·35는 코일 스프링 뒤차축 현가장치로 독립현가식 뒤차축 현가장치를 대비하는 **개량 맥퍼슨-스트럿**(modified MacPherson-strut) 설계이다. 스프링은 스트럿 대신에 하부 컨트롤 암에 장착되었다. 완전한 쇼크 업소버를 가진 스트럿은 차체와 스핀들 사이에 위치하여 있으며 상부 컨트롤 암은 사용하지 않는다.

(6) 스트럿 형

스트럿은 로드 또는 튜브로 횡력이나 압축력에 의해 작용된다. 자동차 현가에서 코일 스프링과 쇼크 업소버를 결합하는 조립품을 스트럿 또는 맥퍼슨 스트럿이라 하는데 다만 하부 컨트롤 암만이 필요하다(그림 6·36).

스트럿의 상단은 차체에 장착되고 하부는 뒷바퀴의 스핀들 또는 앞바퀴 스티어링 너클에 부착한다. 이 배치는 현가장치를 단순화시킨다. 분리된 장착은 스프링이나 쇼크 업소버를 위해 불필요하다.

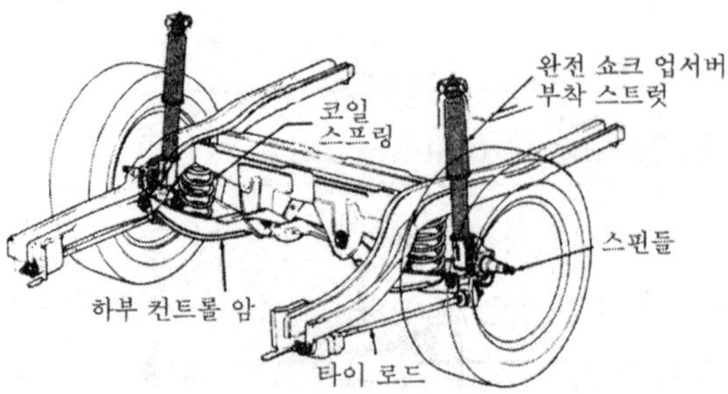

그림 6 · 35 앞바퀴 구동 개량 맥퍼슨 스트럿

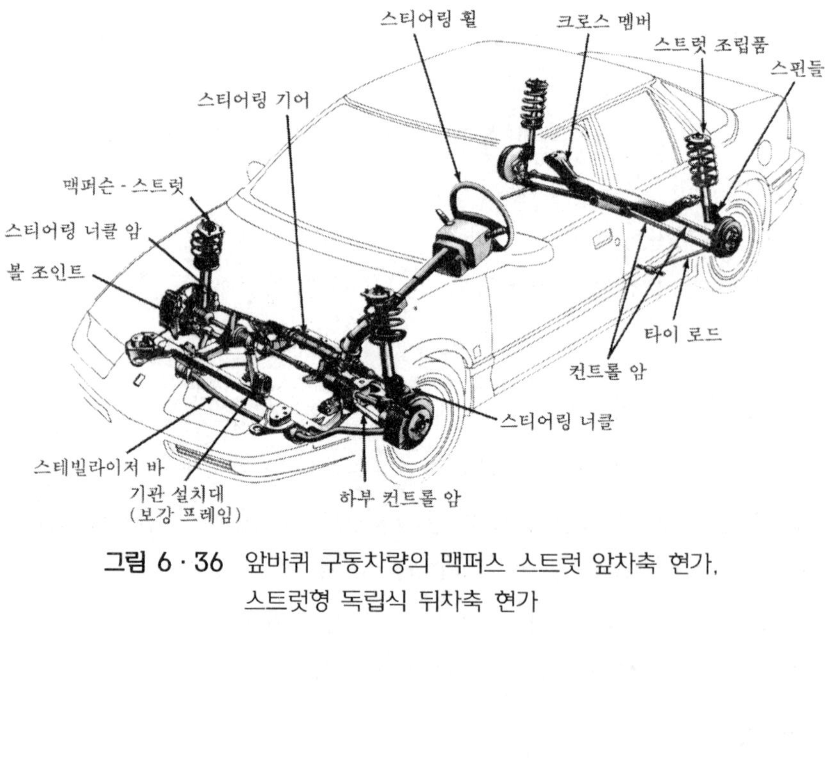

그림 6 · 36 앞바퀴 구동차량의 맥퍼스 스트럿 앞차축 현가,
스트럿형 독립식 뒤차축 현가

6-6 전자식 현가장치

1 전자식 라이드 컨트롤

많은 차량은 전자식 라이드 컨트롤(electronic ride control) 또는 가변 진동감쇠 현가(variable-damping suspension)장치를 가지고 있다(그림 6·37). 네 바퀴 모두에 있는 쇼크 업소버는 운전자에 의해 유연성(soft), 정상(normal) 또는 강성(firm) 작용을 위한 것을 전자식으로 조정이 가능하다.

운전자가 유연성 또는 강성 스위치를 누르면 ECM(electronic control module)은 각 쇼크 업소버 상단에 있는 솔레노이드나 전기 모터에 신호를 보낸다. 모터가 서서히 회전하면 피스톤에 있는 여러 가지 크기의 오리피스를 개폐한다. 이것이 쇼크 업소버 안에 있는 유체 유동에 대한 저항을 변화시킨다.

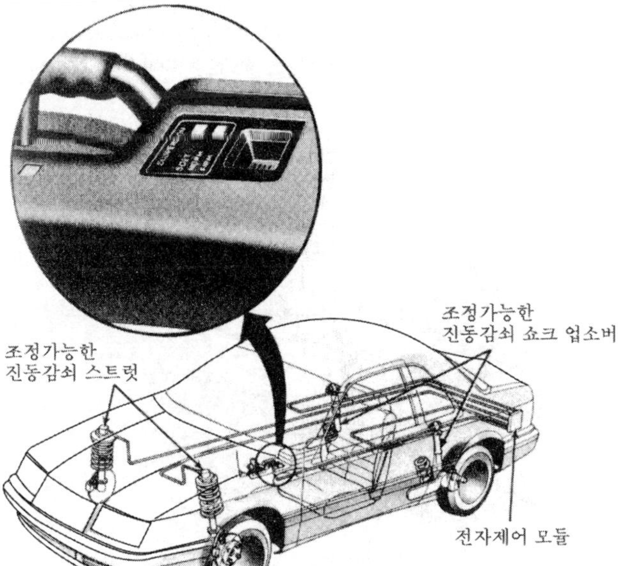

그림 6·37 쇼크 업소버가 있는 전자식 라이드 컨트롤

이 시스템은 차량의 차체자세만을 제어하나 차량의 높이는 제어하지 않는다. 일부 차량에서는 이 장치가 쇼크 업소버로 하여금 도로나 운전조건을 위한 적절한 진동감쇠를 자동적으로 선택하도록 한다.

여러 가지 센서가 차량속도, 도로의 거칠음과 차량의 롤에 대한 정보를 ECM에 보낸다. ECM은 그렇게 하여 쇼크 업소버에 신호를 보내고 조작조건에서 가장 좋은 차체 자세가 가능 하도록 준비를 한다.

2 소나 제어 쇼크 업소버

조정가능한 쇼크 업소버는 **도로표면 센서**(road-surface sensor)에 의해 자동적으로 제어된다(그림 6·38). 이것은 짧은 거리를 판단하기 위해 음파를 발사하고 다시 수신하는 **소나 센서**(sonar sensor)이며, 잠수한 물체를 탐색하기 위한 선박이나 잠수함이 사용하는 것과 같다.

소나 센서는 차량 앞면에 설치되어 있으며, 바퀴가 부딪치게 되는 노면의 조건을 계속 판독한다.

음향의 순간파동을 연속적으로 보냄으로 이 작용을 하며, 시간의 길이가 라이드 높이와 표면의 불규칙성을 가리킨다.

그래서 ECM이 제일 좋은 차체자세와 조향성을 대비하게 쇼크 업소버를 조정한다.

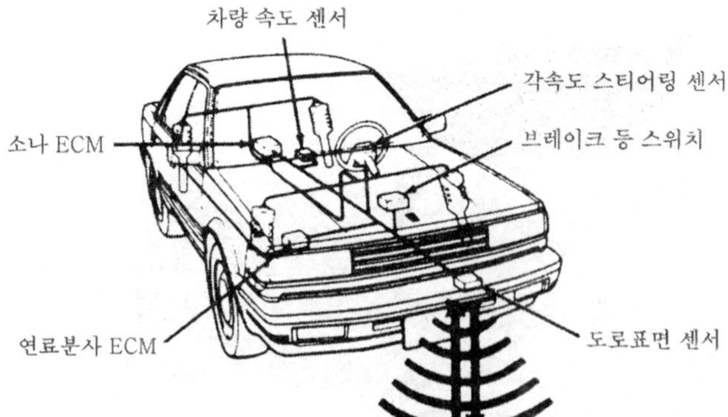

그림 6·38 소나 제어 쇼크 업소버의 차량

3 전자제어 공기 현가

공기 현가장치는 네 바퀴 모두에 있는 코일 스프링을 대신하는 **공기 스프링**(air spring)을 가지고 있다(그림 6·39). 이 장치는 스프링의 유연성(softness)과 강인성(hardness)을 나타내는 **스프링 율**(spring rate)을 제어하고 자동적인 높이와 수평제어를 대비한다. 뒤쪽 공기 스프링은 하부 현가 암 위에 있는 뒤차축 앞에 장착되어 있고, 앞쪽 공기 스프링은 앞쪽 스트럿 조립품의 한 부품이 되어 있다. 이러한 공기 스트럿(그림 6·40)은 차체와 스티어링 너클 사이에 장착되어 있다.

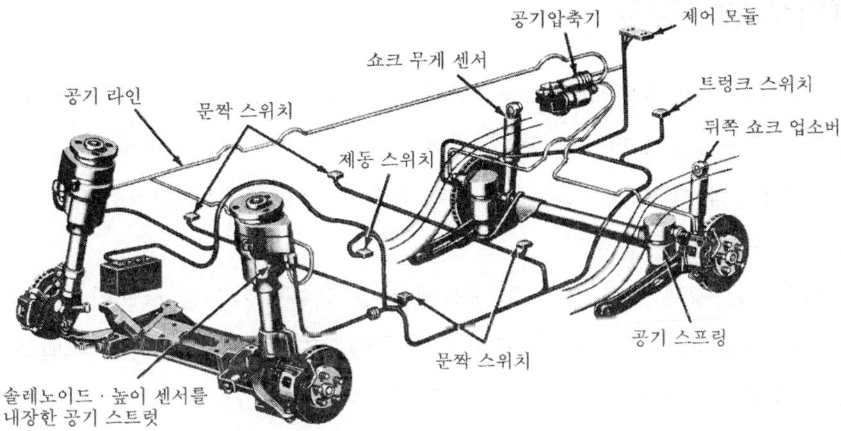

그림 6·39 네 바퀴에 공기 스프링을 가진 공기 현가장치

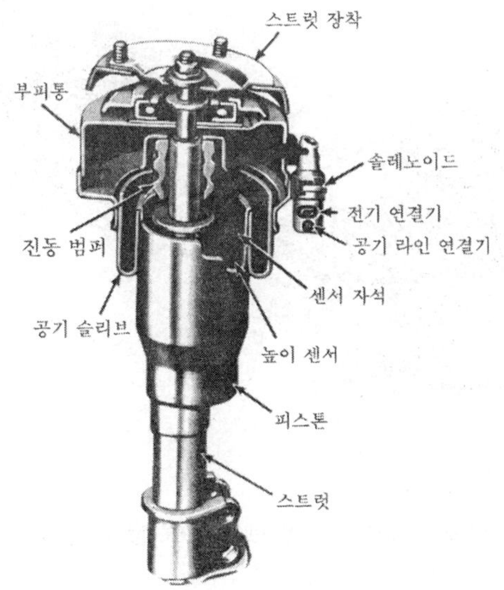

그림 6·40 공기 스프링·솔레노이드·내장 높이 센서를 가진 공기 스트럿의 구조

전기로 가동되는 공기압축기는 이 장치를 작동시키는 공기압력을 공급한다. 각 공기 스프링에 있는 솔레노이드(solenoid)는 스프링 안에 있는 공기의 압력과 부피를 컨트롤하기 위해 개폐한다. 제어 모듈 스위치가 압축기와 솔레노이드를 온 · 오프(on and off)한다.

이 장치는 세 높이 센서를 내장하고 있는데 앞쪽 공기 스트럿과 뒤쪽 쇼크 업소버[그림 6 · 12 (c)]의 우측에 있는 **자석 센서**(magnetic sensor)이다. 이 **높이 센서**(height sensor)가 제어 모듈에 신호를 보내어 하중의 증감에 대응하여 일정한 차량의 높이를 유지하게 한다.

4 액티브 현가장치

대부분의 현가장치는 수동적(passive)이거나 반동적(reactive)이다. 예를 들면, 타이어가 凹凸에 부딪치면 도로표면에 접촉된 상태로 있는 것이 아니고 현가장치는 스프링이 압축되거나 늘어나면서 반작용을 한다. 이러한 작용은 조향성이나 승차감의 질에 영향을 주며 차체에 충격이나 진동을 준다.

그림 6 · 41은 스프링과 쇼크 업소버 대신에 유압 액튜에이터를 사용하는 능동적인 현가장치(active suspension system)를 보여주고 있다. 유압 액튜에이터는 가압된 유체의 유압 에너지를 기계적인 운동으로 변화시키는 장치이다.

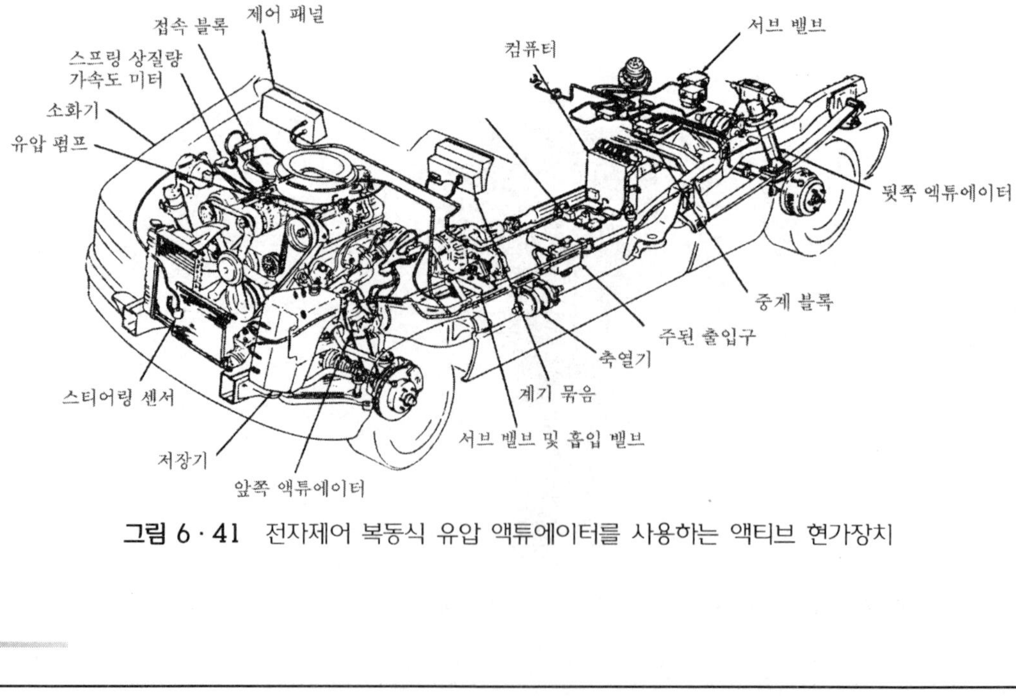

그림 6 · 41 전자제어 복동식 유압 액튜에이터를 사용하는 액티브 현가장치

액튜에이터 내에 있는 센서는 타이어의 노면에 대한 힘이 변화할 때 컴퓨터에 신호를 보내며, 차량에 있는 다른 센서도 스티어링 위치 · 가속 · 감속 · 차체 안정성에서의 변화를 신호한다.

컴퓨터는 이런 입력정보를 받아들이고 적절한 서브 밸브에 신호를 보낸다(그림 6 · 41). 이 서보 밸브는 액튜에이터 내에 있는 컴퓨터 제어 밸브를 통해 고압유체를 유동시킨다. 액튜에이터는 바퀴를 쳐들거나 내리게 하여 타이어가 노면에 대해 같은 힘을 유지하도록 한다. 이것이 차량의 수준을 가능한 한 최고의 차량자세와 조향성을 가지도록 한다.

그런데 모든 이런 작용은 거의 순간적으로 일어나기 때문에 운전자에게는 전혀 감지되지 않는다. 불규칙한 도로 표면에 대해 반작용 대신 능동작용으로 타이어와 바퀴의 움직임은 현가장치에서 흡수되어 차체나 승차자 또는 화물에는 거의 충격이나 진동이 미치지 않는다.

6-7 차 축

1 일 반

자동차의 차축은 그 위치에 따라 앞차축(front axle)과 뒤차축(rear axle)으로 나누며, 또 바퀴를 매개로 차량 일부의 무게를 지지함과 동시에 구동력을 전달하는 **구동 차축**(活軸, live axle or drive axle)과 차량중량을 분담하는 **종동 차축**(死軸, dead axle or non-drive axle)으로 구분한다.

차축의 구조는 차량 현가방식에 의한 구분, 조향장치가 있는 조향 구동 차축(steerable drive axle)과 조향장치가 없는 차축과는 구조가 다르다.

일반적으로 소형차의 대부분은 앞바퀴 구동의 구조를 하고 있으며, 대형차는 대부분 뒷바퀴 구동의 구조로 되어 있다.

최근에는 네 바퀴 구동차가 증가하고 있고 기어식이나 점성 커플링 등을 갖춘 상시 네 바퀴 구동기어나 노면상황에 따라 자동적으로 변환되는 네 바퀴 조향방식 등을 채용하여 조종성 · 주행안정성 향상을 도모하는 구조도 있다.

2 구동 차축

(1) 구동 앞차축

구동 바퀴 앞차축은 차량 앞부분의 무게를 지지함과 동시에 조향이 되는 구조가 필요하다. 때문에 구동 바퀴는 킹 핀 축선상에 등속형 유니버설 조인트가 필요하다.

1) 독립현가방식의 구동 앞차축

이 차축은 종감속장치가 차체에 부착되어 있으므로 현가장치의 움직임에 따라 작동각과 차축의 길이 변화를 흡수하는 등속 유니버설 조인트(CV)를 필요로 한다.

CV는 바퀴측에 세파형 · 고정식 트리포트형이 사용되고, 차체측에는 더블 오프셋형 · 슬라이드식 트리포트형 등이 사용된다.

바퀴 베어링에는 원추 구름 및 앵귤러 볼 베어링이 사용된다. 최근에는 조립조정의 필요가 없는 복열 원추 구름 베어링과 복열 앵귤러 볼 베어링의 유닛 베어링이 많이 사용된다. 또 유니트화를 발전시켜 허브와 베어링 내부 홈, 너클과 외부 홈을 일체화한 유닛 베어링이 사용되는 경우도 있다.

2) 일체차축식 현가의 구동 앞차축

이 차축은 좌우의 바퀴가 하나의 차축에 결합되어 있는 구조로 네 바퀴 구동차의 앞차축에 채용되고 있다. 유니버설 조인트는 독립현가방식과 같이 큰 작동각이 필요하며 등속형이 사용된다.

(2) 구동 뒤차축

구동 뒤차축은 조향기구가 필요 없으므로 앞바퀴 구동차축에 비해 구조는 간단하지만 차량 현가방식에 따라 크게 다르다.

1) 독립현가방식의 구동 뒤차축

이 차축은 승용차의 뒷바퀴 구동차량에 채용되고 있다. 구동 뒤차축은 조향기능이 필요없기 때문에 큰 작동각은 필요로 하지 않는다. 그래서 주로 등속 조인트가 사용된다.

2) 일체차축식 현가의 구동 뒤차축

일반적으로 중앙부에는 감속기어와 차동장치를 수용한 하우징이 있고 차축관 · 구동차축 · 바퀴 베어링에 의해 구성되며 바퀴 베어링의 배치에 따라 다음의 세 종류로 구분된다.

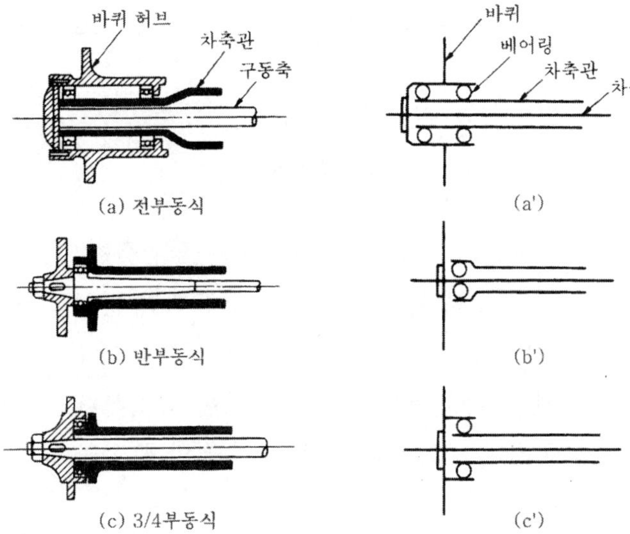

그림 6 · 42 일체차축식 현가의 뒤차축 구조

① **전 부동식**(full floating type) : 그림 6 · 42에서 보는 바와 같이 차축관 끝 바깥 쪽에 좌우 2열의 베어링을 배치하고 허브를 통해 바퀴를 지지하는 방식이다. 구동차축은 구동 토크에 따른 비틀림 모멘트만을 받고 수직하중 · 수평하중 · 충격 및 바퀴가 받는 횡력 등은 차축관이 받는다. 트럭 · 버스 등의 중량차에 사용되며 베어링은 대부분의 경우 원추 구름 베어링이 사용된다.

② **반 부동식**(semi-floating type) : 차축관 끝부분의 안 쪽에 좌우 각 1열의 베어링을 배치하여 구동축을 지지한다. 구동축은 구동 토크에 의한 비틀림 토크 이외에 수직하중 · 수평하중 · 충격 등 모든 힘이 작용한다. 이 형식은 구조가 간단하고 중량도 가벼워 주로 승용차, 소형 화물차 등에 사용된다.

③ **3/4 부동식**(3/4 floating type) : 반 부동식과 전 부동식의 중간적인 구조로 차축관 끝부분의 바깥 쪽에 좌우 각 1열의 베어링을 배치하며, 허브는 이 베어링에 지지됨과 동시에 구동축단에 결합되어 있다. 수직하중 · 수평하중의 대부분은 차축관이 받고 구동축은 구동 토크에 의한 비틀림 모멘트와 수평하중에 의한 밴딩 모멘트를 받는다. 3/4 부동식은 현재 거의 사용되지 않고 있다.

3) **차축관의 형식**

차축관의 중앙부에는 감속기어와 차동장치어가 장착되는데 그 형상, 장착방식에 따라 분류하면 다음의 3형식이 된다(그림 6 · 43).

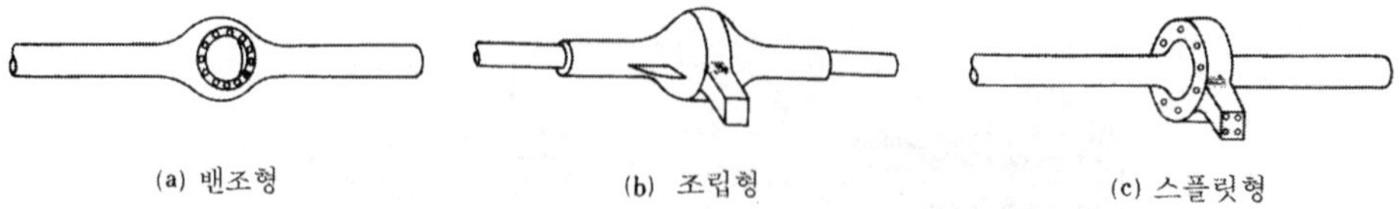

그림 6 · 43

① **밴조형**(banjo type) : 축관의 중앙부에 둥근 부분을 만들어 종구동기의 하우징을 형성하며, 감속기어와 차동장치 부분을 조립하여 여기에 끼워 넣도록 되어 있으며, 기어부의 점검 · 조정에 편리할 뿐만 아니라 조립도 쉬워 현재 가장 많이 사용되고 있다. 축관의 제조는 소형은 강판을 프레스 가공한 것 2개를 합하여 용접하나, 대형이 되면 주강이나 가단주철 등을 일체 주조하거나 중앙부를 주조에 의해 만들고 양쪽에서 강관을 압입하는 방법 등이 있다.

② **조립형**(build-up type) : 캐리어(carrier)형이라고도 하며, 중앙부의 감속기어, 차동장치 하우징을 가단주철로 만들고 이 양쪽에서 강관을 압입하여 용접한 것이다. 뒤쪽의 덮개로부터 내부 점검은 되지만 밴조형과 같이 내용물을 들어낼 수는 없다.

③ **스플릿형**(split type) : 차축관을 중앙부에 수직면으로 좌우로 분할하여 그 안에 감속장치와 차동장치를 직접 넣어 분할부를 볼트로 결합시킨 구조이다. 내부 기어장치의 점검, 조정은 앞의 두 형식에 비해 곤란하다.

일체차축식의 뒤차축의 특수한 예로 드 디옹형이 있는데, 그것은 스프링 하중량을 경감시키기 위해 차동장치를 차체측에 장착시킨 방식이다(그림 6 · 27). 이 형식은 현재 거의 사용되지 않는다.

3 종동 차축

(1) 종동 앞차축

종동 바퀴 앞차축은 구동력을 전달하지는 않지만 차량의 진행방향을 바꾸는 역할을 담당한다. 그 구조는 현가방식에 따라 다르다.

1) 독립현가방식의 종동 앞차축

이 방식은 차량 높이를 낮게 할 수 있고 스프링 하중량이 적게 되는 잇점이 있어 주로 승용차나 상용차에 널리 사용되고 있다.

최근에는 라인의 조립 공정수를 줄이고 시장에서의 정비성 향상을 겨냥, 베어링 내부의 틈이 조정된 복열 앵귤러 볼 베어링, 복열 원추 구름 베어링 등이 많이 사용된다.

2) 일체차축식 현가의 종동 앞차축

이 차축은 일반적으로 트럭이나 버스 등에 많이 사용된다. 그림 6·44는 I형 단면의 단조품을 사용한 앞차축체(front axle center)를 중심으로 양 끝에는 조향을 하기 위해 앞바퀴를 지지하는 앞바퀴 축(steering knuckle or steering spindle)을 축을 중심으로 조향각만큼 회전되도록 장착한다. 앞바퀴는 바퀴 허브 및 테이퍼 구름 베어링을 매개로 앞바퀴 축 둘레를 회전운동한다.

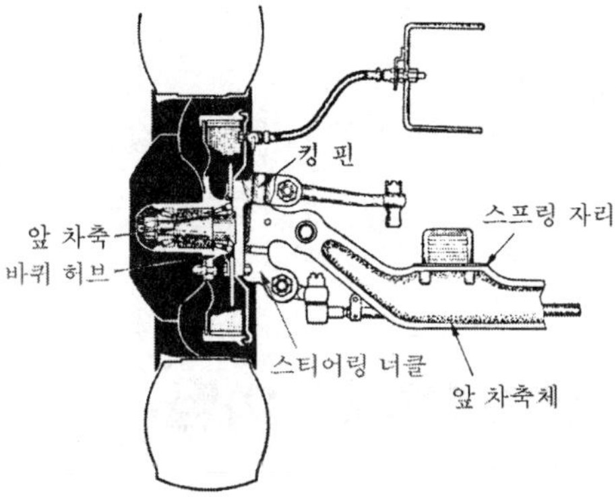

그림 6·44 일체차축의 구조

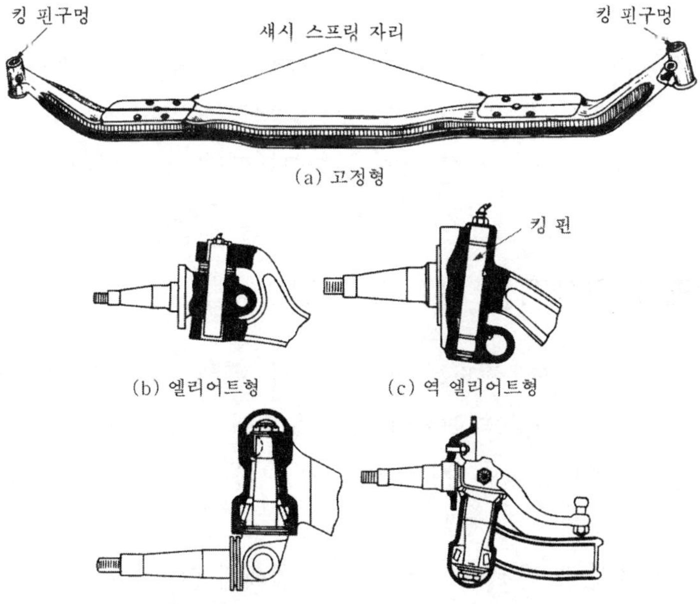

그림 6·45 앞차축체와 너클의 결합

조향을 위해 스티어링 너클은 차축에 **킹 핀**(king pin)으로 결합되어 있다. 스티어링 너클의 구조는 그 결합방법에 따라 그림 6·45와 같이 네 가지 형식이 있는데 역 엘리어트형이 일반적으로 사용된다.

(b)는 차축체의 끝이 ㄷ자형으로 벌어져 있어 이것에 킹 핀으로 결합한 **엘리어트형**(elliotte type)이며, (c)는 이것의 반대인 **역 엘리어트형**(reverse elliotte type)이다. (d)는 **르무아네형**(lemoine type)으로 너클이 L형으로 되어 있고 밑에서 차축체 끝부분에 있는 베어링부에 끼워져 킹 핀의 역할도 겸하고 있으며, (e)는 **역 르무아네형** 또는 **마몬형**(Mormon type)이라고 하는 (d)의 반대형식이다.

(2) 종동 뒤차축

조향기구가 없는 것 이외는 종동 앞차축의 경우와 같다.

6-8 현가장치의 이론

자동차는 본래의 주행기능에 더하여 움직이는 응접공간으로서의 쾌적성의 요구가 점차 높아지고 있다. 진동승차감은 넓은 의미에서 승차하는 사람의 쾌적성에 관련되는 성능이다. 자동차 자체는 몇 개의 진동체의 결합으로 이루어지고 있으며, 그 진동특성이나 진동을 느끼는 인간의 진동특성을 충분히 이해하고 설계할 필요가 있다.

1 운전자에게 가해지는 진동과 전달경로

자동차가 주행하고 있을 때 운전자는 여러 가지의 진동을 받는다. 그림 6·46에서 알 수 있듯이 진동의 입력원으로 가장 대표적인 것은 노면의 상태이다.

노면은 반드시 평탄하지는 않고 작은 凹凸에서의 자갈길이나 험한 길의 큰 凹凸, 고속도로의 교량 부분의 이음새 등이 진동원이 된다.

그 밖에 타이어나 기관, 동력계 자체의 회전에 의해서 일어나는 진동이 입력원이 된다.

이들 진동 중에서 노면이나 타이어에서 발생되는 진동은 현가장치에 전달되고, 현가장치 자체의 진동특성에 의하여 경감된 후 차체에 전달된다. 또 차체의 바닥에서 직접 타고 있는 사람의 발에, 또 시트를 통해 하체나 등, 스티어링 휠에서 손으로 여러 가지 형태로 불쾌한 진동이 되어 전달된다.

기관이나 구동계의 진동도 똑같이 차체를 통해서 승차하고 있는 사람에게 전달된다.

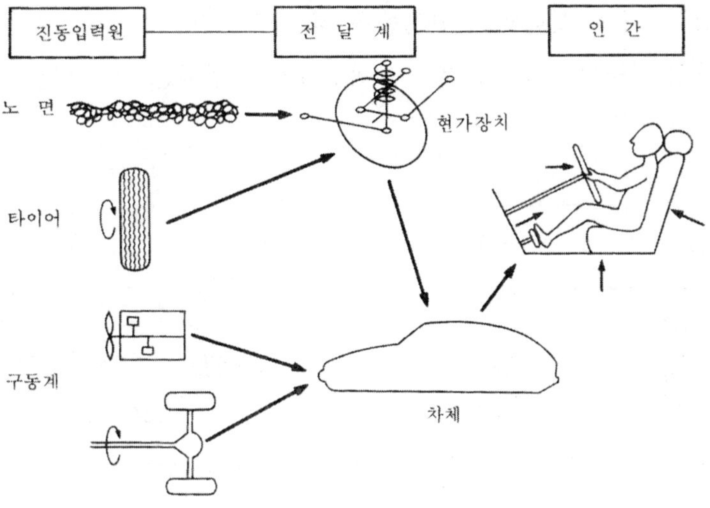

그림 6·46 주행중 운전자에게 가해지는 진동

2 자동차의 진동

(1) 스프링 상중량·스프링 하중량

현가장치는 승차감과 주행안정을 결정하는 중요한 장치이며, 그 승차감을 고려함에 있어 각부의 고유진동에 대해서 생각할 필요가 있다. 자동차는 그림 6·47과 같이 차량의 전체 무게는 스프링 상중량과 스프링 하중량이 포함된다. **스프링 상중량**(sprung weight)은 스프링에 의해 지지되는 무게이고, **스프링 하중량**(unsprung weight)은 스프링에 의해 지지되지 않는 부품으로 구동차축·차축·바퀴·타이어의 무게가 포함된다.

스프링 하중량은 되도록 경량이어야 하는데 이 무게가 증가할수록 차체자세(ride)의 거칠음은 커진다. 극단적인 한 예를 들어 스프링 상중량과 스프링 하중량이 같은 경우를 가정해 본다. 바퀴가 부딪치는 노면의 凹凸로 인해 스프링 하중량이 상하운동을 하면 스프링 상중량도 같은 양만큼 상하동할 것이다. 그렇기 때문에 스프링 하중량은 차량 전체 무게의 분명히 적은 부분이 되어야 한다.

(2) 스프링 상중량의 진동

① 상하진동(bouncing) : 그림 6·48의 Z축 방향의 평행운동에 의한 고유진동

② 세로 요동(pitching) : Y축 둘레의 회전운동을 하는 고유진동

③ 가로 요동(rolling) : X축 둘레의 회전운동을 하는 고유진동

④ 요잉(yawing) : Z축 둘레의 회전운동을 하는 고유진동

스프링 상중량의 진동은 위의 네 가지가 독립해서 발생되는 것은 아니고 반드시 중복해서 발생되는 것이다.

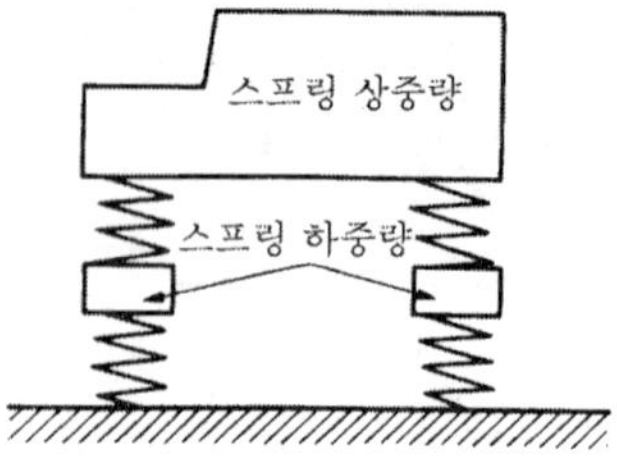

그림 6·47 스프링 상중량과 하중량의 관계

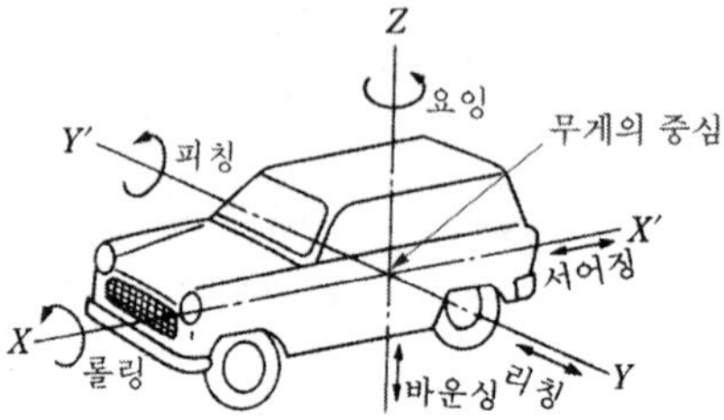

그림 6·48 스프링 상중량의 진동

(3) 스프링 하중량의 진동

스프링 하중량의 진동과 관련하여 발생되는 진동에는 다음과 같은 것이 있다.

① 상하진동(wheel hop) : 그림 6·49에 의해 Z방향의 상하평행운동을 하는 진동

② 휠 트램프(wheel tramp) : X축 둘레의 회전운동을 하는 진동

그 밖에도 X축방향(앞과 뒤 쪽 방향), Y축방향(좌우방향)의 평행진동, Y축 둘레의 회전운동을 하는 진동(wind up) 등을 들 수 있다.

따라서 현가장치에는 이상의 각 진동이 생기지 않도록 함과 동시에 효과적인 흡수작용을 할 필요가 있다.

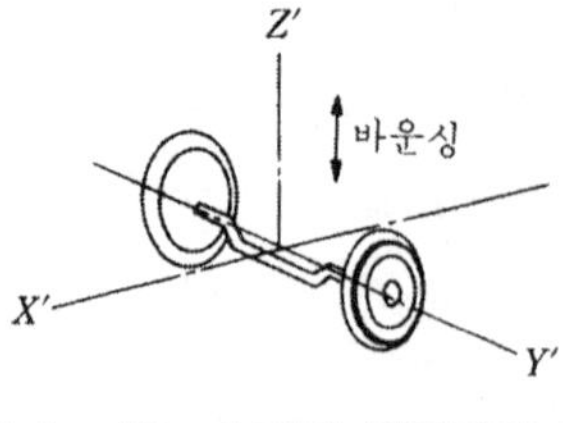

그림 6·49 스프링 하중량의 진동

(4) 진동수와 승차감

자동차를 타면 멀미를 하고 어지러운 현상이 생기는 데 이는 이상진동이 사람의 뇌에 작용하여 자율신경에 영향을 주기 때문이다. 사람이 보행할 때 두부의 상하운동은 60~70 사이클/분, 뜀박질은 120~160사이클/분이라고 한다. 보통 60~120사이클/분의 상하동이 승차감에 좋다고 한다. 진동수가 120사이클/분을 초과하거나 45사이클/분 이하이면 기분이 좋지 않다고 한다.

(5) 스프링 상수와 승차감

스프링은 훅의 법칙에 따라 가해지는 외력과 그 경우의 변형은 비례하며, 따라서 외력을 변형으로 나눈 값은 항상 일정하다. 이 값을 **스프링 상수**라고 하며 단위는 kgf/mm로 표시한다.a

외력(하중)을 W(kgf), 변형을 (mm), k를 스프링 상수(kgf/mm)라고 할 경우, 스프링 상수 k는

$$k = \frac{W}{a} = \frac{\text{바퀴의 전담하중 (kgf)}}{\text{바퀴의 상하변위 (mm)}} = \frac{\text{접지면 반력}}{\text{차체의 처짐}} \qquad (6 \cdot 7)$$

가 되며, 스프링 상수는 스프링의 세기를 표기하므로 강한 스프링은 값이 크고 약한 스프링은 값이 작게 된다. 또 스프링 상수는 외력과 진동수의 관계의 경우, g를 중력가속도 (9.8m/sec^2), f를 진동수(사이클/초)라 하면 다음과 같이 된다.

$$f = \frac{1}{2\pi}\sqrt{\frac{kg}{W}} \qquad (6 \cdot 8)$$

윗식에서 g, π는 일정하므로 진동수는 스프링 상수에 비례하고 외력(하중)에 반비례하게 된다. 대개 스프링 상수는 승용차에 3~5 kgf/mm, 트럭은 20~30 kgf/mm 정도이다.

스티어링 장치

7 chapter

7-1 일 반

1 개발과정

초기의 자동차 스티어링 또는 조향장치(steering system)는 현재의 우마차에 사용되고 있는 것과 같은 차축의 중앙부를 중심으로 차축이 바퀴와 동시에 방향을 바꾸는 **전차대식**(轉車臺式, turn table system)이 사용되었으나, 차량이 무겁게 되고 속도가 빨라짐에 따라 여러 가지 불합리한 점이 생겼다.

여기에서 영국의 Rudolph Acherman이 앞차축의 양끝에 부착시킨 수직선의 나무 못[栓]을 관절로 하여, 여기에 연결시킨 바퀴 축만을 좌우로 경사시켜 방향을 바꾸는 기구를 발명하여 특허를 얻음으로써 현재의 스티어링 장치의 기초를 이루었는데 이것이 **아커만식**이다(그림 7·1).

그러나 이 기구는 양쪽의 바퀴가 방향전환을 하고자 하는 방향으로 평행하게 방향을 바꾸기 때문에 어느 한쪽의 바퀴가 옆으로 미끄러지면서 회전되고 타이어를 심하게 손상, 마모시키는 현상이 나타남으로써, 프랑스의 Charles Jantaud가 이 결점을 제거하기 위해 양쪽 앞바퀴 축의 중심선과 뒷바퀴 축의 중심선이 방향을 바꾸고자 하는 쪽의 1점에 교차되는 기구로 할 필요가 있다고 발표(1817년)하여 처음으로 현재 자동차에 사용되고 있는 스티어링 장치의 기구가 되었다. 이것을 **아커만-장토**(Acherman-Jantaud)식이라 부르고 있다(그림 7·2).

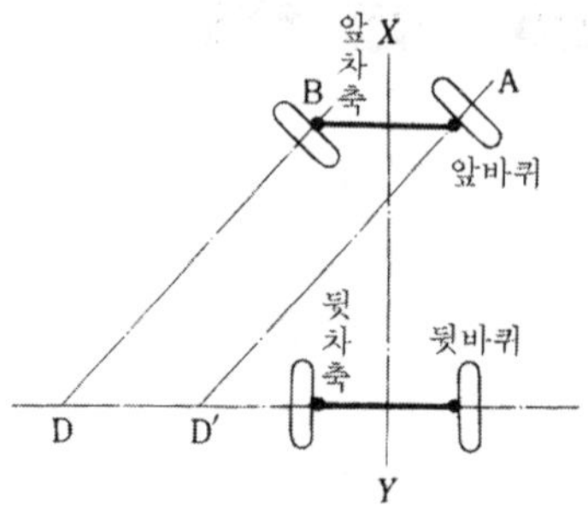

그림 7 · 1 아커만식

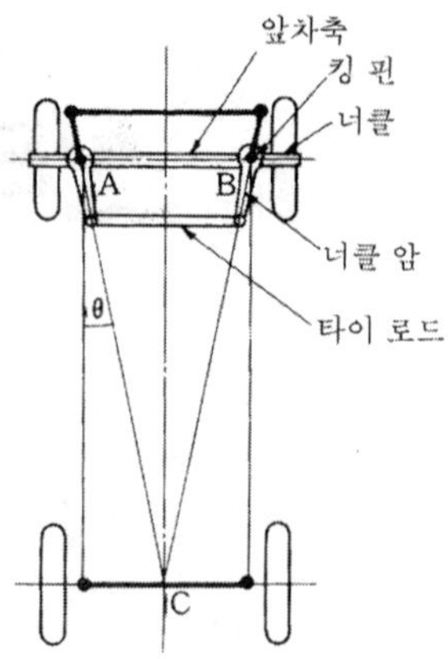

그림 7 · 2 아커만-장토식

2 스티어링의 기능

자동차는 타이어를 매개로 노면에 힘을 전해 선회운동을 한다. 이 운동은 운전자가 운전석에서 스티어링 장치를 조작하여 앞바퀴와 뒷바퀴를 움직여서 조종한다. 스티어링 장치의 구조를 그림 7 · 3과 그림 7 · 4에서 나타낸다.

스티어링 장치의 전달경로는 스티어링 휠에서의 조향 토크와 회전변위를 스티어링 기어에 의해 큰 힘으로 변환하고 링크 기구를 통해 킹 핀(king pin) 둘레의 바퀴의 회전으로 변환시키는 것이다.

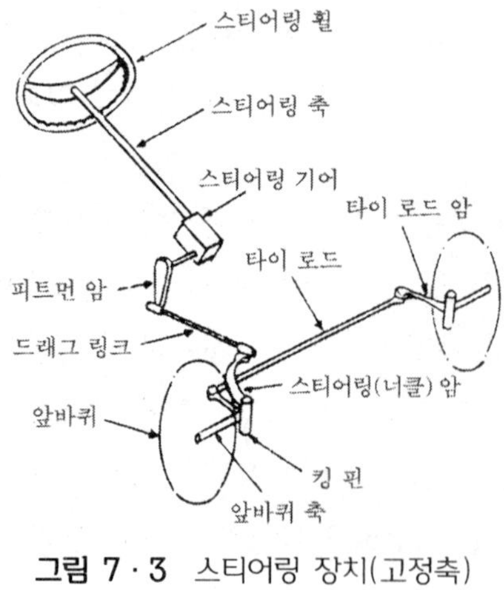

그림 7 · 3 스티어링 장치(고정축)

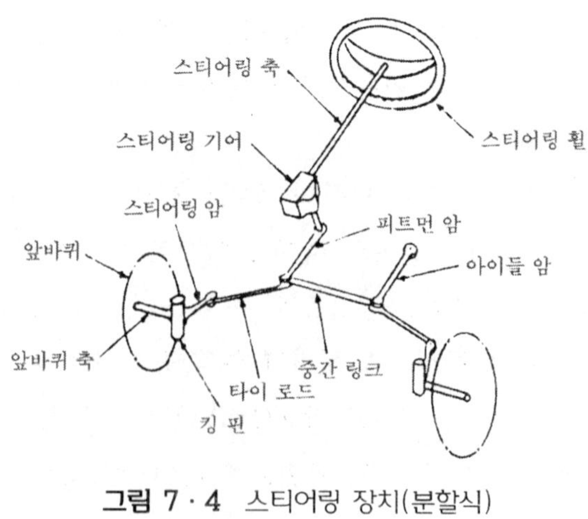

그림 7 · 4 스티어링 장치(분할식)

이 스티어링 장치는 구조상으로 보았을 때 일반구조로서 고정축(일체차축식)(그림 7 · 3)과 독립현가식 또는 분할식(그림 7 · 4)으로 구분한다. 구체적인 설명은 7-3의 1 일반구조에서 설명한다.

3 기본 형식과 특징

스티어링의 기본 형식은 조향 바퀴, 스티어링 기어방식, 링크 배치 및 배력방식에 의해 분류된다.

(1) 조향 바퀴에 따른 분류

① **앞바퀴 조향** : 하나의 앞차축 양쪽 바퀴로 조향조작을 하는 방식이며, 현재로선 이 방식이 가장 많이 채용되고 있다.

② **앞과 뒤 바퀴 조향** : 앞과 뒤 차축 전체 바퀴로 조향조작을 하는 방식. 네 바퀴 조향(Four Wheel Steering ; 4WS)이라 부르며, 작은 회전과 기동성을 목적으로 특수차량에 채용되고 있으나 현재는 고속 선회능력의 향상으로 승용차에도 채용되고 있다.

③ **뒷바퀴 조향** : 하나의 뒤차축 양쪽 바퀴로 조향조작을 하는 방식. 앞차축에 큰 하중이 걸리는 포크 리프트 등 특수차량에 채용되고 있다.

④ **앞바퀴 하나의 조향** : 하나의 앞바퀴로 조향조작을 하는 방식. 세 바퀴 차 및 두 바퀴 차에 채용되고 있으나 세 바퀴 차는 현재 거의 생산되지 않고 있다.

⑤ **앞 2축 조향** : 2개의 앞차축 네 바퀴로 조향조작을 하는 방식이며, 작은 회전성 및 적재중량 증가 등을 목적으로 하고 있다.

(2) 스티어링 기어방식에 따른 분류

오늘날 가장 많이 보급되고 있는 볼 스크류식 및 랙-피니언식으로 분류한다.

① **볼 스크류식** : 스티어링 축에 연결된 웜 축의 회전을 웜과 볼 너트의 나사 홈에 따라 배열된 강구를 매개로 볼 너트 축방향의 변위로 변환, 조향 링크 기구에 전달하는 방식. 승용차의 일부 및 대형 트럭 · 버스의 대부분에 사용되고 있다.

② **랙-피니언식** : 스티어링 축의 하단에 피니언 기어를 부착, 스티어링 휠의 회전으로 피니언 기어를 회전시켜 그 기어와 맞물려 있는 래크 기어를 래크의 축방향 변위로 변환, 스티어링 링크 기구에 전달하는 방식. 구조가 간단하고 가벼워 승용차에 널리 사용된다.

(3) 링크 배치에 따른 분류

스티어링 링크는 좌우축을 연결하여 조향조작 때에는 양쪽 바퀴의 조향각이 일정한 관계를 만족하게 하는 기구를 말한다.

링크 기구는 일체차축(rigid axle)에 적용되고 있는 크로스 링크식, 독립현가식에 적용되고 있는 대칭 링크식, 래크-피니언 링크식, 센터 암식으로 분류되고 있다.

① **크로스 링크식** : 좌우축의 너클 암 또는 타이 로드 암의 끝부분을 하나의 타이로드로 연결하여 한쪽의 바퀴에 조향각을 줌으로 반대측의 바퀴에 조향각을 전하는 링크 방식.

② **대칭 링크식** : 요동 가능한 2개의 암 끝을 하나의 링크로 연결시켜 이 암의 끝 또는 링크 중간부분을 좌우 조향 바퀴의 타이 로드에 연결하고 2개의 암 중 하나를 요동시킴으로 좌우의 조향 바퀴에 조향각을 주는 방식

③ **래크-피니언식** : 래크-피니언 기어식의 조향기어를 차체에 대해서 좌우방향으로 배치하고 래크의 끝부분 또는 중간부에서 좌우의 타이 로드를 연결하고 래크의 좌우이동에 의해 좌우의 조향 바퀴에 조향각을 주는 방식

④ **센터 암식** : 차체 중심면 부근의 고정축 둘레에 요동하는 암을 설치하여 그 한쪽 끝에 좌우의 타이 로드를 연결, 다른 끝을 요동시켜 좌우의 조향 바퀴에 조향각을 주는 방식

(4) 배력방식에 따른 분류

배력장치란 조향력을 경감시키기 위한 스티어링 장치로 현재는 유압식과 전동식의 두 종류로 분류된다.

① **유압식** : 유압 펌프를 기관 또는 전동 모터로 구동하여 펌프로부터 보내진 오일을 파워 실린더에 도입하여 배력시키는 방식이다. 소형 승용차에서 대형 트럭·버스에 이르기까지 현재 가장 넓게 사용되고 있다.

② **전동식** : 전동(電動) 모터의 구동력을 스티어링 축, 래크 등에 전달하여 배력시키는 방식이며 주로 경자동차, 포크 리프트에 사용되고 있다.

7-2 스티어링 장치의 원리

1 조향각과 선회 반지름

자동차가 저속으로 선회운동을 하는 경우, 각각 선회 반지름을 달리하는 안과 밖 각 바퀴가 사이드 슬립(side slip)을 일으키지 않고, 원활하게 곡선운동을 하기 위해서는 그림 7·5와 같이 선회의 중심은 뒤차축 중심선의 연장상에 있어야 한다. 동시에 좌우 앞바퀴의 선회 중심도 이 점에 일치하지 않으면 안 된다.

그러기 위해서는 선회 때 α, β를 **조향각**(steering angle)이라 하면, 안 쪽 바퀴의 조향각은 바깥 쪽 바퀴의 조향각보다 커서 $\beta > \alpha$가 된다. 각 바퀴의 궤적에서 가장 바깥 쪽의 바퀴가 그리는 반경을 **선회 반지름**(turning radius)이라 하며, 위의 관계는 모든 선회 반지름에서 성립될 것이 필요하다. 또 이것을 만족하는 장치가 **아커만-장토식**으로 널리 일반화되어 있다.

2 아커만-장토식

직진상태에는 그림 7·2에 표시된 것과 같이, 좌우 너클 암의 연장선이 뒤차축의 중심부근에 만나도록 설치되어 있으며, 이렇게 함으로써 조향 때 앞바퀴의 조향각에 자동적으로 차이가 생기도록 되어 있다.

차가 선회중일 때는 안쪽 바퀴와 바깥쪽 바퀴는 그림 7·5와 같이 선회 반지름인 r_1, r_2가 서로 달라 이 선회 반지름에 해당되는 조향각을 줄 필요가 있음을 의미하며, 이 관계를 만족시키는 기본 조건을 **아커만-장토의 이론**이라고 한다.

차가 선회할 경우 그림 7·5와 같이 앞바퀴 축[轉輪軸] 중심선의 연장이 뒤차축의 연장선과 만나는 점을 회전 중심으로 회전하며, 안과 밖 바퀴의 타이어 방향과 진행방향이 일치되어 각 타이어는 옆으로의 미끄러짐이 발생하지 않게 된다.

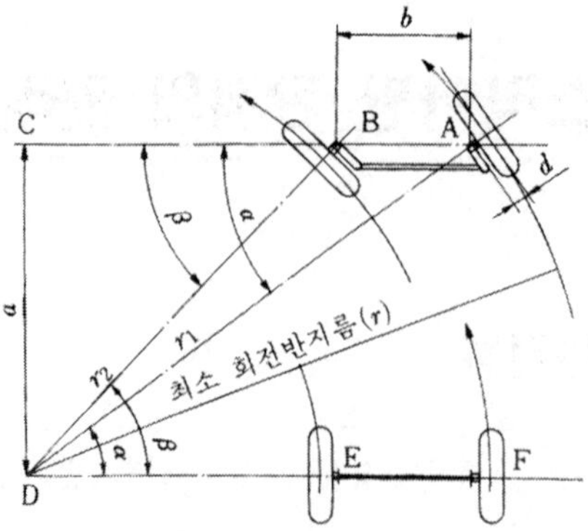

그림 7 · 5 아커만-장토의 선회

그림 7 · 5에서 a를 축 사이의 거리, b를 킹 핀 사이의 거리, α를 바깥 쪽 바퀴의 조향각, β를 안 쪽 바퀴의 조향각이라 하면 아커만-장토식의 선회조건식은

$$\frac{\mathrm{AC}}{\mathrm{CD}} = \cot\alpha\,,\ \frac{\mathrm{BC}}{\mathrm{CD}} = \cot\beta$$

$$\frac{\mathrm{AC}-\mathrm{BC}}{\mathrm{CD}} = \frac{b}{a} = \cot\alpha = \cot\beta \tag{7 · 1}$$

가 되고, 근사적으로 그림 7 · 2에서와 같이 킹 핀의 위치 A, B와 뒤차축 중심점 C를 연결하는 직선상에 너클 암과 타이 로드의 연결점에 오도록 너클 암의 부착 각도 θ를 선정하면 된다. 또 그림 7 · 5에서 b/a가 주어지면 α, β 사이에는 항상 위의 관계가 성립되도록 조향기구를 만들면, 선회 반지름에는 관계없이 각 바퀴는 하나의 회전 중심 둘레를 회전하게 된다. 그러나 고속에서 급선회를 하게 되면 타이어가 원심력으로 사이드 슬립이 일어나므로, 이것을 고려할 필요가 있다.

자동차의 최소 회전 반지름이란 최대 조향각으로 선회할 경우의 회전 반지름을 말하며, 바깥 쪽 앞바퀴의 중심궤적으로 측정한다. 그림 7 · 5에서 안 쪽 앞바퀴 B와 내측 뒷바퀴 E와의 반지름 차를 내부 홈차(內輪差)라고 한다. 내부 홈차는 조향각을 일정하게 하였을 경우에는 축거가 큰 차량일수록 크게 된다.

최소 회전 반지름은 그림 7 · 5에서 a를 축거, d를 바퀴 중심면과 킹 핀축의 거리라고 하면 식 (7 · 2)와 같이 주어진다.

$$r = \frac{a}{\sin\alpha} + d \tag{7 · 2}$$

7-3 스티어링 장치의 구조와 기능

1 일반 구조와 구성

자동차가 자유롭게 주행하기 위해서는 ① 방향의 제어, ② 속도의 제어, ③ 정지의 세 가지 기능이 필요하다. 스티어링 장치는 자동차의 진행방향을 자유로 변경하는 장치이다.

그림 7·1은 일체차축식, 그림 7·2는 독립현가식의 대표적인 스티어링 장치이다.

(1) 일체차축식의 일반적 스티어링 장치

휠을 돌리면 스티어링 축의 끝에 있는 기어 복스에서 스티어링 휠의 회전운동이 선형운동(linear motion)으로 바뀌고, 이 선형운동은 링크 또는 타이 로드로 앞바퀴 축의 내·외측 운동으로 되어 바퀴의 전동(轉動) 방향을 왼 쪽과 오른 쪽로 바뀌게 한다. 이렇게 하여 얻어진 좌측 바퀴(우측 스티어링 휠은 우측 바퀴)의 방향전환은 타이 로드 암과 타이 로드에 의해 반대측으로 전달되고 스티어링 휠의 회전에서 왼 쪽과 오른 쪽 양쪽 바퀴가 방향을 바꾸게 된다.

(2) 독립현가식의 스티어링 장치

기어 복스에서 암의 운동을 왼 쪽과 오른 쪽 각각의 링크로 전달하는 구조로 왼 쪽과 오른 쪽 바퀴의 상하동(上下動)과는 관계없이 조향조작이 되도록 하고 있다.

앞바퀴가 독립현가식일 때는 왼 쪽과 오른 쪽 앞바퀴가 마음대로 상하로 움직여 트레드(윤거)가 변화되므로 왼 쪽과 오른 쪽 1개의 로드로 연결하면 끊임없이 토인이 변화하게 된다. 이를 피하기 위해 왼 쪽과 오른 쪽 2개로 분할하는 방법을 택하여 타이 로드의 배치로 하고 있다.

2 각 기구의 구조와 기능

스티어링 장치는 자동차의 진행방향을 운전자의 뜻에 따라 임의로 바꾸기 위해 조향을 하는 장치로 ① 운전자가 직접 조향조작을 하는 스티어링 휠, 스티어링 축 및 칼럼

(column)으로 구성된 조작기구, ② 조작 기구의 운동방향을 바꾸어 링크 기구로 전하는 스티어링 기어의 기어 기구, ③ 기어 기구의 움직임을 앞바퀴에 전하며 왼 쪽과 오른 쪽 바퀴의 관계위치를 바르게 유지하는 부분으로 피트먼 암, 드래그 링크, 너클 암 및 타이로드 등으로 구성되어 있는 링크 기구의 셋으로 구성되어 있다.

3 조작기구(操作機構)

조작기구는 스티어링 휠 · 스티어링 축 · 스티어링 칼럼으로 구성되어 있으며, 운전자가 조작력을 기어 기구에 전달하는 것이나 운전자의 안전을 확보하기 위해 여러 가지 안전기구가 채용되고 있다.

(1) 스티어링 휠(조향 핸들) 및 칼럼

스티어링 휠은 보통 둥근 원모양의 림, 중심의 허브 및 이들을 연결하는 스포커로 되어 있으며, 림 및 스포커의 내부에는 금속제의 속을 넣어 합성수지나 경질고무로 피복 성형한 것이 많다.

오토 크루즈, 라디오, 공기조화 등의 컨트롤을 위한 스위치, 에어 백을 장비한 스티어링 휠도 있다. 스포커 1개 형도 있으나 2~3개 형은 균형이 잡힌 일반적인 유형이다.

에너지 흡수성능을 향상시키기 위해 스티어링 휠의 중앙에 철판 또는 합성수지로 만든 흡수부재를 가진 패드를 설치하는 예도 있다.

스티어링 칼럼(steering column)은 스티어링 휠을 매개로 운전자의 의도를 스티어링 기어 복스에 전달하는 것을 기본으로 안전성 · 조작성을 고려한 설계가 필요하며 최근의 동향으로 차량의 고급화 지향으로 승차자가 타고 내리는 편리성(乘降性)을 고려한 전동 틸트 및 텔레스코픽 칼럼의 탑재가 이루어지고 있다.

안전성으로 보았을 때 충돌 에너지를 흡수하는 방법은 흡수하는 부위에 따라 ① 스티어링 휠, ② 스티어링 칼럼, ③ 스티어링 축, ④ 칼럼 브래킷 등 4종류가 있다. 또 조작성으로 보았을 때는 고정식 · 틸트식 · 텔레스코픽식 · 틸트－텔레스코픽식이 있다.

1) 틸트－텔레스코핑 스티어링 휠(tilt－telescoping)

많은 차량은 그림 7 · 6과 같은 틸팅 스티어링 휠을 가지고 있다. 이 같은 장치는 스티어링 칼럼을 밀어 넣고 당기고 해서 운전자가 차량에 쉽게 출입할 수 있게 한다. 역시 차 안에 들어가고 나오는데 편리하게 스티어링 칼럼을 올리고 내릴 수도 있게 되어 있다.

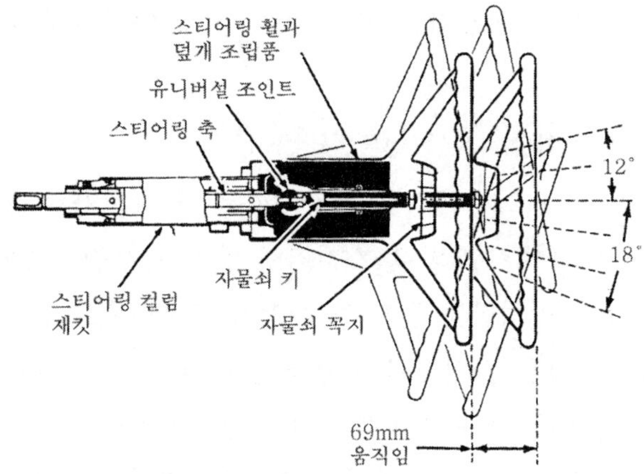

그림 7·6 틸팅-텔레스코핑 스티어링 휠

2) **변형에 의한 에너지 흡수식 휠**

스티어링 휠은 충분한 강도를 가짐과 동시에 충돌 때의 안전성을 고려한 형상 및 강성을 가지는 것이 필요하다. 즉, 자동차의 정면충돌 때의 경우는 충돌 때의 충격으로 스티어링 기어의 부착 부분이 뒤쪽으로 변형 이동되고, 이로 인하여 기어와 연결되어 있는 스티어링 축 및 휠이 운전자 쪽에 돌출된다. 한편, 운전자는 차량의 운동이 갑자기 정지되기 때문에 관성으로 돌출되어 오는 휠에 충돌되어 흉부를 강타당하여 큰 상해를 입는 경우가 많다.

이와 같은 사실에서 충돌 때 운전자에 대한 안전대책으로, ① 스티어링 축의 뒤 쪽 방향 돌출 량의 제한, ② 여기에 운전자가 부딪혔을 때 충격하중의 제한에 중점을 둔다.

위에서와 같은 충돌 때의 안전성을 고려하여 최근의 스티어링 휠에 관해서는 파손되더라도 축에 연결된 허브 부분에 가슴이 강타되지 않도록 앞면 부분을 부드러운 탄성체로 피복한 **패드식 휠**[그림 7·7(a)] 또는 휠과 일체로 만들어진 얇은 강판제의 벨로즈를 가지며, 충격을 받았을 때에는 이 부분이 좌굴변형(坐屈變形)되어 에너지를 흡수하는 **에너지**

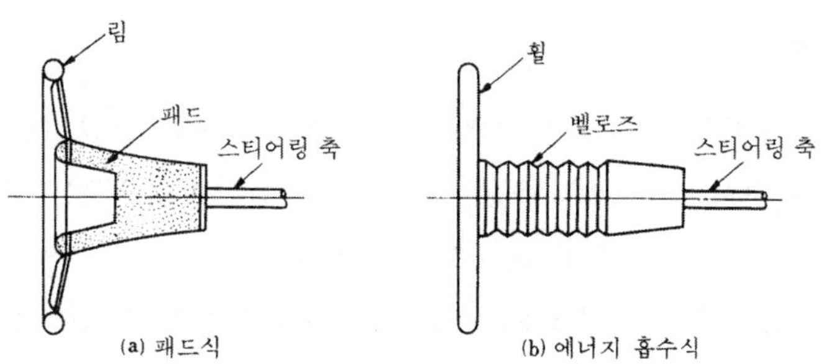

그림 7·7 안전 휠의 예

흡수식 휠[그림 7·7(b)] 등을 적용하는 예가 있다. 이들 에너지 흡수식은 휠과 패드가 같이 연결되어 있다.

3) **충격 흡수식 휠**(collapsible steering post)

충돌사고 등의 경우는 운전자의 부상을 경감시키는 구조를 가진 스티어링 장치이다. 말하자면 충돌 때 차체파손(제1차 충격)은 스티어링 장치가 운전자측에 돌출하여 운전자에게 위해(危害)를 주는 것을 방지함과 동시에, 운전자가 관성으로 스티어링 장치에 접촉(제2차 충돌)되었을 경우, 충격을 완화시키는 구조를 **충격 흡수식 휠**이라 한다.

충돌 때의 충격을 흡수하는 데는 스티어링 축 또는 칼럼이 축 방향으로 압축되어 변형이 생겨 진행된다. 그림 7·8은 튜브-볼식 충격 흡수 칼럼으로 칼럼·튜브를 2분할하고 그림과 같이 2분할된 튜브 사이에 플라스틱으로 만든 케이스로 유지된 다수의 강구(steel ball)가 들어 있다.

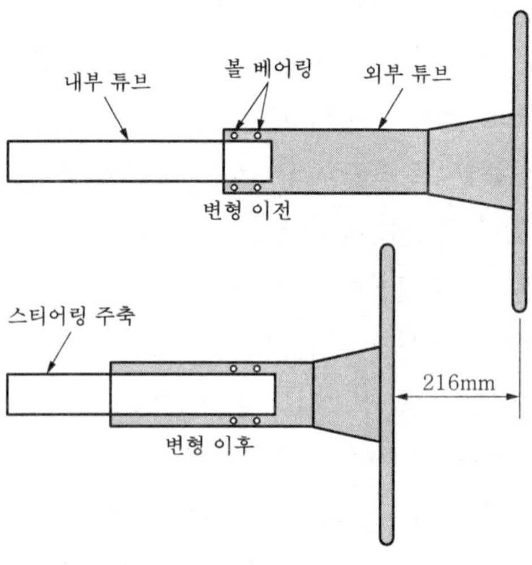

그림 7·8 튜브-볼식 충격 흡수 스티어링 칼럼

(2) 스티어링 축

스티어링 휠의 조작력을 스티어링 기어에 전달하며 윗 쪽에 스티어링 휠, 아랫 쪽에 스티어링 기어가 장착되어 있다. 스티어링 기어를 접속하는 방법으로는 직접 부착하는 방식과 플랙시블 조인트를 매개로 부착하는 방법이 있다.

스티어링 축은 승용차에서는 대개 20~30° 경사지게 부착되어 있으며, 승용차에는 충돌사고 등에 운전자가 관성에 의해 앞으로 넘어져 휠에 신체가 충돌하였을 때 부상을 경감

할 수 있도록 배려하여 스티어링 축을 장착해야 한다.

4 출력기구(기어 기구)

(1) 기어 복스

스티어링 축으로부터의 회전을 감속시켜 섹터 축을 회전시키고 이로 인해 요동하는 피트먼 암의 앞 끝에서 필요한 변위를 얻거나 또는 축의 회전을 래크의 직선운동으로 바꾸어 필요한 변위를 얻어 링크 기구를 매개로 바퀴에 전달하여 차량을 선회시키는 장치이다.

이 기어에는 다음과 같은 내용이 기본적으로 요구된다.

① 조향력이 적절할 것

② 조향력 · 조향유지력과 함께 노면 반력과의 밀접한 관계를 느끼게 할 것

③ 차량의 방향전환으로부터 복원을 방해하지 않을 것

④ 노면으로부터의 충격을 적절하게 완화시킬 것

⑤ 주행 중에 만나게 되는 모든 현상에 대해 완전하게 안전할 것

이들 모두는 일반차량용으로 수동 스티어링과 동력 스티어링의 어느 것에나 요구되는 조건이나 이곳에서는 수동 스티어링에 대해서 대표적인 기어만을 설명한다.

1) **재순환-볼 스티어링 기어**(recirculating-ball steering gear)

이 형식의 스티어링 기어는 그림 7·9와 같다. 기계효율이 높고 마모가 적으며 또 큰 작동각을 취할 수 있는 등 특징을 가지고 있어 지금까지 소형차에서 대형차에 이르기까지 널리 사용되었으나 동력 스티어링의 보급, 래크-피니언식으로 전환이 됨에 따라 현재는 승용차의 대형급 일부 및 소형 트럭을 중심으로만 사용되고 있다.

일부 차량에서는 **웜-롤러 스티어링 기어**가 사용되고 있으나 재순환-볼과 비슷하며 두 기어 장치 모두 피트먼 암과 평행 4변형 스티어링, 링크를 그림 7·9에서 볼 수 있는 바와 같이 사용한다.

그림 7·10은 수동 재순환 스티어링 기어로 (a)는 구조를 보여주는 다면도이고, (b)는 볼 너트와 재순환-볼의 중심 투시도이다. 그림 7·10에서 볼 수 있듯이 침탄 열처리된 웜 기어와 볼 너트 사이의 홈 속에 강구(steel ball)가 끼어들어 있고, 이 강구가 볼 튜브에 안내되면서 스티어링 축의 회전에 따라 볼 너트의 이쪽저쪽은 재순환할 수 있게 되어 있다. 볼 너트의 측면에는 래크 치형이 있어 이것이 섹터 기어와 물려 있다.

섹터 기어는 한 쪽 끝에서 다른 쪽 끝까지 정위치와 부위치 사이를 연속으로 작동하게 되어 있다.

한편 강구가 구르면서 볼 너트가 웜을 아래 위로 움직이게 하고 볼 너트의 작동이 피트먼 축을 회전, 그림 7·9와 같이 조향이 되게 조향 링크를 작동시키는 피트먼 암을 요동시킨다.

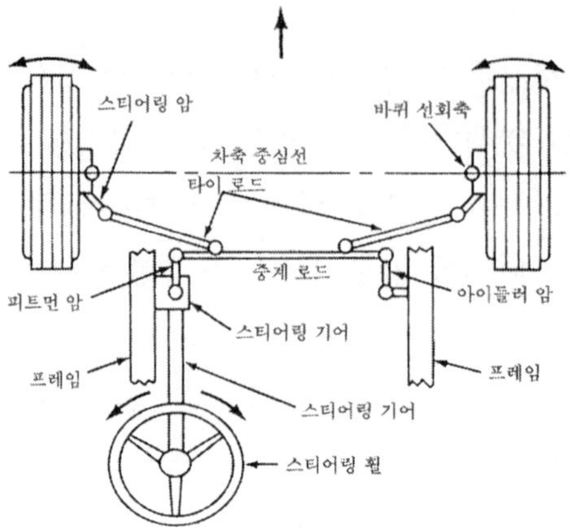

그림 7·9 재순환-볼 스티어링 장치

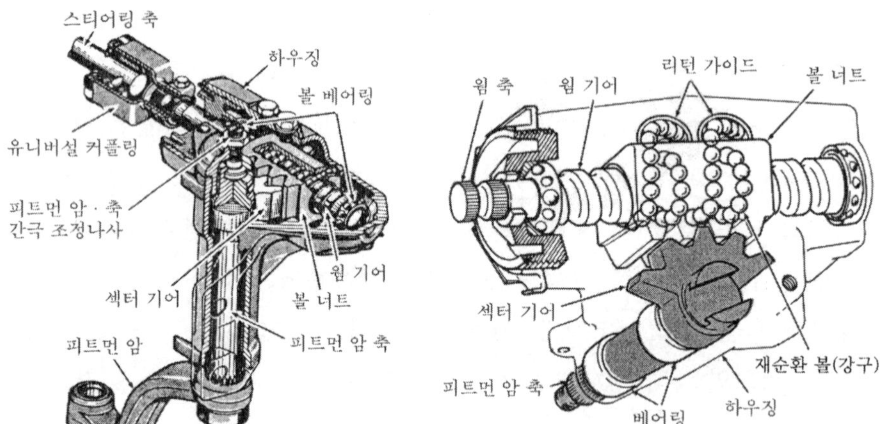

(a) 단면도 (b) 재순환 볼의 투시도

그림 7·10 수동 재순환 스티어링 기어

2) **래크-피니언 스티어링 기어**(rack and pinion steering gear)

지금까지 유럽 차량에서는 래크-피니어식 기어가 많이 사용되어 왔는데 최대의 특징은 강성이 높고 구조가 간단하며 경량, 낮은 가격이다.

기본적 구조는 래크-피니언이 맞물려서 작동하는 것이나 일반적으로 역효율(逆効率)이 높아 킥백(kickback)※ 또는 시미에 대해 약해서 일부의 차량에는 시미 댐퍼나 중간축에 완충기구를 설치한 것도 있다.

그림 7·11은 래크-피니언 스티어링 장치이며 그림 7·12는 수동 래크-피니언 스티어링 기어이다.

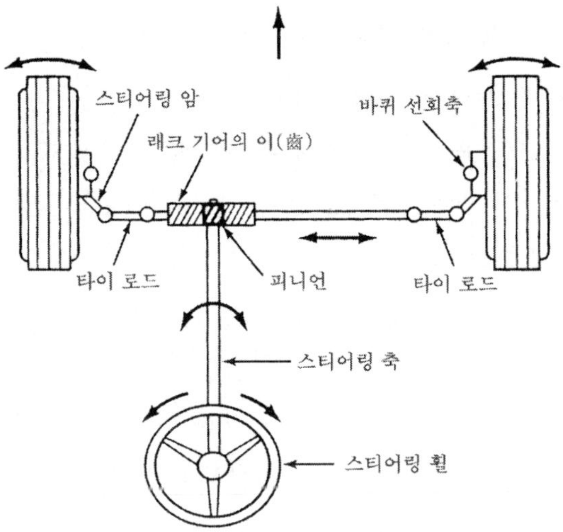

그림 7·11 래크-피니언 스티어링 기어

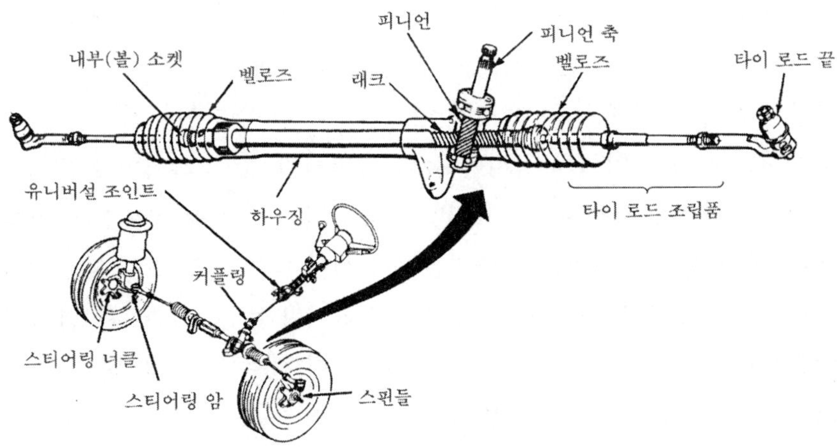

그림 7·12 수동 래크-피니언 스티어링 기어

※ 킥백 : 앞바퀴가 노면의 凹凸에 부딪혔을 때 생기는 예민하고 날카로운 스티어링 휠의 움직임.

이 기어는 스티어링 축 끝에 피니언 기어가 있어 래크와 맞물려 있다. 타이 로드는 래크의 끝을 스티어링 암에 연결, 스티어링 휠이 회전함에 따라 피니언 기어는 래크를 왼 쪽과 오른 쪽로 움직이고 이것이 스티어링 너클과 바퀴를 안 쪽과 바깥 쪽으로 돌리는 타이 로드와 스티어링 암을 작동시킨다.

타이 로드의 내부 끝에는 강구가 있어 래크 끝에 있는 볼 소켓에 끼워져 있고, 이것은 타이 로드 바깥 쪽 끝을 스티어링 너클과 바퀴와 함께 아래 및 위로 운동을 하게 한다. 또 벨로즈는 스티어링 기어가 먼지와 수분으로부터 보호한다.

3) **스티어링 기어 비**(steering gear ratio)

스티어링 기어는 스티어링 휠의 작동을 감속시킴과 동시에 운동의 방향을 바꾸어 링크 기구에 전달하는 것으로, 이 감속비를 **스티어링 기어 비**(또는 스티어링 비)라 한다. 스티어링 기어 비는 식 (7 · 3)으로 구해진다.

$$\text{스티어링 기어 비} = \frac{\text{스티어링 휠의 움직인 양}}{\text{피트먼 암의 움직이는 양}} \qquad (7 \cdot 3)$$

한편 스티어링 장치에서 운전자는 상대적으로 작은 힘을 스티어링 휠에 가하는데 그 결과는 바퀴에 상당히 큰 조향력이 작용하게 된다. 이것을 **기계적인 잇점**(mechanical advantage) 또는 스티어링 기어의 스티어링 비(steering ratio)라 한다.

이 스티어링 비는 앞바퀴를 1° 돌리는데 스티어링 휠을 돌려야 하는 각도이기도 하다(그림 7 · 13). 앞바퀴 1°를 돌리는데 스티어링 휠은 17.5°가 필요하다. 조향력을 가볍게 하려면 충분한 감속비(조향비)를 취하는 것이 필요하나 크게 하면 조향의 복원을 방해하거나 도로 바닥 반력이 잘 느껴지지 않는다. 또 휠의 조작이 바쁘게 된다.

이렇게 상반된 요구로 인해 모든 요구를 만족시키기는 어려우나 스티어링 기어의 마찰 손실을 되도록 감소시키고 비틀림 강성을 높여 극단적인 높은 기어비가 되는 것을 고려, 고속 때의 차량의 안정성, 저속 때의 조향력 등을 감안 다방면에 적절한 기어비를 결정하는 것이 필요하다. 전형적인 차량의 조향비는 수동식이 약 24 : 1, 동력식은 약 14 : 1이다. 이 값이 크면 클수록 조향하기가 쉽다. 그리고 스티어링 비는 스티어링 기어에서 스티어링 링크 비와 기어 비에 의해 결정되기도 한다. 기어 비는 승용차 및 소형 트럭에서는 15~24, 대형 트럭 · 버스는 23~30이 많다.

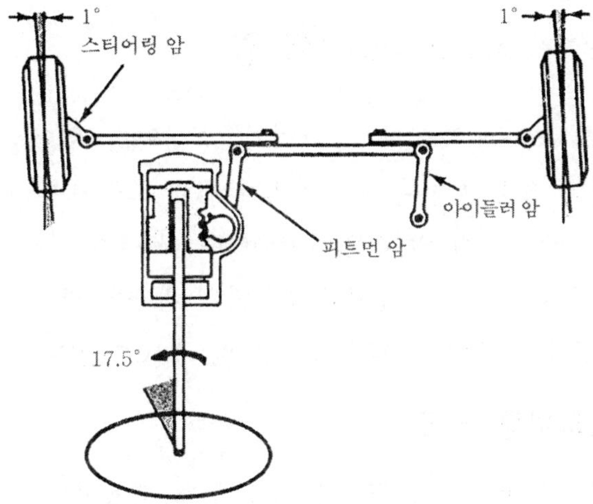

그림 7 · 13 스티어링 기어 비

4) 가변비 조향(variable-ratio steering)

많은 스티어링 기어는 가변 기어 비 조향이 마련되어 있다. 조향비는 스티어링 휠이 직진상태에서 멀리 벗어날수록 변화한다. 일반적인 변화는 16 : 1~13 : 1이다(그림 7 · 14).

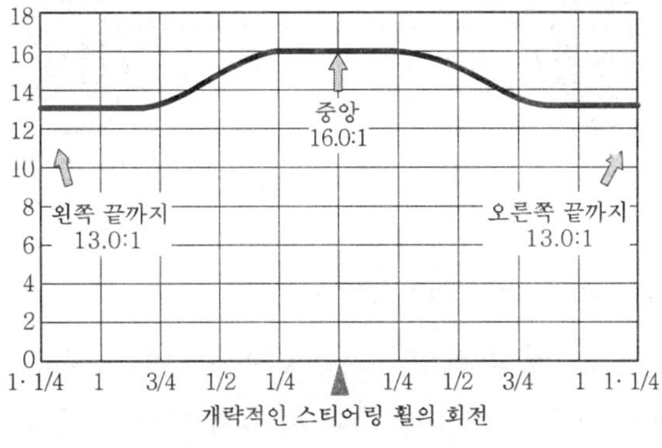

그림 7 · 14 앞바퀴의 선회와 스티어링 휠 운동과의 관계

어느 방향이나 처음 40°의 스티어링 휠의 운동에 대해서는 조향비가 거의 일정하다. 이 빠른 비는 고속운전을 위해 양호한 조향성을 부여한다.

스티어링 휠을 40°보다 더 돌리면 조향비는 감소된다. 낮은 조향비는 주차를 하거나 왼쪽과 오른 쪽으로 회전할 때 시가지 운전에 도움이 된다.

5 링크 기구(steering linkage)와 암

스티어링 링크는 스티어링 기어를 앞바퀴의 스티어링 암에 연결한다(그림 7·12, 7·13). 링크는 앞바퀴의 적정 정렬을 형성시키기 위해 조정되며, 타이 로드의 끝은 소켓에 끼워진 강구와 함께 스티어링 암에 연결한다(그림 7·12).

스티어링 링크는 왼 쪽과 오른 쪽 바퀴의 조향각의 관계를 만족시키는 외에 현가장치의 상하운동과의 사이에 간섭이 생기지 않도록 설계할 필요가 있다.

(1) 일체차축식 스티어링 링크

일체차축식의 경우는 일반적으로 크로스 링크식을 적용한다. 크로스 링크식은 그림 7·15와 같이 왼 쪽과 오른 쪽 바퀴의 타이 로드 끝부분을 하나의 타이 로드로 서로 연결, 한쪽의 바퀴에 조향각을 줌으로 반대쪽의 바퀴에 조향각을 전달하는 가장 기본적인 방식이다.

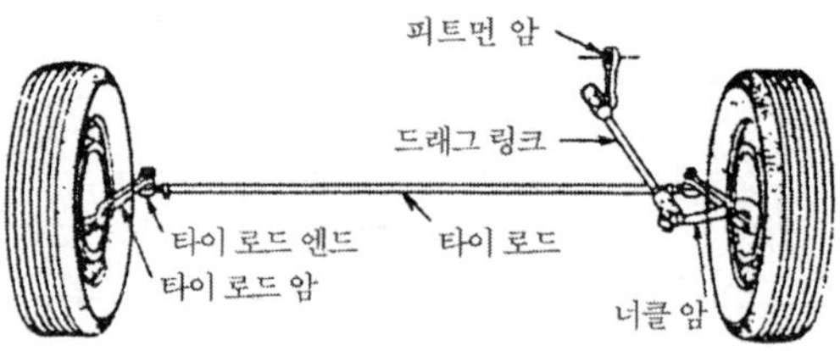

그림 7·15 크로스 링크식

1) **피트먼 암**(pitman arm or drop arm)

스티어링 휠의 움직임을 드래그 링크 또는 중계 로드에 전하는 것으로 한쪽은 테이퍼 세레이션(tapered seration)을 이용하여 섹터 축에 부착하고 다른 쪽은 드래그 링크를 접속하기 위한 볼 조인트가 설치되어 있다.

볼은 암과 일체로 성형한 것과 별개로 제작하여 결합시킨 것이 있다.

2) **드래그 링크**(drag link)

피트먼 암과 너클 암을 연결하는 로드로 양끝은 볼 조인트를 매개로 암에 연결하도록 되어 있다. 드래그 링크는 앞바퀴의 상하운동에 의해 피트먼 암측을 중심으로 원호운동을 하나 그 수평방향의 변위와 너클 암의 상하운동에 의한 변위를 일치시키는 것이 필요하며, 그 차이가 크면 앞차축의 상하운동으로 바퀴가 흔들리거나 스티어링 휠이 흔들려 불안정하게 되므로 그 배치는 충분히 연구해서 결정하여야 한다.

3) **너클 암**(knuckle arm)

드래그 링크가 결합되는 쪽은 일반적으로 셋째 암(third arm)이라고도 한다. 너클에는 테이퍼와 키를 이용하여 결합시키지만 볼트를 사용하는 형식도 있다.

셋째 암은 드래그 링크를 연결하는 볼 조인트 및 타이 로드 엔드를 부착시키는 부분을 설치함과 동시에 선회 때의 **토 아웃**(toe out)을 적절히 주기 위해 직진상태에서 왼 쪽과 오른 쪽 너클 암의 연장선이 뒤차축 중심에서 교차되도록 어느 각도를 가지고 너클에 연결되어 있다.

4) **타이 로드 및 타이 로드 엔드**(tie rod & tie rod end)

왼 쪽과 오른 쪽의 너클 암을 연결하여 셋째 암의 작용을 다른 쪽 너클 암에 전해 왼 쪽과 오른 쪽 바퀴의 올바른 관계위치를 유지하는 역할을 한다. 연결위치는 노면의 장애물에 부딪치지 않게 일반적으로 앞바퀴의 뒤쪽에 하며, 앞바퀴 구동식이나 독립현가식에서는 앞 쪽에 부착하는 경우도 있다.

타이 로드 엔드는 한 쪽은 오른 나사, 다른 쪽은 왼 나사가 사용되며 너클 암에 연결되어 있다.

(2) 독립현가식의 스티어링 링크

이 시스템에서는 왼 쪽과 오른 쪽 바퀴가 독립하여 상하운동을 하므로 스티어링 타이 로드를 분할하여 왼 쪽과 오른 쪽 각각의 로드가 조향간섭을 하지 않게 배열한다.

조향간섭은 스티어링 휠에 킥백을 전할 뿐만 아니라 바퀴의 정열변화(토인 변화)를 초래하여 직진성을 손상시킨다.

통상 타이 로드 전체는 중앙에 중계 로드나 래크를 끼워 3분할한다. 왼 쪽과 오른 쪽의 타이 로드는 중앙의 로드부 양끝에 볼 조인트를 가진 타이 로드 엔드를 나사로 결합하는 구조로 한다. 배치분류에 의한 대표적인 것만 다룬다.

1) **대칭 링크식**

요동 가능한 2개의 암을 앞 쪽과 뒤 쪽 방향으로 향하게 차체의 왼 쪽과 오른 쪽에 나란히 배치하고 이 양 암의 끝부분을 하나의 중계 로드로 연결, 또 이 암이나 중계 로드의 중간부를 왼 쪽과 오른 쪽 조향바퀴의 타이 로드에 연결하고 2개의 암 중에서 하나, 즉 피트먼 암을 요동시켜 양쪽 바퀴에 조향각을 주는 링크 방식이다(그림 7·16). 다른 쪽 암, 즉 아이들러 암은 그림 7·17과 같은 구조를 하고 있다.

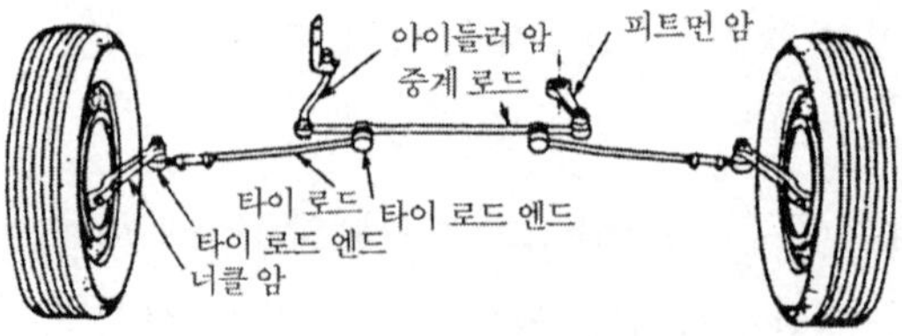

그림 7 · 16 대칭 링크식

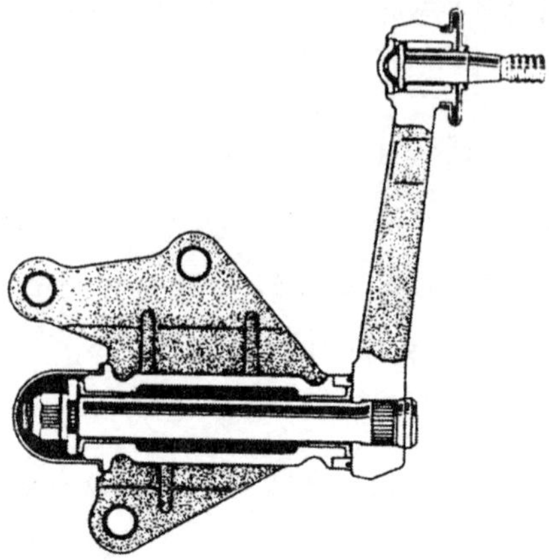

그림 7 · 17 아이들러 암의 보기

2) **래크 - 피니언식**(rack-pinion link)

래크-피니언식 기어 복스를 차체에 대해서 왼 쪽과 오른 쪽방향으로 배치하여 래크 끝 부분이나 중간부에 왼 쪽과 오른 쪽의 타이 로드를 연결하여 래크의 이동으로 왼 쪽과 오른 쪽의 조향 바퀴에 조향각을 부여하는 링크 방식으로 승용차에 많이 사용된다.

그림 7 · 18은 한쪽에, 그림 7 · 19는 중앙에 설치한 형식이다.

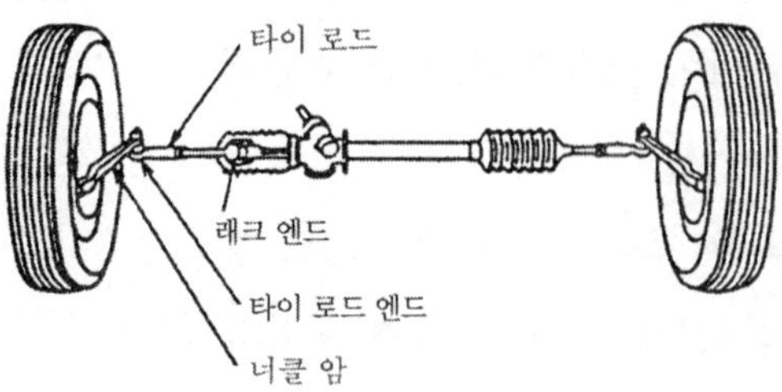

그림 7 · 18 래크-피니언

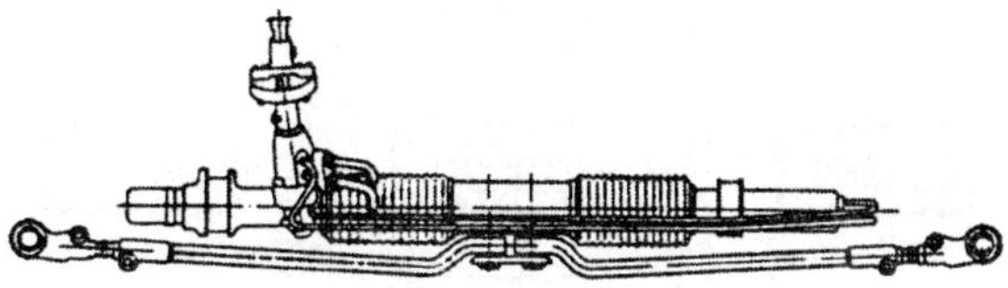

그림 7·19 래크-피니언 링크식(중앙)

3) **센터 암 링크식**(center arm link)

차체 중심면 부근에 고정축 둘레로 요동하는 암을 설치하고 그 한쪽에 왼 쪽과 오른 쪽의 타이로드를 연결, 암을 요동케 하므로 왼 쪽과 오른 쪽의 조향바퀴에 조향각을 주는 링크 방식이다(그림 7·20).

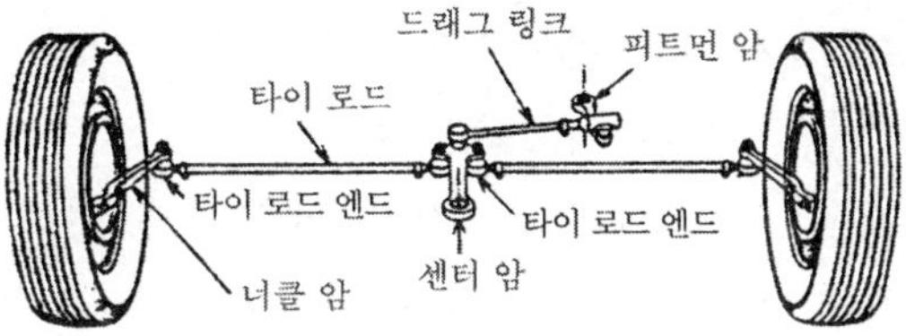

그림 7·20 센터 암 링크식

7-4 동력 스티어링 장치

1 배력기구(倍力機構)

운전자에 의한 스티어링 휠(이하 핸들)의 조작력을 경감시키기 위해 동력을 사용하여 조향보조력을 발생하는 장치를 **조향 배력장치**(Power assisted Steering ; PS)라 한다.

조향 배력장치는 그림 7·21에 표시하는 것과 같이 운전자의 핸들 조작을 입력신호로 하여 조향 바퀴의 변위를 출력신호로 하는 위치 서보기구의 형식을 취하고 수동조작에 동력부분을 추종하여 조향저항에 해당되는 정도의 보조력을 발생시켜 조향을 함과 동시에 출력의 일부를 반작용력으로 운전자에 전해 조향부하의 감각을 부여하는 쌍동형(雙動型) 서보기구(birateral servo)로 구성한다.

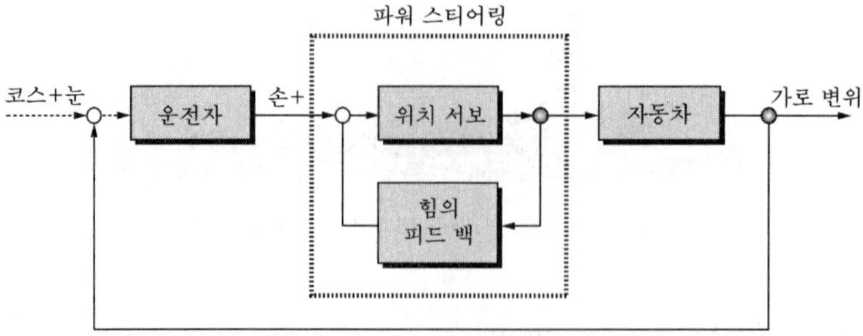

그림 7·21 PS 조향계의 블록 선도(birateral servo 기구)

조향 배력장치의 동력방식에는 유압식 · 공기압식 · 전동식이 있으며 현재로서는 제어성 · 응답성 · 신뢰성이 우수한 유압식이 널리 사용되고 있다.

전동식 조향 배력장치는 에너지 절약성, 탑재성 등의 장점에서 각 방면에 개발이 진행되고 있으나 자동차 부품으로서의 가격문제가 우선 해결되어야 한다.

동력조향 장치를 사용하는 경우의 이점은 다음과 같다.

① 조작력을 작게 할 수 있어 스티어링 기어를 자유롭게 선택할 수 있다.

② 노면으로부터의 충격에 의한 휠의 급속귀환(quick back)을 방지할 수 있다.

③ 앞바퀴의 시미동작을 감소시키는 효과가 있다.

2 유압 배력기능

유압식 조향 배력장치는 조향 배력장치 기어 복스, 오일 펌프(이하 펌프), 오일 탱크 배관 및 호스로 구성되어 있으며, 조향 배력장치 기어 복스는 제어 밸브, 파워 실린더, 배관을 매뉴얼 기어 복스에 조립시켜 구성하고 있으며 각 구성요소는 표 7·1과 같은 기능을 분담하고 있고, 구성요소의 결합에 의해 표 7·2와 같은 형식과 용도로 나눈다.

표 7·1 유압식 조향 배력장치의 구성요소

- 유압식 PS
  - 제어기능 (유압 배력기능)
    - (1) 제어 밸브 기구
    - (2) 반력기구
      - 스프링 반력기구
      - 유압 반력기구
  - 배력기능 (유압 배력기능) — (3) 파워 실린더 기구
  - 오일 통로기능 — 배관 · 오일 통로
  - 전달기능 — 기어 복스 기구

표 7·2 조향 배력장치의 형식과 일부 주된 용도

PS 형식	기어 형식	본체의 구성요소			별체의 구성요소		주된 용도
		기어 복스	밸 브	실린더	기어 복스	실린더	
래크-피니언	래크-피니언	○	○	○	—	—	승 용 차
인티그럴	볼 너트-섹터 (볼스크루)	○	○	○	—	— (◎)	트럭, 일부 승용차 (일부 앞 2축 트럭)
링 케이지	—	—	○	○	○	—	일부의 앞 2축 트럭
세미 인티그럴	볼 너트-섹터	○	○	—	—	○	산업차량 (포크 리프트 등)

승용차에는 경량 · 고강성 등의 특성에 따라 래크-피니언식이 주로 사용되나 일부 차량에는 인티그럴식(integral type)이 남아 있다. 한편 픽업 이상의 트럭에서는 레이아웃의 견지에서 인티그럴식이 사용되고 있다. 여기서는 **유압 배력기능**만 소개한다.

(1) 제어 밸브

조향 배력장치로서 중요한 조향보조력을 제어하는 작용을 가지고 있으며, 반력(反力)기구와 결합되어 적절한 조향력 설정을 하는 조향 배력장치의 심장부이다.

제어 밸브는 V_1~V_4의 교축부를 가지며 조향입력의 방향 · 크기 · 속도에 대응하여 파워 실린더에 공급하는 작동유의 방향 · 압력 · 유량을 제어하여 조향입력이 없는 밸브 중립 때는 펌프로부터의 공급유량을 탱크에 환류될 수 있는 오픈 센터형 4포트 밸브가 사용된다.

(2) 반력 기구(反力機構)

조향 배력장치로서 중요한 조향에 대한 적절한 손 반응을 주는 작용을 하며 밸브 기구와 함께 조향력을 설정한다. 반력기구는 토션 바, 코일 스프링 등의 스프링 반력기구와 유압을 이용한 유압반응기구가 독자 또는 조합으로 사용된다.

스프링 반력기구는 밸브 변위에 1차 비례한 반응특성을 가지며 **유압반응기구**는 실린더에 작용하는 유압, 즉 출력에 1차 비례하는 반력특성을 가진다. 또 유압반력기구는 유압반력식의 압력을 외부적으로 제어할 수 있어 차속감응 PS시스템의 일부에 이용되고 있다.

(3) 파워 실린더 기구

조향보조력을 발생하는 작용을 가지며 왼 쪽과 오른 쪽 양방향의 조향에 대해 대칭적인 특성을 가진 복동식 피스톤-실린더 기구를 사용한다. 피스톤은 실린더 중앙에서 래크에 고정되고 실린더 양끝에는 고압에 견디는 오일 실이 사용된다.

동력 스티어링 장치는 기본적으로 수동 스티어링 장치에 동력배력장치를 추가한 것이며 동력 실린더는 차량의 차체 또는 프레임과 스티어링 링크 사이에 연결하여 사용한다.

다음에는 대표적으로 링케이지형의 원리를 설명한다.

3 링케이지형 장치의 원리

그림 7·22는 링케이지 조합형의 동력 스티어링 장치 원리도를 나타낸 것이다. 제어 밸브와 일체형으로 되어 있는 파워 실리더는 조향 링케이지의 일부를 형성하고 있으며, 피스톤은 프레임에 고정되어 있어 파워 실린더 내를 2개의 실린더로 나누고 있다.

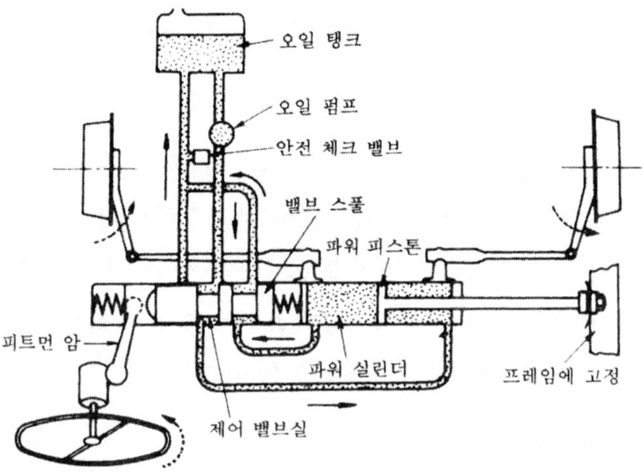

그림 7·22 링케이지형 동력 스티어링 장치 원리도

오일 펌프로부터의 오일이 제어 밸브에 의해 한 쪽 실린더에 들어오면, 다른 쪽 실린더에 충만되어 있던 오일이 배출되고, 고정되어 있던 파워 피스톤에 의해 파워 실린더가 왼쪽과 오른 쪽으로 작동되도록 되어 있다.

스티어링 휠을 조작하면 피트먼 암의 움직임으로 제어 밸브가 작동하여, 오일 펌프로부터의 유로를 개폐해서 파워 실린더를 유압으로 신축시키고, 스티어링 휠의 조작력을 돕게 된다.

그런데 이와 같은 동력 스티어링 장치를 사용할 때의 잇점은, 타이어가 노면으로부터의 충격을 받았을 경우 조향방향과 같은 방향의 도로면 외력으로 제어 밸브는 반대방향으로 이동하고, 따라서 피스톤에 작용하는 유압도 반대방향에서 가해져 이와 같은 도로면 외력에 대한 억제력으로 작동하게 된다. 그러므로 충격이 스티어링 휠에 전해지는 것을 방지하며, 바퀴의 가로 진동(flutter)을 억제하는 효과가 있다.

7-5 네 바퀴 조향

1 네 바퀴 조향의 목적

각종 군용차량과 비정상도로(off-road)에서의 차량은 몇 년 동안 **네 바퀴 조향장치**(Four-Wheel Steering ; 4WS)를 사용하였다. 조향을 위해 앞바퀴가 움직일 때 뒷바퀴 역시 회전하면서 차량의 뒤쪽을 조향한다. 이 시스템은 조향성을 개선하고 분명한 선회를 허용한다.

일부 차량은 그림 7·23과 같은 네 바퀴 조향을 가지는데 이는 기계적으로나 전지적으로 제어된다. 이 시스템은 자동적으로 차량속도와 앞바퀴의 조향각에 따라 뒷바퀴가 조향이 된다.

조종성능을 향상시키기 위해 저속에서는 뒷바퀴가 앞바퀴의 반대방향으로 조향이 된다[그림 7·23(a)].

고속에서는 뒷바퀴가 앞바퀴와 같은 방향으로 조향이 된다[그림 7·23(b)]. 이러한 현상은 코너링이나 고속에서 차선변경 때 큰 안정성을 부여한다.

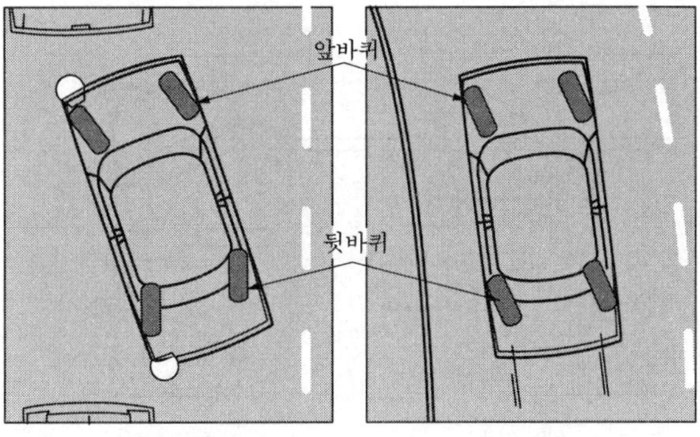

(a) 반대 방향 조향 (b) 같은 방향 조향

그림 7·23 네 바퀴 조향의 기본 작동

2 네 바퀴 조향 기능

네 바퀴 조향기구에는 기본적으로 다음과 같은 기능이 요구된다.

① 뒷바퀴를 앞바퀴와 같은 방향으로 조향함으로 차량의 회전운동(요잉)을 적게 하고, 고속 때의 안정성을 향상시킨다.

② 뒷바퀴를 앞바퀴와 반대방향으로 조향함으로 중속과 저속 때의 조종성을 개선, 저회전성능을 향상시킨다.

현재 양산차에 탑재된 시스템은 다음의 네 가지로 분류된다.

미소 조향각 제어
- 가로 가속도 · 차속감응 (1)
- 앞바퀴 조향각 · 차속감응 (2)

대 조향각 제어
- 앞바퀴 조향각 감응 (3)
- 앞바퀴 조향각 비례 · 차속감응 (4)

(1) 미소 조향각 제어(微小操向角制御)

1) 가로 가속도 · 차속감응형(橫加速度 · 車速感應型)

1980년대 초에 처음으로 이 형식의 뒷바퀴 조향기구가 장착되었다. 그림 7·24는 전체 시스템을 나타내는 그림이다. 구조는 앞바퀴의 파워 스티어링에 뒷바퀴 전용의 밸브를 하나 더 가지며, 가로 가속도에 거의 비례하는 앞바퀴의 조향저항과 평형되는 유압을 발생시켜 그 유압을 뒷바퀴의 액튜에이터(actuater)에 보낸다.

뒷바퀴 액튜에이터에는 강성이 높은 스프링이 들어 있고, 보내진 유압의 힘과 평형이 되는 위치까지 로드가 변위한다. 이 로드의 작동에 따라 뒷바퀴가 조향이 된다.

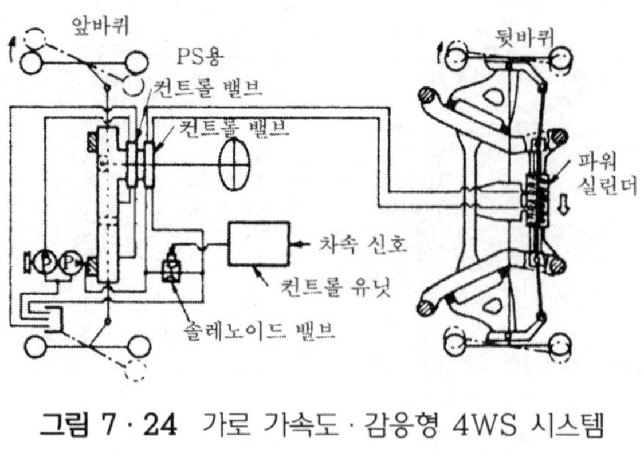

그림 7 · 24 가로 가속도 · 감응형 4WS 시스템

그림 7·25는 다른 구조의 보기로 차속의 정보를 오일 펌프의 유량에 의해 얻고 앞바퀴의 실린더 압력을 그대로 사용하지 않고, 제어 밸브를 거쳐 뒷바퀴의 파워 실린더에 옮겨 온다는 것이 다르다. 이 그림은 좌회전할 때의 작동을 보여주는 전자식 네 바퀴 조향이다.

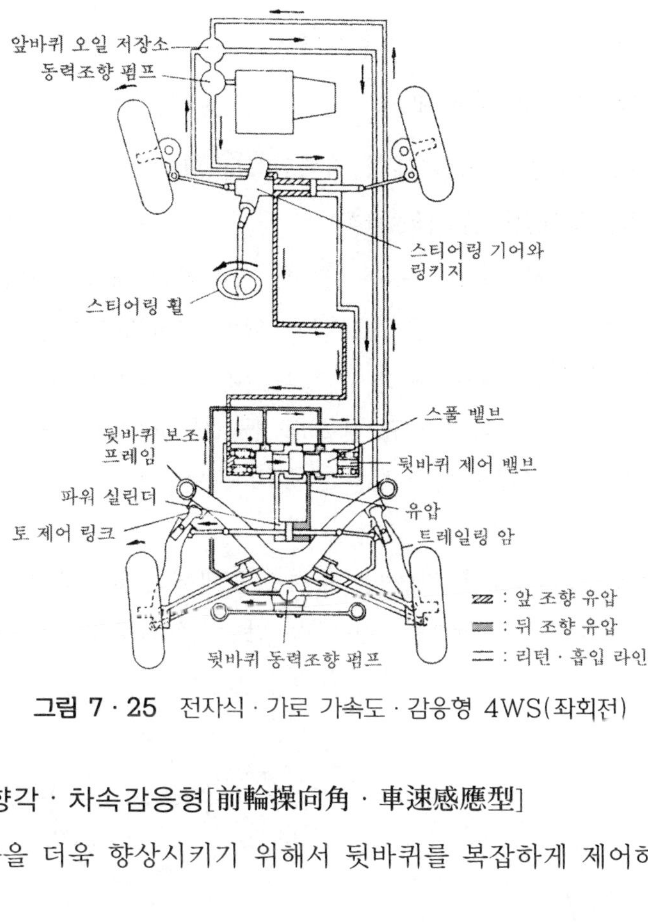

그림 7·25 전자식·가로 가속도·감응형 4WS(좌회전)

2) 앞바퀴 조향각·차속감응형[前輪操向角·車速感應型]

고속 때의 성능을 더욱 향상시키기 위해서 뒷바퀴를 복잡하게 제어하는 장치가 개발된 것이다.

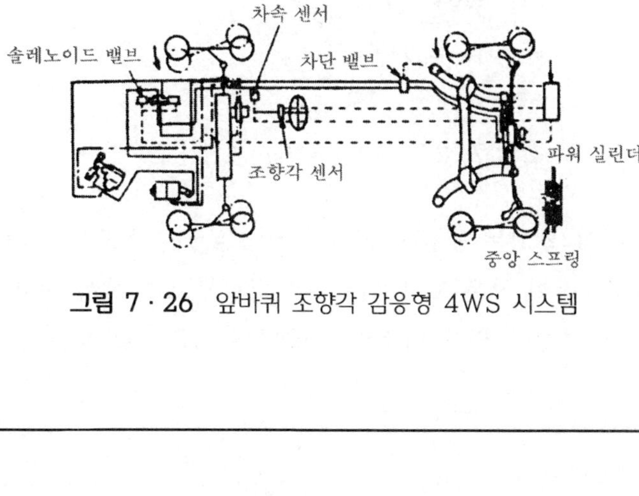

그림 7·26 앞바퀴 조향각 감응형 4WS 시스템

그림 7·26이 그 전체 시스템으로 1980년대 후반에 상품화되었다. 오일 펌프에서 내뿜어진 오일은 솔레노이드 서보 밸브로 유입, 컴퓨터의 지시에 따라 제어되어 뒷바퀴 액튜에이터에 유입된다.

제어는 조향각 센서의 신호에서 조향각 속도 및 각 가속도를 컴퓨터가 연산을 하여 실행된다. 전자식은 48 km/h 이상일 때만 작동된다.

(2) 대 조향각 제어(大操向角制御)

고속주행 때의 주행안정성과 저속 때의 저회전성도 확보된다.

1) **앞바퀴 조향각감응(前輪 操向角感應)**

그림 7·27에서 전체의 시스템을 볼 수 있는데 앞바퀴의 래크－피니언 스티어링 기어 복스에는 뒷바퀴에 앞바퀴의 조향각을 전달하기 위해 뒷바퀴 조향용 피니언이 장착되어 있다. 그 각도변위는 중앙 스티어링 축을 매개로 뒷바퀴 스티어링 기어 복스로 전달된다.

고속주행 때 작은 각도로 스티어링 휠(핸들)을 돌리면 뒷바퀴는 앞바퀴와 같은 방향으로 작은 양만큼 조향된다. 일례로 앞바퀴를 8° 돌리면 뒷바퀴는 앞바퀴와는 반대방향으로 1.5° 움직인다.

저속에게 큰 각도로 스티어링 휠(핸들)을 돌려면 뒷바퀴는 앞바퀴와 반대방향으로 움직이는데 일례로 앞바퀴가 30° 선회하면 뒷바퀴는 반대방향으로 5° 선회한다.

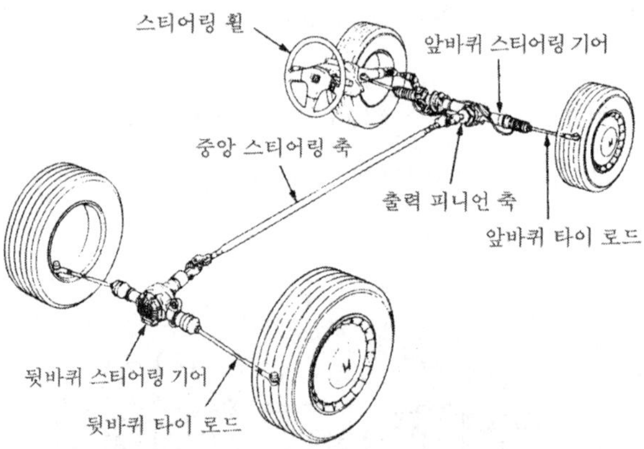

그림 7·27 기계식 앞바퀴 조향각 감응형

뒷바퀴 스티어링 기어 복스는 편심축과 유성 기어의 조합으로 구성되어 그 결과 전체의 시스템은 그림 7·28과 같이 작은 조향각은 같은 방향으로 조향이 되고, 큰 조향각은 반대방향으로 조향이 되는 특성이 되어 미소각 조향되는 고속주행 때는 같은 방향 조향이 되어 주행안정성이 얻어지고, 대조향각 조향되는 아주 저속 때는 반대방향으로 조향이 되어 작은 회전성이 얻어진다.

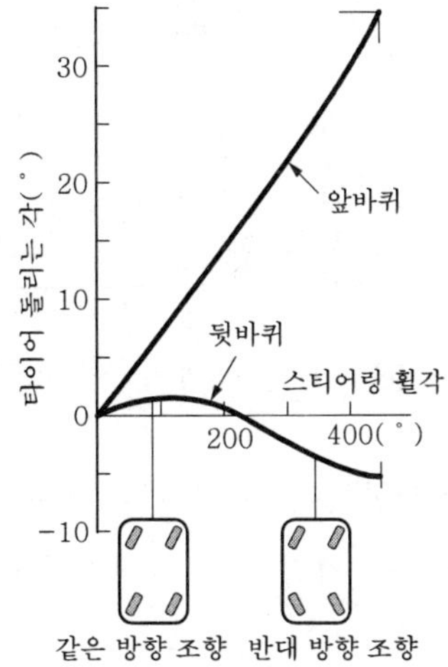

그림 7·28 앞바퀴 조향각 감응형 4WS 시스템 특성

2) **앞바퀴 조향각 비례 차속감응형(前輪操向角 比例 車速感應型)**

그림 7·29에 전체 시스템을 표시한다. 리어 스티어링 축까지는 앞서의 것과 거의 비슷하나 리어 액튜에이터의 구조가 크게 다르다. 리어 액튜에이터는 방향제어부와 동력보조부로 성립되어 있다. 또 동력보조부는 동력으로 유압을 사용하며 선형 스플 밸브와 파워 피스톤으로 구성된다.

방향제어부는 그림 7·30과 같이 입력축과 맞물리는 베벨 기어, 제어 요크, 밸브와 접속하는 제어 로드로 구성되어 제어 요크의 각도를 스탭핑 모터에 의해 웜기어를 매개로 제어함으로 같은 방향, 반대방향의 제어를 한다.

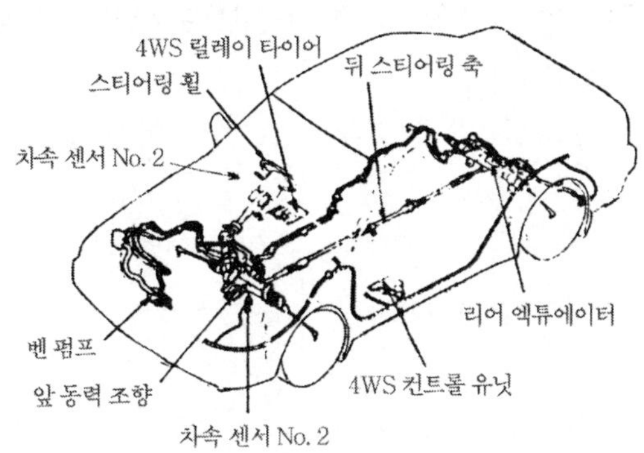

그림 7·29 앞바퀴 조향각 비례 차속감응형 4WS 시스템

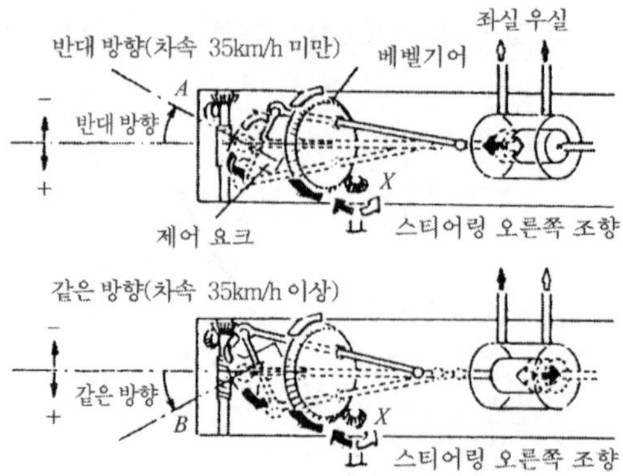

그림 7 · 30 리어 액튜에이터의 작동설명도

위의 것이 저속 반대방향의 동작방향을 표시하는 그림이고, 밑의 것이 고속 같은 방향 때의 동작방향을 나타내는 그림이다. 입력축의 회전방향에 대해 밸브 스플의 움직이는 방향이 반대로 되어 있음을 알 수 있다.

이와 같은 기구에 의해 그림 7 · 31에서 볼 수 있는 것과 같이 앞바퀴 조향각에 대한 뒷바퀴 조향각의 비가 차의 속도에 대해 연속으로 변화하는 특성이 얻어진다.

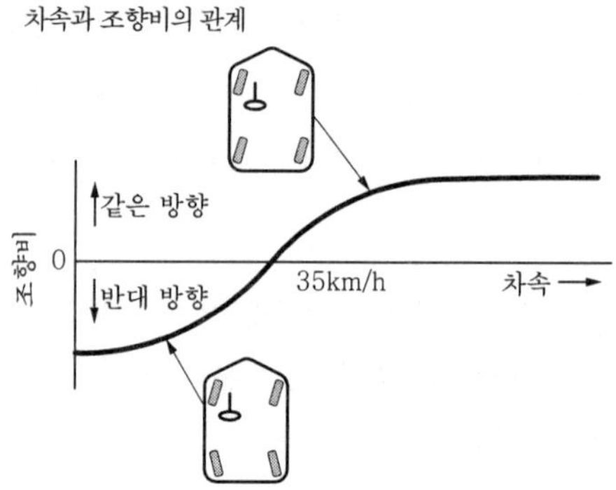

그림 7 · 31 앞바퀴 조향각 비례 차속감응형 4WS의 시스템 특성

7-6 스티어링 장치의 진동

1 시미 현상과 종류

자동차가 주행 중 어느 속도에 도달하면 어떤 동기로 앞바퀴의 킹 핀축 둘레에 가로 진동이 일어나거나 또는 앞바퀴를 포함한 앞 차축부가 차량 앞과 뒷축의 둘레에 상하 회전 진동이 일어나는 수가 있다. 킹 핀축 둘레의 조향각 가로 진동을 **플러터**(flutter)라 하고, 바퀴를 포함한 차축 둘레 자유각 진동을 **트램프**(tramp)라고 한다(그림 7·32). 이러한 앞바퀴의 진동이 심하게 될 경우는 스티어링 링크를 통해 핸들에 전해지고 마침내 차체 전체를 진동시키게 된다.

이와 같은 바퀴 및 차축을 포함하는 스티어링계의 진동을 **시미**(shimmy)라고 하며, 저속 시미와 고속 시미로 나누어 생각할 수 있다.

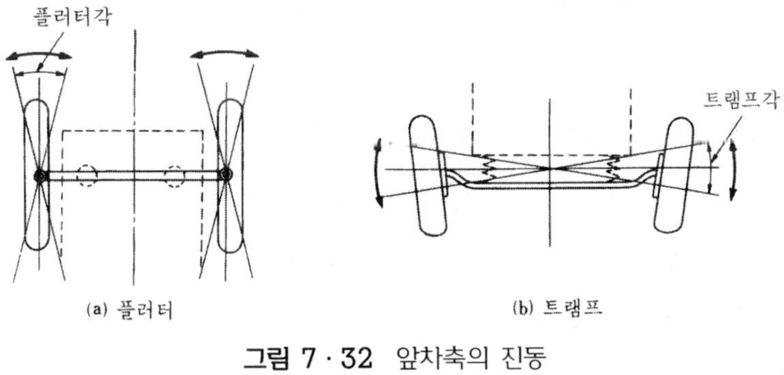

그림 7·32 앞차축의 진동

(1) 저속 시미

20~30 km/h 정도의 저속에서 일어나는 것이며, 앞바퀴가 플러터 진동을 일으키고 트램프 진동은 동반하지 않는 경우이다. 진동수는 5~6 cps 정도의 비교적 낮은 값이다. 이 진동현상은 주행 중 도로면 외력에 의한 강제진동 및 타이어의 사이드 슬립 현상을 동반하여 에너지가 공급되는 자동진동의 두 가지 경우를 포함한다고 생각된다. 반드시 스티어링 링크계에는 어느 정도의 마찰저항력이 있으며, 자동진동이 발생되려면 도로면의 凹凸

을 뛰어넘는 등의 동기가 가해져 유발된다. 일단 발생된 스티어링 휠의 흔들림 각은 매우 커서 경우에 따라서는 조종이 곤란하게 될 경우도 있다.

(2) 고속 시미

50~60 km/h의 비교적 고속에서 발생한다. 이것은 바퀴의 플러터 진동과 차축을 포함하는 트램프 진동이 바퀴의 자이로(gyro)작용에 의해 연성되어 일어나는 것이며, 아래와 위로 움직이는 운동을 동반하는 플러터형으로 나타난다. 따라서 앞바퀴의 트램프 진동의 공진점(共振點) 부근에서 일어나기 쉽고 그 성분파(成分波)의 진동수는 10~12 cps 정도가 포함되며, 이것은 대개 앞바퀴, 앞 차축으로 이루어지는 스프링 하질량의 트램프 고유진동수와 일치한다.

이와 같은 트램프를 동반하는 진동현상은 일체차축식 현가에 발생되기 쉬우며, 따라서 독립현가의 적용은 고속 시미의 방지 대책으로 효과가 있다.

2 시미 운동의 이론

시미 운동에 포함되는 여러 가지 진동현상을 간단한 모델에 의해 근사적으로 살펴보기로 한다.

(1) 바퀴의 킹핀 축 둘레의 자유각 진동(플러터)

지금 바퀴가 킹핀 축 둘레에 자유진동하는 상태를 생각하여

I_f : 한쪽 바퀴의 킹핀 축 둘레의 관성 모멘트(kgf · m · s^2)

α : 바퀴의 킹핀 축 둘레의 조향각(rad)

γ : 바퀴의 킹핀 축 둘레의 회전 스프링상수(m · kgf/rad)

로 하면, 조향각에 관계되는 자유진동방정식은

$$I_f \frac{d^2\alpha}{dt^2} + \gamma\alpha = 0 \qquad (7 \cdot 3)$$

또 이것의 일반해는

$$\alpha = \alpha_0 \cdot \cos w_f t$$

의 형으로 주어지고, 여기서 α_0는 진동각 진폭을 표시하면, w_f는 이 진동계의 고유각진동수(rad/s)로

$$w_f = \sqrt{\frac{\gamma}{I_f}} \qquad (7 \cdot 4)$$

가 되나 이 w_f는 플러터가 단독으로 발생되는 경우, 즉 저속 시미의 각진동수를 주게 된다. 따라서 w_f에 영향을 직접 주는 γ의 값은 접지된 타이어의 킹핀 축 둘레의 회전강성, 조향 링크계의 강성 등에 의해 정해진다.

(2) 바퀴를 포함하는 차축부의 앞과 뒤 차축 둘레의 자유각진동(트램프)

플러터의 경우와 같이 하여

I_t : 왼 쪽과 오른 쪽 바퀴를 포함하는 앞차축의 무게 중심점 앞과 뒤 차축 둘레의 관성 모멘트(kgf · m · s^2)

θ : 앞차축의 무게 중심점 앞과 뒤 차축 둘레의 흔들림각

λ : 앞차축의 무게 중심점 앞과 뒤 차축 둘레의 회전 스프링상수(m · kgf/rad)

로 하면, 차축부의 흔들림 각에 관계되는 자유진동 방정식은 다음과 같이 된다.

$$I_t \frac{d^2\theta}{dt^2} + \lambda \cdot \theta = 0 \qquad (7 \cdot 5)$$

또 이것의 일반해는

$$\theta = \theta_0 \cdot \cos w_t t$$

의 형이 되고, θ_0는 진동각 진폭을 표시하며, w_t는 진동계의 고유각 진동수(rad/s)로

$$w_t = \sqrt{\frac{\lambda}{I_t}} \qquad (7 \cdot 6)$$

에 의해 주어진다. w_t에 영향을 주는 λ는 현가 스프링 강성 및 타이어의 상하반향 강성 등에 의해 정해지는 값이다.

휠 얼라인먼트

8
chapter

8-1 일 반

1 휠 얼라인먼트의 기본

휠 얼라인먼트(wheel alignment)란 자동차에 장착되어 있는 바퀴의 위치, 방향 및 상호간의 관련성 등을 바르게 유지하는 정열(整列) 정도를 말한다.

승용차의 경우는 조향작용을 하는 앞바퀴와 뒷바퀴의 네 바퀴가 장착되어 있으나, 트럭 등은 네 바퀴 또는 여섯 바퀴로 되어 있다. 이들 바퀴의 얼라인먼트(앞과 뒤 바퀴의 관계 위치도 포함)가 바르게 유지되어 있지 않을 때는 주행 불안정이나 타이어의 이상마모를 일으키게 된다. 앞바퀴는 조향을 하는 관계로 특별한 얼라인먼트가 요구된다.

휠 얼라인먼트의 기본 목적은 원형(原形)이나 제작회사의 명세서대로 차량현가를 원상(原狀)으로 회복하는 것이다. 이것은 차량의 주행과 조향에 영향을 주는 것으로 서로 밀접한 관계를 유지하고 있는 현가장치의 각도를 적정하게 조정하는 일이다.

2 네 바퀴 정열

일반적으로 바퀴 정열이라면 앞바퀴만 생각하게 되는데 엄격하게는 네 바퀴 정열도 필요하다. 앞바퀴의 정열 후에 수평면 도로에서 한쪽으로 쏠리는(drift or pull) 원인이 되는 뒷바퀴의 잘못된 정열을 방지하기 위해 많은 차량은 **네 바퀴 정열**(four-wheel alignment)

을 하지 않으면 안 된다. 이것은 뒷바퀴의 정열인데 그렇게 함으로 앞바퀴는 공통적인 차량 중심선(vehicle centerline), 기하학적 중심선(geometric centerline) 및 추력선(thrust line)을 확보하게 된다는 것이다.

네 바퀴의 정열은 대체로 1980년대와 그 이후의 모델 차량에 대해 권장되었고 앞바퀴 구동이나 독립현가식 뒤차축의 차량이 대상이 되고 있다. 네 바퀴 정열을 수행할 때는 반드시 뒷바퀴를 먼저 해야만 된다.

8-2 바퀴-정열 각도

1 앞바퀴 끝 기하학

앞바퀴-끝 기하학(front-end geometry) 또는 휠 얼라인먼트 앵귤러리티(wheel-alignment angularity)라 함은 앞바퀴, 앞바퀴 장착 부품 및 지면 사이에서 각도의 관계이다.

앞바퀴는 조향조작을 하기 때문에 스티어링 너클과 함께 킹 핀(일체차축식의 경우)을 중심으로 하여 왼 쪽과 오른 쪽으로 방향을 바꿀 수 있도록 장착되어 있다. 따라서 자동차가 주행할 경우 항상 바른 방향을 유지함과 아울러 스티어링 휠 조작이나 외력 등에 의해 진로가 흔들릴 때는 바로 직진 상태로 복원되는 성질도 필요하지만, 그 반면에 경쾌한 스티어링 휠 조작이 이루어지는 것도 필요하다.

이러한 조건을 만족시키기 위해서 앞바퀴를 앞차축과 킹 핀 등과 함께 일정한 관계 위치를 유지시켜 장착되어 있고, 이것을 프런트 휠 얼라인먼트라고도 한다.

여기에는 여섯 가지 기본 요소가 포함되는데 현가 높이 · 캐스터 · 캠버 · 토 · 스티어링 축 경사(SAI) 및 선회 반지름이다. 이들은 스티어링 조작력, 조향 안정성, 차체 자세의 질 및 타이어의 마모에 영향을 준다. 휠 얼라인먼트에 영향을 주는 다른 요소로 스크럽 반지름(scrub radius), 세트백(setback) 및 추력각(thrust angle)도 포함된다.

(1) 현가 높이

현가 높이(suspension height)는 차체나 프레임 또는 현가의 어떤 특정점에서 지면까지 계측한 거리이다(그림 8·1). 만일 현가 높이가 정확하지 않으면 조향조작이나 현가장치(휠 얼라인먼트)에서 각도에 영향을 준다. 부정확한 현가 높이는 처진 코일 또는 판 스프링, 부정확한 토션 바의 조정 또는 공기 현가장치에서의 결함 때문에 생긴다.

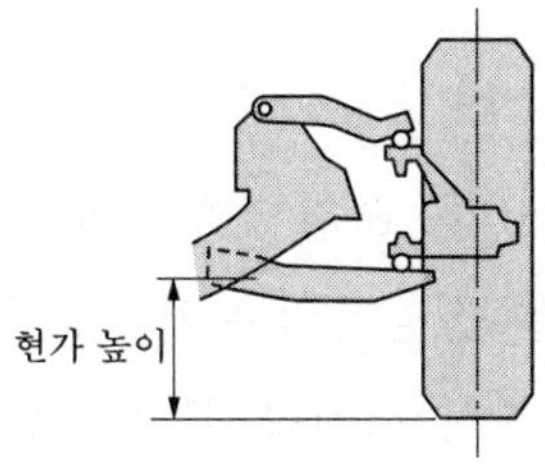

그림 8·1 현가 높이

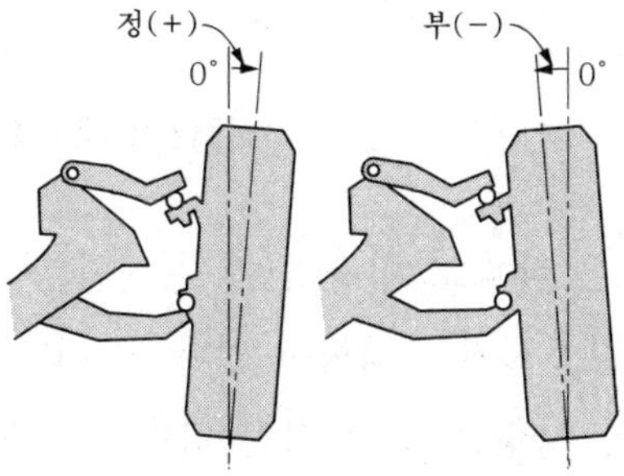

그림 8·2 캠버·캠버 각

(2) 캠버

캠버(camber)는 차량의 앞에서 앞바퀴를 바라보았을 때 수직선에 대해 바퀴가 바깥 쪽이나 안 쪽으로 경사져 있는 것을 말한다(그림 8·2). 바퀴의 윗부분이 바깥 쪽으로 경사져 있으면 정(positive) 캠버, 안 쪽으로 경사져 있으면 부(negative) 캠버라 한다. 이 때 경사진 양 또는 각도를 측정한 값을 **캠버 각**(camber angle)이라 한다. 일반적으로 캠버는 차종에 따라 다르나 대체로 0.5~2° 정도이다.

대부분의 차량에서는 바퀴의 현가가 약간 바깥 쪽으로 기울도록(+ 캠버) 되어 있는데 그렇게 되어 하중이 가해지거나 롤링이 되면 바퀴는 **제로 캠버**(zero camber)가 되어 상하동하면서 직진으로 주행하게 된다[그림 8·3의 (a)]. 그리고 이것은 도로표면에 타이어의 트레드가 완전히 전체 폭으로 놓이게 된다. 그러나 평균 제로의 **주행 캠버**(running camber)는 절대로 생기지 않는다.

캠버는 바퀴가 부딪쳐 튕겨 올라가면 부(−)가 되고, 타이어가 노면의 구덩이에 빠지면 정(+)이 된다. 이 작용은 현가장치의 길이가 동일하지 않은 커트롤 암 때문이다.

그림 8·3 은 수직·하개(下開)·상개(上開) 상태가 어떻게 해서 되는가를 보여준다.

수평면 도로에서 차량이 롤을 할 동안은 이상적으로 양쪽 앞바퀴는 동일한 캠버가 되어야 한다. 하지만 대부분의 도로는 중앙이 약간 높다(크라운 ; crown이라고도 함). 그런데 크라운 때문에 오른쪽 바퀴는 왼쪽보다는 약간 낮게 주행한다. 이것은 오른쪽 바퀴 쪽으로 약간 정 캠버를 만들어 준다.

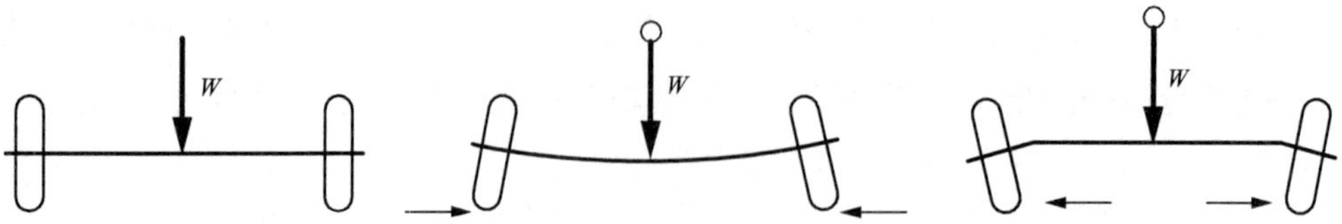

그림 8 · 3 캠버 각의 발생

그런데 차량은 때때로 차량 안에 운전자 혼자 있게 된다. 운전자의 무게가 왼 쪽 앞바퀴의 정 캠버를 감소시키는 경향이 있다. 이러한 이유로 왼쪽 앞바퀴는 약 0.25° 이상의 정 캠버가 주어진다. 차량은 정 캠버인 상태로 바퀴 방향으로 쏠리거나 끌리게 된다.

선회할 동안 원심력은 **차체 롤**(body roll)의 원인이 된다. 이는 선회의 외측으로 향해 기울어짐으로 인한 차체의 운동이다. 타이어의 밑바닥에 대한 횡력은 타이어의 꼭대기가 선회의 안쪽으로 기울어지게 하는 원인이 된다.

좌회전에 있어서는(그림 8 · 4) 왼 쪽 앞바퀴는 정 캠버, 오른 쪽 앞바퀴는 부 캠버가 된다.

캠버는 **타이어의 마모각**(tire wear angle)이다. 정이든 부이든 어떤 캠버도 고르지 않거나 빠른 타이어 마모의 원인이 될 수 있다. 양쪽 바퀴에서 부정확한 캠버는 힘이 들고 불안정한 조향과 쏠리는 원인이 될 수 있다. 동일하지 않은 캠버도 저속 시미에 관계가 있고 처진 스프링도 캠버를 변화시킬 수 있다.

캠버를 두는 목적은

① 앞바퀴가 하중에 의해 하개(下開)되는 것을 방지한다.

② 주행 중에 바퀴가 탈출되는 것을 방지한다.

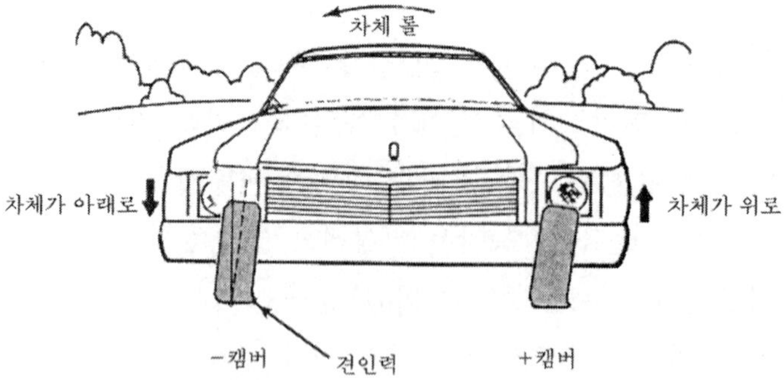

그림 8 · 4 좌회전 동안 캠버의 변화

③ 뒤에 설명하는 킹 핀 경사각(또는 스티어링 축 경사각)과 함께 오프셋(offset) 양을 적게 해서 휠 조작을 쉽게 한다.

④ 휠의 트레드 중심이 캠버가 0의 경우보다 안 쪽에 들어가는데 하중이 걸리는 점이 너클·스핀들의 근원에 가깝게 되고 스핀들이나 너클을 휘게 하려는 힘을 경감시킨다.

등이 있다.

(3) 스티어링 축 경사

1) **킹 핀 경사각**(king pin angle)

일체차축식의 경우 앞차축에서 스티어링 너클은 바퀴가 장착되고 자동차 앞부분의 하중이나 도로면에서 받는 충격을 지지함과 동시에 **킹 핀**(king pin)을 중심으로 회전하여 조향작용을 한다.

바퀴의 중심부에는 바퀴 허브와 제동장치가 장착되어 있어 스티어링 축으로서의 킹 핀을 바퀴 중심면에 가까이 할 수 없다. 따라서 만일 킹 핀이 수직이면 타이어에 작용하는 앞과 뒤 방향의 힘에 의하여 큰 모멘트를 받게 된다.

이것을 감소시키기 위해 앞바퀴를 앞에서 보았을 때 킹 핀 상부가 안쪽으로 경사지게 장착되어 있는데, 도로면에 대하여 수직선과 이루는 각을 **킹 핀 경사각**이라고 하며 6~8°가 보통이다. 최근에는 타이어의 폭이 넓어지고 있어 킹 핀 경사각도 커지고 있다(그림 8·5).

킹 핀을 사용하지 않는 볼 조인트형에서는 상부 볼 조인트와 하부 볼 조인트의 중심을 연결하는 직선과 수직선이 이루는 각도가 킹 핀 경사각에 해당된다.

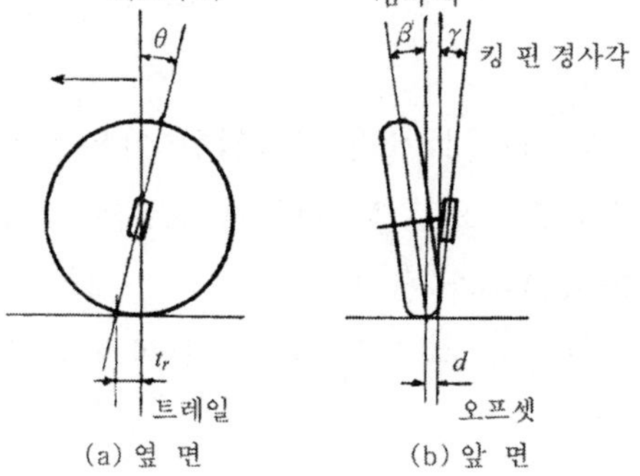

그림 8·5 캐스터·킹 핀 각·캠버

2) 스티어링 축 경사

스티어링 축(steering axis)은 조향을 위해 앞바퀴가 스윙을 하게 되는 선이다.

그림 8·6에서 스티어링 축은 상하 볼 조인트를 연결하는 중심선이다. 스티어링 너클은 바퀴를 왼 쪽과 오른 쪽으로 스윙하기 위해 이 선을 선회축으로 한다.

스트럿 현가(그림 8·6)에서는 스티어링 축은 상부 스트럿 마운트의 중심과 하부 볼 조인트를 연결하는 선이다.

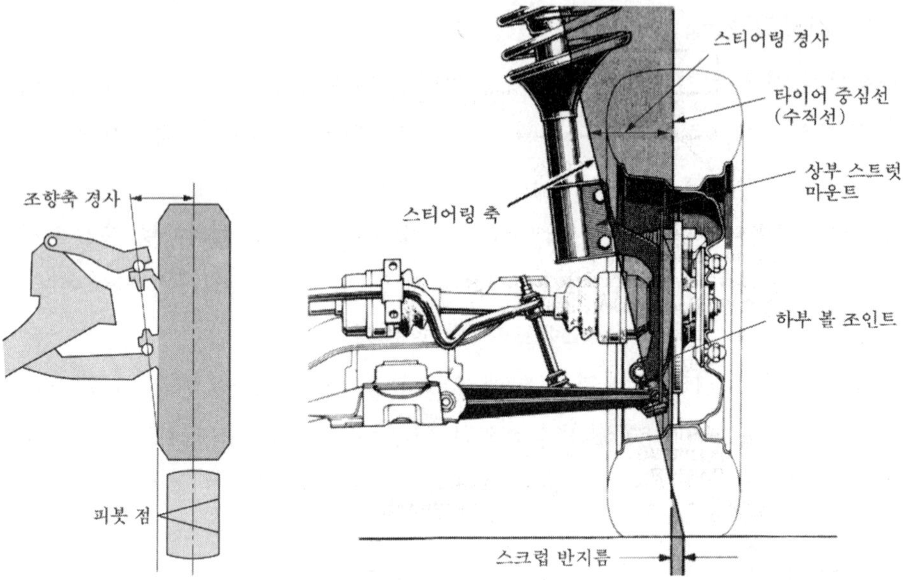

그림 8·6 스티어링 축 경사

스티어링 축 경사(SAI ; steering-axis inclination)는 그림 8·6에서와 같이 차량을 앞면에서 보아 스티어링 축 수직선보다 안쪽으로 경사진 것을 말하며, **경사각**이란 수직선과 스티어링 축 사이의 각도이다.

이 안쪽으로 기울어지는 경사의 세 가지 바람직한 이유는 다음과 같다.

① 선회가 끝난 후에 바퀴를 직진으로 되돌릴 때 조향의 안정성을 크게 한다. 이것을 조향 바퀴의 **복원력**(returnability)이라 한다.

② 조향 조작력을 줄여준다(특히 차량이 움직이지 않을 경우)

③ 타이어의 마모를 줄인다.

SAI는 앞바퀴의 직진 주행을 유지하게 한다. 스티어링 축의 안 쪽 경사는 직진에서 바퀴를 선회시킴에 따라 차량의 앞바퀴가 약간 떠오르는 원인이 된다. 앞바퀴가 직진 주행을 할 때에는 스핀들의 바깥 쪽 끝이 가장 높은 위치에 오게 된다.

그러나 타이어는 이미 도로면과 접촉된 상태이고 더 이상 아래로 움직일 수 없으므로 스티어링 너클 · 볼 조인트 · 현가장치 · 차체도 위로 떠오른다. 이 떠오름은 25 mm 내외이다.

스티어링-축 경사는 조정할 수가 없다. 스티어링 너클에 맞게 설계되어 있고, 만일 캠버가 명세서에 맞게 조정이 되면 스티어링-축 경사는 대체로 정확하다.

SAI가 명세서 범위에 들지 않을 때는 스핀들 · 스티어링 너클 · 볼 조인트 또는 다른 부품들이 휘어졌거나 마모가 된 것이므로 결함부품을 교환해야 한다.

(4) 스크럽 반지름

스크럽 반지름(scrub radius) 또는 **스티어링 오프셋**(steering offset)은 타이어의 접지면 중심선과 스티어링 축의 연장선이 도로면과 교차하는 점에서의 거리이다(그림 8 · 6). 만일 스티어링 축이 타이어 중심선 안쪽에서 교차하면 스크럽 반지름은 정, 만일 그 점이 바깥 쪽이면(그림 8 · 6) 스크럽 반지름은 부이다. **제로 스크럽 반지름**(zero scrub radius)은 스티어링 축과 타이어 중심선이 도로 표면에서 교차됨을 뜻한다.

스크럽 반지름은 조정되는 각이 아니고 또한 직접 측정도 불가능하다. 그러나 이것은 조향력 · 안정성 · 복원력에 영향을 준다. 길이가 같지 않은 앞바퀴 현가의 컨트롤 암을 가진 뒷바퀴 구동 차량은 가끔 +스크럽 반지름을 가진다. 맥퍼슨-스트럿 앞바퀴 현가를 가진 앞바퀴 구동차량은 보통 부 스크럽 반지름(그림 8 · 6)을 가진다. 이 부 스크럽 반지름은 차량이 앞으로 움직일 때 앞바퀴를 안쪽으로 돌리게 한다. 또한 타이어가 펑크 났을 때 방향 안정성을 유지하여 주고, 앞바퀴 브레이크가 제기능을 발휘하지 못할 때 직진 제동을 유지하게 하여 준다.

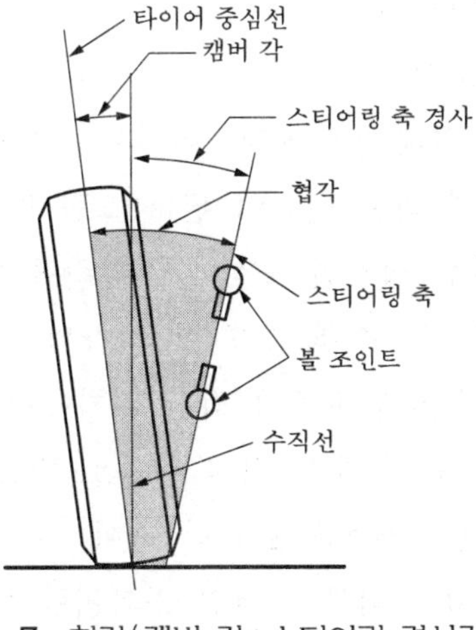

그림 8 · 7 협각(캠버 각+스티어링 경사각)+캠버

(5) 협각(夾角 ; included angle)

이 협각은 캠버 각과 스티어링 경사각을 합한 것이다(그림 8·7). 이 각도는 조정할 수 없는 각도이다. 하지만 협각이 적정하지 않으면 스핀들이나 스트럿이 굽어 있음을 표시한다.

(6) 캐스터

캐스터(cater)란 차량을 옆에서 보았을 때 스티어링 축이 차량 앞쪽이나 뒤쪽으로 기울어진 것을 말한다(그림 8·8). 만일 경사가 앞쪽으로 기울면 부 캐스터, 뒤쪽으로 기울면 정 캐스터인데 각도로 표시된 것이 **캐스터 각**이다. 일반적으로 0.5~1° 정도이다.

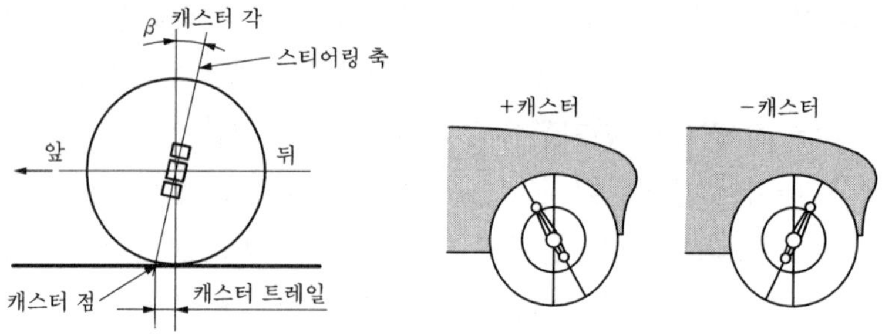

그림 8·8 캐스터 각

이 경우, 스티어링 축의 연장선이 도로면과 만나는 점을 캐스터 점, 캐스터 점과 접지면 중심 사이의 거리를 **트레일**(trail)이라 한다.

캐스터를 사용하는 세 가지 이유는 다음과 같다.

① 방향에 대한 안정성과 제어를 유지한다.

② 스티어링의 복원력을 증가시킨다.

③ 스티어링의 조작력을 감소시킨다.

방향 안정성은 정 캐스터에 의해 얻어진다. 이것은 스티어링 축이 도로 접촉점 중심의 앞에 있는 도로표면을 통과하게 하는 원인이 된다(그림 8·9).

그림의 경우 캐스터 점이 바퀴 접지면 중심에서 앞쪽에 있고 바퀴에 작용하는 구름 저항은 접지면의 중심에 작용하므로, 주행 중에 항상 바퀴를 진행방향으로 향하게 하는 힘을 발생한다. 즉, 캐스터가 있으면 앞바퀴가 직진 위치에서 벗어난 경우 바퀴에 가해지는 주행저항으로 인하여 스티어링 축 둘레에 직진 위치로 되돌리려는 복원 모멘트가 작용하여 차량에 직진성을 준다. 이것을 **캐스터 효과**라 하며, 차량의 진행방향이 불안정하게 되는 것을 방지한다. 그러나 이 값이 너무 커지면 스티어링 휠 조작이 무겁게 된다. 그래서 부 캐스터는 조향을 쉽게 한다.

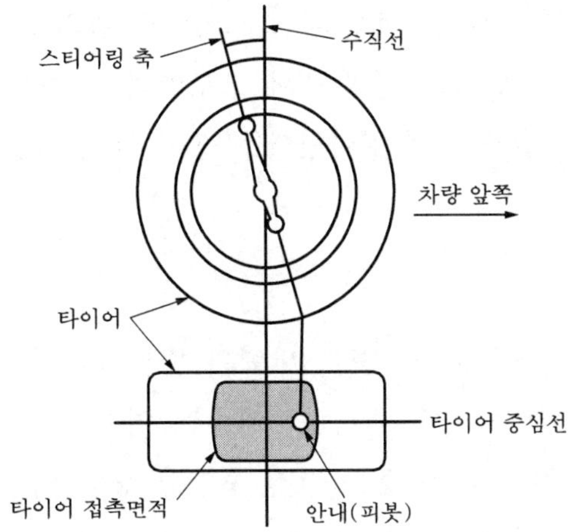

그림 8·9 정 캐스터는 스티어링 축이 도로를 따라 타이어와 바퀴를 안내하거나 끌어당기는 원인이다

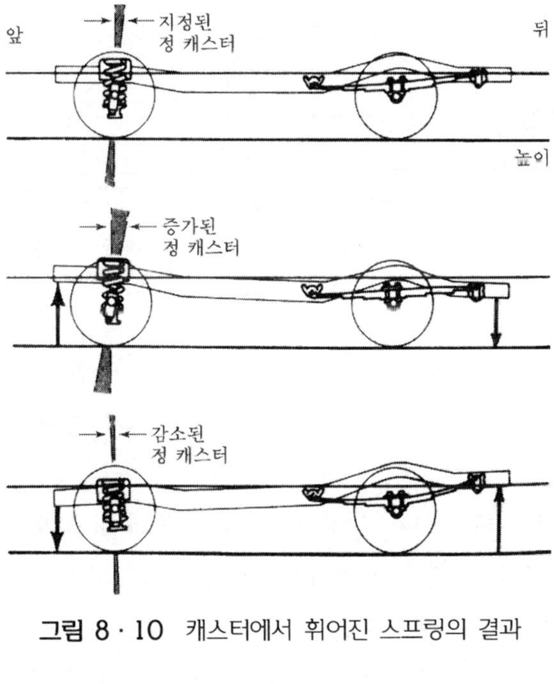

그림 8·10 캐스터에서 휘어진 스프링의 결과

동력식 스티어링 차량은 수동식 스티어링 차량보다 더 많은 정 캐스터를 가진다. 추가적인 정 캐스터는 아주 큰 조향 조작력을 요구한다. 그러나 운전자는 동력의 도움 때문에 의식하지 못한다. 정 캐스터는 앞바퀴를 **토 인**(toe in)을 만드는 경향이 있고, 부 캐스터는 바퀴를 **토 아웃**(toe out) 시키는 경향이 있다.

과도한 정 캐스터는 조향 조작력, 선회 후의 스티어링 휠의 스냅백(snapback), 저속 시미를 증가시킬 수 있으며, 또한 스티어링 휠에 도로면의 충격을 증가시킨다. 정 캐스터의 감소는 스프링의 휘어짐(sag)에 의해 일어난다(그림 8·10). 이것은 현가 높이를 체크하는 하나의 이유이다.

(7) 토

토(toe)란 앞 바퀴를 위에서 내려다 보아 바퀴의 중심선이 수직선에 대해 얼마나 안 쪽과 바깥 쪽을 가리키느냐 하는 치수이다. 그 치수는 인치·mm 또는 도(°)이다. 이상적인 토(ideal toe)는 제로(0)이다. 이것은 직진 주행할 동안 바퀴가 평행임을 뜻한다. 바퀴가 안 쪽으로 기우려질 때 토는 정(+)이다. 바퀴를 위해서 내려다보아 안 쪽으로 기울어져 있으면 그 양은 **토 인**(toe-in)이다(그림 8·11).

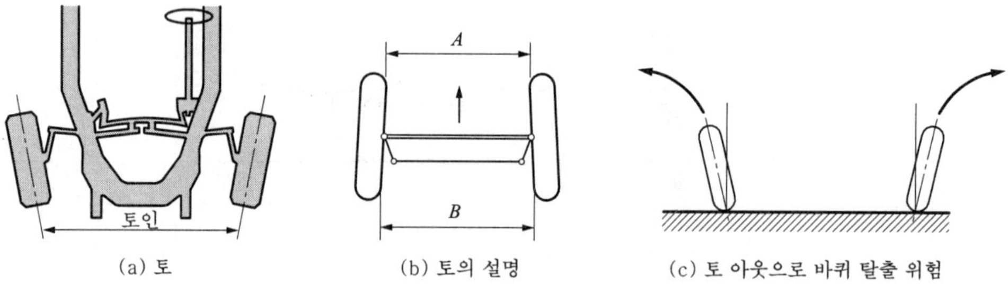

그림 8·11 토

만일 바퀴가 바깥 쪽으로 벌어졌다면 토는 부(−)이다. 바퀴가 바깥 쪽으로 가리킨다면 그 양은 **토 아웃**(toe-out)이다. 제로 토(zero toe)는 바퀴가 평행으로 주행하고 있음을 뜻한다.

보통 앞바퀴는 그림 8·11의 (b)와 같이 앞 쪽의 거리 A를 좁게 하고 뒤 쪽의 거리 B를 넓게 한다. 이 차 $B-A$를 토 인, 그 반대의 경우, 즉 $B<A$의 경우가 토 아웃이 된다. 일반적으로 뒷바퀴 구동차량의 앞바퀴는 대개 3 mm 정도 약간 토 인을 둔다.

바퀴가 직진할 때에는 도로면의 저항으로 앞 타이어는 벌어지게 된다. 즉, 토 아웃이 된다. 결과는 타이어는 평행이 되고 제로 토로 직진으로 주행할 수 있게 된다. 반대로 토 아웃이 된 상태에서 주행을 하게 되면 도로면 저항으로 그림의 (c)와 같은 현상으로 되고 만다.

일부 앞바퀴 구동 차량에서는 차량이 전진함에 따라 앞 타이어가 끌리는 경향이 있다. 이런 차량은 약간의 토 아웃을 주게 된다.

어떤 토 인이거나 토 아웃도 바퀴가 굴러가면 타이어는 옆으로 끌린다. 토나 토 각도(toe angle)가 크면 클수록 타이어의 마모는 빨라진다. 토 인도 아니고 토 아웃도 아닌 제로 토가 타이어를 직진으로 주행케 한다. 토의 조정은 조향장치 중 타이 로드의 길이를 변화시켜 행한다.

(8) 선회 반지름

선회 반지름(turning radius)은 선회할 때 두 앞바퀴에서 각도의 차이이다(그림 8·12). 선회 반지름은 **선회에서의 토 아웃**(toe-out on tarns) 그리고 **선회각**(turning angle)이라고도 부른다. 선회할 동안 두 앞바퀴는 공통 중심을 가지는 동심원(同心圓)으로 주행한다. 안 쪽 바퀴는 바깥 쪽 바퀴보다 큰 각도를 통해 선회하고 작은 반지름을 그린다. 이것은 바깥 쪽 바퀴가 안 쪽 바퀴보다 먼 거리를 주행해야 하고 또 멀리 넓은 선회를 해야 하기 때문이다.

그림 8·12에서 안 쪽 바퀴가 20° 각도로 선회할 때는 바깥 쪽 바퀴는 18° 선회한다. 안 쪽 바퀴는 타이어의 **끌림**(scuffing)과 마모를 감소시키기 위해 더욱 토 아웃된다. 선회에서 **토 아웃**의 이런 차이는 스티어링 암·타이 로드·스티어링 기어 사이의 적절한 관계에 의해 이루어진다(그림 8·9 및 8·11). 안 쪽 바퀴와 바깥 쪽 바퀴의 각도는 명세와 비교하여 1.5° 이상 바뀌어져서는 안 된다. 만일 선회 반지름이 명세서 범위 안에 들지 않으면 휘어진 스티어링 암 또는 타이 로드를 체크해야 한다. 그림에서 $\overline{OB}$의 거리는 최소회전 반지름을 표시한다.

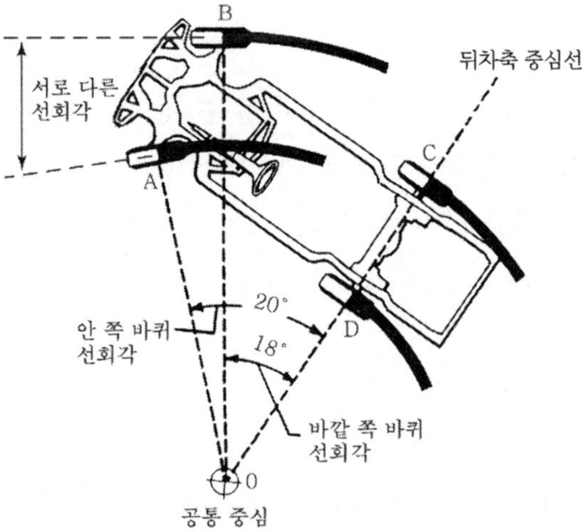

그림 8·12 선회 반지름 또는 선회의 토 아웃

(9) 세트 백[蹉跌]

바퀴의 차질(setback)은 차량 휠 베이스로 보면 한쪽에서 다른 쪽까지 거리의 차이이다(그림 8·13). 이것은 같은 차축에서 한쪽 바퀴가 다른 쪽 바퀴보다 뒤쪽에 있을 때 일어난다. 세트 백은 차량의 생산 중 제조공차(production tolerance)의 불일치 또는 타격 손상의 결과이다. 세트 백은 기관 설치대의 부적절한 위치나 보강 프레임에서 나타날 수도 있다(그림 6·36). 차량이 짧은 휠 베이스로 인해 옆으로 쏠리거나 끌릴 수도 있다.

세트 백이 19 mm 이상이면 과도하다. 이것은 보통 휘어진 부품을 암시한다. 지나친 세트 백은 역시 스티어링 기어의 중심점이 이탈하는 원인이 된다. 휠 얼라인먼트를 하기 이전에 지나친 세트 백은 역시 스티어링 기어의 중심점이 이탈하는 원인이 된다. 휠 얼라인먼트를 하기 이전에 지나친 세트 백과 함께 문제점을 수정해야 한다.

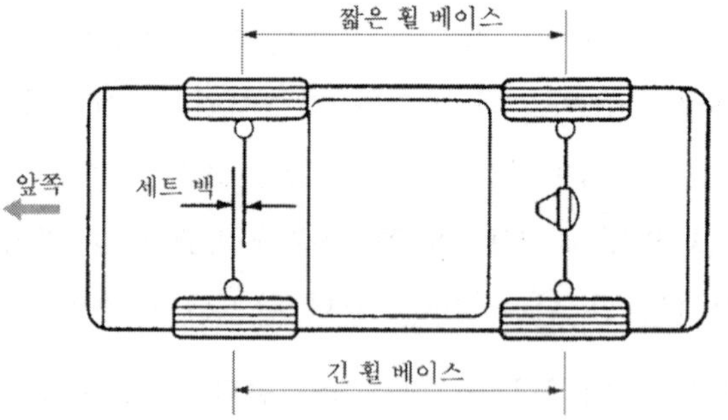

그림 8·13 세트백(차질)

(10) 추력각(thrust angle)

모든 네 바퀴가 제대로 정열되어 있고 스티어링 휠이 중심에 있을 때는 차량은 직선으로 주행해야 한다. 그러나 만일 뒷바퀴가 부적절한 정열이거나 세트 백이면 차량이 앞쪽으로 움직일 때 직진을 하지 못한다. 주행의 방향은 차량의 길이를 지나는 세 선에 의해 결정된다. 그것은 **차량 중심선**(vehicle centerline)·**기하학적 중심선**(geometric centerline)·**추력선**(thrust line)이다.

차량 중심선은 차체의 실제 중심선을 통과하는 선이다(그림 8·14). 이 선은 앞바퀴와 뒷바퀴의 중간점을 연결하는 기하학적 중심선과 일치하지 않으면 안 된다. 추력선은 두 뒷바퀴 사이의 중간점에서 나오는 선이다. 이 추력선은 앞바퀴의 영향을 받지 않는다면 차량의 방향을 결정한다.

만일 추력선이 뒤차축 중심선과 90° 각도를 형성한다면 추력선은 차량의 중심선과 일치한다. 그러면 차량은 직진으로 주행할 것이다. 만일 추력선이 차량 중심선과 일치하지 않으면 **추력각**(thrust angle)이 추력선과 중심선 사이에 형성된다(그림 8 · 14). 추력선은 차량이 진행하고자 하는 길을 표시한다. 이 조건을 **궤적**(tracking)이라 부른다.

뒷바퀴 구동 차량에서는 추력각이 섀시의 손상이나 뒷 차축의 부적절한 위치의 원인이 될지도 모른다[그림 8 · 14(a)]. 또한 독립식 뒤차축 현가는 뒷바퀴에서 서로 다른 토 조정을 가져올 수도 있다[그림 8 · 14(b)]. 결과는 타이어의 마모다.

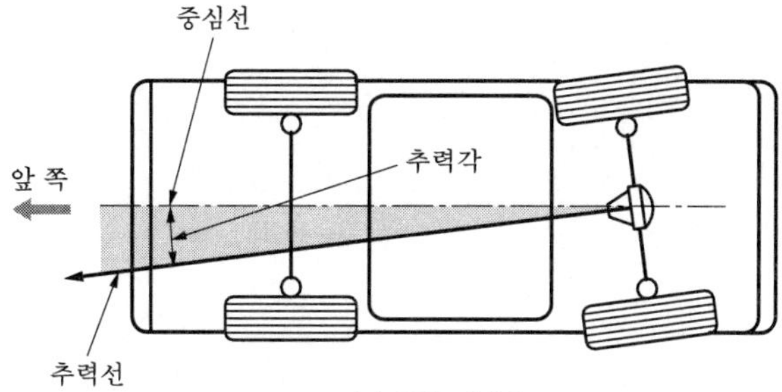

(a) 구동 뒤차축

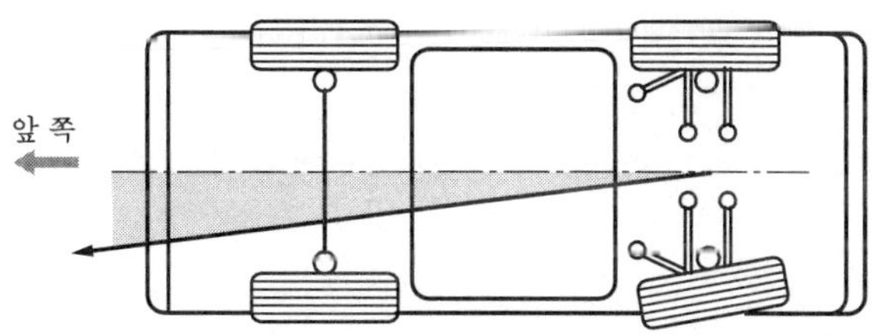

(b) 독립식 뒤차축 현가

그림 8 · 14 차량의 추력각

9 chapter 제동장치

9-1 일 반

자동차를 생각대로 조종하기 위해서는 가속 · 감속이 쉽게 되고, 또 안전의 견지에서 급정차가 되어야 한다. 이와 같이 제동장치(브레이크 장치)는 차량의 속도를 감속 또는 정지시키거나 주차 중에 차량이 움직이는 것을 방지하기 위해 사용하는 것이다.

제동 성능의 가장 좋은 조건은 어떤 조건에서도 조종 안정성을 해치지 않고 알맞은 조작력으로 되도록 짧은 제동 거리에서 차량을 정지시키는 것이지만, 최근 기관의 기술, 현가장치의 기술진보와 도로환경의 정비와 함께 차량속도가 고속화되어 있으며, 브레이크에 요구되는 성능은 점차 엄격하여지고 있다.

브레이크는 초기의 자동차에서 오늘에 이르기까지 마찰 브레이크, 즉 역학적으로는 주행 중의 운동 에너지를 기계적인 마찰장치로써 열 에너지로 바꾸어 흡수하는 방식이 적용되어 왔으나 브레이크 기구의 개발, 마찰재의 성능 향상 등으로 오늘날에는 초기의 브레이크와는 비교가 되지 않을 정도로 좋은 성능의 브레이크가 개발됨으로써 마찰 브레이크 이외의 작용을 돕고 있다.

제동을 할 때 동력장치의 사용으로 조작력이 경감되고 다른 한편으로 제동 때의 차량의 안전성 향상을 목표로 안티 록 브레이크 시스템은 전자기술의 진보와 더불어 급속히 보급되고 있다.

1 브레이크 시스템의 구성

서비스 브레이크 시스템으로 널리 채용되고 있는 것은 두개의 기본부품으로 그림 9·1 과 같이 2개의 마스터 실린더와 드럼 또는 디스크 휠 브레이크 시스템이다.

브레이크 페달에 가해진 입력은 페달의 레버 비만큼 곱한 힘으로 배력장치에 입력된다. 배력장치에서는 그 힘을 다시 다른 에너지에 의해 배력하여 왕복식 피스턴 펌프로 되어 있는 브레이크 마스터 실린더에 전달된다. 마스터 실린더에서는 브레이크 페달에서의 기계적인 힘을 유압의 힘으로 바꾸어 브레이크 라인을 통해 바퀴 브레이크에 전달된다(뒷바퀴의 유압은 도중에 조정 밸브로 감압되어 전달되는 경우가 일반적이다).

바퀴 브레이크에서는 유압에 의해 디스크 패드(또는 브레이크 슈)를 디스크 로터(또는 드럼)에 밀어붙여 패드와 디스크 로터 사이에 마찰력을 발생시킨다. 이 마찰력에 의해 차량의 제동이 이루어져 제동 감속도가 발생된다.

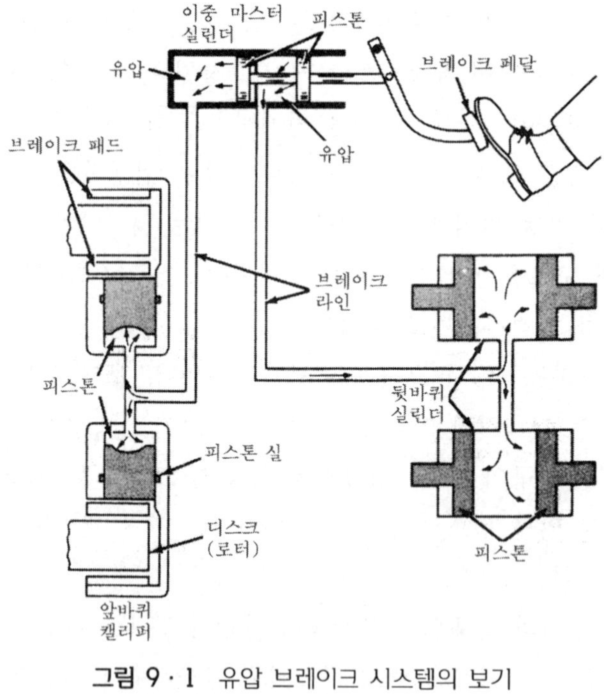

그림 9·1 유압 브레이크 시스템의 보기

9-2 기본 형식과 종류

1 브레이크의 분류

브레이크의 종류에 대해서는 용도 · 에너지원 · 전달매체 · 접속방식별 등으로 분류하는 것이 일반적이나 여기서는 일반적으로 채용되고 있는 시스템에 대해 설명한다.

자동차의 브레이크는 적어도 다음의 세 가지 용도를 만족하는 것이어야 한다.

① 산길을 내려갈 때 속도를 일정하게 유지한다(감속 또는 연속제동).

② 속도를 0으로 한다(정지제동).

③ 주차하거나 또는 산이나 비탈 길에서 차를 고정한다(고정제동).

자동차에는 물론 기본 장비로 위의 3가지 요구를 만족시키는 브레이크를 장착하고 있다. 이 중 ①, ②의 조건을 만족시키는 브레이크를 **상용(常用) 브레이크**(service brake)라 하며, 그 조작은 풋 페달이기 때문에 **풋 브레이크**(foot brake)라고도 한다. ③을 위해 장비된 브레이크를 **주차 브레이크**(parking brake)라 하고, 그 조작은 풋 페달 또는 레버를 이용하기 때문에 **핸드 브레이크**(hand brake)라고도 한다. 그런데 이것은 상용 브레이크 고장의 예비 또는 긴급할 때의 정차용으로 **응급 브레이크**(emergency brake)에도 겸용한다. 대형 트럭이나 버스에는 이 밖에 제3의 브레이크로서 **감속 브레이크**(retarder)가 장비되어 있다. 이 감속 브레이크가 작동 중일 때는 상용 브레이크는 작동되지 않아도 좋기 때문에 온도 상승은 없고 정지 브레이크로 충분한 기능이 발휘된다. 이들 제동장치는 모두 운동부분과 고정부분 사이의 마찰에 의존한다.

브레이크를 조작방식으로 나누면 발로 밟는 족답식과 수동식이 있고, 또 이 힘을 전하는 형식에는 기계식과 유압식이 있으며, 이 밖에 동력 브레이크로 압축공기를 이용하는 공기 브레이크가 있다. 제동부의 작동방식에 의해 나누면 안 쪽 확장식 · 바깥 쪽 수축식 · 원판식이 있다. 원판식은 제동부의 주차 브레이크로 발달하였으나 최근에는 자동차의 상용 브레이크로 많이 사용된다. 조작력을 경감시키기 위해 기관의 흡기부압, 압축공기를 이용하는 배력식 브레이크(servo)도 있다.

이상의 종류를 조작방식과 전달매체에 따라 분류하면 표 9 · 1과 같다.

표 9·1 브레이크의 분류

- 브레이크
  - 상용 브레이크 (풋 브레이크)
    - 기계식 브레이크
    - 유압식 브레이크
    - 배력식 브레이크
      - 진공배력식 브레이크
      - 공기배력식 브레이크
    - 공기 브레이크
  - 주차 브레이크 (핸드 브레이크)
    - 기계식 브레이크
      - 센터 브레이크
      - 리어 휠 브레이크
  - 감속 브레이크
    - 배기 브레이크(제3 브레이크)

2 상용 브레이크(service brake, foot brake)

풋 브레이크는 일반적으로 바퀴 안 쪽에 부착되어 있는 브레이크 드럼이나 브레이크 디스크 등에 마찰재를 밀어붙여, 그 마찰력을 이용해서 제동력을 발생시키는 것이며, 운전자가 브레이크 페달을 밟아 모든 바퀴에 제동력이 발생되도록 하고 있다.

(1) 기계식 브레이크(mechanical brake)

발로 밟는 힘(踏力)을 로드에 의해 제동부에 전달하고 캠, 레버 등의 기구를 사용해서 브레이크 힘으로 바꾸는 형식으로 **로드 브레이크**(rod brake)라고도 한다. 구조가 간단하고 작동이 확실하며, 고장률이 적고 제작비가 저렴한 잇점이 있으나 마모방지를 위해 급유의 필요가 있으며, 제동력이 약하고 앞 쪽과 뒤 쪽, 왼 쪽과 오른 쪽 축에는 힘의 배분이 어려워 효율도 좋지 않다.

오늘날과 같이 차량이 대형화되고 고속이 되면 브레이크 기구로는 불충분하기 때문에 거의 사용되지 않는다. 따라서 현재는 자동 두 바퀴 차량 이외는 사용되지 않으며, 다만 작동이 확실하다는 점에서 유압 브레이크와 병용하여 응급 브레이크로 널리 사용된다(그림 9·2).

(2) 유압식 브레이크(hydraulic brake)

유압식 브레이크는 파스칼의 원리를 이용한 것이다. 페달을 밟아 유압을 발생하는 마스터 실린더, 그 유압을 받아 브레이크 슈를 드럼에 밀어붙여 제동력을 발생시키는 휠 실린더, 오일의 통로를 형성하는 브레이크 파이프, 호스 등으로 구성되어 있다. 유압식 브레이크는 제동력이 모든 바퀴에 균등하게 전달되어 마찰손실도 적고, 조작력이 작아도 되는

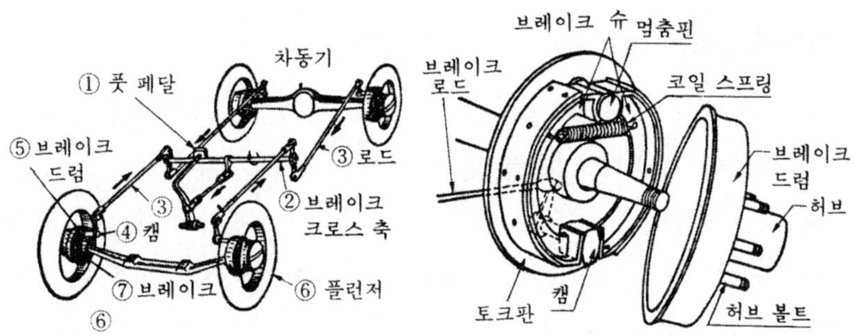

(a) 링크 기구 (b) 제동 기구

그림 9·2 기계식 브레이크의 구성

등의 좋은 점도 있으나, 브레이크 파이프 등의 파손에 의해 오일이 누출되면 기능을 상실하는 결점이 있다.

(3) 배력식 브레이크(servo brake)

유압식 브레이크에서는 마스터 실린더와 휠 실린더의 단면적으로 적절히 결정하면 페달의 밟는 힘을 작게 할 수 있으나, 대형 자동차 등의 큰 제동력을 필요로 하는 경우에는 그 자체에 제한이 있어, 밟는 힘이 크게 되면서 조작에 지장을 가져오기 때문에 그림 9·3과 같이 배력장치를 부착시킨 것이 많다. 배력장치는 기관의 흡입 부압이나 압축공기를 이용해서 조작력을 증가시키는 장치이며, 그림 9·3은 흡입 부압을 이용하는 진공식 배력장치의 한 보기이다.

또 압축공기를 이용하는 공기식 배력장치는 진공식과 비슷한 구조이나, 압축공기를 만들기 위한 공기 압축기가 설치되어 있다.

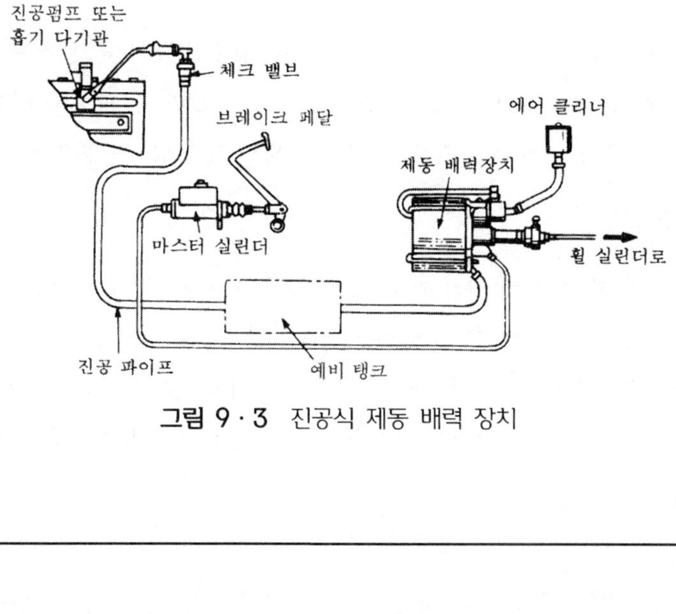

그림 9·3 진공식 제동 배력 장치

(4) 공기 브레이크(air brake)

공기 브레이크는 배력식 브레이크와 같이 유압식 브레이크의 작용을 보조하는 메커니즘은 아니고, 모든 바퀴의 브레이크 슈를 압축공기의 압력을 이용해서 드럼을 밀어 제동하는 장치이며, 브레이크 페달은 밸브의 개폐를 하며, 압축공기의 유량을 조절하는 것이므로 조작력은 극히 작다. 또 큰 제동력이 얻어지는 특징이 있어 대형 트럭이나 버스 등에 사용되지만, 구조가 복잡한 것이 결점이다.

(5) 디스크 브레이크(disc brake)

자동차의 고속화에 따라 종래의 드럼식보다 성능면에서 우수한 디스크 브레이크를 많이 사용하게 되었다. 디스크 브레이크는 뒤에 설명하는 그림 9·21과 같이 바퀴와 함께 회전하는 브레이크 디스크에 양쪽에서 제동 패드를 유압으로 밀어붙여 제동하도록 되어 있으며, 이와 같은 형식을 **캘리퍼**(caliper)형이라 한다.

특징은 디스크가 공기 중에 노출되어 회전되기 때문에 방열이 좋아 제동력이 안정되어 있고, 자기 배력작용이 거의 없으며, 고속에서 반복 사용하여도 제동력의 변화가 적다. 또 장점으로는 한쪽으로의 효력이 나타나는 위험도 적다.

결점으로는 디스크와 패드와의 마찰면적이 적어 패드의 압착력을 크게 할 필요가 있으며, 또 자기 배력작용이 없어 필요한 조작력이 크고 패드에는 강도가 큰 재료를 사용해야 한다.

3 주차 브레이크(parking brake, hand brake)

주차 브레이크는 **사이드 브레이크**(side brake)라고도 하며, 추진축에 부착된 브레이크 드럼을 제동하는 **센터 브레이크**(center brake)식과 뒷바퀴를 제동하는 **리어 휠 브레이크**(rear wheel brake)식이 있으며, 조작기구로는 어느 것이나 기계식이 사용된다.

(1) 센터 브레이크

센터 브레이크식의 주차 브레이크는 대체로 트럭이나 버스에 사용되며, 변속기 주축의 뒤 쪽에 부착되어 왼 쪽과 오른 쪽의 구동 바퀴를 제동한다. 본체의 형식으로는 **외부 수축식** 또는 **내부 확장식**이 사용된다. 주차 브레이크 레버를 잡아당기면 로드를 통해 작동 캠(operating cam)이 작용하고, 브레이크 밴드가 드럼을 밀어붙여 제동이 된다.

내부 확장식은 외부 수축식에 비해 마찰부분에 수분이나 먼지가 잘 부착되지 않아, 안정된 제동력을 얻을 수 있는 잇점이 있다.

(2) 리어 휠 브레이크

승용차에 많이 사용되고 있으며, 보통 풋 브레이크용의 슈를 링크나 와이어 등을 사용해서 기계적으로 확장 제동하는 형식인데, 왼 쪽과 오른 쪽의 바퀴를 제동하는 관계로 브레이크 레버는 조작력을 왼 쪽과 오른 쪽에 균등하게 분배할 필요가 있다. 그러므로 중간에는 평형장치(equalizer)를 설치하고 있다. 그림 9·4는 막대기(stick)형이라 부르는 장치이며, 브레이크 레버로 조작력을 증가시키기 위해, 중간에 중계 레버(intermediate lever)가 설치되어 있다.

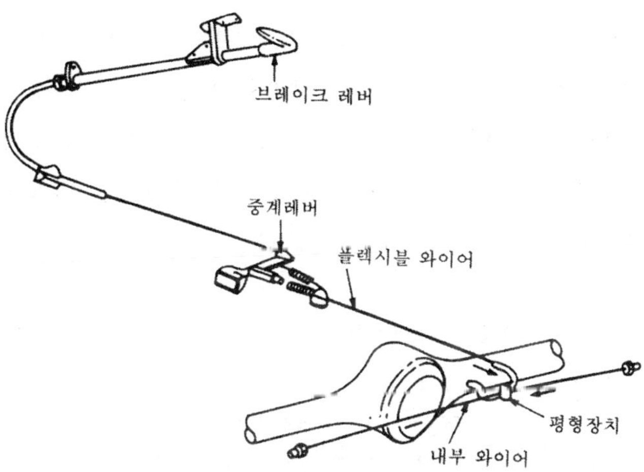

그림 9·4 주차 브레이크의 조작기구

4 감속 브레이크(retarder)

트럭이나 버스 등의 대형화·고속화에 따라 일반적인 마찰식 브레이크는 사용상황에 의해 온도상승이 현저하게 되고 페이드 현상이 일어날 염려가 있다. 따라서 그와 같은 상용 브레이크의 혹사를 피하고 또 운전자의 피로를 경감시키기 위해 제3 브레이크로 감속 브레이크의 사용이 고안되기에 이르렀다. 즉, 고속운전 때의 초기 제동이나 강판 때의 기울기에 의한 속도 증가를 둔화시키는 경우에 유효하게 이용되는 것으로, 배기 브레이크·와전류식 브레이크·유체식 브레이크의 3종류가 있다.

(1) 배기 브레이크

배기 브레이크는 일반적으로 4사이클 디젤기관을 사용하고 있는 대형차에 사용하며, 풋 브레이크를 보조하고, 강판 때 사용하는 것 외에 고속 주행 때 감속용으로 사용된다.

배기 브레이크는 배기관 중간에 밸브(배기 브레이크 밸브)를 설치하여, 그 밸브를 닫을 때 기관을 압축기로 작동시켜 제동력을 얻는 장치이며, 기관 브레이크의 효과를 적극적으로 증가시키는 장치로 알면 된다.

그런데 작동 중에는 실린더 내에서의 연소가 진행되지 않도록 연료의 공급(분사)을 중지하는 것이며, 종류에 따라 밸브의 개폐에 압축공기를 사용한다. 다음에는 이것을 전기적으로 제어하는 전기-공기식에 대해서 설명하기로 한다.

전기-공기식 배기 브레이크는 그림 9·5와 같이 배기 브레이크 밸브, 브레이크 스위치, 가속 스위치, 클러치 스위치, 마그네틱 밸브 및 에어 체임버로 구성되어 있다.

브레이크 스위치를 넣으면 파일럿 램프가 점등됨과 동시에, 전류가 가속 스위치 및 클러치 스위치를 거쳐 마그네틱 밸브에 흐르고, 마그네틱 밸브는 그 전류로 인해 작동된다. 또 에어 탱크는 에어 체임버로 공기를 공급해서 배기 브레이크 밸브를 닫아 배기 브레이크가 작동하게 된다.

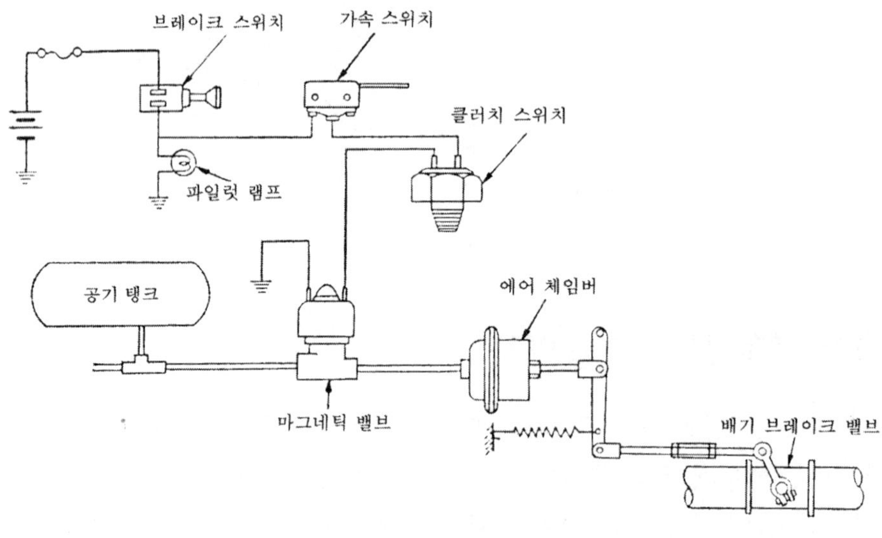

그림 9·5 전기-공기식 배기 브레이크

브레이크 스위치를 차단하면 파일럿 램프는 소등됨과 동시에 마그네틱 밸브의 전류가 끊어지고, 에어 체임버 내의 공기는 대기 중에 방출되어 배기 브레이크 밸브가 자동적으로 열린다. 그런데 가속 스위치 및 클러치 스위치는 각 페달을 놓은 상태에서 회로가 닫혀지고, 페달을 밟으면 회로를 열리도록 작용한다. 따라서 배기 브레이크를 작동시키고 있을 때는 가속이나 변속을 하기 때문에 가속 페달이나 클러치 페달을 밟으면 가속 스위치 또는 클러치 스위치가 열리고, 마그네틱 밸브에의 회로가 차단되어 배기 브레이크는 자동적으로 개방된다. 또, 변속이나 가속의 조작이 끝나 가속 페달 및 클러치 페달로부터 발을 떼면 배기 브레이크는 다시 작용하게 된다.

배기 브레이크의 사용으로 상용 브레이크의 사용횟수가 줄어들어 과열 및 마모를 방지할 수 있으며, 또 기관의 흡수 에너지가 증가되기 때문에 기관의 과냉을 방지한다. 감속 브레이크로는 가장 간단하기 때문에 많이 사용된다. 배기관 체적이 작을수록 압력이 높아지므로 가급적 기관에 가깝게 설치하는데, 보통 배기 매니폴드 부근에 설치하고 밸브 시기를 바꾸어 배기 밸브 자체로 폐쇄하면 효율은 더욱 좋아진다.

(2) 와전류 브레이크

이것은 와전류(eddy current)에 의한 제동력을 이용한 것으로 그림 9·6과 같은 기본 구조를 가지며, 추진축과 함께 회전하는 금속 디스크와 프레임이나 차체에 고정된 볼 및 여자(勵磁)코일 등으로 구성된다. 코일에 차량의 축전지에서 전류를 흐르게 하여 자장을 발생시키면 그 가운데를 디스크가 회전하여 와전류가 발생되며, 자상과의 상호작용으로 제동 토크가 얻어진다. 그러나 이 때 제동 에너지는 열로 변환되어 디스크를 가열하나, 이것은 디스크에 설치된 방열 휜에 의해 대기 중에 방산된다.

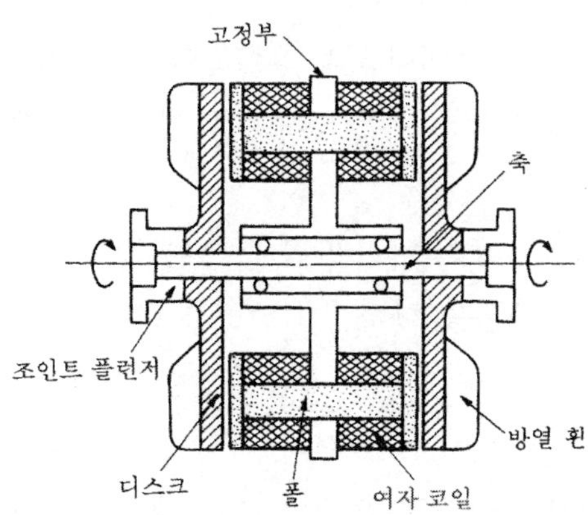

그림 9·6 와전류식 리타더의 기본 구성

이 방식의 감속 브레이크는 제동 토크를 전기적으로 쉽게 제어할 수 있는 것이 특징이며, 컨트롤 장치에 의해 주행조건에 맞게 전체 제동 토크의 1/4, 1/2, 3/4 및 1/1의 4단계로 변화할 수 있는 구조로 되어 있다. 그러나 무게가 무겁고 고가인 것이 결점이다.

(3) 유체식 브레이크

원리는 토크 컨버터와 비슷하다. 추진축과 함께 회전하는 로터와 고정 깃차의 형상을 하고 있는 스테이터로 되어 있고, 물이나 오일은 작동유체로 하여 로터가 이들 유체에 와류(渦流)를 발생시킬 때의 유체 마찰저항을 제동력으로 이용하며, 흡수된 운동 에너지는 열 에너지로 변환시켜 라디에이터에서 방열하는 것이다. 유체의 순환방법에 따라 중력식과 펌프식으로 나눈다.

물을 사용하는 경우에는 기관의 냉각수를 공통으로 이용하고 기곤의 라디에이터에서 냉각시킨다.

오일을 사용하는 경우에는 열교환기(oil cooler)를 설치해서 기관 냉각수로 오일을 냉각하며, 기관의 라디에이터 방열을 한다. 또한 브레이크 힘의 제어는 컨트롤 밸브로 유량을 가감해서 시행한다.

9-3 입력기구

입력기구(入力機構)의 설명에 앞서 유압식 브레이크의 개요도부터 설명한다.

그림 9·7은 일반적인 유압식 브레이크의 개요도이다. 브레이크 페달을 발로 밟으면 밟는 힘으로 마스터 실린더 내의 피스톤은 브레이크 액을 유압으로 바꾸고, 파이프를 통해 휠 실린더 내에 압송한다.

휠 실린더는 그 유압을 받아 피스톤을 왼 쪽과 오른 쪽으로 확장하며, 이 힘으로 브레이크 슈를 압착시켜 브레이크 작용을 한다.

브레이크 페달을 놓으면 마스터 실린더 내의 유압이 저하되어 브레이크 슈는 리턴 스프링의 힘으로 원위치로 되돌아가고, 휠 실린더 내의 브레이크 액은 마스터 실린더로 되돌아가 브레이크 작용은 해제된다. 그림 9·7의 ○속 숫자는 브레이크의 작동순서이다.

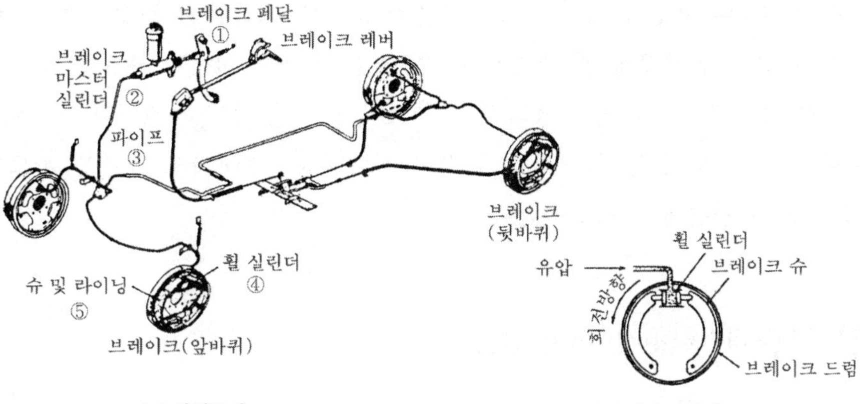

(a) 전체구성 (b) 바퀴 브레이크

그림 9·7 유압식 브레이크

1 마스터 실린더(master cylinder)

브레이크 페달 등의 입력기구에 가해진 조작력(기계적 힘)을 유압으로 변환시키는 장치이며, 브레이크 액을 저장하는 저장조(reservoir)와 유압을 발생시키는 실린더 부분으로 구성된다. 저장조는 합성수지, 실린더는 주철 또는 알루미늄 합금제가 많다.

유압식 브레이크의 주체가 되는 부분이며, 그림 9·8에서 보는 바와 같이 피스톤, 피스톤 캡, 리턴 스프링 및 토출 밸브로 되어 있으며, 탱크와 일체가 되어 있다. 동시에 유압계통의 온도에 따라 팽창·수축·누출·조정 때의 유량변화에 대응하는 보상기능을 가지고 있다.

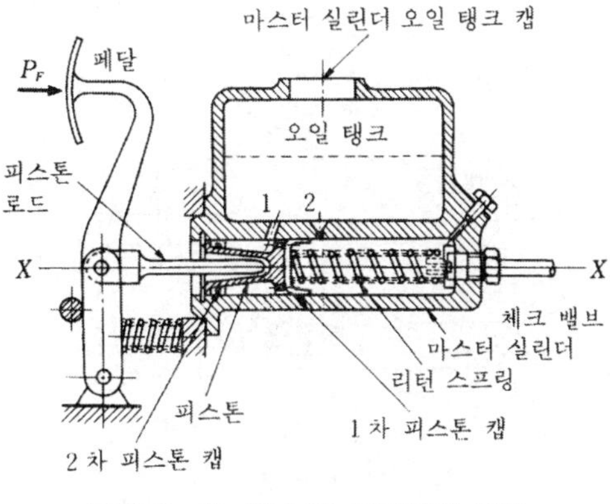

그림 9·8 마스터 실린더의 구조

그림과 같이 2개의 구멍 1, 2가 있고, 페달을 밟으면 피스톤이 전진하여 그 끝에 있는 고무의 피스톤 캡이 구멍 2에 올 때까지는, 이 곳을 통해서 실린더 내부의 오일은 상부의 오일 챔임버에 들어가나, 그 이상 통과되면 구멍이 막혀 압력이 가해진다. 또 오일은 체크 밸브를 열어 유관을 통해 휠 실린더에 압력이 전달된다. 브레이크 페달을 놓으면 스프링에 의해 피스톤은 원위치로 되돌아간다.

2 휠 실린더(wheel cylinder)

브레이크 플런저에 부착되어 있으며, 구조는 그림 9·9와 같이 되어 있다. 마스터 실린더에서 압송된 오일의 압력이 기계적 운동으로 휠 실린더의 중앙으로 들어가며, 2개의 피스톤을 왼 쪽과 오른 쪽으로 밀어 브레이크 슈를 작동시키고 제동작용을 한다. 그리고 제동부 형식은 단동형과 복동형으로 나뉜다. 휠 실린더에는 유압계통 중의 공기를 빼기 위해 그림 9·9(b)와 같이 그 바깥 쪽에 **공기 블리더 나사**(bleeder screw)가 설치되어 있다.

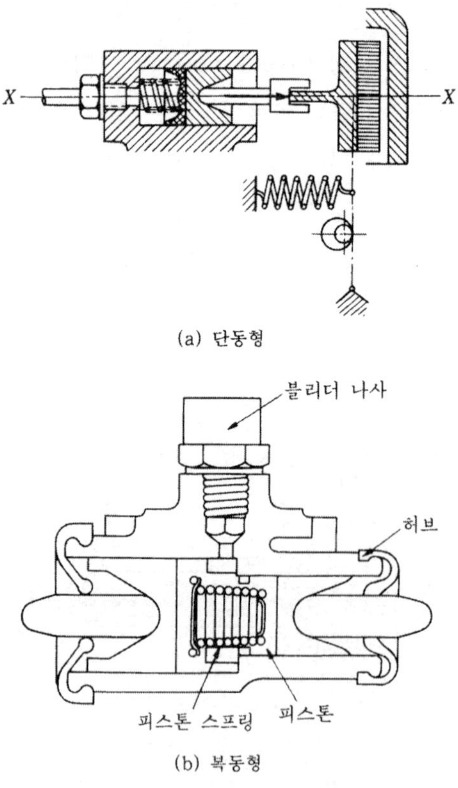

그림 9·9 휠 실린더의 구조

9-4 배력기구

트럭이나 버스와 같이 차량의 대형화와 고속화로 인해 브레이크가 흡수해야 할 일량은 크게 되고 있으나, 사람이 낼 수 있는 페달 밟는 힘(踏力)에는 한계가 있고, 또 승용차도 적당한 조작력으로 바람직한 제동력을 낼 수 있는 효과가 좋은 브레이크가 요구되어 왔다. 앞에서 설명한 바와 같이, 안정된 효과가 얻어지는 브레이크는 자기 배력작용이 적어 효과면에선 나쁘고, 또 브레이크의 안전조작을 위해서는 페달 밟는 힘이나 행정이 어느 범위 내이어야 한다. 이런 의미에서 인위적 조작력뿐만 아니라 외부에서 동력을 공급하여 그것을 보조할 필요가 생겼다. 그래서 오늘날에는 오일 브레이크에 배력 보조장치(서보기구)를 병용하여 제동력을 크게 하거나, 대형차에서 볼 수 있는 것같이 사람은 단순히 파일럿 밸브를 조작할 뿐이며, 실제의 제동은 압축공기의 에너지에 의존하는 에어 브레이크 등을 사용하기에 이르렀다.

제동력을 증대시키는 원리는 마스터 실린더의 피스톤과는 별도로 파워 피스톤을 설치하고, 여기에 진공과 대기압과의 차압을 가하거나 압축 공기압력을 가해, 작동시키는 힘을 증가시켜 큰 유압을 발생시키고 있다.

제동 배력장치를 원리면으로 보았을 때, 가솔린 자동차, 진공펌프가 부착된 디젤 자동차에는 진공과 대기압과의 차압(差壓)을 이용한 **진공식 배력장치**, 압축기가 설치된 디젤 자동차에 압축공기 압력을 이용한 **압축공기식 배력장치**의 두 종류가 많이 사용된다.

1 진공 배력

이 장치는 흡기 매니폴드(가솔린 자동차) 또는 진공 펌프(디젤 자동차)에서 발생된 부압과 대기압과의 차압을 배력장치 내에 설치된 파워 피스톤에 작용시켜 큰 힘을 브레이크에 주는 것으로, 배력장치를 마스터 실린더와 별도로 설치한 **분리형**과 마스터 실린더와 일체로 되어 있는 **일체형**이 있다.

분리형은 부압 또는 대기압을 도입하는 계통과 유압계통으로 성립되어 있다. 부압 또는 대기압을 도입하는 계통은 공기 청정기, 중계 밸브(진공 밸브, 공기 밸브), 파워 실린더, 파워 피스톤으로 구성되고, 유압계통은 중계 밸브를 작동시키는 중계 밸브 피스톤, 파워 피스톤과 연계되어 있는 하이드로릭 피스톤 등으로 되어 있다.

일체식은 브레이크 페달과 마스터 실린더 사이에 배치되어 있고, 에어 밸브 및 진공 밸브의 개폐를 브레이크 페달의 조작에 의해 기계적으로 하는 것이 특징이다. 또 브레이크 페달의 밟는 힘은 작동 로드 → 밸브 플렌저 → 리액션 디스크 → 마스터 실린더 푸시 로드 → 마스터 실린더 피스톤의 순으로 전달되는 외에, 파워 실린더 내의 A, B실에 생기는 압력차에 의해 작동되는 파워 피스톤의 힘이 여기에 가해져서 제동력이 배가된다.

그림 9·10은 진공식 분리형, 그림 9·11은 진공식 일체형을 나타낸다.

그런데 진공식 배력 장치 중에서 마스터 실린더 직전에 부스터를 집어넣은 형식을 마스터 백(master vac), 마스터 실린더와 휠 실린더의 중간에 유압 배관부를 넣은 것을 하이드로 마스터(hydro master)라고 한다.

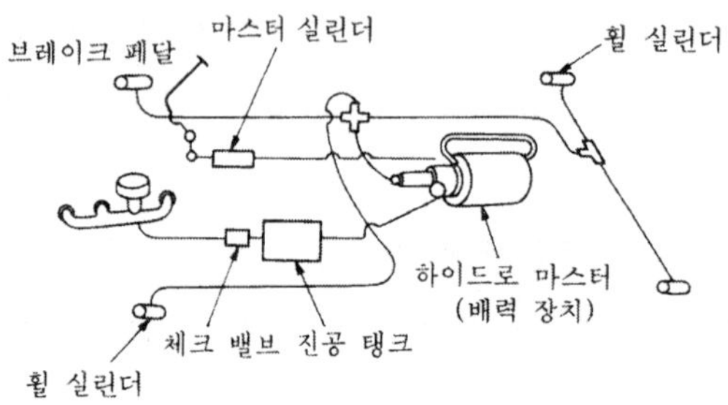

그림 9·10 진공식 분리형

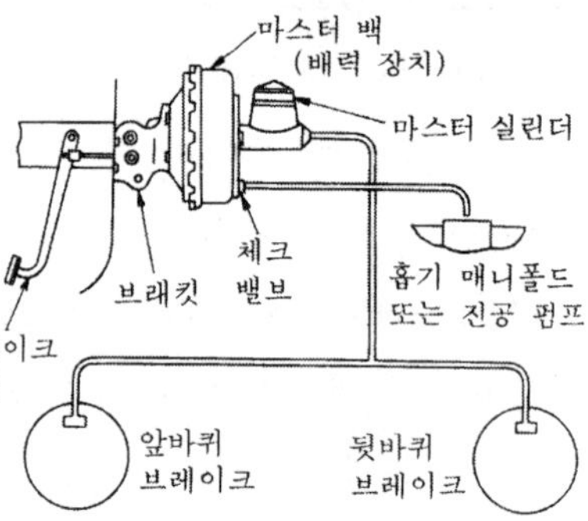

그림 9·11 진공식 일체형

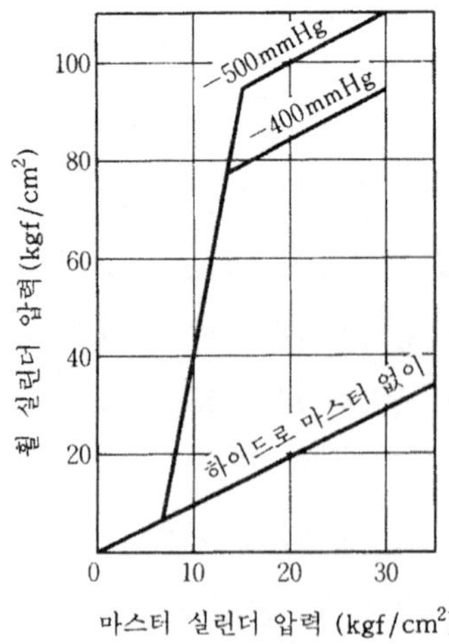

그림 9·12 진공 배력장치의 유압특성

그림 9·12는 하이드로 마스터를 사용한 경우의 마스터 실린더의 유압과 휠 실린더 유압과의 관계를 표시한 것이다.

2 공기압 배력

공기압 배력기구는 작동매체에 작동 오일을 사용하는 유압 브레이크에서 배력원으로 압축공기를 사용하여 배력하는 것이다.

진공 배력기구에 진공을 사용하는 데 비해 압축공기를 사용하기 때문에 공기압축기·공기 탱크·압력 제어장치·안전 밸브를 필요로 하므로 고가가 된다. 종류로는 에어 서보 브레이크, 에어 오버 하이드로릭 브레이크, 에어 브레이크가 있다.

3 공기 브레이크(air brake)

브레이크의 힘을 전면적으로 외력에 의존하는 동력 브레이크로는 공기압 이용형, 유압 이용형 및 양쪽을 합한 복합형 등이 있으나, 여기서는 공기압을 사용하는 공기 브레이크에 대해서 설명한다. 즉, 소형 공기압축기를 기관에 의해 구동시켜 압축공기(6~8 kg/cm^2)를 만들고, 이것을 공기 탱크에 저장하여 제동 때에는 브레이크 페달로 조작 밸브를 작동시키고 각 브레이크에 배치된 브레이크 다이어프램(brako diaphragm)에 압력을 가해서 브레이크를 작동시키는 것이다. 이 방식은 큰 브레이크 힘이 얻어지고 작동물질이 공기이기 때문에 비용이 들지 않으며, 압력해제 때 외부 방출이 가능하고 트레일러 등의 사용에서 연결, 분리가 쉬워 편리한 잇점을 가지고 있다.

반면에 복잡한 부품이 필요하고, 공기의 압축성에 의한 전달지연이 크며, 유압에 비해 작동압력이 낮기 때문에 공기압력을 기계력으로 변환시키는 브레이크 다이어프램의 지름이 크고, 공기의 배출음이 있는 등의 결점도 있다.

(1) 구조와 작동의 개요

전반적인 구조는 그림 9·13과 같이 되어 있으며, 공기 탱크, 공기 압축기, 체크 밸브, 브레이크 밸브, 릴레이(중계) 밸브, 브레이크 체임버 및 공기 파이프 등으로 구성되어 있다. 그리고 공기 배관도는 그림과 같이 앞바퀴 계통과 뒷바퀴 계통이 독립하고 있어, 만일 한쪽에 고장이 생기더라도 다른 쪽은 평상시와 같이 제동불능이 되지 않게 배려되어 있다.

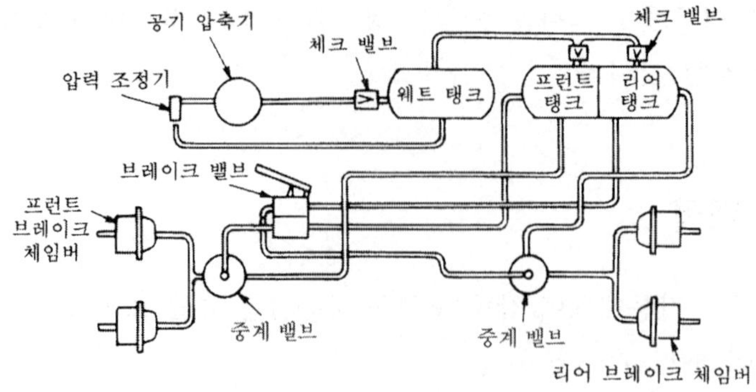

그림 9·13 공기 브레이크의 계통도

공기 압축기는 기관으로 구동되어 압축공기를 만들며, 대체로 단(單)실린더의 것이 사용되며, 탱크 내의 압력을 조정하기 위한 언로더(unloader)가 흡입 밸브에 부착되어 있다.

공기 탱크는 웨트 탱크(wet tank) 및 프런트 탱크(front tank), 리어 탱크(rear tank)의 3실(室)이 구비되어 있으며, 웨트 탱크는 공기 압축기로부터의 압축공기 중의 수분을 제거하기 위한 것이다.

물을 빼기 위한 드레인 콕, 압력 조정기가 고장이 났을 때는, 탱크 내의 압력이 규정이상으로 되면 압축공기를 대기 중에 방출하는 안전 밸브가 설치되어 있다.

프런트 및 리어 탱크는 앞바퀴와 뒷바퀴 계통으로 나누어 압축공기를 공급하는 탱크이며, 각 입구에는 체크 밸브가 부착되어 있다.

브레이크 페달에 의해 조작되는 브레이크 밸브는, 페달을 밟는 힘의 가감에 따라 공기압력을 프런트 및 리어의 중계 밸브에 보내는 구실을 하며, 이 밸브는 두 계통의 공기통로를 동시에 조작하기 위해 2축의 밸브가 마련되어 있다.

중계 밸브는 두 계통에 하나씩 부착되어 있어, 브레이크 밸브에서의 공기압력을 받아 공기 탱크로부터 직접 브레이크 체임버에 압출공기를 압송하는 작용을 한다.

에어 체임버는 중계 밸브로부터 압축공기를 받아 휠 브레이크의 브레이크 캠을 회전시켜 제동력을 발생시킨다.

압력 조정기는 공기 탱크 내의 압력을 조정하는 구실을 한다. 압력이 규정 값에 도달하면 압축기의 언로더 밸브에 공기를 보내 흡입 밸브를 들어올리고, 압축기의 공기송출을 중단시켜 압력이 낮게 될 때 압축기를 작동시키는 역할을 한다.

그림 9·14는 트레일러가 연결된 차량[連結車]의 공기 브레이크 계통도를 나타내고 있으며, 조작은 일반적인 공기 브레이크와 같다.

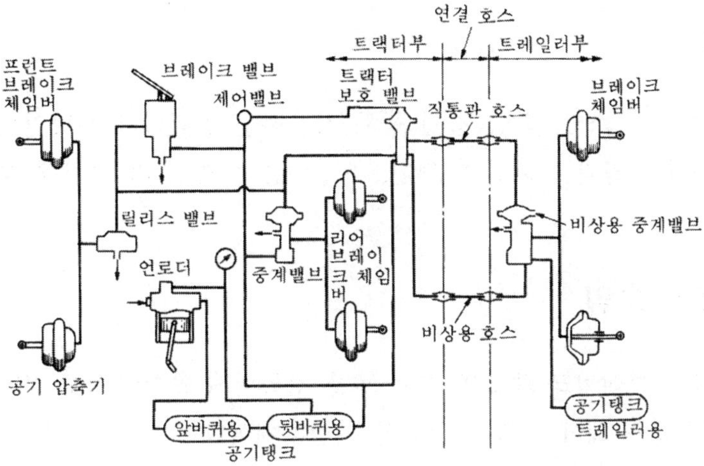

그림 9·14 트레일러 부착 차량의 공기 브레이크 계통도

9-5 힘 전달기구

일반적으로 유압 브레이크 시스템의 힘 전달요소로는 파이프·조인트·호스·작동유가 있다.

1 브레이크 호스 및 파이프

브레이크 호스는 70~150 kgf/cm^{2}의 고압에 견디도록 내부 체적 팽창량이 적고, 또 유연성을 가진 것이 요구된다. 따라서 뷰틸 고무 튜브의 내면에 유연성이 있는 강력인견, 비닐론 등의 보강섬유로 짠 섬유는 기후변화에 견디는 성질(耐候性)이 우수한 클로로프렌 고무로 피복한 구조로 되어 있다.

브레이크 파이프는 높은 압력에 견디는 성질로 배관 작업상 어느 정도의 굴곡성을 가지며, 특히 내외면 모두 녹 방지(防銹)능력이 우수한 것을 필요로 한다.

2 조인트

조인트는 파이프, 호스의 접속, 갈림 등에 사용하는 컨넥터와 유니언으로 나누어 정의하고 있다. 컨넥터는 관과 기기류의 결합, 유니언은 관과 관의 결합에 사용한다.

3 브레이크 오일

브레이크 오일은 브레이크 페달의 밟는 힘을 정확하게 브레이크에 전달하기 위한 매체로 만족한 압력전달을 해야만 하는 중요한 기능부재이다.

브레이크 오일에 요구되는 특성은 다음과 같다.

① 높은 비등점을 가질 것
② 고 · 저온에서도 적당한 점도범위에 있을 것
③ 윤활성이 좋을 것
④ 금속부품에의 부식을 방지하는 성질이 우수할 것
⑤ 습기를 흡수하는 성질이 적을 것
⑥ 화학적으로 안정되어 있을 것

9-6 출력기구

제동력을 발생하는 기구로는 바퀴와 함께 회전하는 드럼 또는 디스크[圓板]를 설치하며, 여기에 마찰계수가 큰 라이닝(lining)을 붙인 슈나 밴드에 압력을 가해 제동력을 얻도록 되어 있다.

드럼을 사용한 것을 드럼 브레이크라 하며, 여기에는 안 쪽 확장식과 바깥 쪽 수축식이 있는데, 상용 브레이크에는 보통 안 쪽 확장식을, 주차 브레이크의 센터 브레이크에는 바깥 쪽 수축식이 사용된다.

1 드럼 브레이크(drum brake)

(1) 드럼 브레이크의 기본 구조

구조는 그림 9·15와 같으며 앞바퀴에는 너클 스핀들, 뒷바퀴에는 차축관에 붙어 있는 고정 원판에 브레이크 슈라는 반달형 부재를 2개 구비하고, 브레이크 페달에서 전달된 힘으로 바깥 쪽으로 확장시켜 이것으로 회전되고 있는 통형의 브레이크 드럼 내면에 가하고 드럼과 일체로 된 바퀴의 회전에 마찰력을 주어 제동한다.

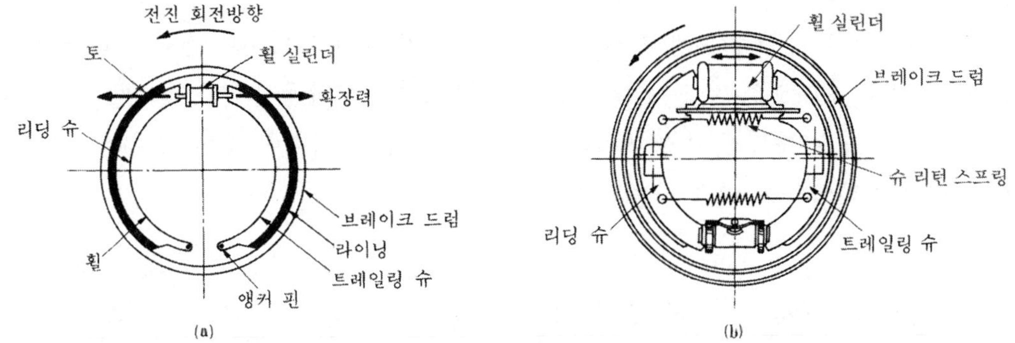

그림 9·15 드럼 브레이크의 기본 구조

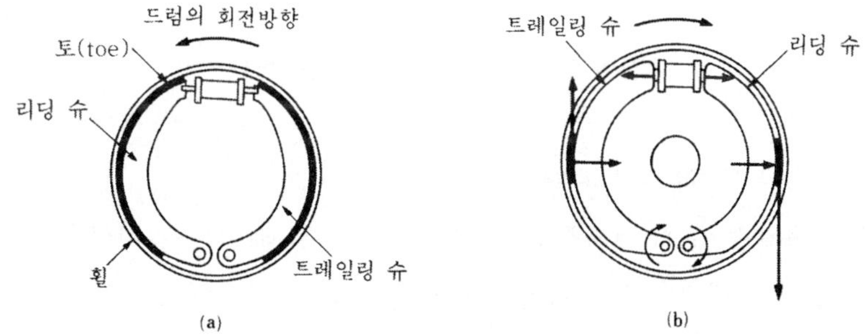

그림 9·16 내부 확장식

브레이크 슈의 작동방향을 양쪽으로 확장시키면 그림 9·16과 같이 드럼이 회전되고 있을 때에는 왼 쪽 슈의 확장부는 회전에 대하여 돌출측이 되며(이것을 **리딩 슈**라 함) 마찰력에 의해 확장력은 더욱 커진다. 이 작용을 **자기 작동작용**(self-energizing action)이라고 한다. 즉, 이 경우는 브레이크 힘을 발생시키는 마찰 자체를 이용하여 브레이크를 강하게 하는 작용을 한다. 이 사실은 브레이크 페달에 작은 힘을 가해 큰 제동력을 얻을 수 있으며 일종의 **자기 배력작용**(self servo)이 된다. 이것과는 반대로 오른 쪽 슈의 확장부는 회전에 대해 마찰력이 반대로 슈를 드럼에서 밀어내려는 힘이 작용, 확장력은 약하게 되며(이것을 **트레일링 슈**라 함), 자기 작동작용은 없다.

드럼 브레이크는 이상과 같이 슈의 자기 배력작용에 의해 비교적 작은 조작력으로 얻을 수 있으며, 여러 가지 모양의 드럼 브레이크가 된다.

(2) 드럼 브레이크의 종류

1) **리딩 트레일링형**(leading-trailing type)

드럼 브레이크의 가장 기본적인 것은, 그림 9·17과 같이 리딩 슈 1개와 트레일링 슈 1개로 되어 있다. 브레이크 토크는 대부분 리딩 쪽에서 발생되며, 라이닝의 마모가 불균일해서 다른 형식에 비해 효율이 떨어지는 결점이 있으나, 안정성이 좋아 앞바퀴 구동의 승용차용 리어 브레이크로 널리 사용된다.

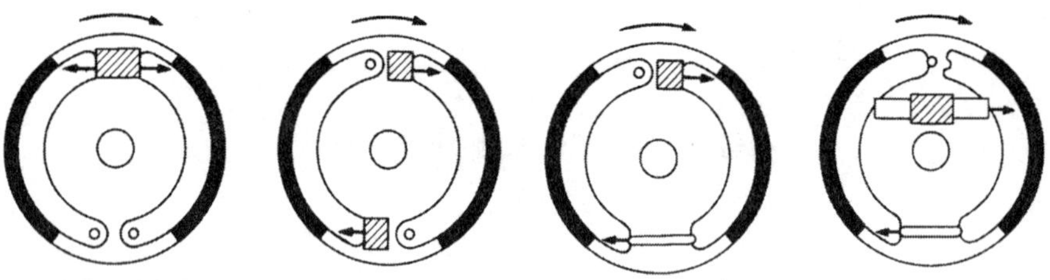

(a) 리딩 트레일링형 (b) 투 리딩형 (c) 유니 서보형 (d) 듀오 서보형

그림 9·17 드럼 브레이크의 형식

2) **투 리딩형**(two leading type)

효율이 나쁜 트레일링 슈를 제거하고 리딩 슈 2개조를 배치한 것이다. 따라서 유압 실린더는 드럼 중심에 대해 대칭의 위치에는 2개가 필요하다. 브레이크 토크는 리딩 트레일링보다 강력하다. 그 대신 후진 때에는 투 트레일링이 되기 때문에 브레이크의 효과는 현저하게 떨어진다. 따라서 전진 때의 브레이크 효율이 향상되며, 또 2개의 슈면압도 평형이 되며, 라이닝 마모도 비교적 균일하다. 앞바퀴용 브레이크에 주로 사용된다.

3) **유니 서보형**(uni-servo type)

투 리딩 형식을 개량한 것으로, 전진 때의 효율을 대단히 좋게 한 것이다. 즉 제1의 리딩 슈와 거기에 작용하는 유압 실린더의 관계는 투 리딩 형식의 경우와 같으나, 제2의 리딩 슈에 작용하는 유압 실린더를 없애고 제1 리딩 슈를 통해서 확장력을 준다. 이 방식을 택할 때 제2의 슈에 작용하는 힘은 유압 실린더에서 직접 전달되는 경우보다 드럼과의 마찰력으로 배가되는 힘이 가해지고, 큰 작용력이 되기 때문에 제2의 슈에 발생되는 제동력은 아주 크게 된다. 즉, 제1의 슈는 일종의 서보 기구의 구실을 한다. 이 배력기구는 후진 때에는 효과가 없고 전진 때에만 유효하기 때문에 유니 서보라 불린다.

4) **듀오 서보형**(duo-servo type)

유니 서보의 결점을 해소하고, 전진과 후진 동시에 유효하게 서보 작용을 이용하여 브레이크 효율을 높게 유지되도록 한 기구이다. 즉, 전진과 후진 회전방향에 대해 대칭형의 구조를 가지며, 1개의 유압 실린더와 2개의 피스톤에 의해 제1슈 및 제2슈에 대해 동시에 확장력을 주며, 회전방향에 따라 제1슈에서 제2슈로 또는 그 반대에 배력화되어 확장력이 전달된다. 이 방식은 오르막 길로 중간에서 제동할 경우에 효과가 있으며, 차량의 정지가 쉬운 점 등은 유리하나 반면에 마찰계수의 변화에 민감해서 불안정한 결점을 가지고 있다.

2 드럼 브레이크의 부품

(1) 브레이크 드럼(brake drum)

브레이크 드럼은 바퀴와 함께 고속으로 회전하며, 슈의 마찰력을 받아 제동력을 발생하는 부분이다. 드럼의 재질은 일반적으로 주철이 사용되며, 내구성이 요구되기 때문에 Ni, Cr, Mo 등을 첨가하는 경우도 있다. 그러나 탄소강 등을 사용할 때에는 소손(燒損)을 일으키기 쉽다. 드럼의 변형이나 열팽창은 페달을 밟을 때에 직접 영향을 주며, 방열작용의 좋고 나쁘고는 브레이크 용량 및 브레이크 토크의 안정도에 관계되기 때문에, 드럼은 강성이 있고 무게도 가벼우며 냉각효과가 좋아야 한다.

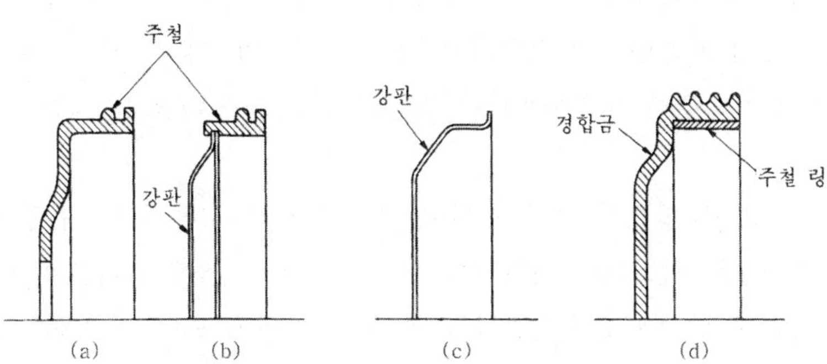

그림 9·18 브레이크 드럼의 각종 구조

이러한 요구를 만족시키기 위해 여러 가지 형식이 있으나 그 대표적인 구조를 그림 9·18에 표시한다. (a)는 주철제, (b)는 강판을 주입한 것, (c)는 강판을 프레스한 것이며 값은 싸나 마모에 견디는 성질은 주철에 비하여 떨어진다. (d)는 A1주물로 무게를 줄이고 냉각효과를 증가시키기 위해 휜을 설치하고 내면에 주철의 링을 주입시킨 것이다.

(2) 브레이크 슈(brake shoe)

슈는 원주방향의 굽힘에 대해 강성을 필요로 하기 때문에 보통 단면은 I형, 대형차에는 TT형을 사용한다. 그 재질은 대형차의 경우 주철, 가단주철이 많고, 소형차에서는 알루미나 다이캐스트, 롤형 강, 강판용접이 사용된다.

(3) 브레이크 라이닝(brake lining)

브레이크 장치 중에서 운동 에너지를 열로 바꾸는 주요 부품으로, 요구되는 성능은 적당한 마찰계수를 가지며, 고온·고압, 미끄럼 속도에 대해 안정해서 마찰계수의 변화가 없고, 상대금속을 소손시키지 않고 필요한 기계적 강도를 가지며, 마모량이 적고 물이나 오일에는 침입당하지 말아야 한다. 특히, 제동 때에는 불쾌한 냄새나 소리가 발생되지 않아야 하는 점 등이 중요하다.

이상의 조건을 만족시키기 위해 여러 가지가 생산되어 있으나 위븐 라이닝(weaven lining), 몰드 라이닝(mould lining) 및 메탈릭 라이닝(metallic lining)이 대표적인 제품이다. 그 중에서도 레진 몰드 라이닝은 각종 성분을 혼합하기가 쉽고 광범위한 특성을 갖고 있어 많이 사용되고 있다. 그 주성분은 석면이며 결합제로 페놀레진, 캐슈레진 등이 있다. 그 밖에 마찰계수 조정용으로 고무·레진·흑연·구리 등이 첨가되며, 또 마모에 견디는 성질의 향상을 위해 무기분말 등이 사용된다. 이들을 혼합하여 고온·고압하에서 압축성형한다.

메탈릭 라이닝은 일종의 분말소결합금으로 열전도성이 좋고, 고온에서도 마찰계수가 일정하여 고속·고부압 브레이크에 적합하나 가격이 비싸며, 재료 조성은 메탈릭과 같으나 소결 대신에 유기질의 결합제를 사용하여 열경화시킨 세미 메탈릭이 있어 스포츠카에 많이 사용된다.

슈와 라이닝의 고정방법은 접착이나 리벳 고정이 널리 사용되나, 슈에 직접 몰드하는 방법도 개발되어 있다. 어느 경우에도 견디며 라이닝은 고열에 견디고 마모에 견디는 성질이 있으며, 마찰계수가 크고 온도변화나 물 등의 침입에 의한 마찰계수의 변화가 적고 그 밖에 기계적 강도가 커야 한다.

3 디스크 브레이크(disk brake)

(1) 디스크 브레이크의 기본 구조

디스크 브레이크의 원리는 드럼 대신에 그림 9·19와 같이 회전하고 있는 원판(금속 디스크)을 양쪽에서 유압 피스톤으로 작동되는 한 쌍의 **마찰 패드**(friction pad)를 압착시켜 제동 토크를 발생시키는 것이다. 그러나 패드는 원판의 일부분에 해당되고 원판의 대부분은 직접 대기 중에 노출되므로 당연히 방열성은 좋다. 또 온도가 상승되어 열변형이 일어나도 대부분은 반지름 방향이며, 축방향으로 원판의 폭이 증가되어도 패드에는 아무런 영향이 없다. 따라서 패드의 움직임이 적고 페달의 움직임이 적어도 된다. 1951년 영국에서 개발되어 1952년부터 오락용, 스포츠 카에 사용된 이후 오늘날에는 신뢰성이 높아 많은 승용차에 사용되고 있다.

그림 9·20은 현재 사용되고 있는 디스크 브레이크의 구조 예로서 바퀴와 동시에 회전하는 철제의 디스크를 끼워 작동부를 수용한 캘리퍼가 있다. 이들은 브레이크, 실린더, 피스톤, 패드 등으로 구성되어 있다.

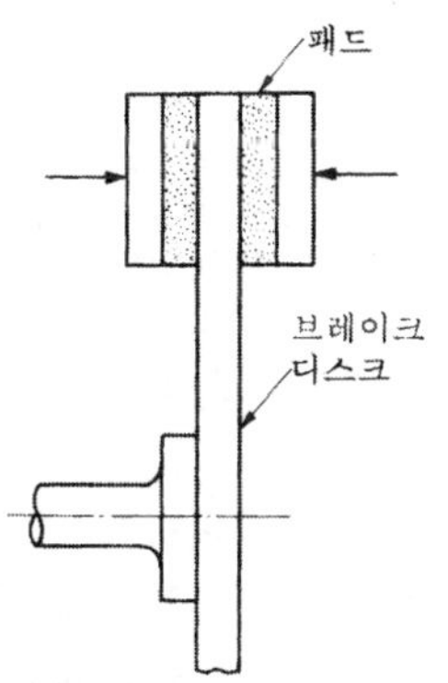

그림 9·19 디스크 브레이크의 원리

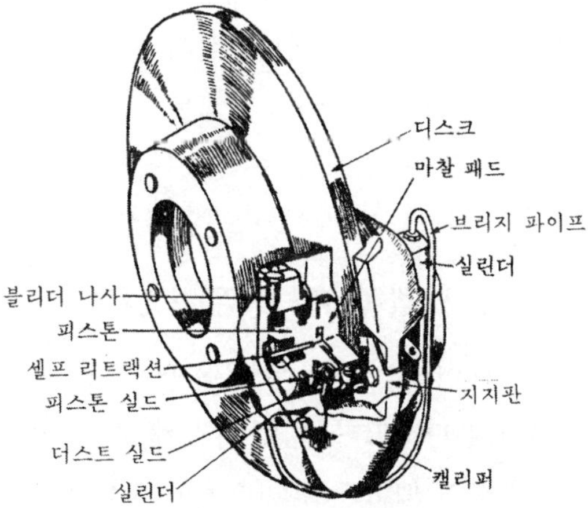

그림 9·20 디스크 브레이크의 구조 보기

(2) 디스크 브레이크의 종류

디스크 브레이크는 클러치형과 캘리퍼(caliper)형으로 나눈다. 클러치형은 원판의 전체 면을 마찰면이 되도록 한 형식이며, 현재 자동차용으로는 사용되지 않고 다판 클러치형으로 항공기, 전동기 등에 사용되고 있다. 여기에 비해 캘리퍼형은 현재 많이 사용되고 있으며, 실린더 유지방법에 따라 그 기본 구조는 그림 9·21과 같이 디스크 부동형·캘리퍼 부동형·디스크 캘리퍼 고정형의 세 종류가 있다.

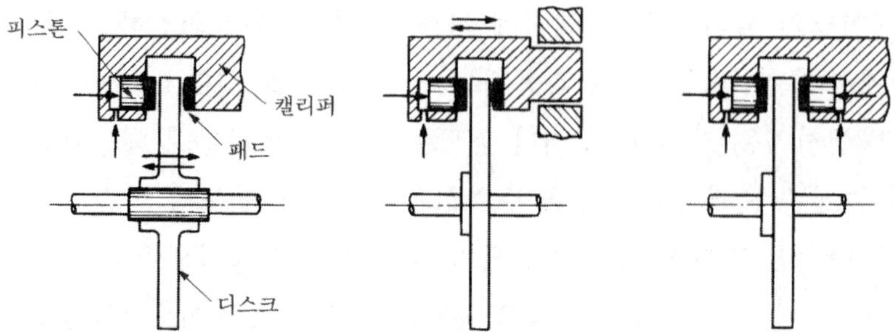

(a) 디스크 부동형 (b) 캘리퍼 부동형 (c) 캘리퍼 고정형

그림 9·21 디스크 브레이크의 종류

① **디스크 부동형** : 디스크부에 소음이 발생되기 쉬워 현재는 거의 사용되지 않는다.

② **캘리퍼 부동형** : 실린더가 한쪽에만 있고 반대측의 패드는 반작용을 이용하여 압력을 가하는 방식(싱글 실린더형)으로서, 가공정밀도가 높은 실린더 수를 반으로 하기 때문에 가격면에서 유리하여 많이 보급된 형식이다.

③ **캘리퍼 고정형** : 양쪽에 실린더를 배치하는 방식으로서 대향 실린더형(opposed cylinder type)의 형식이며, 피스톤 이외에 섭동부가 없고 강성도 높고 브레이크 반력을 받아 정지시키기 쉬운 이점은 있으나, 피스톤이나 실린더의 수가 싱글형의 2배이기 때문에 고가이고 주차용 브레이크를 일체로 하기 어려운 결점을 가지고 있다.

(3) 디스크 브레이크의 장점과 단점

디스크 브레이크의 장점은 다음과 같다.

① 마찰면의 디스크가 직접 대기에 노출되어 있기 때문에 방열성 작용이 좋고 브레이크 효과가 안정하여 **페이드**(fade ; 온도 상승에 의한 브레이크 성능의 저하 현상)가 발생되지 않는다.

② 페달의 스트로크(stroke)가 항상 일정하다. 즉, 온도 상승에 의한 각부의 변형이 없고 마찰재료의 마모는 자동적으로 조정되기 때문이다.

③ 드럼 브레이크는 드럼의 열변형으로 드럼과 슈의 곡률이 일치하지 않아 브레이크 효과가 저하되나, 디스크 브레이크에서는 열변형에 의한 디스크의 두께가 약간 변화되는 정도이므로 브레이크 힘의 저하는 없다.

④ 디스크 브레이크는 자기배력이 없다. 따라서 브레이크 힘의 변동이 없고 조정도 자동적으로 되며, 항상 왼 쪽과 오른 쪽 브레이크 힘의 평형이 유지되어 방향 안정성이 좋다.

⑤ 물이 들어갔을 때 마찰계수의 저하로 브레이크 효과는 일시적으로 저하되나 다스크 회전에 의한 물방울의 비산작용으로 브레이크 힘의 회복이 빠르다.

고속차에서 특히 유리한 조건은 페이드 현상이 일어나지 않는 사실과 왼 쪽과 오른 쪽 브레이크 평형이 좋은 점이다. 그러나 다음과 같은 결점도 있다.

① 자기 배력효과가 없기 때문에 피스톤에 걸리는 유압만의 힘으로 패드를 디스크에 압착시킨다. 따라서 디스크 브레이크에서는 드럼 브레이크의 휠 실린더에 비교하여 4~5배의 면적을 가지는 실린더를 사용하며, 사용 유압도 드럼 브레이크 경우의 2배로 하고 있다. 따라서 진공 배력장치 등을 사용할 필요가 있어 가격 상승을 초래한다.

② 높은 유압, 작은 라이닝 면적 때문에 면적당 압력이 높아 라이닝의 재질이 어렵게 된다.

③ 드럼 브레이크에서는 슈를 핸드 브레이크로 이용할 수 있으나 디스크 브레이크에서는 별도로 설치해야 한다.

(4) 셀프 서보식(self servo)식 디스크 브레이크

앞에서 언급한 디스크 브레이크에서는 자기 배력효과가 없어 브레이크의 힘의 중간전달 기구의 능력을 향상시킬 필요가 있고, 이 때문에 진공 배력장치 등의 브레이크 보조기를 필요로 한다.

셀프 서보식 디스크 브레이크는 디스크 브레이크 자체에 드럼형과 같은 서보 효과를 발생시킴으로써 중간적인 브레이크 보조장치를 사용하지 않아도 되게 고안한 것이다.

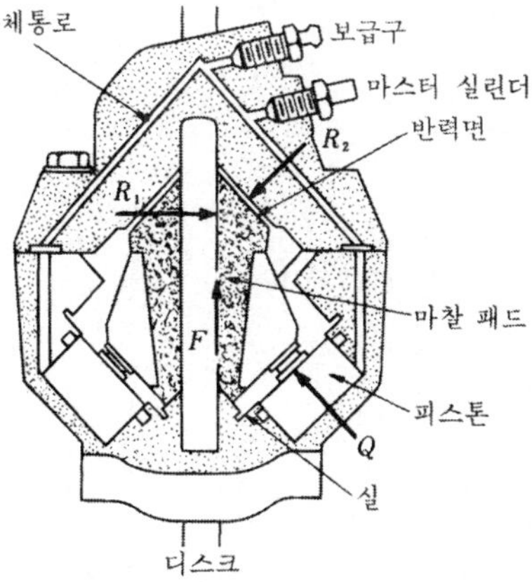

그림 9·22 자기 서보식 디스크 브레이크의 원리

즉, 그림 9·22는 그 원리도(Dunlop, S형)이며, 패드의 끝부분에 45°의 각도를 붙이고 피스톤도 45°가 경사져 있으며 디스크면에 대해 경사지게 Q인 압착력을 가한다. 이것에 의해 디스크 표면과의 사이에 마찰력 F가 발생되나 이 F 및 Q의 F 방향 분력이 반력면에 작용하고 이것에 의해 패드 경사면에 반력 R이 발생되며, 이 R의 디스크 수직방향 분력에 의해 패드의 압착력은 자동적으로 증가하여 셀프 서보 효과를 나타낸다.

10
chapter

타이어와 바퀴

10-1 일 반

자동차의 섀시는 이미 앞장에서 설명한 바와 같이 제동장치, 조향장치 및 현가장치를 포함하고 있다.

처음 자동차가 발명되었을 때 바퀴는 마차의 바퀴 그대로였다. 그것이 고무공업의 발달과 더불어 고체형 고무 타이어가 등장, 공기를 넣는 고무 타이어로 발달하였다.

자동차용 고무충전 타이어의 성능에 대한 요구는 하중부담 · 완충 · 구동 · 제동력의 전달 · 구름저항의 조종안정성에 대한 특성이 있고 어느 것이나 자동차용으로 필수적인 성질이다. 여기에 덧붙여 오래 사용해야 하는 문제도 있다.

어떻든 타이어는 소모품으로서의 운명은 벗어날 수 없지만 차량 유지비의 절감을 위해서도 필요하다. 위와 같은 기능 중에는 서로 상반되는 것도 있으나 타이어의 재료 · 설계 · 구조 · 제조법 등의 진보로 현저하게 여러 성능이 향상되어 오늘의 상태에 이르고 있다.

근간에 레이디얼 타이어의 보급, 타이어의 편평화 등 급격한 변혁을 하고 있으며 앞으로는 에너지 문제, 즉 연비절약 문제로 타이어의 구름저항의 감소에 대한 연구는 반드시 이루어야 할 문제점이다.

그림 10·1은 바퀴 및 타이어의 구조를 함께 보여주고 있고, 또 그림 10·2는 튜브를 보여주기 위한 타이어와 림의 단면도이다.

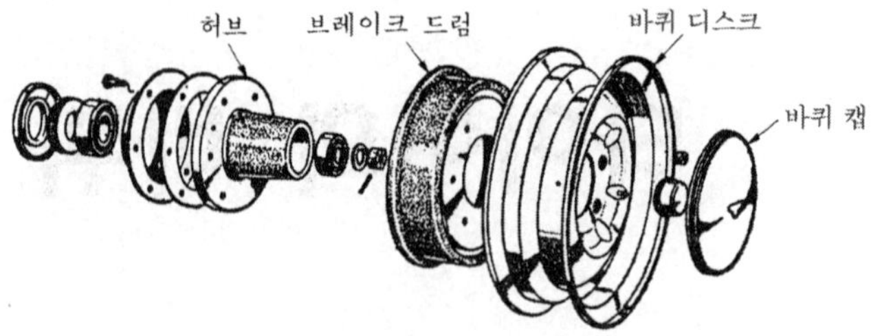

(a)

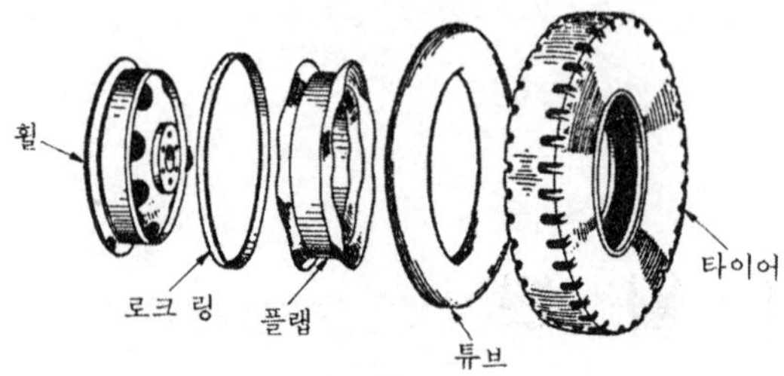

(b)

그림 10 · 1 바퀴 및 타이어의 구조

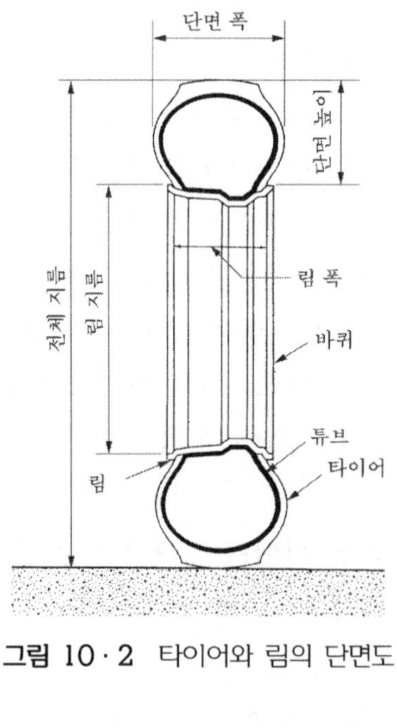

그림 10 · 2 타이어와 림의 단면도

10-2 타이어

1 타이어의 기능

자동차의 섀시는 이미 앞부분 여러 장에서 설명한 바와 같이 브레이크, 스티어링 장치 및 현가장치 등을 포함하고 있다.

오늘날 자동차에 사용되고 있는 공기 충전 타이어는 1846년 스코틀랜드의 기사 R. W. 톤슨에 의해 발명되었으나 장기간 사용을 할 수 없는 결함 등으로 42년이라는 긴 세월 동안 빛을 보지 못하였다.

그 후 1888년 영국의 수의사 J. B. 던로프가 자전거의 타이어에 응용하면서부터 타이어의 역사가 시작되었다.

한편 1839년 C. 굿이어에 의해 고무에 유황을 첨가하여 고무공업의 기초를 구축함과 동시에 고무와 섬유를 결합시킴으로 고무의 강인한 내구력이 풍부한 고무제품이 세상에 등장하기 시작하였다.

이 기술이 응용됨에 따라 타이어는 본래의 특징을 충분히 발휘할 수 있게 되었고, 오늘과 같은 발전의 길이 열렸다.

공기 타이어의 기능(특성)을 살펴보면 다음과 같다.

① 하중을 지탱하면서 주행(고속 · 고하중에서의 장기간 사용할 수 있는 성질 · 마모에 견딜 수 있는 성질 포함)한다.

② 노면의 凹凸에 의한 충격을 완화한다.

③ 구동력 · 제동력을 도로면에 전달한다.

④ 조향각에 대응한 코너링 포스를 발생시켜 도로면에 전달한다.

위의 기능 중 어느 것 하나도 자동차용으로 빠트릴 수 없는 성질을 구비하고 있으며, 공기 타이어만이 이 4개의 기능을 충분히 만족할 수 있는 수준에서 발휘할 수 있을 것이다.

2 타이어의 유형, 각부 명칭, 역할

(1) 타이어의 유형

타이어는 도로면에서의 충격을 완화하는 중요한 비금속 제품으로 천연 고무나 합성 고무로 만들어지고 형상으로는 전체가 하나의 블록 모양의 고체 타이어에서 내부에 공기를 넣은 공기 타이어 등 다음과 같이 분류된다.

- 타이어
  - 솔리드 타이어
  - 공기 충전
    - 튜브 타이어
    - 튜브리스 타이어

튜브가 있는 타이어는 일반적으로 승용차나 버스 · 트럭에도 사용되나 튜브리스 타이어는 승용차용으로 사용되고 있다. 그림 10·3, 그림 10·4는 트럭 · 버스용 타이어와 승용차 타이어의 단면을 표시한다. 다음에 각부의 명칭과 주요한 역할을 설명한다.

타이어는 고무로 피복된 포층(플라이)을 포갠 카커스(carcass)가 골격이 되며, 도로면에 직접 접촉되는 부분은 그 골격을 보호하기 위해 트레드(tread)라는 두꺼운 고무층이 덮여져 있다. 이것을 크라운(crown)부, 그 밑의 어깨에 해당되는 숄더(shoulder)부, 옆면 벽을 외부 손상에서 보호하기 위해 얇은 고무층으로 뒤덮은 사이들 월(side wall)부, 가장 끝에 림과 접촉되어 있는 비드(bead)부로 나눈다.

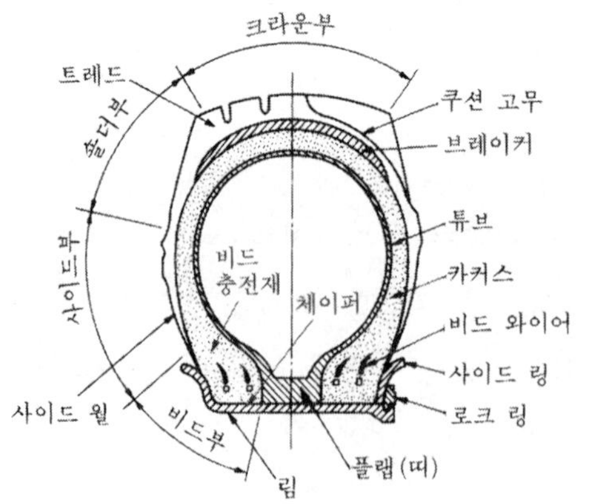

그림 10·3 트럭, 버스의 타이어 단면도

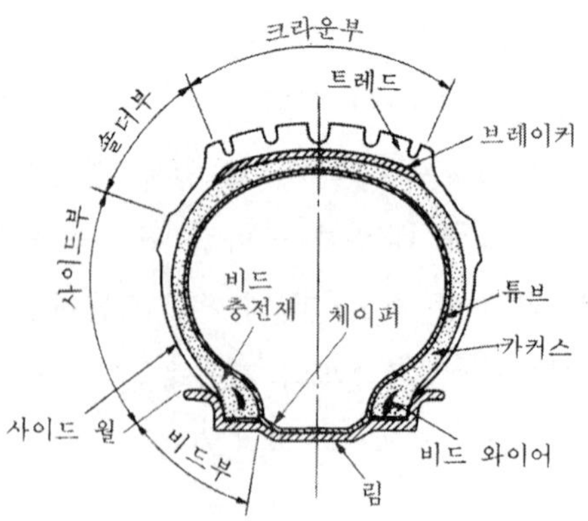

그림 10·4 승용차 타이어 단면도

(2) 각부의 명칭과 역할

1) **카커스**

카커스(carcass)는 케이스 또는 케이싱이라고도 불리며 타이어에서 가장 중요한 고압의 공기를 유지하기 위한 강도부재이다. 타이어의 골격으로 플라이(ply)라고 하는 섬유층으로 구성되어 있다. 또 이 포층은 타이어 코드(폴리에스테르, 레이온, 나일론 등의 섬유를 사용)를 씨실(横糸)로 연결하여 짜고 고무를 엷게 피복한 것이다. 이 포층을 타이어의 공기압에 맞추어 필요한 매수로 포개어 카커스부로 만들며 이 매수를 **플라이** 수라고 한다. 코드층이라는 이 플라이는 승용차는 2, 4 또는 6, 트럭이나 버스는 14포층까지 있으며, 굴삭기는 무려 32포층까지 된다.

2) **트레드**

카커스만으로는 외부 손상이나 마찰에 대해서 약하기 때문에 이것을 보호함과 동시에 타이어로서의 기능을 높이기 위해 고무의 피복층을 덮어씌운다. 도로면과 접하는 두꺼운 고무층을 **트레드**(tread)라 부르며, 타이어와 도로면 사이에 작용하는 수직방향 · 진행방향 · 가로 방향의 여러 힘을 전달하는 직접의 부재이다. 트레드는 이 기능을 효과적으로 수행하기 위해 바닥면에 여러 가지 홈무늬를 만드는데 이것을 **트레드 패턴**(tread pattern)이라고 부른다. 트레드 패턴은 타이어의 스키드 특성 · 소음 · 마모 등 타이어의 성능에 밀접한 관계를 가지고 있는 외에도 외관상으로도 중요하다.

트레드 고무에는 내마모성 · 내절단성 · 내스키드성 · 발열성 등의 중요한 성질이 요구되어 이들 성질을 만족시키기 위해 2층 구조로 된 것도 있다.

3) **사이드 월**

사이드 월(side wall)은 트레드와 비드까지의 카커스 양측면을 보호하기 위한 고무층으로 주행 중에 계속적인 굴곡운동을 받기 때문에 트레드에 비해 두께도 얇고 굴곡에 견디는 우수한 성질 및 기후변화에 견디는 성질이 요구된다. 또 타이어의 제조회사 · 사이즈 명칭 · 브랜드 이름 등을 표시하고 있는 것도 이 부분이다.

4) **쿠션 고무와 브레이커**

고무만의 트레드와 코드, 고무의 복합재료인 카커스 사이에는 큰 강성(rigidity)의 차이가 있고 고무 질의 차이도 크게 다르기 때문에 트레드와 카커스의 경계는 구조상의 약점이 되기 쉽다. 따라서 트레드와 카커스의 사이에는 완충대로써의 기능을 가지는 양자의 중간 성질인 쿠션 고무층과 **브레이커**(breaker)라 부르는 조잡한 코드층을 넣어 강성의 변화를 적게 하여 트레드의 국부적인 변형이나 충격을 분산하고 있다.

브레이커의 폭은 일반적으로 트레드 폭 정도이며, 경사방향으로 교차시켜 포개어져 있다. 못, 유리 조각 등의 내부 침입을 방지하기 위해 대형 타이어일수록 매수는 많고 트럭·버스용 타이어에서 2~4매, 승용차용 타이어는 1~2매가 보통이다.

5) 비드 와이어

비드 와이어(bead wire)는 강력한 고탄소강을 가지런히 감아 포개고 림 형상으로 성형한 것으로 플라이 끝을 완전히 구부려 감아 붙였다. 그 역할은 공기압에 대항하여 플라이의 끝을 지지함과 동시에 타이어를 림에 강력하게 고정시키는 것이다. 비드 와이어의 수는 타이어의 종류에 따라 다르나 한쪽에 1~3줄이 보통이다.

비드 와이어의 바깥 쪽은 림에 접촉하여 서로 스치고 또 림의 탈착 때 외부 손상을 받기 쉬으므로 체이프(chaffer)라 부르는 마찰에 강한 고무층이나 고무를 입힌 캔버스(canvas)를 플라이 바깥 쪽에 감아 붙이고 있다. 플라이 꼬부린 부분과 비드 와이어의 틈새는 비드 충전재(고무)가 들어가 있다. 이 충전재는 레이디얼 타이어에서 비드 부분의 강성을 유지하는데 중요한 역할을 담당하고 있다.

3 타이어의 구조와 특징

(1) 타이어의 구조

분류로서는 타이어 그 자체와 용도로 크게 나누나 용도는 뒤로 돌리고 타이어의 구조·패턴·재료·형상 등에 대해서 설명한다.

1) 바이어스 타이어(bias tire)

초기의 공기충전 타이어는 플라이와 고무를 바른 캔버스가 사용되었으나 날실[縱系]과 씨실[橫系]이 교차되어 있기 때문에 주행 중 타이어의 변형에 의해 실이 맞스치어 닳아 끊어지는 경우가 많았고, 수명도 짧았다. 그 후 가는 씨실을 대단히 거칠게 박아 넣은 발[簾] 모양의 코드를 고무로 피복한 플라이를 교차하여 포개 겹친 이른바 바이어스 구조의 타이어가 발명되어 카커스의 내구성이 대폭으로 개량되었다. 이 발 모양으로 짠 코드의 채용으로 타이어 형상의 필요에 따라 코드 각도를 자유롭게 선택하게 된 것이 내구성의 개량과 함께 편평화(偏平化)도 가능하게 되었고 타이어의 진보에 큰 기여를 하였다.

바이어스 타이어는 카커스 코드를 경사지게 서로 포갠 구조로 되어 있으며, 타이어의 원주방향에 대해 45°의 코드 각도로 교차되고 있으나 편평 타이어에서는 작은 각도로 되어 있다[그림 10·5(a)].

바이어스 구조의 타이어는 타이어 회전방향과 단면방향의 두 힘을 카커스 코드로 받고 있기 때문에 주행 중에는 타이어의 카커스 코드의 각도가 상대적으로 변형을 많이 함으로써 유연성이 풍부하고 완충효과가 좋고 부드러운 승차감을 얻을 수 있다. 반면에 트레드 각부가 접지면 안에서 움직이므로 내마모성이나 조종안정성, 구름저항은 레이디얼 구조에 미치지 못한다. 1920년 이후 바이어스 타이어가 오래 사용되어 왔으나 도로의 정비나 차량의 고속화로 레이디얼 타이어가 주류를 이루게 되었다.

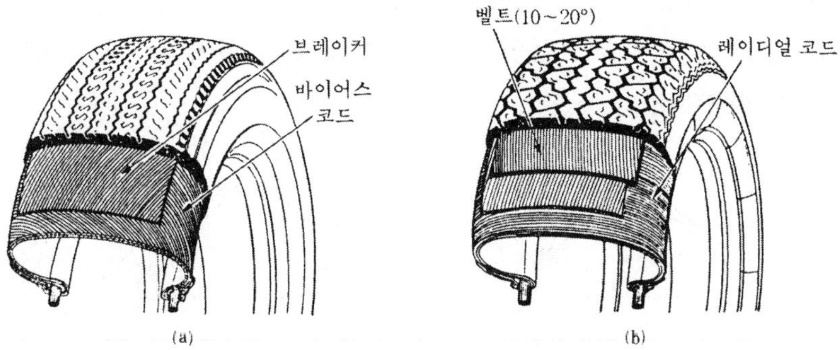

그림 10·5 바이어스 구조와 레이디얼 구조

2) **레이디얼 타이어**(radial tire)

레이디얼 타이어는 그림 10·5(b)와 같이 카커스 코드가 타이어 원주방향에 직각으로 배열되어 있어 레이디얼이라 불린다. 레이디얼 구조의 타이어는 타이어의 원주와 직각방향의 힘을 카커스 코드로 지탱하지 않기 때문에 이 코드의 위에 원주방향에 대해 10~20°의 코드각도를 가진 **벨트**(belt)**층**을 만들어 회전방향에 힘을 받게 하고 있다.

승용차용 레이디얼 타이어의 플라이에는 1~2층의 레이온 · 나일론 · 폴리에스테르를, 벨트에는 레이온 · 스틸 등이 주로 사용된다. 현재는 2층으로 되는 스틸 벨트가 주류로 되어 있으나 경량화를 겨냥, 아라미드(aramid)와 유리 코드가 일부에는 사용되고 있다. 또 트럭 · 버스용 레이디얼 타이어에는 플라이 · 벨트 모두 스틸이 주류이나 플라이에 폴리에스테르를 사용한 타이어도 보인다. 스틸 벨트는 3~4매, 스틸 플라이는 1매, 폴리에스테르 플라이는 3~5매가 일반적이다.

레이디얼 구조는 벨트층의 강성이 대단히 높아 좋은 조종안정성이 얻어지며, 구름저항이 적고 고속 때에 문제가 되는 **스탠딩 웨이브**(standing wave)의 발생 임계속도도 높으며, 또 접지면 내의 부분적인 움직임도 적기 때문에 내마모성이 향상되는 등 우수한 점이 많다. 다만 벨트층의 강성이 높다는 것은 한편으로 저속에서 이음새나 험한 길에서 승차감이 나쁘기 때문에 내압이 낮은 승용차용에서는 타이어 단체(單體)뿐만 아니라 차량의 현가장치, 차체까지 포함하는 종합적인 대책이 진행되고 있다. 공기압이 높은 트럭 · 버스용 타이어에서는 승차감에 대한 결점은 나타나지 않는다.

3) **벨티드(belted) 바이어스 타이어**

카커스는 바이어스로 그 위에 유리나 스틸 코드의 벨트 2층을 배치한 중간적인 것으로 미국에서는 일시적으로 상당히 보급되었으나 결국은 바이어스, 레이디얼 쌍방의 특징을 나타내지 못하고 레이디얼 타이어로 바뀌었다.

그림 10·6은 자동차가 주행할 동안 도로면 위에 놓인 바이어스와 레이디얼 타이어의 트레드 차이를 보여주고 있다.

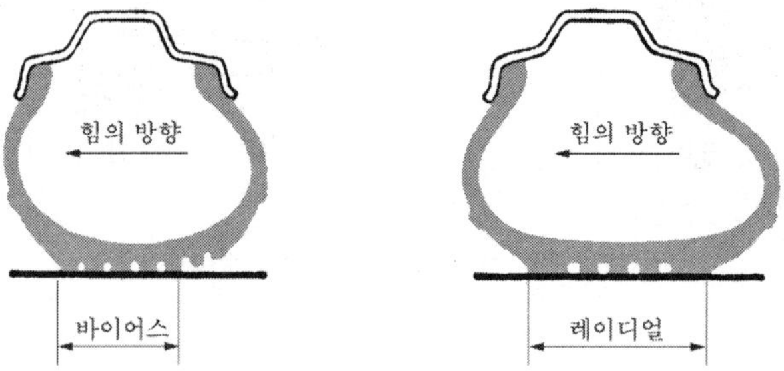

그림 10·6 주행 중 바이어스와 레이디얼 타이어의 트레드 모양

4) **튜브리스 타이어**(tubeless tire)

튜브의 역할은 장시간 내부압력을 유지하며, 타이어의 가능을 발휘하는 데 있으므로 튜브에 요구되는 특성은 기밀유지성이 좋고 또 내열성 · 내노화성 · 내파열성 등의 내구성이 우수한 것이 필요하다. 이들 요구특성에 가장 적합한 것이 부틸 고무(butyl rubber)로 특수용도를 제외하고는 대부분 튜브에 사용되고 있다.

보통의 타이어는 도로면의 못 등에 의하여 튜브가 손상되면 공기가 빠져 공기압력이 저하된다(펑크, puncture). 또 심한 충격이나 과대한 하중으로 튜브가 파손되어 급격한 공기 누설이 일어난다. 이들의 경우 급격한 공기의 유출이 일어나면 차량의 조종이 어려워져 위험하다. 이와 같은 위험을 방지하기 위하여 개발한 것이 **튜브리스 타이어**이며, 1947년 Goodrich사(社)가 개발하여 1955년 미국 각 제작사의 새 차에 부착시켰다.

보통의 타이어는 튜브로 기밀을 유지하고 있으나, 튜브리스 타이어는 튜브가 없고 그 기밀층을 타이어의 내면(inner liner)으로 대신하고 림 자체에 패킹 등을 사용하여 전체의 기밀을 유지시킨다.

그림 10·7은 튜브리스 타이어는 기밀 림(airtight rim)에 장착되고 공기는 케이싱과 플렌지 및 타이어 비드에서 유지됨을 보여주고 있다. 또 그림 10·8은 튜브 대신에 타이어의 내면에 공기투과가 적은 내부 라이너가 있음을 볼 수 있다.

현재 승용차나 두 바퀴용 타이어는 타이어를 사용하지 않는 튜브리스 타이어가 주류를 이룬다.

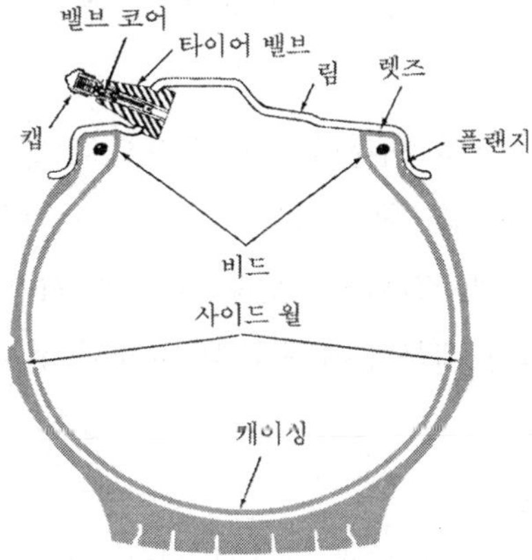

그림 10·7 튜브리스 타이어의 단면도

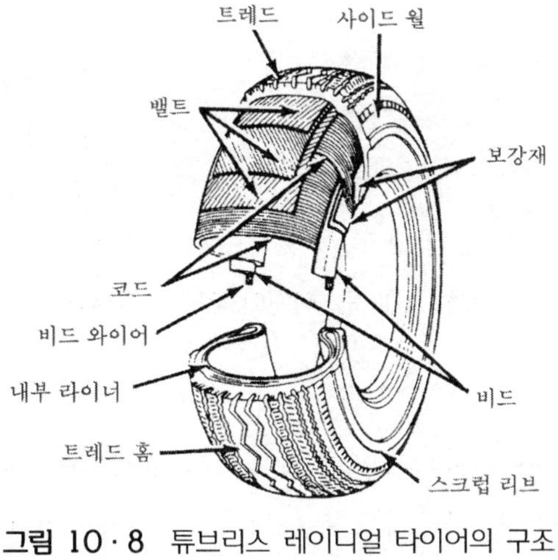

그림 10·8 튜브리스 레이디얼 타이어의 구조

(2) 트레드 패턴

트레드 표면의 모양을 패턴이라 부르며 상품으로서 외관적 배려도 있으나 주목적은 자동차가 안전하게 주행할 수 있게 제동력 · 구동력 · 견인력의 증가, 조종성 · 안정성의 향상과 가로 방향의 미끄럼 방지, 타이어 방열, 소음 발생의 감소와 승차감 향상을 위해 패턴을 만들고 있다. 패턴은 기본적으로 4가지로 나눌 수 있으며 각각의 특징은 다음과 같다.

1) 리브형 패턴

그림 10 · 9(a)처럼 타이어의 회전방향에 연속된 몇 개의 홈을 주체로 한 것이며, 구름저항이 적고 가로 방향의 미끄럼에 대한 저항이 커서 조종성 · 안정성이 좋고 승차감도 좋다. 또 소음 발생이 비교적 적어 포장도로를 고속 주행하는 데 적합하다.

2) 래크형 패턴

그림 10 · 9(b)와 같이 타이어의 회전방향에 직각으로 만든 여러 개의 홈이 주체이고, 포장되지 않은 도로에서의 구동력 · 제동력은 강하나 소음이 크고 고속용으로는 좋지 않다. 주로 트럭, 버스, 소형 트럭, 건설 · 산업용 차량에 사용된다.

패턴 소음이 리브형보다 크기 때문에 소음규제 문제와 관련, 리브형으로 바뀌는 경향이 있다.

3) 리브-래크 병용형 패턴

그림 10 · 9(c)에서 볼 수 있는 것처럼 리브형과 래크형을 합성한 패턴이며, 중앙의 리브형 패턴으로 조종성 · 안정성, 가로 방향의 미끄럼이 방지되고 양쪽의 래크형 패턴으로 구동력 · 제동력을 얻을 수 있도록 한 것이어서 포장 · 비포장도로에 관계없이 사용된다.

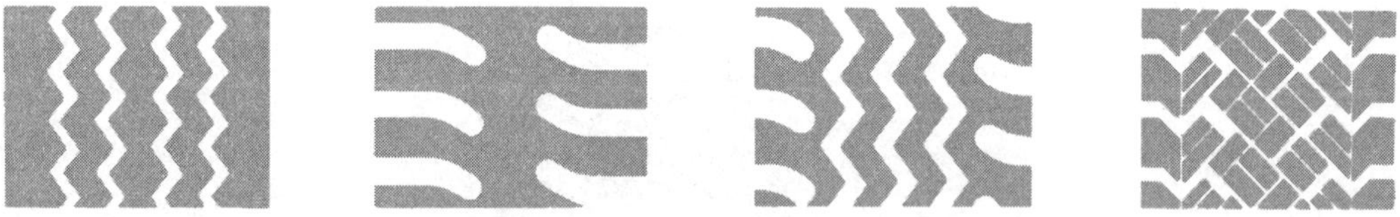

(a) 리브형 (b) 래크형 (c) 리브 래크 병용형 (d) 블록형

그림 10 · 9 타이어 패턴의 기본형

4) 블록형 패턴

그림 10 · 9(d)와 같은 하나하나 독립된 블록으로 구성되어 눈 위나 진흙땅에서의 조종성 · 안정성이 좋고, 제동력과 구동력도 우수해서 스노 타이어나 건설용 차량에 채용되고 있다. 패턴이 비연속이기 때문에 소음이 크고 내마모성은 떨어지나 배수성이 좋기 때문에

원래 트레드의 움직임이 적어 내마모성이 좋은 레이디얼 타이어에서는 비가 올 때 주행성능 향상을 도모하기 때문에 많이 사용되고 있다.

(3) 특수 타이어

1) 기후조건과 타이어

계절 · 기후 조건에 따라 도로면의 상황이 다르고 보통 타이어의 성능 일부가 그것에 따라 열화되기 때문에 하나의 타이어로 모든 상황에 완전한 성능을 내기란 곤란하다. 그래서 기후조건별로 성능을 특화한 타이어를 나누어서 사용할 수 있다. 그래서 계절의 명칭을 붙여 여름용 타이어 · 겨울용 타이어 · 4계절용 타이어라 부른다. 여기서 그런 구분은 무시하고 특수한 타이어만을 설명한다.

2) 스노 타이어(snow tire)

스노 타이어는 얼핏 보아 일반 타이어와 별다른 차이가 없으나, 고무질과 트레드가 다르며, 눈 위에서 슬립이 생기지 않고 주행할 수 있는 타이어이다. 접지면적을 크게 하기 위해 트레드부의 폭을 10~20% 넓히고, 패턴은 리브(rib)와 블록(block)을 적절히 배치하여 승용차 타이어는 일반의 것보다 50~70%, 트럭용은 10~40% 정도 홈을 깊게 하고 있다.

스노 타이어의 접지능력은 그림 10 · 10과 같이 트레드면과 눈과의 마찰력 및 눈[雪]의 전단력(剪斷力)에 따른다. 하중이 걸린 타이어가 눈 위를 달리면 타이어는 침하되어 홈 부분에 눈이 들어가고 상하로 압축되어 단단해진다. 이 때 타이어에 구동력과 제동력이 걸리면 이번에는 앞 쪽과 뒤 쪽 방향으로도 압축된다. 이 압축의 경우에 홈 속의 눈이 분산되지 않아 전단항력이 생기며 이것을 이용하여 구동과 제동을 한다. 그러나 필요한 전단저항 이하에서 이 홈 속의 눈이 파괴되어 흐트러지면 타이어는 공회전되어 전진하지 못한다. 따라서 스노 타이어의 홈은 그 속에 들어간 눈이 파괴되지 않도록 되어 있다.

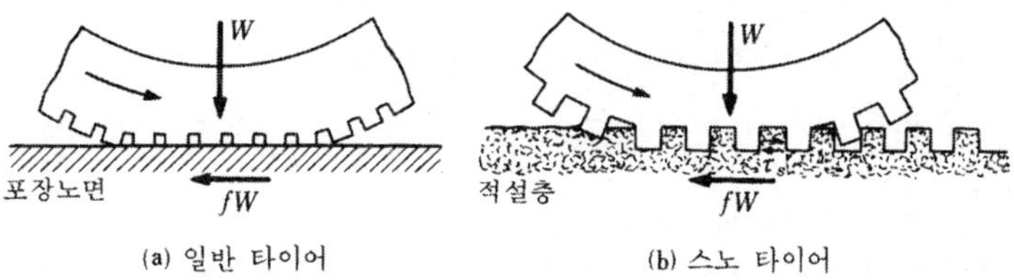

그림 10 · 10 점착력의 발생

스노 타이어에서 점착력이 생기는 경우를 일반 타이어와 비교하면 그림 10 · 10과 같고 (a)의 일반 타이어가 단단한 포장노면에 접하고 있을 때에는 양자 사이에 발생되는 점착력은 거의 전면적으로 마찰력 $f \cdot W$(f : 마찰계수, W : 타이어 하중)에 의존하는 반면, (b)의 스노 타이어는

$$F_d = f \cdot W + \tau_s \cdot A(\mathrm{kgf}) \qquad (10 \cdot 1)$$

와 같이 된다. f는 타이어 고무와 적설층 사이의 마찰계수, τ_s는 눈의 전단응력(kgf/cm^2), A는 타이어 접지부의 홈 부분 면적(cm^2)이다.

스노 타이어의 문제점은 소음이 높고 눈이 없는 포장 도로면상의 코너링 특성이 떨어지며, 마모가 되면 쉽사리 성능이 저하된다.

3) **스파이크 타이어**(spike tire)

어름 위나 얼음이 언 눈 위에서의 스노 타이어의 성능을 향상시킬 목적으로 미끄럼을 방지하기 위해 금속제 스파이크를 트레드 표면에 넣은 것이 스파이크 타이어이다.

스파이크 형상에는 두 종류가 있어 핀 끝의 단면이 작게 되어 있는 핀 타입과 링 형상을 하고 있는 링 타입이 있다. 어느 것이나 앞부분은 텅스텐 카바이트 분말을 소결한 소결합금으로 만들어져 있다. 사용함에 따라 핀 끝은 천천히 마모되나 둘레의 각이 둥글게 마모되면 스파이크의 끝 효과가 나쁘게 되고, 또 핀 마모 속도가 트레드 고무와 비슷해야 할 필요성을 고려하여 앞에서 설명한 소결합금이 사용된다.

이 스파이크 타이어는 추운 지역에서 단단한 얼음 위나 얼어붙은 눈 위에서는 효과가 있으나, 기온이 0℃ 전후의 비교적 따뜻한 적설지에서의 압설면(壓雪面)에서는 미끄럼 방지 체인보다는 우수한 스파이크의 효과를 크게 기대할 수 없는 경우가 있다.

4) **레이싱 타이어**(racing tire)

레이싱 타이어는 특정 코스에서만 사용되기 때문에 타이어에 요구되는 성능은 그 경주목적에 부합되는 것만을 강조해서 만들기 때문에 그 구조상의 특징은 다음과 같다.

① 스프링 하중량을 경감시켜 고속도 주행에 견디도록 경량화되어 있다.

② 트레드 고무의 두께는 스탠딩 웨이브 및 발열방지를 위해 경주 거리에 필요한 최소한도의 두께로 일반 타이어의 1/2~1/3로 되어 있다. 또 트레드 고무에는 특수 배합고무를 사용하여 점착력을 높이고 있다.

③ 튜브리스 타이어인 경우에는 경량화를 위해 내부 라이너(inner liner)가 없으며, 일반 타이어에 비해 펑크가 났을 때는 공기압의 저하가 빠르다.

④ 경량화 때문에 사이드 월을 보호하는 고무층이 없다.

⑤ 고속 때의 조종안정성을 크게 하기 위해 초편평(30~50%)으로 해서 패턴은 리브형이

사용된다.

⑥ 바이어스 및 레이디얼 구조가 있으나 일반의 레이디얼과는 다소 차이가 있다.

(4) 사용재료와 타이어의 특성

타이어에 사용되는 재료는 고무, 코드 외에 비드 와이어, 고무의 배합제 등 다양하게 많으며, 특히 고무에 대해서는 언뜻 보아 어떤 고무가 사용되는지는 알 수 없기 때문에 사용재료에 따른 구분은 하기 어려우나, 섬유재료나 고무재료는 타이어의 성능에 중요한 역할을 하기 때문에 그 특징을 설명한다.

1) 섬유재료

자동차의 발달, 도로의 정비 등으로 보다 많은 고속 수송이 실현되고 있음에 따라 연속 고속 주행으로 인한 열의 축적이 증가되기 때문에 코드에 대한 요구도 변해서 더 한층의 강도 향상과 고무에 대한 접착성 · 내피로성 · 내열성 향상에 필요하게 되었다. 이에 따라 합성섬유의 발달과 더불어 타이어 코드도 목면에서 레이온으로, 또 보다 강력하고 내충격성이 우수한 나일론이 사용되면서 1970년대 초는 전성기를 맞이하였다.

그러나 나일론은 탄성률이 낮고 승용차 타이어 등에서는 조종안정성이 충분하지 않고 주행에 의한 축열 후의 장시간 주차에서 온도가 떨어지면 **플랫 스폿**(flat spot)이라는 일시적인 변형이 남아 다음의 주행 초기에 승차감을 악화시킨다는 결점을 가지고 있다. 이것을 보강하여 현재는 보다 탄성률이 높고, 열적으로도 안정된 폴리에스테르가 승용차용 타이어에는 주류를 이루고 있다.

가는 스틸로 된 연선(撚線)으로 타이어 코드를 만들어 사용한 것은 일찍부터 프랑스를 중심으로 이루어졌으나 레이디얼 타이어의 보급으로 카커스나 벨트 부재로 그 사용이 확대되고 있다. 스틸 코드는 고무의 접착이 어렵고 무거움 등의 결점이 있으나 우수한 강도와 내구성이 있고 탄성률이 유기섬유보다 현저하게 커서 승용차용, 트럭 · 버스용의 레이디얼 타이어에서 널리 사용되고 있다.

2) 고무재료

타이어 코드와 비드 와이어를 결합하여 일체의 구조물로서, 또 노면에서의 외력 등에 대해 카커스 등을 보호하면서 힘을 직접 도로면에 전달하는 것이 고무이고 코드와 함께 타이어의 중요한 재료의 하나이다.

제2차 전쟁 이전에는 천연고무(NR)뿐이었으나 전쟁 후 석유화학의 발달로 각종 합성고무가 타이어에 사용되었다. 그 중에서도 SBR(styrene butadiene rubber)은 대표적인 것으로 천연고무에 비해 도로면 파악력이 크고 주행조건에서는 내마모성도 우수하여 승용차용 타이어의 트레드 고무재료로 널리 사용되기에 이르렀다. 그러나 내부 발열이 많아 대형, 두께가 두꺼운 타이어로는 적당하지 못하다.

BR(polybutadiene rubber)은 내마모성이 우수하고 발열성이 적으나 가공성이나 파괴특성에 문제가 있어 다른 고무와 배합하여 사용되고, IR(polyisoprene rubber)은 천연고무의 대용품으로 트럭 · 버스용 타이어에, IIR(butyl rubber)은 공기 불투과성, 내열성이 우수하여 튜브나 튜브리스 타이어의 내부 라이너에 주로 사용되고 있다.

최근에는 고무분자의 구조개혁으로 저연비성이나 물기가 있는 도로면에서 스키드성을 양립시킨 새로운 SBR, 가공성과 내마모성을 양립시킨 BR 등이 제조되어 저연비성 향상을 겨냥한 타이어의 트레드 고무로 사용되고 있다.

(5) 신차에 장착하는 타이어의 선정 및 규격

1) 타이어 선정의 원칙

새로 설계되는 차량에 장착되는 타이어는 그 차량이 사용되는 나라의 규격에 맞는 타이어를 선정하는 것이 원칙이다.

우리나라에서는 차량의 용도, 사양에 맞는 타이어를 한국자동차타이어협회 규격에서 치수에 맞는 것을 선정한다.

유럽에 수출하는 차량에 대해서는 ETRTO(The European Tire and Rim Technical Organization)의 Standard Manual에 기재된 타이어를, 미국 수출차에 대해서는 TRA(The Tire and Rim Association)의 Year Book에 기재된 타이어를 선정하는 것이 바람직하다.

2) 용도

타이어협회 규격에는 승용차용 · 소형 트럭용 · 트럭 및 버스 등의 용도별의 규격이 만들어져 있어 먼저 장착하고자 하는 차량의 용도에 적합한 타이어 그룹을 선정한다. 그 외 사양이 만족되더라도 용도가 맞지 않으면 경제성이 악화되고, 기타 여러 가지 불편이 생기므로 주의해야 할 필요가 있다.

3) 타이어 크기(size)

용도가 결정되면 다음에 타이어의 크기를 결정한다. 크기를 결정함에 있어서는 차량과의 장착 치수, 부하 하중, 사용공기압, 차량 최고속도 등을 고려하여 이 모든 것을 만족하는 크기를 선정, 타이어는 사용공기압, 사용속도, 단수 바퀴 사용인지 복수 바퀴 사용인지 등에 따라 감당할 수 있는 하중이 변하므로 차량의 사용조건에 따르는 타이어의 감당할 수 있는 하중에 차질이 없도록 선정할 필요가 있다. 차량의 제원이 확정되어 있지 않을 때는 여유를 가지고 크기를 선정해야 한다.

4) **공기압**

공기압은 차량의 스프링 특성 등을 고려하여 결정해야 하는데 타이어의 성능에서 본 경우, 승용차용 타이어는 설계 상용하중에 대응하는 공기압, 트럭 및 버스용 타이어는 최대하중에 대응하는 공기압 부근이 바람직하다.

또 타이어는 사용하는 공기압에 따라 고압 타이어 · 저압 타이어 · 초저압 타이어로 나눈다. 고압 타이어는 공기 상용압력을 5~8 kgf/cm^2 정도로 넣은 것이며, 타이어 지름에 비해 그 단면적은 작다. 주로, 트럭 등의 평저(平底)림에 사용된다. 저압 타이어는 3~5 kgf/cm^2 정도의 공기압이며, 지름은 작고 단면적 및 접지면적이 크다. 그리고 완충능력이 우수하여 승용차를 중심으로 버스나 트럭 등에도 사용된다.

초저압 타이어는 2~2.5 kgf/cm^2 정도 의 공기압으로 저압 타이어보다 더 낮은 공기압에 사용된다.

5) **타이어의 형상**(편평 타이어)

승용차용 타이어는 안전성, 조종 안정성, 승차감 및 내구성 등 여러 가지가 요구되나, 최근에는 자동차의 성능향상에 맞춰 고속성능의 요구가 한층 높아지고, 타이어의 편평비 등 형상이 변화되고 있다. 타이어는 단면에서 림의 기준면에서 위의 높이 H를 타이어의 단면 폭 B로 나눈 값 H/B를 편평비(偏平比 ; aspect ratio 또는 profile ratio)라 부르고 있는데 이 값이 둥근 원은 1.0이며, 타이어가 편평할수록 작게 된다. 즉, 수치가 작을수록 타이어의 폭이 넓다.

이 변화는 승용차용 타이어에서 특히 현저하고 현재로서는 0.82~0.70은 일반적이고, 고성능 차나 레이싱카용의 타이어는 0.50~0.40 또는 그 이하의 초편평 타이어도 사용된다.

승용차용 타이어는 타이어의 종류를 편평률의 차이에 따라 바이어스 타이어의 1종(편평률 0.96), 2종(0.86), 3종(0.82) 및 78시리즈(0.78), 레이디얼 타이어의 80시리즈, 70시리즈나 60시리즈 등으로 분류되고 있다.

그림 10·11은 타이어의 치수를 표시하며 A는 타이어의 바깥 지름, D는 타이어의 안지름, H는 단면 높이, B는 단면폭이다. 한편 그림 10·12는 차량 타이어의 세 종류의 편평비를 표시하고 있다.

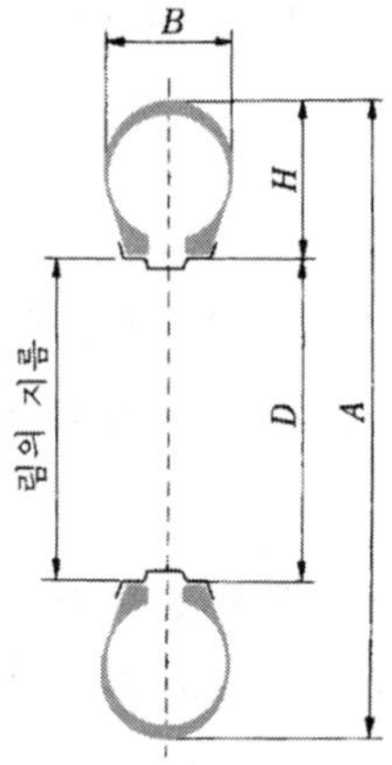

그림 10·11 타이어 치수 표시

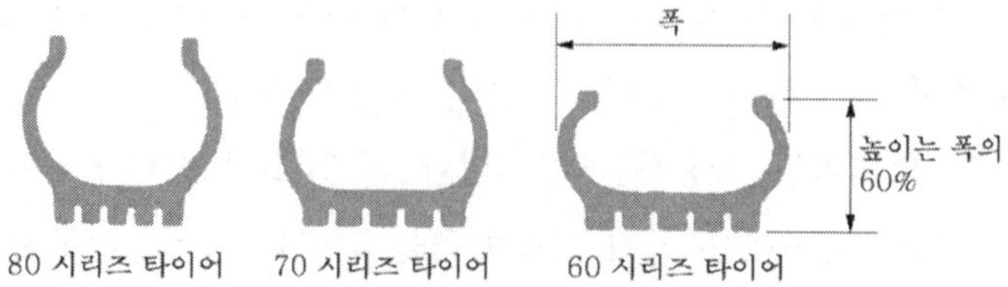

그림 10·12 자동차 타이어의 세 가지 편평비

트럭·버스용의 타이어에서는 단면 높이를 작게 함으로 타이어 외경이 작게 되고 그만큼 차량의 바닥 높이를 낮게 할 수 있으므로 화물실의 부피 증가나 화물의 출입이 쉬운 잇점도 많고 유럽이나 미국을 중심으로 편평화가 진행되고 있다. 반대로 단면폭을 크게 넓혀 타이어의 부하능력을 증가시켜 복수 바퀴 사용을 하나로 담당하는 와이드 베이스 타이어도 등장하고 있다.

편평 타이어의 정의로서 명확한 편평비 구분은 없으나 타이어의 고성능화, 고기능화의 하나의 상징으로 분류되고 있다.

(6) 규격(호칭)

참고로 승용차용 타이어의 규격·크기·구조를 표시하는 대표적인 호칭의 보기를 설명한다.

〈보기〉 ISO 방식의 호칭의 경우

195 60 R 14 85 H

- H — 속도기호(200 km/h)
- 85 — 하중지수(610 kg)
- 14 — 림 지름의 호칭(14 in)
- R — 타이어 구조기호(레이디얼)
- 60 — 편평비의 호칭(60%)
- 195 — 단면 폭의 호칭(195 mm)

속도기호, 하중지수: 사용조건 특성
림 지름의 호칭, 타이어 구조기호, 편평비의 호칭, 단면 폭의 호칭: 치수 구조 특성

타이어의 규격은 용도에 따라 다소 차이는 있으나, 승용차의 경우 일반적으로 다음의 3 형식이 사용된다.

1) **타이어의 폭**(인치)－**림의 지름**(인치)－**플라이 레이팅**(PR)

6.00S 12－4PR

6.00 : 타이어 폭, 6인치 S : 바이어스 구조의 고속용, 속도구분은 S 또는 H

12 : 림의 지름 12인치 4PR : 플라이 레이팅 수

2) **타이어의 폭**(mm)－**편평비**－**림 지름**(인치)－**플라이 레이팅**(PR)

185/70 HR－13

185 : 타이어의 폭, 185mm 70 : 편평비(0.7)

R : 레이디얼 구조의 고속용, 속도구분은 SR, HR

B : 림의 지름 13인치

3) **타이어의 부하능력－편평비－림 지름**(인치)－**플라이 레이팅**(PR)

Z 78－13－4PR

Z : 부하용량을 표시하며 Y－Z－A－B－C－D 순으로 용량이 크다.

78 : 편평비(0.78)

13 : 림의 지름 13인치

여기서 **플라이 레이팅**(PR ; ply rating)은 타이어의 강도를 나타내는 지수로 실제의 플라이수와는 관계가 없고 목면 코드 몇 장에 해당하는가를 의미한다.

(7) 스페어 타이어와 타이어의 로테이션

1) **스페어 타이어**(spare tire)

스페어 타이어는 정규 타이어와 같은 타이어를 선정하는 것이 바람직하나 정규 타이어 이외에도 첫째는 **T형 응급 타이어**라고 하는 것인데 폭이 좁고 작은 타이어에 높은 공기압을 넣고 하중을 가진 것으로 정규 타이어보다 체적이 적어 트렁크 안의 공간의 확보 · 경량화를 목적으로 사용된다.

둘째는 **접는 식 응급용 타이어**로, 타이어를 접은 상태로 보관하는 것이며 필요할 때에 전용 펌프 등으로 공기를 충전하여 사용하나 이런 유형의 타이어는 국제적으로도 거의 사용되지 않는다.

2) **타이어의 로테이션**(tire rotation)

일부 타이어는 다른 타이어보다 빨리 마모되는데 이는 앞 쪽과 뒤 쪽 바퀴가 서로 다른 역할을 하기 때문이고 또 차량의 종류나 운전습관에 의해서도 다르게 마모된다.

타이어의 마모를 균형 있게 하려면 주기적으로 또는 비정상적인 마모가 일어날 때 타이어 로테이션을 한다.

타이어 로테이션은 바퀴와 타이어 조립품을 한 차축에서 다른 차축으로 교환(switch)하는 것을 뜻한다. 권장 로테이션은 12,000~24,000 km 사이이다.

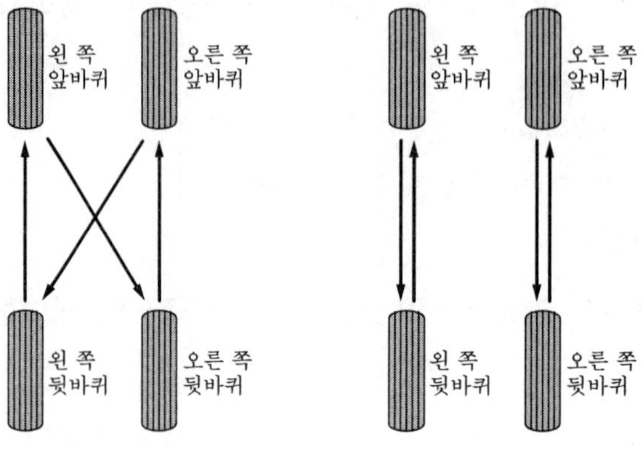

그림 10·13 뒷바퀴 구동의 일시적 네 바퀴 로테이션(스페어 타이어 없을 때)

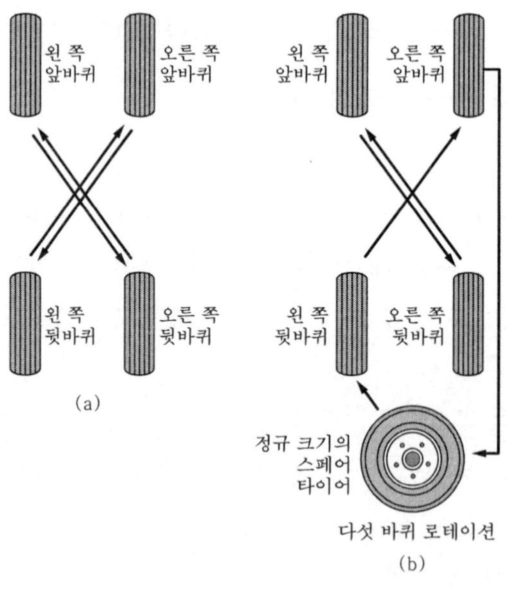

그림 10·14 앞바퀴 구동의 다섯 바퀴 로테이션

권장 로테이션 형태에서 뒷바퀴 구동차량은 그림 10·13에서와 같이 네 바퀴만을 로테이션 하는데 이것을 **네 바퀴 로테이션**(four-wheel rotation)이라 하며, 만일 차량이 같은 크기의 방향성 타이어를 사용하고 있다면 앞 쪽과 뒤 쪽으로 로테이션 할 수는 있으나(그림 b) 이 때는 반드시 정규 타이어만을 사용해야 한다. 그림 10·14는 앞바퀴 구동차량의 경우인데 **다섯 바퀴 로테이션**(five-wheel rotation)이라 하며, 그림 10·14(b)의 경우는 정규 크기의 스페이스 타이어를 가지고 있을 때에만 가능하다.

10-3 바퀴(차륜)

1 일 반

(1) 바퀴(wheel)의 기능

바퀴는 차량의 수직하중이나 가로 하중, 구동 · 제동 토크 등 주행할 때에 발생되는 여러 가지 응력을 받으면서 사용되기 때문에 타이어를 유지하는 림의 윤곽 · 치수 · 형상이 정확하고 강성을 구비하고 있어야 하며, 상대 부품인 브레이크 드럼이나 바퀴 캡(wheel cap)에 간섭하지 않는 디스크 형상으로 치수의 정밀도가 좋고 내 피로성이 요구된다.

(2) 요구 성능

바퀴는 회전체이기 때문에 세로 방향의 진동, 가로 방향의 진동 및 불균형량이 적고 또 제동 때에 이상진동이 일어나지 않기 위해서는 바퀴 장착면의 정밀도나 허브 구멍의 정밀도가 필요하게 된다. 그 외에도 바퀴 캡의 유지형상 및 정밀도, 최근에는 의장성과 함께 경량화도 요구되고 있다.

(3) 분류와 특징

1) 강판제 바퀴(disk wheel)

연강판을 림과 디스크로 성형하여 용접에 의해 결합한 것이며, 대량 생산에 적합하고 가격면에서도 유리하기 때문에 자동 두 바퀴 차를 제외하고 경량, 네 바퀴 차량 이상에서는 대부분의 자동차에 사용되고 있다. 사용되는 강판도 이전부터 사용되고 있는 인장강도 32 kgf/mm^{2}의 재료와 경량화를 목적으로 45~60 kgf/mm^{2}로 증강시킨 강화형 고장력강판이나 복합 조직강판(dual place steel) 등이 있다.

2) **스포크 바퀴**(spoke wheel)

림과 중심 허브 및 이들을 연결하는 강선제의 스포크로 이루어지며, 가볍고 외관상 아름다운 점을 이용하여 두 바퀴 자동차나 스포츠카 등에 주로 사용된다.

3) **경합금제 바퀴**

고급화 지향, 바퀴의 경량화, 정밀도 향상 및 유행성을 목적으로 A1, Mg 등의 경금속을 기본으로 한 것이며 림부와 디스크부를 일체로 주조한 주조 알루미늄 바퀴, 단조에 의한 단조 알루미늄 바퀴 및 림부와 디스크부를 조합시킨 스리 피스 휠(three piece wheel)이 있다. 그런데 타이어의 치수가 국제적임에 비추어 타이어를 끼우는 바퀴도 국제적인 수치가 정해져 있다.

트럭 · 버스용 알루미늄 바퀴도 경량화의 요구와 고급화 지향에 따라 단조품 · 주조품 · 전신제(展伸材)를 프레스 가공한 제품이 개발되어 있다. 비중의 면에서 강판재와 비교하여 약 40~50%의 경량화를 겨냥하고 있으나 림 · 디스크 모두 두께가 두꺼워 채용에는 충분한 배려가 필요하다. 그림 10 · 15에서 (a)는 강판 바퀴, (b)는 주조 바퀴이다.

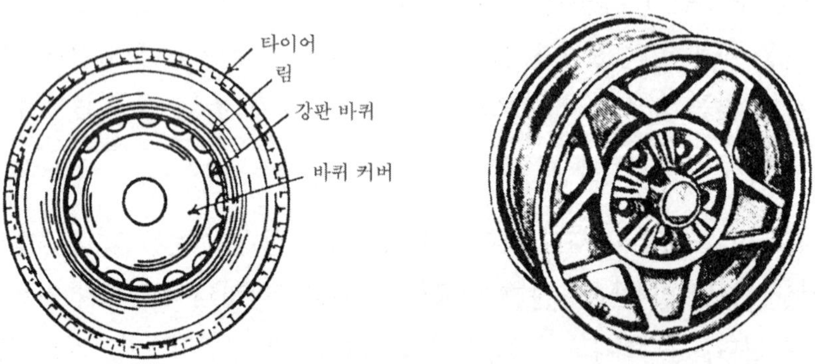

(a) 강판 바퀴　　(b) 주조 바퀴

그림 10 · 15 바 퀴

(4) 림의 종류

1) 림의 형상

림에 대해서는 KS R 4014에 정해진 규격이 있으나 주로 다음과 같다.

① **2분할 림**(divided type rim ; DT) : 림과 디스크를 일체로 성형한 것을 왼 쪽과 오른 쪽로 2개 맞대어 볼트로 결합한 것이며, 지름이 비교적 작은 스쿠터, 경량 네 바퀴용의 타이어에 많이 사용된다(그림 10·16).

② **심저(深低) 림**(drop center rim ; DC) : 림은 일체 구조로 그림 10·17과 같이 림 단면의 중앙부에 웰(well)이라고 하는 凹부가 있어 타이어를 끼우기 쉽도록 하였다. 현재는 그렇게 많이 이용되지는 않는다. 비드 시트부는 양측이 모두 5° 또는 15° 테이퍼이다.

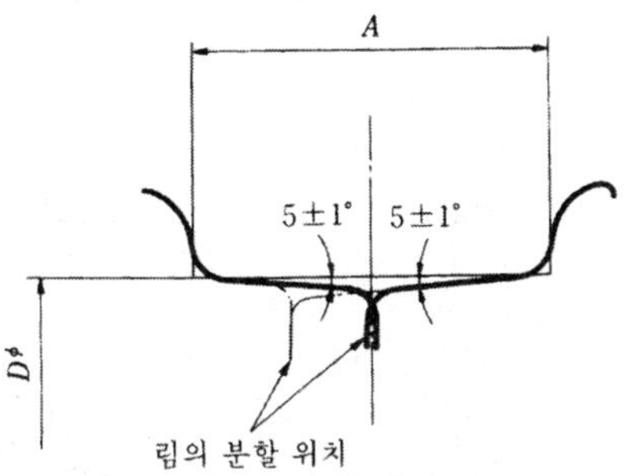

그림 10·16 2분할 림 모양

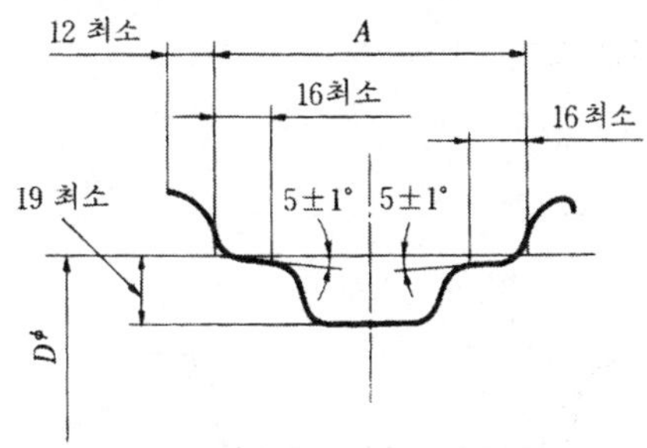

그림 10·17 심저 림 모양

③ **광폭심저(廣幅深低) 림**(wide base drop center rim ; WDC) : 심저형을 개량한 것이며, 림 폭이 넓게 되어 있다. 승용차의 초저압 타이어는 이 림을 사용한다. 소형 및 보통 승용차는 모두 이 림을 사용하며, 또 적재량이 1.5톤 이하의 소형 트럭에도 사용되고 있다(그림 10·18).

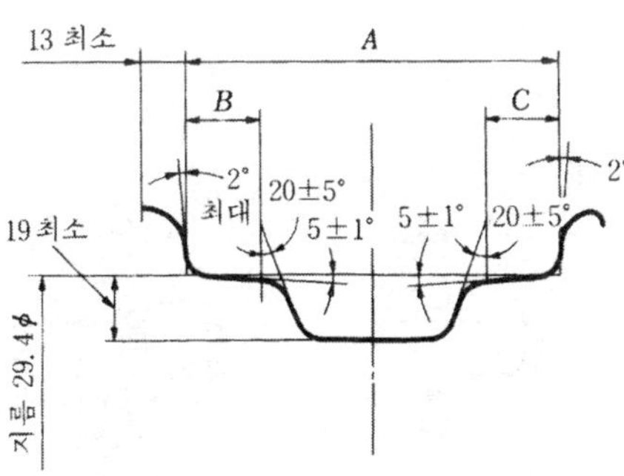

그림 10·18 광폭심저 림의 모양

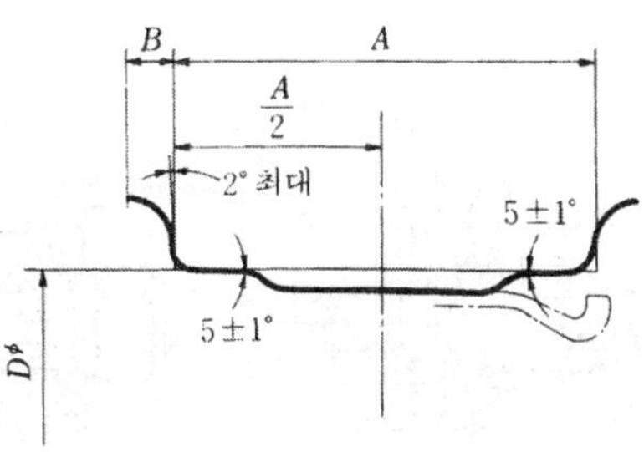

그림 10·19 천저 림의 모양

④ **천저(淺低) 림**(semi-drop center rim ; SDC) : 그림 10·19와 같은 단면 형상으로 소형 트럭용 타이어와 같이 플라이(ply) 수가 8p 이상인 경우 타이어의 장착과 탈착을 쉽게 하기 위해 림의 한쪽에 사이드 링을 사용한 분리 구조로 하며, 중앙부에 얕은 凹부를

만든 형이다. 적재량 1~2톤의 소형 트럭에 사용된다.

⑤ **평저**(平底) **림**(flat base rime ; FB) : 그림 10·20과 같은 구조로 바닥은 편평하며 한쪽에 사이드 링을 가지는 분리 구조이다. 옛날에는 트럭이나 버스에 사용되었으나, 결점이 많아 현재는 극히 일부에서만 사용된다.

⑥ **광폭평저**(廣幅平底) **림**(inter rim ; IR) : 평저 림의 개량형으로 림 폭을 넓게 하고 사이드 링의 형상을 바꾸어 타이어를 확실하게 끼울 수 있도록 한 것이며, 타이어의 안정성이 있고 타이어와 림 사이의 미끄럼도 없다. 트럭이나 버스의 차량에 대부분 사용되고 있다(그림 10·21).

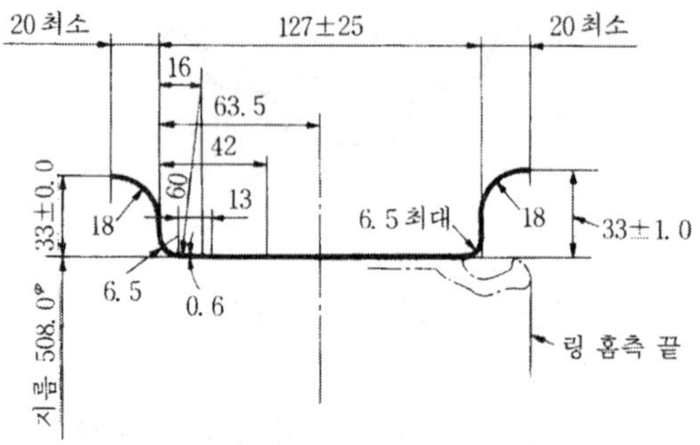

그림 10·20 평저 림의 모양

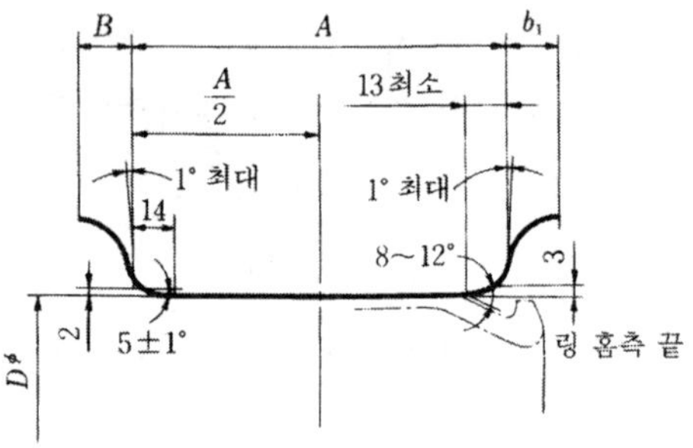

그림 10·21 광폭 평저 림의 모양

2) 바퀴의 장착방법

바퀴의 장착방법은 KS R 4016 방식에 의해 그림 10·22와 같이 A, B, C, D의 방식이 규정되어 있다.

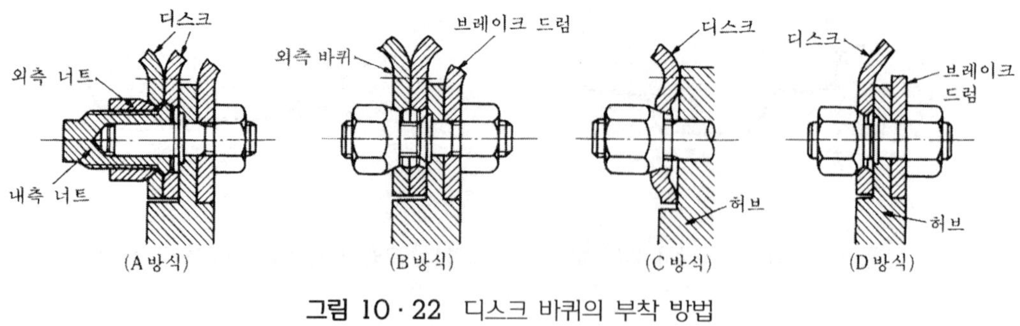

그림 10·22 디스크 바퀴의 부착 방법

A방식은 복수 바퀴[復輪] 부착에 2중너트 사용 방법으로, 안 쪽 바퀴를 볼트 너트로 고정하고 바깥 쪽 바퀴를 고정하도록 되어 있어 바깥 쪽 바퀴를 단독으로 떼어낼 수 있다.

B방식은 복수 바퀴 부착에 단독 너트 사용 방법으로, 이 점에서는 불리하다. C방식은 단수 바퀴[單輪] 부착에 단일 너트 및 볼트 사용 방법으로, 승용차 및 소형 트럭에 사용된다.

D방식은 평면 너트 자리 부착에 단일 너트 및 와셔를 사용하며, 허브 구멍 기준 결합 방식으로서 허브 구멍으로 하중을 지지하는 방식이기 때문에 너트를 끼우면 구멍이 긴 원이 되기 쉬워 너트의 결합에 충분한 주의가 필요하다.

10-4 주행 중 타이어에 생기는 현상

1 타이어의 불균형(unbalance)

타이어나 바퀴에 불균형이 있으면 특히나 고속 주행에서는 진동 · 소음의 발생원이 되고, 안전하고 쾌적한 주행이 되지 않을 뿐만 아니라 타이어의 잘못된 상태의 마모를 일으키는 원인이 된다.

불균형의 원인에는 여러 가지가 있으나 분류하면 다음과 같다.

- 불균형
  - 중량상 불균형
    - 정적 불균형
    - 동적 불균형
  - 치수상의 잘못
    - 가로 흔들림
    - 세로 흔들림
  - 강성의 불균형 (힘의 변동)
    - 세로 방향의 힘의 변동
    - 가로 방향의 힘의 변동
    - 앞과 뒤 방향의 힘의 변동
  - 플랫 스폿

(1) 중량상의 불균형

1) **정적 불균형**(static unbalance)

그림 10·23의 B점과 같이 바퀴 원주상의 한 곳에 무거운 부분이 있으면 바퀴를 축으로 지지하고, 가볍게 회전되도록 하여 두면 항상 B점이 밑부분에 와서 바퀴는 정지된다. 이와 같은 경우 정적 불균형이 있다고 할 수 있다. 바퀴의 불균형이 있으면 주행 중 바퀴는 상하방향의 진동인 트램프(tramp)를 일으키는 원인이 된다. 이것을 수정하려면 그림의 A점에 적당한 **밸런스 웨이트**(balance weight)를 붙이면 된다. 균형이 잡힌 바퀴를 회전시키면 어느 위치에서나 정지하게 된다.

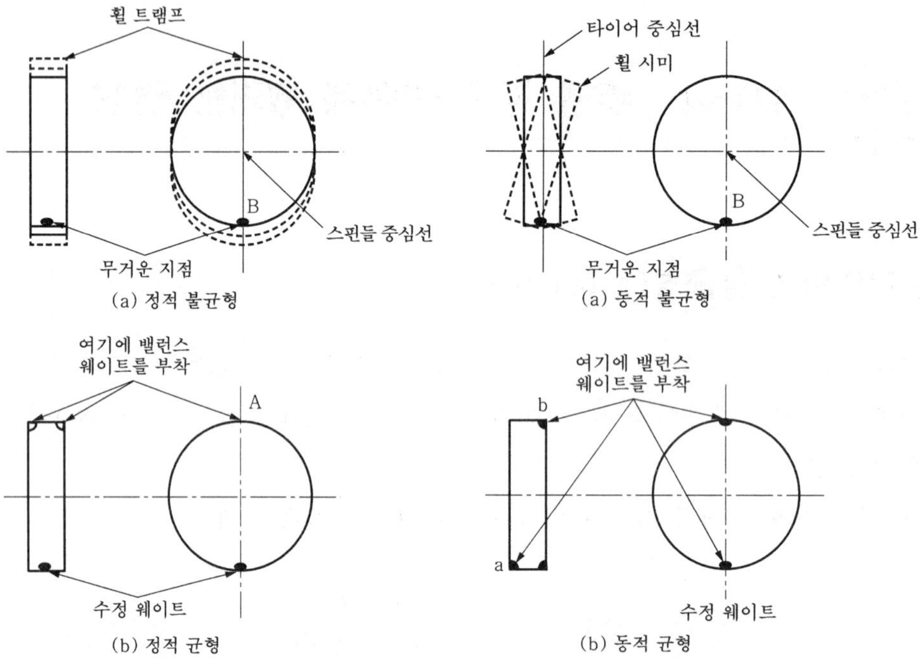

그림 10·23 정적 불균형 **그림 10·24** 동적 불균형

2) **동적 불균형**(dynamic unbalance)

바퀴의 정적 균형이 되어 있는 경우에도 회전시키면 진동을 일으키는 경우가 있는데, 이 경우에는 동적 불균형이 있다고 생각하면 된다.

이와 같은 바퀴를 회전시키면 무거운 부분이 원심력에 의해 축과 직각방향으로 위치하려 하기 때문에 바퀴를 옆으로 미는 모멘트가 발생한다. 이 모멘트는 반회전마다 방향이 변화하게끔 작용하는데 바퀴는 가로 진동인 시미(wheel shimmy)를 일으킨다. 이와 같은 현상을 일으키는 불균형을 동적 불균형이라고 한다. 이 불균형을 수정하려면 그림 10·24 (b)의 a 및 b점에 적당한 무게의 밸런스 웨이트를 붙이면 된다.

2 치수상의 틀린 상태

타이어의 치수상의 불균일성이란 타이어의 **흔들림**(runout)으로 알 수가 있으며, 일반적으로 세로 방향의 흔들림을 RR(radial runout), 가로 방향의 흔들림을 LR(lateral runout)이라 한다. 림에 끼운 타이어에 1.5~2.0 mm 이상의 흔들림이 있으면 차체진동이나 스티어링 휠 흔들림의 원인이 된다. 흔들림은 타이어 자체만으로 발생되는 경우와 림과의 상대관계로 발생되는 경우가 있으며, 수정에는 타이어 및 림의 흔들림을 각각 점검하여 수정할 필요가 있다.

3 강성의 불균형

타이어는 주행 중 하중에 의해 흔들리면서 굴러 가는데, 이 흔들림은 하중을 일정하게 하여도 타이어 트레드부의 고무층의 두께가 불균일하든가, 카커스 코드의 연결부에 의해 흔들림 양은 일정하지 않고, 타이어가 회전할 때는 시미, 셰이크(shake), 이상진동 등의 발생원인이 된다. 이 흔들림 양의 변동(강성의 변동)을 **포스 베리에이션**(force variation)이라 하며, 그림 10·25와 같이 타이어의 아래와 위·왼 쪽과 오른 쪽·앞과 뒤의 셋으로

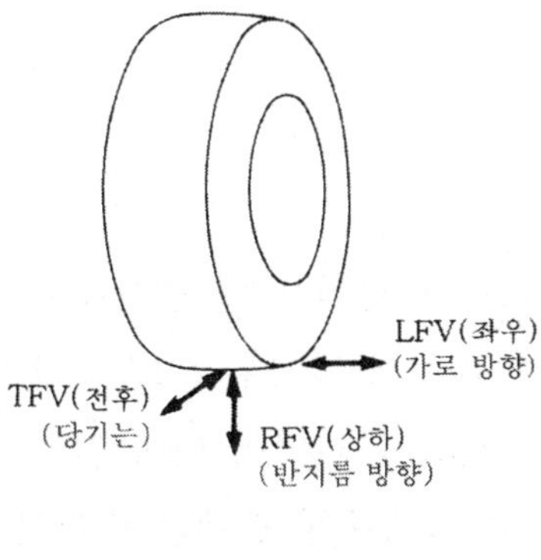

그림 10·25 타이어의 포스 베리에이션

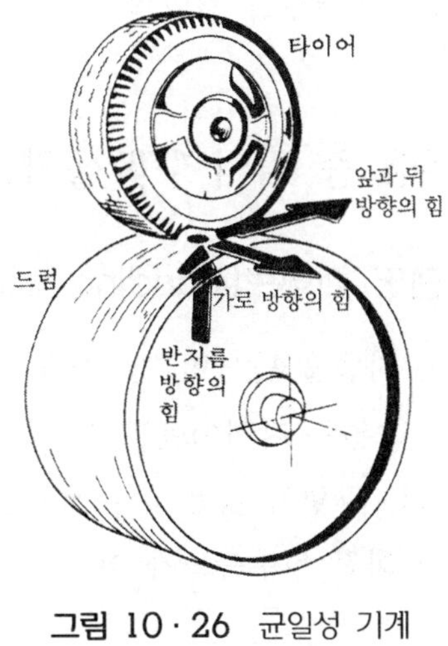

그림 10·26 균일성 기계

나누어진다.

① RFV(radial force variation) : 타이어의 세로 방향의 힘의 변동

② LFV(lateral force variation) : 타이어의 가로 방향의 힘의 변동

③ TFV(tractive force variation) : 타이어의 앞과 뒤 방향의 힘의 변동

그리고 이들 불균형은 그림 10·26에 표시된 것과 같은 균등성 기계(uniformity machine)라는 전용기계로, 타이어에 하중을 주어서 측정할 수 있다.

4 플랫 스폿(flat spot)

주행 후 타이어가 발열된 상태 그대로 장시간 주차하면 다시 주행을 시작할 때에는 몇 초에서 몇 분간 타이어가 회전할 때 카당카당하면서 진동을 일으키는 경우가 있다. 이 진동 및 비정상적인 소리(異音)를 **플랫 스폿현상**이라고 한다. 이것은 주행에 의해 따뜻해진 타이어 코드가 접지 부분에서 압축력을 받으면서 굴곡된 코드의 장력이 이완된 그대로 고정되어 타이어의 일부에 평평한 부분이 만들어지기 때문이다.

플랫 스폿이 발생되기 쉬운 조건은 다음과 같다.

① 나일론 코드를 사용한 타이어

② 바이어스 타이어

③ 공기압 부족 상태에서의 장시간 주차

④ 적재 상태에서의 장시간 주차

⑤ 가을에서 봄까지의 추운 시기 및 온도차가 심한 환경

이 플랫 스폿현상은 일반적으로 주행에 의해 온도가 상승되면 자연적으로 해소된다.

5 주행 중 타이어에 생기는 현상

(1) 스탠딩 웨이브(standing wave)

타이어는 하중을 받으면 변형되고 하중이 없어지면 내압에 의해 원상태로 되려고 하는데, 굴러가고 있는 타이어에도 이 작용은 있다. 즉, 타이어 접지부는 1회전마다 하중을 받아 변형되고, 그렇지 않은 부분에서는 복원되고자 하는 움직임이 반복된다.

타이어의 회전 원주속도가 어느 값 이상으로 되는 고속주행 중에는 타이어가 접지면에

서 떨어질 때 발생되는 파동현상으로 그림 10·27과 같이 타이어의 접지면 뒤 쪽에 파도 모양의 변형이 나타난다. 굴러가는 중의 타이어에는 공기압 및 원심력에 의한 장력이 작용되고 있으며, 타이어의 접지면에는 이 장력에 대항하여 충격적인 변형을 받는다. 이때 발생되는 충격파가 타이어의 원주상을 전파하려 한다. 이 가로 파동의 전파속도보다 타이어의 주속도(주행속도)가 느린 경우에는 파(波)가 감쇠되어 없어지나, 원주속도가 거의 전파속도에 가까워지면 접지면의 뒤 쪽에 파도 모양의 변형이 남게 되며, 이 파는 타이어가 회전하고 있음에도 정지하고 있는 것같이 보이기 때문에 **스탠딩 웨이브**(정지파)라고 한다.

그림 10·28과 같이 드럼에 의해 화살표 방향으로 원주속도 V로 회전되고 있다면 하중 P에 의해 변형, 즉 가로 파동은 장력이나 기타에 의해 결정되는 V_{wave}는 하중점에서 양쪽에 전파되어 간다. 거기서 만일 $V = V_{wave}$가 되면 하중점의 왼 쪽에는 변형이 나타나지 않고 오른 쪽에만 나타난다. 이것을 실내의 관측자가 본다면 이 변형은 이동되지 않는 파형(정지파)으로 보인다.

그림 10·27 스탠딩 웨이브 현상

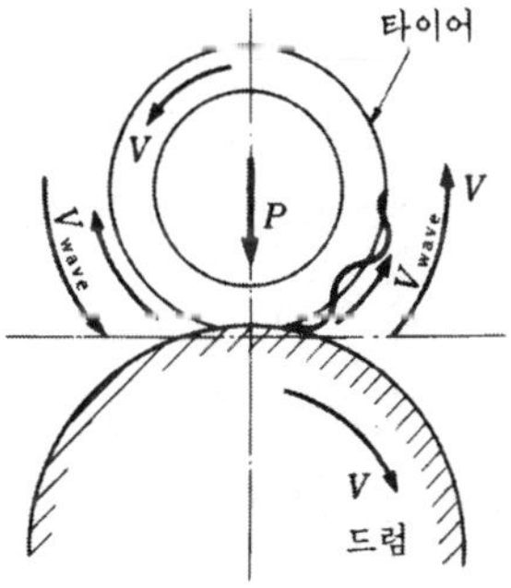

그림 10·28 스탠딩 웨이브

이와 같은 스탠딩 웨이브가 발생되면 변형에 의해 타이어의 피로가 급속히 진행되어 타이어 내부에는 고열이 발생한다. 속도가 빠를수록 파동의 진폭은 크게 되고 구름 저항은 비정상적으로 크게 되기 때문에 고열과 큰 원심력으로 트레드 고무와 카커스의 밀착력은 떨어져 드디어 타이어는 파손된다. 따라서 트레드 강성이 높은 레이디얼 타이어나 편평 타이어를 사용하여 공기압을 표준보다 0.2~0.3 kgf/cm^2 높게 하면 스탠딩 웨이브는 잘 일어나지 않는다. 이것으로 스탠딩 웨이브가 발생되는 임계속도가 타이어 파손에 대한 한계속도로 보아도 좋다.

지금 이 임계속도는 장력을 가한 타이어의 원주상을 가로 파동이 전파되는 속도와 같다고 보면, 현악기의 줄과 같이 장력을 주어 팽팽한 현을 전파하는 파동속도와 같이 생각하여 구할 수 있다. 즉, p를 타이어의 공기압, r를 타이어의 단면방향의 곡률 반지름, ρ는 트레드부의 단위면적당의 질량, α를 타이어의 원주 방향에 대한 트레드부 코드 각도라 하면 임계속도는 D. M. Turner에 의해 다음 식으로 주어진다.

$$V_{cr} = \sqrt{\frac{pr}{\rho}} \cot\alpha \qquad (10 \cdot 2)$$

이 식은 정량적으로 비교적 실험값과도 부합되며, 정상적으로는 타이어 임계속도에 미치는 여러 요소의 영향을 검토하는 데 충분하다. 한편, 고속주행 때에 사용되는 타이어에서 임계속도를 높이려면

① r를 크게 한다. → 편평률이 적은 단면형상을 채용한다.

② p를 크게 한다. → 타이어의 공기압을 높인다.

③ ρ를 작게 한다. → 접지부의 타이어 두께를 감소시킨다.

④ α를 작게 한다. → 트레드부의 코드 각도를 타이어의 원주방향에 접근시킨다.

등이 유효함을 알 수 있다.

지금까지의 실험결과에 의하면 보통 구조의 타이어 공기압 상태에서는 130~150 km/h 정도의 범위에서 발생되는 경우가 많으나, 공기압이 낮으면 100 km/h 정도에서 일어나기 때문에 주의를 해야 한다. 따라서 고속주행 때 안정성을 유지하려면 타이어의 공기압을 0.3~0.5 kgf/cm^2 정도로 증가시키는 것이 바람직하다. 실험에 따르면 0.3 kgf/cm^2의 공기압 상승에 대해 임계속도는 약 10 km/h 정도 증가한다.

(2) 하이드로 플레이닝(hydroplaning)

하이드로 플레이닝이란 자동차가 수막(水膜, water film)으로 되어 있는 도로면 위를 어느 속도이상 고속으로 주행할 때 타이어가 완전히 물 위를 둥 떠서 미끄러져 달리(滑走)는 현상을 말한다. 마치 비행정이 물 위를 미끄러져 달리는 것과 비슷하다.

만일, 하이드로 플레이닝이 발생되면 타이어는 도로면에서 떨어져 워터 필름 위에 부상된 상태가 되어 유동 바퀴[遊動輪]에서는 회전이 점차 멈추어지고, 반대로 구동 바퀴는 공회전되어 회전속도는 증가되며, 자동차는 단지 관성력으로 미끄러져 달리게 된다. 이 상태하에서는 도로면 파악(grip)의 기능이 상실되어 구동력 · 제동력, 사이드 슬립 항력이 없어져 차량의 제어가 불가능하게 되고 아주 위험한 상태에 빠진다.

그림 10·29는 하이드로 플레이닝 현상의 발생 상태를 표시하는 것으로, 도로면상에 어느 정도 이상의 두께 h의 수막이 존재하는 경우, 타이어의 고속회전으로 타이어의 접지부 전방에 쇄기 모양인 물의 괴임현상이 생겨 속도는 증가되고, 드디어 접지면에 확산되어 타이어와 노면 사이의 고체접촉부는 상실되고 전면적인 부상상태가 된다고 생각한다.

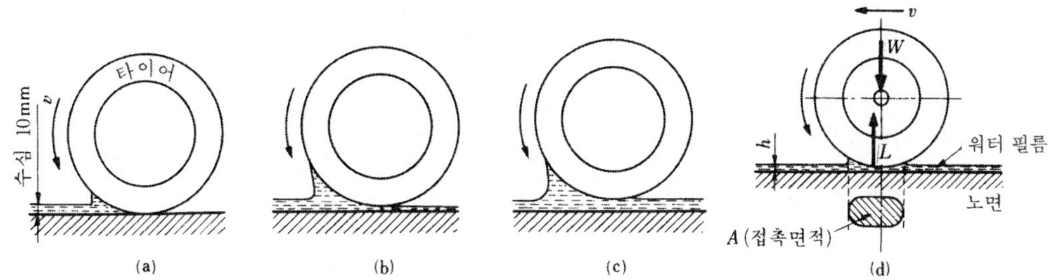

그림 10·29 하이드로 플레이닝 현상

지금 이와 같은 현상이 발생되는 것은 타이어 접지부의 앞 쪽에서 고속으로 유입되는 유체의 양력에 기인되는 것으로 생각되며, 유체의 점성 영향을 무시하면 유체의 등압으로 타이어의 접지면에 발생되는 양력 L은 다음과 같이 된다.

$$L = C_L \cdot A \cdot \rho \frac{v^2}{2} \qquad (10 \cdot 3)$$

여기서, C_L은 양력계수, A는 접촉면적, ρ는 액체밀도, v는 타이어의 진행속도이다. 다음에 떠오른 상태에서는 이 양력 L이 타이어의 하중 W와 평행이 된다고 보고, 하이드로 플레이닝 발생의 임계속도 V_{cr}를 구하면

$$V_{cr} = \sqrt{\frac{2W}{C_L \cdot A \cdot \rho}} \qquad (10 \cdot 4)$$

또 수직하중 W에 대해서는 다음의 관계가 성립된다.

$$W = C_1 \cdot A \cdot p$$

여기서 C_1은 상수, p는 타이어의 공기압이다.

위의 결과는 W. E. Meyer 등에 의해 유도된 것이며, 워터 필름 두께가 타이어의 트레드 형상이 홈보다 깊을 때 성립되며, 실험에 따르면 최소 수막 두께는 2.5~10 mm 이상이라고 한다.

자동차의 성능

11
chapter

11-1 일 반

자동차의 성능(performance)을 크게 나누면 그 자동차의 기관 및 그 동력의 전달기구에 주로 좌우되는 성능과 이들에 거의 지배를 받지 않는 성능으로 나주어진다.

앞의 것을 동력성능이라 부르며 최고 속도 · 등판성능 · 가속성능 · 연료 소비율 등이 여기에 포함된다.

뒤의 것의 성능으로는 제동성능 · 타행성능 · 안전성능 · 조종성능 · 진동 · 승차감 등이 있다. 이들을 전체적으로 주행성능이라고 하는데 구체적으로 나누면 표 11·1과 같이 된다.

표 11 · 1 주행성능

주행성능
- 동력성능(가속성능, 등판성능, 최고 속도, 연료 소비율 등)
- 제동성능(제동정지 거리, 제동 때의 자세변화 등)
- 조종성능, 안정성능(조종 안정성, 운동성, 선회성능 등)
- 승차감(진동, 소음, 거주성 등)

자동차의 동력성능, 제동성능 및 조종성능과 안정성능을 통틀어 자동차의 **주행성능**이라 부른다.

11-2 주행저항

자동차가 도로면 위를 주행하려고 할 때 주행 중에는 그 진행을 방해하는 힘의 작용을 받는다. 이것을 **주행저항**이라고 부르는데, 주행저항의 대소는 자동차의 동력성능에 크게 영향을 준다. 따라서 이 절에서는 주행저항에 대해 먼저 설명하기로 한다.

1 주행저항과 구동력

자동차가 일정한 속도로 주행하고 있을 때에 주행하는 자동차에는 주행저항이 작용하여 그 진행을 방해하려 하기 때문에 일정한 속도를 유지하려면 구동 바퀴가 거기에 대응하여 구동력을 발생하지 않으면 안 된다.

따라서 일정한 속도로 주행하고 있는 자동차는 그림 11·1의 주행저항 R과 구동력 F는 같게 된다.

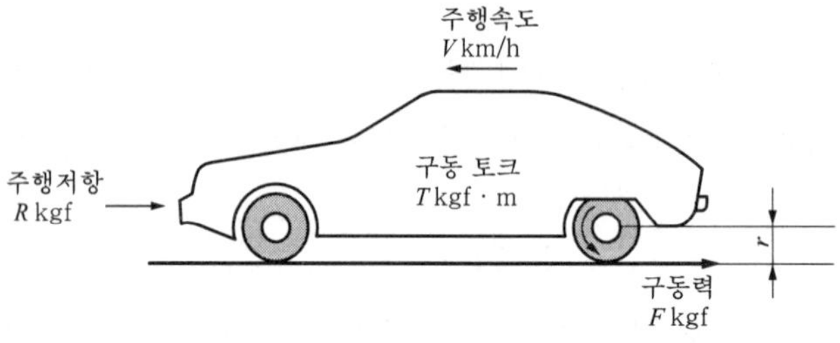

그림 11·1

이 때 무엇인가의 원인으로 주행저항이 구동력보다 크게 되면(등판할 때 가속페달을 원상회복하여 기관의 발생 토크가 감소된 경우), 자동차는 감속을 시작하고, 반대로 구동력이 주행저항보다 크게 되면 자동차는 가속하게 된다.

이 경우 구동 바퀴가 필요로 하는 마력은

$$\text{구동 바퀴의 출력(마력) (PS)} = \frac{FV}{75 \times 3.6} = \frac{FV}{270} \qquad (11 \cdot 1)$$

가 되고 이렇게 해서 얻은 구동 바퀴의 출력을 주행 **저항마력**이라고도 한다.

2 주행저항

자동차가 도로면 위를 주행하고자 할 때 진행을 방해하려는 힘, 즉 진행방향과 반대 방향의 여러 가지 저항(running resistance)이 작용한다. 이들의 합을 **전 주행저항**이라고 하며, 구름 저항 · 공기저항 · 구배저항(등판저항) · 가속저항으로 성립된다.

그 밖에 구동 바퀴와 같이 회전하는 전동장치의 회전저항, 즉 클러치에서 구동 바퀴 사이의 기관의 동력전달로 인해 일어나는 저항을 생각할 수 있다. 그러나 이것은 각 기어의 전달손실, 변속기나 차동장치 안의 기름을 기어가 휘저어 돌리기 위한 저항, 베어링 및 조인트의 마찰이나 전달손실을 포함하는데, 이 저항을 접지점의 저항력으로 바꾸어 내부 저항 또는 **마찰손실**(frictional resistance)로 불러 전 주행저항에 덧붙이지만 이것은 동력전달기구의 전달효율의 형식으로 고려하기 때문에 주행저항에서는 제외된다.

(1) 구름 저항(rolling resistance)

바퀴가 수평도로면을 구를 때 일어나는 저항으로는 다음과 같은 것들이 있다.

① 타이어의 탄성, 접지부의 변형에 의해 발생되는 저항

② 도로면이 변형되기 때문에 발생되는 저항

③ 바퀴 베어링부에서의 마찰저항

④ 도로면이 凹凸이기 때문에 생기는 **충격저항**(impact resistance) 등으로 성립된다.

구름저항 R_r(kgf)은 속도가 그렇게 크지 않은 범위에서는 속도와는 관계없이 바퀴에 가해지는 하중 W(kg)에 비례하는 형식으로 표시할 수 있다. 즉,

$$R_r = \mu_r W \qquad (11 \cdot 2)$$

여기서 μ_r은 구름 저항계수로서 타이어의 압력을 표준상태로 사용할 때 개략(概略)값은 도로면 조건에 의해 표 11·2로 표시하는 정도의 값이다. 또 그림 11·2는 눈이 온 지역에서 포장 도로면 위에 쌓인 눈이 있을 때의 μ_r의 값을 표시한 것으로, 눈이 쌓인 양(積雪量) S(cm)에 의하여 구름 저항계수는 거의 직선적으로 증가하며 다음 식으로 표시된다.

$$\left.\begin{aligned} &\text{자연 적설면}: \mu = 0.034 + 0.0040\,S \\ &\text{엷은 압설면}: \mu_r = 0.034 + 0.0026\,S \end{aligned}\right\} \qquad (11 \cdot 3)$$

표 11 · 2 구름저항계수 μ_r의 값

노 면 조 건	μ_r
양호한 평활 아스팔트 포장	약 0.01
양호한 거친 콘크리트 포장	약 0.015
손질이 잘된 평탄한 비포장도로면	약 0.04
손질이 불량한 凹凸 비포장도로면	약 0.08
새로이 모래와 자갈을 깐 도로면	약 0.13
모래 도로면	약 0.17
모래 · 점토질의 험한 도로면	약 0.2~0.3

이상은 구름 저항이 주행속도에 관계없이 일정하다고 보았을 때의 개략값이나, 실제는 속도에 따라 영향을 받아 그림 11 · 3의 실선처럼 변화한다. 즉, 주행속도 $V=0\sim100$(km/h) 정도의 범위에서는 비교적 직선적으로 증가하는 경향을 보인다. 따라서 이 범위의 구름 저항은 근사적으로

$$R_r = (\mu_r + \mu_r V)W \qquad (11 \cdot 4)$$

의 형으로 표시할 수 있다. 여기서 μ_r'는 도로면 조건 등에서 정해지는 속도항계수이다. 이 속도 범위를 지나면 구름 저항은 급격히 상승하는데, 이것은 스탠딩 웨이브(standing wave)의 발생에 원인이 있기 때문이다.

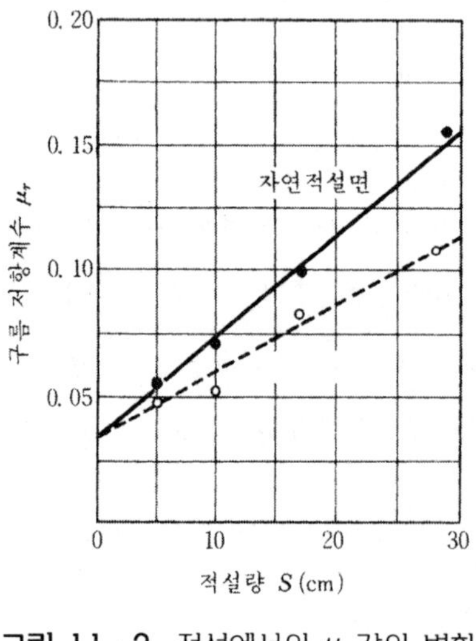

그림 11 · 2 적설에서의 μ_r값의 변화

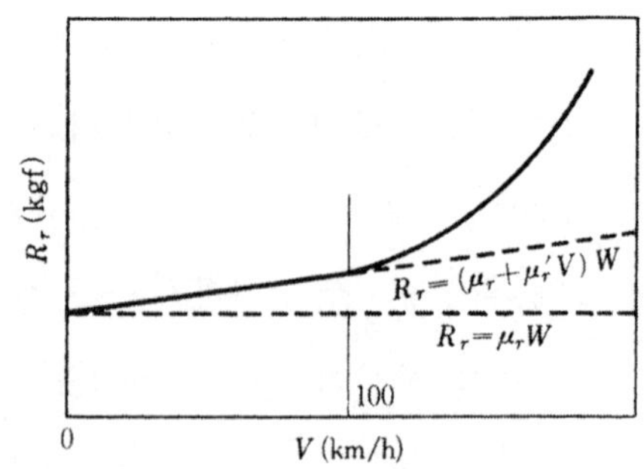

그림 11 · 3 구름 저항과 주행속도의 관계

따라서 구름 저항 계수는 타이어 내압 $p(\text{kgf/cm}^2)$, 타이어 하중 $W(\text{kg})$ 등에 의해서도 변화되는 것으로, 이들 요인과 타이어의 전동속도의 영향을 고려한 E. Dörr의 반 실험식을 다음에 표시한다.

$$\mu_r = \left[5.1 + \frac{5.5 + 18(W/1000)}{p} + \frac{8.5 + 6(W/1000)}{p} \cdot \left(\frac{V}{100}\right)^2\right]10^{-3} \tag{11 · 5}$$

(2) 공기저항(air resistance)

자동차가 주행할 때에는 공기력의 작용을 받는데, 그 중 진행방향에 반대되는 공기력을 **공기저항**이라고 한다. 공기력은 공기저항 이외에 양력 · 횡력, 요잉(yawing) 모멘트 등을 발생시키고 고속 때의 안정성 · 조종성에 크게 영향을 주며, 공기력 및 그 모멘트는 주행속도, 차체 형상, 풍향각에 따라 결정되는 것이며, 이들 특성은 실차 주행시험이나 풍동시험에서 구한다.

1) 공기력과 공력계수

고속으로 주행하는 자동차는 공기로부터 큰 힘을 받는다. 이 공기력은 차량과 공기의 상대속도뿐만 아니라 자연풍의 영향도 받는다. 그림 11 · 4에서 자동차가 편요각(偏搖角)을 가지지 않을 경우($\varphi = 0$)는 차체에는 항력, 양력 및 피칭 모멘트가 작용하여 최고속도, 연비, 차체의 부상으로 안정성 등에 영향을 준다. 자동차가 선회운동을 하거나 자연풍이 부는 경우는 공기류가 편요각을 가지기 때문에 위에 언급한 각 작용이 증가할 뿐만 아니라 그 외에도 횡력, 요잉 모멘트, 롤링 모멘트가 작용하여 진로유지의 안정성 등에 나쁜 영향이 있다.

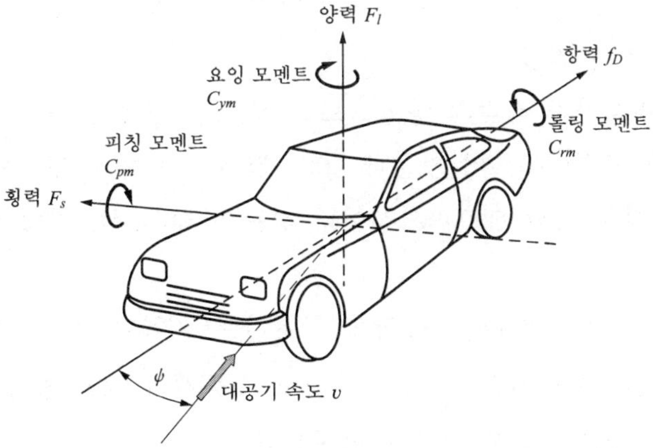

그림 11 · 4 공기력 및 모멘트

공기력 및 모멘트는 차체의 앞면 투상면적과 대 공기속도의 제곱에 비례하고 차체형상에 의해 큰 차이가 생긴다. 항력을 F_d(kgf), 횡력을 F_s(kgf), 양력을 F_l(kgf)로 하고 롤, 피치, 요 방향에 모멘트를 각각 M_r, M_p, M_y(kgf · m)라 하면 이들 힘은 다음과 같이 된다.

$$F_d = C_d \frac{\rho v^2}{2} A, \quad M_r = C_{rm} \frac{\rho A}{2} l$$

$$F_s = C_s \frac{\rho v^2}{2} A, \quad M_p = C_{pm} \frac{\rho A}{2} l \qquad (11 \cdot 6)$$

$$F_l = C_l \frac{\rho v^2}{2} A, \quad M_l = C_{ym} \frac{\rho A}{2} l$$

여기서 C_d, C_s, C_l은 각각 항력, 횡력, 양력 계수 C_{rm}, C_{pm}, C_{ym}은 각각의 모멘트 계수, ρ(kgf · s^2/m^4)는 공기밀도, v(m/s)는 대 공기속도, $A(m^2)$는 앞면 면적, l(m)은 휠 베이스이다.

2) **항력계수**(공기저항계수)

공기저항을 구성하는 성분은 마찰저항과 압력저항이다. **마찰저항**은 공기의 점성에 의해 차체 표면에 점성의 얇은 경계층이 생겨 자동차의 전진을 방해하는 힘이다. **압력저항**은 다음의 네 종류로 분류된다.

① **형상저항** : 압력저항의 대부분을 차지하며 차체의 앞쪽에 걸리는 저항과 뒤쪽에 생기는 부압과의 압력차로 발생되며, 차체 모양에 직접 관계된다.

② **간섭저항** : 차체 표면의 凹凸이나 사이드 밀러 등 돌기물 주위의 난기류에 의해 생기는 저항

③ **내부류 저항** : 기관의 냉각, 차체 내부의 환기 등 유입되는 공기가 배출될 때 유속이 떨어지기 때문에 생기는 저항

④ **유도저항** : 진행방향과 직각의 방향으로 작용하는 양력 등을 발생시킬 때의 기류의 에너지 손실에 의한 저항이다. 이 가운데 ②의 경우는 차체 아래 쪽 면의 기관, 배기계통, 전달계통, 현가장치 등의 凹凸 및 창이나 창틀의 쇠 장식, 차체 바깥 쪽의 凹凸저항도 포함된다.

일반적으로 공기 중을 진행하는 물체에 작용하는 저항은 진행속도(대 공기속도) V(m/s)의 제곱에 비례하며 공기밀도 ρ(kgf · s^2/m^4), 물체의 앞면 면적 $A(m^2)$에 비례한다. 따라서 공기저항 R_l(kgf)은 다음 식으로 표시된다.

$$R_l = C_l \frac{\rho V^2}{2} A \qquad (11 \cdot 7)$$

여기서, C_l은 무차원수로 **공기저항계수** 또는 **항력계수**(drag coefficient)라고 하며, 물체의 모양에 따라 값이 정해진다. C_l은 엄밀하게 Reynolds수에 따라서도 다소 변화되는 값이다.

자동차의 경우에는 실용적인 면을 고려하여 다음과 같은 표시 방법을 사용하는 경우도 있다.

$$R_l = \mu_l A V_a^2 \qquad (11 \cdot 8)$$

여기서, V_a는 대 공기속도(km/h)이나 바람이 없을 때에는 차량의 속도와 같다. 이 식에서의 공기저항계수 μ_l은 $(\mathrm{kgf/m^2})/(\mathrm{km/h})^2$이란 차원을 갖는 값이며, 표준상태(15℃, 1기압)에서 공기밀도는 $\rho \fallingdotseq 1/8(\mathrm{kgf \cdot s^2/m^4})$이므로 식 (11 · 7)과 식 (11 · 8)에서

$$\mu_l = \frac{C_l \ \rho}{2 \times (3.6)^2} = \frac{C_l}{207}$$

의 관계가 얻어지며, 이들 계수 C_l 및 μ_l은 대개 표 11·3과 같다.

표 11 · 3

차 체 형 상		C_l	$\mu_l[(\mathrm{kgf/m^2})/(\mathrm{km/h})^2]$
스포츠카		0.23~0.45	0.0011~0.0022
같은 오픈카형		0.40~0.48	0.0019~0.0023
승용차		0.35~0.55	0.0017~0.0026
상용차		0.40~0.60	0.0019~0.0029
버 스		0.50~0.80	0.0024~0.0038
(참고) 유선형 물체		0.043~0.045	0.00021~0.00022
정방형 판		1.10	0.0053

윗식에서 A는 차량의 **앞면 투상면적**을 말하며, 앞바퀴 트레드×전체 높이, 전체 높이×전체 나비×0.9를 이용하여 계산한다.

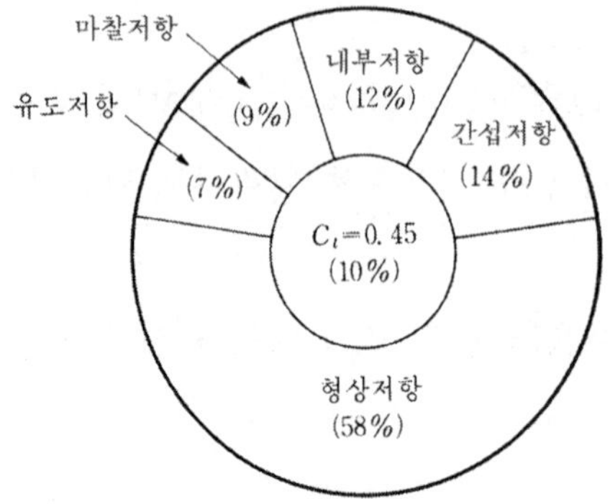

그림 11 · 5 승용차의 공기저항 내용

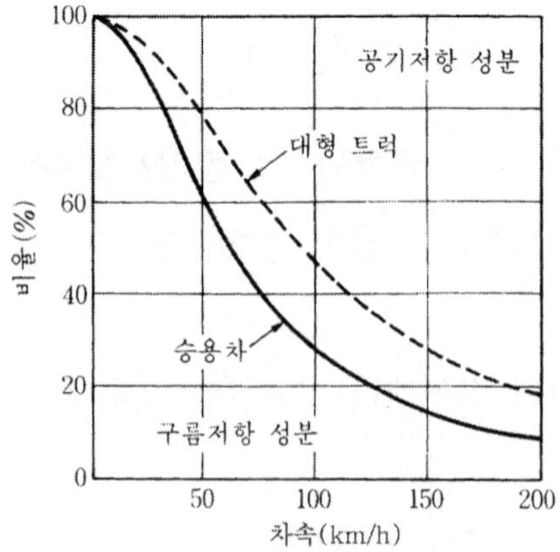

그림 11 · 6 공기저항과 구름 저항의 비율

그림 11·5는 C_t을 0.45로 잡았을 때의 차량에 따른 공기저항의 각 구성 요소를 표시하였고, 그림 11·6은 승용차와 트럭에서 공기저항과 구름 저항의 비율을 표시한다. 차속이 승용차는 약 60 km/h, 트럭은 약 100 km/h가 넘으면 공기저항의 값이 구름 저항값보다 크게 되어 고속 주행시에는 공기저항이 큰 비중을 차지함을 알 수 있다.

(3) 가속저항(acceleration resistance, inertia resistance)

자동차가 정속주행이 아니고 속도를 증가시킬 때는 관성에 의한 저항을 받게 된다. 이와 같이 자동차가 가속일 때에 한해서 생기는 관성저항을 **가속저항**이라고 한다.

실제로 자동차가 가속이나 감속을 할 경우에는 바퀴에서 기관에 이르는 각부의 회전 속도가 증감되며, 그 결과 차량 자체가 진행방향으로 가속 · 감속되어 관성저항도 다음과 같이 둘로 나눈다.

① 기관에서 구동 바퀴까지의 각부 전회전체 및 앞바퀴[被動軸]의 회전을 증감시키기 위한 **회전 관성저항**(N_2)

② 자동차 전체를 진행방향으로 가속 · 감속시키기 위한 **직진 관성저항**(N_1)

이들 관성저항의 합이 가속저항이 된다.

지금 무게 W(kg)의 자동차가 α(m/s^2)의 가속도로 직진운동을 하고 있으면 가속저항은 자동차의 질량 W/g에 가속도를 곱한 것으로 g를 중력 가속도(=9.8 m/s^2)라 하면,

$$N_1 = \frac{W}{g} \cdot \alpha \qquad (11 \cdot 9)$$

그러나 이 가속저항은 ②의 직진 관성저항으로 그 외에 ①의 회전 관성저항을 합해야 된다. 그런데 회전관성에 의한 저항만큼 자동차의 중량이 증가된 것과 같은 효과의 저항을 받게 되어, 결국은 자동차 본래의 무게 W가 $W+\Delta W$로 증가된 것과 같은 관성저항을 받는다. ΔW(kgf)는 회전부분의 가속에 의한 저항을 자동차의 무게로 환산한 값이다. ΔW를 **회전부분 상당중량**(equivalent weight of rotating parts)이라 한다. 따라서 회전 관성저항은,

$$N_2 = \frac{\Delta W}{g} \cdot \alpha \tag{11 · 10}$$

가 된다. 여기서 W/g는 차의 전체 질량, $\Delta W/g$는 **등가 관성질량**이다. 결국 자동차의 가속저항은

$$R_a = (N_1 + N_2) = \frac{\alpha}{g}(W + \Delta W) = \frac{\alpha}{g}(1+\varphi)W \tag{11 · 11}$$

$$\left(\text{다만, } \varphi = \frac{\Delta W}{W}\right)$$

여기서, W는 차량의 전체 중량(kg), ΔW는 회전 부분의 관성에 해당되는 중량(kg)으로, 자동차에 의해 정해지는 고유값이나 변속단수에 따라 값이 달라진다.

표 11 · 4 회전부분 상당질량

종 류	ΔW의 값	
	기관 관계를 포함하는 경우	기관 관계를 포함하지 않는 경우
트 럭	$0.1W_1$	$0.07W_1$
승용차	$0.08W_1$	$0.05W_1$
비 고	가속시험에 사용	타력 주행, 브레이크 시험에 사용

표 11 · 5 회전부분 상당질량과 변속단수(승용차)

종 류	단 수	3 단	4 단
$\Delta W/W$	제1속	0.88	0.70
	제2속	0.28	0.54
	제3속	0.11	0.20
	제4속		0.10

W : 차량 전체중량

ΔW는 부품도면에서 구하고, 실물의 진동주기를 측정해서 얻어지기 때문에 대단히 복잡하다. 차량의 종류에 따라 개략값이 결정되어 있는데 표 11·4, 표 11·5를 사용하면 된다. 승용차의 경우 최고속에서 $\varphi = \Delta W/W$는 0.10~0.11 정도이며, 제1속에서는 0.76~0.9 정도로 ΔW의 비율이 크다.

(4) 기울기(句配) 저항(grade resistance, 등판저항)

자동차가 수평도로면을 일정한 속도로 주행할 때에는 구름 저항과 공기저항만이 작용할 뿐인데, 경사진 도로면을 일정한 속도로 올라갈 때에는 주행속도와는 관계없이 그림 11·7과 같이 차량에 작용하는 중력의 경사면 평행분력, $W\sin\theta$가 뒷방향으로 작용하여 차량을 후진시키고자 하므로 저항과 같은 효과를 나타낸다.

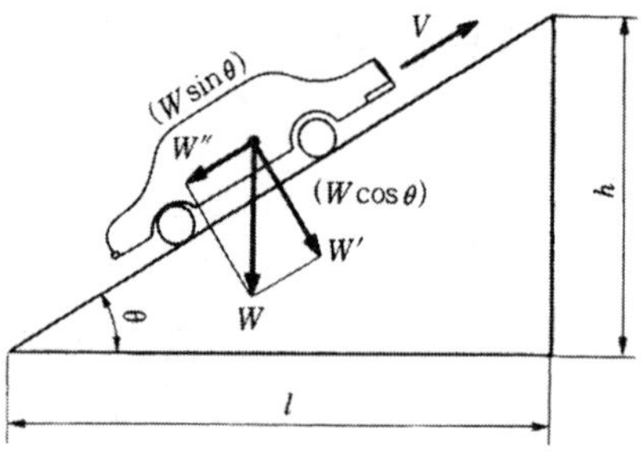

그림 11·7 기울기 저항

그런데 $W\sin\theta$는 본래의 저항과는 다르나 그 효과는 올라갈 때의 경우에 저항이 증가되었다고 생각해서 취급하므로 이것을 **구배 저항** 또는 **등판저항**이라고 한다.

기울기는 $\sin\theta$로 표시하기보다는 $\tan\theta$로 표시하는 경우가 편리하고, 또 θ각이 작을 때는 $\sin\theta \fallingdotseq \tan\theta$로 생각하여도 실용상 아무 문제가 없으므로 구배저항은

$$R_s = W'' = W\sin\theta \fallingdotseq W\tan\theta \qquad (11 \cdot 12)$$

기울기를 %로 표시한 수를 $S(\tan\theta)$라 하면,

$$\frac{S}{100} = \frac{h}{l} \qquad (11 \cdot 13)$$

가 되고,

$$R_s = W'' = W\tan\theta = W \cdot \frac{S}{100} \qquad (11 \cdot 14)$$

로 볼 수 있다.

등판저항을 생각할 경우, 차량중량의 도로면에 대한 수직분력 W'는 $W\cos\theta$이므로 구름 저항도 $\mu_r W$에서 다음과 같이 된다.

$$R_r = \mu_r W \cdot \cos\theta \tag{11 · 15}$$

그러나 실제의 도로면 기울기가 비교적 낮은 값의 범위 내일 때에는 대개의 경우 $\cos\theta \fallingdotseq 1$로 생각해도 무방하다.

(5) 전 주행저항(total running resistance)

앞에서 여러 가지 저항을 설명하였는데, 차량에는 이들 각종 저항의 합이 작용하게 되며 이것을 전 주행저항이라 하고 다음 식으로 표시한다.

$$R = R_r + R_l + R_a + R_S \tag{11 · 16}$$

① 평탄한 도로를 일정한 속도로 주행하고 있을 경우는 $R_a = 0$, $R_s = 0$이므로

$$R = R_r + R_l = \mu_r W + \mu_l A V^2 \tag{11 · 17}$$

② 경사진 도로를 일정한 속도로 올라가고 있을 경우는 $R_a = 0$이므로

$$R = R_r + R_e + R_s = \mu_r W + \mu_l A V^2 + W \cdot \sin\theta \tag{11 · 18}$$

③ 평탄한 도로를 일정한 가속도로 가속하여 주행하고 있을 경우에는 $R_s = 0$이므로

$$R = R_r + R_e + R_a = \mu_r W + \mu_l A V^2 + \frac{\alpha}{g}(l + \varphi) W \tag{11 · 19}$$

그런데 경사진 도로를 가속하면서 올라갈 경우에는 ③에 등판저항을 합한 것이 전 주행저항이 되고, 또 등판저항은 내려가고 있을 때에는 마이너스(자동차를 가속하는 것처럼 작용)가 되고, 자동차가 감속할 경우에는 가속저항도 마이너스가 된다. 따라서 필요한 감속도(마이너스의 가속도)를 얻기 위해서는 그 에너지를 흡수하는 장치(브레이크 장치)의 성능이 중요하게 된다.

11-3 동력 성능

주행성능으로는 11-1에서 설명한 것과 같이 다음의 특성이 있다.

① 동력을 가해서 직선주행할 때의 동력성능(최고 속도, 등판능력 등)

② 동력을 차단하여 타력(惰力)으로 직선주행할 때의 타력성능(타행성능과 제동성능)

③ 일정한 속도에서 간단한 조향조작을 하여 달리는 곡선주행의 여러 특성

①과 ②를 직진성능이라고 하면 이는 자동차의 기본적 성능이라 볼 수 있다.

1 주행저항 마력 및 기관소요 마력, 소요 토크

주행 중에 자동차에 작용하는 전 주행저항이 R(kgf)일 경우, 이것에 저항하여 V(km/h)라는 속도로 주행하기 때문에, 저항마력은 자동차에 걸리는 저항력에 차량속도를 곱하면 되므로 다음 식이 된다.

$$\text{저항마력} = \frac{R \cdot V}{75} \times \frac{1000}{3600} = \frac{R \cdot V}{75 \times 3.6} = \frac{R \cdot V}{270}$$

다음으로 기관에서 구동 바퀴까지의 동력전달장치의 기계효율을 η_t라 하면, 소요마력(horse power required)은 다음 식으로 주어진다. 즉, 저항마력/η_t이므로

$$N_b = \frac{R \cdot V}{270\eta_t} \qquad (11 \cdot 20)$$

또한 전 주행저항 R에 대항하기 위해서는 이것과 같은 크기의 구동 바퀴 주위의 스러스트(thrust)를 필요로 하며, 이 추력(推力)을 얻기 위한 기관의 소요(所要)토크 T_e(kgf · m)는 다음 식에 의해 주어진다.

$$T_e = R \cdot \frac{1}{2}\left(\frac{D}{100}\right)\frac{1}{i} \cdot \frac{1}{\eta_t} = \frac{RD}{200i \cdot \eta_t} \qquad (11 \cdot 21)$$

여기서 D : 구동 바퀴 유효 지름(cm), i : 전 감속비

2 주행성능 선도

자동차의 동력성능을 표시하는 방법으로 일정 속도로 주행하는 경우의 전체 주행저항과 그 자동차가 내는 최대구동력, 즉 기관의 기화기에 교축 밸브를 완전히 열었을 때의 제동마력 토크에서 각 변속 기어마다 구동력을 계산하여 같은 그림 위에 중복시켜 그린 것을 주행성능 선도라고 하며, 성능의 검토나 해석에 사용된다. 이 주행성능 선도에는 x축에 주행속도, y축에 구동력(구동 토크, 구동마력) 및 주행저항(주행 토크, 주행저항마력)을 잡는다. 또 덧붙여 기관의 회전수와 주행속도와의 관계를 기입한다.

(1) 주행저항, 구동력선도

어느 임의의 회전수일 때 기관에서 발생되는 제동 토크를 T_e(kgf · m)로 하면, 구동 바퀴에서 유효하게 이용되는 구동 토크는

$$T_a = T_e \cdot i_T \cdot i_F \cdot \eta_t \tag{11 · 22}$$

여기서 i_T : 변속기의 변속비, i_F : 종감속비, η_t : 동력전달효율

다음에 구동 바퀴 주변의 스러스트(구동력)는 구동 바퀴의 유효 지름을 D(cm)로 하면 다음 식으로 주어진다.

$$F_e = \frac{T_e \cdot i_T \cdot i_F \cdot \eta_t}{D/200} \tag{11 · 23}$$

식 (11 · 18)에 의한 정상주행 때의 주행저항 R 및 식 (11 · 21)에 교축 전개 때의 기관 전체부하 토크 T_e를 대입하여 구한 구동력 F_e를 세로 축에, 주행속도를 가로 축에 잡아 그리면 그림 11·8과 같은 **주행성능곡선**이 얻어진다. $S = 0\%$의 주행저항곡선은 구름 저항 및 공기저항으로 되는 수평도로면 위의 저항을 표시하며, $S \neq 0\%$의 각 곡선은 기울기 저항이 덧붙여진 값으로 기울기 S에 의해 점차 주행저항이 증가됨을 알 수 있다. 다음에 1st, 2nd, 3rd의 각 곡선은 각각 제1속, 제2속, 제3속에서의 기관 전체부하 스러스트를 표시한다. **최저속 기어**(low gear)에서는 구동력은 가장 크나 그 속도 범위는 좁고, 반대로 **최고속 기어**(top gear)에서는 구동력은 가장 낮지만 넓은 속도 범위가 되고 있다. $S = 0\%$의 수평도로면 주행저항곡선과 최고속 기어의 구동력곡선의 교점은 이 자동차의 최고속도 V_{max}를 결정하는 것이며, 또 최저속 기어의 구동력곡선의 최대값에 접하는 주행저항곡선의 기울기 값 S_{max}는 이 자동차의 등판한계를 부여한다.

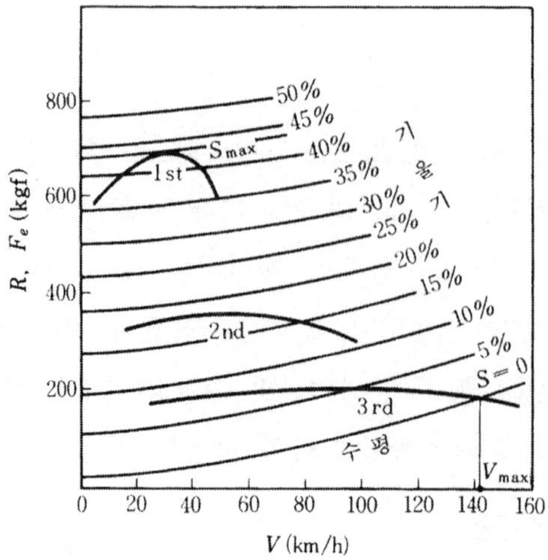

그림 11·8 주행저항, 구동력-속도선도

(2) 주행저항마력, 구동마력선도

자동차가 일정한 속도 V(km/h)로 주행 중에 R(kgf)의 주행저항을 받는 것으로 하면, 이 저항에 이기기 위한 필요마력을 주행저항마력이라고 하며

$$N_R = \frac{R \cdot V}{270} \tag{11·24}$$

한편, 기관출력 N_b(PS)에 동력전달효율 η_t를 곱해서 언어진 값을 **구동마력** 또는 **이용마력**(horse-power available)이라고 한다. 즉,

$$N_a = N_b \cdot \eta_t \tag{11·25}$$

지금 N_b로 전 부하상태의 기관출력을 대입하여 구동마력을 구하고, 주행저항마력과 같이 세로 축에 속도를 잡아 표시하면 그림 11·9와 같다. 각 변속단에서의 구동마력 N_b는 최대값이 거의 비슷하나 그 최대값을 표시하는 속도가 다른 곡선군으로 표시된다. 어느 경우나 기관 전체부하 출력곡선과 비슷한 모양이나 두 값의 차이는 전동장치의 손실마력을 표시한다.

한편, 주행저항마력 N_R는 도로면 기울기 S(%)를 파라미터로 한 주행속도 V의 3차식 곡선군으로 표시되고 있다. 최고속도 V_{max}은 앞에서의 주행저항, 구동력선도의 경우와 같이 $S=0$%인 수평 도로면 위의 N_R 곡선과 최고속 기어에서의 N_b 곡선과의 교점에 의해 주어진다.

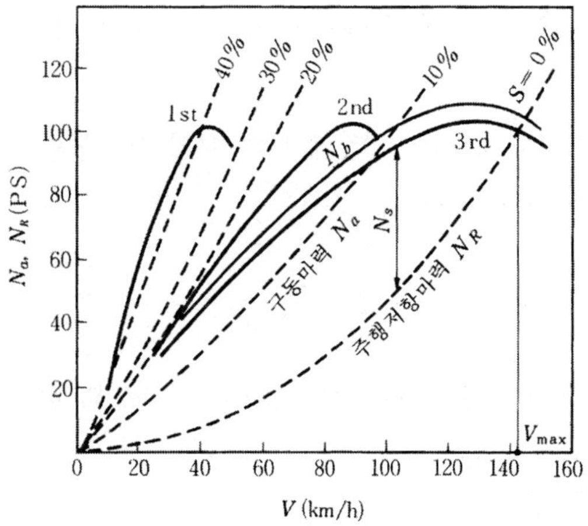

그림 11·9 주행저항마력 구동마력-속도선도

다음에 어느 임의의 속도 V에서 최고속 기어의 전체부하 구동마력과 주행저항마력과의 차이를 **여유마력**(horse-power to spare)이라 하고, 최고속단에서의 가속이나 경사진 도로를 올라갈 때 사용되는 동력부분이다.

지금 기관의 전체 부하출력을 N_{b0}(PS)로 표시하면, 이 여유마력 N_s는 다음 식으로 표시된다.

$$N_s = N_{b0} \cdot \eta_t - \frac{(R_r + R_l)V}{270} \qquad (11 \cdot 26)$$

3 가속 특성 값

앞에서의 여유마력을 구동 바퀴 둘레의 여유구동력으로 바꾸어 생각해 본다.

지금 전체 감속비를 i, 전동장치의 효율을 η_t, 구동 바퀴의 유효 지름을 D(cm)로 하면, 기관의 전체 부하 토크 T_{e0}(kgf·m)에 대응하는 전체 부하 구동력 F_{e0}(kgf)는

$$F_{e0} = \frac{200\,T_{e0} \cdot i \cdot \eta_t}{D} \qquad (11 \cdot 27)$$

가 되므로, 여유구동력 F_s(kgf)는 다음 식으로 주어진다.

$$\begin{aligned} F_s &= F_{e0} - (R_r + R_l) \\ &= \frac{200\,T_{e0} \cdot i \cdot \eta_t}{D} - (\mu_r W + \mu_l A V^2) \end{aligned} \qquad (11 \cdot 28)$$

즉, 전부하 구동력과 수평 도로면 위에서의 정속도 주행 때의 주행저항의 차이가 여유 구동력이 된다.

다음에 기관의 실린더 체적을 $V_h(\text{cm}^3)$, 전체 부하 때의 제동평균 유효압력을 $P_{me0}(\text{kgf} \cdot \text{cm}^2)$로 하면, 기관의 1회전마다의 일량의 관계에서

$$\frac{P_{me0} \cdot V_h(a/2)}{100} = 2\pi \cdot T_{e0}$$

여기서, 4사이클 기관은 $a = 1$, 2사이클 기관은 $a = 2$로 한다. 이것을 변형하여

$$T_{e0} = \frac{a \cdot P_{meo} \cdot V_h}{400\pi} \qquad (11 \cdot 29)$$

이 T_{e0}의 값을 식 (11 · 28)에 대입하고, 또 같은 식을 하중 W로 나누어 무차원화하면

$$\frac{F_s}{W} = \frac{k}{2\pi} - \left(\mu_r + \mu_l \frac{AV^2}{W}\right) \qquad (11 \cdot 30)$$

여기서, $$k = \frac{a \cdot P_{meo} \cdot V_h \cdot i \cdot \eta_t}{DW} \qquad (11 \cdot 31)$$

지금 이 여유구동력 F_s를 모두 경사진 도로를 올라갈 때의 기울기 저항 R_s에 대항하는 데 사용하는 것이라면, $F_s = R_s$에서

$$\frac{F_s}{W} = \frac{R_s}{W} = \sin\theta$$

가 되어 식 (11 · 30)의 왼 쪽은 경사진 도로를 올라가는 최대 기울기를 주게 된다[그림 11 · 10(a)].

또 이 여유구동력 F_s를 모든 차량을 가속할 때 발생하는 가속저항 R_a에 대항하기 위해 사용되는 경우는 $F_s = R_a$가 되므로, 식 (11 · 11)에서

$$\frac{F_s}{W} g = a(1 + \varphi) \qquad (11 \cdot 32)$$

즉, 식 (11 · 30)의 왼 쪽변에 중력가속도 g를 곱하면 수평 도로면 위에서 낼 수 있는 최대가속도의 $(1+\varphi)$배의 값을 얻을 수 있게 된다[그림 11 · 10(b)].

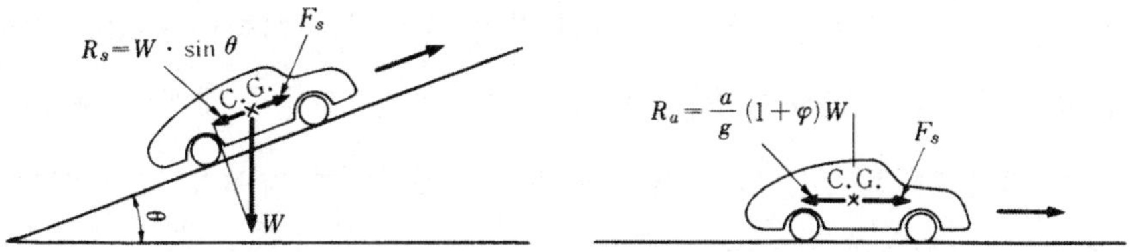

(a) 경사면을 올라갈 때 (b) 가속 때

그림 11 · 10 여유구동력과 저항력의 평형

또 식 (11 · 32)에 의한 F_s/W의 값을 식 (11 · 30)의 왼 쪽변에 대입하면,

$$(1+\varphi)\frac{a}{g} = \frac{k}{2\pi} - \left(\mu_r + \mu_l \frac{AV^2}{W}\right) \qquad (11 \cdot 33)$$

이 되어, 지금 도로면 상태에 관계되는 μ_r, 차량의 제원에 관계되는 μ_l, A, W, φ 및 주행속도 V의 각 값이 정해진 경우를 생각하면 자동차의 가속도 a는 k와 직선적인 관계로 증감되는 결과가 되며, 가속성능은 k값에 의해 비교할 수 있다. 여기서 k 또는 $k/2\pi$를 가속특정값이라고 하며 무차원수가 된다.

4 최고속도

자동차가 수평 도로면 위에서 무풍상태로 내는 속도의 최대 값, 즉 최고속도는 주행성능 선도를 그려서 구할 수 있는데, 여유구동력 F_s 또는 여유마력 N_s가 0이 되는 점에서 구할 수 있다. 즉, 여유구동력 F_s에 관계되는 식 (11 · 30)에서 왼 쪽변의 $F_s/W = 0$으로 두어 최고속도 $V_{\max}$는 다음 식으로 주어진다.

$$V_{\max} = \sqrt{\frac{(k/2\pi) - \mu_r}{\mu_l A/W}} \qquad (11 \cdot 34)$$

또 여유마력 N_s에 관계되는 식 (11 · 26)에서 $N_s = 0$으로 두면

$$N_{b0} \cdot \eta_t = \frac{(R_r + R_l)V}{270} = \frac{\mu_r WV + \mu_l AV^3}{270}$$

여기서 $$V = \sqrt[3]{\frac{270 N_{b0}\eta_t - \mu_r WV}{\mu_l A}}$$

이 식에서 $\sqrt[3]{\ }$ 안의 제2항은 제1항에 비해 작기 때문에 무시하면 최고속도에서의 전개 기관출력의 값을 N_{bo}에 대입하면 $V_{\max}$를 구할 수 있다. 그러나 대개의 자동차에서는 이 점에서의 전개 기관출력은 기관의 최대마력 $N_{b\max}$(PS)와 큰 차이가 없기 때문에, 실제로 다음 식에 의한 근사값으로도 충분하다.

$$V_{\max} \fallingdotseq \sqrt[3]{\frac{270\,N_{b\max} \cdot \eta_t}{\mu_l\,A}} \tag{11 · 35}$$

5 가속성능

자동차의 가속에는

① 정지상태에서 출발하여 점차 변속하여 가속=발차가속 또는 0 발차가속

② 정속 직진상태에서 변속하지 않고 일직선으로 가속=추종가속

③ 정속에서 일정한 차량 사이의 거리에서 추종하면서 가속, 추월차선에 들어서 추월, 원래의 차선(앞 차량의 앞쪽)에 되돌아 옴=추월가속의 3종류가 있다. 가속을 하려면 여유구동력이 있어야 가능하므로 이 성능은 여유구동력의 크기에 왼 쪽과 오른 쪽된다. 여기서 종합적으로 구하여 본다.

지금 어느 속도 V(km/h)로 주행 중인 자동차의 여유구동력을 F_s(kgf)라 하면, 수평 도로면 위에서 이 F_s를 전부 가속을 위해 사용하는 경우 얻어지는 가속도 α(m/s^2)는 다음 식에 의해 구해진다.

$$\alpha = \frac{g \cdot F_s}{W + \Delta W} = \frac{g \cdot (F_{e0} - R_{rl})}{W + \Delta W} \tag{11 · 36}$$

여기서, F_{e0} : 전체 부하 구동력(kgf)

R_{rl} : 주행저항(구름저항+공기저항)(kgf)

그리고 구동 바퀴 타이어와 도로면 사이의 마찰력, 즉 **점착력**(adhesion) F_a(kgf)가 기관의 전체부하 구동력보다 낮게 되는 경우에는 최대가속도 $\alpha_{\max}$(m/s^2)는 점착력에 의해 정해진다. 즉, 점착계수를 μ_t, 구동 바퀴 하중을 W_t(kgf)로 하면 $F_a = \mu_t W_t$에서

$$\mu_t W_t - R_{rl} = \left(\frac{W + \Delta W}{g}\right)\alpha_{\max}$$

따라서 $$\alpha_{\max} = \frac{g(\mu_t W_t - R_{rl})}{W + \Delta W} \tag{11 · 37}$$

점착계수 μ_t의 값은 건조포장 도로면이 약 0.7~0.8, 미끄러운 도로면은 약 0.4~0.6, 빙결 도로면은 0.1 이하일 때도 있다.

한편, 구동 바퀴의 분담하중 W_t가 차량 전체중량 W에 대해서 차지하는 비율을 표시하면 표 11·6과 같고, 이 W_t/W값이 클수록 차량 중량을 점착력 발생을 위해 유효하게 이 가속성능을 향상시키기 위해서는 여유 구동력을 크게 하거나 차량 전체중량을 적게 해야 한다. 그리고 여유 구동력을 크게 하려면 주행저항을 적게, 또 기관의 축 토크를 증가시키고, 전체 감속비를 크게 해서 구동 바퀴의 유효 반지름을 작게 해야 한다.

표 11·6 차량 총중량에 대한 구동 바퀴 하중 W_t의 비율

자동차의 종류	W_t/W
승 용 차	약 0.6
버 스 · 트 럭	0.65~0.75
견 인 차	약 1.8
전체 바퀴 구동차	1.0

6 등판성능

최대의 등판성능을 문제로 삼을 경우에는 주로 낮은 속도의 주행을 생각하고 공기저항은 무시한다. 따라서 구동력과 저항력의 평형에 의해

$$F_{e\max 1} = W \cdot \sin\theta_{\max} + \mu_r W \cdot \cos\theta_{\max}$$

여기서, $F_{e\max 1}$은 제1속 기어의 최대구동력(kg), $\theta_{\max}$는 최대등판각도로서

$$\theta_{\max} = \sin^{-1}\left(\frac{F_{e\max 1} - \mu_r W \cdot \cos\theta_{\max}}{W}\right)$$

$$\fallingdotseq \sin^{-1}\left(\frac{F_{e\max 1} - \mu_r W}{W}\right) \tag{11 · 38}$$

이 경우 경사진 도로를 올라갈 때에도 가속성능을 생각한 경우와 같이 타이어와 도로면 사이의 점착력 F_a가 기관에 의한 구동력보다 낮게 되는 도로면조건에서는 등판능력은 이

점착력에 의해 지배된다. 즉, 윗식의 $F_{e\max 1}$ 대신에 경사진 도로 위의 점착력을 고려하면

$$\mu_t W_t \cdot \cos\theta_{\max} = W \cdot \sin\theta_{\max} + \mu_r W \cdot \cos\theta_{\max}$$

따라서 $$\theta_{\max} = \tan^{-1}\left(\frac{\mu_t W_t - \mu_r W}{W}\right) \tag{11 · 39}$$

7 연료소비성능

(1) 연비의 표시

자동차의 연료소비율 표시 방법으로는 다음과 같은 여러 가지가 있다.

① km/L : 1L의 액체연료로 주행되는 거리(km)

② L/km : km/L의 역수로 표시하는 방법. 유럽에서는 100배에 해당되는 L/100 km를 사용

③ MPG(mile per gallon) : 미국에서는 1 갈론당 주행 마일로 표시

1 MPG=0.422 lm/L

④ t · km/L : 트럭 등에서 적재물을 고려한 수송 효율적인 표시법

⑤ km/kg : 액화가스(LPG)를 사용하는 경우의 연료소비량은 중량으로 표시함

다음에 자동차가 V(km/h)의 속도로 주행할 때의 기관 필요마력 N_b는 식 (11 · 20)에 의해 주어지는데, 이 N_b에 대응하는 단위마력, 단위 시간당의 제동 소비율을 b_f(gf/PS h)라 하면, 비중량 ρ(kg/L)인 연료의 1시간당 소비량은 $B_f \cdot N_b/1000\rho$(L)가 된다.

한편, 이 자동차의 1시간당 주행거리는 V(km)이므로 이 자동차의 연료소비율 B_f(km/l)는 다음 식에 의해 주어진다.

$$B_f = \frac{V}{b_f \cdot N_b/1000\rho} = \frac{V \cdot \rho}{b_f \cdot N_b} \times 10^3 \tag{11 · 40}$$

또는, 기관의 도시마력 N_i(PS), 여기에 대응하는 도시 연료소비율 b_i(g/PSh), 기관의 기계효율 η_m을 고려하면 $N_b = \eta_m N_i$, $b_f = b_i/\eta_m$의 관계가 있으며, 이것에서

$$B_f = \frac{V \cdot \rho}{b_i \cdot N_i} \times 10^3 \tag{11 · 41}$$

η_m는 기관의 최고 운전상태에서 85~95% 정도의 값이며, $N_i - N_b$는 기관손실 마력이 된다.

실제에는 주행방법에 따라 다음과 같은 연비율이 있다.

① **정지(定地) 연비율** : 평탄한 코스를 일정한 속도로 주행하는 것

② **운행연비율** : 시외도로나 고속도로 등을 정해진 패턴으로 주행하는 것

③ **모델 주행연비율** : 운행연비의 주행방법을 시험 코스 등으로 시뮬레이션 주행하는 것

④ **모드 연비율** : 섀시 다이나모 위에서 배출가스 시험 모드로 주행하여 배출가스의 성분에서 계산으로 구하는 것

그런데 실제의 운행에서는 타행 · 제동, 경사로를 올라가고, 내려가는 등 복잡하고, 수없이 반복되고 회전수가 수시로 변하며, 또 신호 대기의 연료비가 더해지기 때문에 **운행 연료소비율**은 **정지 연료소비율**보다 30~50% 정도 많은 것이 보통이다.

(2) 연료소비의 개선

연료소비의 개선은 주로 기관의 개량(연소실의 개량 · 고압축비화 · 다 밸브화 · 감속시 연료 차단 등), 변속기의 개량(전달효율 · 다단화 · 변속점의 최적화 등), 차량의 경량화, 공력의 개선, 구름 저항의 저감, 보조기의 고효율화 등이다. 최근에는 컴퓨터를 이용한 기관 · 변속기의 전자제어화가 진전되고 보다 높은 정밀도의 제어가 가능하여 배기가스 규제에 대한 적합성, 연료소비의 개선, 운전성능의 향상 등 자동차에 요구되는 각종 성능이 높은 수준으로 달성되게 되었다.

11-4 타력주행(惰行) 성능

1 타력주행성능

어느 속도로 주행 중인 자동차가 클러치를 끊고 변속기를 중립으로 하여 동력전달을 차단하는 경우, 자동차는 관성에 의해 서서히 속도가 감소되면서 어느 거리를 주행한 후 정지된다. 이와 같은 주행상태를 **타력주행**이라고 하며, 타행 시작 때의 속도를 타력주행 초속도, 정지할 때까지 주행하는 거리를 **타력주행 거리**라고 한다.

타력주행성능은 평탄한 수평 도로면 위의 값을 생각할 경우가 많은데 타력주행 초속도는 동력전달 장치의 내부 손실, 구름 저항 및 공기저항에 의해 천천히 감속되어 최후에 속도 $V=0$이 되어 정지한다. 따라서 타력주행성능을 측정하고 이것을 해석하면 각종 주행저항을 검토할 수 있다.

타력주행 중의 자동차에 작용하는 주행저항 R(kgf)은 부(−)의 가속도, 즉 감속도를 α' (m/s²), 차량중량을 W(kg), 식 (11 · 10)에 의한 회전부분 상당중량(기관부분을 포함하지 않음)을 ΔW로 하면

$$R=\frac{(W+\Delta W)\alpha'}{g} \tag{11 · 42}$$

한편, 주행저항 R을 구성하는 여러 저항 중에서 구름 저항 R_r 및 동력전달장치의 내부저항 R_f는 속도에 관계없이 일정하며, 또한 공기저항은 속도의 제곱에 비례한다고 가정하면

$$R=R_r+R_f+R_l=\alpha+\beta V^2 \tag{11 · 43}$$

으로 표시할 수가 있다.

다음에 실제 타력주행시험에서 서로 다른 속도 V에 대응하는 저항 R의 값이 얻어지면 식 (11 · 43)의 관계에서 α, β의 값을 구할 수 있다. 실용적인 방법으로 다음의 두 가지를 생각한다.

(1) 속도-시간선도에 의한 방법

실측으로 얻어진 타력주행속도 v(m/s)와 시간 t(s)의 관계를 그림 11·11과 같은 그래프

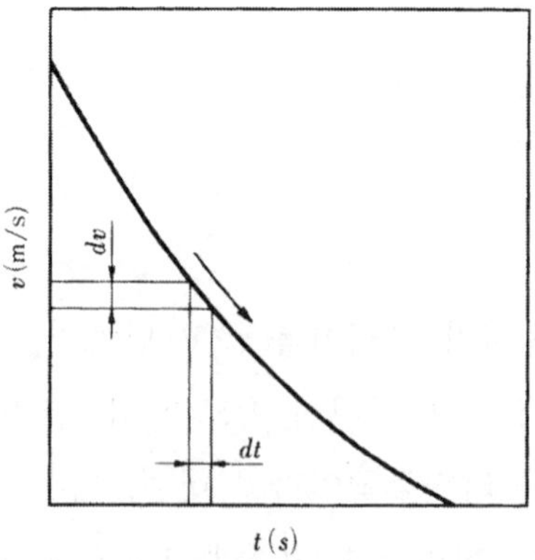

그림 11 · 11 속도-시간 선도

로 그리고, 도식미분법이나 계차법(階差法)에 의해 각 속도에서의 $dv/dt = \alpha'$를 계산하고 α'와 속도 V(km/h)의 관계를 구한다. 이 방법을 시행하려면 속도 v를 정밀하게 측정하는 장치가 필요하다.

(2) 평균 감속도와 평균속도에 의한 방법

그림 11·12와 같이 측정 구간 l_1, l_2(차속 60 km/h 이하에서는 $l_1 = l_2 = 50$m, 이상일 때는 $l_1 = l_2 = 100$m 로 하는 경우가 많음)를 설치하고, 측정개시점 A의 직전에서 변속기를 중립으로 하여 타행시키고, l_1, l_2(m)를 통과하는데 필요한 시간 t_1, t_2를 계측한다.

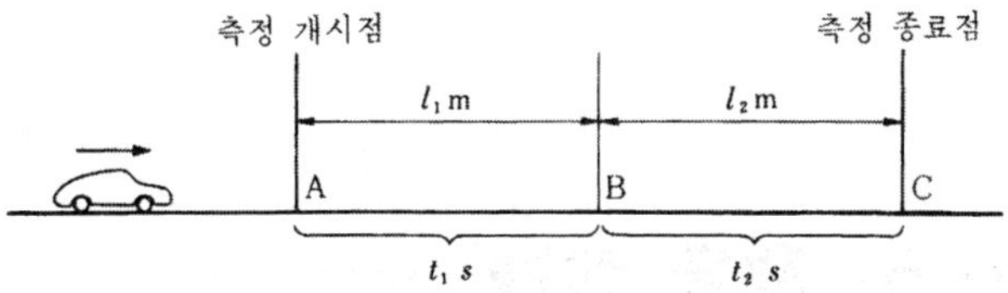

그림 11·12 평균감속도를 구하는 타력주행시험

지금 이 $l_1 + l_2$의 측정 구간에서는 $dv/dt - t$의 관계가 직선적이라고 가정하면, 평균 감속도 $\overline{\alpha}'$ 및 평균속도 $\overline{V}$는 다음 식으로 주어진다.

$$\overline{\alpha}' = \frac{l_1/t_1 - l_2/t_2}{(t_1 + t_2)/2} \ (\text{m/s}^2) \qquad (11 \cdot 44)$$

$$\overline{V} = \frac{3.6\,(l_1 + l_2)}{(t_1 + t_2)} \ (\text{km/h}) \qquad (11 \cdot 45)$$

이 방법으로도 타력주행 초속도를 여러 가지로 바꾸면 $\overline{\alpha}'$, $\overline{V}$의 관계가 많이 구해진다.

이상의 (1) 또는 (2)의 방법에 의해 감속도-속도 사이의 관계를 구하고, 또 식 (11·42)의 관계에서 감속도에 $(W + \Delta W)/g$를 곱하면 저항 R과 속도 V의 관계가 얻어지는데, 이것을 도시하면 그림 11·13과 같은 V에 관계되는 2차 곡선형식을 갖게 되고, x축에 V^2으로 표시하면 그림 11·14와 같은 직선이 된다. 이 그림에서 세로 축 위의 α를 읽으면 식 (11·43)의 $\alpha = R_r + R_f$에서 (바퀴의 구름 저항)+(동력전달장치 내부 저항)의 값이 얻어지며, 또 R_f를 알고 있으면 $\mu_r = (\alpha = R_f)/W$에서 구름 저항계수를 구할 수 있다. 다음에 직선의 경사각 θ를 읽으면 $\beta = \tan\theta = \mu_l A$가 되고, 차량의 앞면 면적 $A(\text{m}^2)$의 값을 대입하면 공기저항계수 μ_l이 결정된다.

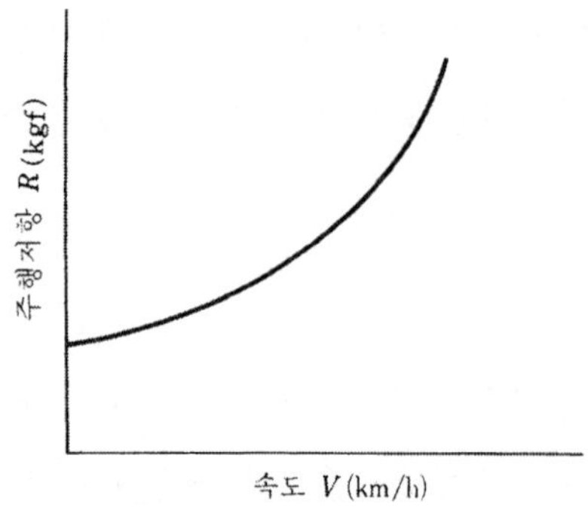

그림 11 · 13 주행저항과 차량속도의 관계

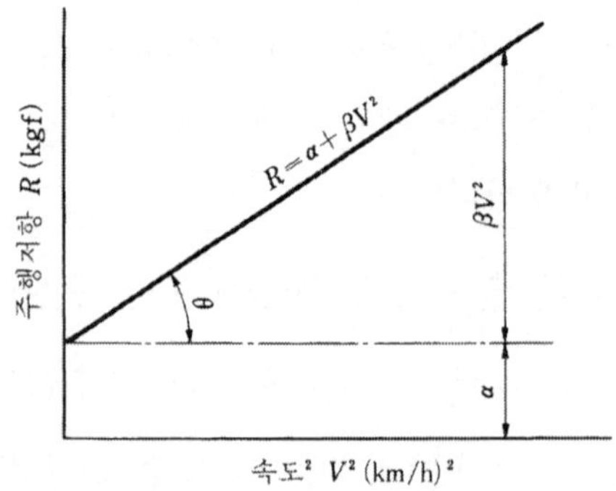

그림 11 · 14 주행저항과 차량속도(V^2)의 관계

11-5 제동 성능

제동성능도 타력주행으로 주행하는 또 하나의 성능으로 타력주행은 타력을 적극 활용하여 장거리를 주파하는 것이었으나 제동성능은 타력을 가능한 빨리 흡수하여 감속, 되도록 짧은 거리로 정지할 때의 성능을 말한다. 따라서 제동성능의 성능값으로 자동차가 정속에서 주행하고 있는 상태에서 제동을 하여 정지할 때까지의 정지거리, 정지까지의 소요시간(제동거리 · 제동시간)의 길이로 제동의 모양을 표시한다.

이 제동거리가 길면 제동력 부족으로 실제 운행상 위험하므로 법적으로도 제동 시작 때의 제동초속에 대한 정지거리가 표시된다.

1 제동의 역학

(1) 제동능력

자동차의 속도제어는 기관과 브레이크에 의해 이루어진다. 브레이크 성능으로는 첫째로 정지거리가 요구되나 차량제동 때 안정성의 요구도 만족하여야 한다.

전체중량 W(kg)의 차량을 감속도 α(m/s^2)로 제동할 때의 제동력은 앞바퀴의 제동력을

B_f, 뒷바퀴의 제동력을 B_r로 하면 식 (11 · 46)으로 표시된다. 또 제동초속도 V_0와 제동정지거리 S_b의 관계는 식 (11 · 47)로 표시되지만 실제의 정지거리는 제동 시작까지의 공주거리를 포함한 것이 된다.

$$B_f + B_r = W \cdot \frac{\alpha}{g} \tag{11 · 46}$$

$$S = \frac{V_0^{\ 2}}{Z\alpha} \tag{11 · 47}$$

제동력은 타이어와 도로면 사이의 마찰력을 이용하는 것이며 최대값은 타이어의 슬립에 의해 제한된다. 때문에 앞과 뒤 바퀴의 브레이크 규격은 차량 중량배분에 맞게 선정을 하며, 동적인 배분변동에 대응하기 위해 제동력 배분조정의 밸브를 사용한다.

타이어 도로면 마찰계수는 슬립의 비율에 따라 변화하며, 일반적으로 10~30%에서 최고값이 되고 더 증가하면 오히려 저감된다(그림 11 · 15).

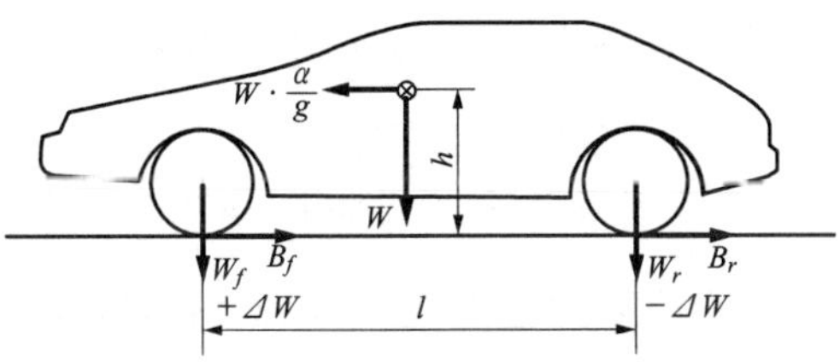

그림 11 · 15 제동 때의 작용력

또 차량의 주행안정성을 가지는 타이어의 사이드 포스는 슬립률 0이 최대이고 슬립률의 증가와 더불어 함께 감소한다. 결빙 등 마찰계수가 적은 도로면이나 왼 쪽과 오른 쪽 바퀴에 마찰계수가 다른 도로면에서 제동력과 안정성을 얻기 위해 각 바퀴의 슬립률이 과대하지 않은 범위에서 제어하는 장치로 **안티 로크** 장치가 있다.

(2) 제동동작의 분석과 제동거리

제동동작을 분석하면 ① 운전자가 앞 쪽의 위험 상태를 발견하고 급정지하려고 생각하여 제동을 하려는 순간부터 실제 브레이크가 작동되기 직전까지와, ② 브레이크가 작동되어 차량이 감속되면서 정지되는 두 상태로 나눈다. ①을 **공주시간**(거리), ②를 **실제동시간**(거리)이라고 한다(그림 11 · 16).

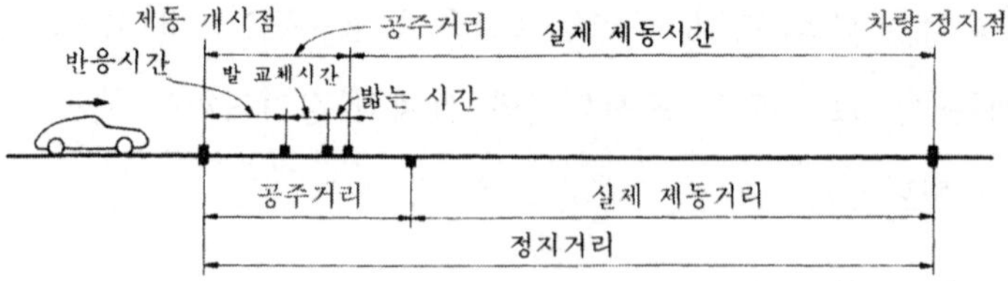

그림 11 · 16 제동동작의 경과분석

따라서 공주시간(t초)은 반응시간, 가속 페달에서 브레이크 페달로 발을 옮기는 시간, 페달을 밟아 라이닝이 드럼에 닿아 제동력이 발휘될 때까지의 시간으로 되며, 합계 0.3~0.9 s 정도이나 미국에서는 5/8=0.625s를 운전면허 시험의 판정기준으로 하고 있다. 이 사이에서 구동력은 감소되나 타력에 의해 차량은 초속도 그대로 주행되므로 **공주거리≒초속도×공주시간**, 즉 $V_0 \cdot t/3.6$(m)가 된다.

실제동시간은 라이닝이 드럼에 접촉하여 제동력이 발생하고 차량이 감속되어 완전히 정지할 때까지의 시간이며, 이 사이에 전진한 거리가 실제동거리이다. 공주거리와 실제동거리를 합하여 **정지거리**라고 한다. 그리고 차량의 **안전거리**는 주행속도의 제곱을 100으로 나눈 값이다.

실제동거리 S_b(m)에 대해서는 자동차에 작용하는 공기저항을 무시하면, 자동차가 갖는 운동 에너지는 제동 때의 전체마찰 일량과 같다고 보아 다음과 같이 구한다.

바퀴가 로크(lock)될 경우

$$\frac{1}{2}\frac{W}{g}v_0^2 = \mu_{bl} \cdot W \cdot S_b$$

따라서 $$S_b = \frac{v_0^2}{2g \cdot \mu_{bl}} = \frac{(V_0/3.6)^2}{2g \cdot \mu_{bl}} \qquad (11 \cdot 48)$$

바퀴가 로크되지 않을 경우

$$\frac{1}{2}\frac{W+\Delta W}{g}v_0^2 = \left(\mu_r W + \mu_L P \frac{r}{R_b}\right) S_b$$

따라서 $$\left.\begin{aligned} S_b &= \frac{W+\Delta W}{2g(\mu_r \cdot W + \mu_L \cdot P \cdot r/R_b)} v_0^2 \\ &= \frac{W+\Delta W}{2g(\mu_r \cdot W + \mu_L \cdot P \cdot r/R_b)} \left(\frac{V_0}{3.6}\right)^2 \end{aligned}\right\} \qquad (11 \cdot 49)$$

여기서, v_0 : 제동초속도(m/s) V_0 : 경제속도(km/h)

μ_{bl} : 로크 바퀴의 제동저항계수(제동력/바퀴 하중)

ΔW : 회전 부분 상당중량(기관부는 포함되지 않음)

R_b : 바퀴의 유효 반지름(m) μ_r : 구름 저항계수

μ_L : 브레이크 드럼과 라이닝 사이의 마찰계수

P : 브레이크 드럼에 가해지는 제동 전체압력(전체 바퀴 합계)(kgf)

r : 브레이크 드럼 반지름(m)

2 제동력의 배분

(1) 브레이크 토크 제동력과 점착력의 도로면 제동력

브레이크를 작동시켰을 때의 제동력의 크기는 제동 바퀴에 발생하는 브레이크 토크에 의해 결정된다. 엄밀하게 바퀴에 작용하는 구름 저항도 제동력과 관계되나 그 차지하는 비율은 적어서 여기서는 무시한다. 이 브레이크 토크는 이론적으로 무제한 크게 되는 값이며, 따라서 이것을 바퀴 주변의 접선력으로 확산한 토크 제동력도 무제한으로 증대하게 된다.

한편, 바퀴 타이어와 도로면 사이에는 상호간의 성질이나 접촉 조건에 의해 정해지는 점착력이 존재하며, 차량에 유효하게 작용하는 제동력의 한계는 이 점착력에 의해 지배된다. 즉, 브레이크 토크가 증가하여 토크 제동력이 점착력에 의한 도로면 제동력을 넘어서면 바퀴의 회전은 정지되어 로크 상태에 들어가고 타이어는 슬립비 $s = 1.0$, 즉 100%로 완전한 슬립 상태가 된다. 이와 같은 도로면 제동력은 바퀴의 미끄럼비에 따라서 크게 달라지는데, 이들 사이의 관계를 도시하면 그림 11·17과 같이 되고 일반적으로 $s = 0.20 \sim 0.30$ 정도에서 도로면 제동력은 최대가 된다. 따라서 제동 때에는 바퀴를 완전하게 로크하기보다는 어느 정도 구름 상태에 두면서 제동하는 것이 브레이크 효력을 좋게 한다.

한편, 타이어의 사이드 슬립에 따르는 횡항력, 즉 **코너링 포스**는 같은 그림에서 표시하듯이 슬립비 s와 함께 거의 직선적으로 저하하여 로크 상태에서는 완전히 0이 되므로 되도록 슬립이 적은 곳에서 사용하는 것이 유리하고, 이 양쪽을 고려하면 그림에 표시하는 바람직한 슬립비가 정해지게 된다. 물론 이것은 앞과 뒤 각각의 바퀴에 대한 것이며, 앞과 뒤의 바퀴에 관련지어 생각하면 앞과 뒤 바퀴의 슬립비가 항상 같은 정도이며, 동시에 로크되는 것이 바람직하다.

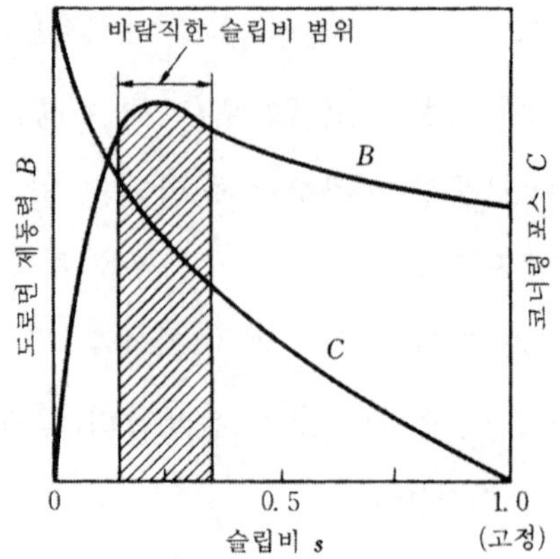

그림 11 · 17 타이어와 도로면 사이의 슬립 특성

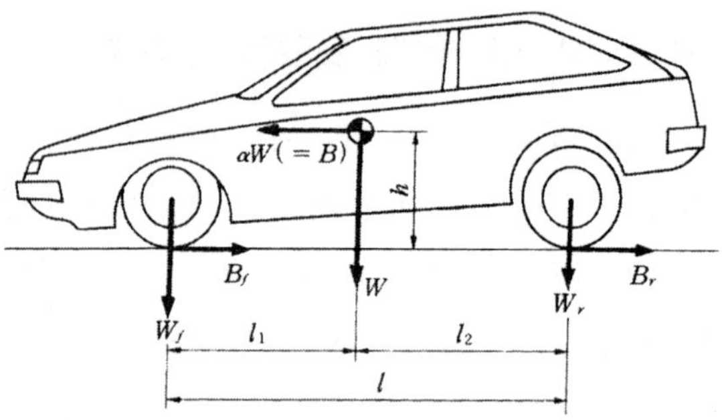

그림 11 · 18 제동 때의 동하중

(2) 이상(理想) 제동력 배분

제동 중에는 감속도에 비례한 관성력이 진행방향으로 작용해서 앞차축 하중이 증가하고 뒤차축 하중은 감소한다. 이 이동하중을 정차하였을 때의 정하중에 넣은 것이 동하중이 되며, 모멘트의 평형에서 그림 11 · 18 을 바탕으로 다음과 같이 정리할 수 있다.

지금 차량중량을 W(kg), 앞과 뒤축의 정하중을 W_{f0}, W_{r0}(kgf), 휠 베이스[軸距]를 l (mm), 앞차축 · 뒤차축의 동하중을 W_f, W_r(kgf), 무게 중심의 높이를 h(mm), 감속도를 α (g)로 하면, 다음과 같은 식이 성립된다.

$$W_f = W_{f0} + \frac{h}{l}\alpha W \qquad (11 \cdot 50)$$

$$W_r = W_{r0} - \frac{h}{l}\alpha W \qquad (11 \cdot 51)$$

도로면에서 얻어지는 최대 제동력은 타이어에 걸리는 하중과 도로면의 마찰계수 μ의 곱이므로, 앞차축 · 뒤차축의 제동력을 B_f, B_r(kgf)로 하면 앞과 뒤 바퀴의 제동력은 차량의 동하중배분에 비례하는 것이 가장 이상적이다.

$$B_f = \mu W_f = \mu\left(W_{f0} + \frac{h}{l}\alpha W\right) \tag{11 · 52}$$

$$B_r = \mu W_r = \mu\left(W_{r0} - \frac{h}{l}\alpha W\right) \tag{11 · 53}$$

또, 제동력의 한계는 μ로 결정된다. 따라서 $\mu = \alpha$라 하면

$$\frac{B_f}{W} = \frac{W_{f0}}{W}\alpha + \frac{h}{l}\alpha^2 \tag{11 · 54}$$

$$\frac{B_r}{W} = \frac{W_{r0}}{W}\alpha - \frac{h}{l}\alpha^2 \tag{11 · 55}$$

만일, 최대 제동력 이상으로 제동하면, 바퀴가 로크(lock)되어 타이어는 미끄러지게 된다.

(3) 실제 제동력 배분

실제의 제동력은 앞바퀴 · 뒷바퀴의 휠 실린더 크기, 로터 또는 드럼의 크기 및 타이어 지름 등에 의해 결정되며, 감속도에 관계없이 일정하다. 이상을 고려한다면 이상적인 브레이크 토크, 즉 이것으로 발생되는 제동력의 배분은 그림 11 · 19와 같이 제동력이 증대됨에 따라, 앞바퀴 브레이크가 효력이 좋은 형, 즉 B_f와 B_r의 관계가 2차 곡선이 되면 좋고, 이 경우에는 감속도가 변하더라도 항상 전체 바퀴의 동시 로크가 가능하다. 다만, 빈차 때와 짐을 실었을 때에는 정하중분포가 바뀌고, 이것에 의해 앞과 뒤 바퀴 제동력의 배분도 바뀌기 때문에 다른 곡선이 된다.

보통의 브레이크에서는 B_f / B_r의 비는 일정하지만, 그것과 비슷하게 그림 중의 직선으로 표시된다. 따라서 이상곡선이란 원점 이외에는 1점(a점)만으로 교차되는 것이 아니고 a점에서만 동시 로크가 일어난다. 이와 같은 전체 바퀴 로크가 일어날 때에는 도로면이용률 $\varepsilon = \alpha/\mu$(브레이크 효율/도로면 제동계수)는 1이 되어 최고 값을 표시한다. 동시 로크점 a 보다 감속도가 낮으면 앞바퀴 로크가 생기며, 높은 곳에서는 뒷바퀴 로크가 되어 함께 이용률은 저하된다.

여기서 위험한 뒷바퀴 로크를 피해 되도록이면 이상배분으로 접근시키고, 최대 제동력을 얻기 위해서는 동시 로크점(이상배분과 실제 배분선의 교차점) 부근에서 뒷바퀴의 액압을

앞바퀴보다 낮게 억제하는 **액압제어 밸브**(proportioning valve)가 고안되어 있다. 그러나 현재 대부분의 승용차에는 이것이 장착되어 있다(그림 11·20 참조).

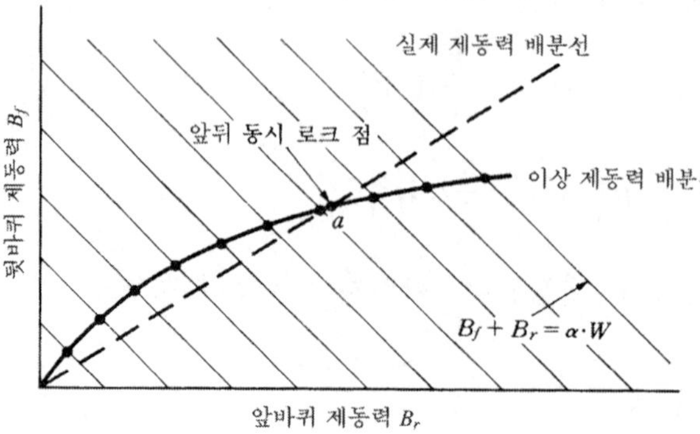

그림 11 · 19 이상 제동력 배분선

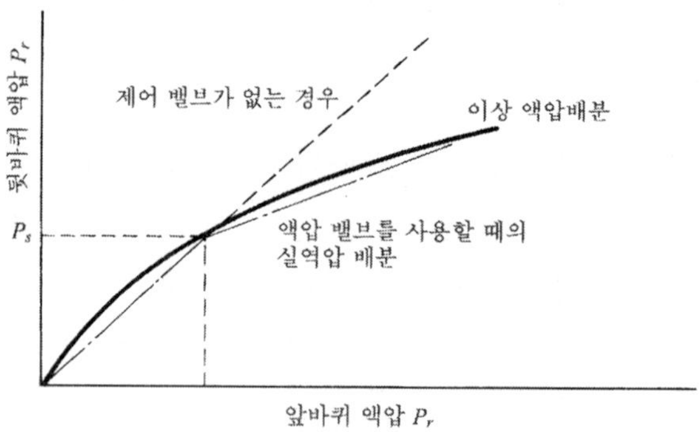

그림 11 · 20 액압제어 밸브에 의한 배분의 조정

이상 배동력 배분과 실제 제동력 배분에서 이상 제동력 배분보다 앞바퀴 쪽의 배분이 높은 영역에서는 앞바퀴부터 먼저 로크가 시작되고, 반대로 뒷바퀴 쪽의 배분이 높은 영역에서는 뒷바퀴 로크가 먼저 일어난다.

(4) 제동력 배분의 조정

타이어가 슬립을 시작하면 사이드 포스가 감소되어 앞바퀴 로크가 일어나서 조향성이 상실되고, 뒷바퀴가 로크되면 차량 스핀(spin)의 확률이 높게 된다. 이 때문에 실제 제동력 배분을 이상 제동력 배분에 접근시켜 로크 개시점을 높게 하는 경우가 있다.

제동력 배분 조정에는 뒷바퀴에 액압조정 밸브를 사용, 빈 차량과 짐을 실은 차량의 하중차이가 큰 트럭에서는 하중 배분의 변화에 따라 조정 개시점이 변화하는 **로드 센싱 밸브**(load sensing valve)를 사용하는 경우가 많다(그림 11·20).

3 제동 때의 발열

(1) 에너지 로딩(energy loading)

마찰재료의 마모, 온도특성 등의 브레이크 성능은 차량의 사용조건에 크게 왼 쪽과 오른 쪽되기 때문에 특정조건만으로 파악하기란 곤란하나 차량하중 · 속도 · 감속도 · 라이닝(패드) 면적으로부터 에너지 로딩을 계산하여 성능의 잣대로 삼을 수 있다. 에너지 로딩(EL)이란 마찰재료의 단위면적 제동시간당의 흡수 에너지이며, 마찰재료의 온도 상승을 결정하는 요인이 되고 마모 및 브레이크 효력에 영향을 준다.

(2) 브레이크의 상승온도

차량이 가지는 운동 에너지는 제동에 의해 열로 변환된다. 제동 때에 발생되는 열은 제동과정에서 일부는 공기 중에 방열 또는 다른 부품에 전달된다. 제동종료 시점에서 방열 또는 전열되지 못한 제동 에너지는 열로서 브레이크에 축적된다. 이 축적된 열은 정지 및 다음 주행과정에서 천천히 방열된다. 따라서 다음의 제동과정에서도 똑같이 브레이크에 열이 축적되어 온도가 상승된다. 이러한 반복으로 브레이크 온도는 상승하여 어느 온도에서 포화상태에 이른다. 이 포화온도는 브레이크의 사용조건(제동초속 · 마지막 속도 · 감속도 · 빈도 · 차량하중 등), 냉각조건(제동초속 · 마지막 속도 · 분위기 온도 · 차량 레이아웃 등), 브레이크 용량 (라이닝 면적 · 드럼 열용량 · 방열면적 등)에 의해 결정된다.

이 발열은 브레이크의 특성(효력 · 패이드 · 마찰재료의 마모 등)에 크게 영향을 미친다. 브레이크는 발열도 되고 동시에 냉각도 이루어지나 이론식은 생략한다.

4 안전성

브레이크 장치는 자동차를 안전하게 조종하기 위해 없어서는 안 될 장치이므로, 안전장치로는 여러 가지 기구가 채용되고 있다. 만일, 브레이크 안전장치에서 브레이크 계통이 파손되었을 때, 어느 정도의 제동력을 확보함으로 인해 사고발생을 방지하고자 하는 장치(2계통식 브레이크), 제동 때에 뒷바퀴가 **스키드**(skid)를 일으켜 조종불안정이 되는 것을 방지하는 장치(앤티 스키드 장치)가 있다. 그리고 앞바퀴가 스키드를 일으키는 것을 방지하여 제동 때의 조종 불안정을 방지함과 동시에 제동성능을 향상시키는 장치 등이 있다.

현재 이미 일반화되어 있는 브레이크 안전장치는 대개 표 11·17과 같다.

표 11 · 17 안전장치

- 유압식 브레이크의 안전장치
  - 2계통식 브레이크
    - 탠덤 마스터 실린더
    - 안전 실린더
  - 바퀴 스키드 방지장치
    - P밸브
    - 로드 센싱 프로포셔닝 밸브
- 에어 브레이크의 안전장치
  - 2중 브레이크 장치
  - 맥시 안정장치

(1) 탠덤 마스터 실린더(tandem master cylinder)

유압식 브레이크에서 유압계통에 누출 등의 고장이 발생될 때 제동불능이 되는 결점이 있다. 그러므로 그 안전성을 높이기 위해서는 유압계통을 앞바퀴용과 뒷바퀴용의 두 계통으로 한 것이다. 즉, 2개의 마스터 실린더를 직렬로 배치하고, 1개의 실린더 내에 앞바퀴용과 뒷바퀴용의 2개의 피스톤이 설치되어 있는 경우이다.

(2) 안전 실린더(safety cylinder)

유압계통의 앞바퀴 쪽과 뒷바퀴 쪽에 각각 안전 실린더를 설치해서 누출이 생긴 쪽의 계통을 차단하고, 다른 유압계통의 기능을 확보하도록 한 것이다. 실린더 내부에는 피스톤이 들어 있어서 유압경로를 마스터 실린더 쪽과 바퀴 실린더 쪽을 분리시키고 있다.

또한, 유압식 브레이크의 **앤티 스키드**(anti-skid) 장치를 간략하게 설명한다. 자동차는 제동 때 그 감속도에 따라 무게 중심이 앞쪽으로 이동하여 앞바퀴의 하중이 늘어나고, 뒷바퀴의 하중은 반대로 감소되는 현상이 일어난다.

바퀴와 도로면과의 점착력은 점착력계수(제동 마찰계수)와 바퀴에 가해지고 있는 하중을 곱한 값으로, 바퀴의 제동력이 그것보다 크게 되면 바퀴는 로크되고 만다. 바퀴가 로크되어 스키드를 일으키면, 도로면과의 마찰력이 감소됨과 동시에 방향성을 상실하게 되기 때문에, 제동성능이 저하됨과 아울러 조종 불안정을 초래한다.

따라서 제동 때에 뒷바퀴의 하중이 감소되면 뒷바퀴는 로크를 일으키기 쉽고, 제동 거리의 증가나 자동차 자세변화를 일으키기가 쉽게 된다. 이것을 방지하기 위해 제동력의 변화나 감속도에 따라 뒷바퀴의 제동력을 자동적으로 변화시키는 프로포셔낼 밸브와 로드 센싱 프로포셔닝 밸브 등이 사용된다.

(3) 프로포셔닝 밸브(P 밸브 : proportioning valve)

작동개시점(일정액압) 이상의 액압을 초과하면 이후의 뒷바퀴 쪽 액압을 입력(앞바퀴 쪽 액압)에 대해서 일정한 비율로 감소시키는 밸브이다.

그림 11·21과 같이 앞과 뒤 바퀴의 제동력을 이상곡선에 가까운 모양으로 하고, 앞바퀴의 제동유압 증가비율을 적게 하도록 작용한다.

이 P 밸브는 마스터 실린더와 뒷바퀴 사이에 설치되어 있다.

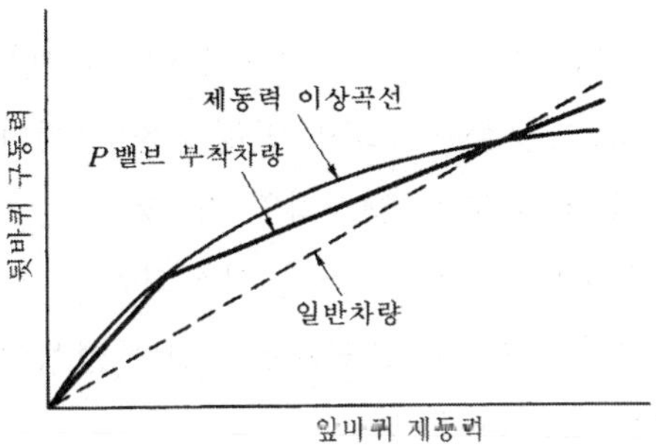

그림 11·21 P 밸브의 성능곡선

(4) 로드 센싱 프로포셔닝 밸브(load sensing proportioning valve)

P 밸브의 일종으로, P 밸브의 뒷바퀴 쪽의 유압작동개시점을 하중에 의해 변동이 되게끔 만든 형식이다.

5 제동성능의 제어

브레이크는 조작하기 쉬운 페달(밟는 힘)과 행정(stroke)으로 안정된 제동력이 얻어지는 것은 물론, 왼 쪽과 오른 쪽·앞과 뒤의 균형[片效力, 휠 로크]이나 소음, 수명 등도 고려해서 설계하여야 한다. 어떠한 경우라도 제동 때에 급격한 변화가 없고 안정된 특성을 가질 것이 요구된다.

(1) 방향 안정성

1) 타이어와 도로면 사이의 마찰특성

제동 때의 방향 안정성은 타이어와 도로면 사이의 마찰특성이 크게 관계된다. 타이어에 제동력이 작용하지 않을 때는 사이드 슬립에 대한 코너링 포스(cornering force)는 최대가 되고, 외력에 대해 방향안정 상태에 있어 브레이크 토크는 타이어와 작용한 도로면 사이에 미끄러짐이 발생한다(이 마찰계수 μ에 의해 제동력이 생김). 코너링 포스는 급격히 감소하여 타이어 슬립률이 100%, 즉 타이어가 완전히 로크된 상태에서 대부분 소멸되고, 외력에 대해 무저항이 되면서 차량의 방향 안정성을 상실한다.

2) 바퀴 로크와 안정성

앞과 뒤 바퀴가 모두 로크되었을 경우는 조종불능이 되지만, 차량은 관성력(직진방향)과 외력(偏向)의 합력방향으로 진행되어 크게 안정성을 상실하지 않는다.

앞바퀴 로크는 브레이크 토크 배분이 앞효력일 때 생기며, 앞바퀴 쪽이 빨리 로크되는 경우이다. 조향 바퀴인 앞바퀴의 코너링 포스는 상실되어 조종성을 잃게 되고, 만일 곡선주행 중일 때에는 차량은 접선방향으로 **드리프트**(drift) **현상**이 생기나 직진 때에는 차량은 그 때까지 진행한 방향을 유지하여 정지시킨다.

뒷바퀴 로크는 브레이크 토크 배분이 뒷효력의 경우로, 외력에 의해 무게 중심 둘레에 발생된 **요 토크**(yaw torque)로 편향이 발생됨과 동시에 앞바퀴에는 코너링 포스가 발생된다. 코너링 포스에 의한 중심 둘레의 요 토크는 외력에 의한 요 토크와 방향이 일치하기 때문에, 차량은 크게 방향 안정성을 상실하여 가로로 미끄러지고, 급선회하는 **스핀**(spin) **현상**을 일으켜 매우 위험하게 된다. 따라서 뒷바퀴 로크 방지는 설계상 중요한 요인이 된다.

(2) 브레이크의 안정성

브레이크 성능(효력)을 표시하는 **브레이크 효력계수**(brake effectiveness factor : BEF)는 브레이크 입력과 출력과의 비로 브레이크의 형식과 마찰계수 μ로 결정된다. 휠 실린더의 단면적을 A(cm^2), 실린더에 발생되는 액압을 P(kgf/cm^2), 로터의 유효 반지름 또는 브레이크 드럼의 반지름을 r(m)로 하면, 브레이크에서 발생되는 브레이크 토크 T는 다음 식으로 된다.

$$BEF = \frac{\text{브레이크 토크}}{\text{휠 실린더 단면적}\times\text{유압}\times\text{드럼 반지름}} = \frac{T}{APr} \qquad (11 \cdot 56)$$

BEF는 입력과 출력의 계수로 자기배력의 크기를 표시하며, 그림 11·22와 같이 된다.

설계의 비중을 안정성에 두느냐 조작력의 경감에 두느냐에 따라 형식이 선택되지만, 일반적으로 **배력효과**(BEF)가 클수록 마찰계수의 변화에 민감하게 되고, 효력은 불안정하게 된다. 그래서 BEF가 적은 디스크 브레이크와 진공배력장치(드럼의 경우보다 크기가 큰 것이 필요)의 합이 바람직하다.

그러나 주어진 설계조건의 범위에서는 듀오 서보형, 투 리딩 형식에 마찰계수에 의한 안정성이 좋은 라이닝을 사용하고, 결점을 보완하는 방법도 효과적이다.

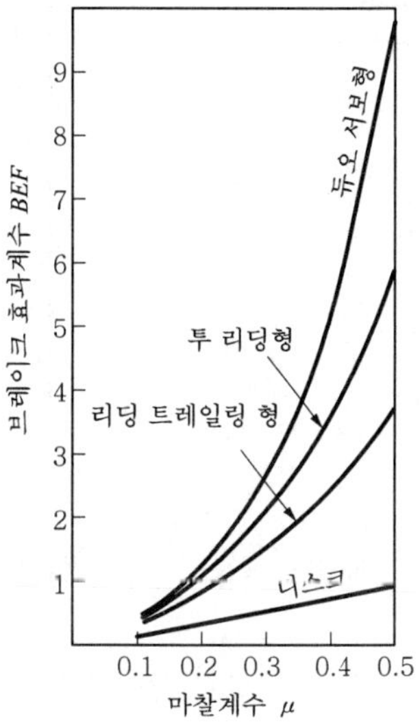

그림 11 · 22 BEF와 라이닝 마찰계수와의 관계

(3) 열안정성(히트 페이드, 베이퍼 로크)

브레이크는 운동 에너지를 열로 바꾸기 때문에 제동 중에는 고온이 된다. 브레이크의 작동은 고속으로 질주하고 있는 차량의 운동 에너지를 되도록 단시간에 열 에너지로 전환시키는 일종의 열기관으로 생각되나, 최근과 같이 차량의 대형화 · 고속화에 따라 흡수 에너지도 커지고, 온도 상승도 심하여 순식간에 700℃ 이상에 도달한다. 이와 같이 드럼과 슈의 온도가 상승하면 열변형으로 드럼의 안지름이 커짐과 동시에 그 형상에 의해 복잡한 변형을 일으켜 슈와 드럼의 틈새가 크게 되고, 그 결과 페달을 밟는 힘의 량이 증가한다. 한편, 라이닝과 드럼 사이의 마찰계수는 온도와 더불어 작게 되기 때문에 같은 페달의 입력에 대해 브레이크 힘이 떨어지며, 브레이크 효력이 없어진다. 이와 같이 고속에서의 브레이크, 연속으로 긴 경사로를 내려오거나, 단시간 내의 반복조작으로 온도가 상승하며,

그 결과 제동능력이 일시적으로 저하되는 현상을 **히트 페이드**(heat fade)라 한다.

예를 들어, 벤츠 300 SLR에 대해서 기계시험소의 테스트 코스의 기록을 보면, 그림 11·23과 같이 100 km/h 앞과 뒤가 되면 30 km/h일 때의 1/2로 브레이크 능력이 저하된다. 똑같이 57형의 시보레로 행한 실험을 보면 그림 11·24와 같이 브레이크 능력은 1/3 이하로 저하된다.

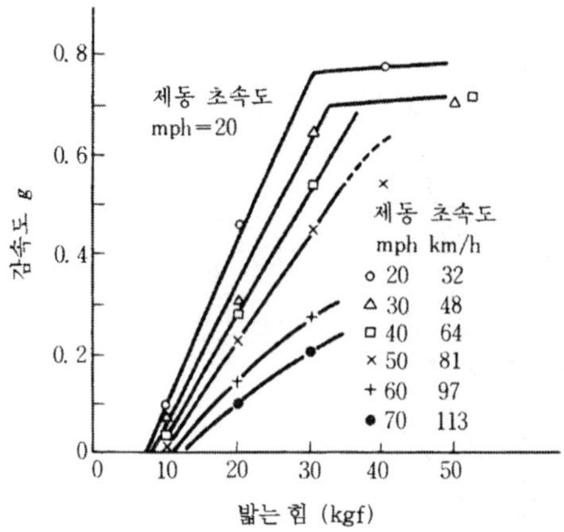

그림 11·23 벤츠 300 SLR의 페이드 특성

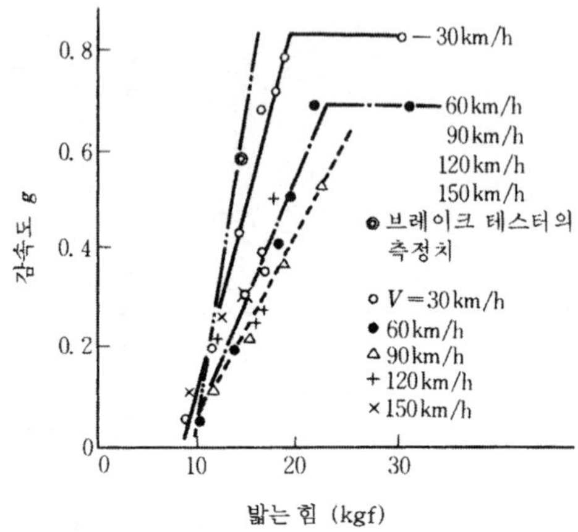

그림 11·24 시보레차의 페이드 특성

그림 11·25는 페이드 현상을 나타내는 도로 위 테스트의 한 예로 페달 밟는 힘[入力]을 일정하게 하고, 서로 다른 제동초속도에서 브레이크 조작을 하였을 경우 차량의 감속도 변화를 표시한 것으로서, 고속에서의 제동일수록 현저하게 브레이크 효과가 저하되는 결과를 보이고 있다. 또한, 제동 시작 때부터 차량정지 때까지의 감속도가 변화하는 상태를 쉽게 알 수 있으며, 온도 상승으로 일단 최저 감속도까지 내려가나 다시 상승되어 정지 때까지 상승을 계속한다. 이와 같은 페이드 후의 제동력의 재상승현상을 **리커버리**(recovery)라고 하나 차량속도의 저하로 발열량이 감소되며, 마찰면온도가 저하하게 된다. 또, 라이닝 표면의 마모 등에 의해 일시적으로 본래의 마찰계수보다 높아지는 경우가 있으며, 이것을 **오버 리커버리**(over recovery)라고 한다.

페이드 현상을 방지하려면 첫째로, 브레이크 작동부의 냉각능력을 높일 필요가 있으며, 드럼이나 디스크의 방열을 좋게 하거나 열용량을 크게 하면 효과가 있다. 둘째로, 온도가 상승하더라도 라이닝의 마찰계수의 변화가 작고, 되도록 균일한 온도특성이 좋은 것을 선택한다. 셋째, 마찰재료의 면적을 크게 하여 단위 면적당의 에너지 흡수량을 적게 한다.

한편으로 브레이크 자체가 가지는 자기 배력작용도 페이드 현상의 발생에 많은 관계를 가지며, 투 리딩 슈형이나 듀오 서보형과 같이 슈의 자기 배력작용을 최대로 이용한 방식에서는 마찰계수의 미미한 감소가 제동효과의 저하에 크게 나타난다.

이상을 종합하면 디스크의 방열성이 좋고, 그러면서 자기 배력작용이 작은 디스크 브레이크는 페이드 방지상의 관점에서 볼 때 이상적인 브레이크이다.

긴 경사로 등에서의 브레이크의 연속사용이나 슈의 미끄럼 등으로 브레이크 계통의 온도가 과도하게 상승되고, 브레이크 오일의 일부가 기화되어 유압배관 내에 공기가 들어간 것과 같은 상태가 되고 압력전달이 불가능한 현상을 **베이퍼 로크**(vapour lock)라고 한다. 일단 발생되면 대단히 위험한 현상이 되므로 가혹한 연속 브레이크 사용을 하지 말아야 하며, 브레이크 작동부의 조정을 알맞게 하고 운전상으로나 정비상으로 예방처치를 충분히 해야 하며, 동시에 비점이 높은 브레이크 오일의 사용이 중요하다.

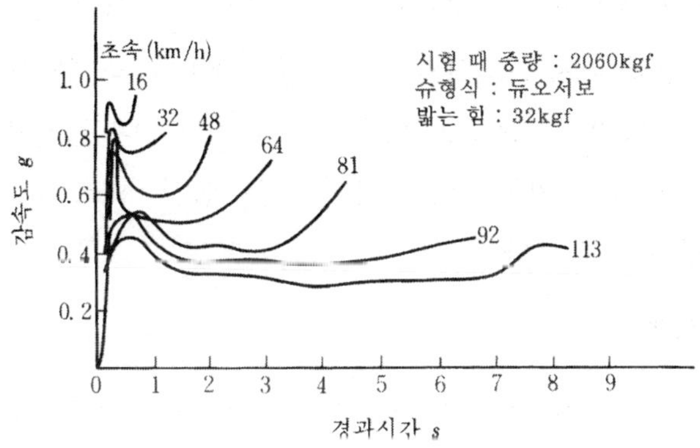

그림 11 · 25 페이드 현상의 예

(4) 워터 리커버리

브레이크의 마찰면이 수분으로 젖어 있으면 물의 윤활작용으로 마찰계수가 급격히 감소되고, 브레이크 효력은 저하된다. 이런 현상을 **워터 페이드**(water fade)라 부른다. 한쪽 바퀴만이 물에 젖었을 경우는 이로 인해 제동 때 방향성을 상실할 염려가 있다. 워터 페이드는 브레이크를 사용하는 과정에서 발생된 열로 인해 건조되어, 서서히 침수 전의 효력으로 복귀한다. 이것을 **워터 리커버리**(water recovery)라 한다.

디스크 브레이크는 마찰재료와 로터의 간격이 작아 물이 스며들기 어렵고, 로터에 부착된 물은 원심력으로 날려간다. 또 자기 서보 작용이 없어 마찰재료의 효력 저하의 영향이 적은 등의 이유로 해서 워터 페이드도 적고 리커버리가 빠르다. 여기에 비해서 드럼 브레이크가 일단 드럼 내로 물이 들어갈 때, 패킹 플레이트로 덮혀져 있기 때문에 물이 배출되기 어렵고 건조되기도 쉽지 않다. 거기다 자기 서보 작용이 있기 때문에 마찰계수 저하의 영향이 크다. 따라서 드럼 브레이크에서는 침수 때의 제동력 저하를 줄이기 위해, 워터 페이드나 리커버리 특성에 좋은 마찰재의 선택이 중요하다.

(5) 소음

브레이크 소음이 발생되는 메커니즘은 마찰재료와 대응되는 것(드럼 또는 로터)과의 마찰진동이 브레이크 각 부분재료의 공진(共振) 등에 의한 증폭작용으로 생각되고 있다. 브레이크 소음 그 자체는 제동력에 직접 관계는 없으나 자동차용으로는 상품 자체에 미치는 중대한 문제가 된다.

브레이크의 소음은 음색에 따라 6종류 정도로 분류된다. **스컬**(skirl ; 수백 내지 수십 kHz로 드럼과 슈, 패킹 플레이트와 모터의 진동과 관계가 깊다), **그론**(groan ; 수백 Hz의 신음소리), **셧**(shut ; 수십 내지 200 Hz 정도로 현가장치나 타이어의 진동에 관계깊다) 등이 대표적이다. 이들의 방지대책으로는 마찰재료의 개량이나 공진을 피하기 위한 드럼이나, 슈의 강성변경, 라이닝의 양끝면의 모떼기 또는 연삭, 패드와 피스톤 사이의 접합선 형상이나 재질의 연구가 필요하다.

(6) 마찰재료의 수명

마찰재료는 브레이크의 여러 가지 성능에 미치는 영향이 크고, 또 어려운 부재로 오직 마찰재 제작사의 노하우에 달려 있다. 마찰재료의 요구되는 성능은 안정된 마찰계수 특성과 긴 수명이다.

수명을 길게 하는데 단위 면적당 에너지 부하율을 작게 하는 것이다. 디스크 브레이크의 경우 구조상 60 $\mathrm{kgf \cdot m/cm^2 \cdot s}$ 전후로 크고, 드럼 브레이크의 10~20 $\mathrm{kgf \cdot m/cm^2 \cdot s}$와 비교하여 일반적으로 수명이 짧다.

11-6 선회 성능

이미 설명한 동력성능, 제동성능은 대개 세로 방향(진행방향)의 운동을 대상으로 한 것이다. 여기서 설명하는 선회성능은 안정성, 조종성을 포함하는 것으로, 주로 곡선운동의 능력 및 성질을 대상으로 한 것으로 보면 된다. 선회성능은 현가장치(suspension), 스티어링(steering) 및 타이어의 성능에 의해 왼 쪽과 오른 쪽된다.

1 선회 때의 자동차 자세

자동차가 저속선회할 경우를 생각하면 차량에 적용하는 원심력 $F = W/g \cdot V^2/r$도 대단히 작아 거의 제로에 가깝고, 구심력을 필요로 하지 않기 때문에 그 선회중심은 그림 11·26(a)와 같이 뒤차축의 연장선과 앞바퀴에 수직인 직선과 교점 O 가까이에 있다(아커만의 조향이론이 성립됨). 또한 차의 무게 중심점 G의 진행방향은 차량의 앞과 뒤 차축과 β의 각도를 가지는데 이 β를 **자세각**이라고 한다.

그러나 자동차의 속도가 빨라짐에 따라 자동차에는 원심력에 평형되는 정도의 구심력이 발생된다. 이 구심력은 다음에 설명하는 코너링 포스에 해당된다.

그림 11·26(b)는 주행속도가 빠르고 차량의 원심력도 크게 된 경우이다. 이 경우의 선회중심 O′는 뒤차축의 연장보다 훨씬 앞쪽에 있으며, 차량의 자세각 β'는 앞과는 달리 앞과 뒤 차축에 대해서 반대 쪽으로 되어 있다.

선회중심이 왜 앞쪽으로 이동하는가를 생각해 본다. 차량이 선회할 때에는 선회 반지름 r, 주행속도 V 및 차량중량 W로 결정되는 원심력 $W/g \cdot V^2/r$이 그림과 같이 작용한다. 차량이 선회상태를 유지하기 위해서는 그 원심력에 대등한 반력(反力)이 작용해야만 하지만, 이 반력은 타이어와 지면과의 접촉면에 발생한다.

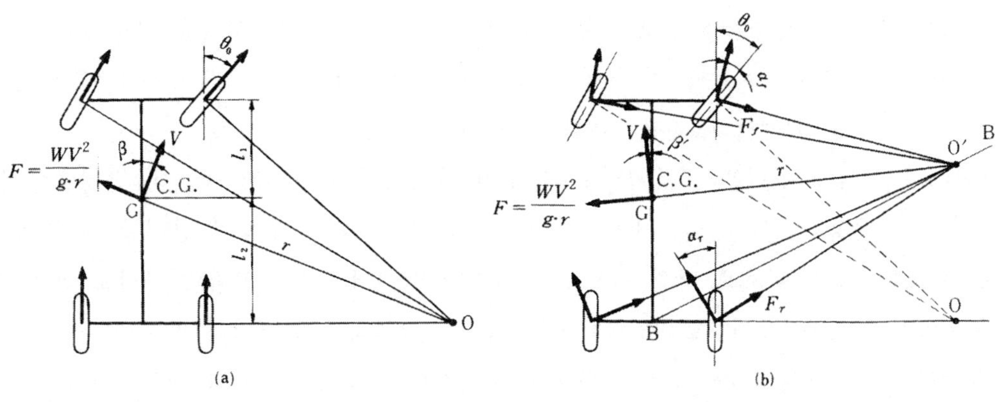

그림 11·26 선회 때의 자동차의 자세

다음의 선회성능 2(타이어의 사이드 슬립과 작용하는 힘)에서 상세하게 설명하겠지만, 굴러가고 있는 바퀴에 가로 방향의 힘이 작용하면 바퀴는 타이어가 향하고 있는 방향으로 진행되지 않고 타이어의 중심선에서 어느 각도만큼 미끄러지는 방향으로 진행한다. 이 미끄러지는 각(角) a_f와 a_r을 **사이드 슬립각**(side slip angle)이라고 한다. 이것으로 접지면에서 반력이 발생한다.

원심력 F에 의해 뒷바퀴에는 $F_r = l_1/(l_1 + l_2) \cdot F$의 반력이 필요하므로 이 가로 반향 반력에 대응하기 위한 사이드 슬립각 a_r이 발생한다. 따라서 뒷바퀴는 앞과 뒤 차축에 대해 a_r의 방향으로 진행하게 된다. 이와 같이 뒷바퀴의 진행방향이 타이어의 기본 특성에서 자연적으로 결정되는 것이 자동차의 조종성 및 안정성의 견지문제에서 대단히 중요하다.

앞바퀴도 마찬가지로 $F_f = l_2/(l_1 + l_2) \cdot F$라는 반력이 필요하므로 F_f에 대응하는 사이드 슬립각(角)a_f가 발생하며, 앞바퀴의 진행방향은 차의 앞과 뒤 차축에 대해 $\theta_0 - a_f$(θ_0 : 앞바퀴 조향각)라는 방향이 된다. 이렇게 하여 앞과 뒤 바퀴의 진행방향이 결정되면 각각의 진행방향에 수직인 두 직선의 교점 O′가 선회중심이 된다.

그러므로 자동차가 정상선회하기 위해서는 다음의 두 가지 조건이 만족되어야 한다.

① 자동차가 받는 원심력과 각 바퀴에 발생되는 코너링 포스의 합력이 평형일 것

② 무게 중심점 둘레의 자동차를 안 쪽으로 향하게 하는 모멘트와 바깥 쪽으로 향하게 하는 모멘트가 평형을 이룰 것

2 타이어의 사이드 슬립과 작용하는 힘

곡선운동을 하는 자동차에는 반드시 원심력이 작용하므로 곡선운동을 계속하기 위해서는 원심력과 평형이 되는 구심력이 꼭 필요하나, 자동차에서 이 구심력은 도로가 옆으로 경사가 있는 경우 외에는 대부분 사이드 슬립에 의한다.

타이어의 사이드 슬립은 그림 11·27과 같이 타이어의 중심면과 바퀴의 진행방향이 일치되지 않는 운동을 말하는데, 사이드 슬립이 생기는 이유는 차량이 선회할 때 원심력에 의해 차체와 똑같이 바퀴도 바깥 쪽으로 밀리지만 타이어는 도로면과의 마찰로 그 접촉면은 움직이지 않는다. 그러므로 바퀴가 굴러가는 방향(차량의 진행방향)과 타이어의 전동하는 방향이 틀리기 때문이다. 그래서 타이어는 실제의 진행방향과 a의 각으로 전동되기 때문에 타이어의 접지면이 가로 방향으로 비틀어지고 그 탄성복원력(횡력) F가 발생한다. 이

힘은 진행방향에 평행인 분력(반대방향의 저항력)과 직각인 분력 F_c로 분해된다. 이 F_c는 구심력의 구실을 하기 때문에 특히 **코너링 포스**(cornering force)로 일컬어진다.

사이드 슬립 중의 접지면의 변형은 그림 11·28 (a)와 같이 진행방향에 대해서 α의 사이드 슬립각을 가지고 굴러가면서 진행되기 때문에, 타이어 외주의 트레드 고무의 회전은 접지부에서는 진행방향으로 비틀어져 가로 변형을 일으키고, 뒤쪽에서는 원상으로 되돌아오는 일이 반복된다. 그래서 그림 11·24 (b)와 같이 타이어는 BOL 방향을 향한 채 OA 방향으로 진행하기 때문에 접지되고 있지 않다면, 트레드 고무의 중심궤적은 DOB 직선, 즉 OL 방향으로 회전한다.

그러나 실제로는 접지되어 있으므로 도로면과의 마찰로 인해 접지면에서는 DEB로 비틀어지고, 도로면은 마치 AO 방향으로 이동되는 것처럼 되고 만다. 이로 인해 타이어의 가로 탄성력분포는 DEB로 추정하여도 좋고, 또 탄성변형의 합력은 타이어의 중심보다 뒤쪽이 되고, 코너링 포스의 작용선도 타이어의 접지 중심에서 t만큼 뒤쪽으로 이동됨을 알 수 있다.

따라서 F_c에 의해 바퀴의 중심을 지나는 수직선의 둘레에 모멘트를 발생시킨다. 이 모멘트는 보통 사이드 슬립각을 감소시키는 방향, 즉 타이어를 차량의 진행과 일치시키려고 하는 방향으로 작용하기 때문에 **복원 토크**라고 한다. 또 앞서의 t를 **뉴매틱 트레일**(pneumatic trail)이라고 하며 복원 토크=(트레일)×(코너링 포스)가 된다.

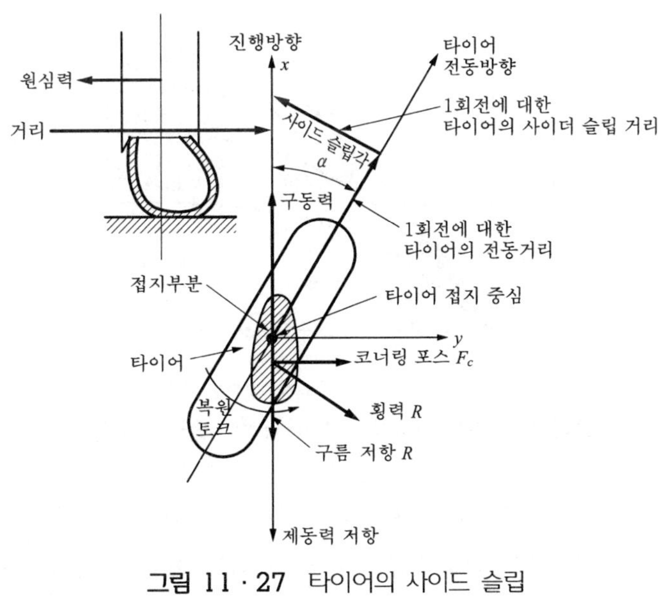

그림 11·27 타이어의 사이드 슬립

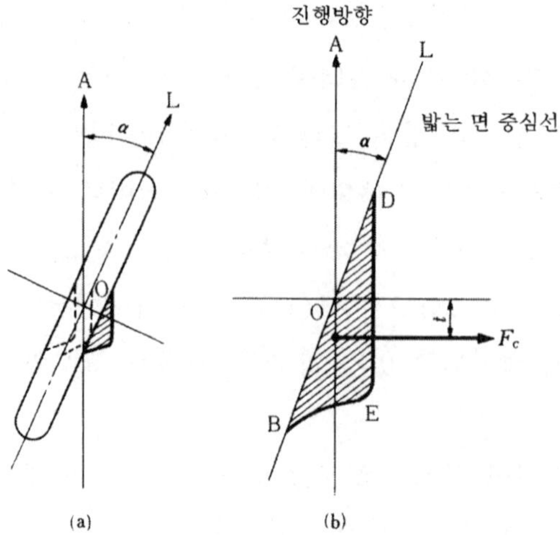

그림 11 · 28 사이드 슬립 중의 타이어 밟는 면의 변형과 궤적

(1) 코너링 포스(Cornering Force ; CF)

자동차가 선회하는 경우, 어느 정도의 원심력에 견디느냐에 따라 대개 4개(6개)의 타이어가 발휘하는 코너링 포스의 합계에 의해 결정된다. 따라서 자동차의 선회성능을 생각할 때 코너링 포스의 최대 값이 대단히 중요한 항목이 된다. 코너링 포스는 타이어의 사이드 슬립각(α) 및 하중 등에 의해 변화되는데 그 경향은 그림 11 · 29와 같다.

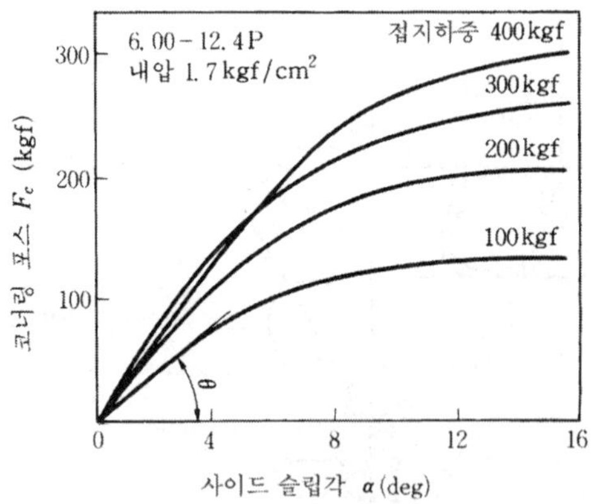

그림 11 · 29 코너링 포스와 사이드 슬립각의 관계

코너링 포스는 타이어 사이드 슬립각이 작은 범위에서 대개 사이드 슬립각에 비례해 증가되지만, 어느 각도에 이르면 최대 값을 표시하게 되고 이후는 거의 일정한 값을 가진다.

사이드 슬립각의 실용범위는 일반적으로 5~6°로 보고 있는데, 이에 비해 복원 토크는 α =4~8° 부근에서 최대 값이 되고(그림 11·30) 그 앞과 뒤는 급격하게 감소하는 경향을 보인다.

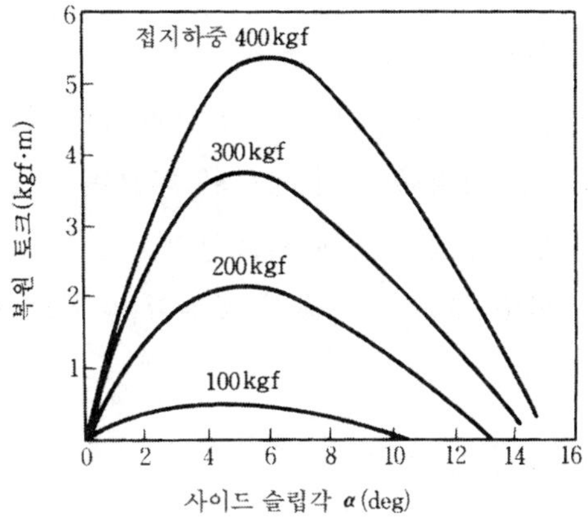

그림 11 · 30 사이드 슬립각과 복원 토크

일반적으로 코너링 포스와 사이드 슬립각과의 관계는 타이어의 크기, 형식 등에 따라 다르며, 단위 사이드 슬립각마다의 코너링 포스의 대소를 표시하는 **코너링 파워**(cornering power)가 사용되며, 단위는 kgf/deg이다. 코너링 포스 및 코너링 파워에 영향을 주는 항목은 다음과 같다.

1) **타이어의 수직(접지)하중**

타이어의 수직하중이 증가하면 코너링 포스는 그림 11·29와 같이 증가한다. 이 사실은 코너링 포스가 타이어와 도로면과의 마찰력에 따르는 것이므로 당연하다. 또, 코너링 파워는 하중이 적은 범위에서도 하중에 비례해서 늘어나지만, 일정하중이 되면 최대값으로 표시되고 그 후부터는 감소하는 경향에 있다.

2) **타이어의 크기**

타이어의 크기가 클수록 코너링 포스 및 코너링 파워는 증가되지만, 타이어의 능력을 비교하는데 사용하는 **코너링 계수**(cornering coefficient)는 거의 일정하다. 여기서 코너링 계수는 코너링 파워를 하중으로 나눈 값이다.

3) **림 나비**

림의 나비를 크게 하면 타이어의 나비도 증가하게 되는데, 코너링 파워는 림 나비를 크게 하면 증가된다.

4) 타이어의 형식, 구조

타이어 트레드의 디자인 및 타이어를 형성하는 코드층의 코드 각도(타이어의 원주선에 직각인 선과 이루는 각도)에 의해 코너링 파워는 변화한다. 코드 각도가 큰 형식은 코너링 파워가 증가하는 경향이다.

5) 타이어의 공기압 및 기타

타이어의 공기압력을 높이면 코너링 포스, 코너링 파워는 증가되나, 타이어의 완충성능은 악화된다. 그 밖에도 도로면 상황에 따라 영향을 받으며, 도로면이 함몰되어 있거나 눈길[雪道] 등에서는 코니링 파워가 현저하게 감소한다.

또한, 바퀴에 구동 또는 제동 토크가 가해질 경우에는 코니링 포스는 감소되는 경향이 있다.

(2) 캠버 스러스트(camber thrust)

자동차의 앞바퀴에는 처음부터 약간의 캠버가 주어져 있으며, 따라서 자동차가 선회할 때 원심력에 의해 바깥 쪽으로 가로 요동을 하면 독립현가의 경우에는 바깥 쪽 바퀴의 캠버는 줄어들고, 안 쪽 바퀴의 캠버는 증가되어 그 결과 자동차를 안쪽으로 이동시키려는 힘을 발생시킨다.

다음에 캠버가 있는 바퀴를 굴러가게 할 때 어떤 작용을 하는가를 고찰해 본다.

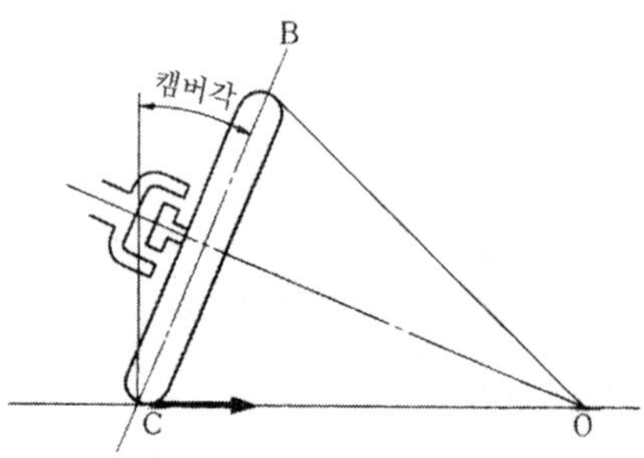

그림 11·31 캠버 스러스트

그림 11·31과 같이 캠버를 가진 바퀴를 전동시키면 앞 바퀴축의 연장과 지면과의 교점 O를 정점으로 한 원뿔 OBC가 O를 주심으로 지면을 굴러가는 것과 같은 운동을 하려고 한다. 여기서 만일 이 운동을 허용하지 않으면서 차체측에서 사이드 슬립이 없는 또는 약간의 사이드 슬립각이 있는 직선운동으로 구속한다면 바퀴에는 진행방향에 직각으로 위의 원운동의 안 쪽으로 향하는 힘, 이른바 **캠버 스러스트**를 발생시킨다. 실험에 의하면 캠버

스러스트는 캠버각과 함께 직선적으로 증가한다. 보통 하중을 크게 함에 따라 증가되나 타이어 내압의 영향은 비교적 적다.

3 언더 스티어링과 오버 스티어링 특성

자동차를 비교적 낮은 정속도에서 정상원 선회상태로 두고 스티어링 휠각을 고정한 채 천천히 가속해 가면, 차량속도가 증가함에 따라 그림 11·32와 같이 차량의 궤적이 바깥 쪽으로 나가려는 경향의 경우와 안 쪽으로 들어가려는 경향의 경우가 있다. 앞의 것을 **언더 스티어링**(under steering), 뒤의 것을 **오버 스티어링**(over steering)이라 하며, 자동차의 조종성·안정성의 평가에 사용된다. 차량속도에 의한 영향을 전혀 받지 않는 경우를 **뉴트럴 스티어링**(neutral steering)이라 하고, 또 최초는 바깥 쪽으로 나갔다가 뒤에 안 쪽으로 들어오는 경우를 **리버스 스티어링**(reverse steering)이라고 한다.

이들 특성은 또 정상원선회에서의 유지각, 즉 선회 반지름을 일정하게 유지하는 데 필요한 스티어링 휠각 또는 조향각과 주행속도와의 관계를 도시한 선도에 의해 판정할 수도 있다. 그림 11·33은 스티어링 휠 유지각의 차속에 의한 변화를 표시한 것인데, 스티어링 휠 유지각이 속도와 더불어 증가되는 경우는 언더 스티어링, 반대로 감소되는 경우는 오버 스티어링이다.

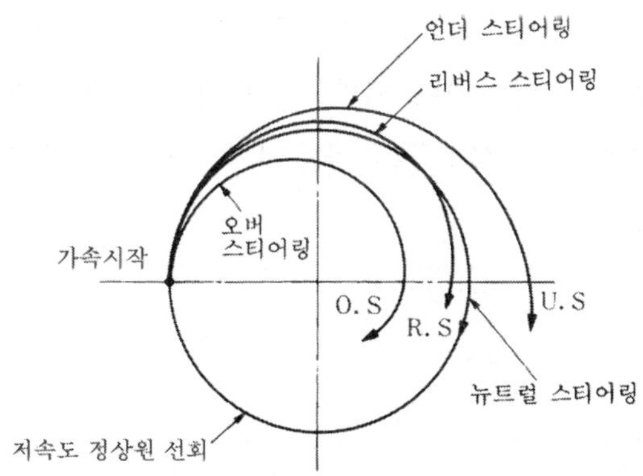

그림 11·32 언더 스티어링, 오버 스티어링, 리버스 스티어링 차의 궤적

위의 사실을 선회 반지름으로 보면 반지름이 대단히 작아지는 것이 오버 스티어링, 반지름이 대단히 커지는 것이 언더 스티어링, 반지름이 변화되지 않는 것이 뉴트럴 스티어링, 반지름이 커졌다가 작아지며 반대로 변화되는 것이 리버스 스티어링으로 판정된다.

그러므로 오버 스티어링의 차량이 언더 스티어링의 차량보다 불안정하다고 말할 수 있으며, 따라서 보통 약한 언더 스티어링이 환영받고 있다.

오버 스티어링, 언더 스티어링 특성은 자동차의 조종성 · 안정성을 판정하는 하나의 자료이나, 위에서 설명한 방법과 같이 스티어링 휠을 포함해서 자동차의 어떤 요소가 이들 특성에 영향을 주는가를 정리해 본다.

코너링 파워는 이 특성에 대단히 중요하며, 언더 스티어링으로 하기 위해서는 뒷바퀴의 코너링 파워를 크게 해야 한다. 주어진 타이어에서 코너링 파워를 크게 하려면 타이어 내압을 높이면 된다. 승용차에서 앞과 뒤 바퀴의 타이어 압력을 바꾸어 뒷바퀴의 사용압력을 특히 높게 하는 것은 바로 이런 이유 때문이다.

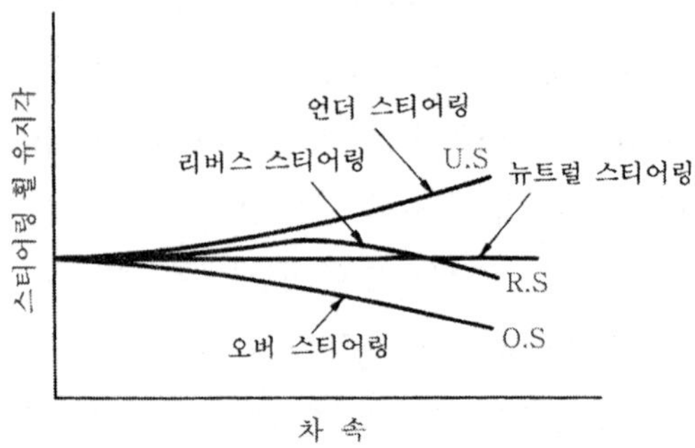

그림 11 · 33 스티어링 휠 유지각과 차속의 관계

다음에 크게 영향을 주는 것이 차량 무게 중심점의 앞과 뒤의 위치이다. 무게 중심점은 되도록 앞쪽으로 하면 언더 스티어링이 된다. 이 밖에도 차체의 롤링 특성, 조향계의 강성(剛性), 앞바퀴 현가장치의 가로 강성(橫剛性), 비포장도로 주행 때의 바퀴의 접지성 등에 따라서도 영향을 받는다.

자동차의 성능시험 · 평가

12
chapter

12-1 일 반

자동차는 운전자의 의지에 따라 도로면 교통을 이루는 교통기관이라 할 수 있다. 그 때문에 자동차의 성능시험은 교통수단으로서의 기본 특성 및 자동차에 관계되는 사람이나 주행환경의 특성을 대상으로 시험 · 계측 · 해석 및 평가가 필요하다.

요즈음은 자동차에 대해 안전 · 공해 · 에너지 절약 등 사회적인 요구와 고성능화 · 쾌적성 · 패션성 · 장수명화 등 수요자의 다양화와 더불어 고도화가 진전되어 거기에 대응하기 위해 점차 시험 · 평가의 기술 향상이 요구되고 있는 추세이다.

안전 · 공해 · 에너지 절약의 면에서는 에어백의 장치나 연소의 최적화 제어 등의 전자 제어의 필요성이 생겼고, 안전성의 면에서는 사고회피의 면이나 또 사고가 발생하였을 때도 생존공간의 확보나 탈출의 용이성 등 기술 향상을 기할 필요가 있다.

또 수요자의 다양화에 대해서도 종래의 기능본위에서 감성이 중요하게 되어 인간－기계에서는 인간공학적 접근에서 감성이나 기호면에서 연구를 하지 않을 수 없다.

1 시험의 목적

자동차를 시험할 경우, 목적은 다음의 세 가지로 나눌 수 있다.

(1) 검사

어느 기준에 대한 적합성 여부를 조하는 것으로 **검사**라고 볼 수 있다. 대표적인 것이 법규적합성을 조사하기 위한 인정시험이다. 각국의 실정에 따라 생활환경의 보호나 도로운행상의 안전을 고려, 나라에 적합한 시험법이나 요건이 규정되어 있다.

(2) 평가시험

여러 가지 자동차의 성능비교를 위해 이루어지는 시험으로 대표적인 것이 자동차 전문지 등에서 행하는 **평가시험**이다. 물론 자동차의 개발단계에서도 품질목표 설정을 위한 정보로 경쟁차량의 성능을 조사하여 비교 검토하는 경우가 있다.

(3) 연구 및 개발시험

자동차 성능의 개량이나 자동차의 개발을 위해 이루어지는 시험으로 대학 · 연구소 또는 자동차 메이커 또는 자동차 부품 메이커의 **연구** 또는 **개발시험**이 여기에 해당된다.

2 시험의 분류

이 분류는 인간 · 환경 · 자동차계라는 대단히 광범위하지만 여기서는 개발단계에 따르는 ① 도면단계에서의 시뮬레이션 시험, ② 부품단계 또는 장치에 의한 대상(台上)시험, ③ 실제 차량(實車)시험에 의한 품질의 확인이 있다.

(1) 시뮬레이션 시험

이 방법으로서는 컴퓨터에 의한 계산 시뮬레이션, 플라스틱 등의 가공이 쉬운 재료로 차체나 차축관 등을 제작하여 응력 측정, 변형 또는 진동해석을 하는 방법이다. 최근에는 슈퍼 컴퓨터의 발달로 계산도 복잡한 것이 단시간에 이루어져 강도 · 진동 · 소음 · 조종안정성 · 안전충돌 또는 공력특성의 해석에 이용되고 있다.

(2) 부품 또는 장치의 대상시험

기관 단일품 · 구동계 · 브레이크의 대상시험이 여기에 속한다. 그 외에도 주요 부품 및 장치는 그 기능 · 성능 · 신뢰성의 평가가 끝나고 실제 차량에 조립하는 것이 일반적이다.

특히 신뢰성의 시험에서는 개개 부품의 신뢰도를 알 필요가 있으므로 많은 샘플이 필요하다.

(3) 실제 차량시험

개발의 최후단계에 시행되는 시험이 실제 차량시험이다. 자동차의 특징 중 하나가 비행기 · 기차 · 선박 등과 달라 많은 사람이 도로 위에서 쉽게 운전한다는 사실이다. 따라서 도로면에서 타이어를 매개로 들어오는 힘과 공기로부터 받는 힘을 이겨 생각대로 쾌적하게 운전될 것이 요망된다. 이것을 평가하는 것이 **실제 차량시험**이다. 역학적인 해석과 동시에 운전자의 감각과 대비되는 인간공학적인 검토도 필요하다. 자동차의 성격 내지 완성단계에 이루어진다고 볼 수 있다.

12-2 동력성능시험

동력성능시험은 자동차가 원래 가지고 있는 "보다 빨리 달린다"는 성능을 보기 위한 시험으로, 자동차의 성능 중에서도 가장 기본적인 것이다. 동력성능이 좋고 나쁘고는 기관 성능의 대부분을 차지하며, 차량의 무게 · 구름저항 · 공기저항 등이 영향을 준다. 여기서는 실제 차량시험에 대해서 살펴보기로 한다.

1 가속성능시험(acceleration test method)

이것은 자동차의 가속성능, 기관의 여유마력 등을 알기 위한 시험(KS R 1010)으로, 평탄한 포장도로에서 가속 시작 후의 시간 · 속도 · 거리 등을 계측한다. 여기에는 발진 가속성능과 단계 가속성능의 두 종류가 일반적이며, 시간의 계측에는 스톱 워치, 디지털 카운터나 광전관을 사용하여 측정한다. 이 때 가속도계로 가속도도 동시에 기록하는 것이 보통이다. 그림 12 · 1은 계측 방법의 하나이다.

(1) 발진 가속시험

자동차가 정지상태에서 전체가 열린 교축상태로 변속기와 가속 페달을 자유로이 사용하여 급가속하고, 200 m와 400 m 지점을 통과하는 데 필요한 시간을 측정한다.

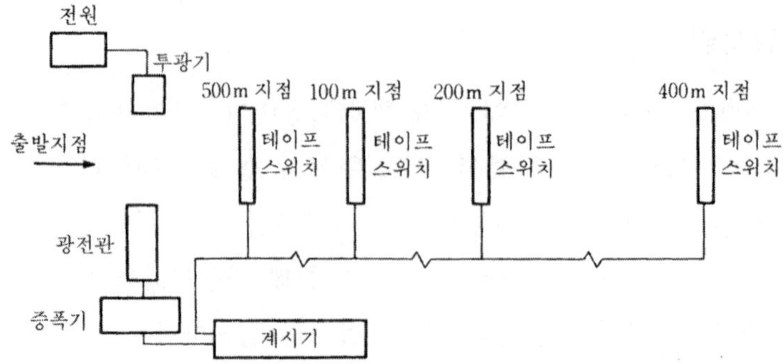

그림 12 · 1 발진 가속성능의 측정방법

(2) 단계 가속시험

안정된 주행 중에 가장 낮은 초속도에서 전체가 열린 교축상태로 전력가속하여 일정한 속도에 이를 때까지의 필요 시간을 계측한다. 대개는 초속도, 목표속도를 10 km/h의 정수배로 한다. 이들 측정 결과의 보기를 그림 12 · 2에 표시했다.

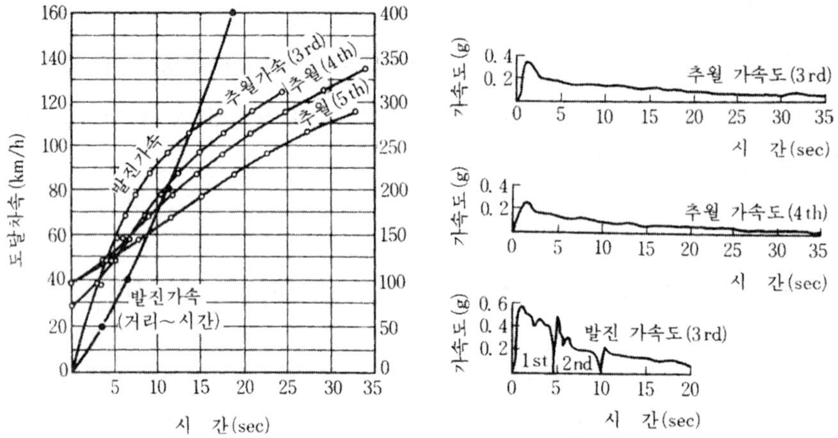

그림 12 · 2 가속성능 시험결과

2 등판시험(climbing hill test method)

여러 가지 기울기의 비탈길에서 발진능력이나 등판능력을 측정하기 위한 시험이며, 급경사로시험과 긴 경사로시험이 있다.

(1) 급경사로시험(KS R 1013)

시험도로는 일반적으로 기울기가 10° 이상인 급경사도로이며, 미끄럼을 방지할 수 있는 구조의 인공적으로 만든 비탈길이 이상적이나, 부득이한 경우에는 단단한 토질 또는 잔디 등의 자연히 생긴 비탈길로 일정한 구배의 20 m 이상의 측정구간을 최저 변속기어를 사용하여 변속을 하지 않고 측정구간을 통과하는 데 필요한 시간을 측정한다. 측정구간의 앞에는 발진에 적합한 5 m의 보조 주행구간을 설치한다. 이 때 등판 소요출력은 다음 식으로 구한다.

$$P = \frac{gWLs\alpha}{735.5t}, \quad \left\{P = \frac{gWL\sin\alpha}{1000t}\right\}(\mathrm{PS}) \qquad (12 \cdot 1)$$

여기서, P : 등판 소요출력(PS, kW)

t : 등판 소요시간(s)

W : 시험 때 차량 전체질량(kg)

α : 경사 각도

L : 등판거리(m)

g : 중력가속도(m/s^2)

(2) 긴 경사로시험(KS R 1014)

약 7°의 구배를 갖는 긴 비탈길로서 좋은 상태의 10 km를 선택하고, 시험구간을 적절히 변속하여 가장 짧은 시간에 비탈길을 오른 뒤에 주행거리, 소요시간과 연료소비량을 km/L, L/h 등으로 계측한다. 그림 12·3은 급경사로 시험방법을 표시한다.

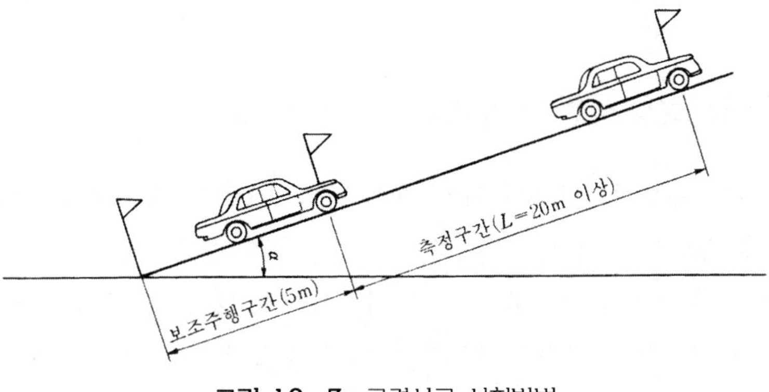

그림 12·3 급경사로 시험방법

3 최고속도시험(maximum speed test method)

연속하여 안정된 상태에서 주행할 수 있는 최고속도를 측정하는 것이며, 폭 6 m 이상, 길이 2200 m 이상의 평탄한 포장도로의 중앙 200 m를 측정구간으로 하고, 측정구간을 100 m마다 표점을 설정하고 계측하여 평균값을 구한다. 보조 주행구간 1000 m 내에서 시험자동차를 주행가속하여 측정구간에 도달할 때까지는 최고속도를 유지해야 한다.

유럽에서는 순간적으로 내는 최고속도가 아니고 고속으로 안정하게 연속하여 주행할 수 있는 최고속도를 대상으로 하는 경우가 많으나 명확한 규정은 없다. 그러나 국제자동차연맹에서는 최고속도 기록에 대해서 거리로는 1 km 또는 1 mile 이상, 시간으로는 1시간 이상의 규정이 있다. 이와 같은 시험은 국제자동차연맹이 공인한 되돌아오는 코스를 이용하고 한 바퀴 주행하는 데 소요되는 시간을 측정하여 그 평균값에서 속도를 구한다.

시험은 보조 주행구간에서 시험자동차를 주행 가속시켜 측정구간에 도달할 때까지 최고속도가 되도록 한다. 그렇게 하여 측정구간의 제1 및 제2 표점 사이, 제1 및 제3 표점 사이를 주행하는 데 소요되는 시간을 측정하고 최고속도를 결정한다. 그림 12·4는 최고속도시험을 표시한다(KS R 1012).

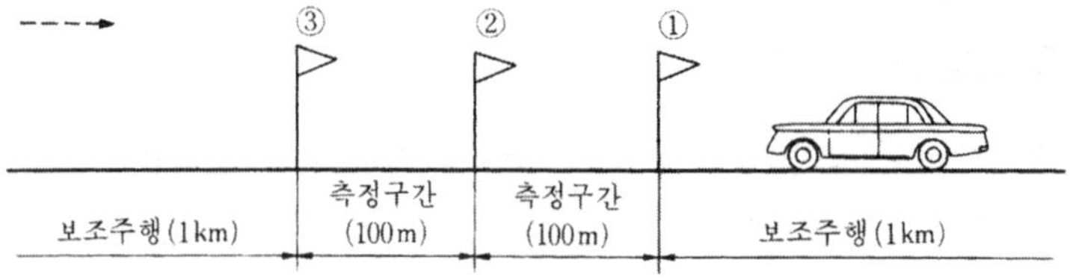

그림 12·4 최고속도시험

4 타력주행 성능시험(coasting test method)

이것은 자동차의 동력전달기구의 여러 가지 저항, 바퀴의 구름 저항, 차체의 공기저항 등의 주행저항을 검토하기 위한 시험으로, 수평으로 평탄한 도로면을 이용하여 필요한 속도(초속도)에서 변속기를 중립으로 두고 타력주행시켜 행한다. 측정할 때는 측정구간을 50 m, 100 m로 하고 100 m 구간을 주행하는 데 필요한 시간은 20±2 sec 범위 내에 들도록 타력주행 초속도를 조정하고 있다(KS R 101).

그림 12·5는 타력주행 시험방법이며, 시험속도에 있어서 감속도 및 주행저항을 측정값에 의해 다음 식을 이용하여 구한다.

$$V = \frac{360}{t_2}\ (\mathrm{km/h}) \qquad (12 \cdot 2)$$

$$b = \frac{100}{t_2}\left(\frac{1}{t_2} - \frac{1}{t_2 - t_1}\right)(\mathrm{m/s^2}) \qquad (12 \cdot 3)$$

$$f = \frac{b}{g} \qquad (12 \cdot 4)$$

$$R = g(W + W_f)f \text{ 또는 } \{R = (W + W_f)b\} \qquad (12 \cdot 5)$$

여기서, V : 시험속도(km/h)　　f : 타력주행계수

b : 감속도(m/s2)　　R : 타력주행[kgf(N)]

g : 중력가속도(m/s2)　　W : 시험시 차량 전체질량(kg)

t_1 : 50 m 측정구간 주행에 소요된 시간(s)

W_1 : 시험시 차량 질량(kg)　　W_f : 회전 부분 상당질량(kg)

t_2 : 100 m 측정구간 주행에 소요된 시간(s)

다만, W_f가 불분명한 경우에는 다음과 같이 가정한다.

$W_f = 0.70\,W_1$, 트럭　　$W_f = 0.05\,W_1$, 승용차 · 소형 트럭 · 버스

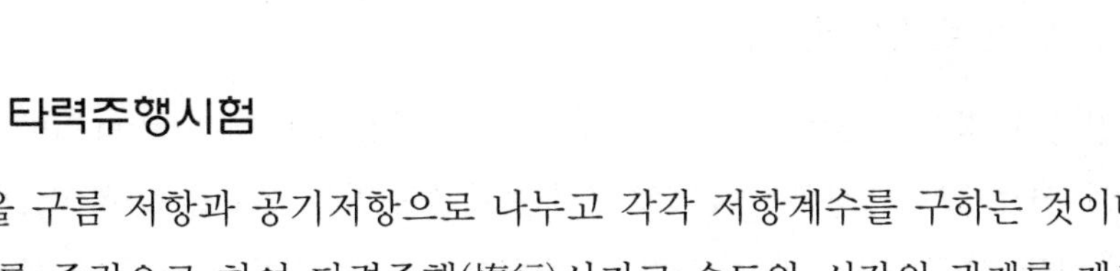

그림 12·5 타력주행 시험방법

(1) 고속 타력주행시험

주행저항을 구름 저항과 공기저항으로 나누고 각각 저항계수를 구하는 것이다. 고속주행 중에 변속기를 중립으로 하여 타력주행(惰行)시키고 속도와 시간의 관계를 계측하여, 다음 식으로 구름 저항계수 및 공기저항계수를 구한다. 실험결과의 예를 그림 12·6에 표시한다.

$$R = \mu_r W + \mu_a A V^2$$

다만, R : 주행저항(kgf), μ_r : 구름 저항계수,

μ_a : 공기저항계수, W : 시험시 차량 전체무게(kg),

A : 앞면 투상면적(m^2)[$A = 0.77 \times B \times H$, B : 전체 나비(m), H : 전제 높이(m)],

V : 평균속도(km/h)

이 밖에도 토크 미터를 뒤차축에 부착시켜 직접 주행저항을 측정하는 방법도 있다.

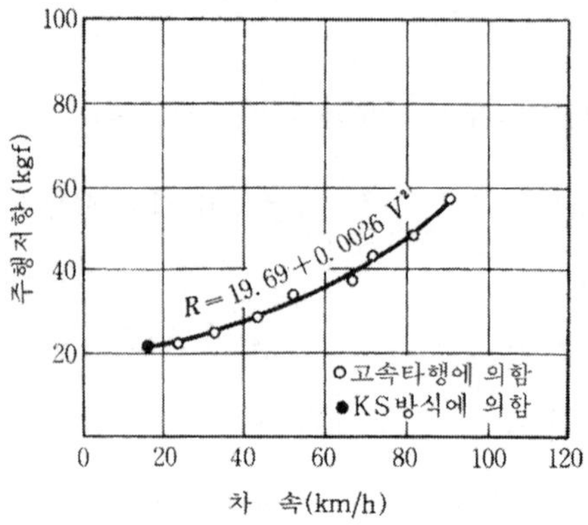

그림 12 · 6 타력주행 시험결과

5 연료 소비율시험(fuel consumption test method)

실제 차량(實車)의 연료소비율에는 정지 연료소비율 · 운행 연료소비율 · 모델 운행 연료소비율 등의 계측법이 있다(KS R 1008).

연료소비율은 연료의 단위체적당의 주행거리 km/L로 표시하는 것이 보통이다. 유럽에서는 100 km당의 소비량 L/100 km, 미국에서는 1 갈론(gallon)당의 주행거리를 마일로 표시하는 MPG(mile per gallon)가 사용된다.

(1) 정지(定地) 연료소비율

수평으로 평탄한 직선 포장도로를 최고속 기어를 사용하여 매 10 km/h마다 일정한 속도로 주행하여 연료계로 측정하는데, KS에서는 측정구간을 500 m로 하고, 이 구간을 주행하는 데 소비된 연료소비량과 시간을 측정하여 연료소비율(km/L)을 산출한다. 그림 12 · 7은 정지 연료소비율 시험 결과의 한 예이다.

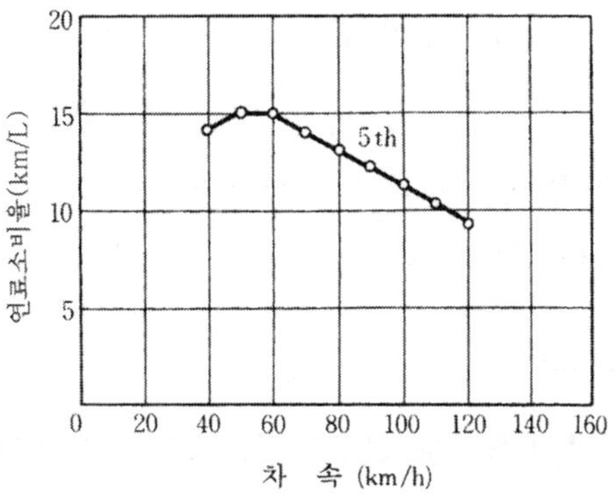

그림 12 · 7 정지 연료소비율 시험결과

(2) 운행 연료소비율

일반도로를 교통의 흐름에 따라 주행할 때의 연료소비율이다. 간편하게 가솔린 탱크를 완전히 채워서 주행시키고 다시 완전히 채운 연료의 양과 주행거리에서 연료소비율을 구한다.

측정값에 따라 다음 식을 이용하여 연료소비율을 구한다.

$$B_f = \frac{L'}{B} \text{ (km/L)} \qquad (12 \cdot 6)$$

$$B_f = \frac{B}{L'} V \text{ (L/h)} \qquad (12 \cdot 7)$$

$$B_f = \frac{B}{WL'} \text{ (L/t} \cdot \text{km)} \qquad (12 \cdot 8)$$

여기서, B_f : 연료소비율(km/L, L/h, L/t · km)

V : 실제속도(km/h) W : 시험시 차량 전체질량(t)

L' : 측정기간의 실제거리(km) B : 연료소비량(L)

다만, 혼합연료(연료에 윤활유가 혼합되어 있는 연료)인 경우는 다음 식에 따른다.

$$B_f{}' = \frac{L'}{B} \cdot \frac{M+1}{M} \text{ (km/L)} \qquad (12 \cdot 9)$$

$$B_f{}' = \frac{B'}{L'} \cdot \frac{M}{M+1} \cdot V \text{ (L/h)} \qquad (12 \cdot 10)$$

$$B_f{}' = \frac{B'}{WL'} \cdot \frac{M}{M+1} \text{ (L/t} \cdot \text{km)} \qquad (12 \cdot 11)$$

여기서, B_f' : 연료소비율(km/L, L/h, L/t · km)

V : 실제속도(km/h) L' : 측정기간의 실제거리(km)

M : 연료 윤활유 용적비(연료용적/윤활유용적)

B' : 혼합연료 소비량(L) W : 시험시 차량 전체질량(t)

(3) 모델 운행 연료소비율

일반도로를 주행할 때의 주행조건을 모델화하고 그 주행 패턴을 사용하여 운행 연료소비율의 측정을 시험도로에서 행하는 경우이며 그림 12·8은 그 계측 예로 정지 연료소비율의 60% 정도이다.

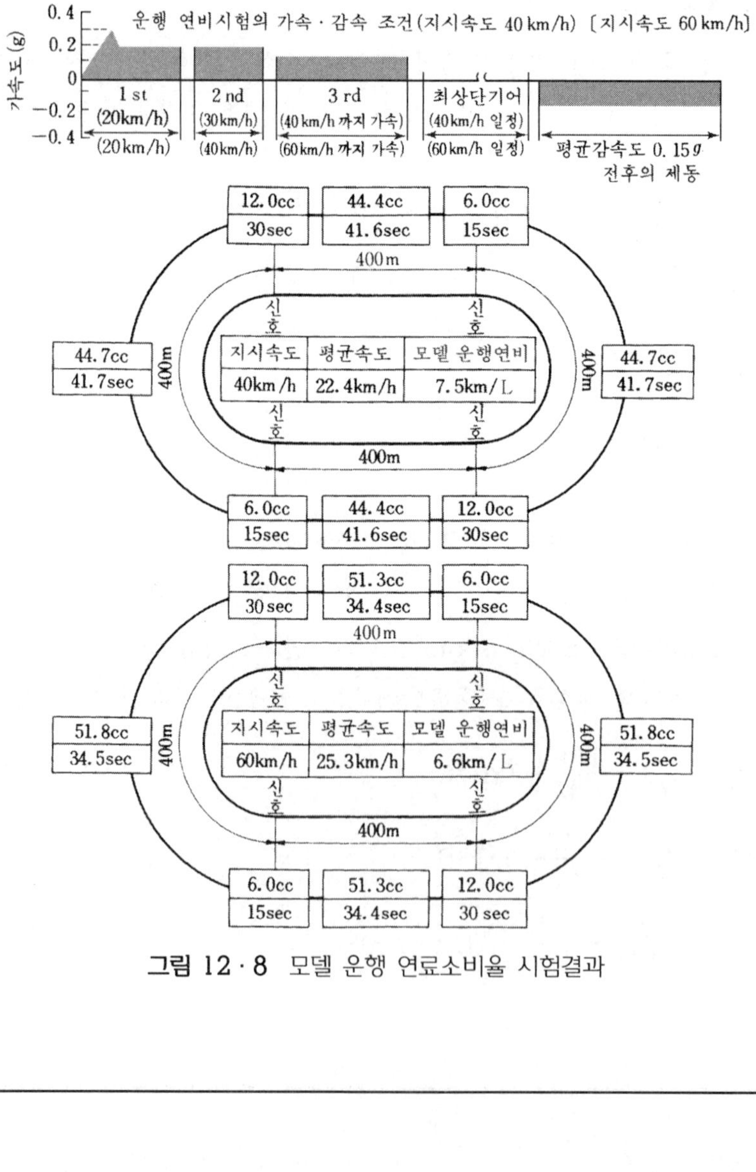

그림 12 · 8 모델 운행 연료소비율 시험결과

6 운전성(driveability)

운전성능의 우열이란 운전자가 느끼는 순조로운 운전성, 소리 · 진동, 시동성에 대한 불안감, 불쾌감의 정도이며, 자동차의 이상적인 운전성이란 어떤 기상상태나 운전조건 하에라도 기관의 시동이 쉽게 되며, 운전 중에 운전자가 불안감 · 불쾌감을 느끼지 않고 운전을 즐길 수가 있는 것을 말한다.

여기서는 그 운전성에 관한 표현방법, 자연환경에 관하여 설명한다.

(1) 운전성의 표현

1) 순조로운(smooth) 운전성에 관한 것

① **서지**(surge) : 정상주행 때나 가감속 주행 때에 가속조작과 관계없이 기관출력이 변동되거나 실화(失火)되거나 하여 구동계의 비틀림 등이 발생하여 그 결과 차량이 앞과 뒤 방향으로 진동하는 현상이다(그림 12 · 9).

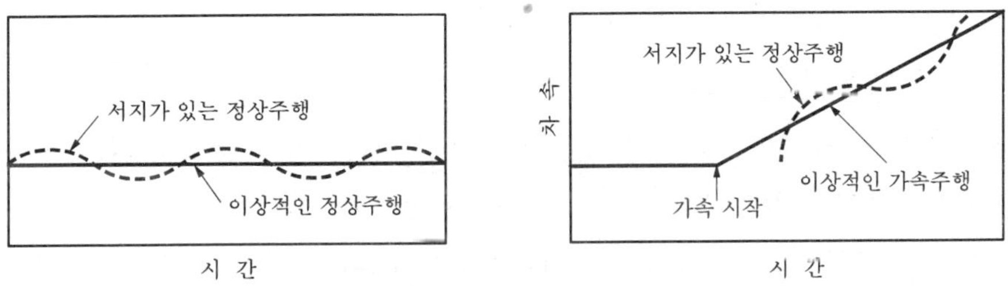

그림 12 · 9 서 지

② **헤지테이션**(hesitation) : 발진이나 가속 초에 가속을 하였음에도 불구하고 차량의 속도가 빨라지지 않고 가속되지 않는 현상이다(그림 12 · 10).

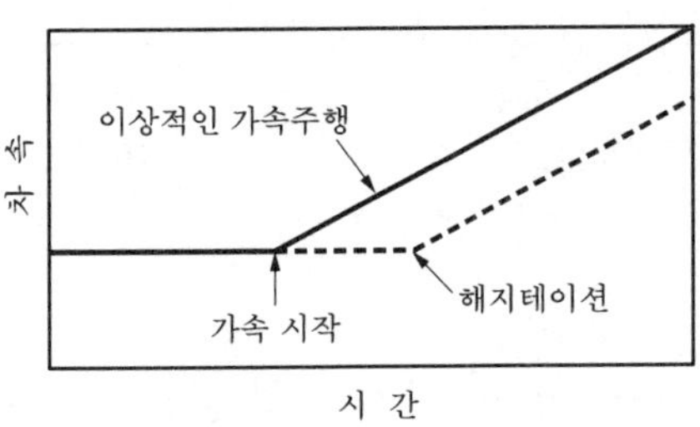

그림 12 · 10 헤지테이션

③ **스텀블, 새그**(stumble, sag) : 어느 것이나 가속 중에 발생되는 분명한 출력 저하에 따르는 가속불량으로 시간적으로 짧고 급격한 것을 **스텀벌**, 현상이 오래 계속 되고 가벼운 것을 **새그**라 한다(그림 12 · 11).

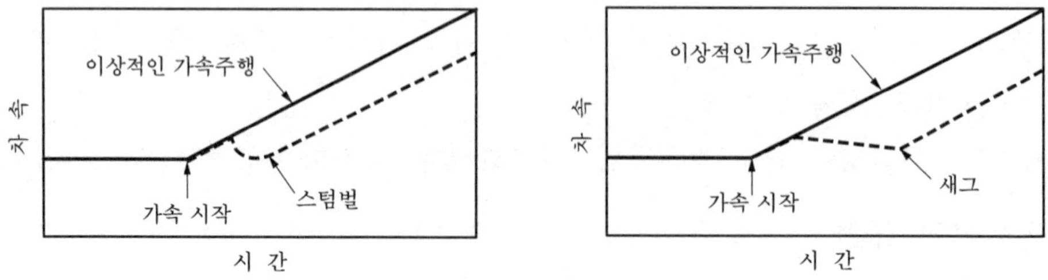

그림 12 · 11 스텀블, 새그

④ **스트레치니스**(stretchness) : 완만한 가속 때 등에서 차량속도가 정상적인 것과 다르고 생각대로 빨라지지 않는 것(그림 12 · 12).

⑤ **스톨**(stall) : 주행 중이나 아이들링 중에 기관이 정지되는 현상이다.

여기서 ①~⑤가 가속에서 주된 운전성 현상이다.

2) **소리 · 진동에 관한 것**

러프 아이들(idle roughness) : 아이들링 때의 기관회전이 원활성을 잃고 진동을 수반하기 때문에 운전자에게 불쾌감을 주는 현상이다(그림 12 · 13).

그 외에도 백 파이어(back fire), 애프터 파이어(after fire), 런 온(run on) 등이 있다.

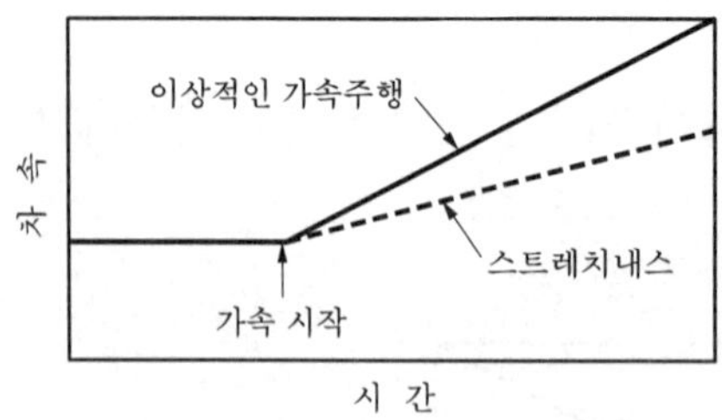

그림 12 · 12 스트레치니스

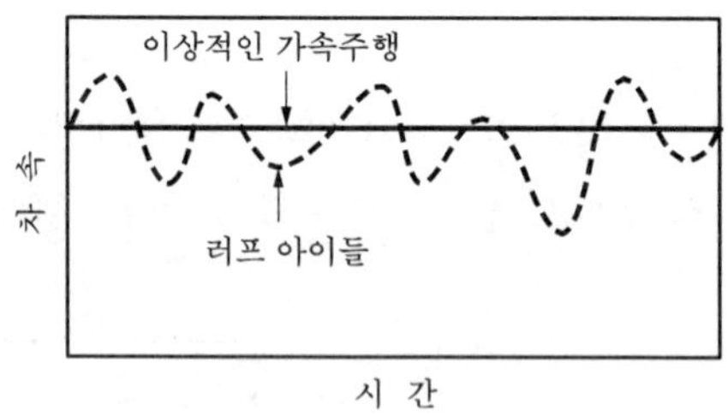

그림 12 · 13 러프 아이들

3) **시동성에 관한 것**

① **시동성**(cold start) : 기관이 냉각상태일 때 기동장치를 회전시켜 기관이 시동될 때까지의 소요시간으로 표시하며, 특히 바깥 온도가 0℃ 이하의 시동성을 **저온시동성**이라 한다.

② **재시동성**(re-start) : 주행 후 한번 기관을 정지시켜 비교적 짧은 시간에 기관이 아직 따뜻할 때에 다시 시동하는 경우의 시동성이며, 높은 바깥 온도 때에는 특히 **열간 재시동성**(hot re-start)이라 한다.

(2) 각종 환경에 의한 운전성의 변화

지금은 자동차가 전세계에 보급되어 그 중에서도 한냉지에서 열대지방(바깥 기온이 -40~50℃), 습도가 많은 지방, 특히 해발 4,000 m의 고지 산악지대 등 자동차로는 대단히 까다로운 지역도 포함된다.

여기에는 베이퍼 록(vapour lock), 퍼컬레이션(percolation), 아이싱(icing) 등이 있다.

7 필링 시험

동력시험의 최종적인 판단은 운전 감각의 양부(良否)에 의해 종합적으로 체크된다. 이것을 **필링시험**(feeling test)이라고 하며, 표 12·1과 같은 체크 리스트를 사용한다.

표 12 · 1 동력성능 필링 체크 리스트

차량번호 :		시험일자 :
차 형식 :	기 화 기 형 식	기 록 :
기관용량 :	기관형식 · 번호	운 전 자 :
체크 담당자 :		기 록 자 :

	평가점수 1	2	3	4	5	의 견
냉 간 발 진 성						
냉 간 때 주 행 성						
가 속 응 답 감						
부분교축 때 가속감						
전력가속 때 가속감						
정 체 때 주 행 감						
시 가 지 주 행 성						
아 이 들 링 상 황						
급 선 회 때 부 적 격						
급 제 동 때 부 적 격						
오발진 주행 때 부적격						
열 간 재 시 동 성						
열간 때 아이들링 지속성						
열간 주행 때 부적격						
열간 주행 때 출력변환						

8 섀시 다이너모미터에 의한 시험

동력성능의 종합적인 측정이나 해석을 위해서 동력흡수기구를 구비하고 주행조건을 프로그램할 수 있는 섀시 다이너모미터(chassis dynamometer)가 사용된다. 그림 12·14는 그 개요이다. 새로 개발한 모델차의 기관과 차량의 결합을 높은 정밀도로 검토할 때에 유효한 방법으로, 측정결과는 컴퓨터로 해석한다.

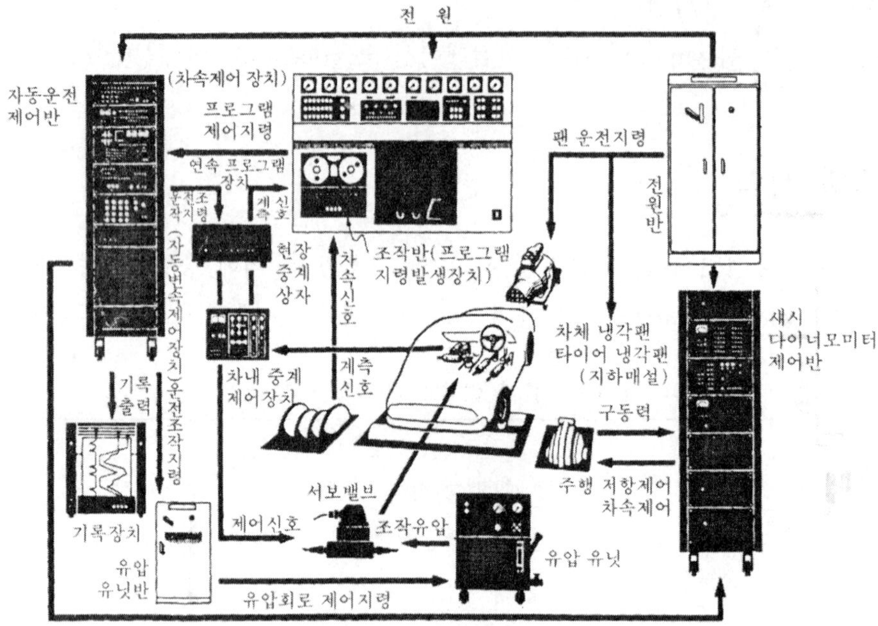

그림 12·14 섀시 다이너모미터의 구성도

12-3 제동 성능시험

자동차가 안전하게 주행하려면 달리는 성능과 함께 정지하는 성능도 우수해야 한다. 제동성능은 자동차의 예방안전성을 결정하는 대표적인 것으로, 자동차를 구성하는 기계요소의 하나로서 성능 이외에 브레이크를 조작하는 사람의 특성도 고려에 넣어 검토를 해야 한다. 여기서는 실제 차량에 의한 제동 성능시험(KS R 1009)에 대해 살펴보기로 한다.

1 상용 브레이크 성능시험

상용 브레이크란 서비스 브레이크(service brake)라고도 하며, 보통 발[足] 브레이크를 말한다. 상용 브레이크의 실제 차량시험의 주된 것으로는 다이내믹 브레이크 시험기에 의한 시험, 실제 차량 주행시험, 필링 시험이 있다.

다이내믹 브레이크 시험기는 그림 12·15와 같이 자동차의 무게와 같은 관성질량을 갖는 롤러 위에 실제 차량을 실어서 시험을 한다. 이것은 주로 제동 토크의 측정이나 브레이크 페달을 밟았을 때의 밟는 힘과 감속도의 관계를 구하는 시험 등에 사용된다.

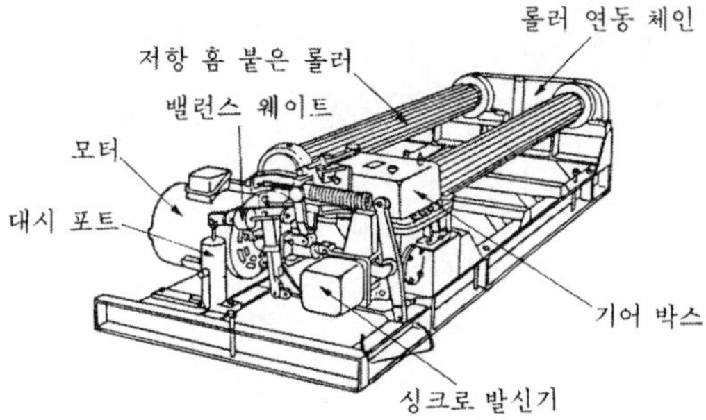

그림 12·15 다이내믹 브레이크 시험기

실제 차량 주행 브레이크 시험에 대해서는 정지거리 측정을 규정하고 있다. 이것은 브레이크의 기본 특성을 보는 것이며, 도로면 50 m 이상을 택하여 일정한 초속도(차종에 따라 20, 35 또는 50 km/h)로 사전 주행을 하다가 일정 장소에서 신호에 따라 가속 페달에서 발을 떼고 급 브레이크를 걸어서 시험자동차를 정지시킨다. 신호의 지점에서 정지 지점까지의 거리를 측정하여 정지거리를 구한다. 정지거리에는 공주거리와 제동거리가 포함된다. 그림 12·16은 브레이크 시험방법을 나타낸다.

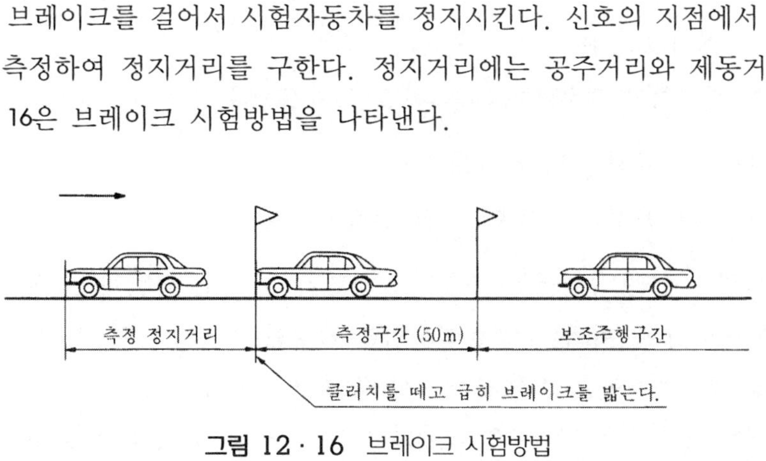

그림 12·16 브레이크 시험방법

초속도는 브레이크를 거는 지점까지 50 m의 측정거리를 두고 이 구간을 통과하는 데 요하는 시간을 측정해서 구하고, 측정결과 지정 초속도를 얻지 못한 경우로서 ±10% 범위 내에 있을 경우에는 다음 식을 사용하여 측정값을 보정할 수 있다.

$$L = L'\left(\frac{V}{V'}\right)^2 \text{ (m)} \qquad (12 \cdot 12)$$

$$L_s = L_s'\left(\frac{V}{V'}\right)^2 \text{ (m)} \qquad (12 \cdot 13)$$

여기서, L : 보정 정지거리(m)　　V' : 측정 초속도(km/h)

L' : 측정 정지거리(m)　　L_s : 보정 제동거리(m)

V : 지정 초속도(km/h)　　L_s' : 측정 제동거리(m)

제동거리를 측정했을 경우, 다음 식에 의하여 감속도, 브레이크 효율 및 브레이크 힘을 구한다.

$$b = \frac{V^2}{25.9 L_s} \text{ (m/s}^2\text{)} \qquad (12 \cdot 14)$$

$$e = \frac{b}{g} \qquad (12 \cdot 15)$$

$$F = g\,(W + W_f\,)e,\ \{F = b\,(W + W_f\,)\}\text{ (kgf)} \qquad (12 \cdot 16)$$

여기서, b : 감속도(m/s^2)　　W : 시험시 차량 전체질량(kg)

g : 중력가속도(m/s^2)　　W_1 : 시험시 차량 질량(kg)

F : 브레이크 힘[kgf(N)]　　W_f : 자동차 회전부분 상당질량(kg)

e : 브레이크 효율

다만, W_f가 불명확한 경우에는 다음과 같이 가정한다.

$W_f = 0.07\,W_1$, 화물 자동차

$W_f = 0.05\,W_1$, 승용차 · 소형 트럭 · 버스

시험기에 의한 시험은 동력계형 브레이크 시험기 및 페달 답력계를 사용해서, 각 페달의 밟는 힘에 대하여 각 바퀴의 브레이크 힘을 측정한다. 다만, 각 바퀴의 브레이크 힘에 불균형이 있을 경우는, 이를 조정해서 다시 측정을 되풀이한다.

측정에 의해서 다음 식을 사용하여 브레이크 힘, 감속도 및 추정 제동거리를 산출한다.

$$F = \Sigma F_n \qquad (12 \cdot 17)$$

$$b = \frac{F}{W + W_s} \qquad (12 \cdot 18)$$

$$L_s = \frac{V^2}{25.9b} \qquad (12 \cdot 19)$$

여기서, F : 브레이크 힘(kgf[N]) W_f : 회전부분 상당질량(kg)

F_n : 각 바퀴의 브레이크 힘[kgf(N)] L''_s : 추정 제동거리(m)

b : 감속도(m/s²) V : 초속도(km/h)

W : 시험시 차량 전체 질량(kg)

일본 같은 경우는 효력, 페이드, 페이드 리커버리, 워터 리커버리 등 각 시험에 대해서 규정하고 있다. 효력시험은 입력(밟는 힘, 유압)에 대한 출력(정지거리, 감속도)의 비율을 보는 시험이며, 밟는 힘－감속도의 관계로 보는 것이 일반적이다. 그림 12·17은 효력시험 관계의 한 예이다. **페이드**(fade)시험은 내리막길 등 빈번한 브레이크 사용으로 인한 온도 상승으로 효율이 저하되는 현상을 보는 것이며, **페이드 리커버리**(fade recovery)시험은 페이드 후 냉각되어 효력이 회복되는 현상을 보는 시험이다. 이 시험 결과는 그림 12·18에 표시한다. **워터 리커버리**(water recovery)시험은 브레이크의 침수 후 효력의 저하나 회복을 보는 것이다.

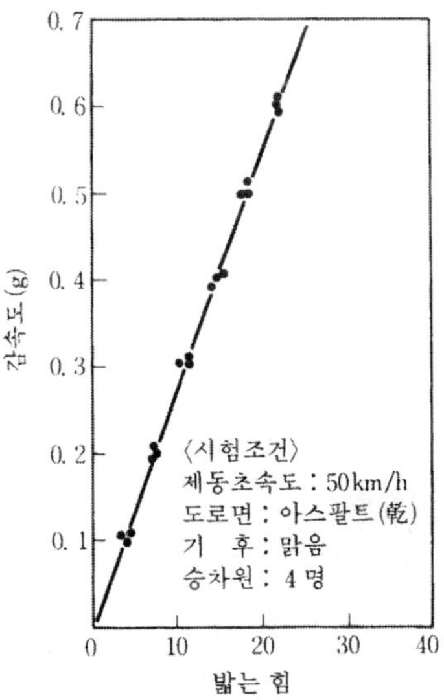

그림 12·17 효력시험결과

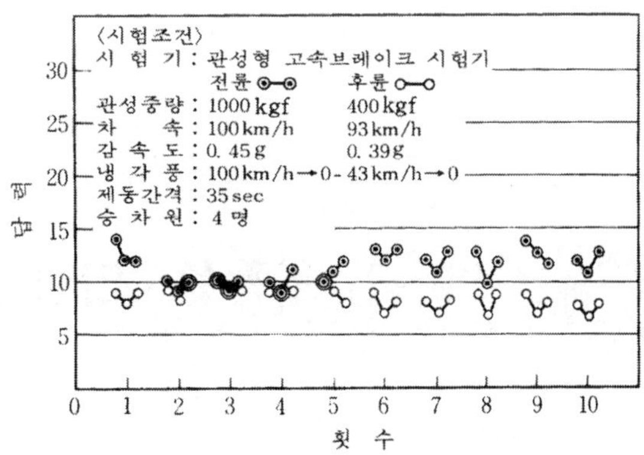

그림 12·18 페이드 시험결과

필링 시험이란 위에서 설명한 시험으로는 측정할 수 없는 사람의 감각에 의한 평가시험이며, '효능 · 안심감 · 조작의 난이성 · 울림' 등에 대해서 평가한다.

2 주차 브레이크 성능시험

이것은 비탈길에서의 주차 브레이크 능력을 보는 것이다. 비탈길에 차량을 진입시켜 상용 브레이크로 정차시킨 후 주차 브레이크를 작동시켜 상용 브레이크를 풀어 줄 때 차량이 정지상태를 유지하느냐의 여부를 보는 것이다. 시험로의 기울기는 한국 및 유럽에서는 1/5 전후, 미국에서는 1/3 정도로 올라갈 때와 내려갈 때에 대해서 시험한다. 비탈길 대신에 브레이크 시험기에 의해 조작력과 브레이크 힘의 관계를 구하는 방법도 있는데, 그림 12 · 19는 그 예를 나타낸다.

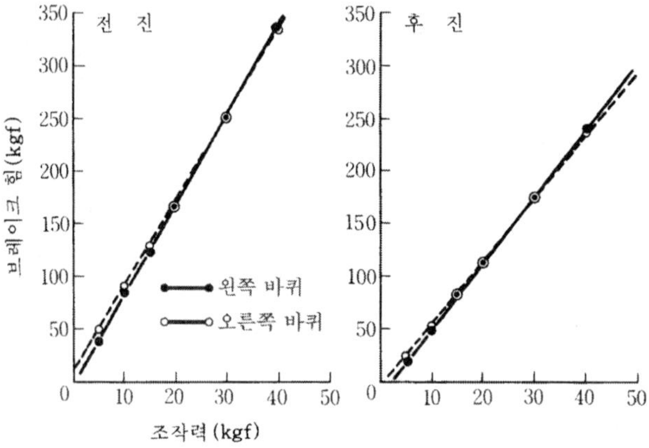

그림 12 · 19 주차 브레이크 대상 시험결과

12-4 조종성 · 안정성 시험

차량의 조종성 · 안정성은 정해진 조향입력 또는 횡풍 등의 외란이 주어져 운전자가 스티어링 휠의 수정을 하지 않는 열린 루프(open loop)의 응답성과 운전자가 휠 조작을 계속하며 주어진 운동 테스크(task)를 하는 닫힌 루프(closed loop)의 응답성으로 크게 나눈다.

지금까지 설명한 동력, 제동성능 시험은 자동차의 앞과 뒤 방향의 운동에 대해서 본 것이지만, 조종성 · 안정성 시험은 자동차의 가로 방향 운동이나 조향에 관계되는 곡선운동을 보는 것이다. 이것은 자동차의 조종난이성, 따라서 도로면의 凹凸, 횡풍 등의 외부의 힘이 가해져 스티어링 휠을 움직이었을 때의 안정성 등이 주요한 대상이 된다. 자동차의 안전성에 관계되는 중요한 성능을 보는 시험이다. 대체로 전형적인 역학으로 취급되나 인간-자동차-환경계를 다루는 것이 필요하게 되었다.

조종성 · 안정성에 관계되는 자동차의 기본 특성을 파악하기 위하여 정적 시험이 이루어진다. 이것은 자동차를 각도가 조정되는 경사대 위에 놓고 무게 중심의 위치나 전복각도를 구하는 경사대시험이나 무게 중심에 횡력을 가하여 롤 특성이나 거기에 따르는 하중이동, 바퀴 정열(wheel alignment) 변화를 검토하는 시험 등이 있다. 또 정지 때의 스티어링 휠의 무게를 측정하는 조향력시험이 있다. 그림 12 · 20에 표시한 것과 같은 가로 운동 시험대를 사용하여 조종성 · 안정성을 검토하는 경우도 있다. 이것은 안전하고 또 재현성이 풍부한 시험결과가 얻어지며, 사람을 포함한 자동차의 제어형태의 파악 등에 유효한 방법이다.

여기서는 실제 차량주행에 의한 조종성 · 안정성 시험으로 정상운동과 과도운동의 둘로 나누어 기본적인 시험방법에 대해 살펴보기로 한다. 이들 시험의 측정 항목은 치수 · 조향각 · 조향력 · 실향각 · 요잉각 · 요잉 각속도 · 롤링각 · 롤링 각속도 · 가로 방향 가속도 등으로 자세각의 측정에는 자이로스코프가 이용된다.

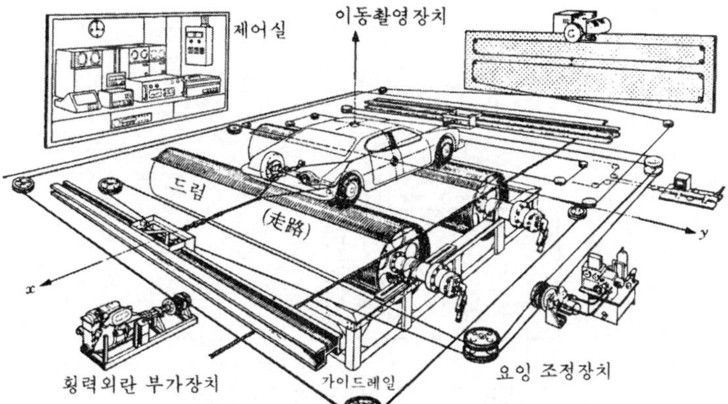

그림 12 · 20 가로 운동 시험대의 개관

1 정상운동에 의한 시험

가장 기초적인 시험은 정상원 선회시험이다. 저속의 선회(최소 회전 반지름)와 고속의 선회(정상원 선회)가 있다. 스티어링 휠을 고정하거나 선회 반지름을 일정하게 해서 원선회를 하며, 휠 조향각, 조향 토오크 및 롤각 등을 구한다. 주로 롤각의 측정에는 언더 오버 스티어링(under over steering) 특성을 구한다. 그림 12·21은 언더 오버 스티어링 시험 결과의 예이다.

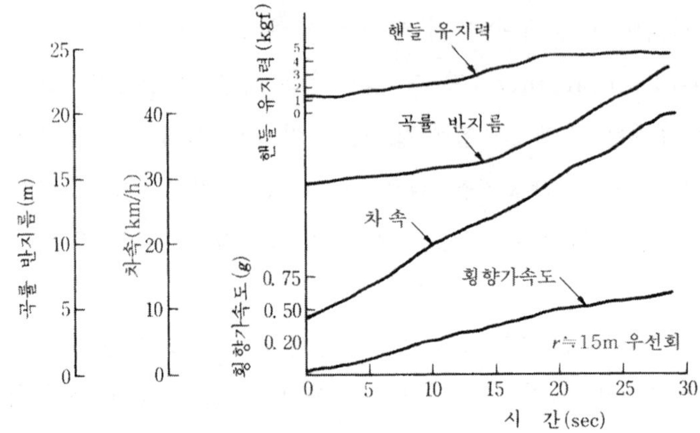

그림 12·21 언더 오버 스티어링 시험결과

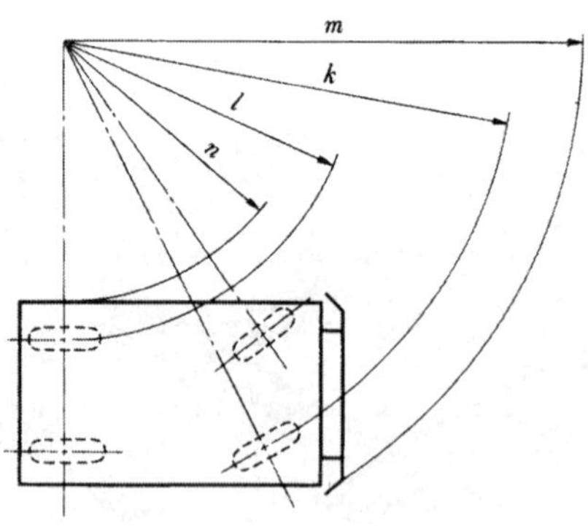

그림 12·22 최소 회전 반지름

그런데 조향특성은 앞과 뒤 바퀴가 같은 슬립각을 가질 때의 횡력의 합력작용점이 무게 중심에서 어느 정도 뒤쪽에 있는가의 비율을 표시하는 정적 한계(static margin)로도 표시된다. 아주 낮은 속도에서 휠을 왼 쪽과 오른 쪽 최대 조향각으로 돌려 그림 12·22에 표시하는 최소 회전 반지름을 측정할 수 있다. 여기서, k : 바깥 쪽 바퀴 최소 선회 반지름, l : 안 쪽 바퀴 최소선회 반지름, m : 바깥 쪽 클리어런스 최소선회 반지름, n : 안 쪽 클리어런스 최소선회 반지름이라고 한다.

2 과도운동에 의한 시험

이것은 직진주행 중의 차량에 조향의 흔들림을 주어 자동차의 특성을 보는 시험이다. 또 정상원 선회 중 갑자기 스티어링 휠을 놓았을 때 복원성을 보는 시험도 포함되어 있다. 여기서는 과도운동 특성시험의 주된 것을 살펴보기로 한다.

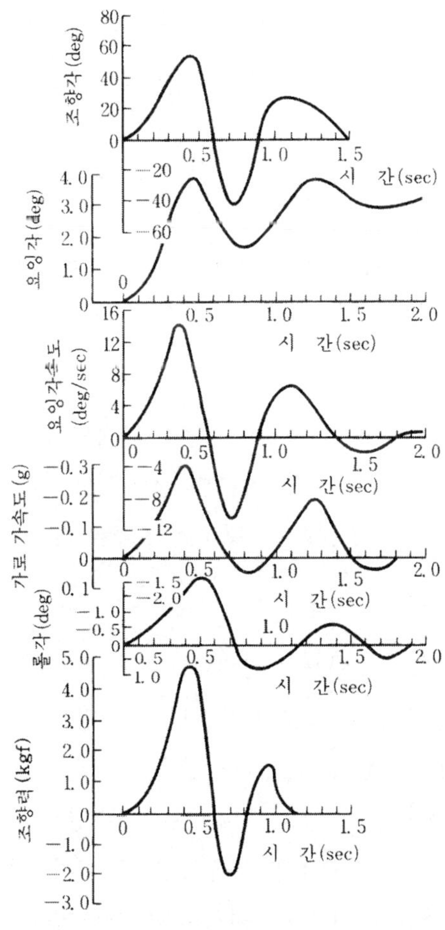

그림 12·23 손을 뗀 안정성 시험결과

휠을 놓았을 때의 안정성 시험은 직진주행 중에 휠을 갑자기 놓았을 때 자동차의 움직임을 보는 것이다. 기록된 파도형에 의해 진동주기나 감쇠성 등을 조사하여 역학적인 요인 분석에 사용되는 경우가 많다. 측정 결과의 예를 그림 12·23에 표시한다.

(1) 장애물 회피(slalom) 시험

그림 12·24에 표시한 것과 같은 코스를 파일런(pylon)이나 막대(pole) 등의 장해물을 설치하여 스티어링 휠 조향각, 스티어링 휠 조향력 및 가로 방향 가속도 등을 측정하여 추종성·안정성·사고회피성 등을 평가하는 것이다. 목적에 따라 차량의 속도나 장애물의 간격을 바꾸어 얼마나 쉽게 고속으로 달릴 수 있는가를 본다. 차량의 움직임의 기록은 물론 운전자의 필링 평가도 중요하다.

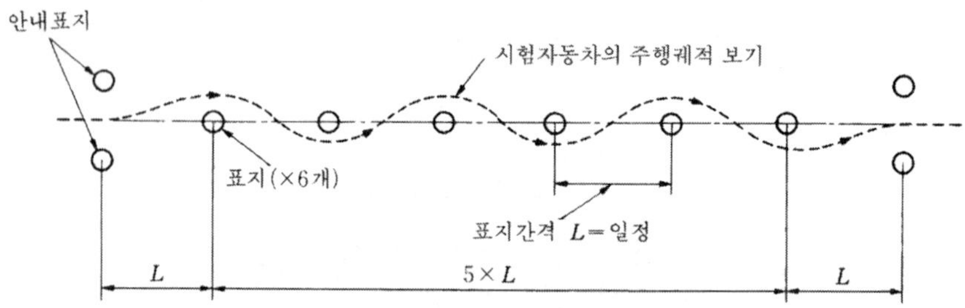

그림 12·24 장애물 회피시험 주행 코스

(2) 차선 변경시험

실제의 차선변경을 모방한 그림 12·25와 같은 코스를 장애물 회피시험과 비슷하게 만들어 코스 추종성, 롤 특성, 스티어링 휠 조작의 난이성을 본다. 운전자의 특성에 따라 결과가 다르기 때문에 필링시험을 병행하는 경우가 보통이다.

(3) 펄스(pulse)응답시험

일정한 속도로 직진 중에 펄스 모양으로 갑자기 스티어링 휠을 조작하여 차량의 운동이 감쇠될 때까지의 상황을 기록한다. 조향입력으로는 조향각 90° 정도로 조향주파수 0.5 Hz, 1.0 Hz, 2.0 Hz 정도의 3단계로 설정하는 경우가 많다. 실측파형의 예를 그림 12·26에 표시한다. 파형의 감쇠시간 등의 검토도 이루어지고 있으나 이것을 컴퓨터로 처리하여 그림 12·27과 같은 선도에 주파수응답 특성을 표시하는 경우가 많다. 주파수응답 특성은 입력조건에 관계없이 과도적인 특성을 잘 나타내기 때문에 빈번히 이루어지는 시험이다.

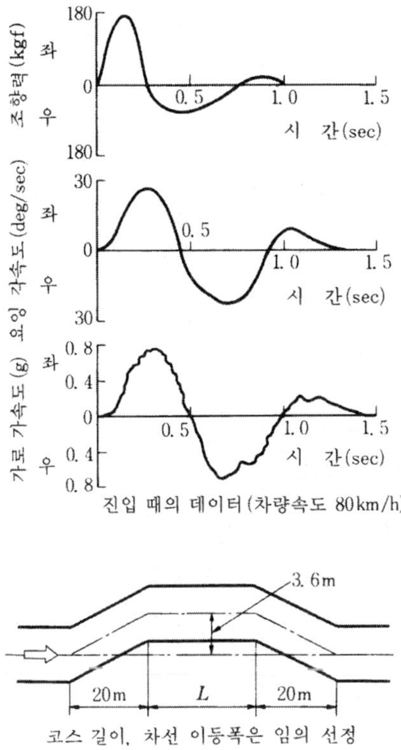

그림 12 · 25 차선이동시험 주행 코스와 시험결과

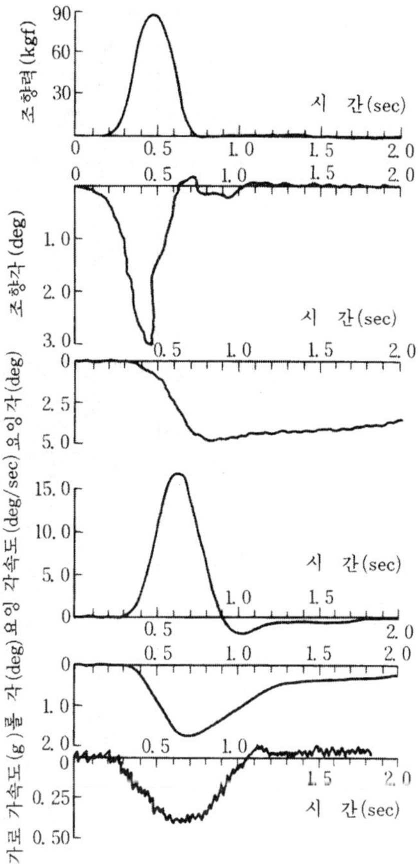

그림 12 · 26 펄스 응답시험에 의한 파형

(4) 횡풍 안정성 시험

고속주행시에 횡풍을 받았을 때의 자동차 거동을 보는 시험이다. 그림 12 · 28은 횡풍외란을 차량에 주기 위한 횡풍송풍장치이다. 이렇게 자동차에 횡력외란을 주어 가로 방향향가속도, 횡향을 받았을 때의 가로 이동량 등 진로 착오나 차량의 거동을 측정하거나 진로 수정을 위한 조향각 빈도를 구한다.

그 밖에 조종성 · 안정성 시험은 J턴 시험, 고속직진성, 한계 가로 가속도시험으로 실험안전차(experimental safety vehicle) 기준의 요잉 응답시험, 전복시험 등 많은 시험방법이 있다. 특히 생각할 수 있는 시험은 현가장치 · 타이어 · 조향장치 등의 특성시험도 포함시키고 있다.

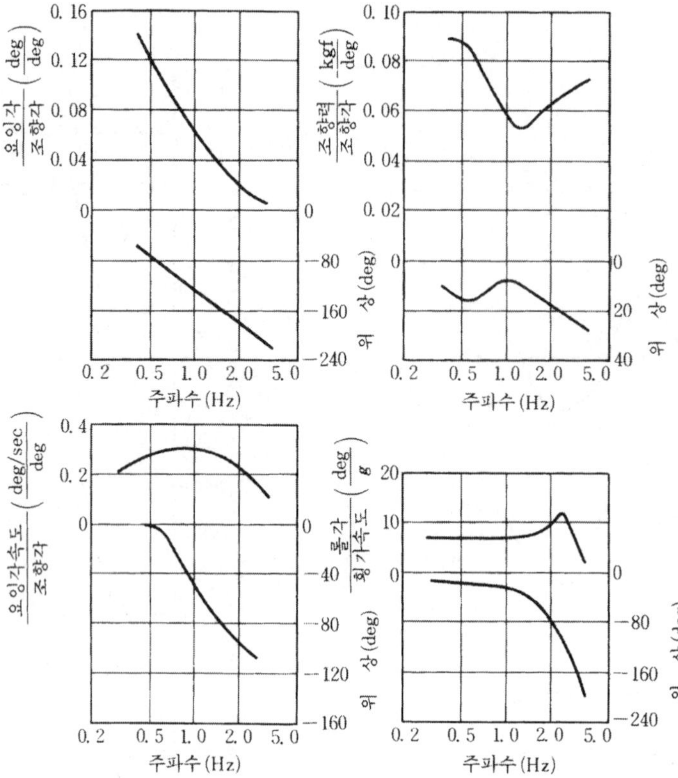

그림 12 · 27 주파수 응답특성

그림 12 · 28 횡풍 송풍장치

3 필링 시험

조종성 · 안정성 시험에서의 필링(feeling)시험은 사람의 특성을 포함하는 시험으로 아주 중요한 것이다. 감각 · 감성에 의한 표현은 되지만 계측 등에서는 물리적으로 정량화하기 어려운 특성이나 상품성 등 정량 자료로는 표현하기 곤란한 미소한 차이를 평가하기 위해 유효하다. 그것은 성능의 구성요인이 서로 영향을 주며, 복잡한 물리적 요인만을 따로 추출한다는 것은 현 단계로는 불가능하다. 따라서 조종성 · 안정성 시험에서는 아주 정밀한 계측기로 볼 수 있는 훈련된 **시험 운전자**(test driver)에 의한 필링시험으로 조향감각량이 평가된다.

12-5 진동시험

자동차에서의 진동현상은 스프링의 상진동과 같은 수 Hz의 저주파의 것에서 기어 소음과 같은 수 kHz 고주파까지 광범위에 미치며, 그 진동형태도 다양하다.

자동차의 진동특성은 강도나 내구성뿐만 아니고 승차감이나 쾌적성에도 크게 영향을 준다. 진동의 발생원의 중요한 것은 도로면 자극, 기관, 회전부분 불균형, 기어의 물림 등이 있으며, 여기서 발생된 진동이 구동계, 현가계 등의 전달경로를 거쳐 차체에 전달된다.

주로 도로면과 기관에 기인되나 그것이 복합적으로 진동현상을 나타내기 때문에 또 소음 발생의 원인이 되기도 한다. 진동시험은 진동특성을 평가하고 또 그 발생 원인이나 전달기구를 해석하여 영향을 적게 주도록 하는 데 있다.

1 가진기에 의한 진동시험

이것은 그림 12 · 29와 같은 가진기(加振機) 위에 실제 차량을 올려 진동특성을 조사하는 방법이다. 시험 목적에 따라 진폭, 주파수, 각 바퀴의 위상을 설정하여 주파수 특성이나 과도특성을 구한다. 또 실제 도로 위를 주행할 때의 진동을 모방한 가진으로 진동특성의 검토와 동시에 내구시험도 할 수 있다.

그림 12 · 29 가진기의 개략도

그림 12 · 30 기준 凹凸로 포장 돌 도로면

2 실제 차량 주행시험

이것은 시험 코스에 설치된 포장도로 · 돌기도로 · 함몰도로 · 화강암 도로 · 거북이등 도로 · 사리도 · 포장도로 등의 각종 시험 도로를 여러 가지 조건하에서 주행시켜 진동특성을 파악하는 데 있다.

그림 12 · 30은 이 시험 도로의 한 예이다. 이 때 동시에 필링시험을 행하는 경우가 많다.

12-6 소음시험

소음은 차실 내의 승차자의 쾌적성에 영향을 주는 차실 내 소음과 소음공해로 주목을 받고 있는 차량으로부터 외부에 방출되는 차실 외 소음의 둘로 나누어진다. 또 차실 내 소음은 구동계, 현가계를 경유하는 고체전달에 의해 차체에 전해지는 소음인 고체전파음과 기관소음, 흡기와 배기계 소음, 바람 소음 등과 같이 발생소음이 그대로 공기전달에 의해 차실 내에 침입하는 공기전파음의 두 종류로 나누어지나 기본적인 방법은 구별이 없다.

차실 외 소음은 소음공해의 법규제 대상이 되며, 그 대책의 평가는 중요성을 더해 가고 있다. 차실 내 소음은 거주공간의 쾌적성을 왼 쪽과 오른 쪽하며, 자동차의 상품 가치에 관계가 깊다. 소음 평가는 원래 사람의 귀에 의한 감각량과 심리량에 연유되는 것이나, 현재의 소음 측정에는 소음계(騷音計)의 A특성이 비교적 사람의 감각에 가까워 널리 사용되고 있다.

1 차실 외 소음시험

차실 외 소음의 측정에 대해서는 가속주행 소음시험과 정상주행 소음시험의 두 가지에 대해서 규정하고 있다. 시험 도로는 되도록 주위에서의 반사음에 의한 영향을 받지 않는 평탄하고 수평의 직선 포장도로를 사용하며, 소음계의 마이크로폰 위치는 그림 11·31과 같은 위치에 높이 1.2 m에 설치한다. 소음계의 특성은 A특성(fast)으로 측정한다.

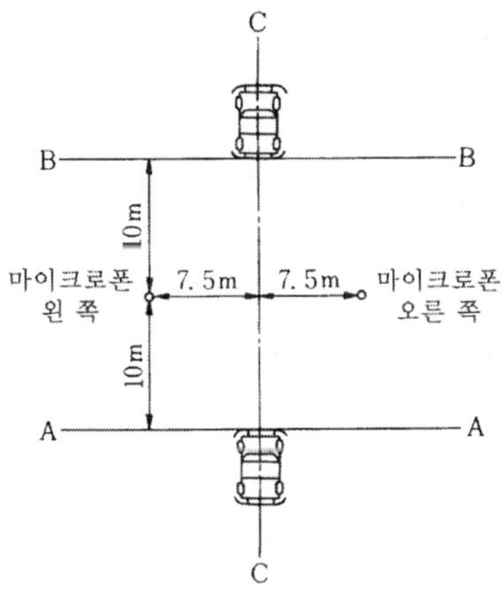

그림 12·31 가속주행 소음시험의 마이크로폰 위치

(1) 가속주행 소음시험

20 m 구간의 가속주행에 의하여 실시하며, 시험차량의 앞 끝이 그림 12·31에 표시한 선 AA에 도달했을 때 되도록 속히 가속페달을 끝까지 밟고 교축 밸브를 전개(全開)로 하여 시험차량의 뒷부분이 선 BB에 도달했을 때 되도록 빨리 가속을 끝마친다. 시험차량이 선 AA에 접근할 때의 계기속도 및 변속장치의 조건은 시험차량의 형식에 따라 표 12·2와 같이 규정하고 있다.

표 12 · 2 시험차량의 주행조건

시험차량 형식	선 AA에 접근할 때의 속도	변속의 조건
① 수동변속기가 있는 자동차	다음 중 가장 낮은 속도 • 기관의 최고출력 회전속도의 3/4 • 거버너에 의한 기관 최고회전속도의 3/4 • 차속 50 km/h	오버 드라이브를 제외하고 2~4단 변속기를 장비한 경우는 2속을 사용하고, 5단 이상의 경우는 3속을 사용한다. 보조적인 감속장치를 사용하는 경우는 높은 쪽의 변속 위치를 사용한다.
② 자동변속기가 있는 자동차	다음 중 가장 낮은 속도 • 차속 50 km/h • 최고속도의 3/4	전진 변속비를 선택하는 자동차의 경우에는 선 AA와 선 BB 사이에서 평균가속도가 최고가 되는 쪽을 택한다. 다만 기관, 브레이크, 정차, 저속 전용의 선택 위치를 제외한다.
③ 기어 변속기가 있는 자동차	①에 의한다.	
④ 특수차	최고속도의 3/4	최고속도의 변속비

(2) 정상주행 소음시험

오버 드라이브를 제외한 최고속도의 변속비로 50 km/h의 일정 계기속도에서 실시한다.

2 차실 안 소음시험

차실 내 소음을 평가하고 판정하는 가장 일반적인 방법은 앞좌석 운전자의 귀의 위치에 소음계의 마이크로폰을 설치하여, 평탄한 포장도로를 일정한 속도로 주행하거나 천천히 가속주행하여 소음계의 A 및 C 특성을 이용하여 측정한다. 그 시험 결과의 보기를 그림 12 · 32에 표시한다.

여기서 설명한 자동차의 차실 내 소음 측정은 규정된 시험조건에서 자동차 소음의 객관적 측정 값으로, 주관적인 소음의 시끄러움이나 불쾌감 등을 단순하게 대응시킬 수는 없다. 이런 것을 정량적으로 표시하려는 시도는 여러 가지가 제안되어 있다. 즉, SIL(Speech Interference Level), NC(Noise Criteria), NCA(Noise Criteria Alternate), NRN(Noise Rating Number), 명확도에 의한 평가법 등이 있고, 어느 것이나 소음을 주파수분석을 통해 검토를 하는 것이다.

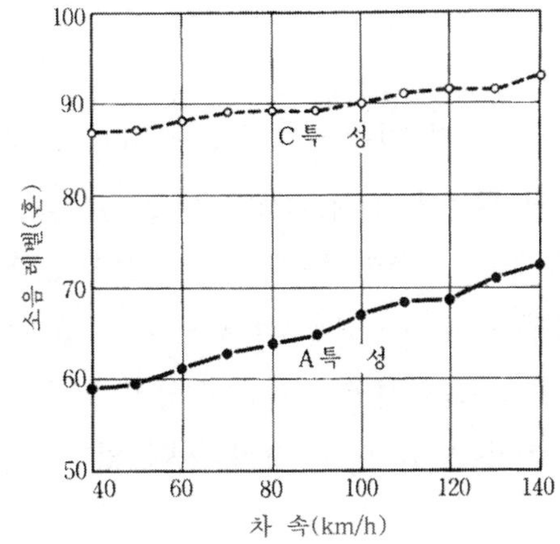

그림 12 · 32 차실 내 소음 시험결과

12-7 충돌 안전성시험

1 일 반

충돌안전성의 시험을 법규에 정해진 항목을 실시하는 경우와 법규에는 정해져 있지 않으나 자체적으로 실시하는 경우가 있으나 어느 경우나 도로 위에서 발생되고 있는 사고를 어떤 형태이건 재현하는 것을 목적으로 하고 있다.

충돌안전성에 관한 법규는 도로상에서 일어나는 사고 중에서 발생빈도가 높고 중대한 사고에 대한 대책을 목적으로 정한다.

일반적으로 실시되고 있는 충돌 안전성시험법은 법규에 정해져 있는 것이 많으며, 시험항목으로는 실제 차량에 의한 충돌시험과 대차(台車) 등에 의한 충돌 모의시험이나 부품 수준의 강도, 성능과 구성품의 시험이 있다.

2 실제 차량 충돌시험

(1) 바리어 충돌시험

시험차량을 정해진 충돌속도까지 가속하여 콘크리트의 고정벽(barrier)에 충돌시키는 시험이며, 피충돌물이 고정된 강체이기 때문에 재현성이 쉽고 실제 차량의 충돌안전성의 평가에 가장 널리 사용되고 있는 시험방법이다. 일반적인 평면 바리어 외에 충돌면의 형상에 따라 경사 바리어 · 옵셋 바리어 · 고정 막대 등의 시험방법이 있다.

시험차량을 가속하는 방법으로는 견인식과 자주식이 있으며 견인식은 동력원에 따라 원치식 · 리니어 모터식 · 무거운 추의 낙하 방식 등이 있다. 자주식은 일반적인 것은 못된다.

(2) 무빙 바리어의 충돌시험

대향차량의 충돌을 시뮬레이터하는 시험방법으로 일정한 충돌면을 구비한 주행대차를 시험차량에 충돌시키는 평가법이며, 일반적으로 추돌 · 측면 충돌 때의 승차자 보호성능, 연료누출 등의 평가에 사용되고 있다.

그 외의 실제 차량 충돌시험으로 롤 오버시험 · 범퍼 충돌시험, 높고 낮은 장해물의 충돌시험이 있다.

3 측정기기

측정기기로는 두부 · 흉부 · 대퇴골 및 슬개골의 골반 · 얼굴 · 목부 등 다양하다.

또 충돌시험 때에는 시험차량에 탑재하는 **인체모형**(dummy)인데 주로 승차자 보호성능 평가에 사용되는 타입과 시트 벨트의 성능평가에 사용되는 보디 블록(bady block), 헤드 폼(head form) 등도 인체모형의 일종이다.

대개 승차자 보호성능평가용 인체 모형이 가장 일반적으로 정면충돌용의 Hybrid II, Hybrid III 등이 있고, 측면 충돌용으로는 Side Impact Dummy(SID)가 있다. 그 외에 특수용으로 Rotationary Symmetrical Pedestrian Dummy(RSPD)라 불리는 보행자 인체모형이 개발되어 있다.

12-8 환경 보호시험

자동차에 의한 환경문제는 대기오염 · 진동 및 소음 · 전파장해 · 기타 등이다.

1 대기오염

자동차에 의한 환경문제의 첫째는 주로 주행 중에 대기에 방출되는 배출가스에 의한 대기오염이다.

자동차의 배출가스 중의 오염물질로 문제가 되고 있는 것이 NO_x이고 다음은 디젤차량에서의 검정이다. 그동안 안티 노크제로 사용되어 온 납의 피해는 있었으나 현재는 무연(無鉛)가솔린을 사용하므로 피해는 나타나지 않고 있다.

대기오염에 영향을 미치는 배출 가스로는 배기 가스 · 불로바이 가스 · 연료증발 가스 등이다.

2 진동 · 소음

자동차에서 둘째의 환경문제는 진동 · 소음이다. 소음문제는 차량형태 · 기관의 형식 · 사용조건 · 도로상태 등의 차이로 인해 개개 차량에서의 소음이며 자동차의 통행량 · 주행속도 · 전파계(기상조건 · 도로구조 등) · 수신계(도로에서의 거리, 차폐물의 상황 등) 등의 문제를 거론할 수 있다.

3 전파장해

자동차로부터 방출되는 전파잡음은 무선방송 및 통신에 장해를 미치는 것이 있으나 ① 차실 외에서의 장해, ② 차실 내에서의 방출장해가 있다.

12-9 승차감 · 공기조화 · 거주성의 시험

이들 항목은 승차자의 쾌적성에 관계되는 것으로 사람의 심리적 · 생리적 반응을 공학적으로 평가하는 것이다. 따라서 사람의 특성과 차량 특성의 양면에서 접근시킬 필요가 있다.

1 승차감시험

진동시험에서 실제 차량시험과 같은 도로면을 주행하여 차량의 바닥면, 시트 및 인체 각부의 진동특성을 측정하고 가속도와 주파수의 관계를 감각량에 대응시켜서 평가하는 방법과 **파워 스펙트럴 밀도**(power spectral density)를 그림 12 · 33 에 표시하는 ISO의 상하진동에 관계되는 기준에 맞추어 평가하는 방법이 있다. 또 표 12 · 3과 같은 차트에 의해 필링시험이 실시된다.

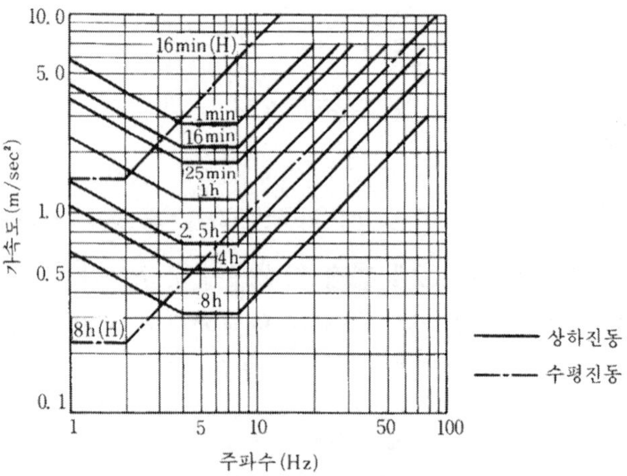

그림 12 · 33 피로 작업능률 감퇴경계

표 12 · 3 승차감 필링 체크 리스트

No.	항 목	+3 대단히 좋다	+2 좋다	+1 조금 좋다	+0 동일하다	−1 조금 나쁘다	−2 나쁘다	−3 아주 나쁘다	의 견
1	상하방향의 진동								
2	앞과 뒤 방향의 진동								
3	왼 쪽과 오른 쪽 방향의 진동								
4	승차자의 쇼크								
5	차량계통의 진동								
6	차 량 진 동								
7	종 합								

2 공기조화시험

쾌적한 차실 내의 환경을 만들기 위한 것으로, 온도 · 습도 · 풍속이나 이들의 분포를 계측하여 난방 · 냉방 · 환기 등의 성능을 조사한다. 그림 12 · 34는 냉방성능에 대한 실험결과의 예로, 고온 날짜를 택해 차량을 장시간 방치한 뒤 기관을 정지시킨 상태로 최초의 데이터를 취하고, 다음에 쿨러(cooler)를 작동시켜 일정한 속도로 주행하면서 각부의 온도변화를 측정한다. 정상온도에 도달하는 시간이나 인체 각부의 온도분포로 평가하는 것이며, 온도측정에는 열전대식 · 열선식 · 온도조절기식 등의 온도계를 사용한다. 그림 12 · 35는 난방성능의 시험결과의 예로, 저온 날짜를 택해 냉방성능과 같이 측정한다.

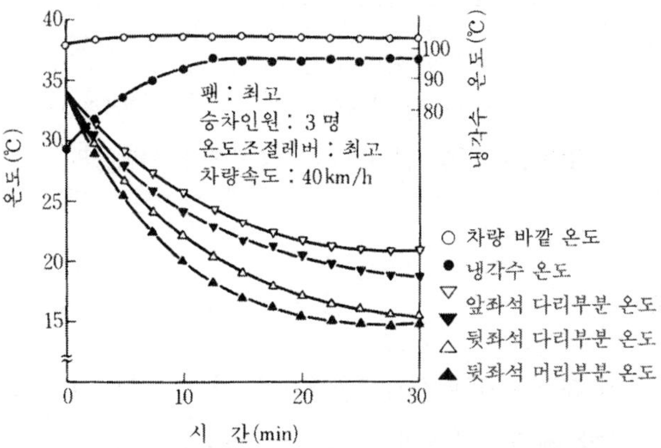

그림 12 · 34 냉방성능의 실제 차량 시험결과

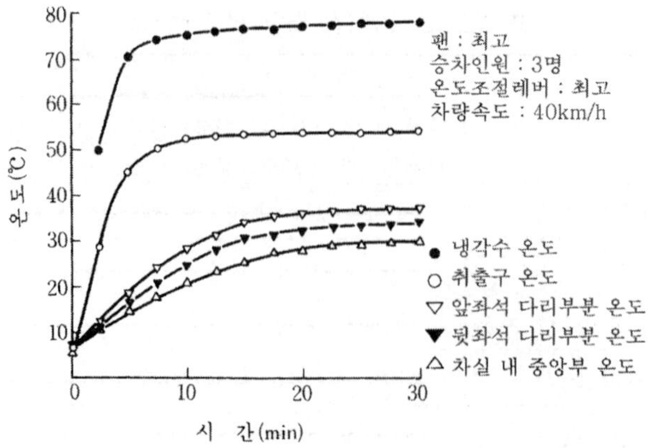

그림 12 · 35 난방성능의 실제 차량 시험결과

그런데 이들 시험은 노상주행시험을 하는 것이 아니고 가혹한 높은 온도에서 가혹한 낮은 온도까지 실온을 설정할 수 있는 차실 내에서 섀시 다이너모에 의해 부하를 주면서 측정하는 경우가 많다.

그림 12 · 36은 환기에서 인체 각부의 풍속분포의 측정결과를 표시한 보기이다. 풍속의 측정은 주로 열선풍속계가 사용된다.

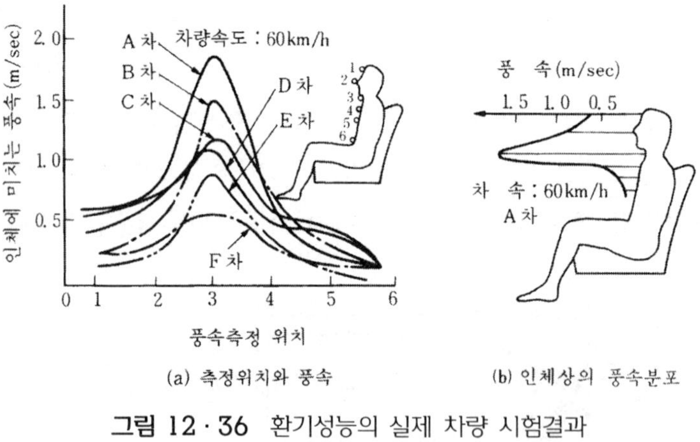

그림 12 · 36 환기성능의 실제 차량 시험결과

3 거주성시험

주된 것은 거주 공간의 측정, 차체 실내 레이아웃 치수, 각도의 측정, 시야측정, 차실 내의 여러 가지 장치에 관한 시험, 시트의 특성시험 등이다. 이들 중 거주성과 가장 관계가

깊은 거주 공간의 측정은 그림 12·37에 표시하는 측정 코드를 사용하여 실시하는 경우가 많다.

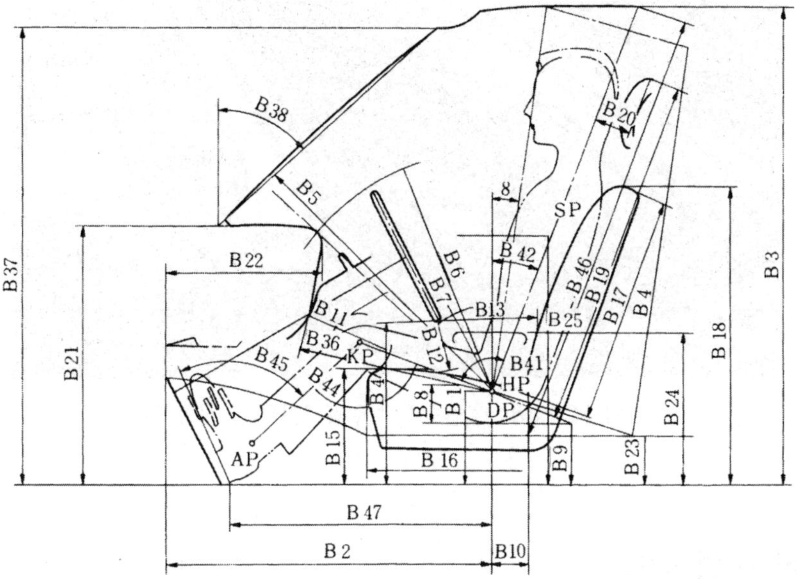

그림 12·37 운전석 둘레의 치수, 각도의 측정항목

12-10 주행시험장

주행시험장(proving ground)은 자동차가 설계대로 제작되었는지를 조사하거나, 어떤 성능이나 특성을 가지는가를 조사하기 위한 자동차시험용의 종합시험 코스이다. 주체가 되는 코스는 한 바퀴에 2 km에서 20 km에 걸치는 고속주회로로 여러 가지 형상의 도로가 있다.

예를 들어, H 자동차(주)에서는 부지 25만 평, 총연장 20 km에 최고 200 km/h까지 주행이 가능한 시험도로를 회사 설립초기에 180억 원을 투입하여 고속주회로를 중심으로 각종 내구시험도로 · 직선도로 · 특성시험도로 · 특수시험도로 등 19종류의 시험도로에 48종류의 도로면을 갖추어 여러 가지 시험을 하고 있다(그림 12·38).

그림 12 · 38 설립초기의 주행시험장(H 자동차)

1 일반 시험도로

(1) 직선도로

1 km의 직선 구간을 포함하여 1주 길이가 2.7 km인 직선도로는 속도계 보정 · 주행저항 측정 · 가속성능 · 연료소비율 측정 · 제동시험 · 차실 내 소음수준 측정 · 창틀 소음(wind noise) 등을 평가한다.

(2) 범용 시험도로

도로 나비 50 m, 전체 길이 850 m인 이 도로는 장애물 회피 성능 · 타이어 안전시험 · 브레이크 계통의 결합시험 · 조향 계통의 안정성시험 · 시계성(視界性)을 평가한다.

2 내구 시험도로

(1) 화강암 도로

이 시험도로는 차량 및 각종 부품의 강성 · 강도 및 피로내구력을 시험 평가하는 도로이다.

(2) 브레이크 도로 및 깊은 구멍이 있는 도로

이 도로는 화강암 도로에서 시험할 수 없는 가장 가혹한 조건을 부여하는 내구시험도로이다.

(3) 횡단도로(cross-country 도로)

내구시험도로 중에서 유일하게 실제 도로 조건을 그대로 살린 도로이며, 전장(全長) 3.54 km의 이 시험도로는 아스팔트 도로 · 일반 포장도로 · 자갈길 · 빠베이 凹凸도로 · 비포장시험도로 등이 유기적으로 배합되어 차량 경년변화, 장거리 주행 때의 문제점을 조사한다.

3 특성 시험도로

이 도로는 자동차가 가지고 있는 특성 중에서 진동 · 소음 · 등판능력 · 승차감 · 조종성 등의 어떤 특성을 파악하기 위한 것이며, 특별히 만든 시험주행도로이다.

4 특수시험도로

자동차의 주행상 부딪치게 되는 사용 환경에 대응하는 문제를 평가하기 위한 도로이다. 시간당 360 mm의 강우량을 재현한 길이 120 mm의 수밀시험도로, 길이 60 m의 먼지터널, 길이 50 m의 소금물 부식도로, 수심 0.5~1.5 m의 하천도로, 뻘길 등이 있어 각종 밀폐성 · 내식성 · 시계확인 등을 시험한다.

인간-자동차 시스템과 안전

13
chapter

13-1 일 반

자동차 사고는 WHO의 견해에 따르면 "세계의 각국에 만연하고 있는 역병"이라 하였으며, 일본의 어느 학사는 이 무서운 역병의 병원체는 20세기에 와서 만들어진 **인동차**(人動車, Anthro-mobile) 때문이라고 하여 운전의 심리를 문제삼고 있다.

제작사의 생산라인에서 만들어져 나올 때는 단순한 광물의 덩어리인 기계로서의 자동차에 불과하지만, 이것이 도로를 주행할 때에는 반드시 사람이 타서 운전하고 있다. 즉, 도로를 달릴 때는 예외 없이 '인간+자동차(Anthropos+Automobile)'의 형태로 **인간-기계 시스템**(man-machine system)의 일종으로 기능을 수행하기 때문이다.

'걸을 때는 신사, 운전하면 늑대'라고 해서, 운전하는 모습은 인간이라도 마음은 인간 그것이 아니고, 늑대까지는 아니더라도 "인동차"의 마음으로 바뀐다는 것이다. 그래서 일본에서는 자동차를 "달리는 흉기", 미국에서는 "달리는 널[棺]"이라 할 정도로, 자동차에 의한 교통사고가 세계 각국에서는 사회적인 큰 문제로 대두되고 있다.

한국도 고도성장에 따라 자동차 보유대수가 1,000만 대를 넘었지만, 한편으로는 도로정비가 뒤따르지 못해 교통사고는 크게 늘어나고 있다. 그래서 이 장에서는 자동차의 인간공학적인 측면과 안전대책의 두 가지를 다루어 보기로 한다. 2004년의 교통사고에 따른 사망자수는 6,563명으로 강력사건으로 인한 사망자 1,888명의 3.5배나 된다고 한다. 이를 사회적 비용으로 환산하면 무려 15조 5000억원에 달한다.

13-2 자동차의 인간공학

인간공학은 사람의 심리 · 생리 · 감각 · 운동, 기타 생체로서 가지고 있는 여러 가지 기능을 공학적으로 다루어 인간에게 부과된 작업을 쾌적하고 능률 있게 시행하도록 환경을 정비하고, 인간이 직접 조작하는 기계나 기구의 성능이나 형태 등을 가장 적합하게 설계하는 방법을 가르치는 학문이다. 따라서 생산면에서 생각하면 능률 증진에 연관되며, 능률 향상을 목적으로 한 학문이라고 할 수 있다.

자동차는 현대 기계문명의 주요한 수송기관으로 인간이 목적을 가지고 조종하는 것이므로, 사회가 강력하게 요구하는 교통사고의 방지, 보행자나 승차자의 안전확보, 그러면서 고속이고 쾌적하며, 피로가 적은 경제성을 바라고 있다. 가로를 주행하는 자동차는 전차 등과는 달라 각각 개성을 가지며, 그 달리는 모양은 스티어링 휠을 잡고 있는 사람에 따라 차이가 많이 난다. 이렇게 달리는 자동차의 특성은 인간과 자동차의 특성을 연결시켜 생각하지 않을 수 없다. 여기서는 운전자의 특성, 인간-자동차 시스템의 특성에 대해 살펴보기로 한다.

최근 일렉트로닉스 기술의 진전은 자동차에서의 인간공학을 크게 변모시키고자 하고 있다. 지금까지는 인간의 기하학적 및 생리학적인 단일요소에 대해 집단으로서의 특성, 이를테면 인체 · 치수 분포, 시인범위(視認範圍), 반응시간 분포 등의 통계값을 인간의 메커니즘으로 표현하는 데 그쳤다. 그러나 다양하고 성숙도가 높은 사회에서 인간을 우선하려고 할 경우, 단일요소의 집단분포만으로는 '인간을 우선하는' 자동차를 만들기란 불가능하다. 각 요소의 기능에 맞는 '인간-자동차-환경시스템'에 대한 운전자의 정보처리 메커니즘의 이해가 필요하다.

1 인간 · 자동차 · 도로 시스템

인간-기계 시스템이 논의될 경우, 항공기에 대해 자동차의 보기로 거론되는 일이 많다. 이것은 인간-기계 시스템의 제어에서 인간에게 부과되는 부담이 다른 것에 비교해 크기 때문이다. 또한 인간-기계 시스템을 논의할 때, 자동차가 인간과의 대응에서 많은 문제를 내포하고 있기 때문이다. 지금 인간-기계 시스템의 관점에서 자동차의 인간공학적 문제점을 크게 분류하면 ① 차체관계, ② 운전관계, ③ 환경관계의 세 가지가 된다. 그런데 이 세 가지 문제는 자동차 그 자체의 문제뿐으로, 거기에 도로라는 조건이 가해지고 교통 시스템이라는 큰 시스템에서의 수송기관의 하나인 자동차라는 문제가 첨가된다.

여기서 세 분류에 대해 각각의 문제점을 거론하고, 다음에 설명하는 교통사고와 안전, 그 대책의 참고자료의 범위에서 설명하기로 한다.

차체관계에서는 작업공간으로써의 운전석의 공간과 좌석의 문제, 그래서 운전에서 빼놓을 수 없는 스티어링 휠, 브레이크 및 가속 페달의 레이아웃(layout)과, 그 항력의 문제, 시계(視界), 계기의 레이아웃 문제, 또 충돌 때 인체를 보호하는 안전 벨트, 에어 백 등 많은 문제를 안고 있다. 그 밖에도 소음, 진동이나 승차감 등이 있다.

또, **운전관계**에서는 자동차는 인간과 자동차의 결합에 의해 비로소 운동하는 것이므로, 자동차의 조종안정성의 문제와 제어대상인 자동차의 특성과 제어하는 운전자의 쌍방에서 병행하여 해석할 필요가 있다. 여기서 인간의 특성으로 해석에서 고려하여야 할 것은, 운전에 의한 생리적 부담과 피로의 문제 또는 적성 등의 문제이다.

다음에 자동차를 **인간·자동차·도로 시스템**으로 본 경우는, 도로조건이나 여기에 부수된 표지, 조명, 터널, 교량 등의 문제, 그리고 여기에 보행자나 다른 차량과의 문제도 있다.

2 안전운전 특성

달리는 자동차는 운전자가 교통환경에서 시각이나 청각 등에 의한 정보, 즉 의미를 가진 신호를 받아들여 인지하며, 이들을 짧은 시간에 판단하고 그 판단에 따라 조작을 하며, 자동차가 이것을 받아 필요한 운동을 하고 주행을 실행한다. 이 경우 기계인 자동차는 **확정적 특성**에 기초를 두어 운동하는데 대해, 사람인 운전자는 불확정성에 따라 **확률적인 특성**을 가지면서 행동한다.

운전자는 달리는 자동차의 중추라 할 수 있는 존재이므로 운전자의 생체 기능, 욕구나 의지, 감정 등의 생리적 · 심리적 활동상태가 자동차의 움직임에 나타나고 있다. 따라서 달리는 자동차의 거동은 인간의 특성을 도외시하고는 거론할 수 없다.

(1) 사람의 정보처리

운전자의 정보처리 과정을 간단한 모델로 표시하면 그림 13 · 1과 같이 생각할 수 있다. 자동차 주위의 환경 및 차내 환경에서의 정보는 감각기에서 받아들여 감각중추에 전달된다. 거기서 학습이나 연습에 의해 지금까지 축적되어 있는 기억과 더불어 인지된다. 그래서 운전의 목표에 적합하도록 하기 위한 동작의 내용이나 순서 등의 종합적인 판단을 내려 운동중추에 전하고, 거기서부터 반응효과를 일으키는 근육 등의 효과기에 신호가 보내져 손이나 발에 의한 조작이 실행된다.

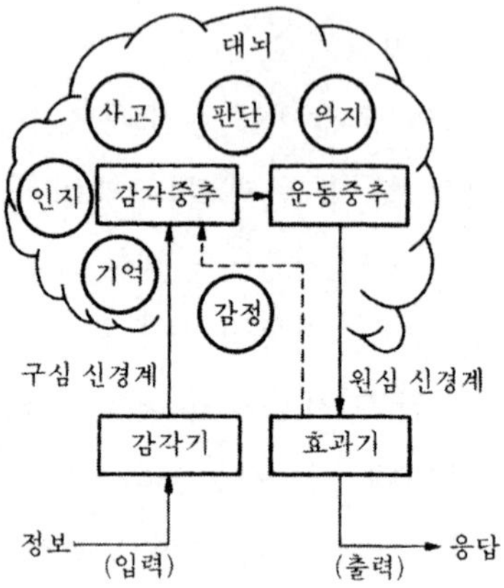

그림 13 · 1 정보처리과정의 모델

감각기에서 감각중추까지를 **입력계**(정보검출계), 감각중추와 운동중추 부분을 **변환계**(판단계), 따라서 운동중추에서 효과기까지를 **출력계**(조작계)라고 말할 수 있다.

입력계에서는 감각기를 통한 자극의 수용이 이루어지는데 일반적으로 시각 · 청각 · 촉각 · 압력감각 · 평형감각 · 운동감각 등을 생각할 수 있으나, 운전에서 중요한 구실을 하는 것은 시각이다. 시각의 역할은 운전자가 검출하는 정보의 80% 이상을 담당하고 있다고 한다. 시각 다음으로 정보량이 많은 것은 청각이다. 이 2개의 감각기로 운전에 관계되는 대부분의 정보를 받아들이고 있다. 반드시 이들 감각기에 들어오는 모든 정보를 다음의 변환계에 보내는 것이 아니고 필요한 정보만을 선택한다. 주행로의 상황이나 표식 등을 인지하기 위한 주시(注視) 시간은 보통 0.2~0.4초 정도, 속도계를 읽을 때는 0.7초 정도로 본다. 하나에 걸리는 주시 시간이 길면 상황 변화에 대응할 수 없게 된다.

변환계에서는 목표에 적합한 재빠른 판단일수록 처리 능력은 우수하나 자기중심적인 판단을 하거나, 의사 결정에 시간이 걸리거나 지식이 부족하게 되면 주행 환경에의 적응이 떨어진다. 이 변환계의 활동에는 본능행동 · 정동행동 · 적응행동과 창조적 행동이 있다.

출력계에는 손이나 발의 대소보다는 제어대상에 따른 근육의 조절이 제대로 되느냐, 되지 않느냐가 중요한 의미를 가지고 있다. 이상의 처리는 모델화한 것이나 실제로 운전을 하고 있을 때는 보다 복잡한 정보처리와 그 과정을 구성하고 있다고 생각된다.

(2) 시각의 기능

일반적으로 움직이고 있을 때의 시력을 **동태시력**(動態視力), 그 때의 시야를 **동태시야**(動態視野)라 한다. 그래서 운전하고 있을 때의 상황을 세밀하게 나누어 보면, 운전자가 움직이면서 정지하고 있는 것을 보는 이동시력(移動視力), 운전자가 정지하여 움직이는 것을 보는 동체시력(動體視力), 그리고 운전자가 움직이면서 움직이고 있는 것을 보는 이동체(移動體) · 동체시력(動體視力)이 있으며, 이것은 각각에 대해 차이가 있다.

또한 시야의 주변에 갈수록 시력은 갑작스럽게 저하되는 성질이 있고 사람이 움직이는 속도에 따라 **시계**(視界)는 좁게도 된다.

사람은 운전을 할 때 긴급한 경우, 정지할 필요에서 충분한 거리를 확보하여 전방을 주시하고 있으며, 그 때문에 **주변시계**는 좁게 된다. 40 km/h에서는 주시점은 약 180 m 전방이고 주변시계는 약 100°이나, 70 km/h에서는 주시점은 약 370 m의 전방, 주변시계는 수평면에서 약 65°로 감소된다. 또, 100 km/h에서 주시점은 약 600 m 전방이고, 주변시계는 수평면에서 40° 이하가 된다. 운전자가 보는 경관은 시선의 방향에 있으며, 그 사이의 주변시계는 멍하게 반무의식적으로밖에 지각되지 않는다.

그래서 식별되는 범위란 주시점과는 달라 100 km/h의 경우에 주변시계 40°의 범위 안에서 34~430 m라 한다. 따라서 도로표지의 글자는 이 범위 내에서 운전자가 읽을 수 있는 크기가 아니면 안 된다.

밝은 곳에서 갑자기 어두운 곳으로 들어가면 잘 보이지 않으나 길들여지면 보이게 되는 현상이 있다. 이것을 **암순응**(暗順應)이라 한다. 이와는 반대로 어두운 곳에서 밝은 곳으로 나올 때의 순응을 **명순응**(明順應)이라고 한다.

암순응의 경우, 경과시간에 따라 보이는 비율, 즉 시력의 회복비율은 약 5분 뒤에 40%, 15분 뒤에는 80% 정도로 된다. 명순응은 암순응에 비교하여 빨라 몇 분 뒤면 거의 회복이 된다. 시력이 좋다고 해서 정보처리의 최적 기능을 가졌다고 할 수는 없다. 시각에 의한 인지가 특수한 조건하에서 보통 때와는 다른 시각적 착각, 즉 **착시**(錯視)라는 현상이 있다. 다분히 심리적인 선택의 문제로 보고 있다.

(3) 지각-반응시간

정보가 감각기에 들어와 뇌중추를 거쳐 효과기인 손발의 조작에 이르기까지의 정보처리 과정에는 나름대로의 시간이 걸린다. 이것을 지각-반응시간, 또는 단순히 반응시간이라고 한다. 빛 자극에 대한 반응시간은 R. S. Schwarb에 따르면

빛이 망막에 도달할 때까지 ······················	0	합계 0.152 sec
망막이 반응할 때까지 ································	0.020 sec	
시신경을 거쳐 감각중추까지 ······················	0.020 sec	
감각중추에서 운동중추까지 ························	0.095 sec	
운동중추에서 근육의 반응까지 ····················	0.017 sec	

의 시간이 걸리며, 합쳐서 0.152초로 보고 있다.

정지하고 있는 자동차로 운전자세를 취하고 스위치 조작을 시작하면서 손으로 스티어링 휠을 움직이기 시작할 때까지, 다리는 바닥에 놓은 발로 브레이크를 밟기 시작할 때까지의 단순 반응시간은 손 조작 0.238초(표준편차 $\sigma = 0.078$), 발 조작 0.448초($\sigma = 0.128$)라는 실험값이 나와 있다.

주행 중 브레이크 조작의 반응시간은 브레이크 요구에서 다리가 동작을 시작할 때까지의 반사시간, 가속 페달에서 브레이크 페달로 다리를 옮기는 데까지의 시간, 발로 브레이크 페달을 밟아 브레이크가 효력을 나타내기 시작할 때까지의 밟는 시간을 종합해서 일컫는 경우가 많다. 이 경우 제동 때의 거동은 인간의 조작속도와 자동차의 제동효과라는 몇 개의 기능을 조합해서 실제 제동이 실현된다. 그림 13·2는 이 브레이크 조작의 반응시간과 제동 상황의 관계를 표시한 것이다. 그림에서 표시한 수치는 주행실험으로 구한 값이며, 이것은 정지하고 있을 때보다 길다.

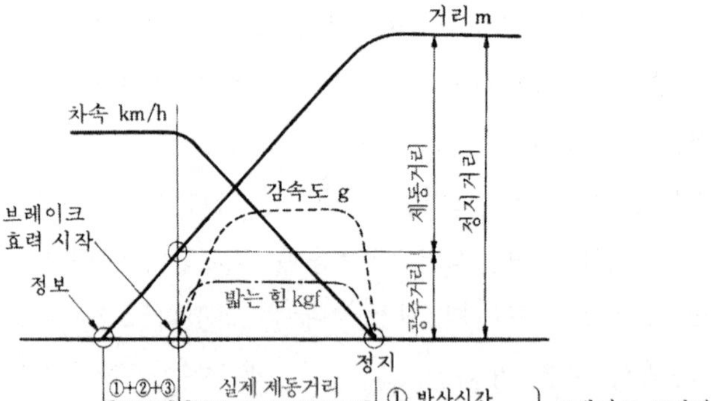

	①	②	③	①+②+③
평 균 값	0.38 sec	0.23 sec	0.08 sec	0.69 sec
표준편차	0.07	0.06	0.03	0.12

차속 50km/h, 실험대상자 26명(남자 20~30세)

그림 13·2 브레이크 조작의 반응시간

운전자가 위험을 발견하고 브레이크의 효력이 발생할 때까지는 지금까지의 차속으로 전진하는데 이 상태를 **공주(空走)상태**라 하고, 실제 브레이크가 작동을 나타내었을 때의 상태를 **실제동(實制動)상태**라 하여 명확히 구분되고 있다.

보통 예측하고 있을 때의 단순한 조건에서의 반응시간은 0.75초로 보고 있는데, 일상적인 운전에서는 복잡한 내용의 정보처리도 있어 항상 예측하고 있는 형편이 아니어서 1초를 넘는 경우도 있다. 그림 13·3은 브레이크 조작에서의 남녀의 차이를 실험 결과에서 밝힌 것이다. 즉, 여자는 0.4~0.9초, 남자는 0.2~0.4초이다. 안정성을 대상으로 한다면 여유를 가질 필요가 있어 지각(知覺)시간 1.5초, 반사시간이 1.0초로 합계 2.5초가 필요하게 된다.

브레이크 성능은 제동 때의 도로면과 타이어의 마찰계수에 의해서 결정되며 속도의 제곱으로 제동거리는 늘어난다. 비가 오기 시작할 때 추돌사고나 급제동에 의해 방향성을 잃어버리고 반대차선으로 뛰어드는 사고가 많은 것은 마찰계수가 그림 13·4와 같이 변화되기 때문이다. 비가 오기 시작한 후 20~30분 경이 가장 제동거리가 길게 되는 경향이 있다. 따라서 비가 오기 시작할 때는 충분한 감속운전이 필요하다.

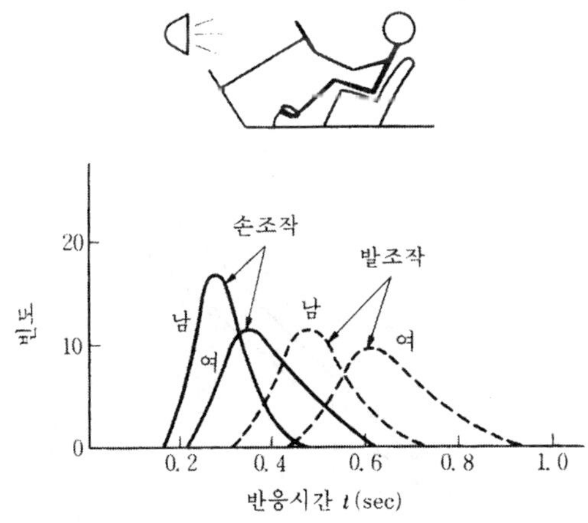

그림 13·3 브레이크 조작의 반응시간

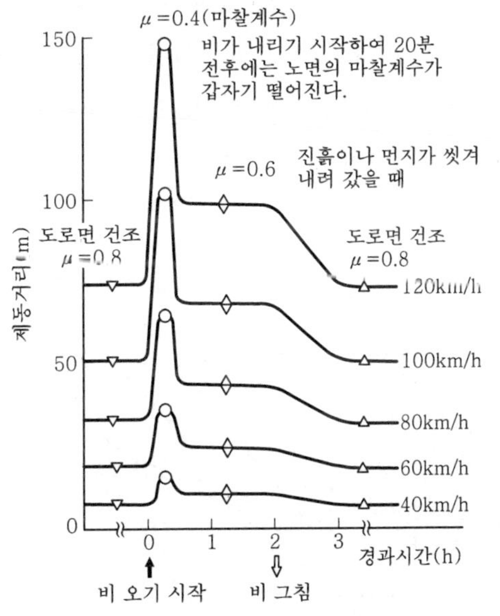

그림 13·4 비가 오기 시작한 경우의 제동거리

(4) 속도감각

자동차를 운전하고 있을 때의 속도감각은 도로나 풍경의 흐름 등 시각정보, 기관 소리나 차체의 바람 소리 등의 청각정보, 기관 진동이나 도로면 진동에 의한 진동감각정보, 바

람의 압력에 의한 피부감각 정보, 거기에 앞과 뒤 방향의 가속도나 가(加)가속도(가속도의 시간 변화율, jerk) 등의 운동감각 정보 등에 의해 다루어진다.

속도감에 영향을 주는 바깥 쪽 인자로는 차체의 크기와 형상, 시계, 가속특성, 가속 페달의 밟는 힘과 스트로크 등 차량 조건, 도로의 폭이나 선형, 밝기 등의 도로 조건, 혼잡도나 기상 등의 교통환경 조건이 있다. 내부적 인자로는 운전자의 욕구, 기대, 흥미, 관심 등의 심리적 조건, 피로나 시청각의 활동 등 생리적 조건이 고려된다.

현실 문제로는 가령 고속도로에서 빠져나올 때 지정된 속도로 낮추었는데도 그 이상되는 경우가 있다. 이와 같이 **감각속도**(주관적 속도)는 **물리속도**(객관적 속도)와 다른 경향을 가지고 있다. 그림 13·5는 평탄한 도로를 주행하여 표지에 맞추어 속도의 1/2로 감속을 지시하였을 때, 2배의 속도로 맞추도록 지시하였을 때의 실제 주행에 의한 실험결과이다. 이에 따르면 감속하는 경우는 속도의 과소평가가 생겨서 속도를 떨어뜨리지 못하고, 또 가속하는 경우는 속도의 과대평가가 생겨서 속도를 증가시키지 못하는 경향을 볼 수 있다.

그림 13·6은 100 km/h로 주행하여 일정한 시간 후에 50 km/h로 감속을 지시하였을 때 오차율을 표시한 것으로 1시간 주행 후에는 오차율이 50%, 즉 50 km/h로 감속하였다고 보더라도 실제로 75 km/h밖에는 떨어지지 않았다. 이와 같은 감각속도는 운전시간의 길이에 따라 영향을 받는다.

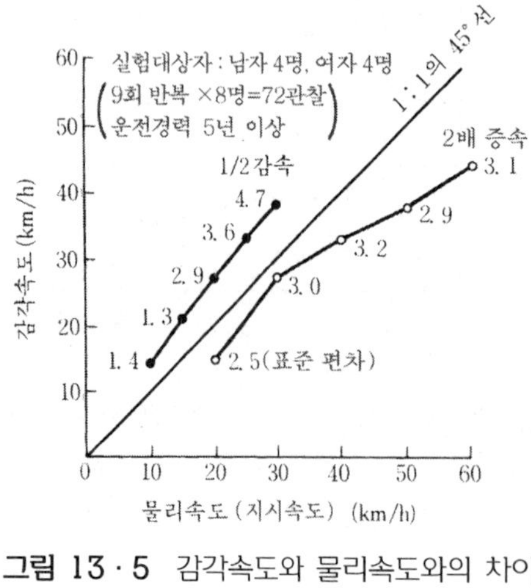

그림 13·5 감각속도와 물리속도와의 차이

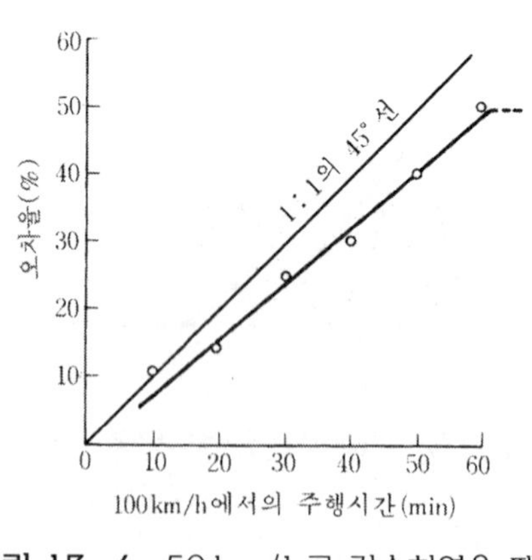

그림 13·6 50 km/h로 감속하였을 때의 속도오차(경과시간의 영향)

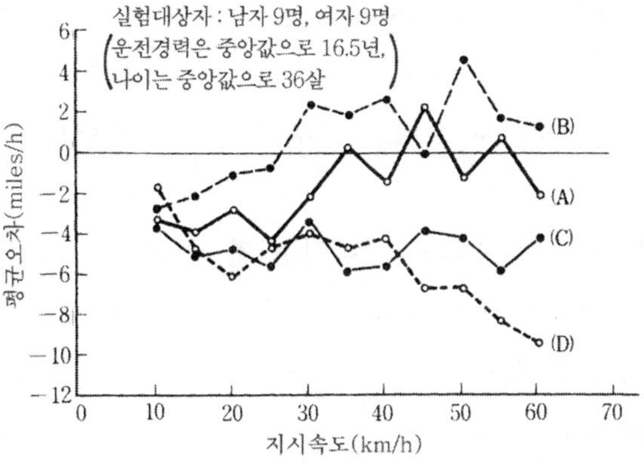

그림 13·7 속도감각정보의 차이에 의한 속도오차

그림 13·7은 속도감각의 도움이 되는 정보를 차단시켰을 때의 속도추정을 옆자리의 실험대상자를 대상으로 실제 주행으로 구한 결과의 한 보기이다. 조건은 (A) 보통의 운전 상태, (B) 눈을 가리고, (C) 귀를 막아 청력을 저하시키고, (D) 눈을 가리고 귀를 막아 청력의 저하를 각각 설정하고 있다. 이것에 따르면 시각정보가 속도 추정의 대부분을 차지하며, 고속이 됨에 따라 청각정보도 큰 구실을 한다는 사실을 알 수 있다.

3 인간-자동차 시스템의 특성

달리는 자동차는 운전자인 사람의 특성, 자동차의 특성, 도로나 기상 상태 등 주행환경의 3요소의 상호관계에 의해 지배되고 있다. 이 주행환경은 인간과 자동차가 존재하는 장(場)의 조건으로 취급하면 사람과 자동차의 조합이 대상이 된다. 엄밀히 따지면 주행환경 중에는 사람과 자동차의 특성이 존재하는 것이 아니고, 이 환경에 의해 사람과 자동차의 특성이 규정되기 때문에 이것은 이해하기 쉽도록 편의상 그렇게 한 것이다.

그러나 어느 달리는 자동차는 운전자가 있어 감정이나 의지를 가진 시스템, 즉 인간 자동차계를 구성한다. 시스템이란 요소의 집합으로 그 요소 사이나 요소의 특성 사이에 상호관계가 존재하는 것이라고 A. D. Hall이 정의하고 있는데, 인간과 자동차의 관계도 시스템이라 부를 수 있을 것이다.

(1) 운전 메커니즘

자동차를 운전하고 있을 때의 정보의 흐름을 제어이론적인 면으로 본다면 그림 13·8과 같이 모델화하여 표시할 수 있다. 운전자는 진로의 여러 가지 정보를 받아들이고 목표값의 설정을 한다. 이 때 그 목표에서 정보를 읽어 조작이 필요할 때에는 어느 장치를 어느 정도, 어떤 순서로, 어느 시기에 조작하느냐를 결정한다. 상황이 일상적이면 조작의 프로그램은 간단히 결정되지만, 새로운 사태일 경우는 과거의 경험을 응용하여 새로 프로그램을 하게 된다.

이렇게 하여 운전자는 필요한 조작을 스티어링 휠, 브레이크, 가속 페달 등에 의해 하게 된다. 자동차는 그것을 받아 일정한 운동을 하며, 이 자동차의 그때그때의 운동제어량은 운전자의 다음 정보로 공급된다. 출력인 자동차의 제어량을 입력인 목표값 쪽으로 돌려보내는 것을 **피드 백**(feedback)이라고 한다. 이 피드 백은 항상 출력의 오차를 없애기 위해 입력측에 보낸다.

운전은 이 출력의 관계가 막힌 회로를 구성하고 목표에 제어량이 적합하도록 수정이 가해지고 인과관계가 이루어져 그 사이를 순환한다. 이것을 **피드 백 제어의 운전**이라 부를 수 있다.

그런데 피드 백 정보에는 두 가지를 생각할 수 있다. 그림 13·8의 피드 백 회로(I)은 주로 변위나 속도 등 시각·청각에 의해 받아들여지는 것이고, 운전연습의 초기 단계에서 습득된다. 피드 백 회로(II)는 자동차에서 직접 운전자에게 피드 백되는 가속도나 경사 등의 운동감각이나 평형감각에 의해 받아들여지는 것 및 조향력이나 압력 등의 피부감각에 의해 받아들여지는 것이다. 이 피드 백 회로(II)의 정보는 운전에 익숙한 사람에게는 정확하고 빠른 제어가 가능하다.

또 위와 같은 피드 백 제어의 운전 이외에 경험을 통해 그 자동차의 특성을 충분히 알고 있고 정보처리에 익숙하게 되면, 정보가 지닌 의미를 적절히 구사하고 미리 예측에 의한 선행(先行) 제어의 운전도 실시되고 있다고 본다.

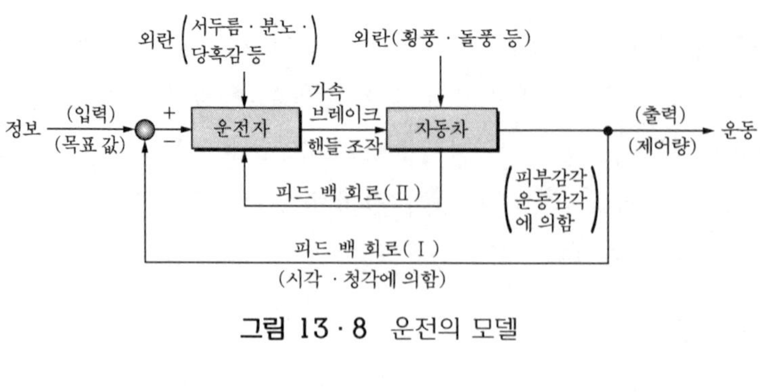

그림 13·8 운전의 모델

(2) 내인성 및 외인성 외란

고속도로 등을 주행할 때 돌풍에 휘말리거나 도로면의 돌기 등으로 지금과는 다른 움직임이 있거나, 마주 오는 차량[對向車輛]의 불빛으로 눈이 부시거나, 걱정이 있거나 갑작스런 사태에 놀라거나 할 때에는 자연스런 운전은 불가능하게 된다. 이런 사실은 안전운전을 고려할 때 무시할 수는 없다. 그림 13·8의 운전 모델은 운전자나 자동차에 작용하는 외란을 의미하고 있다.

외란(外亂)이란 원래 가지고 있던 능력을 외부에서 교란하는 것으로 정의한다. 일반적으로 외인성(外因性)을 대상으로 하는 경우가 많으나, 운전에서는 운전자나 자동차의 내인성(內因性) 외란 쪽이 문제를 가지고 있기 때문에 이것을 포함시켜 외란을 넓은 의미로 정리하면 표 13·1과 같다.

표 13·1

- 외 란
  - 운전자에의 외란
    - 심리·생리적인 외인성 외란
      - 놀라움·분노
      - 조급, 교만
      - 당황 등
    - 심리·생리적인 내인성 외란
      - 걱정·졸림
      - 피로·두통
      - 음주, 약물복용 등
  - 자동차에의 외란
    - 외력에 의한 외인성 외란
      - 돌풍
      - 횡풍
      - 도로면의 凹凸 등
    - 고장에 의한 내인성 외란
      - 타이어의 고장
      - 브레이크계의 고장
      - 조향계의 고장 등

운전자의 외란에 대해서는 정량적으로 그 영향을 알기란 매우 어려운데 앞으로의 연구과제로 두고, 한 예로 음주에 의한 내인성 외란에 바탕을 둔 제어성적의 저하를 그림 13·9에 표시한다. 그림의 세로는 제어의 속도와 정확도를 표시하는 ITAE(integral of time-multiplied absolute value of error) NO.로 수치가 클수록 제어성적이 불량함을 의미하고 있다. 음주 때에는 보통 때와 비교하여 반응시간에 차이가 없더라도 장해물을 피할 때 과도한 조향이나 제어 패턴의 변화폭이 심하다.

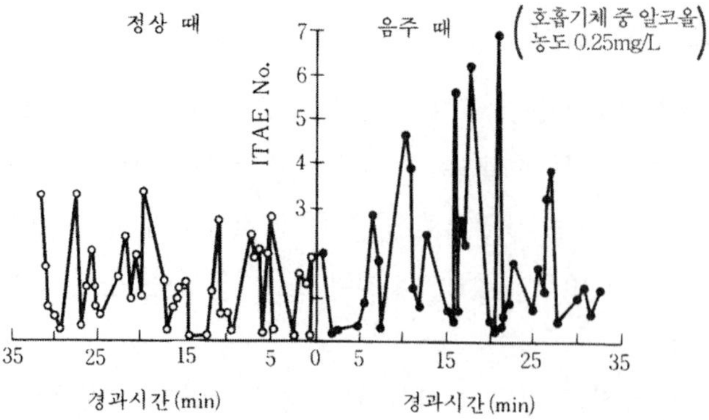

그림 13 · 9 음주에 의한 내인성 외란과 제어성적

자동차의 외인성 외란으로는 횡풍이나 돌풍이 있으나 이들은 때로 운전자의 내인성 외란이 될 경우가 있다. 자동차의 가로 방향으로 생기는 가가속도(加加速度)는 횡변위 이상으로 민감하게 받는 경향이 있다.

(3) 사고와 그 확률

기계로서의 자동차는 입력에 대한 출력이 확정적인 특성을 가지는 것이나, 이것을 조종하는 운전자의 행동 및 제어특성은 단순하게 결정할 것이 아니라 확률적인 특성을 가지고 있다 사람-자동차계의 안정성을 고려할 경우 이 불확정성에 바탕을 두고 사람의 특성이 중요한 의미를 가지고 있어, 특히 사고에 연결되지 않는 예방안정성은 안전대책으로 어려움이 있다. 자동차나 도로환경의 설계 · 보수 · 관리는 사람의 특성을 충분히 고려함이 중요하다.

그런데 사고는 어떻게 하여 일어나는가는 운전과 사고와의 관련에 따라 운전자의 정보처리 과정의 미스를 분석하여 다음의 3단계로 나눈다.

1) 정보단계에서의 미스

주의배분 불량에 의한 정보의 누락이나 무시, 습관으로 인한 정보의 누락이나 무시, 음주운전에 의한 정보의 누락, 과로운전에 의한 정보의 누락, 당황감에 의한 정보의 누락 등

2) 판단단계에서의 미스

지식 부족에 의한 판단의 잘못, 기량과신이나 난폭운전에 의한 판단, 자기기분에 의한 판단 등

3) 조작단계에서의 미스

운전의 미숙이나 서두르는 오조작 등

이들 미스는 어떤 경우에도 모두가 중대사고로 연결되는 것은 아니지만 어떤 확률성을 가지고 있다. 미국의 Machine Design지에 발표된 연구에 따르면,

① 주행 환경에서 눈에 띄는 것은 자동차가 1 km 달리는 사이에 300개

② 운전자가 의식해서 보는 것은 1 km 달리는 사이에 130개

③ 판단을 필요로 하는 것은 1 km 달리는 사이에 13개

④ 잘못된 판단을 하는 비율은 3 km 달리는 사이에 1회

⑤ 아슬아슬하게 사고를 피하는 비율은 800 km 달리는 사이에 1회

⑥ 범퍼가 부딪칠 정도의 가벼운 사고의 비율은 10만 km 달리는 사이에 1회

⑦ 상해를 수반하는 사고의 비율은 70만 km를 달리는 사이에 1회(연간 16,000 km 달리는 사람은 44년에 1회)

⑧ 사망사고의 비율은 2600만 km에 1회

이다. 이것은 미국에서의 자료이므로 우리나라의 경우와는 다르고 하나의 예에 불과하나, 사고의 확률을 알기 쉽게 표시한 것으로 안전운전을 환기시키고 있다.

13-3 자동차의 안전성

1 교통사고

자동차 사고는 자동차와 관계되는 교통사고로서 자동차 단독의 경우, 자동차와 자동차의 경우가 있고, 자동차와 오토바이, 자동차와 자전거 및 자동차와 보행자의 경우가 있다. 그리고 전문용어로 "자동차 사고는 착각이 있는 만남[遭遇]의 확률적 현상"이라고 설명할 수 있다.

자동차의 사고원인은 ① 운전자 자신에게 원인이 있는 경우, ② 자동차 그 자체에 의한 경우, ③ 도로 그 자체에 기인하는 경우 등 세 가지로 크게 나뉜다. 그 가운데 가장 많은 것이 첫째, 운전자 자신에게 그 원인이 있는 경우이며, 인지의 지연, 판단의 잘못, 조작의 잘못 및 교통도덕, 즉 운전 매너가 결여된 것 등이다. 둘째, 자동차 그 자체에 의한 경우는 차량정비 불량 등으로 제동 또는 회피동작이 충분하지 않는 등, 조작의 잘못에 의한 것

이 많다. 셋째, 도로 그 자체에 기인하는 경우의 대책으로는, 교통사고에 대해 반드시 조사해서 정확한 기록을 남겨 두고, **사고 다발지점**(事故多發地點)의 도로상황과 교통사고와의 관계를 검토하여 도로개량을 실시하여야 한다. 개량 후에도 그 효과를 조사하면 충분한 사고방지의 효과를 높일 수 있다.

교통사고의 추이에는 월별 · 요일별 · 주야간, 시각 및 성별, 연령에 따라 다르고, 또 사고의 형태에는 여러 가지가 있으나 교통사고 다발지점을 살펴보아야 한다.

교통사고의 다발지점이란 반드시 그 원인이 있어 개선하면 사고는 줄어든다. 노선 전체도 커브의 설계에 통일이 되어 있지 않을 경우, 선형이 좋은 구간에서는 제한속도가 있어도 운전자는 속도를 낸다. 급커브에 이르러서는 커브를 돌지 못하고 사고를 일으킨다. 이들 사고 다발지점은 그 전후에 선형이 좋은 것이 공통이다.

운전자가 에러(error)를 일으키기 쉬운 경우는 ① 교차점이다. 사고의 절반은 교차점에서 발생한다고 하는데 이는 자동차끼리의 사고이다. ② 커브에서의 사고이다. 같은 곳에서 몇 번이나 사고가 발생되면 '**마의 커브**'라 불리는데, 중앙선을 넘어 주행하는 현상으로 기울기가 없는 경우가 많다. ③ 장해가 되는 전주. 몇 번이나 충돌되는 전주가 세워진 것은, 운전자가 잘못한 것이 아니고 전주를 세운 전력회사에 책임이 있다. ④ 도로표지의 미비. 알기 힘든 도로표지로 운전자가 교차점에서 허둥거리다 교차점 또는 앞과 뒤에서 교통사고의 원인이 되는 경우가 많다. ⑤ 비나 눈이 올 때의 사고. 이상기후에서 도로상황에 대응하는 운전자의 의식이 정확하지 못하기 때문이다.

2 안전을 위한 세 가지 대책

자동차는 교통 · 수송의 중요한 수단으로 발달하여 사회에 많은 은혜를 가져 왔으나, 동시에 교통사고에 의해 다수의 사상자와 많은 물적 손실을 야기시켜 교통안전이 사회문제로 크게 부각되었다. 근간에 사고방지를 위한 노력과 시책이 강구되고는 있으나, 차량의 증가와 더불어 개선의 효과는 기대하기 어려운 현실이다.

자동차에 의한 교통사고사를 줄이기 위해서는 자동차의 안전성 향상을 도모하는 것은 물론이고 운전자 및 보행자의 교통매너나 라이프 스타일이라는 '**사람**'의 **요소**, 도로환경이나 구급체제라는 '**환경**'의 **요소**도 고려한 종합적인 안전조치가 필요하다. 사고에 의한 손실을 최소화하는 방법에는 여러 가지가 있으나 크게 나누면 다음과 같다.

① **사고회피** : 사고의 요인을 제거하여 사고가 일어나지 않도록 해야 한다.

② **인신상해의 경감** : 사고가 일어났을 때는 인체의 상해를 되도록 가볍게 한다.

③ **파생재해의 방지** : 사고가 원인이 되어 일어나는 파생재해를 방지한다.

④ **구급체제의 정비** : 사고에 의한 부상자를 구출하여 적절한 조치를 취한다.

말할 것도 없이, 이들 각 항목은 자동차 교통 시스템을 중심으로 한 넓은 범위의 문제이고, 여러 가지 관점에서 대책의 검토가 필요하다. 자동차의 안전대책에는 1971년경부터 급속히 발달하여 오늘에 이르고 있다. 미국의 자동차 안전기준(FMVSS : Federal Motor Vehicle Safety Standard)의 분류방법에 따르면 대책의 기본은 사고에 연결되지 않기 위한 **예방안전**(pre-clash safety), 만일 사고가 발생했을 때 그 피해를 최소한으로 하기 위한 **사고 때 안전**(clash safety), 사고 후의 피해가 확대되지 않기 위한 **사고 후 안전**(post-clash safety)이 있다. 이들을 안전대책의 세 가지 방지대책이라고 하며 그림 13·10에 그 분류와 구체적 보기를 제시하고 있다.

이들 안전대책 중에서 가장 중요한 것은 당연하게 예방안전대책이다.

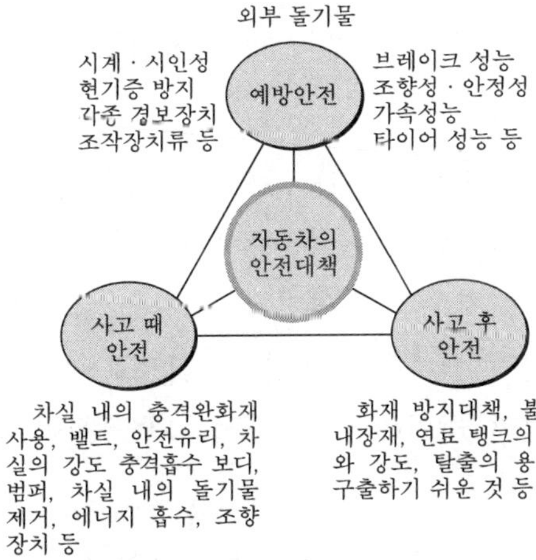

그림 13·10 안전의 세 가지 대책

(1) 예방 안전대책

사고가 발생하는 데는 여러 가지 원인이 있으므로, 예방안전대책도 범위가 넓다. 그러므로 여기에는 ① 신뢰성, ② 주행성능, ③ 시계 · 시인성, ④ 운전조작성, ⑤ 쾌적성, ⑥ 위험의 경고 등 6항목으로 나눌 수 있으며, 항목별로 구체적인 것에 대해서 검토해 보기로 한다.

1) 신뢰성

영구적으로 자동차의 기능을 정상보전시키기란 불가능하지만, 그러나 사고의 발생원인이 되는 고장이나 기능의 열화는 기대되는 기간 내에 생겨서는 안 된다. 따라서 제작사에서는 신형차를 개발할 때에 여러 번의 내구시험에 의해 기능의 열화를 엄격하게 체크하며, 또 생산 때에는 각 부품 및 시스템의 품질검사를 끊임없이 진행해서 신뢰성의 확보에 최선을 다해야 한다. 장기간의 기능유지가 기술적으로 곤란하고 또 고가가 되는 일부 부품에 대해서는, 정기적인 점검과 교환에 의해 필요한 기능이 유지되어야 한다. 그러나 그 점검과 교환 사이클은, 최근의 자동차 기술의 진보에 따라 부품의 수명이 연장되면서 길어지고 있다.

그러나 엄격한 품질 관리하에서도 고장이 전무할 수는 없어, 만일에 고장이 발생하더라도 큰 사고에 이르지 않도록 배려가 되어 있다. 브레이크 시스템에서는 브레이크 배관의 한 곳이 손상되어, 브레이크 액이 누출되어도 어느 정도의 제동력은 확보되어 있을 뿐만 아니라 조향기구를 비롯한 안정상의 중요 부품에는 변형되는 경우는 있다. 그러나 파단되어도 기능은 완전히 상실되지 않는 단조품이 많이 생산된다.

2) 주행성능

가속성능, 조종 안정성 및 브레이크 성능 등의 주행성능은 사고에 이르는 가능성이 높은 위험상태에서 탈출하려고 할 때에 대단히 중요하다. 이들 성능 수준이 높을수록 위험사태의 회피능력이 우수하다는 것은 물론이거니와, 안전성의 면에서 중요한 것은 각각의 특성이 운전자에 의해 제어하기 쉽다는 것이다. 그러므로 긴급시에는 정확하게 회피동작을 할 수 있게 해야 하고, 그러기 위해서는 각 성능의 균형이 충분히 고려되어야 한다.

3) 시계 · 시인성

운전에 필요한 정보, 즉 인간-자동차계의 입력의 대부분은 운전자의 눈에 의해 전달되므로, 자동차의 구조에도 운전자에 충분하고도 정확한 시각정보가 들어오게 여러 가지 배려가 되어 있어야 한다.

시계란 운전자의 시각범위를 표시하며, 직접 볼 수 있는 **직접시계**, 거울 등에 의해 보는 **간접시계**로 나뉜다. 안전을 위한 시계조건은 **사각**(死角, 자동차의 구조로 인해 보이지 않는 범위)이 작은 것과 모든 사용조건에 필요충분한 시야가 확보되어 있는 것이며, 단면형상의 고안에 의한 A필러(pillar, 앞면 유리의 양쪽 기둥)의 A각 감소, 어름 제거 장치(defroster)의 개량에 의한 창유리의 흐림방지, 리어 윈도 와이퍼(rear window wiper) 및 열선식 디프로스터, 와이퍼가 붙은 헤드 램프의 채용 등으로, 시계는 점차 넓어져 가고 있다.

시인성이란 시각정보를 쉽게 받아들이는 것을 의미하는데, 정보량이나 정보의 강도 외에 오인의 두려움 또는 다른 정보를 방해하는 두려움이 없는 것도 중요하다. 자동차의 안전에 관계되는 시인성에는 도로표지나 신호 등 도로 시스템에 대한 항목이 많으나, 자동차에 관해서는 미터계 외에 방향 지시기, 브레이크 등 및 다른 차량이나 보행자에 정보를 제공하는 등화기류의 시인성이 중요하다.

미터계는 반사되지 않는 유리의 채용이나 청색조명 등, 읽기 쉽고 눈을 피로하게 하지 않는 것이 많이 채용되었다. 일부의 계기는 정확하게 읽기 쉬운 디지털 방식도 많이 볼 수 있다. 등화기류도 편광유리의 채용이나 면적의 확대, ON-OFF에 의한 대비 강화 등 여러 가지 개선으로 시인성이 현저하게 개선되었다.

다른 정보의 방해문제에서 잊어서는 안 되는 것에, 야간의 전조등에 의한 눈 부심이라 할 수 있다. 눈 부심은 인간의 보는 기능의 특성에 기인되는 것으로, 자동차나 도로측에서 방지대책을 세울 필요가 있다. 분리대의 차광망, 전조등의 빔의 각도 조정, 눈부심 방지의 백 미러(back mirror) 등의 대책이 이루어져 있으나, 이것은 획기적인 대책이 기대되는 문제의 하나이다. 마주 오는 차량의 전조등에 의한 눈 부심으로 횡단 보도상의 보행자가 보이지 않게 되는 현상을 '증발현상'이라 부르며, 이는 사고의 원인이 되고 있다. 그림 13·11은 증발현상 실험결과의 한 보기이나.

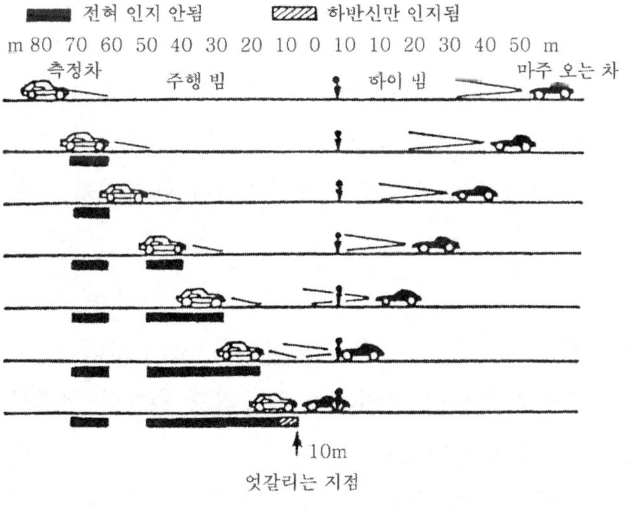

그림 13·11 증발현상

4) 운전조작성

운전에 필요한 장치류의 조작 용이성을 의미하며 장치의 위치, 조작방법, 조작력 및 스트로크(stroke) 외에 스티어링 휠, 페달 등의 운전장치에 관해서는 자동차의 응답성이 안전면에서 중요한 요소로 되어 있다. 스티어링 휠이 가벼우면 직진하기 어렵고, 또 브레이크 페달은 답력과 브레이크 효력의 대응이 명확하지 못할 때 부드럽게 정차하기가 어렵다. 가속 페달에 대해서는 일정한 속도로 주행할 때, 페달 유지를 쉽게 하기 위해 적당한 복원력과 마찰이 필요하다.

자동차 운전자의 경우, 체격이나 근력 등 조작성에 관계가 깊은 인간측의 인자가 대단히 넓은 범위로 분포되어 있어, 모든 운전자에게 만족되는 조작성을 부여하려면 여러 가지 배려가 필요하다.

시트에는 위치조정 기구와 허리[腰部] 받침기기가 설치되고, 스티어링 휠에는 여러 가지 조절기구가 채용되어 있다. 조작력에 대해서도 브레이크 파워 부스터(power booster)나 파워 스티어링(power steering), 대형차의 파워 클러치 등이 채용되어 있으며, 그 밖에도 운전조작 그 자체를 간단하게 하는 기술개발로, 자동 변속기는 운전자의 피로방지, 오조작의 방지, 운전에의 주의력 집중 등 안전성 향상에 간접적으로 기여하고 있다.

5) 쾌적성

불쾌한 환경이 운전자로 하여금 심리적 또는 생리적으로 운전에 적합하지 못한 상태로 만들 가능성이 있고, 그로 인하여 사고가 발생되는 경우도 적지 않다. 가장 많은 것이 피로에 의한 졸림이나 운전실수이고, 그 밖에도 더위, 추위, 소음 등으로 주의력이 떨어지거나 정신상태가 불안정하게 되어 정상적인 운전이 되지 못하는 수가 있다. 이를 방지하기 위해서는 시트, 조향 및 페달류의 배치를 최적화하거나 에어컨을 장착해서 쾌적성의 향상을 도모해야 한다.

6) 위험의 경고

사고회피 대책의 주제는 사고의 발생원인을 만들지 않는 것이나, 사고의 가능성이 높은 상황이 생겼을 경우, 곧바로 위험을 운전자에게 알리고 위험한 상태에서의 사용을 중지시키는 것도 효과적인 사고의 회피방법이다.

경고장치는 고장이나 이상의 발생을 검출하는 것과 잘못 사용한 것에 대해 경고를 하는 것으로 나누어진다. 충전 램프, 촉매과열 경고장치, 브레이크 램프 단선 경고장치 등은 앞의 보기이고, 주차 브레이크 등, 반도어 램프, 과속 경고 버저, 안전띠 미착용 경고등 등은 뒤의 보기이다.

7) 부적격자의 운전방지

안전한 운전을 기대할 수 없는 사람이 자동차를 운전하는 것을 방지하는 대책으로, 실용화되어 있는 것으로는 **스티어링 로크**(steering lock)가 있다. 자동차 도난이라는 범죄의 방지에도 목적이 있으나, 도난차량에 의해 사고를 일으키는 경우가 많아 효과적인 사고회피 대책의 하나이다. 아직 실용화는 되어 있지 않으나 FMVSS의 제안인 음주운전 저지장치(alcohol interlock system)나 그 밖의 시트 벨트 인터로크(seat belt interlock) 장치도 안전대책으로 볼 수 있다. 표 13·2는 그 예방 안전대책의 보기이다.

표 13·2 자동차의 예방 안전대책 보기

- 예방 안전대책
  - 신 뢰 성
    - 내구시험, 품질검사
    - 정기적인 점검과 부품의 교환
    - 재료
  - 주 행 성 능
    - ABS, TRC(traction control)의 채용
    - 기관의 고성능화
    - 4WD, LSD(limited slip differential)의 채용
    - 전사세이 헌가장치의 채용
  - 시계 · 시인성
    - A필러 형상의 개량
    - 디프로스터, 리어 와이퍼의 채용
    - 서울 시스템의 개선
    - 코너링 램프, 코너 센서의 채용
    - 하이마운트 스톱 램프(high mount stop lamp)의 채용
  - 운전 조작성
    - 4WS, 파워 스티어링의 채용
    - 자동 변속기화(AT화)
    - 스티어링 휠의 조절, 텔레스코픽 기구
    - 시트의 위치조절, 허리지지 기구
  - 쾌 적 성
    - 시트, 스티어링 휠, 페달류의 배치 적정화
    - 에어컨의 보급
  - 위험의 경고
    - 충전 램프
    - 촉매과열 경보장치
    - 반도어 램프
    - 주차 브레이크등
    - 시트 벨트 미장착 경고등

(2) 사고 때 안전대책

자동차 승차자의 사망사고에서 손상부위는 두부가 61%, 흉부 18%, 목부 11%, 복부가 7%로 보고 있으며 두부가 대부분을 차지하고 있다.

자동차의 사고에는 고정물에의 충돌, 차량 대 차량의 충돌, 전복 및 전락 등 여러 가지 형태가 있다. 충돌 때에는 차량의 승차자가 어떤 움직임을 해서 상해를 받는가를 아는 것이 안전 대책상 가장 기본적인 사항이다.

구체적인 보기로, 차량이 고정된 물체에 정면으로 충돌한 경우의 승차자의 움직임을 보면, 그림 13·12와 같이 차량의 충돌한 부분은 변형되고 차체에는 큰 감속도가 생겨 차량은 대단히 짧은 시간(수십~수백 mm sec)에 정지된다.

한편, 승차자는 관성의 법칙에 따라 충돌 전의 속도로 앞쪽으로 이동하려 하므로, 차량에 대해 상대적으로 전진하여 차실 내의 구조물(스티어링 휠, 계기반 등)에 충돌한다. 이와 같은 충돌현상은 2단계로 나누어져 자동차 자체의 충돌을 **1차 충돌**, 차실 내에서의 승차자의 충돌을 **2차 충돌**이라 부른다. 2차 충돌의 속도가 클수록 승차자에게는 높은 감속도가 발생되기 때문에 상해정도도 심하고, 정면충돌 이외의 뒤 쪽·측면충돌·전복 등에 대해서도 충격의 방향만 다를 뿐 비슷한 양상이다.

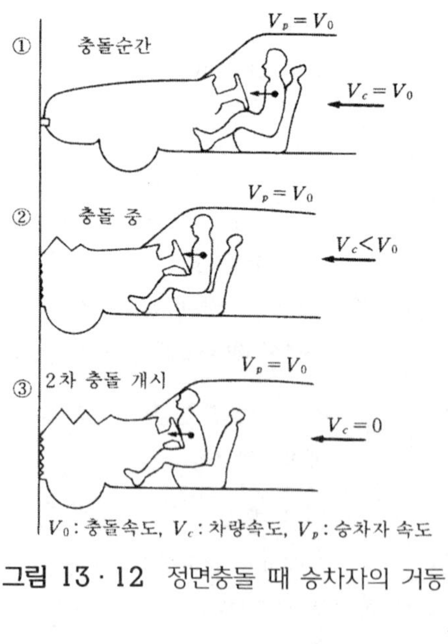

그림 13·12 정면충돌 때 승차자의 거동

충돌 안전대책에 대해 살펴보면, 충돌 때의 차체의 변형이 크면 그 변형으로 승차자가 직접상해를 받기 때문에, 객실은 충분히 튼튼한 구조로 해야 한다. 또 차량의 앞 쪽과 뒤쪽은 앞면 · 뒷면충돌 때 적당히 변형되어, 충격 에너지를 흡수함과 동시에 충격하중을 분산시켜, 객실에 국부적인 변형이 일어나지 않게 배려할 필요가 있다.

구체적인 대책으로는 ① 충격흡수(clashable) 차체구조, ② 2차 충돌에서의 승차자 상해 경감, ③ 보행자 보호성능 등으로 분류되는데, 이는 많은 장비 · 기능이 현재 개발 · 실용화되고 있다. 표 13 · 3은 자동차의 충돌 안전대책의 보기이다.

표 13 · 3 자동차의 충돌 안전대책의 보기

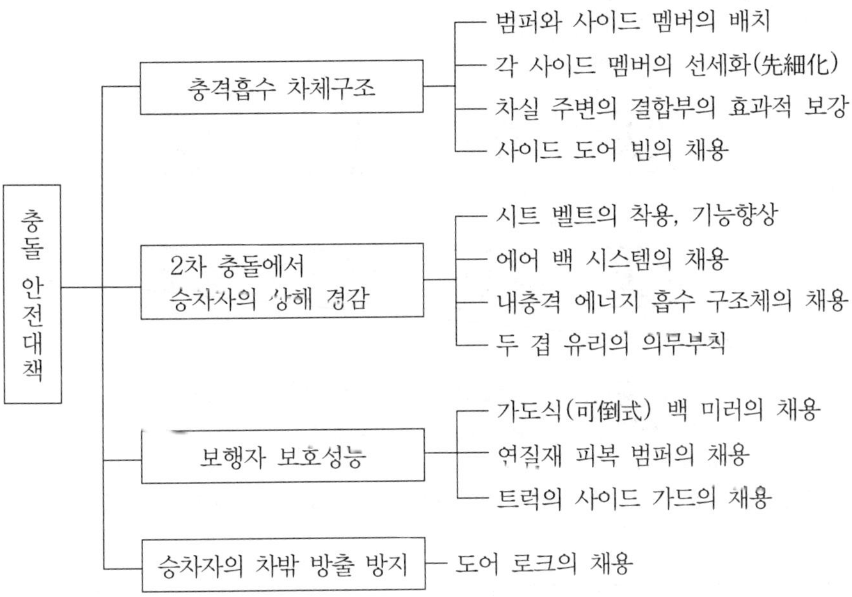

1) 충격흡수 차체구조

차량 앞과 뒤 쪽의 구조는 범퍼와 사이드 멤버를 직선적으로 배치해서, 범퍼로부터의 입력을 사이드 멤버가 효과적으로 흡수되는 구조로 되어 있는 것 외에도, 각 사이드 멤버의 선세화, 가늠쇠의 설정 등으로 충돌부위의 찌부러지는 모드의 최적화를 도모하는데, 이는 충격 흡수성이 높은 차체구조를 실현시키고 있다. 또한 차실 주변의 결합부인 바닥, 차체 사이드, 사이드 실 · 문짝 및 힌지, 천장 등의 효과적인 보강이 중요하며, 문짝부분에서는 측면 충돌 때의 차실 내 침입을 방지하기 위해 사이드 도어 빔을 보강하여 높은 정밀도의 충격흡수 성능을 얻고 있다.

2) 2차충돌 때의 승차자 상해 경감

승차자의 2차 충돌을 방지하기 위한 장비 · 기능 중에서도, 특히 효과가 높은 장치에는 충돌 때 승차자를 속박하는 시트 벨트와 충격을 완화하기 위한 에어 백 시스템 등이 있다.

충돌 때의 승차자의 거동은 그림 13 · 13에 충돌용 인체모형을 사용, 시트 벨트 장착의 유무를 비교하여 표시하였고, 시트 벨트의 효과에 대해서는 그림 13 · 14에 시트 벨트를 장착하지 않아 일어난 사망사고를 기준으로 하여, 만일 그 사람이 2점식 벨트 또는 3점식 벨트를 장착하고 있었다면 어느 정도의 피해로 그쳤을 것인가를 추정하고 있다. 두부를 예를 들면 2점식 벨트는 사망사고를 약간 중상에, 3점식 벨트는 경상에 그쳤음을 보여준다. 올바르게 장착된 시트 벨트의 효과는 대단히 크다.

그림 13 · 13 충돌 때의 승차자의 운동과 시트 벨트의 효과(인체 모형시험)

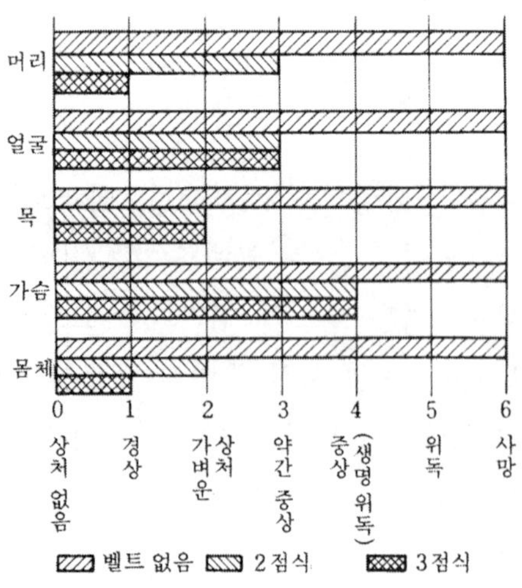

그림 13 · 14 시트 벨트의 효과

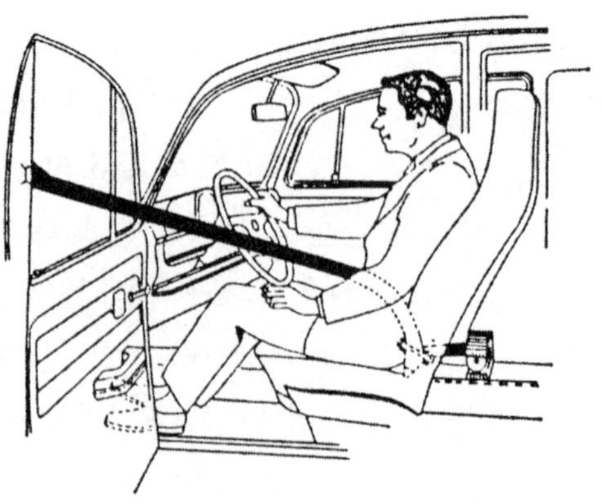

그림 13 · 15 수동식 시트 벨트

시트 벨트를 효과적으로 작동시키기 위해서는 바르게 장착하는 것이 기본이나, 벨트의 늘어짐이 적을 것과 차체에의 부착강도 및 차체강도가 충분해야만 된다. 최근에는 앞좌석에 사용되고 있는 3점식(点式)을 뒷좌석에도 채용하여 전방으로의 충돌 때 벨트의 탄력을 순간적(충돌~작동개시 약 1/100초, 충돌~종료까지 약 2/100초)으로 죄이고, 승차자의 이동량을 최소한으로 하는 메커니즘도 채용되어 시트 벨트의 기능을 향상시키고 있다. 그 밖에 시트 벨트에는 그림 13·15와 같이 자동적으로 승차자에 장착시키는 수동 시스템이 있어, 미국에서 주로 채용되고 있다.

한편, **에어 백 시스템**은 차실 내에 설치된 센서가 전방으로부터의 충돌을 감지하면, 스티어링 휠의 중심 패드 안에 들어 있는 에어 백을 순간적으로 팽창시켜 운전자를 받쳐 주고 얼굴의 충격을 완화하는 장치이다. 장착률은 점차 늘어나고 있으나 앞좌석에서의 어린이의 질식사가 가끔 문제가 되기도 한다. 그림 13·16은 에어 백의 작동과정을 보여준다.

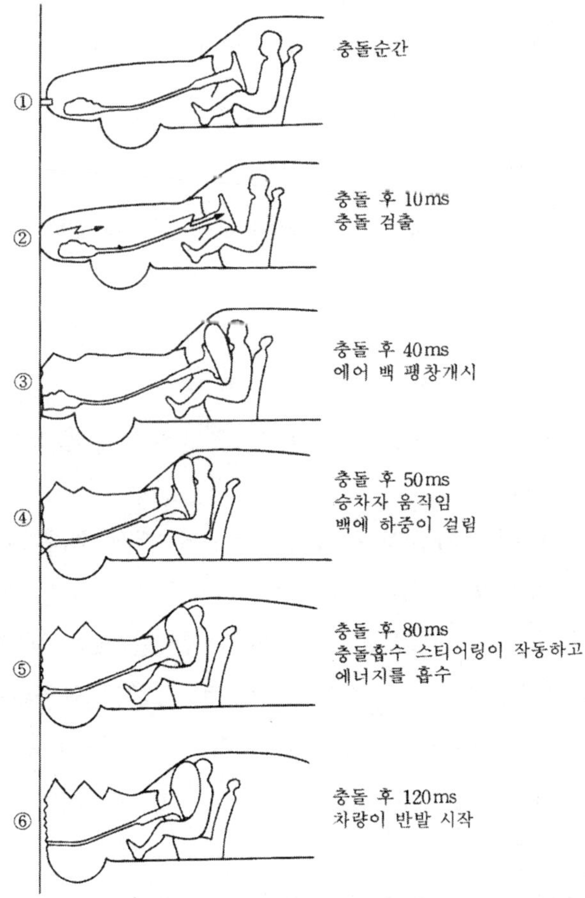

그림 13·16 에어 백의 작동

또, 차실 내의 구조물에 대해서도 승차자가 2차 충돌을 하였을 때의 상해를 경감시키는 대책이 세워져, 스티어링 칼럼, 계기반, 시트, 창문 유리 등의 구조면에서 충격 에너지를 흡수시키는 방법이 마련되어 있다.

스티어링 휠의 경우, 충돌 때 스티어링 축이 차실 내에 돌출해서 승차자의 가슴을 강타하지 않도록 탄성체로 피복한 패드식과, 충격을 받았을 때 축부분의 벨로즈에 의해 좌굴 변형되어 에너지를 흡수하는 에너지 흡수식이 만들어져 있다.

유리에 요구되는 성능은 충돌 때 승차자의 상해를 적게 하는 것과 파손 때에 시계가 확보되는 것으로, 앞면 유리는 파손되더라도 산산조각이 되지 않는 접합유리나 강화유리의 채용이 의무화되어 있다. 또한 앞면 유리의 장착은 승차자의 방출, 침입방지의 의미에서 견고하지 않으면 안 된다.

3) 보행자 보호성능

보행자에 대한 자동차측의 안전대책으로 ① 보행자 등에 충돌되었을 때 장착부분이 움직이는 가도식(可倒式) 백 밀러의 채용, ② 연질재 피복 범퍼의 채용, ③ 트럭의 사이드 가드의 채용 등을 대표적으로 들 수 있다.

(3) 사고 후의 안전대책

충돌사고 발생 후에 파생되는 재해의 저감 방지대책에는 화재방지와 승차자의 탈출 · 구조 등으로 나뉘어진다.

1) 화재 방지

차량화재의 원인에는 ① 배선 · 전기계의 단락, ② 연료 누출, ③ 담배나 성냥에 의한 부주의, ④ 배기관, 촉매 컨버터의 과열부에 가연물의 접촉 등을 생각할 수 있으나, 충돌 때는 ①, ②가 주원인이 된다.

대책으로는 발화원을 없애고 가급적 늦게 연소되도록 해서 승차자가 피난할 수 있는 시간적 여유를 주는 두 가지가 있다. 연료 탱크에서는 충돌 하였을 때 연료가 누출되지 않게 장착 장소, 모양, 고정법이 고려되고 있다. 보통 장착되는 곳은 뒷자석 밑, 뒷바닥 밑과 뒤차축의 윗부분이 선택되고 있다. 배선은 단락이 되지 않게 피복하며, 끝부분이 배기관 등 열원 부근을 피해 배선되도록 하고, 휴즈 등도 회로 내에 넣어 용량을 적절하게 유지하는 것이 중요한 대책이다.

2) 승차자의 탈출 · 구조

화재나 수몰 등에 의한 사고발생 후 빨리 승차자가 탈출하거나 구조할 필요가 있을 때에는, 탈출이나 구조가 쉽게 되도록 재해의 확대를 방지하는 것이 중요하다. 문짝은 강도가 크고 충돌 후에도 정상적인 개폐가 되는 것이 바람직하나, 문짝이 사용되지 않을 경우에는 옆 쪽 문이나 뒷 쪽 문 유리 부분에서의 탈출이 쉽도록 하는 것이 안전상 필요하다. 표 13·4는 자동차의 사고확대 방지대책의 보기를 나타낸다.

표 13·4 자동차 사고의 확대 방지대책의 보기

- 사고의 확대방지대책
  - 화 재 방 지
    - 연료탱크의 장착장소, 형상, 고정법
    - 배관의 변형 자유도
    - 배선의 피복, 휴즈의 보호
    - 방화벽의 설치, 내장재료의 난연화(難燃化)
  - 승차자의 탈출 · 구조
    - 문짝의 강도
    - 창문유리 부분으로의 탈출

13-4 21세기의 안전자동차

21세기는 자동차의 보유대수도 점차 늘어나고, 아울러 고령화 사회의 진전으로 고령자의 운전이 증가될 것으로 판단된다. 그래서 운전자의 부담을 줄여 피로도 적고 운전하기가 쉬운 자동차가 필요할 것으로 보며, 자동차의 구조 · 성능면에서 안전성 향상을 추진하기 위해 일본 정부는 1991년부터 국가정책으로 **선진 안전자동차**(ASV : Advanced Safety Vehicle)의 실용화를 추진하고 있다.

안전대책 기술은 13-3의 2를 크게 벗어나지는 않았지만, 그 요인은 다음과 같다.

① **예방안전 대책기술** : 운전자의 상태, 주행환경 등을 각종 센서로 검출해서, 운전자에게는 정보전달에 의해 일반 주행 때의 부담을 줄이도록 한 것이다. 졸림 운전 경보 시스템, 차량 위험상태 감시 시스템, 양호한 운전시계의 확보기술, 야간의 장해물 등 검출기술, 경보등, 자동점등 시스템, 정체 · 사고정보 및 도로면상황 등 관련 **네비게이션**(navigation)시스템 등이다.

② **사고회피 대책기술** : 교통상황 등을 각종 센서에 의해 검출하고, 위험한 경우에는 자동제동, 자동회피를 하도록 하는 것이다. 차간 거리 경보 시스템, 뒤 쪽 · 옆 쪽 경보 시스템, 차선이탈 때 경보 시스템, 최적 차간 거리 유지, 자동운전 기술, 사고회피 자동조작 시스템, 코너 진입 감속 시스템 및 교차로 자동정지 시스템 등이다.

③ **충돌 때의 피해경감 대책기술** : 충돌에 의한 승차자, 보행자의 피해를 최소화하는 기술이며, 충격 때 충격흡수 차체구조 기술, 승차자 보호 등의 기술 및 보행자 피해경감 시스템 등이다.

④ **충돌 후의 재해확대 방지대책기술** : 자동 소화 시스템, 긴급 때 도어 로크 해제기술, 사고발생 때 자동통보 시스템 및 운전기록 등 운전조작이다.

모두 20여 종목의 안전대책 기술로 전기 · 전자의 기술을 빌려 실현한다는 계획이며, 그림 13 · 17은 선진 안전 자동차의 이미지도이다.

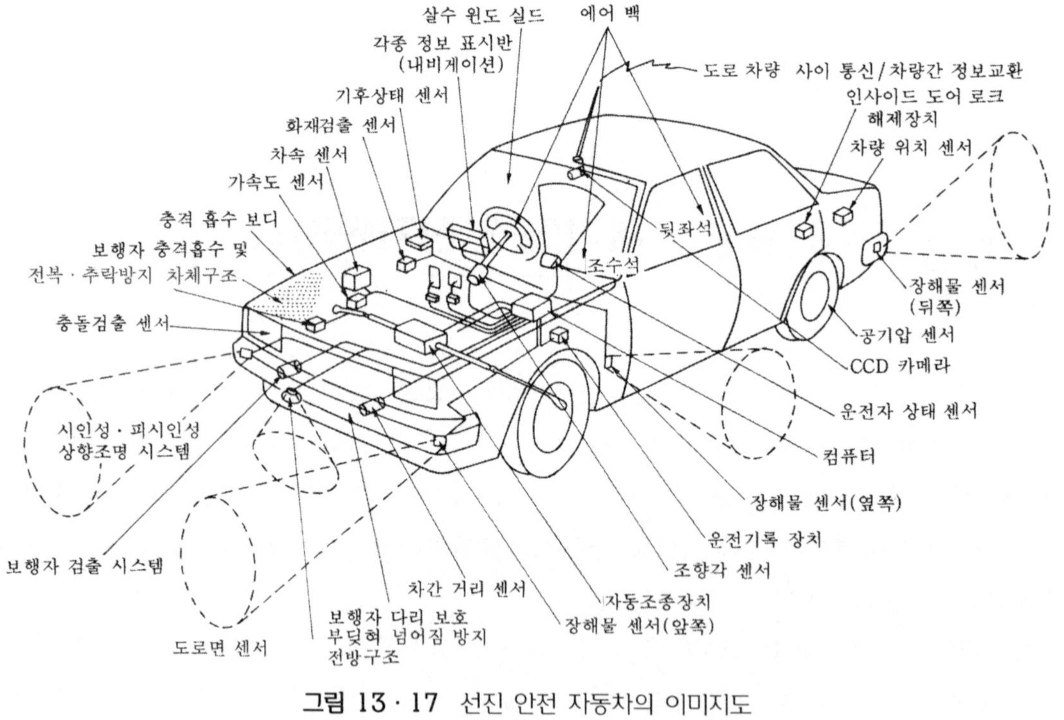

그림 13 · 17 선진 안전 자동차의 이미지도

13-5 안전운전에 필요한 위험예지

교통안전, 사고방지를 위한 인간에 대한 활동에는 유아기부터 고령기까지의 '생애를 통한 교통안전교육의 추진'이라는 과제를 근간으로, 가정 · 학교 · 지역 · 직장 영역의 교육기능을 통해 보행자, 자전거 이용자, 원동기가 달린 자동 두 바퀴 · 네 바퀴의 운전자 등, 도로이용 형태가 다른 교통 참가자 전부에 대해서 안전의식의 고양, 안전기능의 습득이 다각도로 이루어져야 한다.

이런 가운데 **교통 참가자**에 대한 안전기능 습득이라는 방법으로, '**교통 위험학**'이란 용어가 주목을 받기 시작하였다.

1 교통 위험학

교통 위험학이란 원래 독일의 교통교육, 운전자 교육의 제1인자인 G. Munsch 박사가 제창해서 체계화한 것이며, 현재 독일에서는 유아에서 고교생까지의 교통교육, 운전자 교육의 기초가 되고 있는 동시에 운전면허 시험에도 관련되어 있다. 교통에 참가함에 있어 위험원을 가르쳐 그것을 인지하고 회피하며 극복하는 교육방법을 넓게 **교통 위험학**이라 이름 붙일 수 있다.

미국 고등학교에서의 운전자 교육은 상황이나 대상의 인식방법(identify), 상황의 예지방법(predict), 의사결정의 방법(decide) 및 조작의 방법(execute)을 시뮬레이션의 영상에 의해 체계적으로 훈련하는 방법을 취하고 있는데, 그 기본은 역시 위험에 대한 문제이며, 체계적으로 위험학을 전개하고 있다고 볼 수 있다.

또한 미국에서의 '방어운전강습'에서도 각종 운전상황에서의 위험상황의 예지와 그에 대한 효과적인 예방대처 방법을 몸에 익히도록 하는 것을 목적으로 하고 있다. 그러나 중요한 것은 '**교통 센스**'라는 사실이다. 교통 센스가 좋다 나쁘다 할 때에는 그 사람의 인간성의 표시인 교통도덕 · 교통예절의 문제이며, 도로교통의 경우에는 도로의 특성, 교통의 특성 및 차량의 특성에 대한 감수성의 유무가 거론된다. '교통 센스'가 필요하다는 사실은 '교통의 위험에 대한 세련된 감수성이나 감각'이 필요하다는 사실이다.

Munsch는 위험에 대한 감수성이나 감각을 훈련하는 교육의 체계를 **위험학**(Gefarenlehre)이라 하였다.

2 교통 위험학에서 위험원의 분류 · 정리

(1) 운전자 교육의 구성

도로에서 자동차를 운전할 경우에 조우하는 장면 · 위험원은 대단히 많은데 그 내용을 분류 · 정리해서 제시하고, 당사자의 이해 · 인식을 높여 그것에 조우한 경우, 즉시 상황을 지각하게 해서 위험원을 회피시켜야 한다. 그러나 결국에는 그것 자체를 극복해서 능력을 습득시키는 것이 무엇보다도 필요하다.

Munsch는 운전자 교육을 표 13 · 5와 같이 체계화하고, 그 가운데 **외계학**(외적 환경 가운데 자기의 운전과 관련시켜 위험을 가지는 요소에 대해 '알고', '인식하고', '처리하는 것'이라 하여 **파트너학**(다른 사람의 특성과 행동특성), **도로학**(도로의 질, 형상의 영향), **기상학**(시간대, 계절, 일기의 영향)을 전개하고 있다. 즉, 직접적 교통교육에서 교통의 제도적 측면으로 인해 운전자가 취해야 할 행동의 기본 형태로 도로교통 법규, 안전시설, 도로표지 등의 학습, 그러면서 교통의 현실적인 변화의 측면에 대해 운전자가 갖추어야 할 행동 및 마음의 행동은 외계학, 교통학 및 교통전략 등의 내용을 학습하도록 하고 있다.

표 13 · 5 Munsch에 의한 운전자 교육의 구성

	교육종별	전문분야	교육내용
1	직접적 교통교육	교통의 제도	도로교통 법규, 안전시설, 표지 · 표시 등
2		교통의 실제	외계학, 교통역학, 교통전략
3	특수 전문교육	운전이론과 운전기능	차량운전의 습득 · 숙련
4		차량기술	차량구조 · 정비
5	간접적 교통교육	교통경제	각종 교통수단의 경제적 의의
6		교통의 역사	도로와 차의 발명 · 발달

1) 파트너학

Munsch는 도로교통의 장에서 만나는 상대방을 '**파트너**'로 부르고 있는데, 적대관계로 보는 것이 아니고 항상 도로면에서 만나게 되는 동료나 파트너로, 관심과 배려를 가지면서 좋은 관계를 만드는 기본적 태도를 형성하고자 하는 것이다.

파트너학의 과제와 교육내용은 첫째 3A 훈련이다. 파트너의 연령(alter), 주의의 방향과 정도(aufmerksamkeit) · 의도(absicht)의 파악 또는 적합한 대응의 방법을 배운다. 둘째,

특정 파트너학은 각종 차량의 특성에 따른 앞과 뒤 쪽 행동, 왼 쪽과 오른 쪽 행동을 배운다. 그리고 특별한 법률, 규칙, 금지규정을 배운다. 셋째는 문제를 가지는 파트너이다. 초조한 사람, 낯 두꺼운 사람, 일요일 운전자를 분간하고, 자기방어의 방법을 배운다. 넷째, 클라이언트(client)이다. 고령자 · 유아 · 중량차와 같이 원조를 필요로 하는 파트너, 기다리거나 속도를 빨리 내거나, 신호를 하거나 동행하는 원조의 형태가 있다.

2) 도로학과 기상학

교통사고의 발생에는 도로상황이 관련되어 있는 것도 분명하다. 상대를 발견하는 것이 지연되는 원인으로는, 도로형상이나 주위의 건조물에 의해 시계불량 사고를 초래하기 쉬운 커브의 곡율, 저하된 도로면의 마찰계수 등이 위험한 도로상황이다. 표 13·6은 도로학의 과제와 교육내용이다.

표 13·6 도로학의 과제와 교육내용

과　제	교 육 내 용
1. 도로의 질	(1) 도로의 종류 (2) 도로상황 등의 교통의 특성, 운전에 미치는 영향을 배운다.
2. 도로의 흐름	(1) 커브 · 굴곡 · 정상부 (2) 내리막길 · 오르막길 (3) 교차점 · 합류점 등에서의 교통의 특성을 배운다.
3. 도로의 무대장치	(1) 주변의 긴물, 식물 (2) 교통시설 (3) 교통표지 등의 교통에 미치는 영향을 배운다.
4. 신경이 쓰이는 지역 · 지점	(1) 한산한 도로구간 (2) 위험한 교차점 (3) 고밀도 구간 (4) 불량한 도로 등의 운전에 미치는 영향을 배운다.

운전자는 도로에 관해서도 위험을 극복하기 위해 도로를 잘 알고, 위험발생원을 능숙하게 대처하는 방법을 터득해야 한다.

Munsch는 "일기와 하루 중의 시간차, 계절차에서 오는 문제점을 확실하게 예견할 수 있도록 하는 것이 기상학이다"라고 하였다. 기상학이라 하여 반드시 비 · 눈 · 바람 · 안개 등 기후조건에 관계되는 것만이 아니고, 시간대에 의한 교통특성의 차이, 낮 · 밤 사이의 차이, 태양의 위치에 의한 운전상의 장해, 각 요일에 따른 운전의식의 차이나 일요일 · 휴일의 드라이빙의 문제점 등, 폭넓은 문제가 거론된다. 표 13·7은 기상학의 과제와 교육 내용이다.

표 13·7 기상학의 과제와 교육내용

과 제	교 육 내 용
1. 시간대별 문제성	(1) 주간과 야간 (2) 차량밀도의 시간대 (3) 가혹한 시간대 (4) 태양의 각도 (5) 석양 때, 새벽 때 등의 운전에 미치는 영향과 위험의 징후를 배운다.
2. 요일·휴일·바캉스	(1) 각 요일의 교통 특성 (2) 휴가·바캉스 때의 교통특성 등을 배우고, 위험의 특징을 학습한다.
3. 계절의 차이	(1) 겨울철 교통 특수성 (2) 가을철 교통 특수성 등의 운전에 미치는 영향을 배운다.
4. 기 후	(1) 비오는 날 (2) 눈·결빙 (3) 안개 (4) 강풍 등 운전에 미치는 영향을 배운다.

찾 아 보 기

ㅇ

ㅊ

ㅋ

ㅌ

ㅍ

ㅎ